国家出版基金项目
NATIONAL PUBLICATION FOUNDATION

纳米科学与技术

染料敏化太阳电池

戴松元　刘伟庆　闫金定　著

科学出版社
北　京

内 容 简 介

本书从可再生能源及光伏太阳电池应用的角度出发,阐述染料敏化太阳电池研发的必然性和重要性,介绍太阳电池中光电转换的基本原理和物理化学过程。基于染料敏化太阳电池近二十年来的研究和发展现状,详细介绍与染料敏化太阳电池有关的各方面内容;具体涉及染料敏化太阳电池结构、工作原理、纳米半导体材料研究、电荷传输、电池制作、电池模拟计算、电池标准测试及其相关的技术。本书最重要且不同于已有同类书籍的内容,主要是详细阐述染料敏化太阳电池中存在的多处界面光电化学过程和电荷传输与复合动力学,以及相关技术研究手段在电子传输机理上的作用和输出特性。从电荷传输和复合动力学过程、关键材料研究以及电池结构优化设计等方面,阐释高效染料敏化太阳电池制作的方法和技术途径。最后对大面积高效染料敏化太阳电池的研发和规模化应用进行介绍与展望。

本书可供光伏电池、光电转换器件以及相关技术领域的科研人员和工程技术人员参阅,也可供相关专业的高等院校高年级学生、研究生和教师参考使用。

图书在版编目 CIP 数据

染料敏化太阳电池/戴松元,刘伟庆,闫金定著.—北京:科学出版社,2014.6

(纳米科学与技术/白春礼主编)

ISBN 978-7-03-040814-3

Ⅰ.①染… Ⅱ.①戴… ②刘… ③闫… Ⅲ.①太阳能电池 Ⅳ.①TM914.4

中国版本图书馆 CIP 数据核字(2014)第 113917 号

丛书策划:杨 震 / 责任编辑:顾英利 聂海燕 / 责任校对:宋玲玲
责任印制:徐晓晨 / 封面设计:陈 敬

科 学 出 版 社出版

北京东黄城根北街 16 号
邮政编码:100717
http://www.sciencep.com

北京凌奇印刷有限责任公司印刷
科学出版社发行 各地新华书店经销

＊

2014 年 6 月第 一 版 开本:720×1000 1/16
2019 年 4 月第三次印刷 印张:28
字数:595 000

定价:138.00 元
(如有印装质量问题,我社负责调换)

《纳米科学与技术》丛书序

在新兴前沿领域的快速发展过程中,及时整理、归纳、出版前沿科学的系统性专著,一直是发达国家在国家层面上推动科学与技术发展的重要手段,是一个国家保持科学技术的领先权和引领作用的重要策略之一。

科学技术的发展和应用,离不开知识的传播:我们从事科学研究,得到了"数据"(论文),这只是"信息"。将相关的大量信息进行整理、分析,使之形成体系并付诸实践,才变成"知识"。信息和知识如果不能交流,就没有用处,所以需要"传播"(出版),这样才能被更多的人"应用",被更有效地应用,被更准确地应用,知识才能产生更大的社会效益,国家才能在越来越高的水平上发展。所以,数据→信息→知识→传播→应用→效益→发展,这是科学技术推动社会发展的基本流程。其中,知识的传播,无疑具有桥梁的作用。

整个 20 世纪,我国在及时地编辑、归纳、出版各个领域的科学技术前沿的系列专著方面,已经大大地落后于科技发达国家,其中的原因有许多,我认为更主要的是缘于科学文化的习惯不同:中国科学家不习惯去花时间整理和梳理自己所从事的研究领域的知识,将其变成具有系统性的知识结构。所以,很多学科领域的第一本原创性"教科书",大都来自欧美国家。当然,真正优秀的著作不仅需要花费时间和精力,更重要的是要有自己的学术思想以及对这个学科领域充分把握和高度概括的学术能力。

纳米科技已经成为 21 世纪前沿科学技术的代表领域之一,其对经济和社会发展所产生的潜在影响,已经成为全球关注的焦点。国际纯粹与应用化学联合会(IUPAC)会刊在 2006 年 12 月评论:"现在的发达国家如果不发展纳米科技,今后必将沦为第三世界发展中国家。"因此,世界各国,尤其是科技强国,都将发展纳米科技作为国家战略。

兴起于 20 世纪后期的纳米科技,给我国提供了与科技发达国家同步发展的良好机遇。目前,各国政府都在加大力度出版纳米科技领域的教材、专著以及科普读物。在我国,纳米科技领域尚没有一套能够系统、科学地展现纳米科学技术各个方面前沿进展的系统性专著。因此,国家纳米科学中心与科学出版社共同发起并组织出版《纳米科学与技术》,力求体现本领域出版读物的科学性、准确性和系统性,全面科学地阐述纳米科学技术前沿、基础和应用。本套丛书的出版以高质量、科学性、准确性、系统性、实用性为目标,将涵盖纳米科学技术的所有领域,全面介绍国内外纳米科学技术发展的前沿知识;并长期组织专家撰写、编辑出版下去,为我国纳米科技各个相关基础学科和技术领域的科技工作者和研究生、本科生等,提供一套重要的参考资料。

这是我们努力实践"科学发展观"思想的一次创新,也是一件利国利民、对国家科学技术发展具有重要意义的大事。感谢科学出版社给我们提供的这个平台,这不仅有助于我国在科研一线工作的高水平科学家逐渐增强归纳、整理和传播知识的主动性(这也是科学研究回馈和服务社会的重要内涵之一),而且有助于培养我国各个领域的人士对前沿科学技术发展的敏感性和兴趣爱好,从而为提高全民科学素养作出贡献。

我谨代表《纳米科学与技术》编委会,感谢为此付出辛勤劳动的作者、编委会委员和出版社的同仁们。

同时希望您,尊贵的读者,如获此书,开卷有益!

中国科学院院长

国家纳米科技指导协调委员会首席科学家

2011 年 3 月于北京

PREFACE

Perhaps the largest challenge for our global society is to find ways to replace the slowly, but inevitably vanishing fossil fuel supplies by renewable resources and at the same time avoid negative effects from the current energy system on climate, environment and health. The quality of human life depends to a large degree on the availability of clean energy sources. The worldwide power consumption is expected to double in the next three decades due to the increase in world population and the rising demand of energy in the developing countries. This implies enhanced depletion of fossil fuel reserves leading to further aggravation of environmental pollution. As a consequence of dwindling resources, a huge power supply gap of 14 terawatts is expected to open up by year 2050, equaling today's entire consumption and threatening to create a planetary emergency of gigantic dimensions. Solar energy is expected to play a crucial role as a future energy source. The sun provides about 120,000 terawatts to the earth's surface, which amounts to six thousand times the present rate of the world's energy consumption. Covering 20% of the area of Saudi Arabia—mostly desert—with 15 efficient solar cell arrays would supply all the world's current energy needs. However, achieving this goal with PV systems that can be produced at very low cost and show short energy pay back times while being environmentally compatible and using abundantly available cheap materials remains a huge challenge.

For the last two decades and more, there has been tremendous interest and large-scale research and development work on dye-sensitized solar cells (DSCs) in numerous academic and industrial laboratories. Over eight thousand research publications have appeared in the primary scientific literature on its performance features, and the number of patents being filed in this area is rising exponentially (there were >300 patents during 2009 in the DSCs area alone). Overall solar-to-electrical conversion efficiency has reached 15% for lab-sized cells using perovskites as a light harvester and solid state hole conductors to replace the electrolyte. For modules an efficiency of 9.9% has been reached with conventional dye/electrolyte combinations. Many features of DSSC are unique and advantageous over the solar cells based on crystalline or amorphous Si. Nearly all the components of DSC are "tunable"—semiconducting oxide substrates, dyes, electrolytes, redox mediators and counter electrodes. This has opened great opportunities for chemists and material scientists. Transparency and multi-color design alone offer opportunities for the integration of DSCs into building architecture. Light-weight flexible versions of DSC are now being produced commercially on a large scale to power portable electronic devices. In ambient or indoor light the conversion efficiency of DSCs has reached 26%, outperforming all PV competitors.

China has become a leader in research and development of DSCs on a global scale. Combining scientific creativity with judicious molecular engineering, rapid materials development and practical implementations, our Chinese colleagues have made amazing and impressive contributions to this vibrant field of third generation mesoscopic solar cells.

This book is a monograph that captures the momentum of current research addressing salient features of DSC technology as well as the rapid pace of its deployment in Asia and the rest of the world. It addresses the various aspects of DSC technology making a seminal contribution to our understanding of how these solar cells operate. In view of the inter-disciplinary nature of the DSC, this book should be of interest to researchers in the field of chemistry, physics, material science and electronic engineering.

I would like to congratulate the author Professor Songyuan Dai on his excellent work, which sets a new landmark in this rapidly evolving and fascinating field.

Lausanne, October 2013, Michael Graetzel

序

目前,全球发展所面临的最大挑战是寻找一种可替代日益枯竭的传统化石能源的可再生能源,避免或降低对气候、环境和人类健康产生的负面影响。人类生活的质量在很大程度上取决于清洁能源供给程度。而在未来 30 年,随着人口增加和发展中国家对能源需求的加速,全球能耗预计会翻一番,这就意味着化石燃料消耗的加剧将导致人类赖以生存的环境进一步恶化。同时,由于传统资源的不断减少,到 2050 年,预计全球将会出现 14TW(太瓦)的巨大电力供应缺口,这个数量相当于人类目前年消耗的全部电力,这势必引发全球范围内的巨大能源危机。可喜的是,太阳能在未来能源中将发挥重要作用。太阳一年照射在地球表面的能量约为 120 000TW,约为人类目前每年消耗能量的 6000 倍。换句话说,只要在沙特阿拉伯 20% 的国土面积(主要是沙漠区域)上覆盖转化效率为 15% 的太阳电池阵列,其产生的能量就足以满足人类现有的能源需求。但就目前来说,要想实现这一目标,同时又要实现光伏发电具备生产成本低、能量回收期短、环保且原材料充足廉价等特点,还是个巨大的挑战。

在过去的二十多年时间里,人们对染料敏化太阳电池(DSC)产生了浓厚的兴趣,在基础研究和工业技术上取得了长足的发展。超过 8000 篇研究论文在高水平学术期刊上就 DSC 的性能进行了报道和探讨,同时,专利申请数量也呈指数增长(仅 2009 年就有 300 多项)。与此同时,在实验室条件下采用钙钛矿作为光吸收材料的太阳电池已经获得了 15% 的光电转化效率,并且是采用固态空穴导体取代了传统的液态电解质。此外,基于传统染料/电解质模式的电池组件效率也已经达到了 9.9%。另外,相比于单晶硅和非晶硅太阳电池,DSC 具有许多独特的优势,如组成 DSC 的所有材料几乎都是可以设计的:半导体氧化物衬底、染料分子、电解质、氧化还原电对和对电极。这些独特的性质为化学家和材料学家带来了新的机遇。此外,DSC 的透明性和多彩设计使得它在建筑领域充满了广泛的应用前景。目前,针对便携式电子设备而设计的轻质柔性 DSC 已经开始了大规模商业化生产。更加值得注意的是,DSC 在自然光或室内光照条件下,其转化效率已经达到了 26%,远远超过了其他类型的光伏器件。

中国已经成为全球范围内 DSC 研发领域的领导者。我们的中国同事将科学上的创新性与先进的分子工程学、快速发展的材料科学及其具体实际应用相结合,在第三代介孔太阳电池研究领域做出了卓越的贡献。

在 DSC 研究发展方兴未艾之时,该书以专著形式阐述了 DSC 技术的主要特点,同时描述了近年来 DSC 在亚洲和世界其他地区的快速发展态势。该著作对 DSC 技术进行了多方面阐述,对我们深入理解这些太阳电池的工作原理做出了开创性的贡献。由于 DSC 具有多学科交叉的性质,相信该书能够极大地激发化学、物理、材料科学和电子工程等领域科研人员的广泛兴趣。

在这里,我要祝贺该书的作者戴松元教授,祝贺他在这个快速发展而又奇妙的领域取得了非凡的成就,树立了新的里程碑。

瑞士洛桑,2013 年 10 月,迈克尔·格雷策尔

序　言

太阳能光伏发电将太阳能直接转化为电能,是一种清洁的可再生能源。太阳能光伏发电研究近十年来一直受到高度重视,并得到较快发展。积极开发和利用太阳能,是实现低碳转型和国民经济可持续发展的战略性选择之一。随着光伏发电成本的下降以及对清洁能源需求的上升,太阳能产品正逐步走进我们的生活。作为一种新型清洁能源和低价太阳能光伏途径,染料敏化太阳电池在全球范围内正受到越来越多的关注,正是基于上述背景,该专著的出版很有意义。

该书重点介绍了染料敏化太阳电池基本原理和物理化学过程,以通俗易懂的文字阐述纳米半导体材料、染料敏化剂和电解质溶液等电池关键材料对电池光电性能的影响;比较详细地论述了电池中多处界面电荷传输与复合动力学等光电化学过程;从电池结构优化设计等方面,探讨了高效染料敏化太阳电池制作的方法和技术途径;同时,该书还对大面积高效宽光谱染料敏化太阳电池的实用化进行介绍与展望。

该书主编之一戴松元研究员在染料敏化太阳电池等方面具有近 20 年的研究经历,他带领的研发团队将我国染料敏化大阳电池的研究提升到国际水平,建立起国内第一条全面生产染料敏化太阳电池的实验线,完成 0.5MW 染料敏化太阳电池中试线和示范系统建设,大力推动了染料敏化太阳电池应用的进程。该书作者比较全面地总结了实用化染料敏化太阳电池方面的研究成果,书中很多内容和观点都是他及其带领的团队多年的实践体会和认识,具有较高的学术水平和重要的实用价值。从该书材料的组织到文字的撰写,以及后续的思考等方面,作者都颇具匠心,并努力做到深入浅出,图文并茂,可读性强。

该书的出版应该会对染料敏化太阳电池今后的发展有较大的推动作用,可对从事染料敏化太阳电池乃至光伏技术研究的科研人员提供有效的帮助和指导。

中国科学院院士
郑州大学教授

2013 年 10 月 22 日

前　　言

对能源的需求贯穿整个人类活动的历史。由最早的对自然能源(如生物质材料、水力等)的简单利用到工业化时代对煤、石油和天然气等化石能源的开发,各种类型的能源始终是人类活动必不可少的一部分。尤其是发展到现代社会,随着人类社会的高度集约化及人口总数的不断增加,人类对于能源的需求也呈现爆发式的增长。然而,随着化石能源大规模开发,一系列相伴而生的问题也日益成为当今社会突出的矛盾,如能源紧缺引发的国际形势动荡,能源使用引起的环境污染和温室效应,能源开采引起的地质构造改变等。因此,找到一种或数种新型的取代现有能源的常规能源成为人类目前迫切需要解决的问题。太阳能因其具有不受地域限制、清洁无污染等特点,无疑将成为未来新型能源利用的主要方式之一。

在太阳能的应用中,太阳能光伏发电将太阳能直接转变为电能,是直接利用太阳能的一种较为方便的实现形式。承担太阳能光伏发电的载体即为太阳电池。太阳电池种类较多,对于其分类在本书中将有介绍。在诸多类太阳电池中,大部分电池均为 pn 结的结构,通过电子和空穴的分离产生电流。然而,染料敏化太阳电池则是一种比较特殊的太阳电池,其电荷产生和输运的过程与其他大部分太阳电池有很大的差别,电池在实际工作状态时涉及很多物理传输过程和化学反应过程,因此整个电池的工作原理、构成体系和电池材料等也较为复杂。对染料敏化太阳电池的理解,既需要一定的物理思维,也需要一定的化学功底。由此笔者认为,撰写一部全方位描述染料敏化太阳电池的图书意义深远,读者通过阅读该书能够对染料敏化太阳电池整体有所了解,对于自己感兴趣的部分能够深入理解;初学者可以通过该书入门,研究人员可以通过该书启发新的思路和新的研究方向。笔者希望本书的出版能够抛砖引玉,对染料敏化太阳电池的研究起到积极的推动作用。

染料敏化太阳电池可以看作由四个主要部分组成,分别是纳米多孔薄膜、染料、电解质和对电极。本书在第 1 章导论之后,通过四章对上述四个组成部分进行较为全面的论述。另外,由于染料敏化太阳电池中电荷的产生、传递、输运和复合过程较为复杂,特别是在界面发生的一系列光电化学反应是影响电池性能的关键因素。因此,本书独立分出第 6 章,结合常用的电化学和光谱电化学表征手段,着重对界面反应及其原理进行了详细的描述。染料敏化太阳电池经过二十多年的发展,目前已进入产业化中试阶段。因此,除上述基础材料及基础理论外,笔者还基于近 20 年实用化研发经验积累,从产业化的角度,论述了染料敏化太阳电池的光电转换模拟及结构设计,同时对该电池的测试标准进行了初步的探讨,分列第 7 章和第 8 章。笔者希望通过上述章节的内容介绍,能够对染料敏化太阳电池进行较为清晰的全方位描述。

1993 年,时任中国科学院等离子体物理研究所所长的霍裕平院士和时任中国科学院院长的周光召院士作为世界实验室委员在瑞士洛桑参加世界实验室年会时,与染料敏化太阳电池的发明人、瑞士 EPFL 的 M. Grätzel 教授相遇,作为将毕生精力投入到核聚变物理研究的科学家,他们敏锐地意识到这项太阳电池新技术的重要性,因此,决心把这项技术引进中国。由于当时该项技术的专利已被澳大利亚 STA 公司(现在已改为 Dyesol 公司)、德国的 INAP 公司等购买,后经过多次磋商和交流,终于在 1996 年底与澳大利亚 STA 公司签订了长期无偿合作协议,为该项技术引进中国和未来产业化打下了很好的基础。1997 年 4 月,双方正式派人员进行技术交流。在此过程中,世界实验室先后利用可再生能源项目对我国科研人员的国际交流进行资助,中国科学院院长特别基金也先后两次对项目进行了配套资助。2000 年 6 月,染料敏化太阳电池的研究得到中国科学院知识创新工程重要方向性项目支持,同年 9 月,染料敏化太阳电池和其他薄膜太阳电池一起得到国家重点基础研究发展计划(“973”计划)项目“低价、长寿命新型光伏电池的基础研究”的支持。在这些项目的支持下,初步确定我国在染料敏化太阳电池研究方面的优势,国际同行间的交流也得到了加强,并建立了 500 W 的电池示范系统。2006 年,染料敏化太阳电池的基础研究得到“973”计划项目“大面积低价长寿命太阳电池的关键科学和技术问题的基础研究”的支持,同时,其相关设备和关键技术的研究也于 2008 年得到中国科学院知识创新工程重要方向性项目“染料敏化太阳电池中试技术研究”和 2009 年国家高技术研究发展计划(“863”计划)项目“染料敏化太阳电池成套关键技术研发”的支持,并于 2011 年年底,完成了 0.5 MW 染料敏化太阳电池中试线的设计、安装和调试,建立了 5 kW 示范系统。为了显著提高电池效率和相关工艺技术水平,“973”计划项目“高效低成本新型薄膜光伏材料与器件的基础研究”对染料敏化太阳电池的研究进行了更大力度的支持。

本书材料来源于笔者近 20 年来从事染料敏化太阳电池基础研究和技术研发所取得的研究成果,全书力求图文并茂、数据翔实、图像清晰。在撰写的过程中,笔者同时参考了国内外相关领域的最新进展及研究成果,引用了文献及论著中的部分观点、内容、图表和数据,在此特向这些作者表示真诚的感谢。在本书的撰写过程中,笔者所在实验室的研究人员、博士生和硕士生对本书内容的形成做出了不同程度的贡献。在此,需要特别指出的是,得悉本书即将出版,染料敏化太阳电池的发明人 M. Grätzel 教授和中国科学院霍裕平院士专门为本书作序。此外,本书是在科学出版社的大力支持下出版的,笔者对他们的辛勤劳动表示由衷的感谢。

本书旨在对染料敏化太阳电池的基础原理、材料以及实用化技术等进行较为清晰和翔实的描述,希望有利于染料敏化太阳电池的进一步发展,有助于相关研究人员研究水平的提高,有益于研究生和本科生的培养以及加深其他行业人员对染料敏化太阳电池的理解。近年来,由于染料敏化太阳电池的迅速发展,其研究涵盖领域又十分广泛,涉及的学科众多,虽然笔者尽可能采用最新文献资料,但当读者读到本书时,难免又会有很多新的研究成果发表,同时鉴于笔者水平有限,书中难免存在疏漏和不足之处,恳请读者批评指正。

作　者

2013 年 12 月

目　　录

第1章 导 论

能源是人类社会赖以生存和发展的重要物质保障,是国民经济和社会发展的基础。随着化石能源的日趋枯竭和全球对温室效应的关注,开发利用清洁可再生能源正成为现在和未来世界能源科技发展的主旋律。

整个化石燃料开采峰值将在 21 世纪中叶前到来,人类能源结构在 21 世纪前半期将发生根本性的变革。化石燃料开采峰值距今只有二十几年,常规能源(煤电或水电)发电成本逐年升高,人类能源面临着非常紧迫的替代形势。

可再生能源资源丰富、发展前景明确、技术争议较少。开发利用可再生能源,既是解决当前能源供需矛盾的重要措施:可节约和替代部分化石能源,促进能源结构的调整,减轻环境压力;也是实现未来能源和环境可持续发展,保障国家能源与环境安全,发展低碳经济,促进我国经济与社会可持续发展的必然战略选择。

2009 年底的哥本哈根会议使"节能减排"和"低碳"等概念深入人心,使全球经济的发展方向和导航标转向了低碳经济。光伏发电作为一种清洁的可再生能源,是未来低碳社会的理想能源之一,受到世界各国的广泛重视。

作为可再生能源的重要应用领域,太阳能光伏发电在过去 10 年中得到了快速的发展,并且太阳能光伏作为未来世界能源的主要来源,要坚定不移地发展下去。为了应对气候变化,我国提出了到 2020 年非化石能源满足一次能源消费 15% 的目标,以及碳排放强度降低 40%～50% 的约束性指标,而发展可再生能源、走低碳经济之路,是实现这一远大目标的必然途径。我国接收到的太阳能总辐照量数量惊人,除部分区域日照时数较低外,多数地方可以发展光伏发电。

1.1 太阳电池发展概况

太阳电池是一种利用太阳光直接发电,能实现光电转换的装置或器件。只要有光照到电池上,电池就可输出电压及电流,在物理学上称为太阳能光伏,简称光伏[photovoltaics,是由 photo(光)和 voltaics(伏打)两个单词组合而成的,缩写为 PV]。

1.1.1 太阳电池发展简史

太阳电池发展历史可以追溯到 1839 年,当时的法国物理学家 Alexandre-Edmond Becquerel 发现了光生伏打效应(photovoltaic effect),从此人们开始了对"光生伏打效应(简称光伏效应)"的研究。

• 1883 年,美国 Fritts 在一个金属衬底上制作出了第一个大面积($30\ cm^2$)太阳电池。

• 19 世纪后期,维也纳大学的 Moster 第一次报道了染料敏化的光电效应。

• 1930 年,肖特基(Schottky)首次提出了 Cu_2O 势垒的光伏效应理论。同年,朗格(Longer)首次提出可以利用光伏效应制造太阳电池,使太阳能变为电能。

• 1954 年,第一个具有实用价值的单晶硅 pn 结太阳电池研制成功,几个月后此类电池的效率提高到 6%。此后不久,商业硅电池便被用于航天领域。

• 1959 年,美国 Hoffman 公司推出了效率为 10% 的商业化硅电池。

• 1960 年,首次实现硅太阳电池并网发电。

• 20 世纪 60 年代,CdTe 薄膜电池获得 6% 的光电转换效率。

• 1967 年,第一块 GaAs 电池制备成功,效率达到 9%。

• 1974 年,非晶硅太阳电池研制成功。

• 1980 年,第一个效率大于 10% 的 CuInSe 电池在美国制成;RCA 公司的 Carlson 研制出了效率达 8% 的非晶硅太阳电池。

• 1981 年,在沙特阿拉伯建立了 350 kW 的聚光电池矩阵。

• 1982 年,美国加利福尼亚安装了第一个 1 MW 的实用光伏电站。

• 1990 年,德国提出了"2000 个光伏屋顶计划",这标志着太阳电池并网发电技术日趋成熟。

• 1991 年,瑞士洛桑的 Grätzel 教授提出了纳米多孔薄膜染料敏化太阳电池,其效率达到 7.1%,使染料敏化太阳电池的研究获得了突破性的进展。

• 1993 年,纳米多孔薄膜染料敏化太阳电池效率达到 10%。

• 1997 年,美国"克林顿总统百万屋顶计划"、日本"新阳光计划"、荷兰政府"荷兰百万屋顶计划"相继启动。同年,光伏电池产能达 100 MW。

• 1999 年,全球累计建立光伏电站达 1 GW。

• 2002 年,澳大利亚 STA 公司建立了世界上首个面积为 $200\ m^2$ 的染料敏化太阳电池显示屋顶,充分体现了染料敏化太阳电池未来的工业化前景。

• 2002 年,全球累计光伏装机容量达 2 GW。

• 2012 年底,全球累计光伏装机容量达到了 95 GW。

• 2013 年,全球累计光伏装机容量 102.16 GW。

从 1954 年光伏电池首次出现到全球累计建立光伏电站达 1 GW,共用了 45 年的时间,而从 1 GW 到第二个 1 GW,仅用了 3 年的时间;2013 年,全球新增装机容量达到 37 GW,累计装机容量达到 137 GW。2013 年,中国新增装机容量为 11 GW,位居全球第一位,累计装机约 18 GW,位居全球第二位;德国的太阳能光伏发电容量已达到约 36 GW,为全球光伏发电发展起到了重要的示范作用。许多国际机构研究认为,太阳能将是未来能源供应的主体,预计到 21 世纪末,太阳能将占到全部能源消费的 50% 以上。

1.1.2 太阳电池发展现状

自 1954 年第一块具有实用意义的太阳电池被研制出来后,经过近大半个世纪的研究和攻关,各种太阳电池都取得了长足的进步,电池效率得到了显著的提高。同时,电池组件效率也大幅提高,部分电池已实现了实用化,或正在进行实用化研究与攻关。表 1.1 为各类太阳电池截至 2013 年 7 月取得的经过第三方认证的电池效率一览表。

1.1.3 太阳电池应用概况

太阳能光伏发电具有十分明显的优势。一是资源丰富且不会枯竭,是可再生清洁能源。特别是光伏发电过程不耗水,因此光伏电站建设不受水资源制约,可以在空闲土地上,特别是可以在沙漠上建设光伏电站。二是光伏电池安装建设简单、装机规模灵活、运行管理方便,既可以利用空旷场地进行建设,也可以与建筑结合建设,几乎不需要进行运行维护,开发利用的潜力很大。三是光伏发电的输出特性与用电负荷特性相吻合,即光伏发电在太阳光照最强的中午时段输出最大,而此时也正是用电的高峰时段,可有效减轻电力系统的调峰压力,利于优化电力系统运行,节约不可再生的化石能源资源,实现节能减排目标。

2010 年全球光伏产业急剧增加。大批新增产能的投入,极大地扩充了光伏市场的供应量。2011 年,全球新增光伏装机容量为 29.6 GW,与 2010 年的 16.8 GW 相比增长 76.2%。从全球太阳能光伏发电的生产厂商来看,截至 2010 年底,全球光伏电池产量排名前五位的厂商分别为河北晶澳公司、美国 First Solar 公司、无锡尚德公司、保定英利公司和常州天合公司,产能分别为 1500 MW、1300 MW、1200 MW、1000 MW 和 930 MW。可以说,从 2010 年开始,世界太阳能光伏企业的竞争正式升级至吉瓦(GW)级。图 1.1 为我国太阳能光伏装机容量情况。

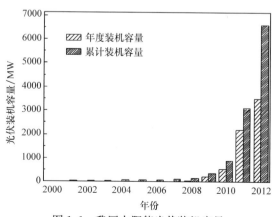

图 1.1 我国太阳能光伏装机容量

表 1.1　2013 年各类太阳电池及组件效率认证结果[1]

电池类型	效率/%	面积①/cm²	开路电压/V	短路电流密度/(mA/cm²)	填充因子/%	测试单位②及日期	备注
硅材料							
单晶硅	25±0.5	4.00(da)	0.706	42.7	82.8	Sandia(3/99)	新南威尔士大学 PERL
多晶硅	20.4±0.5	1.002(ap)	0.664	38.0	80.9	NREL(5/04)	德国 FhG 太阳能源系统研究所
薄膜硅	19.1±0.4	242.6(ap)	0.682	38.14	77.4	NREL(10/12)	美国 Solexel 公司(43μm 厚)
薄膜硅组件	10.5±0.3	94.0(ap)	0.492	29.7	72.1	FhG-ISE(8/07)	澳大利亚南玻太阳能(CSG Solar)
Ⅲ-Ⅴ族电池							
GaAs(薄膜)	28.8±0.9	0.9927(ap)	1.122	29.68	86.1	NREL(5/12)	阿尔塔设备公司 RTI,Ge 衬底
GaAs(多晶)	18.4±0.5	4.011(t)	0.994	23.2	79.7	NREL(11/95)	美国 Spire 公司,外延
InP(单晶)	22.1±0.7	4.02(t)	0.878	29.5	85.4	NREL(4/90)	
薄膜电池							
CIGS(电池)	19.6±0.6	0.996(ap)	0.713	34.8	79.2	NREL(4/09)	美国可再生能源实验室·玻璃衬底
CIGS(组件)	17.4±0.5	15.993(ap)	0.6815	33.84	75.5	FhG-ISE(10/11)	德国泰尔汉姆公司,4 个串联
CdTe(电池)	19.6±0.4	1.0055(ap)	0.8573	28.59	80.0	Newport(6/13)	通用电气全球研发中心
非晶硅	10.1±0.3	1.036(ap)	0.886	16.75	67.0	NREL(7/09)	瑞士欧瑞康太阳能公司(纳莎代尔市)
纳晶硅	10.7±0.2	1.044(ap)	0.549	26.55	73.3	FhG-ISE (12/12)	

续表

电池类型	效率/%	面积①/cm²	开路电压/V	短路电流密度/(mA/cm²)	填充因子/%	测试单位②及日期	备注
染料敏化电池	11.9±0.4	1.005(ap)	0.744	22.47	71.2	AIST(9/12)	夏普公司
染料敏化组件	9.9±0.4	17.11(ap)	0.719	19.4	71.4	AIST(8/10)	索尼公司,8个并联
有机薄膜电池	10.7±0.3	1.013(da)	0.872	17.75	68.9	AIST(10/12)	日本三菱化学公司
有机电池(组件)	8.2±0.3	24.99(da)	0.797	15.17	67.6	AIST(1/13)	日本东芝公司,4个串联
GaInP/GaAs/InGaAs	37.9±1.3	1.047(ap)	3.065	14.27	86.7	AIST(2/13)	夏普公司
a-Si/nc-Si(薄膜)	13.4±0.4	1.006(ap)	1.963	9.52	71.9	NREL(7/12)	韩国乐喜金星电子公司
a-Si/nc-Si(薄膜电池)	12.3±0.3	0.962(ap)	1.365	12.93	69.4	AIST(7/11)	日本钟渊化学公司
a-Si/nc-Si(薄膜组件)	11.7±0.4	14.23(ap)	5.462	2.99	71.3	AIST(9/04)	日本钟渊化学公司

① ap代表开孔面积;t代表全部面积;da代表光照面积。

② Sandia:美国桑迪亚国家实验室;NREL:美国国家能源部可再生能源实验室;FhG-ISE:德国FhG太阳能源系统研究所;Newport:美国Newport公司;AIST:日本先进材料科学与技术研究所。

近几年来,面对时代机遇,世界各国纷纷制订光伏产业发展计划。目前光伏电池产业在全球呈现高速增长,多元化需求局面已经出现。并网发电依然占市场需求主体,光伏与建筑一体化将成为未来发展趋势。2010～2020年,预计全球光伏产业年增长率将达34%,年安装量将达到11.34 GW。据相关预测,2030年,太阳能光伏发电占世界总电力供应比例将达到10%以上;到21世纪末,太阳能光伏发电所占比例将更高,预计会突破60%。中国《新能源产业振兴和发展规划》明确提出:太阳能发电装机规模在2020年达到20 GW。但在2012年国际太阳能市场发生巨大变化的时候,国家能源局实时调整太阳能发展计划,国家能源局发布的《太阳能发电发展"十二五"规划》明确指出:到2015年底,我国太阳能发电装机容量达到35 GW以上。这些数字足以描绘出太阳能光伏产业未来广阔的发展前景,同时,明确国家新能源发展的路线图,构建新能源经济政策体系,加强新能源产业的布局和监管等对未来光伏健康发展至关重要[2]。

1.2　太阳电池分类及其应用简介

1.2.1　太阳电池分类

太阳电池是光伏发电系统的核心。从技术的发展程度来区分,太阳电池可分为以下几个阶段:第一代太阳电池,晶体硅电池;第二代太阳电池,包括非晶硅薄膜太阳电池(a-Si)、碲化镉太阳电池(CdTe)、铜铟镓硒太阳电池(CIGS)、砷化镓太阳电池(GaAs)、染料敏化太阳电池(DSC)等;第三代太阳电池,各种叠层太阳电池、热光伏电池(TPV)、量子阱及量子点超晶格太阳电池、中间带太阳电池、上转换太阳电池、下转换太阳电池、热载流子太阳电池和碰撞离化太阳电池等新概念太阳电池。

按电池结构划分,太阳电池可分为晶体硅太阳电池和薄膜太阳电池。

按照使用的基本材料不同,太阳电池可分为硅太阳电池、化合物太阳电池、染料敏化电池和有机薄膜电池等几种。

(1) 硅太阳电池。

硅太阳电池依据硅的结晶形态又可分为单晶硅太阳电池、多晶硅太阳电池和非晶硅太阳电池三种。单晶硅太阳电池转换效率较高,技术也最为成熟。多晶硅太阳电池与单晶硅比较,成本低廉,并且效率高于非晶硅太阳电池。非晶硅薄膜太阳电池成本低、质量轻,便于大规模生产,有较大的潜力。

(2) 砷化镓太阳电池。

单结砷化镓Ⅲ-Ⅴ族太阳电池的转换效率可达28%,抗辐照能力强,但价格不菲,基本仅限于太空等特殊使用。

（3）碲化镉Ⅱ-Ⅵ族薄膜太阳电池。

碲化镉薄膜太阳电池的效率较非晶硅薄膜太阳电池效率高,成本较单晶硅电池低,并且也易于大规模生产,在产业化过程中需重点发展环境友好的工艺技术。

（4）铜铟镓硒薄膜太阳电池。

铜铟镓硒薄膜太阳电池适合光电转换,不存在光致衰退问题,光电转换效率可与多晶硅相比拟,具有价格低廉、性能良好和工艺简单等优点。

（5）染料敏化太阳电池。

基于纳米 TiO_2 多孔薄膜的染料敏化太阳电池,由纳米多孔薄膜光阳极、具有氧化还原电对的电解液和具有催化功能的对电极组成。其电池关键材料和制备工艺的成本低、技术简单,具有很好的应用前景。

（6）聚合物太阳电池。

聚合物太阳电池具有材料来源广泛、制作工艺简单、成本低等特点,而且还易于实现“卷对卷”生产。

（7）量子点太阳电池。

量子点太阳电池是实现新一代电池的重要结构之一,由于具有量子效应、光电转换效率高等特点,近年来备受关注。

（8）新结构太阳电池。

为了进一步提高电池效率,科研人员一直在努力寻找更新的材料或结构,期待改善当前半导体薄膜电池的转换效率和获得高效低成本的新型太阳电池。目前主要包括纳米硅、黑硅、多结叠层、陷光、量子点和超晶格等,并开展了初步的研究。

1.2.2　太阳电池组件分类及其应用

太阳电池组件可分为以下几种,即一般的直流输出太阳电池组件、建筑一体型太阳电池组件、采光型太阳电池组件以及新型的太阳电池组件等。

（1）一般的直流输出太阳电池组件。

对于一般的直流输出太阳电池组件来说,组件的尺寸因生产厂家而异。太阳电池组件的输出电压根据电池组件尺寸不同而不同,目前商用单个组件已接近300 W,其输出电压一般为17～40 V;输出功率为100～300 W。

（2）建筑一体型太阳电池组件。

与建筑材料一体构成的新型太阳电池组件可分为三种,即建材屋顶一体型组件、建材墙壁一体型组件以及柔软型组件。其中,建材屋顶一体型组件主要用于个人住宅用太阳能光伏系统;建材墙壁一体型组件主要用于大楼、建筑物等;柔软型组件则主要应用于窗户玻璃和曲面建筑物等。

（3）采光型太阳电池组件。

采光型太阳电池组件是为了适应企业的办公楼、工厂、公共设施等大楼玻璃、窗帘等美观的需要而设计的,采光型太阳电池组件既可以发电供大楼使用,又可以使其与环境协调、美观。采光型太阳电池组件按所使用的太阳电池种类可分为多种形式,主要有 4 种,即由结晶系太阳电池构成的组合玻璃、复合玻璃采光型太阳电池组件、由薄膜系太阳电池构成的组合玻璃和复合玻璃透光型太阳电池组件。

(4) 新型太阳电池组件。

新型太阳电池组件有许多种类,主要有交流输出太阳电池组件、蓄电功能内藏的太阳电池组件、带有融雪功能的太阳电池组件以及两面发电型非晶硅锗混合型异质结(HIT)太阳电池组件等。

1.2.3　硅基太阳电池

硅基太阳电池包括多晶硅、单晶硅和非晶硅电池三种。在众多硅系列电池中,单晶硅太阳电池光电转换效率最高,技术也最为成熟,在大规模应用和产业化中仍占主导地位。但单晶硅电池成本也相对较高,为了降低成本和减少硅材料用量,发展了作为替代单晶硅电池的多晶硅和非晶硅太阳电池。非晶硅电池成本相对较低、质量轻,便于大规模生产,但受制于材料引发的电池效率衰退明显,稳定性有待进一步提高和改进。多晶硅电池成本比单晶硅电池低,效率比非晶硅电池高,具有很好的应用前景。产业化晶体硅电池的效率可达到 14%～20%(单晶硅电池 16%～20%,多晶硅电池 14%～18%)。目前产业化太阳电池中,多晶硅和单晶硅太阳电池所占比例近 90%。硅基电池广泛应用于并网发电、离网发电和商业应用等领域。

1.2.3.1　单晶硅太阳电池

1954 年,贝尔实验室的 Chapin、Fuller 和 Pearson 发明了第一块现代意义上的单晶硅太阳电池[3]。该电池的特征主要是在单晶硅片上通过扩散形成 pn 结,并在衬底配有双电极结构。但是单晶硅电池直到 20 世纪的 80 年代和 90 年代才得到快速发展。现阶段无论是高效电池的基础研究,还是实用化研究和实际应用,都具有良好的研究进展,电池性能得到大幅提高。目前,单晶硅太阳电池最高光电转换效率已经达到 25%[4],图 1.2 列出了单晶硅太阳电池效率发展情况。

高性能单晶硅电池是建立在高质量单晶硅材料和相关成熟的加工处理工艺基础上的。现在单晶硅的电池工艺已近成熟,在电池制作中,一般都采用表面织构化、发射区钝化、分区掺杂等技术,开发的电池主要有平面单晶硅电池和刻槽埋栅电极单晶硅电池。在提高转化效率方面主要是进行单晶硅表面微结构处理和分区掺杂工艺的改进。

虽然目前单晶硅太阳电池转换效率最高,但受关键材料和电池复杂的制作工艺以及单晶硅材料价格的影响,单晶硅成本高,生产线工艺、技术及要求复杂。为了节省高质量材料,寻找单晶硅电池的替代产品,薄膜太阳电池逐渐发展起来,其中以多晶硅薄膜太阳电池和非晶硅薄膜太阳电池为典型代表。

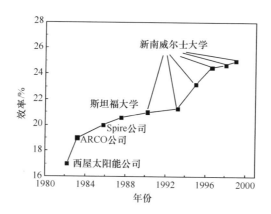

图 1.2 单晶硅太阳电池效率变化曲线图

1.2.3.2 多晶硅太阳电池

多晶硅太阳电池是以多晶硅为基体材料的太阳电池,按硅材料的厚度,可分为多晶硅体电池和多晶硅薄膜电池。一般把多晶硅体太阳电池称为多晶硅太阳电池,多晶硅太阳电池的性能基本与单晶硅相同。

通常的晶体硅太阳电池是在厚度为 $200\sim300~\mu m$ 的高质量硅片上制成的,这种硅片从提拉或浇铸的硅锭上锯割而成,因此实际消耗的硅材料较多。为了节省硅材料,研究人员从 20 世纪 70 年代中期就开始在廉价衬底上沉积多晶硅薄膜,但由于生长的硅薄膜晶粒尺寸小,多晶硅薄膜太阳电池发展缓慢。

多晶硅薄膜是由许多大小不等和具有不同晶面取向的小晶粒构成。为了获得大尺寸晶粒的薄膜,科研人员进行了坚持不懈的研究,并提出了很多方法。目前制备多晶硅薄膜电池多采用化学气相沉积法(CVD),包括低压化学气相沉积(LPCVD)和等离子增强化学气相沉积(PECVD)工艺。此外,液相外延法(LPPE)和溅射沉积法也可用来制备多晶硅薄膜电池。LPCVD 主要是以 SiH_2Cl_2、$SiHCl_3$、$SiCl_4$ 或 SiH_4 等为反应气体,在一定的保护气氛下反应生成硅原子并沉积在加热的 Si、SiO_2 和 Si_3N_4 等衬底材料上。但研究发现,在非硅衬底上很难形成较大的晶粒,并且容易在晶粒间形成空隙。解决这一问题的办法是先用 LPCVD 在衬底上沉积一层较薄的非晶硅层,再将这层非晶硅层退火,得到较大的晶粒,然后在这层籽晶上沉积厚的多晶硅薄膜,因此再结晶技术无疑是很重要的一个环节。目前采用的技术主要有固相结晶法和中区熔再结晶法。多晶硅薄膜电池除采用了再结晶工艺外,另外采用了几乎所有制备单晶硅太阳电池的技术,这样制得的太阳电池转换效率明显提高。多晶硅太阳电池效率变化曲线如图 1.3 所示。

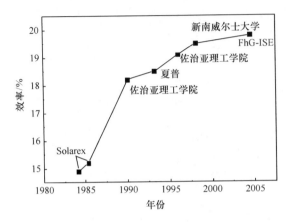

图 1.3　多晶硅太阳电池效率变化曲线图

　　多晶硅薄膜太阳电池由于所使用的硅较单晶硅少,又无效率衰退问题,并且有可能在廉价衬底材料上制备,其成本远低于单晶硅电池,而效率却高于非晶硅薄膜太阳电池。因此,多晶硅薄膜太阳电池不久将会在太阳电池市场上占据主导地位。

1.2.3.3　非晶硅薄膜太阳电池

　　开发太阳电池的两个关键问题是:提高转换效率和降低成本。由于非晶硅薄膜太阳电池的成本低,便于大规模生产,受到人们的普遍重视并得到迅速发展。其实早在 20 世纪 70 年代初,非晶硅太阳电池的研制工作就已经开始了,近几年它的研制工作得到了迅猛发展,目前世界上已有多家公司在生产该种电池产品。

　　非晶硅也称无定形硅或 a-Si,是直接吸收半导体材料,光的吸收系数很高,仅几微米就能完全吸收阳光,因此该电池可以做得很薄,其材料和制作成本也较低。与晶体硅太阳电池不同,非晶硅太阳电池温度升高对其效率的影响比晶体硅太阳电池要小。不过,非晶硅太阳电池经光照后,会产生 10%～30% 的电性能衰减,这种现象称为非晶硅太阳电池的光致衰退效应(也称 S-W 效应),此效应限制了非晶硅太阳电池作为功率发电器件的大规模应用。

　　作为太阳能材料,非晶硅尽管是一种很好的电池材料,但由于其光学带隙为 1.7 eV,材料本身对太阳辐射光谱的长波区域不敏感,这样一来就限制了非晶硅太阳电池的转换效率。此外,其光电效率会随着光照时间的延续而衰减,即光致衰退效应,使电池性能不稳定,这些问题可通过制备叠层太阳电池的途径来解决。叠层太阳电池是由在制备的 p、i、n 层单结太阳电池上再沉积一个或多个 p-i-n 子电池而制得的。叠层太阳电池提高转换效率、解决单结电池不稳定性的关键问题在于:①它把不同禁带宽度的材料组合在一起,提高了光谱的响应范围;②顶电池的 i 层较薄,光照产生的电场强度变化不大,保证 i 层中的光生载流子抽出;③底电池产

生的载流子约为单电池的一半,光致
衰退效应减小;④叠层太阳电池各子
电池是串联在一起的。非晶硅太阳电
池效率发展情况如图 1.4 所示。

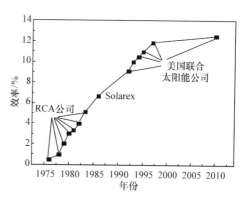

目前,非晶硅薄膜太阳电池的制
备方法有很多,其中包括反应溅射法、
PECVD 法、LPCVD 法等,反应原料气
体为 H_2 稀释的 SiH_4,衬底主要为玻璃
及不锈钢片,制成的非晶硅薄膜经过
不同的电池工艺过程可分别制得单结
电池和叠层太阳电池。目前非晶硅太

图 1.4　非晶硅太阳电池效率变化曲线图

阳电池的研究在两方面取得重大进展:第一、三叠层结构非晶硅太阳电池转换效率
达到了 13%,创下新的纪录;第二、三叠层太阳电池年生产能力达 5 MW。美国联
合太阳能公司制得的单结太阳电池最高转换效率为 9.3%,三带隙三叠层电池最
高转换效率为 13%[4],上述最高转换效率是在小面积(0.25 cm²)电池上取得的。

国内关于非晶硅薄膜太阳电池,特别是叠层太阳电池的研究并不多。南开大
学的耿新华、赵颖等采用工业用材料,以铝背电极制备出面积为 20 cm×20 cm、转
换效率为 8.28% 的 a-Si/a-Si 叠层太阳电池。

非晶硅太阳电池由于具有较高的转换效率和较低的成本及质量轻等特点,有
着极大的潜力。但同时由于它的稳定性不高,直接影响了它的实际应用。如果能
进一步解决稳定性及提高转换率等问题,非晶硅太阳电池无疑是太阳电池的主要
发展产品之一。

1.2.4　CdTe 太阳电池

1.2.4.1　CdTe 太阳电池简介

CdTe 是 Ⅱ-Ⅵ族化合物半导体,带隙 1.5 eV,是一种良好的光伏材料,最适合
于光电转换,基于该材料的太阳电池,与太阳光谱非常匹配,理论效率可达到
28%,并且性能很稳定,是近年来技术上发展较快的一种薄膜电池。美国南佛罗里
达大学于 1993 年用升华法在 1 cm² 面积上制备出转换效率为 15.8% 的太阳电
池[5];1996 年美国国家能源部可再生能源实验室(NREL)的吴选之采用复合透明
导电薄膜、异质结和氟化镁减反射膜,取得了 15.8% 的效率;2013 年 3 月,美国
First Solar 公司宣布其 CdTe 电池光伏转换效率达到 18.7%;同年 6 月通用电气
全球研发中心的 CdTe 电池效率值达到 19.6%。图 1.5 为 CdTe 太阳电池近年来
光电转换效率发展示意图。

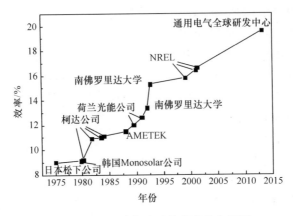

图 1.5　CdTe 太阳电池效率变化曲线图

CdTe 容易沉积成大面积的薄膜,沉积速率高。CdTe 薄膜太阳电池通常以 CdS /CdTe 异质结为基础。尽管 CdS 和 CdTe 的晶格常数相差 10%,但它们组成的异质结电学性能优良。20 世纪 90 年代初,CdTe 电池已实现了规模化生产,但市场发展缓慢,市场份额一直徘徊在 1% 左右。商业化电池效率平均为 8%～10%。CdTe 薄膜太阳电池是在玻璃或是其他柔性衬底上依次沉积多层薄膜而构成的光伏器件。一般标准的 CdTe 薄膜太阳电池由五层结构组成(图 1.6)。

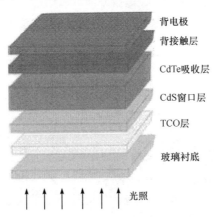

图 1.6　CdTe 太阳电池典型的结构示意图

1.2.4.2　CdTe 太阳电池制备方法

目前,制备 CdTe 多晶薄膜的多种工艺和技术已经开发出来,如电沉积、物理气相沉积、化学气相沉积、化学浴沉积、丝网印刷、近空间升华、溅射和真空蒸发等。丝网印刷烧结法:由含 CdTe 和 CdS 浆料进行丝网印刷 CdTe 和 CdS 膜,然后在 600～700 ℃可控气氛下进行热处理 1 h 得大晶粒薄膜。近空间升华法:采用玻璃作衬底,衬底温度为 $500 \sim 600\,^{\circ}\mathrm{C}$,沉积速率为 $10\ \mu\mathrm{m/min}$。真空蒸发法:将 CdTe 从约 $700\,^{\circ}\mathrm{C}$ 加热坩埚中升华,冷凝在 $300 \sim 400\,^{\circ}\mathrm{C}$ 衬底上,典型沉积速率为 $1\ \mathrm{nm/s}$。以 CdTe 作吸收层,CdS 作窗口层的半导体异质结电池的典型结构:减反射膜/玻璃/(SnO$_2$:F)/CdS/P-CdTe/背电极。

1.2.4.3 CdTe 太阳电池国内外发展现状

1. 国外 CdTe 太阳电池产业发展状况与趋势

CdTe 太阳电池是薄膜太阳电池中发展较快的一种光伏器件。通常认为,CdTe 太阳电池是太阳电池中最容易生产的,因而它向商品化进展最快。目前,实验室小面积电池获得的最高效率为 19.6%,已经成为美、德、日和意等国研究开发的主要对象。提高效率就是要对电池结构及各层材料工艺进行优化,适当减薄窗口层 CdS 的厚度,可减少入射光的损失,从而增加电池短波响应以提高短路电流密度,较高转换效率的 CdTe 太阳电池就采用了较薄的 CdS 窗口层而创了最高纪录。要降低成本,就必须将 CdTe 的沉积温度降到 $550\,^{\circ}\mathrm{C}$ 以下,以适于廉价的玻璃作衬底。实验室成果走向产业化,必须经过组件以及生产模式的设计、研究和优化过程。近年来,不仅有许多国家的研究小组已经能够在低衬底温度下制造出转换效率在 12% 以上的 CdTe 太阳电池,而且在大面积组件方面取得了可喜的进展,许多公司正在进行 CdTe 薄膜太阳电池的中试和生产厂的建设,有的已经投产。在广泛而深入的应用研究基础上,许多国家的 CdTe 薄膜太阳电池已由实验室研究阶段开始走向规模工业化生产。1998 年美国的 CdTe 太阳电池产量为 0.2 MW。BP Solar 公司计划在费尔菲尔德(Fairfield)生产 CdTe 薄膜太阳电池。

2. 国内 CdTe 太阳电池产业发展状况与趋势

我国 CdTe 太阳电池的研究工作始于 20 世纪 80 年代初。内蒙古大学采用蒸发技术,北京太阳能研究所采用电沉积技术(ED)研究和制备 CdTe 太阳电池。80年代中期至 90 年代中期,研究工作处于停顿状态。90 年代后期,四川大学于“九五”期间,在冯良桓教授的带领下开展了 CdTe 太阳电池的研究。采用近空间升华技术,研究 CdTe 太阳电池,并取得很好的成绩。最近电池效率已经突破 16%,进入了世界先进行列。经过多年几代科学工作者的不懈努力,我国正处于实验室基础研究到应用产业化的快速发展阶段。目前,四川大学在“十一五”期间与无锡尚德太阳能电力有限公司合作成立了四川尚德太阳能电力有限公司,截至 2012 年 5月,已经成功建立了 5 MW CdTe 太阳电池生产线。我国的 CdTe 太阳电池产业化将得到长足发展,并向世界领先水平迈进。

1.2.4.4 CdTe 太阳电池未来发展

CdTe 太阳电池较其他的薄膜电池容易制造,因而它向商品化进展最快。已由实验室研究阶段走向规模化工业生产。下一步的研发重点是进一步降低成本，提高效率并改进与完善生产工艺。

CdTe 太阳电池具备许多有利于竞争的因素，但在 2002 年其全球市场占有率仅 0.42%，目前 CdTe 太阳电池商业化产品效率已超过 12%，究其无法跃升为市场主流的原因，大致有下列几点：

(1) 模块与基材材料成本太高，整体 CdTe 太阳电池材料占总成本的 53%，其中半导体材料只占约 5.5%。

(2) Te 天然蕴藏量有限，其总量势必无法应付大量而全盘依赖此种光电池发电之需。

(3) Cd 的毒性使人们无法放心地接受这种太阳电池。

CdTe 太阳电池作为大规模生产与应用的光伏器件，最值得关注的是环境污染问题。有毒元素 Cd 对环境的污染和对操作人员健康的危害是不容忽视的。有效地处理废弃和破损的 CdTe 组件，技术上很简单。而 Cd 是重金属，有剧毒，Cd 的化合物与 Cd 一样有毒。因此，对破损的玻璃片上的 Cd 和 Te 应去除并回收，对损坏和废弃的组件应进行妥善处理，对生产中排放的废水、废物应进行符合环保标准的处理。目前各国均在大力研究解决 CdTe 薄膜太阳电池发展受限的对策，相信上述问题不久将会逐个解决，从而使 CdTe 太阳电池成为未来社会新能源成分之一。

作为第二代薄膜太阳电池的代表性材料，CdTe/CdS 将成为未来最有潜力的薄膜太阳电池材料。1996 年，美国 NREL 及美国 First Solar 公司已经使该系列太阳电池从实验室走向规模生产。国内吴选之所在的研发团队在 2011 年 9 月，实现了生产线的联调一次成功，做出效率在 10% 以上的电池组件，后来通过一年时间的努力，效率已接近 12%，平均效率达到 11.4%，在国际上很少有企业达到这一水平，中国离实现碲化镉薄膜电池产业化道路更近了。

1.2.5　CIGS 太阳电池

CIGS 是 $CuIn_xGa_{1-x}Se_2$ 的简写，由 Cu（铜）、In（铟）、Ga（镓）和 Se（硒）四种元素构成最佳比例的黄铜矿薄膜太阳电池，可见吸收光谱波长范围广，除了晶硅与非晶硅太阳电池可吸收光的可见光谱外，吸收波长还可以延伸至 700~1200 nm 的红外光区域。其具有稳定性好、抗辐照性能好、成本低和效率高等优点。CIGS 薄膜太阳电池最高转化效率近年来的变化如图 1.7 所示。大面积电池组件转化效率及产量根据各公司制备工艺不同而有所不同，一般在 10%~15% 范围内。我国 CIGS 薄膜技术还处于实验室阶段，南开大学光电子薄膜器件与技术研究所在 CIGS 研究上处于国内领先水平，转换效率可达到 14% 以上。中国科学院深圳先进技术研究院与香港中文大学合作，成功研发出了光电转换效率达 19% 的 CIGS。

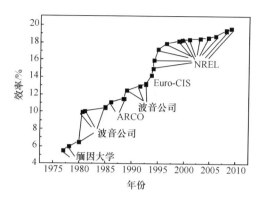

图 1.7　CIGS 太阳电池效率变化曲线图

1.2.5.1　CIGS 太阳电池特点与制备方法

CIGS 太阳电池效率高,主要是由于具有以下突出特性:①Se 和 Ga 的掺入不仅增加了吸收层材料的带隙,还可控制其在电池吸收层中形成梯度带隙分布,调整吸收层与其他材料界面的能带匹配,优化整个电池的能带结构;②采用 CBD 法沉积 CdS 层和双层 ZnO 薄膜层取代蒸发沉积厚 CdS 窗口层材料,提高了电池异质结的性能,改善了电池在短波区域的光谱响应范围;③用含 Na 普通玻璃替代无 Na 玻璃,Na 通过 Mo 的晶界扩散到达 CIGS 薄膜材料中,改善 CIGS 薄膜材料结构特性和电学特性,提高电池的开路电压和填充因子。

CIGS 薄膜材料的制备方法大致可分为真空沉积和非真空沉积两大类。其中多元素直接蒸发法和金属预制层后硒化法是最为常用的两种方法。采用多元素直接蒸发法成功地制备了最高光电转换效率的 CIGS 电池,而金属预制层后硒化法由于具有易于精确控制薄膜中各元素的化学计量比、薄膜厚度和成分均匀分布等特点,成为目前产业化的首选工艺。其他的方法还有电化学沉积法、喷雾高温分解法、激光诱导合成法、丝网印刷法、混合工艺法和液相沉积法等。

1.2.5.2　CIGS 太阳电池结构

图 1.8 给出了 CIGS 太阳电池的典型结构,具体包括衬底为覆有 Mo 层的钠钙玻璃、CIGS 吸收层、CdS 缓冲层(或其他无 Cd 材料)、i-ZnO 和 Al-ZnO 窗口层、MgF$_2$ 减反射层以及顶电极 Ni-Al 等薄膜材料。详细的各层材料制备

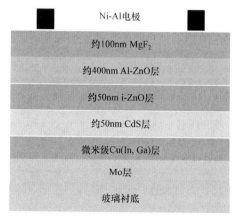

图 1.8　CIGS 太阳电池典型的结构示意图

方法和具体性能可参考文献[6]。

1.2.5.3　CIGS 太阳电池国内外发展现状

CIGS 太阳电池具有与多晶硅太阳电池接近的效率,具有低成本和高稳定性的优势,并且产业化瓶颈已经突破。在晶体硅太阳电池原材料短缺的不断加剧和价格的不断上涨的背景下,很多公司投入巨资,CIGS 产业呈现出蓬勃发展的态势。目前全球有 30 多家公司置身于 CIGS 产业,有德国的 Johanna Solar、Würth Solar、Surlfulcell 和 AVANCIS 公司,美国的 Global Solar Energy 和 Nanosolar 公司,日本的本田(Honda)和 Showa Shell 公司。2010 年世界 CIGS 太阳电池组件产能为325 MW。

中国的 CIGS 产业远落后于欧美和日本等国家和地区,南开大学在"十五"期间,成功建设了 0.3 MW 中试线,现已制备出 30 cm×30 cm、效率为 7% 的集成组件样品。2008 年 2 月,山东孚日光伏科技有限公司引进德国 Johanna Solar 公司的技术,独家引进了中国首条铜铟镓硫硒化合物(CIGSSe)商业化生产线。中国科学院深圳先进技术研究院光伏太阳能研究中心自主研发了一套 CIGS 共蒸发-磁控溅射生长系统,将目前 CIGS 太阳能制备技术中最为成熟的共蒸发和溅射后硒化两种技术合为一体,可实现 100 mm×100 mm 的 CIGS 组件的制备,目前组件效率达到 14%。

1.2.5.4　CIGS 太阳电池发展态势及存在问题

在不久的将来,CIS/CIGS 太阳电池的效率可以和传统 PV 相提并论。但尽管已取得某些进展,薄膜技术和传统 PV 的效率方面仍存在一定差距,且在某些情况下差异明显,其结果是必须与传统 PV 在成本基础上竞争。CIGS 太阳电池板也可做成柔性,其均匀的颜色和稳定的性能,更加适合建筑一体化的应用。

虽然 CIGS 电池具有高效率和低材料成本的优势,但它也面临三个主要的问题:①制程复杂,投资成本高;②关键原材料的供应不足;③缓冲层 CdS 具有潜在的毒性。

1.2.6　染料敏化太阳电池

20 世纪 90 年代以来,由于纳米结构半导体材料研究的兴起,纳米材料在光电转换方面的应用研究也得到了快速的发展。1991 年瑞士洛桑高等工业学院(EP-FL) Grätzel 教授领导的小组,以纳米多孔电极代替平板电极制作染料敏化太阳电池(DSC),电池的光电转换效率取得了 7.1% 的突破性进展[7]。目前,DSC 的光电转换效率已超过 12%[4]。近年来 DSC 的光电转换效率如图 1.9 所示。

DSC 主要由镀有透明导电膜(F 掺杂 SnO_2)的导电玻璃、纳米 TiO_2 多孔薄膜、

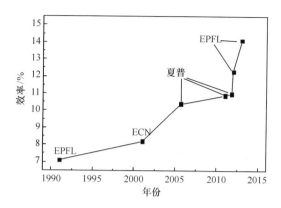

图 1.9　DSC 经第三方认证的光电转换效率变化曲线

染料敏化剂、电解质和对电极五个部分组成(图 1.10)。DSC 的工作机理:在光的作用下,吸附于纳米 TiO_2 多孔薄膜上的染料敏化剂吸收太阳光跃迁到激发态;由于激发态染料不稳定,电子在染料分子与 TiO_2 表面相互作用的驱动下迅速跃迁到 TiO_2 导带;进入 TiO_2 导带中的电子通过扩散或漂移运动发生宏观定向输运现象,最终经过外部回路传输到对电极;同时,电解质溶液中的 I_3^- 在对电极上得到电子被还原成 I^-,而电子注入后的氧化态染料又被 I^- 还原成基态,I^- 自身被氧化成 I_3^-,这样就完成了整个循环过程(图 1.11)。

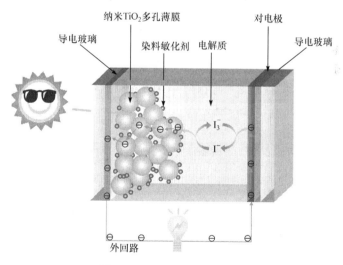

图 1.10　DSC 的结构示意图

(1) 镀有透明导电膜(掺 F 的 SnO_2)的导电玻璃(TCO):这种玻璃有较好的透光率($>85\%$),方块电阻为 $10\sim20\ \Omega/\square$,并可以收集、传输电子,组成了电池的外部结构。

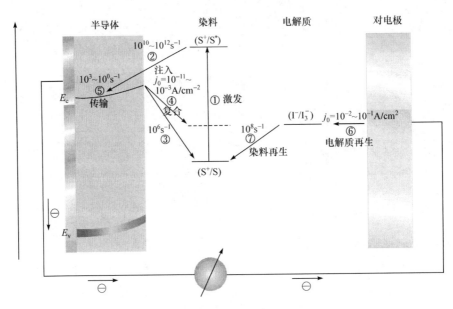

图 1.11　DSC 工作原理图

（2）纳米 TiO_2 多孔薄膜：制备纳米 TiO_2 浆料，采用丝网印刷技术制成 TiO_2 多孔薄膜，薄膜内部呈海绵状多孔结构，能吸附较多染料分子，更有效地吸收太阳光，同时还能起到收集和传输电子的作用。

（3）染料光敏化剂：其作用为吸收光子，激发出电子，还对纳米 TiO_2 薄膜起修饰作用。

（4）电解质：用于还原被氧化的染料分子。

（5）具有多重作用的镀铂反电极：在 TCO 衬底上镀上薄层 Pt，Pt 对光的反射能提高纳米 TiO_2 多孔薄膜对太阳光的吸收率，而且有助于导出电子，提高电子收集效率，并有催化作用。

DSC 以其廉价的原材料、简单的制作工艺与稳定的性能等优势，引起了国内外科学家以及企业界的关注。澳大利亚可再生能源公司（Sustainable Technology International，Australia）、德国光伏研究所（Institute of Photovoltaic，Germany）、瑞士的 Léclanche S. A. 公司和 Solaronix 公司、荷兰能源研究中心（Energy Research Centre of the Netherlands，ECN）以及中国科学院等离子体物理研究所、中国科学院理化技术研究所、北京大学等许多大公司和科研机构等纷纷开展了 DSC 的研究。经过十多年的研究发展，DSC 取得了长足的进步。目前的研究重点是进一步提高 DSC 的光电转换效率和电池实用化。

1.2.7　聚合物太阳电池

聚合物太阳电池由共轭聚合物给体和可溶性富勒烯衍生物受体的共混膜夹在透光导电玻璃衬底和金属电极之间所组成,具有结构简单、成本低、质量轻和可制成柔性器件等突出优点,近年来受到广泛关注。

1.2.7.1　聚合物太阳电池的结构与工作原理

1986 年柯达公司邓青云博士使用酞菁铜为给体、四羧基芘为受体制备了具有双层结构的有机光伏器件[8],在模拟太阳光下,光电转换效率接近 1%,这一成果激发了有机太阳电池的研究兴趣。通常,聚合物太阳电池的结构为 ITO/有机受体/有机给体/金属电极,其中金属电极大多为真空蒸镀得到的金、银、铜和铝等。这类电池的结构示意图如图 1.12 所示。

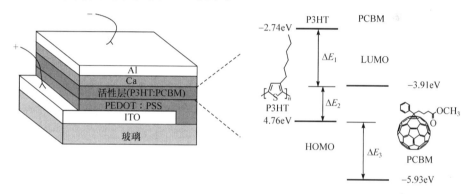

图 1.12　聚合物太阳电池结构示意图[9]

目前,聚合物太阳电池通常由共轭聚合物(电子给体)和 PCBM(C_{60} 的可溶性衍生物,电子受体)的共混膜(光敏活性层)夹在 ITO(indium-tin oxide,氧化铟锡)透光电极(正极)和 Al 等金属负极之间所组成(图 1.12)。一般地,ITO 电极上需要旋涂一层透明导电聚合物 PEDOT:PSS 修饰层,厚度为 30~60 nm,光敏活性层的厚度一般为 100~200 nm。当光透过 ITO 电极照射到活性层上时,活性层中的共轭聚合物给体吸收光子产生激子(电子-空穴对),激子迁移到聚合物给体/受体界面处,在界面处激子中的电子转移到电子受体 PCBM 的 LUMO 能级上、空穴保留在聚合物给体的 HOMO 能级上,从而实现光生电荷分离。然后在电池内部势场(其大小与正负电极的功函数之差以及活性层厚度有关)的作用下,被分离的空穴沿着共轭聚合物给体形成的通道传输到正极,而电子则沿着受体形成的通道传输到负极。空穴和电子分别被正极和负极收集形成光电流和光电压,即产生光伏效应。

1.2.7.2　聚合物太阳电池的研究进展

继 1986 年邓青云博士首次获得 1% 效率的有机小分子太阳电池后,1992 年
Heeger 教授利用共轭聚合物/C_{60} 实现了超快光电荷转移[10]。21 世纪以来,聚合
物太阳电池发展速度明显加快。首先是 Brabec 于 2002 年,通过引入 LiF 修饰层
与可溶性 C_{60} 衍生物 PCBM 共混合,使用二氯苯为溶剂,使电池的效率提高到
3.85%[11]。2005 年,杨阳等通过控制旋涂光敏活性层的溶剂蒸发速度和器件热
处理,使聚合物太阳电池的光电转换效率提高到 4.38%[12]。2007 年 Heeger 研究
组制作叠层器件,聚合物太阳电池的效率超过了 6.0%[13]。德国光伏企业 Heli-
atek GmbH 近日宣布,该公司的有机光伏电池转换效率已经突破 12%。这一世界
纪录已经得到了瑞士通用公证行(SGS)的认可。近些年来聚合物太阳电池的效率
变化如图 1.13 所示。

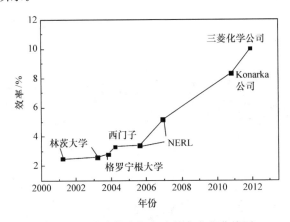

图 1.13　聚合物太阳电池效率变化曲线图

1.2.7.3　聚合物太阳电池未来发展

虽然目前聚合物太阳电池的光电转换效率已经超过 10%,应用前景初步显
现;但是,与现有成熟的硅基太阳电池相比,器件常存在电荷传输、收集效率低以及
填充因子小等缺点。这主要是由于目前使用的共轭聚合物存在太阳光利用率低
(吸收光谱与太阳光谱不匹配、吸收谱带较窄)和电荷载流子迁移率低[一般共轭聚
合物半导体材料的电荷载流子迁移率在 $10^{-5} \sim 10^{-3}$ $cm^2/(V \cdot s)$]的问题。设计
和合成在可见近红外区具有宽吸收和高的吸收系数,具有与受体材料的 LUMO
能级相匹配的 LUMO 能级和较低的 HOMO 能级,具有高的空穴迁移率的共轭聚
合物给体光伏材料将是聚合物太阳电池今后研究的重点。

1.2.8　量子点太阳电池

　　根据近年来人们的研究情况,量子点太阳电池主要有量子点敏化太阳电池、量子点聚合物杂化太阳电池、量子点肖特基结及耗尽异质结等几种结构的太阳电池。量子点敏化太阳电池的概念虽然自 20 世纪 80 年代末就已被提出,但直至最近若干年才得到迅速发展,基于液态电解质的量子点太阳电池的光电转换效率已经达到 6%;量子点聚合物杂化太阳电池目前的效率接近 5%;量子点耗尽异质结太阳电池的效率目前约为 7%。

　　2002 年,Nozik 提出可以在叠层、多激子产生、热载流子注入及中间带等各种新概念太阳电池中应用量子点结构。一方面,在量子点光吸收产生电子空穴对的过程中不需要满足动量守恒原理,并且利用掺有半导体量子点的纳米薄膜可以产生多光子吸收和多激子效应,这使原来不能被利用的能量可以用来产生光伏效应,从而提高太阳电池的光电转换效率。另一方面,半导体量子点有着很好的光吸收和光致发光性能,且这些性能受量子限域效应的控制,因而量子点的光吸收和光致发光性能可以很容易地通过改变量子点的尺寸来调控,所以全光谱吸收对量子点纳米材料而言比较容易实现。基于上述原因,量子点太阳电池具有提高电池效率,突破 Shockley-Queisser 效率极限的极大潜力。

　　Nozik 不仅指出了量子点结构用于太阳电池的各种潜在优点,而且提出了若干种量子点太阳电池的具体结构。其后在 PbSe 和 PbS 量子点结构中发现了很高的多激子产生率,并且在理论模型方面做了大量深入的研究工作。虽然人们曾经就 PbSe 和 PbS 量子点中观测到的多激子效应及其强弱存在争议,但近年来多激子效应的事实已经得到越来越多的人的承认。特别重要的是,最近人们在将多激子效应真正利用到太阳电池中时取得了突破性的进展。2010 年,人们首先在 PbS 胶体量子点敏化 TiO_2 单晶体系中观测到多激子收集效应[14]。之后,Nozik 研究组又在光电转换效率约为 4.5% 的 PbSe 胶体量子点太阳电池(结构为 ITO/ZnO/PbSe/Au)中证实了 130% 的内量子效率[15],从而首次证明能够在太阳电池器件中真正利用多激子效应。另外,人们在金红石型 TiO_2 单晶(110)面上吸附 PbSe 胶体量子点,通过对 PbSe 胶体量子点进行合适的表面配体处理,证明了热载流子注入现象的存在[16]。上述重要研究成果充分证明了量子点应用于新型电池的优越性,吸引了众多研究者的兴趣,必将大力推动量子点太阳电池的迅速发展。作为一种带有鲜明 21 世纪特征的纳米技术,量子点材料给人们带来了实现高效、绿色和低成本太阳电池的希望,具有深刻的科学与社会意义。

1.2.9　其他类新型太阳电池

　　太阳电池面临的最主要问题有光电转换效率和成本。目前第一代的晶体硅光伏电池,包括单晶硅、多晶硅电池,虽然技术相对成熟,已实现规模化生产,但其性价比、制作工艺和要求还很不理想;而第二代的半导体薄膜光伏电池,包括非晶硅、碲化镉、铜铟镓硒,还面临距理论效率偏低的问题。因此,为了进一步提高电池效率,人们一直在努力寻找更新的材料或结构,期待改善当前半导体薄膜太阳电池的光电转换效率和获得高效低成本的新型太阳电池。

目前人们开发的新材料且提出的很多概念性的新型电池结构,主要包括新型染料敏化太阳电池、全光谱太阳电池、黑硅太阳电池、量子点/纳米结构太阳电池、有机/无机杂化太阳电池等。对于第三代太阳电池,它们的特征是薄膜化、效率高(高于单结电池的效率)、原材料丰富、无毒性等。

新概念太阳电池通常根据理论预期,其具有很高的光电转换效率,如全光谱太阳电池,其理论预期的光电转换效率高达 80%。因而,各类新概念太阳电池一直备受人们关注,如果有所突破,其需求和市场都十分巨大,其中关键在于光伏材料制备的突破。对于新材料太阳电池,目前多是对一些新型的光伏材料进行研究,制备的太阳电池器件转换效率还非常低。各种新概念太阳电池基本处于实验室研究阶段,核心材料制备技术还不成熟,一些电池的机理还不完全清楚。但世界各国在新概念太阳电池研究方面均给予了极大关注,发展很快,新成果报道不断。可望实现的具有高转换效率的第三代太阳电池,主要包括:

(1) 多阈值器件,如叠层电池、杂质光伏电池;

(2) 量子倍增器件,如碰撞离化、光子上/下转换;

(3) 热载流子电池;

(4) 热方法,如热离化、热光伏电池;

(5) 其他。

相对于染料敏化太阳电池和有机基太阳电池,第三代太阳电池大多仅处于理论研究阶段,其中很多种类甚至没有原型电池产生。对这些太阳电池的研究国内的报道十分少见。但值得注意的是,第三代太阳电池在理论上普遍具有高效和廉价的特点,一旦在第三代电池上取得较大的突破将会给太阳电池的研究及产业带来翻天覆地的变化。

1.3 染料敏化太阳电池

1.3.1 染料敏化太阳电池发展历程

从 1937 年 Daguerre 发明照相术和 1939 年 Fox Talbot 发明卤化银制版术以来,光电反应就引起了人们的关注,并一直是科学研究的一个热点。Becquerel 在1839 年发现用氧化铜或卤化银涂在金属电极上会产生光电现象[17],从此进一步证实光电转换的可能性。1887 年,Moser[18] 在卤化银电极上涂上赤藓红

(erythrosine)染料,进一步证实了光电现象,并将"染料增感"这一概念从照相术引入到光电效应中;1949 年,Putzeiko 和 Trenin 首次报道了有机光敏染料对宽禁带氧化物半导体的敏化作用,他们将罗丹明 B、曙红、赤藓红和花菁等染料吸附于压紧的 ZnO 粉末上,观察到可见光的光电效应,从此染料敏化半导体成为该领域的研究热点。

敏化作用在照相和光电化学方面的同步发展使几代化学家感到困惑不解,其实两者的本质都是光电诱导电荷转移过程。直到 1964 年,在芝加哥举行的固体光敏化国际会议上,Namba 和 Hishiki[19]提出的有机染料在照相术和光电转换体系中的敏化作用机制相同的观点得到同行的认可,这时人们一致认为要想获得最佳敏化效率,染料必须以一种紧密排列的单分子层形式被吸附到半导体表面上[20]。但这时研究人员还并不是十分清楚光敏化的机理,即染料与半导体间的作用过程究竟是电子转移过程,还是能量耦合过程。自这次会议后,Tributsch 在 ZnO 半导体上的工作使人们基本清楚它们之间的作用是靠电子转移来完成的。自 20 世纪 60 年代起,Gerischer、Tributsch、Meier 及 Memming 等系统地研究光诱导的有机染料与半导体间的电荷转移反应,得出染料吸附在半导体上并在一定条件下产生电流的机理,该机理成为光电化学电池的重要基础。

70 年代初,Fujishima 和 Honda 成功地利用 TiO_2 进行光电解水制氢,并使光能转换为化学能而储存起来[21]。该实验成为光电化学发展史上的一个里程碑,并使人们认识到 TiO_2 在光电化学电池领域中是比较重要的半导体材料。由于所使用的单晶 TiO_2 半导体材料在成本、强度及制氢效率上的限制,该种方法在以后的一段时间内并没有得到很大的发展,更谈不上走向实用化。

进入 80 年代,光电转换研究的重点转向人工模拟光合作用,除了自然界光合作用的模拟实验研究以外,还研究光能化学能(光解水、光固氮、光固二氧化氮)和光电转换等应用研究。美国亚利桑那州立大学的 Gust 和 Moore 领导的研究小组,在三元化合物 C-P-Q(类胡萝卜素 Carotenoid、卟啉 Porphyrin、苯醌 Quinone)上第一个成功模拟了光合作用中光电子转移过程[22]。在这以后,他们又进行了四元[23]、五元[17]化合物的研究,并取得了一定的成绩。利用有机多元分子的光电特性制作光电二极管,是 80 年代以来光电化学领域里取得的又一大成就。Fujihira 等将有机多元分子用 LB 膜组装成光电二极管,获得了 0.28 A/cm^2 的短路电流[24],成为该方面的开拓性工作。经过近年来的研究,短路电流已提高了一个量级。

自 70 年代初到 90 年代的二十多年来,有机染料敏化宽禁带半导体的研究一直非常活跃,Memming、Gerischer、Hauffe、Bard、Tributsch 等大量研究了各种有机染料敏化剂与半导体薄膜间的光敏化作用。这些染料包括玫瑰红、卟啉、香豆素、方酸等,半导体薄膜研究较多的是 ZnO、SnO_2、TiO_2、CdS、WO_3、Fe_2O_3、Nb_2O_5

和 Ta_2O_5 等。早期在这方面的研究主要集中在平板电极上,这类电极的主要缺点是只能在电极表面吸附单层染料分子,由于单层染料分子吸收太阳光的效率非常低,光电转换效率一直无法得到提高。为了克服单层染料的缺点,人们曾试图利用多层染料来解决太阳光吸收的问题,但内层染料分子阻碍了电荷的传输和分离,光电转换效率始终在 1% 以下,远未达到实用水平。而在这期间,1954 年在 RCA,由 Paul 和 Bell Labs 的 Chapin 与 Peanon 把 pn 结引进单晶硅中,也发现光电现象,并发展成为现在的硅太阳电池,其光电转换效率远高于当时的电化学电池,并达到实用水平,所以硅太阳电池在此期间得到了迅速发展。

进入 80 年代以后,利用光化学方法转换太阳能的研究再次活跃。前期研究主要集中在两种方法上:第一种方法是利用太阳能来促使化学转换从一种形式变成另一种,如 80 年代较盛行的利用绿色植物和细菌来进行光处理和光合成,利用光电解水获得氢气以及在化工产品中光固定 CO_2;90 年代主要利用光化学转换来获得工业和生态领域的反应,利用氧化物半导体的悬浮物来光降解有毒物质。第二种方法是直接把太阳能变成电能,这一形式更能吸引人们的注意力。这种光伏电池可分成两类:一类是把染料分散在溶液中,由光使其发生氧化还原反应;另一类是光使半导体和电介质在其界面产生电荷分离。从机理上来说,前一种电子的交换很快,但效率很低,因而 90 年代后几乎被抛弃;后一种液结电池中,采用 III-V 族材料中(如 InP、MoS_2 或 WSe_2 膜)的单晶,以及低带隙半导体,相应电池或器件都表现出良好的光电转换效率,达 15%～20%,但这些窄带隙单晶材料的昂贵价格和稳定性问题(光腐蚀)限制了它的发展。氧化物半导体具有良好的稳定性,但其很宽的带隙限制了其吸收光的效率。

在过去的三十余年中,随着胶体和溶胶-凝胶技术在化学领域内取得的重要发展,以及微米和纳米级结构的材料发展,人们利用这些技术在氧族和硫族化合物中获得网络结构的纳晶半导体薄膜,如 TiO_2、ZnO、Nb_2O_5、WO_3、Ta_2O_5、CdS 或 $CdSe$,相互连接的网络结构使电子可以在半导体内传输。孔洞里填满了半导体或导体介质,如 p 型半导体、空穴传输介质或电解质,形成一个很大的接触面,在这种状态下,在纳米级尺度上,带正、负电荷的小电池相互交叉。纳米结构的材料为人们研究这种可人为控制的过程提供了许多新的机会,同时也为人们提供了其他用途,其唯一的光电特性可用来制作光电极,用于光电池、光致显示器、光开关、化学传感器、嵌入式蓄电池、热反射和紫外吸收层,以及提高玻璃的化学和机械稳定性等。

三十多年的研究使人们对染料敏化宽禁带半导体的基本过程有了许多认识。Fujihara 等研究了罗丹明 B 上的羧基,发现其能与半导体表面上的羟基脱水形成酯键,所得到的光电流要比通过酰胺键连接的高两个数量级[25]。紧接着 Goodenough 等又把这个面间化学反应扩展到联吡啶钌络合物上,希望能够有效地进行水的光氧化,虽然氧化的产率很低,但他们的工作阐明了含有羧基的联吡啶络合物与半导体氧化物的作用方式,并被以瑞士洛桑高等工业学院(EPFL)Grätzel 教授为首的研究小组采用。Grätzel 教授研究小组在 80 年代致力于用 TiO$_2$ 颗粒[26] 和光电极[27]来研究染料敏化太阳电池,他们制备出纳米多孔 TiO$_2$ 半导体膜,以过渡金属 Ru 以及 Os 等有机化合物作染料,并选用适当的氧化还原电解质为主要材料,发展一种染料敏化太阳电池,终于在 1991 年取得了重大突破,在太阳光下,其光电转换效率达 7.1%(AM1.5)[7],这一突破与其说是在光电化学上取得了突破,不如说是在太阳电池上取得了突破。更令人感到欣慰的是,它廉价的成本和简单的制作工艺以及稳定的性能,为人类廉价和方便地使用太阳能提供了更有效的方法,其制作成本仅为硅太阳电池的 1/10～1/5,而且经过近几年的研究效率已超过 12%[28]。

单层染料只能吸收小于 1%的太阳光,多层染料又阻碍了电子的传输,因而电化学电池的光电转换效率一直小于 1%,这也是几十年来电化学太阳电池没有得到发展的主要原因。正是 Grätzel 教授引进纳米多孔的 TiO$_2$ 膜和表面有 15%左右粗糙度的导电膜,使得整个半导体膜像海绵,有很大的内部表面积,能够吸收更多的染料单分子层,这样既克服了原来电池中只能吸附单分子层而吸收少量太阳光的缺点,又可使太阳光在膜内多次反射,使太阳光被染料反复吸收,产生更大的光电流,从而大大提高光电转换效率。

1.3.2　染料敏化太阳电池研究现状

自瑞士洛桑高等工业学院 Grätzel 教授发明染料敏化太阳电池(DSC)并在 1991 年取得突破性进展以来,它的发展得到了国际上广泛的关注和重视。其廉价的生产成本、易于工业化生产的工艺技术及广阔的应用前景,吸引了欧、美、澳众多科学家与企业大力进行研究和开发。自从 DSC 在实验室研究取得突破以来,立即引起了企业界人士的极大关注,通过全球各科研机构、公司和大学的努力,在产业化应用研究上取得了较大的进展。

1.3.2.1　国内在大面积 DSC 方面取得的研究成果

我国在 DSC 的科学研究和产业化研究上都与世界研究水平相接近。目前国内许多研究机构都在开展小面积 DSC 的研究,并在基础研究方面取得了很多富有成效的结果。虽然国内开展大面积 DSC 方面的研究机构不多,但在 DSC 的产业化研究方面也达到了较高水平。

国内高校和科研机构的研究人员广开思路,在基础研究上取得了很好的成绩。近十年来,开展了各种电解质材料和电池结构的研究,并创新性地提出各种结构和思想,如福州大学魏明灯博士提出的 DSC 与储能结合的思想;中国科学院物理研究所孟庆波博士提出的环境友好的复合电解质;清华大学林红博士提出的新型高效低成本叠层柔性薄膜太阳电池等,都对 DSC 各项关键技术和材料提出了新的思路和方法。中国科学院长春应用化学研究所在新型染料研究和离子液态电解质上取得突破,实现自主研发染料 C101,效率达到 11%,离子液态电解质电池效率达到 8.2%,在该领域具有一定的影响。大连理工大学的马廷丽课题组在对小面积 DSC 进行系统性研究的基础上,开展了大面积 DSC 的研究。

对大面积 DSC,中国科学院等离子体物理研究所做了大量的研究工作[29-32]。作者研究组[29]在 2003 年成功制备出光电转换效率接近 6% 的 15 cm×20 cm 及 40 cm×60 cm 的电池组件,报道了效率为 7.4% 的条状大面积(18 cm×0.7 cm)电池实验结果,同时并联大面积电池(18 cm×0.7 cm×13 cm)获得 5.9% 的光电转换效率,在 50 mW/cm^2 太阳光照强度下达到 7.3%,并成功组装成 45 cm×80 cm 的电池板。无论单片电池还是电池板的光电转换效率,都成为当前国际高指标之一。2004 年,在中国科学院等离子体物理研究所建成了 500 W 染料敏化太阳电池示范电站,近七年来运行良好稳定,突破了 DSC 在电极、密封和连接上的应用瓶颈(图 1.14)。2012 年在铜陵市成功建成了 0.5 MW DSC 中试线,为该电池的产业化应用打下了坚实的基础。

图 1.14　中国科学院等离子体物理研究所建立的 500W
DSC 示范系统

我国 DSC 的产业化研究通过目前技术的研发,已成功实现了电池的中试线建设和调试,为 DSC 下一步的推广应用打下了坚实的基础。

1.3.2.2　国外大面积 DSC 的研究成果

通过近几年的发展,DSC 已成为目前十分活跃的研究领域,DSC 实验室研究的光电转换效率接近非晶硅太阳电池研究的水平。除了 DSC 低成本、高效率以及未来可能产生巨大潜在市场的原因外,相对比较低的门槛使工业界易于介入,区别于硅基太阳电池动辄上亿的资金投入是使公司更乐于投入的主要原因。目前主要研发集中在电池的寿命和效率上。从太阳电池应用的范围来讲,DSC 具有一定的优势和范围。

日本、德国、澳大利亚等国家也加入了 DSC 产业化研究的行列,并取得了较大进展。其中,日本在 DSC 的基础研究和应用研究方面都处于世界领先地位,大面积 DSC 的研究也取得了一些突破性进展。日本目前已有超过 100 家公司参与其中,申请专利超过了 1600 项。日本的 Han 等[33]在 2009 年研究出了 Z 型和 W 型 DSC,报道了光电转换效率达 8.2% 的 W 型 DSC 组件,其面积为 50 mm×53 mm,活性面积高达 85%;随后他们又发表了光电转换效率高达 8.4% 的 W 型 DSC 组件[34],其面积仍为 50 mm×53 mm。

日本的 Fujikura 公司在 DSC 研究上也取得了一些成果,2003 年他们对用于栅电极的金、银、铂、钛、镍、铝等金属进行了研究,并在寿命和制作成本等方面进行了比较。最终他们采用 Ni 作栅电极,在面积为 10 cm×10 cm 的大面积 DSC 中,整个组件的光电转换效率达到 5.1%(有效面积为 68.9 cm^2)[35]。另外 Fujikura 公司在 2003 年还研究了离子液体电解质在大面积 DSC 上的应用,采用离子液体电解质制作的 DSC 表现出长期的热稳定性[36, 37]。在优化的条件下,0.9 cm×0.5 cm 的小面积 DSC 的光电转换效率达到 4.5%;10 cm×10 cm 大面积 DSC 的光电转化效率是 2.7%,在离子-凝胶系统中的效率为 2.4%(活性面积为 69 cm^2)。Fujikura 公司还在 2009 年研究了带有 Ag 线栅电极的大面积 DSC 的热稳定性,他们采用离子液体电解质,发现 DSC 在 85 ℃下电解质没有明显的泄漏现象。另外,他们还对 DSC 进行了双重密封使电池各部分与外界潮湿的空气隔离[38]。结果表明:在温度为 85 ℃,湿度为 85% 的环境下,制作的大面积 DSC 的电解质没有明显的泄漏现象,能保持 1000 h 以上的稳定性。他们还证实了在 -40~90 ℃ 的冷热循环下,DSC 可稳定循环 200 次,期间太阳电池的性能没有明显降低。

2009 年日本的 Kato 等研制出了一种单片电路串联 DSC(也称 S 型)。他们制作这种 S 型 DSC 组件不用导电玻璃而改用碳电极作对电极的衬底,大大减少了电池的制造成本。Kato 等还制作了由 9 条单元电池组成的 DSC 组件(10 cm×11 cm)[39],通过拉曼光谱和电化学阻抗谱研究 DSC 的稳定性,结果表明在室外放置两年半以上,电池光电流比较稳定,电压和填充因子略有降低。

日本的研究人员[40]制作了面积为 120 mm^2 和 255 mm^2 的 DSC 组件,并研究了面积为 120 mm^2 的 DSC 在高温下的稳定性,发现在 85 ℃下,面积为 120 mm^2 的大面积 DSC 的稳定性能保持 1000 h,并且光电转换效率保持在初始效率的 95% 以上。

韩国的研究人员[41,42]用丝网印刷的方法在透明导电玻璃衬底上制作了光阳极,用 Ag 作栅电极,用 80 μm 厚的沙林膜封装制作大面积的 DSC。在标准的测试条件下,面积为 5 cm×5 cm 的大面积 DSC 组件的光电转换效率达到 5.52%[43]。科研人员还发明了一种用纳米碳粉作对电极材料的大面积 DSC,面积为 5 cm×5 cm 的电池组件光电转换效率为 4.23%[44]。

韩国的科研人员[45]研究出了提高 W 型 DSC 光电转换效率的方法,他们调节对电极中 Pt 的厚度,使 Pt 对电极具有较高的反射率;同时降低电解质层的厚度并且用一块薄的金属片来反射透射光,从而增加了 DSC 组件中染料所吸收的光子数。用这种新方法制作的 W 型 DSC 组件总效率比以前的提高了 1%。韩国的 Jun 等[46]研究了 DSC 组件中 TiO₂ 膜的尺寸对 DSC 性能的影响,认为大面积 DSC 中 TiO₂ 膜的最佳宽度是 8~9 mm。他们制作出了具有最佳尺寸的 DSC 组件,面积为 10 cm×10 cm,它的光电转换效率达到 6.3%,TiO₂ 膜加入散射层后光电转换效率可达到 6.6%[46]。

以色列的科学家研究出了不用 Ag 线作栅电极而是用一种耐电解质腐蚀的栅电极材料[47],因此不需要保护栅电极。这种方法既增大了大面积 DSC 的活性面积又降低了封装难度,从而提高了大面积 DSC 的稳定性。他们制作的 DSC 组件在 85 ℃下用 1 个太阳光照强度连续照射 3300 h,光电转化效率没有明显的降低。

德国的 Paoli 等[48]用高分子膜作固体电解质组装了大面积 DSC。他们用一种低成本的环氧树脂黏合剂来封装电池,这种黏合剂容易固化并且与玻璃的黏合性好。虽然环氧树脂黏合剂的封装效果比不上成本较高的 Surlyn 膜,但固体电解质不存在电解质泄漏的问题,所以环氧树脂黏合剂是很好的选择。德国的 Sastrawan 等[49,50]用 Z 型串联法组装了一种大面积 DSC;在制作过程中,他们也是用 Ag 线来收集电流,用玻璃材料作保护材料和封装材料。玻璃材料不仅成本低,而且具有很好的热稳定性、化学稳定性和机械稳定性。

近年来,DSC 的大面积化研究引起了众多科研人士的极大关注,在产业化应用研究方面也取得较大的进展。其中,澳大利亚 STA 公司在 2001 年 5 月 1 日建成了世界上第一个中试规模的 DSC 工厂,他们采用钨粉作为电池连接及密封材料设计出面积大于 300 cm² 的内部串联电池,并在不久后建立了 200 m² DSC 显示屋顶[51],为 DSC 的建筑一体化奠定了基础。澳大利亚 Dyesol 公司通过加速老化实验获得了染料敏化太阳电池在室外长期稳定的数据:20 000 h 的老化数据(0.8 个太阳光照强度,55~60 ℃),这一结果相当于太阳电池在中欧室外可稳定运行 32 年,或在澳大利亚悉尼运行 18 年,这些结果充分体现了 DSC 的稳定性。欧盟以荷兰国家能源研究所(ECN)牵头的联合体多年来一直致力于大面积 DSC 电池组件的研究,早在 2001 年在面积大于 1 cm² 的电池上他们获得 8.2% 的效率[51]。2003 年,ECN 研究小组建立了面积为 10 cm×10 cm 的电池组件生产线,获得电池的最高效率为 5.9%,通过对 27 块电池组件性能分析,DSC 的各项性能参数均保持稳定[52]。德国的研究人员制作了面积为 30 cm×30 cm 的大面积 DSC 组件,光电转换效率达到 4.2%[53]。目前小面积 DSC 在室温条件下的稳定性已被论证,大面积 DSC 方阵在高温、多湿等条件下的长期稳定性也已被测试。日本的 Aisin 和丰田中心研究所及 Fujikura 公司等也先后研制了集成型太阳电池[35,54],并对其进行了长时间的室外耐久性试验。日本在大面积 DSC 的研究上也取得了富有成效的成果,其中代表性的有 Arakawa 和 Yanagida 等研究小组。日本的夏普公司[55]和 Arakawa 等[56,57]分别报道了 6.3%(26.5 cm²)和 8.4%(10 cm×10 cm)的 DSC 组件光电转换效率。日本桐荫横滨大学 Miyasaka 等[58,59]也开发出基于低温 TiO_2 电极制备技术的全柔性大面积 DSC,与硅太阳电池相比,可将其价格降至硅电池的 1/10 左右,他们还制作了面积为 30 cm×30 cm 的大面积全柔性 DSC,包括 10 块输出电压为 7.2 V、电流为 0.25~0.3 A 的电池单元。2005 年,日本 Peccell 公司和藤森工业株式会社及昭和电工共同开发的大面积高性能塑料 DSC 生产线试验成功,他们采用丝网印刷方法,实现了低成本连续性生产[60],他们制作的大面积 DSC 组件单元尺寸:长 2.1 m、宽 0.8 m、厚 0.5 mm,每平方米质量为 800 g,是世界上尺寸最大、质量最轻的染料敏化太阳电池,该电池组件即使在室内也可以输出 100 V 以上的高电压。

1.3.3　染料敏化太阳电池技术特点

1.3.3.1　DSC 工艺技术特点

DSC 的主要半导体材料是 TiO_2,其原材料丰富、成本低、性能稳定,其主要工艺是大面积丝网印刷技术及简单浸泡,其制作工艺简化、成本低,在大面积工业化生产中具有较大优势。所有原材料和生产过程都无毒、无污染,电池中的导电玻璃可以得到充分的回收,对保护人类环境具有重要的意义。

1.3.3.2　DSC 产业化具有的技术优势

纵观近年来国内外光伏产业特别是太阳电池及组件行业的发展情况,先进技术从没有停止过更新的脚步,并在近几年取得了突飞猛进的进步。以晶硅太阳电池为例,其产业化技术从第一道工序清洗开始,一直到最后的丝网印刷、烧结,每道工序都不断地显示出技术的改进和突破,每次技术改进都带来了电池效率的上升和成本的下降,正是这样的技术改进和突破才使电池片和组件的价格不断下降,为目前太阳电池成本达到和传统上网电价相近的价格做出了重要贡献。在这样的产业背景下,作为一种实验室光电转换效率已经突破 12%、中试规模已经达到 0.5 MW 的新型薄膜太阳电池,通过对 DSC 进一步产业化所具有的技术优势进行分析,并与包括晶硅太阳电池在内的各种太阳电池进行对比,结合其他种类太阳电池产业化特点,DSC产业化方面具有以下几点明显的技术优势。

1. 工艺相对简单

太阳电池制备成本主要由以下几个部分组成:①原材料的成本。DSC中大批量用到的原材料均为地球储量丰富的元素,如钛、碘等,并且制备方法简单、价格低廉。因此就原材料成本来说具有较大的优势。②制备工艺。由于各种太阳电池的自身特性,其制备的工艺流程也是决定电池成本的一个重要因素,每增加一个工艺步骤都将对电池的成本造成很大的影响。DSC的主要工艺为丝网印刷技术,相对来说工艺步骤较少且易于整合,十分利于流水线的设计。③制备设备的价格。在太阳电池制备中,对制备精度的要求也是衡量电池成本的一个重要因素。对精度要求越高,设备的价值及制备的难度也相对较高。

通过0.5 MW染料敏化太阳电池中试线的建设看到,基本不需要高温、高真空等精确控制的步骤,主要的步骤为浆料丝印、电池层压、电解质灌注和组件拼装等。中试线工艺的空间集中程度也比较好,这种相对廉价的设备及要求较低的加工精度是DSC产业化所具有的一个突出优势。

2. 原材料丰富

电池中所有原材料及其合成过程中使用的材料,除导电玻璃以外,全部实现国产化和自主知识产权化,同时对原材料的要求既不需要如晶硅材料那样高的纯度,也无需像多元化合物半导体电池那样在制备过程中需要精确调控元素配比及晶相结构。

3. 产业化设备相对简单

产业化关键是设备,DSC的产业化设备具有非标的特点,但是相比较而言,一方面,DSC不涉及如薄膜沉积等既是材料制备过程又是电池制备过程的设备;另一方面,涉及的大型设备如隧道窑、层压机等,均可在现有商业化设备上根据需要进行改造,从而达到生产的要求。因此,相比于其他类型电池,DSC的制造设备具有相对简单、价格低廉的特点。

综上而言,作为一种比较新型的薄膜太阳电池,DSC因其结构组成等自身的专门特性,结合0.5 MW中试线的建立,其工艺简单、实用化前景好、成本低等优势已初步显现。通过对该电池进行持续的研究和攻关,其产业化必将取得更大的突破,充分显现作为新能源种类之一的优势。

1.3.4　染料敏化太阳电池应用前景

21世纪世界能源将发生巨大的变革,以资源有限、污染严重的化石能源为主的能源结构,将逐步转变为以资源无限、清洁干净的可再生能源为主的多样化、复合型的能源结构,其中开发利用太阳能,发展太阳电池将是新能源开发中的重要组成部分。与其他太阳电池相比,DSC 的优势十分明显,其生产工艺简单,设备成本低,能耗小,原材料无毒,对劳动力技术要求低,工业化生产成本仅为硅太阳电池的 1/4～1/3。DSC 因以上特点其应用领域变得十分广泛,并呈现出巨大的社会效益。

(1) 农村及农村电气化。到 2012 年底,中国至少还有约 1000 万户、6000 多万农牧业人口仍然未能用上电。在这些人中,有相当一部分居住在西北五省、区以及内蒙古自治区、西藏自治区、云南、海南和四川阿坝州等太阳能资源丰富或比较丰富的地区,具有利用光伏发电解决其基本生活用电和少部分生产用电的自然资源条件。而对农村电力的最主要的要求是价格低廉,性能可靠。DSC 具有的性能特点可以满足这一要求,为这些地区带来光明。

(2) 通信。通信业是国民经济的基础产业,随着国民经济的快速发展,通信业的发展速度也必将十分迅猛。据估计,应用于通信业的光伏电池组件,在今后 12 年,前 7 年将以每年 10% 的速度递增,后 5 年将以每年 5% 的速度递增,主要是应用于光缆通信、微波通信、农村通信、卫视接收站等方面。通过 DSC 组件提供电力,会大大降低通信业投资,节省资源。

(3) 民用商品及其他。主要包括太阳能帽、太阳能充电器、太阳能计算器、太阳能手表、太阳能钟、太阳能路灯、太阳能庭院灯、太阳能玩具、太阳能广告灯箱、太阳能汽车、太阳能游艇、太阳能半导体冷藏箱等。另外,光伏发电与建筑相结合,构成光伏屋顶发电系统,近年来在国外发展甚快,前景诱人,市场广阔。

参 考 文 献

[1] Green M A,Emery K,Hishikawa Y,et al. Solar cell efficiency tables (version 42). Prog Photovoltaics, 2013,21(5):827-837.

[2] 闫金定. 我国新能源发展思考和建议. 中国基础科学,2010,(3):10-12.

[3] Chapin D M,Fuller C S,Pearson G L. A new silicon P-N junction photocell for converting solar radiation into electrical power. Appl Phys,1954,25(5):676-677.

[4] Green M A,Emery K,Hishikawa Y,et al. Solar cell efficiency tables (version 39). Prog Photovoltaics, 2012,20(1),12-20.

[5] Britt J,Ferekides C. Thin-film Cds/CdTe solar-cell with 15. 8-percent efficiency. Appl Phys Lett,1993, 62(22):2851-2852.

[6] 熊绍珍,朱美芳. 太阳能电池基础与应用. 北京:科学出版社,2009.

[7] Oregan B,Grätzel M. A low-cost,high-efficiency solar-cell based on dye-sensitized colloidal TiO₂ films. Nature,1991,353(6346):737-740.

[8] Tang C W. 2-layer organic photovoltaic cell. Appl Phys Lett,1986,48(2):183-185.

[9] Li Y F. Molecular design of photovoltaic materials for polymer solar cells:toward suitable electronic energy levels and broad absorption. Acc Chem Res,2012,45(5):723-733.

[10] Sariciftci N S,Smilowitz L,Heeger A J,et al. Photoinduced electron-transfer from a conducting polymer

to buckminsterfullerene. Science,1992,258(5087):1474-1476.

[11] Brabec C J. Organic photovoltaics: technology and market. Sol Energy Mater Sol Cells, 2004, 83: 273-292.

[12] Li G,Shrotriya V,Huang J S,et al. High-efficiency solution processable polymer photovoltaic cells by self-organization of polymer blends. Nat Mater,2005,4(11),864-868.

[13] Kim J Y,Lee K,Coates N E,et al. Efficient tandem polymer solar cells fabricated by all-solution processing. Science,2007,317(5835):222-225.

[14] Sambur J B,Novet T,Parkinson B A. Multiple exciton collection in a sensitized photovoltaic system. Science,2010,330(6000):63-66.

[15] Semonin O E,Luther J M,Choi S,et al. Peak external photocurrent quantum efficiency exceeding 100% via MEG in a quantum dot solar cell. Science,2011,334(6062):1530-1533.

[16] Tisdale W A,Williams K J,Timp B A,et al. Hot-electron transfer from semiconductor nanocrystals. Science,2010,328(5985):1543-1547.

[17] Becquerel A-E. Mémoire sur les effets électriques produits sous l'influence des rayons solaires. C R Acad Sci,1839,9:561-567.

[18] Moser J. Notizüber verstärkung photo-elektrischer ströme durch optischer sensibilierung. Monatshefte fur Chemie,1887,(8):373.

[19] Namba S,Hishiki Y. Color sensitization of zinc oxide with cyanine dyes. J Phys Chem-US,1965,69(3): 774.

[20] Nelson R C. Minority carrier trapping and dye sensitization. J Phys Chem-US,1965,69(3):714-779.

[21] Fujishima A,Honda K. Electrochemical photolysis of water at a semiconductor electrode. Nature,1972, 238(5358):37-38.

[22] Moore T A,Gust D,Mathis P,et al. Photodriven charge separation in a carotenoporphyrin quinone triad. Nature,1984,307(5952):630-632.

[23] Gust D,Moore T A,Moore A L,et al. A carotenoid-diporphyrin-quinone model for photosynthetic multistep electron and energy-transfer. J Am Chem Soc,1988,110(22):7567-7569.

[24] Fujihira M,Nishiyama K,Yamada H. Photoelectrochemical responses of optically transparent electrodes modified with langmuir-blodgett-films consisting of surfactant derivatives of electron-donor,acceptor and sensitizer molecules. Thin Solid Films,1985,132(1-4):77-82.

[25] Fujihira M,Ohishi N,Osa T. Photocell using covalently-bound dyes on semiconductor surfaces. Nature, 1977:268(5617),226-228.

[26] Dung D H,Serpone N,Grätzel M. Integrated systems for water cleavage by visible-light-sensitization of TiO₂ particles by surface derivatization with ruthenium complexes. Helv Chim Acta,1984,67(4): 1012-1018.

[27] Desilvestro J,Grätzel M,Kavan L,et al. Highly efficient sensitization of titanium-dioxide. J Am Chem Soc,1985,107(10):2988-2990.

[28] Yella A,Lee H W,Tsao H N,et al. Porphyrin-sensitized solar cells with cobalt (Ⅱ/Ⅲ)-based redox electrolyte exceed 12 percent efficiency. Science,2011,334(6056):629-634.

[29] Dai S Y,Wang K J,Weng J,et al. Design of DSC panel with efficiency more than 6%. Sol Energy Mater Sol Cells,2005,85(3):447-455.

[30] Wang M,Pan X,Fang X Q,et al. A new type of electrolyte with a light-trapping scheme for high-effi-

ciency quasi-solid-state dye-sensitized solar cells. Adv Mater,2010,22(48):5526-5530.

[31] Tian H J,Hu L H,Zhang C N,et al. Superior energy band structure and retarded charge recombination for anatase N,B codoped nano-crystalline TiO$_2$ anodes in dye-sensitized solar cells. J Mater Chem,2012, 22(18):9123-9130.

[32] Tang Y T,Pan X,Zhang C N,et al. Effects of 1,3-dialkylimidazolium cations with different lengths of alkyl chains on the Pt electrode/electrolyte interface in dye-sensitized solar cells. Electrochim Acta,2011, 56(9):3395-3400.

[33] Han L T,Fukui A,Chiba Y,et al. Integrated dye-sensitized solar cell module with conversion efficiency of 8.2%. Appl Phys Lett,2009,94(1):013305.

[34] Fukui A, Fuke N, Komiya R, et al. Dye-sensitized photovoltaic module with conversion efficiency of 8.4%. Appl Phys Express,2009,2(8):082202.

[35] Okada K,Matsui H,Kawashima T,et al. 100 mm × 100 mm large-sized dye sensitized solar cells. J Photoch Photob A-Chem,2004,164(1-3):193-198.

[36] Papageorgiou N,Athanassov Y,Armand M,et al. The performance and stability of ambient temperature molten salts for solar cell applications. J Electrochem Soc,1996,143(10):3099-3108.

[37] Kubo W,Kitamura T,Hanabusa K,et al. Quasi-solid-state dye-sensitized solar cells using room temperature molten salts and a low molecular weight gelator. Chem Commun,2002,4: 374-375.

[38] Matsui H,Okada K,Kitamura T,et al. Thermal stability of dye-sensitized solar cells with current collecting grid. Sol Energy Mater Sol Cells,2009,93(6-7):1110-1115.

[39] Kato N,Takeda Y,Higuchi K,et al. Degradation analysis of dye-sensitized sol cell module after long-term stability test under outdoor working condition. Sol Energy Mater Sol Cells, 2009, 93 (6-7): 893-897.

[40] Noda S,Nagano K,Inoue E,et al. Development of large size dye-sensitized solar cell modules with high temperature durability. Synthetic Met,2009,159(21-22):2355-2357.

[41] Lee W J,Ramasamy E,Lee D Y,et al. Glass frit overcoated silver grid lines for nano-crystalline dye sensitized solar cells. J Photoch Photobio A,2006,183(1-2):133-137.

[42] Lee W J,Ramasamy E,Lee D Y,et al. Efficient dye-sensitized cells with catalytic multiwall carbon nanotube counter electrodes. ACS Appl Mater Interf,2009,1(6):1145-1149.

[43] Lee W J,Ramasamy E,Lee D Y,et al. Dye-sensitized solar cells: scale up and current-voltage characterization. Sol Energy Mater Sol Cells,2007,91(18):1676-1680.

[44] Lee W J,Ramasamy E,Lee D Y,et al. Grid type dye-sensitized solar cell module with carbon counter electrode. J Photoch Photobio A,2008,194(1):27-30.

[45] Kang M G,Park N G,Ryu K S,et al. A 4.2% efficient flexible dye-sensitized TiO$_2$ solar cells using stainless steel substrate. Sol Energy Mater Sol Cells,2006,90(5):574-581.

[46] Jun Y,Son J H,Sohn D,et al. A module of a TiO$_2$ nanocrystalline dye-sensitized solar cell with effective dimensions. J Photoch Photobio A,2008,200(2-3):314-317.

[47] Goldstein J,Yakupov I,Breen B. Development of large area photovoltaic dye cells at 3GSol. Sol Energy Mater Sol Cells,2010,94(4):638-641.

[48] de Freitas J N,Longo C,Nogueira A F,et al. Solar module using dye-sensitized solar cells with a polymer electrolyte. Sol Energy Mater Sol Cells,2008,92(9):1110-1114.

[49] Sastrawan R,Beier J,Belledin U,et al. New interdigital design for large area dye solar modules using a

lead-free glass frit sealing. Prog Photovoltaics,2006,14(8):697-709.

[50] Sastrawan R,Beier J,Belledin U,et al. A glass frit-sealed dye solar cell module with integrated series connections. Sol Energy Mater Sol Cells,2006,90(11):1680-1691.

[51] Kroon J M,Bakker N J,Smit H J P,et al. Nanocrystalline dye-sensitized sol cells having maximum performance. Prog Photovoltaics,2007,15(1):1-18.

[52] Spath M,Sommeling P M,van Roosmalen J A M,et al. Reproducible manufacturing of dye-sensitized solar cells on a semi-automated baseline. Prog Photovoltaics,2003,11(3): 207-220.

[53] Hinsch A,Brandt H,Veurman W,et al. Dye solar modules for facade applications: recent results from project ColorSol. Sol Energy Mater Sol Cells,2009,93(6-7):820-824.

[54] Toyoda T,Sano T,Nakajima J,et al. Outdoor performance of large scale DSC modules. J Photoch Photobio A,2004,164(1-3):203-207.

[55] Han L Y,Fukui A,Fuke N,et al. High efficiency of dye-sensitized sol cell and module. Conference Record of the 2006 IEEE 4th World Conference on Photovoltaic Energy Conversion,2006,1-2:179-182.

[56] Yamaguchi T,Uchida Y,Agatsuma S,et al. Series-connected tandem dye-sensitized solar cell for improving efficiency to more than 10%. Sol Energy Mater Sol Cells,2009,93(6-7):733-736.

[57] Arakawa H,Yamaguchi T,Takeuchi A,et al. Efficiency improvement of dye-sensitized solar cell by light confined effect. Conference Record of the 2006 IEEE 4th World Conference on Photovoltaic Energy Conversion,2006,1-2:36-39.

[58] Miyasaka T,Kijitori Y,Ikegami M. Plastic dye-sensitized photovoltaic cells and modules based on low-temperature preparation of mesoscopic titania electrodes. Electrochemistry,2007,75(1):2-12.

[59] Ikegami M,Suzuki J,Teshima K,et al. Improvement in durability of flexible plastic dye-sensitized solar cell modules. Sol Energy Mater Sol Cells,2009,93(6-7):836-839.

[60] 宫坂力. 柔性及固态染料敏化太阳能电池. 清洁能源,2008,17(9):8-15.

第 2 章　纳米半导体材料

　　纳米半导体材料通常是指对半导体采用纳米技术改造而成的材料,具体尺寸在纳米级。纳米科学技术是 20 世纪 80 年代末期出现并迅速崛起的新兴科技。纳米半导体材料是纳米材料中一个非常重要的分支,经过纳米技术改造后的半导体材料通常具有一些特殊性质,如高比表面积等。近年来,纳米半导体材料发展迅速,在多个领域得到应用,如新型太阳电池、纳米级电子器件、发光器件、生物传感器和光催化剂等,表现出诱人的应用前景。

　　1991 年 Grätzel 教授领导的研究小组把纳米半导体 TiO_2 应用于 DSC 上,并取得重大突破。本章将简要介绍 DSC 中纳米半导体材料的作用,重点介绍常用的纳米半导体材料和新型纳米结构的半导体材料,针对 DSC 中纳米半导体电池能带移动和弯曲情况,以及多孔薄膜中电子传输和复合情况进行重点阐述。同时,本章还会对 DSC 中纳米半导体电极的物理化学修饰和薄膜电极优化设计进行详细论述。此外,本章还将对近几年发展起来的阴极敏化太阳电池中所用到的纳米半导体电极进行介绍。

2.1　纳米半导体材料在 DSC 中的应用

2.1.1　纳米半导体多孔薄膜的作用

　　纳米半导体多孔薄膜是 DSC 的关键组成部分之一。在 DSC 中,与其密切相关的有以下几个过程:①处于基态的染料分子吸收能量被激发到激发态;②处于激发态的染料分子将电子注入半导体导带;③电子在薄膜内的传输及复合。因此,纳米半导体薄膜性能的优劣直接影响着电池中染料敏化剂的吸附、入射光在膜内的传输以及光生电子在膜内的收集与传输,从而影响电池的光电转换性能。

　　纳米颗粒的大小及形貌等因素直接影响着多孔薄膜的微结构特性,从而影响薄膜对光的折射、散射和透射性能,以及纳米半导体薄膜电极中电子的传输等。纳米半导体多孔薄膜在 DSC 中的作用主要体现在以下三个方面:

　　(1) 从 DSC 的结构和原理来看,纳米半导体多孔薄膜在电池中承担着吸附染料的作用,其结构和性能决定了染料吸附量的多少。如第 1 章所述,早期光电化学太阳电池中采用的薄膜表面平整且致密,因而只能在致密薄膜的表面吸附单层染料分子,单层染料分子吸收光的效率只能达到 1% 左右,光的利用率低,导致电池的光电转换效率较低。将纳米多孔结构的薄膜引入到 DSC 中后,尽管颗粒表面也只能吸附单层染料分子,但是多孔薄膜内部的海绵状结构却能吸附更多的染料分子,且每个染料分子都直接和纳米颗粒相接触,从而使染料激发产生的电子能够快速并有效地传输至收集电极。

与此同时,入射光被吸附在纳米半导体多孔薄膜表面的染料分子反复吸收,大大提高了染料分子对光的吸收效率。染料分子只有在与纳米颗粒直接接触时,才能有效地将染料分子激发出的电子传输给半导体。所以,多孔结构中染料分子和纳米颗粒直接接触的概率和接触面积的增大,使染料激发产生的电子能及时地注入半导体导带中,并被导电玻璃上的导电薄膜收集,形成电流,从而使 DSC 的光电转换效率得到很大的提高。正是由于采用了这种多孔结构的薄膜电极,Grätzel 研究小组在 1991 年获得了 7.1% 的光电转换效率[1]。

(2) 纳米半导体多孔薄膜染料吸附量的多少,主要取决于纳米半导体的表面状态、薄膜的厚度、比表面积和孔洞率等因素。比表面积是指单位质量粉体中颗粒外部表面积和内部孔结构的表面积之和,单位为 m^2/g。孔洞率是指单位体积多孔薄膜材料中孔洞所占体积的比例。纳米多孔薄膜内部比表面积的大小主要取决于纳米颗粒的大小。纳米颗粒越小,则比表面积越大,染料吸附的量越多。但是随着纳米颗粒的减小,孔洞直径也在减小,如果孔洞直径小到不足以让染料分子和电解质中的粒子有效进入,电池的光电转换性能反而会下降。因此,纳米颗粒又不能太小,要大到足够让染料分子和电解质中的粒子进入[2]。而且随着膜厚度的增加,相应的总比表面积增大,染料的吸附量也随着增大,对光的吸收率显著增加。但同时电荷复合概率增加,导致电子的损耗增加[3-5]。因而纳米多孔薄膜的厚度和纳米颗粒的大小都存在着一个最优值,只有在这个最优值时,电池的光电转换效率才能真正达到最高。

纳米颗粒尺寸不仅影响着染料的吸附,同时也对光的散射和折射产生影响。研究发现,当纳米颗粒的平均粒径较小时,印刷出的纳米薄膜通常比较透明,而且薄膜对光的漫反射较弱。相反地,当纳米颗粒的平均粒径较大时,印刷出的薄膜通常呈现白色的,对光的漫反射较强[2]。纳米颗粒的直径增大,相应的比表面积降低,比表面积的降低不可避免地使染料的吸附量减少。因此,需要对纳米半导体多孔薄膜的颗粒大小及组成进行优化。

(3) 纳米半导体多孔薄膜对电池内部的电子传输起着很重要的作用[6-8]。光生电子注入半导体导带后传输到导电衬底,都在多孔薄膜中实现。同时,并非所有激发态的染料分子都能够将电子有效地注入半导体导带中,进而转换成光电流。有许多因素影响着电流的输出,主要有以下三个方面导致暗电流的产生:①激发态的染料分子未能将电子有效地注入半导体导带,而是通过内部转换直接回到基态;②染料分子不是被电解质中的 I^- 还原,而是与半导体导带中的电子直接复合,从而消耗了电子;③电解质中的 I_3^- 不是被从对电极进入的电子还原成 I^-,而可能是被半导体导带中的电子还原。

多孔薄膜内的电子花费大部分时间在俘获-脱俘上,使其传输和扩散速率减慢。一般而言,生成的电荷数量又与氧化物的非晶层、氧缺陷和颗粒边界等因素有关。显然,颗粒太小、孔隙太大、排列混乱、非晶化、膜断裂以及膜太厚等原因都会减慢电子在膜内的传输速率,电子复合的概率随之增大,最终影响电池的光电转换效率。

2.1.2　纳米半导体多孔薄膜的制备方法

由于纳米半导体多孔薄膜是 DSC 中影响光吸收、电子收集和传输的关键环节之一,因此其制备技术直接关系到整个 DSC 的质量与效率。常用的制备方法有以下几种:溶胶-凝胶(sol-gel)法、水热合成法、磁控溅射(magnetron sputtering)法、化学气相沉积(CVD)法和电沉积(electrodepositon)法等[9-17]。

1. 溶胶-凝胶法

溶胶-凝胶法,是一种近期发展起来的能代替高温固相合成反应制备陶瓷、玻璃和许多固体新材料的方法。它从金属的有机或者无机化合物的溶液出发,在溶液中通过化合物的水解和聚合,把溶液制成含有金属氧化物微粒子的溶胶液,进一步反应发生凝胶化,再把凝胶加热,最终制成非晶体玻璃和多晶体陶瓷。目前,此法是制备纳米薄膜最重要的方法之一。

根据原料的种类,溶胶-凝胶过程通常可分为有机途径和无机途径两类。

在有机途径中,通常是以金属有机醇盐为原料,通过水解与缩聚反应而制得溶胶,并进一步缩聚得到凝胶。金属醇盐的水解和缩聚反应可分别表示如下。

水解反应:

$$M(OR)_n + xH_2O \longrightarrow (OR)_{n-x}—M—(OH)_x + xROH \qquad (2.1)$$

其中,M 为金属元素;R 为各种烷烃基。通过水解反应生成含有烃基的金属醇化物单体。

缩聚反应包括脱水缩聚和脱醇缩聚两种。

脱水缩聚:

$$(OR)_{n-1}—M—OH + HO—M—(OR)_{n-1} \longrightarrow$$
$$(OR)_{n-1}—M—O—M—(OR)_{n-1} + H_2O \qquad (2.2)$$

脱醇缩聚:

$$(OR)_{n-1}—M—OH + RO—M—(OR)_{n-1} \longrightarrow$$
$$(OR)_{n-1}—M—O—M—(OR)_{n-1} + ROH \qquad (2.3)$$

由水解反应得到的单体经过脱水和脱醇等缩聚反应,形成—M—O—M—桥氧键,随着缩聚反应的不断进行,溶液中逐渐形成二维或三维的无机网络。

在无机途径中原料一般为无机盐,价格便宜。溶胶可以通过无机盐的水解来

制得,即

$$M^{n+} + nH_2O \longrightarrow M(OH)_n + nH^+ \qquad (2.4)$$

通过向溶液中加入碱液(如氨水)可使这一水解反应不断地向正方向进行,并逐渐形成 $M(OH)_n$ 沉淀,然后将沉淀物充分水洗、过滤并分散于强酸溶液中,便得到稳定的溶胶。经特定方式处理(如加热脱水),将溶胶变成凝胶,干燥和焙烧后形成氧化物粉体。然后,向粉体中加入表面活性剂和适量溶剂,研磨制备出浆料,经丝网印刷、直接涂膜和旋涂(spin-coating)等方法在导电衬底上淀积薄膜,经高温烧结后即可得到纳米半导体多孔薄膜电极。

与气体制备薄膜的方法相比,这种技术的工艺设备简单、用料省且成本较低,便于应用推广;易于获得相对均匀的组分体系,满足定量掺杂的要求,可有效控制薄膜成分及结构;所需要温度较低,对于制备含有易挥发组分或高温易发生相分离的多元体系来说非常有利;在各种不同形状和不同材料的衬底上制备大面积薄膜时较容易,甚至可以在粉体材料表面制备一层包覆膜,这是其他传统工艺难以实现的。因而被广泛应用于 TiO_2、ZnO 和 SnO_2 等薄膜 DSC 光阳极的制备中。以下举例说明采用这种方法制备纳米 TiO_2 的具体过程。把钛酸四异丙酯溶于异丙醇中,并缓慢滴入去离子水,经过 0.5h 强力搅拌均匀后,滴加一定量的硝酸,升温至 80℃,经较长时间的搅拌后,变成透明的溶胶。放入高压釜中,在经过 $1.5 \times 10^6 \sim 3.3 \times 10^6$ Pa 的压力处理后,变成乳白色的溶胶;为了防止以后 TiO_2 膜在烧结过程中龟裂和获得高的比表面积,加入一定量的高分子聚合物(如聚乙二醇等),经过真空恒温或其他方法除水,再经高温烧结后,即可得到纳米晶体 TiO_2(锐钛矿)粉;或利用丝网印刷技术,把 TiO_2 凝胶直接涂在基片上,经过一定工艺处理后,即可获得纳米 TiO_2 多孔薄膜,图 2.1 为纳米 TiO_2 多孔薄膜制备流程。

2. 水热合成法

以制备 TiO_2 薄膜为例,水热合成法是通过水解钛的醇盐或氯化物前驱体得到无定形沉淀,然后在酸性或碱性溶液中胶溶得到溶胶物质,将溶胶在高压釜中进行水热 Ostwald 熟化,熟化后的溶胶涂覆在导电玻璃基片上,经高温(500 ℃左右)煅烧,即得到纳米 TiO_2 多孔薄膜。也可以通过 TiO_2 的醇溶液与商业 TiO_2 混合后得到的糊糊来代替上面提到的溶胶。这种方法是溶胶-凝胶法的改进,加入了一个水热熟化过程,可以通过控制产物的结晶和长大来控制半导体氧化物的颗粒尺寸和分布以及薄膜的孔隙率。得到的氧化物晶型由反应条件(如煅烧温度)决定。同时,水热处理的温度对颗粒尺寸有决定性影响[18]。该法也被用于 ZnO、SnO_2 等纳米材料的制备中。

3. 溅射法

溅射法(sputtering)主要包括直流溅射、等离子体溅射、射频溅射和磁控溅射法,目前多用后两者。它们的基本原理都是等离子体产生的阳离子经辅助设施加

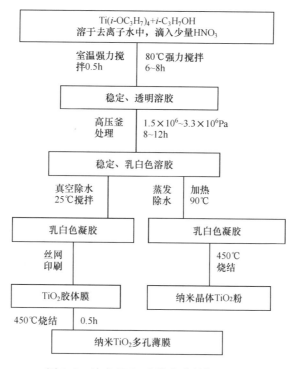

图 2.1　纳米 TiO$_2$ 多孔薄膜制备流程图

速向阴极靶材运动并轰击靶材,使靶材部分原子脱离并通过扩散沉积在阳极衬底上。

　　制备过程中,通过更换靶材和控制溅射时间,便可获得不同材质和厚度的薄膜。所得膜的致密性高、均匀性好,且与衬底的结合牢固,适用于超薄的光学镀膜等。但所需设备昂贵,对靶材料也有一定要求。

　　4. 化学气相沉积法

　　化学气相沉积(CVD)法直接利用气体或者各种手段将物质变为气体,让一种或多种气体通过热、电、磁和化学等作用发生热分解、还原或其他反应,从气体中析出纳米粒子,沉积在基片的表面上形成薄膜。Aydil 等利用金属有机配合物化学气相沉积法制备出阵列树枝状 ZnO 纳米线[19]。

　　5. 电沉积法

　　电沉积是一种用电解方法镀膜的电化学过程,也是一种氧化还原过程,即在含有被镀金属离子的溶液中通入直流电,使正离子在基体表面放电得到所需薄膜。这种方法虽然工艺简单,但影响因素却相当复杂,对组成复杂的薄膜材料制备较为困难,且不能控制基体表面晶核的生长和长大速度,制得的半导体氧化物薄膜多为多晶态或非晶态,性能不高。Nogami 等首先利用常规三电极体系,通过电沉积技

术制备出 TiO_2 多孔薄膜；Yamamoto 等利用阴极电沉积技术制备出 TiO_2 光阳极，得到光电转换效率为 4.13% 的 DSC[20]。

6. 冷压法

冷压法是用 TiO_2 薄膜技术低温制备 DSC 中备受推崇的一种方法。该方法将纳米 TiO_2 粉体加入有机溶剂中制成悬浮液，再将其刮涂到导电基片上，待有机溶剂挥发后将基片放到两块钢压板之间施以压力制得薄膜。有研究发现[18]，随着压力的增大，薄膜逐渐被压实，孔隙率减小。此外，大粒径的颗粒被压碎，使粒径分布变窄。因此，通过改变压力可控制薄膜的孔隙率，调整其粒径范围。同时，在 ZnO 等薄膜的制备中也可用此方法。

7. 喷雾热分解沉积法

喷雾热分解沉积法是将溶液喷射到预热后的衬底上沉积成膜。换言之，当溶液喷成雾状，小液滴在衬底上铺展并蒸发，留下的沉积物发生热分解成膜。采用这种方法制备薄膜只需一个简单的设备，无需真空装置，具有形成薄膜厚度和表面形态可控等优点，常用于纳米 TiO_2 等薄膜的制备中。

2.2 DSC 中常用的纳米半导体材料

应用于 DSC 中的纳米半导体多孔薄膜至少应满足以下三个条件：①有足够大的比表面积，能够吸附大量的染料分子；②薄膜吸附染料的方式必须保证电子有效注入其导带；③电子在薄膜中有较快的传输速率，薄膜中电子复合相对较慢。

目前，应用于 DSC 的纳米半导体多孔薄膜材料主要有 TiO_2、ZnO 和 SnO_2 等半导体氧化物。从能带图（图 2.2）中可以看出，在 pH 为 0 的电解质中，TiO_2 和 ZnO 等氧化物的导带均与常用染料的 LUMO（如相对于真空能级，N719 和 N3 的 LUMO 能级约为 -3.85 eV 和 -4.10 eV，其余染料 LUMO 基本相近或更低）相匹配，即半导体导带低于染料的 LUMO 能级。

2.2.1 二氧化钛

二氧化钛（TiO_2）是一种白色粉末，俗称钛白，加热时变为微黄色，是一种价格便宜、应用广泛、无毒、稳定且抗腐蚀性能好的重要无机材料，具有高折射率和很好的化学稳定性，制备简单。但其禁带宽度较大，吸收范围都在紫外区，因此需要进行染料敏化才能吸收可见光区的能量。在温度较低时，TiO_2 在许多无机和有机介质中都有很好的稳定性，它不溶于水和其他溶剂，金红石相 TiO_2 也很难溶于浓硫酸。

纳米 TiO_2 由于其粒子直径小，比表面积大，因而对光、机械应力和电的反应完全不同于微米或者更大尺寸的颗粒结构。纳米 TiO_2 除了具备普通 TiO_2 所具有的

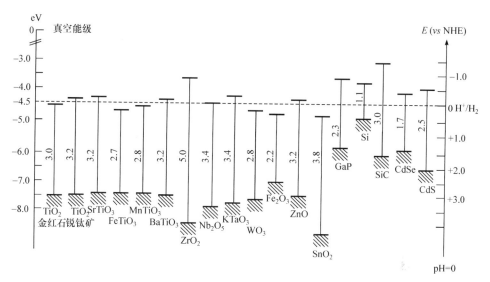

图 2.2　电解质中部分半导体材料的能带位置图(pH=0)

性能外,还具有许多不同于一般 TiO₂ 的优异性能,如大的比表面积、湿敏、氧敏及光催化等功能特性。因此被广泛用于催化剂、敏感元件上。此外,纳米 TiO₂ 还是一种具有良好光学特性的半导体材料,有良好的光学透过性,较高的折射率和化学稳定性,对 400~800 nm 的可见光有较强的反射能力,由于粒子很细小,其吸收紫外光的能力也比普通 TiO₂ 强得多。利用纳米 TiO₂ 制成的陶瓷,其强度和硬度是普通陶瓷的 3~4 倍[21]。纳米 TiO₂ 与铝粉颜料或云母珠光颜料混合用于涂料或塑料体系时,具有随角度异色性这一特殊的光学性能,使其在特种涂料(如豪华轿车面漆)上具有广泛的应用前景。由于纳米材料其特殊的表面效应和粒度效应,纳米 TiO₂ 广泛应用在催化剂载体、抗紫外线吸收剂、功能材料、功能陶瓷及气敏传感器件上。

2.2.1.1　TiO₂ 的物理性质

钛元素(Ti)属于过渡金属ⅡB族,原子序数为 22,原子核由 22 个质子和 20~32 个中子组成,核外电子结构排列为 $1s^2\ 2s^2\ 2p^6\ 3s^2\ 3d^2\ 4s^2$,一般表现出最高+4价态。氧元素(O)原子序数为 8,原子核由 8 个质子和 8 个中子组成,核外电子结构排列为 $1s^2\ 2s^2\ 2p^4$。TiO₂ 是离子性比较强的氧化物,通常有三种晶体结构,即锐钛矿(anatase)、金红石(rutile)和板钛矿(brookite)结构。锐钛矿相、金红石相和板钛矿相 TiO₂ 的晶体参数见表 2.1。

表 2.1　锐钛矿相、金红石相和板钛矿相 TiO₂ 的晶体参数

参数名称	锐钛矿相	金红石相	板钛矿相
晶体晶系	四方	四方	正交
空间群	$I4_1/amd$	$P4_2/mnm$	$Pbca$
晶格常量/Å	$a=3.784$ $c=9.515$	$a=4.5936$ $c=2.9587$	$a=9.184$ $b=5.447$ $c=5.145$
密度/(g/cm³)	3.79	4.13	3.99
硬度	5.5～6	7～7.5	—
Ti—O 键长/nm	0.1937	0.1949	0.187～0.204
O—Ti—O 键角/(°)	77.7 92.6	81.2 90.0	77.0～105

　　锐钛矿型 TiO₂ 的晶型属于四方晶系,仅在低温下稳定,在温度达到 610 ℃时则开始缓慢转化为金红石相 TiO₂。金红石相 TiO₂ 的晶型也属于四方晶系,是一种十分稳定的化合物,仅在非常高的温度下才能发生分解。板钛矿型 TiO₂ 的晶型属于正交晶系,是不稳定化合物。在通常条件下,制备的 TiO₂ 主要为锐钛矿相和金红石相,两者都是宽禁带半导体(金红石的带隙为 3 eV,锐钛矿的带隙为 3.2 eV)。图 2.3 给出了锐钛矿相和金红石相的晶体结构。结合表 2.1 中的数据可知,金红石相中一个 Ti 原子周围配位 6 个 O 原子,形成一个八面体;在锐钛矿相中这个八面体是扭曲的,因为除八面体顶点的 2 个 O 原子外,其余 4 个 O 原子不在同一个平面上(中心的 Ti 原子与这 4 个 O 原子的夹角是 92.6°)。

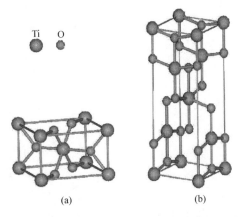

图 2.3　锐钛矿相(a)和金红石相(b)晶体原胞示意图

　　晶体结构的差异导致锐钛矿相和金红石相两种晶型具有不同的密度和电子结构。研究表明这两种晶型的 TiO₂ 应用在 DSC 时,开路电压基本相同,但金红石相

DSC 的短路电流大约低于锐钛矿相的 30%。其原因是金红石相的 TiO$_2$ 薄膜表面积较小使得染料量吸附很小。动力学研究表明,由于单位体积内金红石相的颗粒连接数目较低,所以电子在金红石相薄膜内传输时间较慢[22]。因此,在 DSC 中锐钛矿相 TiO$_2$ 较为常用。

从热力学角度来看,金红石是热力学稳定相,而锐钛矿则属于亚稳相,锐钛矿相经过一定温度的热处理可发生结构相变,转变为金红石相,这就是通常所说的锐钛矿→金红石的结构相变,简称 A→R 相变。TiO$_2$ 的这两种晶相在许多性质上存在着差异,如在光催化和光电转换性能方面,锐钛矿相明显优于金红石相。有研究表明,减小粉体中 TiO$_2$ 的颗粒尺寸可以明显降低 A→R 相变的开始温度[23]。例如,用溶胶-凝胶法制备的纳米 TiO$_2$ 粉体约在 550 ℃就开始 A→R 相变,相变温度范围为 550~800 ℃[23]。锐钛矿和金红石其他的物理性质见表 2.2。

表 2.2　锐钛矿和金红石的物理性质

性质	锐钛矿	金红石
熔点/K	转化为金红石	2128
莫氏硬度	5.5~6.0	6.0~7.0
折射率	2.52	2.71
紫外光吸收(360 nm)/%	67	90
反射率(400 nm)/%	88~90	47~50
介电常数	48	173

2.2.1.2　TiO$_2$ 的化学性质

TiO$_2$ 的化学性质比较稳定,并具有生物无毒性。纳米 TiO$_2$ 同样具有较好的化学稳定性和生物无毒性,但由于颗粒尺寸减小至纳米级,导致比表面积急剧增大,它与普通的 TiO$_2$ 相比,化学性质较为活泼,具有很强的吸附与光催化性能。

1. 吸附

纳米 TiO$_2$ 的 Ti—O 键极性较大,表面容易形成羟基,有利于提高 TiO$_2$ 作为吸附剂和载体的功能。醇等有机分子在 TiO$_2$ 表面通过氢键形成了强化学吸附。化学吸附不仅受到粒子表面性质的影响,也受到吸附相及溶剂的影响。纳米 TiO$_2$ 在水溶液中随 pH 的不同可带正电、负电或呈电中性。当 pH 较小时,表面形成 Ti—OH$_2$ 键,表面带正电;当 pH 较高时,形成 Ti—O 键,表面带负电;当 pH 为中间值时,则形成 Ti—OH 键,表面呈电中性[24]。

2. 分散与团聚

纳米颗粒表面的活性及纳米粒子本身具有的特性,导致纳米粒子很容易团聚在一起,并形成带有弱连接界面、尺寸较大的团聚体。在通常情况下,无论是用物理方法还是化学方法制备纳米粒子,都采用分散在溶液中的办法,在溶液中纳米粒子由于布朗运动等因素大多形成一种悬浮液。然而,即使在这种情况下,由于小微粒之间的库仑力或范德华力的作用,团聚现象仍然会发生。总之纳米粒子之间的团聚现象很普遍,到目前为止,很难将纳米粒子较好地分散均匀。

3. 光催化性能

大部分有机化合物和许多无机化合物能在半导体粒子表面与光生电子或空穴发生电子转移,从而被光催化氧化或还原。纳米 TiO_2 独特的光生空穴的强氧化能力,使生物降解有机污染物(如芳香族类和表面活性剂的完全氧化)成为可能,锐钛矿相纳米 TiO_2 在催化领域同样得到了广泛的应用。

2.2.1.3　纳米 TiO_2 在 DSC 中的应用

自 1991 年,Grätzel 教授和他的课题组以纳米 TiO_2 多孔薄膜作为光阳极获得 7.1% 的光电转换效率[25]后,基于 TiO_2 光阳极的小面积 DSC 在光电转换效率上取得了长足的进步,目前其光电转换效率已经超过 13%。对于纳米 TiO_2 光阳极的探索,国际上以 Grätzel 团队等所做的工作最为突出;同时,瑞士、美国、澳大利亚及日本等许多国家都对基于 TiO_2 的 DSC 投入了大量的资源进行研发;国内也有很多科研院所开展了大量工作,中国科学院等离子体物理研究所、中国科学院理化技术研究所和北京大学等研究团队都在此方面取得了很多成果,受到国际同行的重视。

尽管纳米 TiO_2 是 DSC 中应用最多的薄膜材料,但也有其局限性。较大的布朗诺-埃米特-泰勒(BET)表面积,使相应的表面态数目增多,而位于禁带之中表面态能级是局域的,这些局域态就构成陷阱,束缚了电子在膜内的运动,使电子的传输时间延长;同时,一部分电子会与带正电的染料敏化剂复合,还有一些电子由于氧化物与电解质界面上没有过渡层,会与电解质反应,这些反向电子转移产生暗电流,从而降低了 DSC 的效率。因此,现阶段研究人员都将研究重点放在了对纳米 TiO_2 多孔薄膜光阳极进行结构优化和修饰改性上,希望能够通过控制制备过程参数、结构改性或物理化学修饰等方式来改善 TiO_2 光阳极的性能,提高 DSC 的光电转换效率。

2.2.2　氧化锌

氧化锌(ZnO),俗称锌白,是一种白色粉末,无毒、无污染且对环境亲和;其密度为 5.6 g/cm^3。它难溶于水,可溶于酸和强碱,被广泛应用于涂料、光催化和压敏传感器等领域。

ZnO 晶体有三种结构:纤锌矿结构、立方闪锌矿结构,以及比较罕见的氯化钠式八面体结构。纤锌矿结构在三者中稳定性最高,因而最常见。立方闪锌矿结构可由逐渐在表面生成氧化锌的方式获得。在两种晶体中,每个锌或氧原子都与相邻原子组成以其为中心的正四面体结构。而八面体结构只在 100 GPa 的高压条件下才能被观察到。纤锌矿结构和闪锌矿结构具中心对称性,但都没有轴对称性。晶体的对称性质使纤锌矿结构和闪锌矿结构均具有压电效应。纤锌矿结构的点群为 $6mm$(国际符号表示),空间群是 $P6_3mc$。晶格常量中,$a = 3.25Å$,$c = 5.2Å$;c/a 比例约为 1.60,接近 1.633 的理想六边形比例。在半导体材料中,锌和氧多以离子键结合,是其压电性高的原因之一。单晶 ZnO 是六方晶系的纤锌矿结构,如图 2.4 所示。

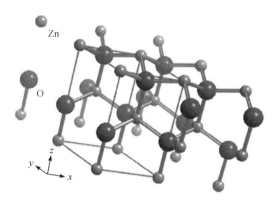

图 2.4　ZnO 的微观结构

　　ZnO 为 Ⅱ-Ⅵ 族半导体,与 TiO$_2$ 具有相同的禁带宽度和相近的导带电位,但其电子迁移率更大,电子传输时间更短。最早将 ZnO 作为光阳极使用的是 Gerischer 等。但直到 1994 年,Redmond 等在波长 520 nm 处成功获得 13% 单色光电转换效率和 0.4% 光电转换效率的 ZnO 多孔薄膜 DSC 后,对纳米 ZnO 薄膜太阳电池的研究才逐渐增多[26]。1997 年,Rensmo 等报道了纳米 ZnO 太阳电池单色光电光转换效率为 58%,总光电转换效率达 2% 的成果[27],使人们看到 ZnO 成为高效 DSC 光阳极材料的可能性。

　　日本岐阜大学以有机二氢吲哚为染料,通过电沉积纳米 ZnO 薄膜电极,成功制备出适用于日常生活的彩色塑性 DSC,其光电转换效率达 5.6%;2008 年,应用多孔单晶 ZnO 制备出光电转换效率为 7.2% 的 DSC[28]。此外,对 ZnO 的纳米结构进行了控制,发现对于纳米线形态的 ZnO,其直径越小所表现出的导电性能越好。

　　然而,以 ZnO 作为光阳极的 DSC 与 TiO$_2$ 的相比效率仍然偏低,其原因可归结为:①晶粒粒径较大使 ZnO 薄膜的比表面积偏小,染料的吸附量减少;②ZnO 中没有类似于 TiO$_2$ 分子中的电子耦合现象,会生成 dye/Zn^{2+} 配合物,不利于激发态电子向 ZnO 导带的注入。

2.2.3　氧化锡

氧化锡（SnO₂）为白色、淡黄色或淡灰色的四方、六方或斜方晶系粉末。它是一种很好的透明导电材料，为了提高其导电性和稳定性，常进行掺杂使用，如 F 掺杂的 SnO_2、Sb 掺杂的 SnO_2 等。SnO_2 具有正方金红石结构，见图 2.5。SnO_2 由 2 个 Sn 和 4 个 O 原子组成，晶格常量为 $a=b=0.4737$ nm，$c=0.3186$ nm，$c/a=0.637$。

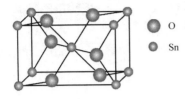

● O
● Sn

图 2.5　金红石相 SnO₂
晶体原胞示意图

SnO_2 是 n 型宽能隙半导体，禁带宽度为 3.5～4.0 eV，可见光及红外透射率为 80%，等离子边位于 3.2 μm 处，折射率＞2，消光系数趋于 0。SnO_2 的附着力强，与玻璃和陶瓷的结合力可达 20 MPa，莫氏硬度为 7～8，化学稳定性好，可经受化学刻蚀。SnO_2 作为导电膜，其载流子主要来自晶体缺陷，即 O 空位和掺杂杂质提供的电子。

SnO_2 由于对可见光具有良好的通透性，在水溶液中具有优良的化学稳定性，且具有导电性和反射红外线辐射的特性，因此在锂电池、太阳电池、液晶显示、光电子装置、透明导电电极、防红外探测保护等领域被广泛应用。由于纳米 SnO_2 材料具有小尺寸效应、量子尺寸效应、表面效应和宏观量子隧道效应，使其在光、热、电、声和磁等物理特性及其他宏观性质方面，较传统 SnO_2 而言都会发生显著的变化，所以可以通过运用纳米材料来改善传感器材料的性能。

对于染料敏化体系来说，从染料到半导体上的电子转移的驱动力来自氧化态染料和半导体导带之间的能级差，用公式可以表示为

$$\Delta E = -e(E_{ox}^* - E_{FB}) \tag{2.5}$$

其中，E_{ox}^* 为激发态染料的氧化势能；E_{FB} 为半导体导带的势能；e 为电荷数。SnO_2 的导带比 TiO_2 的导带位置要更正 0.5 eV，理论上更有利于电子从激发态染料上跃迁到导带位置上。同时，由于具有更宽的能带隙，SnO_2 表现出对紫外线低敏感的特点。但是，基于 SnO_2 光阳极的 DSC 的光电转换效率还很低（1%～2%），需要进一步的研究与优化。

2.2.4　其他半导体材料

此外，Nb_2O_5、Fe_2O_3、CeO_2 和 Sb_6O_{13} 等氧化物也被作为 DSC 光阳极材料进行了研究。由于具有比 TiO_2 更宽的能带和相近的导带边缘位置，纳米 Nb_2O_5 可能会成为代替 TiO_2 制备高性能 DSC 的又一合适材料，研究者将这种氧化物以纳米颗粒、纳米带、TiO_2/Nb_2O_5 复合层或是防止电子反向传递的阻挡层等形式应用于 DSC 中。

Nb_2O_5 光阳极的比表面积越大，DSC 阻抗越小。对比以 TiO_2、Nb_2O_5 和 ZnO 等作为光阳极的 DSC 性能，发现基于 Nb_2O_5 的电池转换效率仅次于 TiO_2 且获得高的开路电压，这主要是氧化物材料不同的电子结构造成的。采用 Ru 敏化 Nb_2O_5 得到的 DSC($0.2~cm^2$)，在低光强下的短路电流密度为 $1.7~mA/cm^2$，填充因子为 55%，光电转换效率达 5.0%[29]。将 Nb_2O_5 作为导电玻璃与纳米 TiO_2 之间的阻挡层应用于 DSC 中，抑制了电子的复合，大大提高了电池的开路电压和填充因子[30]。

研究人员针对 Fe_2O_3 做了一些工作，但由于 Fe_2O_3 的载流子扩散长度 L_d 非常小，电子在晶界传输时复合较大，所得结果并不理想，效率仅为 1.7%[31]。而 Zr^{4+} 和 La^{3+} 的掺杂使纳米 CeO_2 具备了一定的光电响应特性，以 La^{3+} 掺杂 CeO_2 作为光阳极得到的 DSC，其开路电压为 0.9 V[32]。

这些材料的导带都可与染料的 LUMO 相匹配，只是多种原因导致 DSC 效率还不理想，需进行更多的研究。除此之外，一些简单的三元化合物(如 $SrTiO_3$ 和 Zn_2SnO_4 等)也有在 DSC 应用的研究报道。

2.3　新型纳米结构材料在电池上的应用

材料的微结构决定着材料的比表面积和孔洞的大小，而且材料比表面积的大小决定着负载染料分子的数量，孔洞的大小影响着染料分子在该材料薄膜中的扩散。但是材料的比表面积和孔洞的大小之间存在着一定的矛盾，孔洞越大，比表面积越小；而孔洞过小，染料分子无法扩散到材料内部，即使比表面积大，也无法吸附大量的染料分子。同时，材料的表面缺陷态和孔洞率影响着电子在薄膜的传输情况。从这些方面看，材料的微结构也决定着 DSC 的电子注入量和收集效率，即决定着电池的光电转换效率。

2.3.1　一维纳米材料

一维纳米材料是指在空间上有两个维度上处于纳米尺度的材料，如纳米管、纳米棒和纳米线等。自从日本科学家在 1991 年发现碳纳米管以来，由于其特殊的物理、化学、电学和机械性能，在国际上掀起了研究碳纳米管的热潮，促进了纳米技术的发展，在研究碳纳米管的过程中，科学家逐渐认识到其他材料的一维纳米结构也具有特殊的性能。

2.3.1.1　碳纳米管

在 2002 年，研究人员首次将单壁碳纳米管混入纳米 TiO_2 多孔薄膜中，增加多孔薄膜的导电性和光散射性能，电池的光电流明显增加，而开路电压略有减少，但光电转换效率明显增加[33]。后来,研究人员进一步分析了单壁碳纳米管和纳米 TiO_2 多孔薄膜的性能,含 0.01%(质量分数)长为 0.5~3.5 μm 单壁碳纳米管的复合薄膜,增加了染料分子的吸附量,其电池的短路电流比纳米 TiO_2 多孔薄膜电池的提高了 25%,而其开路电压提高了 0.1 V,则含 0.01%(质量分数)单壁碳纳米管 DSC 的光电转换效率提高明显[34]。但是单壁碳纳米管管壁较薄,热稳定性较差,无法在较高的温度下煅烧处理,所以将多壁碳纳米管引入 DSC,同时经过 $TiCl_4$ 处理,在碳管表面生长一层锐钛矿纳米颗粒,使热稳定性更高,能有效地抑制电子复合,DSC 的光电密度提高了 35%[35]。将多壁碳纳米管经过浓硝酸处理,通过溶胶-凝胶法制备多壁碳纳米管和纳米 TiO_2 颗粒混合浆料,在 450 ℃烧结 30 min,含 0.3%(质量分数)多壁碳纳米管复合薄膜的粗糙度最高,且薄膜的孔洞较小,堆积度较大,则该多孔薄膜能负载较多的染料分子[36]。同时,碳纳米管改善了多孔薄膜的导电性,但是碳纳米管含量超过 0.3%(质量分数),电池暗电流增加明显。因此 0.3%(质量分数)碳纳米管复合薄膜电池获取了较高的光电转换效率,相比于空白纳米 TiO_2 多孔薄膜电池的效率,提高了 61%。在低温(150 ℃)烧结多壁碳纳米管复合薄膜,发现[37]在光态下 TiO_2/染料/电解质的界面阻抗 R_{ct} 随着碳纳米管含量(质量分数为 0.1%~0.5%)的提高而增大,而在暗态下,0.1%(质量分数)碳纳米管复合薄膜的界面阻抗 R_{ct} 最大,能有效地抑制电子复合,且电子在该复合薄膜上的寿命较大,有利于电子的收集,即电池获得了较大的光电流,也获得了较大的光电转换效率。利用病毒为模板自组装制备出单壁碳纳米管,和 TiO_2 纳米颗粒混合制备复合薄膜,0.2%(质量分数)碳纳米管复合薄膜得到了较高的光伏性能,光电转换效率为 10.6%[38]。同时,碳纳米管也具有较强的催化能力,可将其制备成对电极。因其催化能力不及 Pt 电极,基于碳纳米对电极的 DSC 的效率没有 Pt 电极的高,但其价格较低,仍受到不少研究者的关注。

2.3.1.2　一维纳米氧化锌

ZnO 具有丰富的纳米结构,如纳米线、纳米棒、纳米管、纳米带、纳米环和纳米梳等。ZnO 纳米材料拥有较好的光电转换特性,较宽的禁带宽度,能提高激子束缚等。在 DSC 中,ZnO 纳米材料具有合适的能带,有利于染料将电子注入 ZnO 薄膜中,电子在一维 ZnO 纳米材料中具有较优异的传输和复合动力学。近年来,一维 ZnO 纳米材料的合成方法和性能都得到了一系列有意义的成果。

制备一维 ZnO 纳米材料的方法很多,根据材料生长机理分类,可分为气-固-液生长、气-固生长、溶液-液-固生长、位错诱导生长等;也可以根据原料状态,分为气相法和液相法。下面介绍气相法和液相法的主要制备方法和形成机理。

气相法是指在制备过程中,前驱体是气相或通过一定的过程转化为气相,再通过一定的机理形成所需一维纳米材料的方法。气相生长的原理是将生长的晶体原体通过升华、蒸发、分解等过程转化为气态,在适当的条件下使之成为过饱和蒸气,再经过冷凝结晶而生长出晶体。此法生长的晶体纯度高、完整性好,但要求采用合适的热处理工艺以消除热应力及部分缺陷。因此根据其前驱体转化为气相的途径不同,主要包括气相转换法(热蒸发法)、分子束外延(molecular-beam epitaxy,MBE)、化学气相沉积法、有机金属化学气相沉积(metal organic chemical vapor deposition,MOCVD)、等离子增强化学气相沉积(plasma enhanced chemical vapor deposition,PECVD)、有机金属气相外延(metal organic vapor phase epitaxy,MOVPE)、射频磁控溅射(radio frequency magnetron sputtering,RFMS)、电弧放电(arc discharge)法和高温热解(thermal pyrolysis)法等。

1. 气相转换法

又名热蒸发法,是通过加热蒸发使原料气化(或升华)成气相,然后通过气体输送或沉积在衬底上经过冷凝成核生长成一维纳米结构,是目前制备一维 ZnO 纳米材料最有效的方法。直接将前驱体(或混合催化剂)放在炉子上进行高温短加热蒸发,用载气将蒸气吹至冷端,使之成核长大。热蒸发的影响因素较多,主要是原料、蒸发温度、收集温度、有无催化剂及其种类、压强及载气等。气相转换法的形成机理分为:用金属催化剂制备一维纳米材料的气-液-固生长机制和不用催化剂的气-固生长机制。在不用催化剂辅助热蒸发法制备一维 ZnO 纳米材料过程中,在高温下形成气态源,在低温时,气相分子直接凝聚,没有催化剂和原料形成的液滴参与,在达到临界尺寸后,形成核并生长,这就是 VS 机理。2001 年,采用热蒸发纯 ZnO 粉末的气-固晶体生长方法,在水平管式炉中,载气为氩气(流速为 50 cm^3/min)、炉压强为 300 Torr[①]、温度为 1400 ℃的实验条件下,蒸发 ZnO 粉末 2 h 后,在氧化铝衬底上制备得到宽 30~300 nm、厚 5~10 nm、长达几毫米的 ZnO 单晶纳米带,如图 2.6 所示[39]。利用 VS 机理,纳米带的制备过程较简单,将这些物质的粉末放在炉子的高温端,直接加热到低于所制备物质熔点 200~300 ℃进行蒸发,然后在低温端收集到该物质的纳米带。

图 2.6　ZnO 单晶纳米带的透射电子显微镜(TEM)图[39]

研究人员还采用改进的晶体气-固生长法(催化气相外延生长法),在表面预沉积有 1~3.5 nm 厚的 Au 层在蓝宝石(110)面衬底上,成功生长出直径为 20~150 nm、长 2~10 mm 的 ZnO 纳米线,其形貌如图 2.7 所示[40]。沉积在衬底表面的 Au 对

---

① 1 Torr=1.333 22×10^2 Pa。

ZnO 纳米线的生长具有催化作用,该 ZnO 生长过程是 VLS(vapor-liquid-solid,气-液-固)机理催化生长。ZnO 通过碳热还原生成 Zn 蒸气被载气 Ar 输送到衬底,与 Au 形成液态,低共熔合金 Au-Zn 液滴,该液滴成为吸收气相反应物的优先点,促使晶核的形成。液滴中反应物过饱和时纳米线开始生长,只要合金液滴未固化,反应物有剩余,纳米线就可以继续生长。在纳米线的生长过程中,催化剂合金决定纳米线的直径和生长方向,通过不断吸附反应物使之在催化剂 Au-ZnO 纳米线界面上生长,直到合金液滴变成固体。系统冷却后,合金液滴固化在纳米线的顶端。目前用气相转换法制备的一维 ZnO 纳米材料主要通过 VLS 机理制备,一般前驱体是金属 Zn 单质,也可以是 Zn 的氧化物或硫化物。所用的蒸发温度略高于催化剂和前驱体的共熔点,因此当用金属单质作为前驱体时所需要的蒸发温度较低。

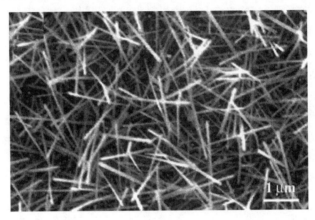

图 2.7　ZnO 单晶纳米线的扫描电子显微镜(SEM)图[40]

　2. 化学气相沉积法

　　该法是将金属的氢化物、卤化物或金属有机物蒸发成气相或用适当的气体作载体,输送至较低温处凝聚,通过化学反应在衬底上沉积形成所需材料的方法。化学气相沉积一般是半导体薄膜的制备方法。在生长过程中主要涉及分解(锌源的分解)、传输(通过气体传输到衬底上)和成核长大(锌源粒子在衬底上成核,核通过吸附粒子形成小岛,小岛增大),最终晶粒在硅衬底的垂直方向上形成一维 ZnO 纳米结构。化学气相沉积法包括热分解反应沉积、化学反应沉积、金属有机化学气相沉积等。而根据所用的源是否是金属有机物可以分为化学气相沉积和金属有机化学气相沉积。利用化学反应沉积法,制得直径 40～300 nm、长几十微米的矛型 ZnO 纳米棒[41]。通过在氧化铝(001)衬底上,以二乙基锌和氧气为反应物,不用金属催化剂,采用低压金属有机化学气相沉积法,以氩气作为载气,在 400 ℃ 生长出直径为 25～70 nm、长约 800 nm 的 ZnO 纳米棒[42]。

　　CVD 法生长的晶体纯度高、致密性好、结晶定向好,所得晶体取向与结构取决于衬底晶体的结构与取向。主要的影响因素和气相法有些类似:催化剂的种类、反应温度、载气和气源的种类及流量。而 CVD 法的优点为反应温度较低、条件温和、设备简单和产量较大,容易实现连续化,产物收集方便,较容易实现阵列化。其由于容易阵列化,成为目前制备一维 ZnO 纳米材料的主要方法之一。选择合适的催化剂和衬底,以及合适的流量和气压,就可以让纳米材料垂直衬底生长。

3. 其他气相方法

一些制备薄膜的气相法,改变某些生长条件,如催化剂、气源流量、材料生长速度等,同样可以制备出一维纳米材料,如分子束外延、等离子增强化学气相沉积和磁控溅射等。

液相生长法,是通过化学溶液作为媒介传递能量,在合适的溶剂中控制生长工艺制备一维纳米材料的方法。由于在生长过程中,各个晶面所处的生长环境大体相同,晶体结构的各向异性导致了生长速度的各向异性。晶体显露出生长速度较小的低指数面。该法制备得到的晶体应力小,均匀性良好,具有完整的多面体外形。根据传递能量的方式或载体不同,液相生长一维 ZnO 纳米材料的方法有水热法、微乳液法、模板法、溶剂热法、自组装法、电化学法和溶胶-凝胶法等。

(1)水热法是指溶剂在高温高压下增加溶质的溶解度和反应速率,生长常温常压下不易溶解的晶体的方法。一般在高压釜中进行,其原理是在水热条件下,加速离子反应和促进水解反应,使一些在常温常压下反应速率很慢很难的热力学反应实现反应快速化。主要途径:①利用材料本身的晶体结构和材料在水中某个方向的快速生长来制备一维纳米材料。ZnO 是具有稳定六方相的材料,由于 c 轴方向生长较快,较易得到其一维纳米结构。利用硝酸锌和环六亚甲基四胺在 95 ℃下均匀沉淀反应,分别在 Si 片和 ZnO 纳米颗粒薄膜衬底上制得定向生长的 ZnO 纳米棒/线阵列。②利用少量有机物作为辅助剂制备一维纳米材料。目前采用较多的有机物有表面活性剂[十六烷基三甲基溴化铵(CTAB)、六亚甲基四铵(HM-TA)、十二烷基硫酸钠(SDS)]、络合剂[巯基乙酸(TGA)、聚合物等]。在含少量 CTAB 的溶液中,180 ℃水热氧化金属锌,定向生长出直径约 70 nm、长 1 μm 的 ZnO 纳米棒[43]。由于 CTAB 为阳离子表面活性剂,易通过库仑力作用形成络合物,在一定浓度的 CTAB 水溶液中,CTAB 分子会形成胶束,在水热的条件下,在胶束中心反应生成 ZnO 纳米棒。③利用水相和油相形成反应束,在低温水热下制备纳米材料,主要是在 CTAB-水-醇-烷烃或胺体系中。例如,在 CTAB-水-环己醇-庚烷体系中,140 ℃水热处理 20 h,制得 ZnO 纳米线。这些工艺条件中温度的选择比较重要,由于反相胶束的稳定性比较差,在高温下一般很难存在,因此在利用反胶束制备一维纳米材料的过程中一般选择较低的温度(大约低于 160 ℃)[44]。在水热合成中影响材料形貌、大小、结构的因素主要有温度、原材料的种类、浓度、pH、反应时间和有机物添加剂等。

　　(2) 微乳液法是通过两种互不相溶的溶剂在表面活性剂的作用下形成一个均匀的乳液,从乳液中析出固相,使成核、生长、聚结和团聚等过程局限在一个微小的球形液滴内的方法,该法避免了颗粒之间进一步团聚。微乳液法主要原理是利用表面活性剂具有两个不同性质的端基,即由氢键作用连接的亲水离子或者非离子端基,由范德华力支配的疏水烷基链端基,比较容易在水溶液中形成胶束,或者在油相中形成反胶束,这样使得在中空部分发生反应,从而在某些方向上限制材料的生长。由于形成的中空部分大部分为圆形,以前主要用来制备大小均匀的纳米颗粒,目前通过选择合适的表面活性剂可以形成柱状中空部分,其表面活性剂主要有CTAB 和 SDS 等。除了需要中空的管道之外,微乳液法还需要一定的化学势,因此对材料的选择性比较高,所用材料需具有较低的离子积。单纯的微乳液法适用的范围比较窄,一般都和其他方法联合使用。采用环己烷作为油相,以聚氧乙烯-5-壬基苯酚醚(NPS)、聚氧乙烯-9-壬基苯酚醚(P9)和聚山梨酸酯(TW80)组成的混合液(质量比为 1∶1∶1)作为非离子表面活性剂,采用氯化钾为溶剂盐,通过氯化锌和碳酸钠反应得沉淀物[45]。离心分离后用丙酮洗涤沉淀物,在炉中 80 ℃烘干,再在 770 ℃下烧结 3 h,制得直径为 30～80 nm、长几十微米的 ZnO 纳米棒。

　　(3) 溶胶-凝胶法是通过金属醇盐或其他盐类在醇等有机溶剂中形成均匀的溶液,溶液通过水解和缩聚反应形成溶胶,进一步的聚合反应经过溶胶-凝胶转变形成凝胶,再经热处理,除去凝胶中剩余的有机物和水分,最后形成所需要的纳米材料的方法。其具有制备温度低、成膜均匀性好、与衬底附着力强、易于原子级掺杂、很容易获得所需的均匀相多组分体系、无需真空设备、工艺简单等优点。分为三种类型:传统胶体型、无机聚合物型和络合物型。

　　(4) 模板法是在纳米尺度的孔穴或网络结构等限制性环境中合成所需材料的方法。选用的模板可以是有序孔洞阵列氧化铝模板,无序孔洞高分子模板及纳米孔洞玻璃、多孔沸石、多孔硅模板、金属模板等。模板的纳米空间提供了成核场所且限制了生成物的生长方向,以便生长成为所需的材料结构。模板法一般可分为硬模板法和软模板法两种。硬模板法就是利用模板材料本身所拥有的中空通道,来控制一维纳米材料的生长。而软模板法是通过有机物分子链卷曲或者在伸缩力的带动下控制一维纳米材料的生长。软模板法是一个比较广泛的概念,基本上所有用有机物控制一维纳米材料生长的方法都可以归类到软模板法。用来制备一维纳米材料模板的种类有很多,主要有多孔氧化铝、多孔聚合物膜模板、多孔材料、一维纳米材料(如碳管)、DNA 分子模板等。把所需要制备物质的源填入到孔道中的方法也有很多,比较常用的有电化学法、化学溶液法、化学气相沉积法、热蒸发法等。可通过在氧化铝模板(AAM)电沉积金属锌,制备出锌纳米线,再氧化成直径为 15～90 nm 的 ZnO 纳米线[46]。采用溶胶-凝胶法在氧化铝模板中沉积 ZnO,可制备出纳米纤维[47]。

（5）自组装通常是在特定溶剂中及合适的溶液条件下,由原子、分子形成确定组分的原子团、超分子、分子集合体、纳米颗粒及其他尺度的粒子基元,然后再经过组装成为具有纳米结构的介观材料和器件。自组装体系一般包括人工纳米结构自组装体系、纳米结构自组装体系和分子自组装体系。现在较成熟的体系是纳米结构自组装体系和分子自组装体系。纳米结构自组装体系是指通过弱的和方向性较小的非共价键,如氢键、范德华键和弱的离子键协同作用,把原子、离子或分子连接在一起,构筑成一个纳米结构或纳米结构的花样。分子器件、分子调控在信息与材料科学中极具应用价值,与之相关的分子自组装体系的设计与研究成为热点。分子自组装是在平衡条件下,分子间非共价键相互作用或自发组合形成的一类稳定且具有特定功能和性质的分子聚集体或超分子结构。其主要原理是分子间力的协同作用和空间互补。设计自组装体系的关键是要正确调控分子间的非共价连接,并克服自组装过程中热力学的不利因素。利用 ZnO 本身特有的极易沿 c 轴方向生长的结构,先利用溶胶-凝胶法制得 ZnO 纳米颗粒,再利用回流法使 ZnO 在 c 轴方向自动排列快速生长,形成 ZnO 纳米棒[48]。另外也利用有机物辅助控制材料在一维方向上生长。采用自组装高分子构筑表面,再利用 VLS 气相转换法制备高度取向生长的 ZnO 纳米须。采用滴涂或浸涂方式,在蓝宝石衬底上形成单层的负载了 Au 的胶束膜。然后在 0.1 mbar① 氧等离子体中处理 30 min,除去胶束中所有有机组分,在衬底表面形成 Au 纳米晶束。在蓝宝石衬底上自组装 Au 纳米束作为催化剂和晶种,将 ZnO 和碳的混合粉末在 920 ℃、25 cm³/min 氮气输运下,在蓝宝石衬底上制备了直径小于 30 nm、长度大于 500 nm 的沿 c 轴定向生长的 ZnO 纳米须。

2.3.1.3　一维纳米 TiO_2 多孔薄膜

TiO_2 由于具有优越的物理化学性能,其一维纳米结构一直是人们研究的热点。在 DSC 中,一维 TiO_2 纳米材料中的电子具有较快的传输速率和较长的寿命,有利于电子的收集;一维纳米材料的纵向能有效地散射可见光,提高光的利用率。目前制备一维 TiO_2 纳米材料的薄膜电极的方法有很多种,如水热法、模板法、阳极氧化法等。

1. 水热法

水热法是在特制的密封反应容器(高压釜)里,采用水溶液作为反应介质,通过对反应器加热,创造一个高温、高压反应环境,使前驱物在水介质中溶解,进而成核、生长,最终形成具有一定粒径和结晶形态的纳米材料的方法。在 1998 年,研究人员利用水热法成功制备出了 TiO_2 纳米管,得到直径 8 nm 左右、长约 100 nm 的

---

① 1 bar＝10^5 Pa。

纳米管,纵横比大于 12.50,比表面积约 400 m^2/g,如图 2.8(a)所示[49]。改变热处理参数,提高温度到 180~240 ℃,处理时间延长到 24 h,得到纳米带状结构,宽 30~200 nm,长几微米,如图 2.8(b)所示[50]。

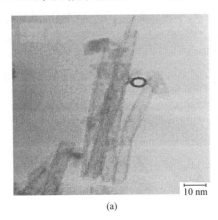

(a)　　　　　　　　　　　　　　　　　(b)

图 2.8　TiO₂纳米管[49](a)和纳米带[50](b)的 TEM 图

2002 年,利用水热法制备的纳米管引入 DSC,由纳米管组成的多孔薄膜电极比纳米颗粒薄膜电极具有较大的比表面积,基于纳米管多孔薄膜电极的 DSC 获得了 2.9%的光电转换效率[51]。以 P25 为前驱体,用 Kasuga 水热法制备 TiO₂ 纳米管,DSC 获得 7.10%的光电转换效率,同时研究发现电子在纳米管中具有较大电子寿命,利于电子的收集[52]。将 Kasuga 水热法制备的纳米带引入 DSC,由于纳米带的比表面积较低,不能负载足够的染料分子,限制了电池的光电流和光电转换效率。Kasuga 水热法制备的一维纳米 TiO₂(如纳米管、纳米带等)形貌均一,中间产物由 $H_2Ti_3O_7$ 和 $Na_xH_{2-x}Ti_3O_7$ 等组成,H^+ 和 Na^+ 等阳离子容易被其他阳离子取代,即有很高的活性,易掺杂其他元素,提高了电池的光电性能[49,53];电子在一维纳米 TiO₂上具有较长的电子寿命,但是一维纳米 TiO₂在薄膜电极上几乎都呈水平分布[54],该结构分布严重延长了电子传输路径,与在纳米颗粒多孔薄膜中相比,电子的传输时间变长[52],降低电子的收集效率。

将 P25 粉末超声分散在水溶液中,在 1000 r/min 的转速下离心去除悬浮颗粒,将纯 Ti 板在含有 TiO₂纳米颗粒的水溶液中浸涂一次,在 Ti 板表面覆盖一层 TiO₂纳米颗粒作为籽晶,浸泡在 10 mol/L NaOH 水溶液中,在 150 ℃热处理 20 h 后,得到 TiO₂纳米管阵列,如图 2.9(a)所示[55]。此方法成本低、工艺简单,适合大规模生成 TiO₂纳米管、纳米线等阵列。2008 年,利用此水热法生长出 TiO₂锐钛矿型纳米线阵列,如图 2.9(b)所示,4.10 μm 厚的纳米线阵列薄膜作为光阳极,DSC 获得了 6.58%的光电转换效率[56]。后来,将纯 Ti 板在含有 H_2O_2 的 10 mol/L NaOH 水溶液中热处理后长成 $Na_2Ti_2O_4(OH)_2$ 纳米管,再用 H^+ 置换出 Na^+,最后在 500 ℃高温烧结将纳米管转换成纳米线。将 3 μm 厚的纳米线阵列薄膜作为光阳极,DSC 获得了 1.80%的光电转换效率[57]。

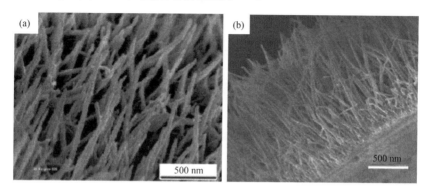

图 2.9　TiO₂ 纳米管阵列[55](a)和纳米线阵列[56](b)的 SEM 图

　　将钛酸四丁酯、四氯化钛作为前驱物,浓盐酸作为水解的抑制剂,甲苯为非极性溶剂,按一定配比形成反应溶液,将洗净的 FTO 导电玻璃浸置于反应溶液中,在 180 ℃热处理不同时间获得不同长度的金红石型纳米棒阵列,如图 2.10(a)所示[58]。将 2~3 μm 长的纳米线阵列作为光阳极,染料为 N719,电池获得了 5.02%效率。用丁醇钛为钛源,浓盐酸作为丁醇钛水解的抑制剂,去离子水为溶剂,按一定配比形成反应溶液,在 80~220 ℃下热处理不同时间得到不同厚度的金红石纳米棒阵列,如图 2.10(b)所示[59]。将 4 μm 长的纳米线阵列作为光阳极,染料为 N719,电池获得了 3%的效率。

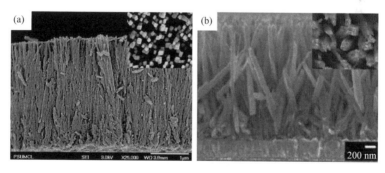

图 2.10　金红石相 TiO₂ 纳米棒阵列的截面 SEM 图
(a)为 180℃热处理结果;(b)为 150℃热处理结果

　　由水热法制备一维 TiO₂ 纳米材料工艺简单、活性高,但阵列有序化不高,紧密堆积程度不够,薄膜负载染料少,容易导致 DSC 的光电转换效率低。

　　2. 模板法

模板法是在模板纳米尺寸的孔径或外壁上进行材料的成核和生长的方法,孔径或直径的大小和形貌就决定了产物的尺寸和形貌。该方法可预先根据合成材料的大小和形貌设计模板,基于模板的空间限域作用和模板剂的调控作用,可以对材料的大小、形貌、结构、布局等进行调控。模板法可分为软模板和硬模板两种。两者都能提供一个有限大小的反应空间,不同的是软模板提供的是处于动态平衡的空腔,物质可以透过壁扩散进出;而硬模板提供的是静态的孔道,物质只能从开口处进入孔道内部。软模板通常是由表面活性剂分子聚集而成。主要包括两亲分子形成的各种有序聚合物,如液晶、囊泡、胶团、微乳液等。这类模板是通过分子间或分子内的弱相互作用而形成一定空间结构特征的簇集体,使无机物的分布呈现特定的趋向,从而获得特定结构的纳米材料。硬模板是指以共价键维系一定形状的刚性模板,如具有不同空间结构的高分子聚合物、阳极氧化铝膜、多孔硅、金属模板、天然高分子材料、分子筛、胶态晶体、碳纳米管和限域沉积位的量子阱等。硬模板具有较高的稳定性和良好的空间限域作用,能严格地控制纳米材料的大小和形貌,且结构比较单一、有序化高。

　　表面活性剂自组装法是利用多个表面活性剂分子相互聚集形成的多个分子聚集体(胶束、胶囊等形态)作为模板合成所需要形貌材料的方法。表面活性剂分子一般是由非极性的、亲油(憎水)的碳氢链部分和极性的、亲水(憎油)的基团共同构成的两性分子。表面活性分子在水溶液体系中会自组装形成胶团。利用此法合成出具有孔道排列有序,孔径均一、可调,形貌易于剪裁,并能可控地制备出管、棒、球等纳米结构材料。早在2002年,研究人员利用月桂胺盐酸盐(LAHC)作为表面活性剂,溶入去离子水中形成胶束,用钛酸四正丙酯(TIPT)和乙酰丙酮(ACA)形成混合溶液,将混合溶液加入含有LAHC的水溶液中,溶液在40 ℃不断搅拌几天直至溶液变成透明,然后在80 ℃热处理3天,通过离心和洗涤,得到直径为10 nm、长30~200 nm的纳米管,基于此纳米管组成薄膜电极DSC获得了5%的光电转换效率[60]。随后,用此自组装法制备得到了单晶纳米线,主要是(101)晶面在材料外面形成纳米结构,染料的吸附量比P25粉末大4倍,获得了9.33%光电转换效率[61]。经过改进与优化后,基于此合成法制备出了直径为9 nm、长达几百纳米的纳米管,DSC效率为8.43%[62]。将苯甲酸和乙二醇作为表面活性剂,以钛酸四异丙酯为Ti源,制备出直径为5 nm、长为13~17 nm的纳米棒,由该纳米棒构成多孔薄膜电极,DSC的效率为7.50%[63]。

　　硬模板法主要通过有序排列的孔洞和一维纳米阵列为模板,结合溶胶-凝胶沉积工艺、电化学沉积以及原子沉积等技术来制备一维TiO₂纳米材料。利用阳极氧化的铝板(AAM)作为模板,在洗净的AAM模板上滴加TiCl₄溶液,让溶液充满孔洞,在50 ℃水解2 h,再用1 mol/L NaOH溶液除去AAM模板,根据不同浓度的TiCl₄溶液制备出TiO₂纳米管和纳米棒,如图2.11所示[64]。电子在纳米棒组成的薄膜电极具有较快的传输速率,且能有效地散射可见光,提高电池的光电流。利用阳极氧化的铝板作为模板,将钛酸四异丙酯的乙醇溶液(质量比 3∶1),用真空渗透技术充满孔洞,在空气中自然干燥 12 h,在 500 ℃烧结 30 min 形成高度有序的锐钛矿型 TiO_2 纳米管阵列,再用 3 mol/L NaOH 溶液除去 AAM 模板,将 TiO_2 纳米管阵列用胶带粘在导电玻璃衬底上,高温烧结除去胶带并将 TiO_2 纳米管阵列固定在衬底上,作为薄膜光阳极,DSC 获得了 3.50% 的光电转换效率[65]。而利用天然纤维为模板,以 $(NH_4)_2TiF_6$ 和 H_3BO_3 的混合溶液在纤维表面沉积一层 TiO_2,在空气氛围中,500 ℃高温烧结形成锐钛矿型 TiO_2 中空纳米纤维,电子在 TiO_2 纳米纤维上比在纳米颗粒薄膜中具有较长的电子寿命和较短的电子收集时间,DSC 取得了 7.20% 的光电转换效率[66]。

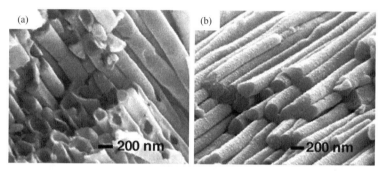

图 2.11　TiO_2 纳米管(a)和纳米棒(b)的 SEM 图[64]

3. 阳极氧化法

阳极氧化法是以纯钛片或钛合金片为阳极置于电解质中,利用电解作用,使其表面形成 TiO_2 薄膜的方法。阳极氧化按电流形式可分为直流电阳极氧化、交流电阳极氧化和脉冲电流阳极氧化。近年来,有研究人员系统地研究了以纯钛片为前驱物,在导电玻璃上溅射沉积一层钛膜,再在含氟电解液中阳极氧化得到 TiO_2 纳米管阵列,高温烧结后得到薄膜电极的制备过程。由于溅射到导电玻璃上的薄膜有良好的附着力,TiO_2 纳米管阵列能牢固地负载在导电玻璃上,用此方法解决了纳米管阵列不易负载在导电玻璃上的问题。2006 年,Paulose 等在导电玻璃上溅射 500 nm 厚的 Ti 膜,制备出内径为 46 nm、壁厚为 17 nm、长为 360 nm 的纳米管阵列,获得 2.90% 的光电转换效率[67]。同年,他们将电解质换为含有 0.10 mol/L KF、1 mol/L $NaHSO_4$ 和 0.10 mol/L 柠檬酸三钠的水溶液,制备出 6 μm 厚的纳米管阵列薄膜电极,在光背面照射下,DSC 获得 4.24% 的效率[68]。用长 6.20 μm(内径为 110 nm,壁厚为 20 nm)的 TiO_2 纳米管阵列薄膜电极对正面和背面照射的效率进行了比较,发现在 AM 1.5 光下,正面辐射有较高的开路电压和光电转换效率[69]。

通过时域有限差分(finite-difference time domain,FDTD)技术分析纳米管阵列的尺寸对光吸收的影响,设计最佳的形貌结构。研究表明纳米管越长、内径越小、表面粗糙度越高,光吸收就越高,效率就越高,而且电荷在势垒层对光吸收几乎没有影响[70]。2008 年,Paulose 等采取电解液为含有 0.14 mol/L NH₄F 和 5%去离子水的甲酰胺溶液,采用优化的纳米管尺寸和表面形貌(图 2.12),提高内表面面积,提高染料分子的吸附量,减少电子复合损失,管长为 14.40 μm 的 TiO₂纳米管阵列构成薄膜电极,获得 6.10%的光电转换效率[71]。2009 年,他们又将电解质换为 HF 和 DMSO 的混合溶液,制备出 0.30~33 μm 长的 TiO₂纳米管阵列,将 20 μm 厚的 TiO₂纳米管阵列多孔薄膜作为光阳极,DSC 获得了 6.90%的光电转换效率[72]。2008 年,采用阳极氧化法在柔性 DSC 上也获得突破[73],以管长 14 μm 的 TiO₂纳米管阵列作为薄膜电极、氧化铟锡/聚萘二甲酸乙二醇酯(ITO/PEN)为对电极和离子电解液组成的 DSC,获得 3.60%的光电转换效率。相比于水热法、模板辅助法制备的纳米管,用阳极氧化法制备 TiO₂纳米管阵列拥有附着力强、有序化高、纳米管长和可控性高等优点。

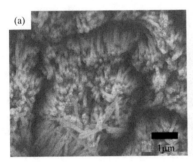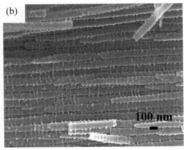

图 2.12　TiO₂纳米管阵列的俯视(a)和截面(b)SEM 图[71]

由于现有纳米技术制备出的纳米管管壁粗糙度低、管径较大和阵列的堆积度低等原因,基于 TiO₂纳米管等一维纳米材料阵列构成薄膜电极的 DSC 效率还没有赶上传统的纳米颗粒构成多孔薄膜电池的效率。但科研人员也证实了以 TiO₂纳米管阵列构成 DSC 光阳极的优越性[74,75]:在相近厚度的薄膜和同一光源下,与纳米颗粒构成的光阳极相比,TiO₂纳米管阵列能获得更大的电流密度、更长电子寿命和更高的光电转换效率;在相近的厚度,电子在两类光阳极上的传输时间相差不大,但在纳米管薄膜上电子的复合时间比在纳米颗粒薄膜上多 10 倍,即纳米管薄膜有较好的电子收集效率;同时纳米管能有效地散射可见光,提高光的利用率,增加电池的电流密度。证实了电子在一维 TiO₂纳米材料(纳米管、纳米纤维等)上具有较长的电子寿命和较大的扩散系数,比传统的纳米颗粒多孔薄膜具有较大的电子收集效率,有利于提高电池的电流密度[66,73]。电子在一维结构上具有优良的电子动力学,将一维 TiO₂纳米材料引入 DSC 中,是提高光电转换效率的一条有效、实际的途径。

2.3.2　三维纳米 TiO₂ 多孔薄膜

虽然 TiO_2 纳米颗粒多孔薄膜能吸附足够的染料分子,但是不能快速收集电子。一维纳米 TiO_2 多孔薄膜能快速地收集电子,但大多由一维纳米材料组成的多孔薄膜不能负载足够的染料分子。因此,科学家开始寻找不仅能负载足够的染料分子,又能快速地收集电子,同时能有效地散射可见光,提高光的利用率,从而提高电池效率的材料和方法。

光子晶体即光子禁带材料,从结构上看,光子晶体是在光学尺度上具有周期性介电结构的人工晶体,它的晶格尺寸与光的波长相当,是晶体晶格尺寸的 1000 倍。反蛋白石结构是指低介电系数的小球(通常为空气小球)以面心立方密堆积结构分布于高介电系数的连续介质中,该结构产生能带结构,出现光子带隙的光子晶体。将 TiO_2 反蛋白石结构引入 DSC 中[图 2.13(a)][76],作为薄膜电极提高光的散射率和红外光的吸收率,DSC 的短路电流比传统的纳米颗粒多孔薄膜提高了 26%。其主要制备过程为:将聚苯乙烯亚微米球(PS 球)和去离子水混合形成凝胶,超声处理使 PS 球充分分散,通过浸涂在导电衬底上形成一层凝胶薄膜,干燥除去水分。用此薄膜在孔洞中吸附足够的钛酸四异丙酯,再在含有 $(NH_4)TiF_6$ 和 H_3BO_3 的水溶液中水解形成 TiO_2,在 400 ℃烧结 8 h 形成 TiO_2 反蛋白石结构薄膜。Kwak 等[77]分析了不同粒径的 PS 球形成的模板对 TiO_2 反蛋白石结构形貌以及 DSC 光电性能的影响,通过粒径为 1000 nm PS 球的模板制备的反蛋白石结构薄膜,获得较大的光电流密度。有研究表明[78]:光照从多孔薄膜层入射,将 TiO_2 反蛋白石结构薄膜放置在纳米颗粒多孔薄膜层的顶部作为光散射层,DSC 的性能最佳,基于这样双层结构薄膜的 DSC 获得了 8.30% 的光电转换效率。通过逐层叠加法制备出 TiO_2/SiO_2 周期性层状结构[图 2.13(b)][79-81],随着层数的提高,布拉格反射率越高,布拉格反射峰在 480～650 nm,能有效地提高染料分子对光的吸

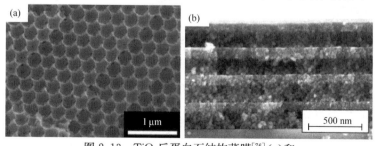

图 2.13　TiO₂反蛋白石结构薄膜[76](a)和
TiO₂/SiO₂周期性层状结构[79](b)的界面扫描电镜图

收,相比于纳米颗粒多孔薄膜,DSC 的光电流提高了约 25％,并且入射光垂直于导电衬底时,布拉格反射效果最好。

　　分级结构是指由纳米颗粒、一维纳米材料(如纳米管、纳米棒等)或二维纳米材料(纳米片等)等聚集组成尺寸较大的亚微米或微米级三维结构,使这些材料具有多层次、多维度和多组分的耦合效应。由 TiO_2 纳米颗粒组成的实心分级结构亚微米球以其优异特性引起人们的广泛注意。此类亚微米球具有很大的比表面积且能有效地散射可见光,有利于提高光的利用率。球内的纳米颗粒之间连接紧密,有利于电子的传输。

　　下面简要介绍目前国际上利用微米球制备 DSC 的进展情况。①利用 PS 球模板法制备出空心的分级亚微米球。先将 PS 球和钛酸四异丙酯在乙醇溶液中充分反应,PS 球表面吸附大量钛酸四异丙酯,再加入少量去离子水使钛酸四异丙酯水解,形成由纳米颗粒组成的亚微米球,在 480 ℃烧结除去 PS 球[82],空心分级亚微米球如图 2.14(a)所示。将直径为 590 nm 的空心分级亚微米球制备成多孔薄膜,组装成 DSC 电池,只获得了 1.26％的光电转换效率。但单位质量 TiO_2 获得的效率是传统多孔薄膜电池的 2.5 倍,有希望减少 TiO_2 的用量。在乙醇溶液中加入钛酸四异丙酯、四丁基氢氧化铵(tetrabutylammonium hydroxide,TBAH)和少量去离子水,搅拌 30 mim 使其变成澄清溶液,再将溶液移至反应釜中,在 240 ℃热处理 6 h,自然冷却,离心、洗涤后得到白色沉淀即为空心分级微米球。用此球的浆料丝网印刷成多孔薄膜电极,N719 染料敏化,电池获得 10.34％的光电转换效率。②利用溶胶-凝胶法制备出由纳米颗粒组成的实心分级亚微米球。先将钛酸四异丙酯溶入乙醇中形成前混合溶液,再把此溶液滴加到含有少量甲胺、水的乙醇和乙腈混合溶液中,不断搅拌一段时间,生成表面平滑的不定型亚微米球,分散在乙醇溶液中,在 240 ℃热处理 6 h,制备出由粒径为 13 nm 的纳米颗粒组成的实心分级亚微米球,微米照片如图 2.14(b)所示,其直径约为 250 nm,用此球的浆料丝网印刷成多孔薄膜电极,以 N719 染料敏化薄膜,电池获得 10.52％的光电转换效率,但电子的扩散系数比传统的纳米颗粒多孔薄膜电池小。③利用溶胶-凝胶法和水热法结合[83-86]制备出直径分布均一的由纳米颗粒组成的实心球,控制溶液组分可以合成出不同直径(320～1150 nm)的实心球。在乙醇溶液中加入少量十六烷基胺(hexadecylmane,HAD)和 0.10 mol/L 的 KCl 水溶液,在室温下不断搅拌,将钛酸四异丙酯滴加到溶液中,形成白色悬浮液,静置 18 h,合成晶型不定型的 TiO_2 小球,移至含有氨的水和乙醇混合溶液中,在 160 ℃热处理 16 h,合成出由纳米颗粒组成的实心球。将此球制备成多孔薄膜电极。研究表明:薄膜能有效地散射光,提高 DSC 的光利用率;电子在薄膜中具有较大的扩散长度和电子寿命,有利于电子的收集,单层薄膜的电池取得了 10.60％的光电转换效率。④利用电喷技术合成分级亚微米球,在乙醇溶液中充分分散 10％(质量分数)的 P25 纳米颗粒,在 15

kV 的电场中以 30 μL/min 的速度将溶液垂直喷到 FTO 导电衬底上,在电场中自组装成直径为 640 nm 的实心分级亚微米球,在导电衬底上直接形成连接紧密的多孔薄膜[87]。

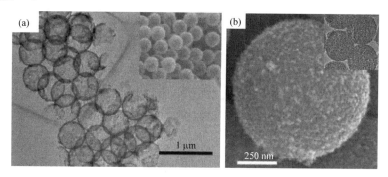

图 2.14 空心分级亚微米球的 TEM 图(a)[82]和
实心分级亚微米球的 SEM 图(b)[83]

三维纳米材料虽然具有一定的优越性能,但也存在一些不足:合成工艺复杂、产量低、成本高;而且三维纳米材料薄膜也存在着比表面积小、连接不紧密等问题;特别是球形材料之间的连接面积较小,阻碍了电子的收集。

2.4　TiO₂薄膜的能级结构

2.4.1　半导体电极的平带电势

纳米 TiO₂多孔薄膜电极作为 DSC 的关键组成部分之一,对其光伏性能有很大的影响。不仅影响染料敏化剂的吸附、入射光在膜内的传输,还承担光生电子在膜内传输和转移的媒介作用。在半导体与电解质溶液相接触的体系中,由于半导体的费米能级与电解质溶液中氧化还原电对的电位能不同,半导体一侧将会形成空间电荷层,而电解液一侧将会形成 Helmholtz 层,从而使半导体的能带在表面发生弯曲。如果对半导体电极施加某一电势进行极化,改变半导体的费米能级,使半导体的能带处于平带状态,这一施加的电势就称为平带电势(V_{fb})。

半导体/电解液界面的电容是测定固体薄膜平带电势和能带边缘位置的基本方法。研究半导体电极电容与电极电位的关系,可以确定固体的导电类型、空间电荷密度和表面能级 E_{cs} 和 E_{vs} 的位置。常用的方法是等效电路对界面电容的分析,图 2.15 所示为一个基本的简单等效电路。半导体电极的电位变化可表示为

$$\Delta\Phi = \Delta\Phi_{sc} + \Delta\Phi_{H} \tag{2.6}$$

其中,$\Delta\Phi_{sc}$ 和 $\Delta\Phi_{H}$ 分别为空间电荷层及 Helmholtz 层电势差。

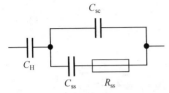

图 2.15　半导体电极的等效电路

电极电容的定义是其储存的电荷量随外加电位变化的比例。界面区的电中性条件为

$$q_{sc} + q_{ss} = q_{soln} \tag{2.7}$$

其中，q_{sc} 为半导体空间电荷密度，q_{ss} 为表面电荷密度，q_{soln} 为溶液中电荷密度。因此电容的倒数 $(1/C)$ 为

$$\frac{1}{C} = \frac{\partial \Delta \Phi}{\partial q_{soln}} = \frac{\partial \Delta \Phi_{sc}}{\partial (q_{sc} + q_{ss})} + \frac{\partial \Delta \Phi_H}{\partial q_{soln}} \tag{2.8}$$

Helmholtz 层电容 C_H、空间电荷层电容 C_{sc} 和表面态电容 C_{ss} 分别定义为

$$C_H = \partial q_{soln} / \Delta \Phi_H$$

$$C_{sc} = \partial q_{sc} / \Delta \Phi_{sc}$$

$$C_{ss} = \partial q_{ss} / \Delta \Phi_{sc}$$

于是式(2.8)可以写为

$$\frac{1}{C} = \frac{1}{C_{sc} + C_{ss}} + \frac{1}{C_H} \tag{2.9}$$

式(2.9)即为等效电路中三个电容的对应关系。

如果外加电压使能带弯曲程度减小，则 E_F 上移，这时将有比原来多的表面态能级位于 E_F 之下，电荷得到储存。相反，如果外加电压使能带弯曲程度增大，则 E_F 下移，这时表面态能级中的部分电子将返回导带，电荷获得释放。可见，C_{ss} 具有"电容器"的作用。电荷向表面态转移是一个需要克服活化势垒 $\Delta \Phi_{sc}$ 的过程，如果表面势垒很高，电子转移的速度将很慢。因此，用频率足够高的交流电测定电容，可减小 C_{sc} 对电容测定值 C 的贡献。

半导体电极的电容测定通常在耗尽层条件下进行，由此导出 C_{sc} 与 $\Delta \Phi_{sc}$ 的关系：

$$\left(\frac{1}{C_{sc}}\right)^2 = \frac{2}{q_0 \varepsilon_{sc} N_D}\left(\Delta \Phi_{sc} - \frac{kT}{q_0}\right) = \frac{2}{q_0 \varepsilon_{sc} N_D}\left(\varphi - \varphi_{fb} - \frac{kT}{q_0}\right) \tag{2.10}$$

其中，$\Delta \Phi_{sc} = \varphi - \varphi_{fb}$，$\varepsilon_{sc}$ 为半导体的电容率，即介电常数和真空中介电常数的乘积；N_D 为掺杂浓度；q 为电荷电量；k 为玻尔兹曼常量；T 为热力学温度；φ 为电极电位；φ_{fb} 为平带电势。式(2.10)被称为 Mott-Schottky 公式。平带电势 φ_{fb}(flatband potential)，也就是能带不发生弯曲时的电极电位值(固体费米能级的位置)。将 C_{sc}^{-2} 对电极电位 φ 作图呈一直线，由斜率可得固体中的掺杂浓度 N_D(对 n 型半导体而言，得到离子化施主的浓度)，而由直线在电位轴上的截距可得 φ_{fb} 值。电极电位值 φ 是相对值，与所用的参比电极有关，为了便于比较，常将 φ_{fb} 换算成以标准氢电极为参比电极的电位值。

已知平带电势值 φ_{fb} 后便可确定固体表面能带边缘的位置,并画出指定电位下的能级分布图。在平带电势条件下,$\Delta\Phi_{sc}=0$,对 n 型半导体而言

$$E_{cs}=\varphi_{fb}+\mu \tag{2.11a}$$

对 p 型半导体而言

$$E_{vs}=q_0\varphi_{fb}-\mu \tag{2.12a}$$

其中,μ 为半导体能带边缘与能量之差,可由固体物理方法测得。掺杂浓度对 μ 值有影响,掺杂浓度越大,μ 值越小,但典型半导体材料的 μ 值为 0.1~0.2 eV。

如果将能级转换为电位值,则对 n 型半导体有

$$E_{cs}(NHE)=\varphi_{fb}-\mu \tag{2.11b}$$

对 p 型半导体有

$$E_{vs}(NHE)=q_0\varphi_{fb}+\mu \tag{2.12b}$$

由于掺杂浓度的影响不大,只要溶液介质相同,同一种材料的 E_{cs} 和 E_{vs} 不会因为是 n 型或 p 型而明显改变。

溶液 pH 的变化对 E_{cs} 和 E_{vs} 的位置有显著的影响,pH 每增大 1 个单位,φ_{fb} 约负移 60 mV,这种变化实质上是由 $\Delta\Phi_H$ 受 pH 影响而引起的。

在半导体电极的电容测定中不总是能够得到理想的 Mott-Schottky 图,偏离理想行为主要表现为三种情况,即 C_{sc}^{-2} 对电极电位 φ 作图不是呈一直线,电容测定值随交流电频率而改变,以及平带电势测定值随交流电频率而改变。

2.4.2 半导体电极平带电势的测量方法

平带电势是半导体/电解质体系中的一个重要物理量,通过研究半导体电极的平带电势与对应 DSC 光伏性能之间的变化关系,有助于对纳米多孔薄膜电极性能进行检测、表征和评定。

目前,运用最广泛的测量平带电势的方法主要有三种:Mott-Schottky 作图法、光谱电化学法和电化学法,以下详细介绍这三种测试方法及相应优缺点。

2.4.2.1 Mott-Schottky 作图法

将半导体电极插入到电解液中,因电极表面的电解质或溶剂的吸附而发生电荷的迁移,其结果在半导体中的表面层内产生了电位梯度,形成空间电荷层。空间电荷层是一种双电层。处于平带状态时电位梯度较小,双电层电容发生变化。因此可以从双电层电容的变化而得知平带电势。

在半导体同电解质的接触体系中,电容(C)由空间电荷层电容(C_{sc})与溶液的 Helmholtz 层电容(C_H)串联而成。通常电解质中的 C_H 与 C_{sc} 可以忽略不计,因此,$C=C_{sc}$。改变半导体的电极电位(V)可以改变半导体空间电荷层电容。根据 Mott-Schottky 方程,两者之间的关系为

$$\left(\frac{1}{C_{sc}}\right)^2 = \frac{2}{q_0 \varepsilon_{sc} N_D}\left(\Delta\varPhi_{sc} - \frac{kT}{q_0}\right) = \frac{2}{q_0 \varepsilon_{sc} N_D}\left(V - V_{fb} - \frac{kT}{q_0}\right) \qquad (2.13)$$

其中，$\Delta\varPhi_{sc} = V - V_{fb}$ 为空间电荷层的电位降；如果以 $(1/C_{sc})^2$ 为纵坐标对 V 作图，则得到一条直线，如图 2.16 所示。直线在横坐标轴上的截距为 $V_{fb} + kT/q_0$，直线的斜率为 $2/(q_0 \varepsilon \varepsilon_0 N_D)$，从而可以通过 Mott-Schottky 图来计算出半导体的平带电势 V_{fb} 和掺杂浓度 N_D。

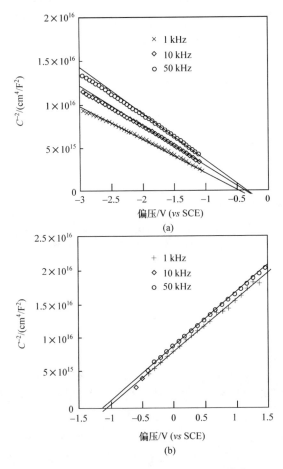

图 2.16　半导体的 Mott-Schottky 图[88]

(a)p 型半导体；(b)n 型半导体

测得平带电势后，就可得半导体在平带状态下的费米能级（$V_{fb} = E_F$）。然后，利用费米能级和导带位置（E_c）（n 型半导体为导带，p 型半导体为价带）的关系式

$$E_F = E_c - kT\ln (N_c/N) \qquad (2.14)$$

计算 n 型半导体的导带位置。其中，N_c 为导带的有效态密度。半导体的带隙（E_g）可以通过其吸收阈值（λ_g）得到，$E_g = 1240/\lambda_g$，由 $E_g = E_c - E_v$ 可以确定半导体的价

带位置(E_v)。

对于纳米大小的未掺杂的半导体而言,情况有所不同。由于纳米粒子的自建场是很小的,其表面能带弯曲可以忽略不计,可以认为半导体纳米晶处于平带状态。因而,无法通过测量空间电荷层电容的变化来测量半导体的平带电势。测量半导体纳米晶的平带电势主要是通过光谱电化学法和电化学法。

2.4.2.2　光谱电化学法

把一定厚度和面积的纳米晶半导体膜(工作电极)、铂丝(对电极)以及饱和甘汞电极或 Ag/AgCl 电极(参比电极)插入到适当的电解质溶液中,构成一个三电极体系。在该三电极体系下,对纳米晶半导体电极施加不同的偏压,测量其在固定波长下(如 TiO_2 在 780 nm 处)吸光度的变化,如图 2.17 所示。

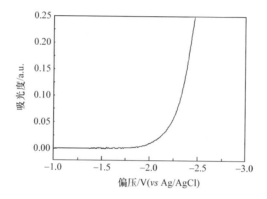

图 2.17　TiO_2 薄膜电极在 780 nm 处的吸光度与偏压的关系曲线

当电极电势比平带电势偏正时,吸光度没有变化。而当电极电势比平带电势偏负时,吸光度将急剧上升。吸光度开始上升时对应的电势就是纳米晶半导体电极的平带电势。

对于波长为 780 nm 的单色光来说,假定光吸收是由于带间跃迁或是自由载流子的吸收引起的,所以吸收的强度和导带中的电子浓度有关:

$$n_{cb} = \int_{E_{cb}}^{\infty} g_{cb}(E) \frac{1}{e^{(E-E_F)/kT}+1} dE \qquad (2.15)$$

其中,E_{cb} 为导带边的能量;E_F 为半导体的费米能级;$g_{cb}(E)$ 为导带中的态密度。空穴的浓度忽略,离子化的施主浓度假定是常数,半导体的电势满足:

$$\frac{d^2\varphi(x)}{dx^2} = \frac{q_0}{\varepsilon\varepsilon_0}[n_{cb}(\varphi(x)) - n_0] \qquad (2.16)$$

其中,n_0 为半导体导带电子浓度。由于半导体界面处存在电解质,同时考虑空间电荷层的电容和 Helmholtz 层的电容,空间电荷层的电势和界面的电势可以通过下面的关系式联系起来:

$$\Phi_{el} - \Phi_b = \frac{C_{sc}(\Phi_s - \Phi_b) + C_H}{C_H}(\Phi_s - \Phi_b) \qquad (2.17)$$

为了计算半导体膜的光吸收,定义一个表面超函数:

$$G(\varphi_s - \varphi_b) = \int_0^\infty \left[n_{cb}(\varphi(x)) - n_0 \right] dx \qquad (2.18)$$

改变空间电荷层的电势将导致光吸收的变化,光吸收的量与超函数的关系为

$$\Delta(\text{吸光度}) = \frac{1}{2.303} \sigma_{cb} \frac{A}{a} \Delta G \qquad (2.19)$$

其中,σ_{cb}为导带电子在给定波长下的光学截面;A为半导体膜的固/液界面微观面积;a为半导体膜的宏观面积。

　　简单地说,这是因为当给 TiO_2 薄膜电极加负偏压达到其平带电势时,Ti^{4+} 将会和导带电子结合产生 Ti^{3+},即 $Ti^{4+} + e_{cb}^- \longrightarrow Ti^{3+}$。而这个过程将吸收特定波长的单色光,从而使其吸光度明显增加。

2.4.2.3 电化学法

　　同样在三电极体系下,使用入射光激发半导体电极,改变电极上施加的电势。当施加的电势比平带电势偏负时,光生电子不能转移到外电路,因而,不能形成光电流。相反,当施加的电势比平带电势偏正时,光电流能够产生。光电流开始产生时,电极上施加的电势就是平带电势,如图 2.18 所示。

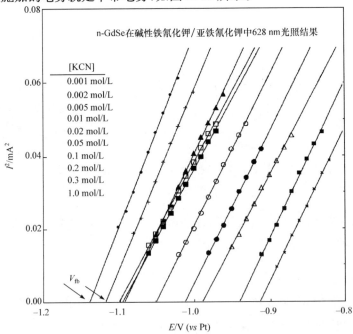

图 2.18　半导体电极在光照下的光电流与偏压的关系曲线[89]

2.4.2.4　几种平带电势测量方法的优缺点

光谱电化学法适用于具有较多缺陷的多晶电极,结果较准确。但是,该方法的不足之处是只能测定那些具有较好光学透明性能的半导体电极,另外还必须确定局域电子或自由电子的消光系数。电化学法的最大优点是操作简便,而缺点是由于难以确定暗电流的起始电压而造成结果的不确定性。

利用这两种方法测出的平带电势与介质和电解质的性质都有较大的关系。利用光谱电化学法测定的最大优点是可以模拟光电化学中的介质条件,从而能够比较真实地反映半导体电极在光电转换时的能级情况。

2.4.3　测试条件对平带电势的影响

2.4.3.1　不同的入射光波长

入射光波长分别为 356 nm、555 nm 和 780 nm 时所得到的纳米 TiO_2 薄膜电极的吸光度与偏压的关系曲线如图 2.19 所示。

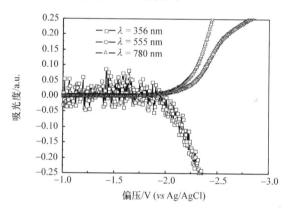

图 2.19　纳米 TiO_2 薄膜电极在不同入射光波长下的吸光度与偏压的关系曲线

从图 2.19 中可以看出,对于三种不同波长的入射光,当波长为 356 nm 时,所得到的曲线非常不稳定,实验数据点波动比较厉害,并且随着负偏压的增大,其吸光度反而是减小的。当波长为 555 nm 时,所得的曲线相对要稳定一些,但是当负偏压超过平带电势一小段距离后,其吸光度的增加就没有那么明显了。而当波长为 780 nm 时,所得到的曲线非常稳定,比较适合平带电势的测量。因此,在一般情况下选择 780 nm 作为平带电势测量时的入射波长。

2.4.3.2　不同面积的 TiO_2 薄膜电极变化结果

为了比较多孔薄膜电极有效面积的大小对平带电势测试结果的影响。采用光谱电化学的方法,设计电极有效面积分别为 5 mm × 5 mm 和 25 mm × 8 mm,测量两块不同有效面积的纳米 TiO_2 薄膜电极的平带电势。两种不同有效面积的纳米 TiO_2 薄膜电极的吸光度与所施加扫描电压的关系曲线如图 2.20 所示。

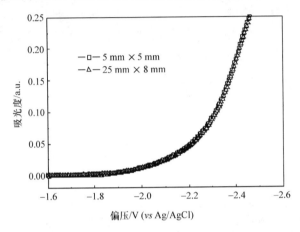

图2.20　不同有效面积纳米 TiO_2 薄膜电极在 780 nm 处的吸光度与偏压的关系曲线

图 2.20 测试结果显示两条曲线基本重合,说明这两种不同有效面积的纳米 TiO_2 薄膜电极的平带电势是相同的,这表明用光谱电化学法测量纳米 TiO_2 薄膜电极的平带电势时,TiO_2 电极的面积对测量结果没有影响。

2.4.3.3　不同的工作电极和对电极间的相对几何位置

在用光谱电化学法测量纳米 TiO_2 薄膜电极平带电势时,通过改变工作电极与对电极之间的相对位置来进行对比。一种情况是将工作电极与对电极正好相对固定,另一种情况是在固定工作电极时将其位置相对于对电极调高 1 cm,如图 2.21 所示。

测得的纳米 TiO_2 薄膜电极的吸光度与所施加的扫描电压的关系曲线如图 2.22所示,在这两种不同的情况下,纳米 TiO_2 薄膜电极的平带电势也是相同的。这说明用光谱电化学法测量纳米 TiO_2 薄膜电极的平带电势时,工作电极与对电极之间的相对空间几何位置的变化对结果没有影响。

2.4.3.4　不同的工作电极和对电极间的距离

在用光谱电化学法测量纳米 TiO_2 薄膜电极平带电势时,通过改变工作电极与

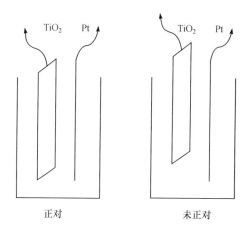

图 2.21 不同的工作电极和对电极间的相对位置示意图

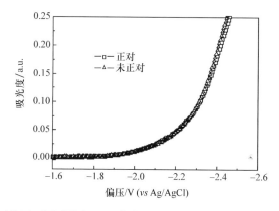

图 2.22 电极相对位置不同时纳米 TiO₂ 薄膜电极在 780 nm 处的吸光度与偏压的关系曲线

对电极之间的距离来进行对比,电极之间的距离分别为 4 mm、5 mm 和 6 mm。三种情况下纳米 TiO₂ 薄膜电极的吸光度与偏压的关系曲线如图 2.23 所示。

从图 2.23 中可以看出,三种不同电极距离所测得的平带电势值基本上是一致的。这说明工作电极与对电极之间的距离变化对用光谱电化学法测量的纳米 TiO₂ 薄膜电极的平带电势不产生影响。

2.4.3.5 不同的偏压扫描速率

偏压扫描速率分别为 0.001 25 V/s、0.0025 V/s、0.005 V/s、0.01 V/s 和 0.02 V/s 时对应的纳米 TiO₂ 薄膜电极的吸光度与偏压的关系曲线如图 2.24 所示。

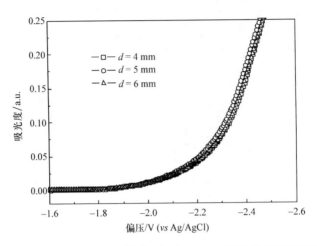

图 2.23　电极距离不同时纳米 TiO$_2$ 薄膜电极在 780 nm 处的吸光度与偏压的关系曲线

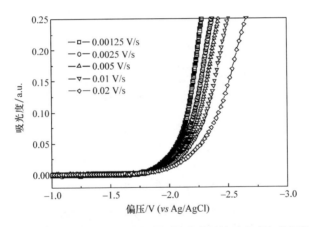

图 2.24　纳米 TiO$_2$ 薄膜电极在不同偏压扫描速率下的吸光度与偏压的关系曲线

从图 2.24 中可以看出,对于不同的偏压扫描速率,其吸光度的上升快慢是不一样的。当扫描速率比较慢时,停留在某一偏压上的时间就比较长。因此纳米 TiO$_2$ 薄膜电极就能更充分地吸收入射光,故吸光度的上升速度比较快。在这种情况下,虽然吸光度的曲线不一样了,但从图中还是可以看出其吸光度开始上升的起始电压基本上还是一样的,即其平带电势也还是一样的。这说明在用光谱电化学法测量纳米 TiO$_2$ 薄膜电极的平带电势时,改变偏压扫描速率对测量结果是没有影响的。

2.4.3.6　环境温度对平带电势的影响

选取 21 ℃、25 ℃和 29 ℃,测得不同温度下的纳米 TiO$_2$ 薄膜电极的吸光度与偏压的关系曲线如图 2.25 所示。

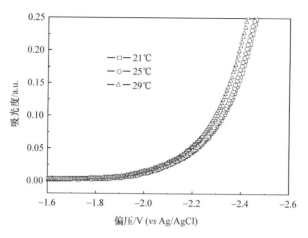

图 2.25　纳米 TiO$_2$ 薄膜电极在不同温度下的吸光度与偏压的关系曲线

从图 2.25 中可以看出,随着温度的升高,纳米 TiO$_2$ 薄膜电极的平带电势是向正方向移动的。由于测量平带电势时体系存在 $Ti^{4+} + e_{cb}^- \rightleftharpoons Ti^{3+}$ 的反应,体系能斯特方程可以表示为

$$E = E^0 + \frac{RT}{F}\ln\frac{a_{Ti^{4+}}}{a_{Ti^{3+}}} \qquad (2.20)$$

而工作电极 Ti^{4+} 的浓度要比 Ti^{3+} 的浓度大很多,由此可见,随着温度的升高,能斯特电位是向正方向移动的。

2.4.3.7　支持电解质溶液对平带电势的影响

对于不同 pH 的含水电解质溶液中测量得到的纳米 TiO$_2$ 薄膜电极的吸光度与偏压的关系曲线如图 2.26 所示。从图 2.26 中可以看出,不同 pH 的情况下,所测得的平带电势相差 0.54 V,相当于每个 pH 单元移动了 0.06 V。由此说明,纳米 TiO$_2$ 薄膜电极的平带电势与电解质溶液的 pH 有关。因为 TiO$_2$ 电极表面存在着质子的吸附-解吸附平衡,酸性条件下,$TiOH + H^+ \longrightarrow TiOH_2^+$;碱性条件下,$TiOH + OH^- \longrightarrow TiO^- + H_2O$。电极表面相对于电解质溶液本体的电位差可以用 Helmholtz 层的电位降 $\Delta\Phi_H$ 来近似表示(忽略分散层的影响):$\Delta\Phi_H =$ 常数 $-$ 0.06×pH。又由平带电势 V_{fb} 与 Helmholtz 层的电位降 $\Delta\Phi_H$ 的关系可得

$$V_{fb} = -(E_F^{vac}/q + 4.5 - \Delta\Phi_H) \qquad (2.21)$$

式中,E_F^{vac} 为纳米 TiO$_2$ 薄膜电极在真空中的费米能级。

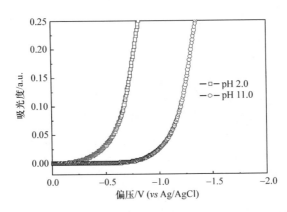

图 2.26　纳米 TiO_2 薄膜电极在不同 pH 下的吸光度与偏压的关系曲线

2.4.4　不同微结构薄膜电极的能级结构

纳米 TiO_2 多孔薄膜电极是影响电池性能的重要因素之一,对 DSC 的光伏性能有很大的影响。不仅影响染料敏化剂的吸附和入射光在多孔薄膜内的传输,还承担光生电子在多孔膜内传输和转移的媒介作用。如何抑制电池内部电子的复合、改善薄膜对电子的输导能力是纳米 TiO_2 多孔薄膜电极研究的关键之一。近年来,国内外在该方面开展了很多研究工作:一方面积极探索其他宽禁带半导体材料(如 ZnO 和 SnO_2 等)在 DSC 中的应用;另一方面将纳米线和纳米球等新型纳米结构引入 DSC 中;另外还对纳米 TiO_2 多孔薄膜电极进行物理化学修饰与改性,加快电子在膜内的传输,抑制电子与电解质中 I_3^- 的复合。不同改性微结构薄膜的相应能级结构也会发生变化,进而影响电子注入、传输及复合过程。

2.4.4.1　纳米 TiO_2 多孔薄膜厚度对电极能级的影响

采用丝网印刷的方法进行不同次数的印刷,获得不同厚度的薄膜电极。图 2.27 给出了不同电极的吸光度与偏压的关系曲线图。

从图 2.27 中可以看出,随着膜厚的增加,TiO_2 电极的平带电势向正方向移动。对应电池的 I-V 曲线如图 2.28 所示,三组电池的 J_{sc} 差别比较大。电池的短路电流密度与吸收系数成正比,吸收系数越大,产生的光生电子越多。开路电压随着膜厚增加而减小,因为膜厚增加伴随着 TiO_2 薄膜与电解质溶液的接触面积增大,导致电子的直接复合速率增大。通常,DSC 的填充因子 FF 在 0.6~0.8,较低的填充因子反映了电池中存在较高的界面内阻和严重的电子复合问题,并且较高的电池内部损耗也导致了低的开路电压。

由 DSC 开路电压的关系式 $V_{oc}=|V_{fb}-V_{red}|$ 得出,在相同的电解质环境下,DSC 开路电压的减小表明 TiO_2 电极的平带电势向正方向移动,这与光谱电化学法

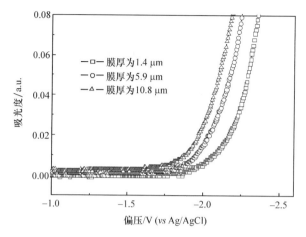

图 2.27 不同膜厚 TiO_2 薄膜电极在 780 nm 处的吸光度与偏压的关系曲线

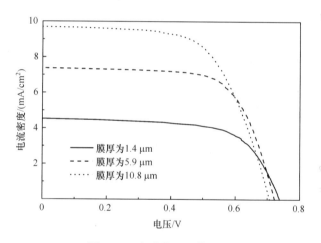

图 2.28 电池的 *I-V* 曲线图

得到的测试结果相同,说明可以用独立的 TiO_2 电极平带电势的变化趋势来反映 DSC 中 TiO_2 电极平带电势的变化趋势。TiO_2 电极膜厚的增加导致平带电势向正方向移动,从而使对应的 DSC 开路电压随之减小。由于平带电势的这种正方向移动将导致对应 TiO_2 电极的导带边也向正方向移动,TiO_2 的导带能级与染料分子基态能级之间的能量差减小,从而使更多的处于低激发态的染料分子向 TiO_2 导带注入电子。此外,由于薄膜厚度的增加,TiO_2 薄膜的内表面积也随之增加,对应 TiO_2 电极表面缺陷态数目增多,使 TiO_2 导带中的电子与电解质中 I_3^- 的复合变得容易,最终也导致 DSC 的开路电压降低。

2.4.4.2　TiCl₄表面修饰对纳米TiO₂薄膜电极能级的影响

用四种不同方式对纳米TiO₂薄膜电极进行了TiCl₄处理,图2.29给出了四种不同的处理方式下,TiO₂薄膜电极的吸光度与偏压的关系曲线图。

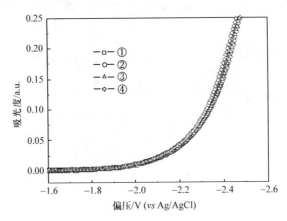

图2.29　不同TiCl₄处理方式下纳米TiO₂薄膜电极在780 nm处的吸光度与偏压的关系曲线
①先对导电玻璃进行TiCl₄处理,然后再丝网印刷一层TiO₂膜;②先丝网印刷一层TiO₂膜,然后再对TiO₂膜进行TiCl₄处理;③先对导电玻璃进行TiCl₄处理,然后再丝网印刷一层TiO₂膜,最后再对TiO₂膜进行TiCl₄处理;④只丝网印刷一层TiO₂膜,不进行任何处理

从图2.29中可以看出,四种电极得到的平带电势基本重合,说明TiCl₄处理对纳米TiO₂薄膜电极的平带电势的影响不明显。采用四种不同膜厚的TiO₂薄膜分别经TiCl₄溶液处理,然后利用IMPS/IMVS实验手段测量其电子传输和背反应的特性。表2.3为编号为A~H的电池经IMPS/IMVS理论表达式拟合实验数据得到的DSC微观参数值。电池性能如图2.30所示。可看出,处理过后,电池的V_{oc}和FF变化不大,J_{sc}约增加10%,电池效率约增加了15%。

表2.3　IMPS/IMVS拟合得到的参数值

电池编号	d /μm	τ_n /s	α /cm⁻¹	$D_n \times 10^{-5}$ /(cm²/s)	$\tau_d \times 10^{-3}$ /s	L_n /μm	Q_{oc} /(μC/cm²)	IPCE/%
A	5.0	0.0531	381	1.22	6.4	8.1	14.0	15.4
B	5.0	0.0865	739	2.39	4.9	14.4	29.6	31.9
C	11.7	0.0633	2798	0.36	11.5	4.8	22.8	58.1
D	11.7	0.1042	1999	3.11	8.6	18.0	44.1	83.0
E	20.4	0.0750	1870	1.06	4.9	8.9	28.2	63.7
F	20.4	0.1633	2168	2.58	3.0	20.5	64.4	86.4

续表

电池编号	d /μm	τ_n /s	α /cm^{-1}	$D_n \times 10^{-5}$ /(cm^2/s)	$\tau_d \times 10^{-3}$ /s	L_n /μm	Q_{oc} /(μC/cm^2)	IPCE/%
G	27.7	0.0823	1605	1.88	4.9	12.4	29.3	67.8
H	27.7	0.1842	1825	2.89	3.0	23.1	70.0	94.8

注:编号为 A、C、E、G 的电池为标准电池,编号为 B、D、F、H 的电池为相应的经 TiCl$_4$ 处理的标准电池。

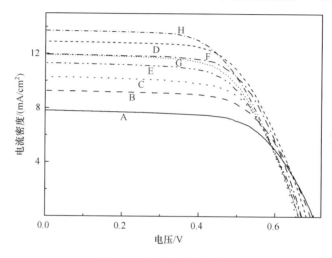

图 2.30　DSC 电流电压曲线

从表 2.3 可以看出,TiCl$_4$ 处理过后的电池,其 τ_n 值明显高于未作处理的电池,表明 TiO$_2$ 薄膜经过处理后,在一定程度上有效地抑制了电子的复合。经过 TiCl$_4$ 溶液处理后的电池,τ_d 值明显低于未作处理电池的值。这表明 TiCl$_4$ 溶液水解产生的纳米颗粒一部分填充到纳米孔洞中,改善了颗粒之间的电接触,使电子传输更加容易,大大提高了电子的传输能力。

2.4.4.3　酸碱性对 TiO$_2$ 薄膜电极能级的影响

采用两种不同的酸性浆料和两种不同的碱性浆料制备纳米 TiO$_2$ 薄膜电极。不同纳米 TiO$_2$ 薄膜电极的吸光度与偏压的关系曲线如图 2.31 所示。从图中可以看出,浆料酸碱性对纳米 TiO$_2$ 薄膜电极平带电势的影响较小。

2.4.4.4　TiO$_2$ 颗粒大小对纳米 TiO$_2$ 薄膜电极能级结构的影响

选用五种不同颗粒度大小的 TiO$_2$ 浆料制备纳米 TiO$_2$ 薄膜电极,将其分别编号为 A、B、C、D 和 E。对应纳米 TiO$_2$ 薄膜电极的平带电势见表 2.4。

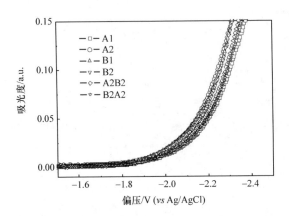

图 2.31　不同酸碱性的纳米 TiO_2 薄膜电极在 780 nm 处的吸光度与偏压的关系曲线

酸性浆料分别编号为 A1 和 A2,碱性浆料分别编号为 B1 和 B2,

按照电池编号所给顺序制备 TiO_2 薄膜电极

表 2.4　不同颗粒度大小的纳米 TiO_2 薄膜电极的平带电势

浆料编号	晶粒度大小/nm	平带电势 V_{fb}/V
A	14	-2.35
B	16	-2.35
C	19	-2.37
D	21	-2.38
E	25	-2.39

从表 2.4 中可以看出,随着纳米 TiO_2 薄膜电极晶粒度的增大,其平带电势是向负方向移动的。采用三种不同尺寸的纳米 TiO_2 颗粒制作电池 A、B 和 C,颗粒尺寸(D_{hkl})分别为 14 nm、19 nm 和 25 nm。图 2.32 是 DSC 相应电流-电压曲线图,随颗粒尺寸的增加,短路电流密度、开路电压和效率变化不明显。

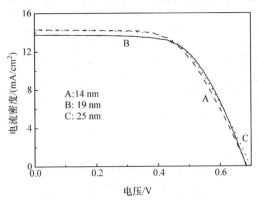

图 2.32　DSC 电流-电压曲线

颗粒尺寸对微观参数的影响见表 2.5。可看出，随着 D_{hlk} 值的增大，D_n 值逐渐增加，而 τ_n 值逐渐减小。D_{hlk} 值由 13.4 nm 增加到 17.5 nm，膜比表面积减小，颗粒和颗粒之间的边界条件得到改善，电子传输更加容易，所以 D_n 值逐渐增大；τ_n 值随着 D_{hlk} 值的增加有所减小，因为电子与空穴的复合速率与缺陷之间的跃迁频率相关，电子在缺陷之间跃迁的频率加快后，同时电子与电解质中的 I_3^- 的复合速率变慢。

表 2.5　IMPS/IMVS 拟合得到的参数

编号	$d/\mu m$	τ_n /s	α /cm^{-1}	$D_n\times10^{-4}$ /(cm^2/s)	$\tau_d\times10^{-3}$ /s	L_n /μm	Q_{oc} /($\mu C/cm^2$)	IPCE	D_{hlk} /nm
A	11.7	0.084	966	2.51	0.016	1.45	8.45	0.58	13.4
B	11.4	0.071	1130	2.77	0.012	1.40	7.23	0.62	16.1
C	11.5	0.056	1564	3.06	0.009	1.32	5.86	0.71	17.5

2.4.4.5　掺杂对纳米 TiO_2 薄膜电极能级的影响

当本征半导体掺入适量的杂质时，可以提供载流子，不同掺杂导电机理也有所不同。存在多余电子的称为 n 型半导体，存在多余空穴的称为 p 型半导体。在 TiO_2 晶体中，当不同孤立原子中具有相同能级的许多电子形成晶体时，由于量子效应，即 Pauli 不相容原理的限制使不能有两个电子处于相同的状态，它们的能量是彼此错开的，而各自处在一个能量略有差异的一组子能级上形成能带。

根据半导体理论，在本征情形下占据导带能级的电子数量 n_{cb} 可以表示为

$$n_{cb} = \int_{E_c}^{\infty} N(E) \times f(E,T)\,\mathrm{d}E \qquad (2.22)$$

式中，$N(E)$ 为总的态密度；$f(E)$ 为电子占有概率；E_c 为导带底能级。

$$N(E) = 4\pi \left(\frac{2m_e^*}{h^2}\right)^{\frac{3}{2}} \times E^{\frac{3}{2}} \qquad (2.23)$$

式中，m_e^* 为有效电子质量，它与自由电子质量是不相同的；h 为普朗克常量。半导体中电子在不同能级的占有概率取决于温度（T）和能量（E），可由费米-狄拉克分布函数给出

$$f(E,T) = \frac{1}{1 + \mathrm{e}^{\frac{E-E_F}{k_B T}}} \qquad (2.24)$$

式中，E_F 为半导体费米能级，定义为半导体中电子占有概率为 0.5 时的能级位置。在本征半导体中费米能级的位置处于禁带中央几个电子伏处。对于非简并半导体，式(2.24)可简化为

$$f(E,T) = \mathrm{e}^{\frac{E-E_F}{k_B T}} \qquad (2.25)$$

将式(2.23)和式(2.25)代入式(2.22)得到

$$n_{cb} = 4\pi \left(\frac{2m_e^*}{h^2}\right)^{\frac{3}{2}} \times (k_B T)^{\frac{3}{2}} \int_{E_c}^{\infty} E^{\frac{3}{2}} \times \exp\left(-\frac{E - E_F}{k_B T}\right) dE \qquad (2.26)$$

令 $x = E/k_B T$，上式变为

$$n_{cb} = 4\pi \left(\frac{2m_e^*}{h^2}\right)^{\frac{3}{2}} \times (k_B T)^{\frac{3}{2}} \exp\left(-\frac{E_c - E_F}{k_B T}\right) \int_{E_c/k_B T}^{\infty} x^{\frac{1}{2}} e^{-x} dx \qquad (2.27)$$

式(2.27)中的积分为标准形式,积分值为 $\sqrt{\pi}/2$,得到

$$n_{cb} = 2\left(\frac{2\pi m_e^* k_B T}{h^2}\right)^{\frac{3}{2}} \times \exp\left(-\frac{E_c - E_F}{k_B T}\right) = N_c \exp\left(-\frac{E_c - E_F}{k_B T}\right) \quad (2.28)$$

其中

$$N_c = 2\left(\frac{2\pi m_e^* k_B T}{h^2}\right)^{\frac{3}{2}} \qquad (2.29)$$

式中, N_c 为导带有效态密度。对于 DSC,有研究表明其 TiO_2 导带中电子的有效质量为自由电子质量的 5.6 倍,即 $m_e^* = 5.6\ m_e$ 。计算可得其有效态密度为 $3.317 \times 10^{20}\ cm^{-3}$,由式(2.28)可得暗态下 DSC 导带电子浓度 $n_{cb,0}$ 为

$$n_{cb,0} = N_c \exp\left(-\frac{E_c - E_{F,redox}}{k_B T}\right) \qquad (2.30)$$

可以看出式(2.30)中 $E_c - E_{F,redox}$ 值在 DSC 电解质体系不变的情况下,随着纳米 TiO_2 薄膜电极能带结构的改变而改变。因此,随着掺杂对 TiO_2 薄膜能带的影响,特别是造成 TiO_2 导带边的移动,使 DSC 导带电子浓度 $n_{cb,0}$ 发生改变,进而影响 DSC 的开路电压和短路电流等。

基于传统单一的纳米 TiO_2 半导体薄膜电极 DSC,其光伏性能并不是十分理想,需要其他修饰手段进行改良。而杂质的引入可以改变 TiO_2 光阳极半导体能带结构及表面态的分布,引起吸收峰的红移并改善电荷的分离和转移,抑制 DSC 中 TiO_2/染料/电解质界面电子复合反应,从而提高 DSC 的光电转换效率。

纳米 TiO_2 光阳极掺杂主要包括非金属元素掺杂,金属、金属离子掺杂,稀土离子掺杂和各种金属氧化物掺杂等。不同原子或离子掺杂在半导体晶格中引入缺陷位置或改变结晶度等,影响电子与空穴的复合。

在纳米 TiO_2 光阳极中掺入一些过渡金属离子[90],如 Zn^{2+} 、Fe^{3+} 等,发现基于这些过渡金属离子掺杂的 DSC 电池效率并不高。究其原因是过渡金属离子掺杂容易在 TiO_2 内形成捕获光生电子的中心,不利于 DSC 电池的稳定性。

将 Al、W 掺杂[91]和(Al+W)共掺杂 TiO_2 光阳极,得到不同特性的金属离子掺杂的 DSC。其中,通过 Al 掺杂改善了 DSC 的 V_{oc} ,但是降低了 DSC 的 I_{sc} ,因为 Al 掺杂 TiO_2 光阳极以后大大降低了光生电子与 I_3^- 的复合,但是 Al 掺杂使相对较少的电子传输到对电极,从而降低了短路电流。而 W 掺杂改善了 DSC 的短路电

流,但同时稍稍降低了其开路电压。原因是电子与 I_3^- 直接复合。Al+W 共掺杂影响了 TiO_2 表面电子态、表面极化和缺陷电荷平衡,同时提高 DSC 的 TiO_2 薄膜单位面积的染料吸附量,最终改善了 DSC 的效率。

用溶胶-凝胶方法合成了 W 掺杂 TiO_2 光阳极[92],调控 W 的掺杂量从 0.1% 增加到 5%,TiO_2 导带边正移,提高了 DSC 的短路电流。而在掺杂范围内能够有效地提高电池的电子寿命,DSC 效率达到 9.4%,提高了 20%。用电化学的方法将 Al^{3+} 掺入纳米 TiO_2 薄膜电极[93],当 Al^{3+} 掺杂进入 TiO_2 以后,电子寿命和电子传输时间都增大,电子的复合减少。但是掺杂 Al^{3+} 的量较高时,电子注入的量子效率显著下降。Hagfeldt 运用两个模型解释了产生以上现象的原因。多重陷阱模型解释为:当引入 Al^{3+} 产生更多的陷阱,减慢了电子的动力。

用水热法合成 Cr 掺杂 TiO_2[94],并将合成的 Cr 掺杂 TiO_2 沉积在未掺杂 TiO_2 的薄膜上,形成双层结构,制备得到 DSC 效率由原来的 7.1% 提高到 8.4%,提高了 18.3%。这主要是由于形成的双层结构的电极起到了二极管的作用,也就是形成了一个 p-n 单质结的能量势垒,从而阻碍了电子的复合损失,进而提高了 DSC 的短路电流,最终提高了 DSC 的效率。

用水热法合成了 Nb^{5+} 掺杂的纳米 TiO_2 薄膜电极。在 Nb^{5+} 低掺杂量的前提下,DSC 电子的收集效率大大提高[95]。同时不同 Nb 掺杂量能够有效地调控 TiO_2 表面缺陷态的分布,提高电池效率达到 8.7%。

以稀土元素掺杂为例,镧系元素镱(ytterbium,Yb)是稀土元素中的变价元素,具有特殊的 f 电子结构,具有稳定的全充满 $4f^{14}$ 亚层。其氧化物具有许多独特的化学催化和电催化及发光性质等性能,被广泛应用在化学合成反应、电催化剂及特种用途灯泡等方面。镧系元素掺杂 TiO_2,可以明显抑制电子-空穴对的复合,延长载流子寿命。将其应用于 DSC 中也将对半导体/电解质界面的复合起抑制作用,减小光生电子的损失,在一定程度上也可以提高开路电压。采用溶胶-凝胶法制备不同 Yb 掺杂量的 TiO_2 浆料,制备电池的性能见表 2.6。开路电压 V_{oc} 从纯 TiO_2 薄膜未掺杂处理时的 0.69 V 增大到掺杂浓度为 6% 时的 0.75 V,增大了 8.7%。填充因子 FF 也相应增大。DSC 中 FF 由众多因素决定,电荷复合是其中之一。当其他条件相同,仅改变 Yb 的掺入量,FF 相应增大说明电荷复合受到了有效抑制。而短路电流密度 J_{sc} 以及电池的光电转换效率随着掺杂浓度的增大而逐渐减小。

当在 TiO_2 浆料中引入稀土元素 Yb 时,部分 Yb 进入 TiO_2 晶格中,导致晶格畸变以及位错缺陷。但 Yb 在薄膜中又以另一种方式 Yb_2O_3 存在,Yb_2O_3 为绝缘性氧化物,禁带宽度很大,电子激发需要很大的能量。将其包覆于 TiO_2 颗粒表面形成一层绝缘层,这样 Yb_2O_3 所形成的能量势垒阻碍了从染料注入至 TiO_2 导带的光生电子与电解质 I_3^- 的复合。电荷复合得以有效抑制。

表 2.6　含不同浓度 Yb 的纳米 TiO$_2$ 薄膜电极的 DSC 伏安特性

处理浓度(质量分数)/%	V_{oc}/V	J_{sc}/(mA/cm^2)	FF/%	η/%
未掺杂	0.69	13.38	63	6.04
0.06	0.71	11.64	67	5.55
1.5	0.73	10.20	67	4.95
3	0.74	8.77	69	4.36
6	0.75	6.26	68	3.15

图 2.33 为不同浓度 Yb 掺杂的 DSC 暗电流测试图。掺杂浓度越大,以氧化物形式存在的 Yb$_2$O$_3$ 越多,整体抑制电荷复合的能力越强,暗电流越小。

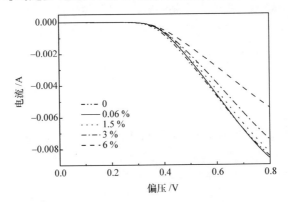

图 2.33　不同浓度 Yb 掺杂的 DSC 暗电流测试图

开路电压与复合反应动力学具有以下关系:

$$V_{oc} = \left(\frac{kT}{q}\right)\ln\left(\frac{I_{inj}}{n_{cb}k_{et}\left[I_3^-\right]}\right) \tag{2.31}$$

式中,I_{inj} 为入射光强;n_{cb} 为 TiO$_2$ 表面电荷浓度;k_{et} 为 I$_3^-$ 反应的速率常数;T 为热力学温度;k 为玻尔兹曼常量。从公式中可以看出,I$_3^-$ 的反应速率越大,开路电压 V_{oc} 就越低。所以电极表面的电荷复合情况是制约太阳电池光电压的一个重要因素。掺杂浓度越大,其生成的势垒增多,光生电子在 TiO$_2$ 中的填充水平越大,这样使费米能级抬高,变得更负。开路电压为 TiO$_2$ 的费米能级与电解质中氧化还原对能级之差。因此,掺杂后开路电压 V_{oc} 增大。然而,费米能级抬高,更接近染料激发态 LUMO 能级,电子从染料激发态能级向 TiO$_2$ 的费米能级注入的驱动力减小,导致短路电流密度 J_{sc} 随着杂质浓度的增大而有所下降。而 Yb 元素介入生成的 Yb$_2$O$_3$,因其大的颗粒度使多孔薄膜大的孔洞受到堵塞,孔径减小,比表面积下降,单位体积中所含 TiO$_2$ 粒子数减少,从而对染料的吸附量有所减少。Yb$_2$O$_3$ 颗粒也会对电解质中 I$^-$ 及 I$_3^-$ 的扩散和传输造成影响,从而影响整个电子的循环,这也可能是导致光电流密度下降的原因。

非金属掺杂 TiO₂ 光阳极的研究表明,非金属掺杂能够有效调控 TiO₂ 的能带结构、部分取代氧空位缺陷以及拓展 TiO₂ 光响应范围至可见光区,而且不易形成复合中心。通过非金属掺杂锐钛矿相 TiO₂,在 TiO₂ 中调控氧空位缺陷并对电池光伏性能进行研究已引起广泛的关注。

早在 2001 年,Taga 等[96]在 *Science* 上发表了关于氮(N)掺杂 TiO₂ 具有很好的可见光活性的文章以来,引起了科研工作者对非金属元素掺杂 TiO₂ 研究的热潮。虽然 DSC 中作为感光剂的染料可以用来吸收可见光,但是由于 TiO₂ 晶体结构中存在氧空位缺陷,这种氧空位会产生电子-空穴对,氧化性的空穴会与氧化态染料发生反应,或者与 I_3^- 反应,降低了 DSC 的寿命。以溶胶-凝胶法的 N 掺杂为例,采用尿素为 N 源掺杂纳米 TiO₂ 颗粒。N 掺杂可以在一定程度上取代 TiO₂ 晶格中的氧空位。晶格中氧空位缺陷的减少不仅能够减小界面的电子复合,提高电池的开路电压,而且能够明显提高 DSC 的稳定性。

通过态密度理论模型,将 N 掺杂 TiO₂ 的可见光活性解释为 N 的 2p 轨道与 O 的 2p 轨道杂化而使 TiO₂ 的禁带减小[97]。只有形成的掺杂态符合以下要求才能真正产生可见光响应:①掺杂能够在 TiO₂ 带隙中产生一个能吸收可见光的状态;②掺杂后的导带能级最小值(包括掺杂后 TiO₂ 的掺杂态)应该和 TiO₂ 的电极电位相等,或者比 H_2/H_2O 的电极电位更高;③新带隙态应该和 TiO₂ 的带隙态充分重叠。条件②和③要求使用阴离子掺杂,其原因是阳离子的 d 轨道在 TiO₂ 带隙中较深,容易成为载流子的复合中心。

由图 2.34 可知,在质量比 $m(\text{TiO}_2):m(\text{尿素})=2:1$ 时,N 掺杂纳米 TiO₂ 薄膜电极的平带电势与未掺杂纳米 TiO₂ 薄膜电极的平带电势相比并没有产生明显的移动,只是略微有所改变;在 $m(\text{TiO}_2):m(\text{尿素})=1:1$ 时,N 掺杂纳米 TiO₂ 薄膜电极的平带电势产生明显的负移,表明 N 掺杂改变了纳米 TiO₂ 薄膜电极表面性质,导致 TiO₂ 导带边负移,有利于提高 DSC 的开路电压。

不同 N 含量掺杂电池与普通电池光伏性能对比如图 2.35 所示。在 *J-V* 曲线中,N 掺杂 DSC 的开路电压增大,但是短路电流有所减少。随着 N 掺杂量的增加,V_{oc} 由 724 mV 增大到 745 mV 再增大到 752 mV。同时填充因子相比于未掺杂DSC 提高了 5.2%。随着 N 掺杂量的增加,电池的 J_{sc} 和效率 η 有一定的下降。开路电压提高的原因由 V_{oc} 的定义可知[98]:

$$V_{oc}=\left|V_{fb}-V_{red}\right| \tag{2.32}$$

其中,V_{fb} 为 TiO₂ 电极的平带电势;V_{red} 为电解质氧化-还原电对的氧化还原电势。由式(2.32)可以得到,V_{oc} 随着 TiO₂ 电极平带电势 V_{fb} 的变化而发生改变。因此,由于 N 掺杂纳米 TiO₂ 薄膜电极的平带电势产生明显的负移,使 V_{oc} 有增大趋势。电子注入 TiO₂ 导带的驱动力随着 TiO₂ 平带电势的负移而减小,导致 DSC 短路电流的降低。

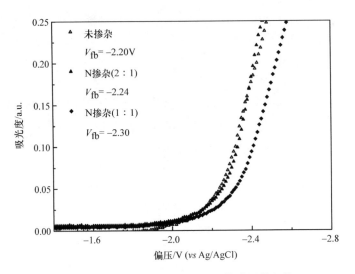

图 2.34　系列 N 掺杂纳米 TiO₂薄膜平带电势

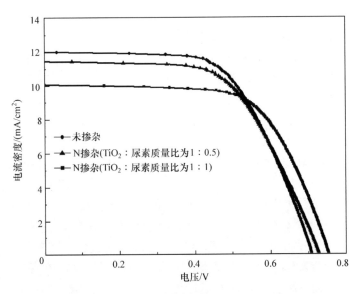

图 2.35　系列 N 掺杂 TiO₂薄膜 DSCJ-V 曲线

图 2.36 对比了未掺杂与系列 N 掺杂 DSC 的暗电流测试结果。暗电流测试结果显示,N 的适当引入,能够降低 DSC 内部的暗电流。换而言之,N 的适当引入能够很好地抑制 TiO₂导带中的电子与 I₃⁻ 复合。如何改良掺杂的制备工艺以及对 TiO₂光阳极进行非金属掺杂是今后 DSC 研究的重点。

同时,利用共掺杂原子或离子的协同效应,一方面通过共掺杂调控 TiO₂的能带结构,另一方面又利用良好共掺杂对的协同效应能够抑制电子复合中心的形成,

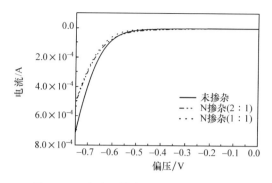

图 2.36 系列 N 掺杂 DSC 的暗电流图谱

改善 TiO$_2$ 电极的性能[89]。该掺杂方法也为调控 TiO$_2$ 的能带结构以及改善 DSC 的开路电压和短路电流等提供了理论指导。

2.4.4.6 表面包覆对 TiO$_2$ 薄膜电极能级的影响

表面包覆作为粒子改性的一种有效方法,在 DSC 中也受到了广泛关注。对纳米 TiO$_2$ 多孔薄膜电极进行表面包覆可以抑制电子的复合,改善电池的光电转换性能。然而,表面包覆绝缘体的效果好坏仍存在争论。

在纳米 TiO$_2$ 薄膜电极表面包覆一层势垒层,形成"核-壳"结构的光阳极,可以较好地改善 TiO$_2$ 薄膜/电解质和 TCO 衬底/电解质界面的接触特性,有利于电子复合反应的抑制、暗电流的减小以及电池性能的提高。在 TiO$_2$ 电极表面形成能量势垒层,改善 DSC 性能的方法,是将薄的 Nb$_2$O$_5$ 层覆盖在纳米 TiO$_2$ 多孔薄膜表面,电子复合速率减小,电池的光电转换效率提高 35%[99]。目前,应用在 DSC 中的表面包覆材料主要分为两大类,宽禁带半导体(如 ZnO 和 Nb$_2$O$_5$ 等)和绝缘体(如 Al$_2$O$_3$、MgO 和 ZrO$_2$ 等)。

表面包覆在 DSC 中产生的作用机理可能有三种[100]:①包覆材料自身形成能量势垒,允许电子注入,同时对电子复合反应产生抑制作用;②表面偶极子作用,光阳极材料的导带边发生移动;③钝化表面态复合中心,如图 2.37 所示。

用于表面包覆 TiO$_2$ 的宽禁带半导体材料主要有 ZnO 和 Nb$_2$O$_5$ 等。通常它们应具有比 TiO$_2$ 更负的导带边位置(图 2.37),这样光阳极与电解质界面会形成一个能量势垒,电子注入壳层半导体后,可以快速转移到核层半导体导带中,同时能垒可以抑制电子与氧化态染料以及电解质中氧化还原电对的复合,达到优化电池性能的目的。图 2.38 为 Nb$_2$O$_5$ 表面包覆 TiO$_2$ 的核壳结构示意图利用 ZnO 和 SrO 包覆 TiO$_2$ 制备得到的光阳极,ZnO 的表面包覆增大了 TiO$_2$ 导带中的自由电子浓度,电子在传输过程中的复合减小,电池的短路电流和开路电压同时增大,光电转换效率提高了 27%。SrO 的表面包覆则使敏化的 TiO$_2$ 薄膜对可见光的吸收

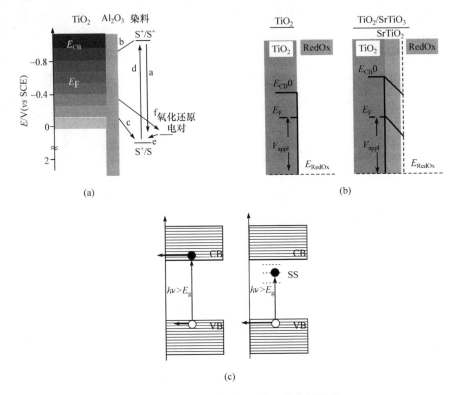

图 2.37　DSC 中表面包覆的三种作用机理

(a)形成能量势垒;(b)表面偶极子作用;(c)钝化表面态

增强,尤其在短波长范围内的增强效果更加明显,电池效率从 7.3% 提高到 9.3%[101]。曾有研究将制备得到的 SrTiO₃/TiO₂光阳极应用于 DSC 中,提高了电池的光电转换效率,包覆处理后 TiO₂ 的导带边向负方向移动,他们认为表面偶极子作用是产生这种现象的根本原因[102]。

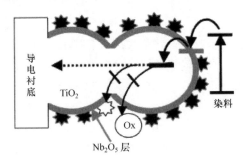

图 2.38　Nb₂O₅表面包覆 TiO₂的核-壳结构示意图

采用 Al₂O₃、MgO 和 ZrO₂等绝缘体氧化物作为壳体材料是表面包覆研究的一个重要方面。当纳米 TiO_2 薄膜电极表面包覆 Al_2O_3、MgO 和 Y_2O_3 后,虽然 DSC 的开路电压和填充因子有所增加,但是短路电流却大幅度减小,电池的光电转换效率下降[103]。

在纳米 TiO_2 多孔薄膜表面包覆绝缘体时,激发出的电子是通过量子隧穿效应穿过绝缘层的[104]。量子隧穿公式可表述为

$$T = \frac{16E(V_0 - E)}{V_0{}^2} \exp\left(-\frac{2a}{h}\sqrt{2m(V_0 - E)}\right) \tag{2.33}$$

其中,T 为电子隧穿通过势垒层的概率;V_0 和 a 分别为势垒高度和势垒宽度,势垒高度与半导体的禁带宽度有关,势垒宽度则和势垒层的厚度存在一定关系;m 和 E 分别为电子的质量和能量。在其他参数不变的情况下,电子穿过的概率随着势垒层厚度的增大而减小。在 DSC 中,如果采用绝缘体对纳米 TiO_2 进行表面包覆,电子势必要穿过这层势垒才能注入 TiO_2 导带。因此,必须考虑绝缘层厚度给电子注入带来的影响。

以 Y_2O_3 包覆为例,简述表面包覆对能带结构及复合过程的影响。Y_2O_3 的禁带宽度大约为 5.6 eV,有利于电子复合的抑制;等电荷点(pzc＝9)高于 TiO_2 本身(pzc＝6.2),有利于薄膜电极表面去质子化以及染料吸附性能的增强;介电常数大,储存电荷的能力强,有利于电池效率的提高[103]。采用浸渍法分别用浓度为 0.0005 mol/L、0.001 mol/L、0.005 mol/L 的 $Sm(CH_3COO)_3$ 无水乙醇溶液处理后,得到的包覆层厚度分别约为 0.6 nm、0.8 nm 和 1.4 nm。由不同浓度 $Y(NO_3)_3$ 水溶液包覆处理前后薄膜对 780 nm 单色光的吸光度随外加偏压的变化曲线,得到薄膜平带电势 V_{fb} 值见表 2.7。与 0.6 nm 包覆层厚度的薄膜相比,0.8 nm 和 1.4 nm 薄膜的平带电势分别负移 10 mV 和 30 mV,表明包覆处理后薄膜的平带电势负移,且包覆层越厚,负移程度越明显。

表 2.7　薄膜的平带电势变化情况

包覆层厚度/nm	0.6	0.8	1.4
V_{fb}/V	-2.19	-2.20	-2.22

包覆层厚度与 DSC 的光伏性能参数变化关系见表 2.8。包覆处理后,电池的开路电压 V_{oc} 随多孔薄膜包覆层厚度的增大而增大,且变化非常明显;短路电流密度 J_{sc} 却大幅度减小,最终导致电池效率不断减小。导带边负移程度很小,这样一来,电压的增加主要是因为注入 TiO_2 导带中的电子很难越过 Sm_2O_3 包覆层的势垒而与电解质中的 I_3^- 反应,电池暗电流被有效抑制。同时,TiO_2 表面包覆层过厚是造成电子注入效率降低、电池光电转换效率减小的根本原因。

表 2.8　Sm₂O₃ 包覆层厚度对 DSC 光伏性能的影响

包覆层厚度 /nm	电压 /V	电流密度 /(mA/cm²)	填充因子 /%	效率 /%
0	0.72	13.68	66.50	6.55
0.6	0.75	13.15	65.50	6.46
0.8	0.77	11.17	65.46	5.63
1.4	0.78	8.25	67.13	4.32

2.5　纳米半导体电极修饰

氧化物薄膜作为 DSC 的主要组成部分,是影响电池光伏性能的关键因素,主要包括 TiO₂、ZnO、Nb₂O₅、SnO₂ 等在内的多种光阳极材料。由于以上材料具备许多优良特性,如与染料 LUMO 相匹配的禁带宽度,使激发态染料电子能有效注入半导体导带;由纳米颗粒构建的多孔薄膜具有大的比表面积,使染料分子的吸附量增大,光生电子量增多等,制备出的 DSC 具有较为理想的光电转换性能。但大量晶界、表面态等缺陷的存在,也会导致载流子扩散长度减小、晶界处复合增大,制约电池效率的提高。因此,研究人员采用各种方法对这些氧化物薄膜材料进行物理化学修饰与改性。同时,基于传统单一的纳米 TiO₂ 半导体薄膜电极 DSC 其光伏性能并不是十分理想,需要其他化学修饰手段改善其光伏性能。而掺杂可以改变 TiO₂ 光阳极半导体能级、导带位置、能带结构,并可以改善电荷的分离和转移,从而提高 DSC 的光电转换效率。相对于传统表面修饰,如表面包覆,掺杂的目的是在 TiO₂ 表面覆盖一层宽禁带的半导体,形成核-壳电极,最终抑制电子与氧化态染料及电解质的复合,抑制暗电流的形成。掺杂改性会影响纳米 TiO₂ 薄膜电极的性能,如调控 TiO₂ 的能带结构,抑制 DSC 中 TiO₂/染料/电解质界面电子复合反应等。

目前,关于 DSC 中纳米 TiO₂ 多孔薄膜电极的物理化学修饰研究主要集中在以下几个方面。

2.5.1　表面物理化学修饰

对纳米 TiO₂ 多孔薄膜电极表面进行物理化学修饰,可以改善各个电极界面的状态,有利于改善染料的吸附活性、增强电子的注入和传输性能、抑制电子的复合,最终提高电池的光电转换性能。表面修饰的方法又可以分为三大类:

一类是物理方法修饰纳米 TiO₂ 薄膜表面,改善薄膜表面态[105]。采用氧等离子体和离子束处理纳米薄膜后,TiO₂ 中的氧空位数目减少,TiO₂ 导带中的电子与

电解质中 I_3^- 的复合反应被有效抑制,电池性能改善,光电转换效率由 5.1% 提高到 6.6%[106]。

另一类是采用 $TiCl_4$、TiO_2 溶胶及酸(如 HCl、HNO_3)等物质化学修饰纳米 TiO_2 多孔薄膜电极,优化薄膜内部 TiO_2 颗粒/颗粒界面及 TCO 衬底/TiO_2 薄膜界面的接触特性。采用 $TiCl_4$ 水溶液处理纳米 TiO_2 光阳极,提高了电子注入效率,且在半导体/电解质界面形成阻挡层,减少了电子-空穴对的复合。同时,经过 $TiCl_4$ 处理后,尽管纳米 TiO_2 薄膜的比表面积下降,但是薄膜内部 TiO_2 颗粒与颗粒界面形成了新的纳米 TiO_2 颗粒,单位体积内 TiO_2 的数量增加,颗粒间的电性接触增强,短路电流密度增大。有研究者发现,依次采用 $TiCl_4$ 和 O_2 等离子体处理 TiO_2 薄膜后,电池光电转换效率从 3.9% 提高至 8.4%[107]。TiO_2 的溶胶处理也较为常用,即在制备 TiO_2 多孔薄膜光阳极之前,采用溶胶-凝胶过程中获得的溶胶对导电玻璃进行预处理,经高温烧结形成一层均匀致密的 TiO_2 阻挡层,得到 TiO_2 多孔膜/TiO_2 致密层/导电玻璃结构的光阳极。这种方法可以较好地改善 TCO 衬底/TiO_2 薄膜的界面接触特性,使电子的传输和收集效率得到提高,同时有效地减小暗电流。用合成的钛有机溶胶处理纳米 TiO_2 光阳极,获得了 7.3% 的光电转换效率,比未处理的 TiO_2 光阳极电池提高 28%,这是由于钛有机溶胶处理增大了纳米 TiO_2 颗粒/颗粒和 TCO 衬底/TiO_2 薄膜两个界面的接触,形成了良好的纳米 TiO_2 网络微结构,短路电流增大。类似地,通过阳极氧化法及酸处理也可以改善界面特性,提高 DSC 的光电转换效率。

此外,表面包覆也被认为是 DSC 光阳极表面修饰的一种重要方法。表面包覆的方法包括表面沉积法、溶胶-凝胶法、浸渍法、原子层沉积法、磁控溅射法和金属热蒸发法等。其中,表面沉积法、溶胶-凝胶法和浸渍法的制备技术简单,原子层沉积法、磁控溅射法和金属热蒸发法则具有包覆层形貌可控的特点。根据处理对象的不同,表面包覆的方法又可以分为两大类:①先对纳米 TiO_2 颗粒进行包覆处理,再将得到的"核-壳"结构纳米粒子制成薄膜光阳极;②直接对烧结好的纳米 TiO_2 薄膜进行处理,得到包覆结构的光阳极。其中,方法①可能在 TiO_2 颗粒之间的晶界处引入势垒层,使电子的传输时间延长[108],影响包覆效果。

Tien 等结合 XPS 手段建立了"核-壳"结构模型来讨论包覆层覆盖范围对电池性能的影响。他们采用原子层沉积法将 Al_2O_3 包覆在 TiO_2 表面,通过调节沉积次数控制 Al_2O_3 层的平均厚度。研究发现,原子层沉积法制备得到的 Al_2O_3 呈岛状生长,沉积一次后得到的电池光电转换性能最优[109]。Guo 等结合超快瞬态红外光谱手段,研究了绝缘体氧化物包覆层对 DSC 中电子注入动力的影响。同时,他们还发现包覆层是以不完全覆盖且包覆厚度不均匀的状态存在的[110]。当采用金属热蒸发和紫外臭氧氧化法将 Al_2O_3 和 MgO 沉积在 TiO_2 电极表面并精确控制包覆层厚度,包覆处理后 TiO_2 导带边向负方向移动,包覆层有效钝化了 TiO_2 的表面状态,DSC 内部的电子复合被抑制,电池性能得到改善。同时,氧化层的厚度对电池性能的好坏有着至关重要的影响。Menzies 等将 In_2O_3 和 ZrO_2 作为壳体材料应用于 DSC 中,研究了包覆层厚度对电池性能的影响;他们发现电池性能降低的主要原因是包覆层厚度增加引起的短路电流密度的减小,较薄的包覆层更加有利于光电转换效率的提高。

核-壳结构的引入有效地抑制了电子的复合,抑制了暗电流的产生。随着 Zaban 小组将核-壳结构引入 DSC 的研究,关于各项不同材料构成的复合核-壳结构电极的研究得到相应扩展。总的来说,有 SnO_2/TiO_2、TiO_2/Nb_2O_5、TiO_2/Al_2O_3、SnO_2/Al_2O_3、SnO_2/MgO、SnO_2/Y_2O_3、SnO_2/ZnO 等复合核-壳结构。核-壳结构的引入,提高了 DSC 的光电转换效率,优化了光阳极,为电子的输运和有效的电荷分离提供了改良的方法。

2.5.2　元素掺杂

当本征半导体掺入适量的杂质时,可以增加载流子,使导电能力发生很大的改变。

掺杂半导体中杂质原子可通过两种方式掺入晶体结构:一种方式是位于原子与原子间的位置上,称为间隙杂质;另一种方式是杂质原子替换晶体中的原子,保持晶体结构中有规律的原子排列,称为替位杂质。

对于 TiO_2 来说,典型的晶格缺陷是氧空位,这些氧空位会导致 Ti^{3+} 等低价钛缺陷的存在。同时,晶格畸变使 TiO_2 微晶晶格不完整,而过多的晶格缺陷也可能成为载流子(电子-空穴)复合中心。

在掺杂 TiO_2 薄膜材料制备过程中,材料受掺杂的影响,使晶格常数发生偏离,同时使材料受到的局部应力发生变化。这将大大影响材料的本征缺陷和外来杂质的浓度和类型,由此带来的能带结构变化必将影响电子和空穴的复合率。

2.5.2.1　纳米 TiO_2 光阳极非金属掺杂

2001 年,Asahi 等[96]在 *Science* 上发表了关于 N 掺杂 TiO_2 具有很好的可见光活性的文章,这引发了科研工作者对非金属元素掺杂 TiO_2 的研究热潮。

2003 年,Lindquist 等[111]利用磁控溅射法得到 N 掺杂纳米 TiO_2 薄膜电极,其在可见光区的光电流响应是未掺杂薄膜的 200 倍。2005 年,将商业化锐钛矿粉体,在 N_2 氛围并且有少量 C 的情况下,在 500℃下煅烧 3 h,得到深黄色 N 掺杂纳米 TiO_2 粉末,再进一步制成 DSC 的 TiO_2 光阳极[112]。研究发现 N 掺杂拓展了 DSC 中 TiO_2 光阳极的光响应范围,延长了 DSC 的寿命,基于 N 掺杂 TiO_2 光阳极 DSC 的效率比基于 P25 和 SL-D 的 DSC 效率分别高 33% 和 14%。从这三种 TiO_2 对染料的吸附量来看,N 掺杂 TiO_2 光阳极吸附染料的量分别为 P25 和 SL-D TiO_2

光阳极的 1.6 倍和 1.2 倍。而对 N 掺杂 TiO_2 光阳极的 DSC 进行 2000 h 老化实验,结果显示 N 掺杂 TiO_2 光阳极没有出现明显光降解现象,并且 N 掺杂 TiO_2 光阳极的 DSC 有很好的稳定性。

2007 年,研究人员制备了不同含量 C 掺杂的纳米 TiO_2 多孔薄膜电极,该掺杂 TiO_2 薄膜具有高比表面积、高孔隙率。而当 C 的含量为 1%(质量分数)时,DSC 呈现很好的性能,其中短路电流密度为 12.69 mA/cm^2,开路电压为 0.72 V,填充因子为 62%,效率达到了其最高值 5.6%[113]。

2008 年,有人将 N 掺杂引入到 CdSe 量子点敏化太阳电池,也取得了较好的效果[114]。Kusama 等[115]对锐钛矿 TiO_2 吸附含 N 杂环,如吡唑、咪唑、1,2,4-三唑等,应用密度泛函理论 DFT,借助充分优化的几何模型,计算得到 N 杂环吸附在 TiO_2(101)、(100)和(001)表面上的吸附能、Ti—N 键的距离和费米能级等参数,结果显示含 N 杂环锐钛矿 TiO_2 的费米能级负移导致 DSC 的开路电压变大,但是短路电流变小。

2011 年,Hou 等[116]制备了可见光响应的碘(I_2)掺杂 TiO_2 薄膜电极,采用溶胶-凝胶合成方法结合水热法制备样品,所制备的碘掺杂 TiO_2 在 400~550 nm 可见光范围内有较强的吸收,同时吸收边有红移。制备的碘掺杂 TiO_2 薄膜电极 DSC 的效率较未掺杂 DSC 的效率提高了 42.9%,同时杂质碘的引入能够有效提高 DSC 的电子寿命。

一直以来,对氧空缺的研究是半导体研究的重要领域之一,调控半导体内部氧空位能够有效地改善半导体的各种性能,然而对氧空缺的理论研究也存在争议。在 TiO_2 光催化领域,氧空缺理论认为 N 掺杂 TiO_2 具有可见光活性,是因为 N 原子取代 O 原子后消除氧空位,掺杂的 N 起到阻碍氧空位被氧化的作用。Batzill 等[117]对 N 掺杂 TiO_2 缺陷的形成和表面特性进行了研究,发现了 N 掺杂 TiO_2 能提高 TiO_2 的催化热稳定性等。

由于 TiO_2 晶体结构中存在氧空位缺陷,这种氧空位会产生电子-空穴对,氧化态的空穴会与染料发生反应,或者与 I_3^- 反应,降低了 DSC 的寿命。而通过适当引入 N,能够有效地取代 TiO_2 晶体中的氧空位,提高 DSC 的稳定性。

另外,进行 N 掺杂 TiO_2,B 掺杂 TiO_2 以及 N、B 共掺杂 TiO_2,电池性能均有较好的改善。其中,经过 N、B 共掺杂 TiO_2 后,DSC 获得 8.4% 的光电转换效率,且电池保持了良好的稳定性[118]。将 N、B 等非金属掺杂及共掺杂 TiO_2 光阳极在 DSC 中,良好的共掺杂能够有效地抑制 DSC 界面电子复合以及改善 DSC 界面的稳定性,其能级结构如图 2.39 所示。

通过分析 N 掺杂 TiO_2 的晶粒大小,发现可见光活性能够在多晶颗粒上实现[119]。因为氧空缺很容易在多晶颗粒界面上形成,表明了在多晶颗粒界面上形成氧空缺的原因是 N 掺杂 TiO_2 具有可见光活性,而掺杂 N 的作用是阻止氧空缺

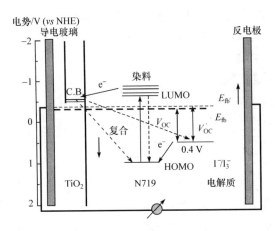

图 2.39　未掺杂与 N、B 共掺杂 DSC 的能级图

N719 为染料；电解质体系为 I^-/I_3^- 氧化还原电对

位被再次氧化。通过理论计算也可得到，在 TiO_2 中进行 N 掺杂，很可能同时伴随氧空位的产生[120]。通过等离子体加热处理纳米 TiO_2 的方法可制得氧空缺型纳米 TiO_2。实验表明该氧空缺型 TiO_2 具有明显的可见光活性，而通过计算其电子密度函数，证明氧空缺能够在 TiO_2 导带下方形成一个窄带，从而提高 TiO_2 在可见光下的光催化活性。在制备 N 掺杂 TiO_2 过程中引入了氧空位缺陷，而且 N 掺杂 TiO_2 的可见光活性不仅与 N 有关，而且与引入的氧空缺也有关[121]。

2.5.2.2　纳米 TiO_2 光阳极金属、金属离子掺杂

Al、W 掺杂和（Al＋W）共掺杂 TiO_2 光阳极，DSC 光伏性能不一[89]。其中，通过 Al 掺杂改善了 DSC 的 V_{oc}，但是降低了 DSC 的 I_{sc}。究其原因，Al 掺杂 TiO_2 光阳极后，大大降低了光生电子与 I_3^- 的复合，但是 Al 掺杂使得相对较少的电子传输到对电极，从而降低了短路电流。（Al＋W）共掺杂影响了 TiO_2 表面电子态、表面极化和缺陷电荷平衡，同时提高 DSC 的 TiO_2 薄膜单位面积的染料吸附量，最终改善了 DSC 的效率。同时，在 ZnO 薄膜电极 DSC 的研究中，利用 Al 掺杂改性 ZnO 薄膜电极的研究得到了广泛的关注，如 Hirahara 等[122]利用磁控溅射技术制备了 Al 掺杂 ZnO 薄膜衬底，提高了 DSC 的光电转换效率。Yun 等[123]也成功将基于 Al 掺杂 ZnO 纳米线薄膜电极运用到 DSC 中，得到了更高的光电转换效率。

Wang 等[92]用溶胶-凝胶法合成了钨（W）掺杂 TiO_2 光阳极，调控 W 的掺杂量从 0.1% 到 5%，TiO_2 导带边正移，提高了 DSC 的短路电流，在掺杂范围内能够有效地提高电池的电子寿命，DSC 效率达到 9.4%，提高了 20%。

Wang 等[124]用水热法合成了 Zn^{2+}、Cd^{2+}、Fe^{3+}、Co^{2+}、Ni^{2+}、Cr^{3+} 和 V^{5+} 等过渡金属离子掺杂的纳米 TiO_2 薄膜电极。基于不同掺杂薄膜电极 DSC 在不同的入

射光照下,光电流变化有两种不同的变化趋势。对于 Zn^{2+}、Cd^{2+} 掺杂薄膜 n 型半导体,在膜厚为 0.5 μm 并且掺杂量小于 0.5% 时,掺杂 DSC 的单射光光电转换效率高于未掺杂的 DSC。其中,Zn^{2+} 掺杂的 DSC 效率(1.01%)高于未掺杂的 DSC 的效率(0.82%);而 Fe^{3+}、Co^{2+}、Ni^{2+}、Cr^{3+} 和 V^{5+} 掺杂的纳米 TiO_2 薄膜电极表现出 p-n 转换性质。因此,电池的光电性能和光电流值取决于掺杂的方式和掺杂的浓度。

日本的 Iwamoto 等[125]为提高 DSC 光电压采用了掺 Mg 二氧化钛电极,以 NKY-003[2-cyano-5-(4-*N*,*N*-diphenylamino-phenyl)-*trans*,*trans*-penta-2,4-dien-oic acid]作为光敏化剂,通过提高染料最低分子占有轨道能级和半导体导带能级,在 AM1.5 光照下获得了 1 V 的光电压,图 2.40(a)为采用 N719 染料时的能级分布,图 2.40(b)为采用 NKY-003 染料时的能级分布。这一研究结果很好地证明了 DSC 光电压起源于半导体二氧化钛费米能级与电解质氧化还原电对能级之差的观点。

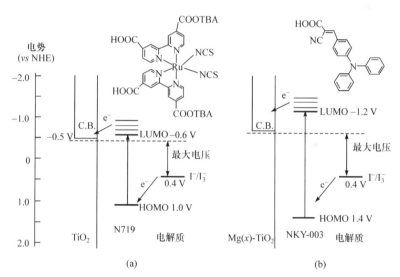

图 2.40　N719 染料与 NKY-003 染料能级示意图

2.5.2.3　纳米 TiO_2 光阳极稀土元素掺杂

杨术明[126]等研究了 Yb^{3+} 等 13 种稀土离子对 TiO_2 薄膜电极的影响,其中 Yb^{3+} 掺杂的 TiO_2 薄膜电极在光强为 73.1 mV/cm^2 的白光照射下,掺杂的 DSC 的光电转换效率增大了 15%。究其原因,是稀土离子掺杂以后在 TiO_2 电极表面形成了一个能量势垒,有效地抑制了电极表面的复合,降低了暗电流,使 DSC 的效率提高。Zalas 等[127]研究了基于钆掺杂 TiO_2 薄膜电极 DSC 的性能,发现钆掺杂 DSC 的效率要比未掺杂 DSC 的高 0.22%。

2.5.3　其他掺杂修饰

采用 ZrO_2 掺杂到 TiO_2 薄膜电极,得到的 TiO_2-ZrO_2 混合氧化物粉末具有更大的比表面积,并且 TiO_2-ZrO_2 混合氧化物扩展了能带带隙,提高了 DSC 的短路电流、开路电压和光电转换效率[128]。而采用局部热解沉积法将纳米多孔 $CaCO_3$ 涂抹覆盖在 TiO_2 薄膜电极上,提高了 DSC 的 I_{sc}、V_{oc} 和 FF,而薄膜太阳电池效率从 7.8% 提高到 9.7%[129]。

因此,DSC 作为传统硅太阳电池最有前途的替代电池之一,已经取得了很好的研究成果,目前 DSC 的效率已达到 14%。而作为 DSC 关键组件的纳米多孔 TiO_2 光阳极,是电子的传输通道,其性能的好坏直接关系到整个 DSC 的各项性能,而掺杂 TiO_2 光阳极是提高 DSC 性能比较有效的手段。通过有选择性的掺杂能有效地抑制 DSC 界面电子的复合,即抑制暗电流的形成。同时不同元素的掺杂影响了 TiO_2 能带结构,适当的掺杂能够拓展 DSC 的光谱响应范围,同时部分元素的掺杂能够提高 DSC 的稳定性,为实现 DSC 的实用化奠定了基础,但如何改良掺杂的制备工艺以及对 TiO_2 光阳极进行非金属掺杂,是今后 DSC 研究的重点。

2.6　电极结构优化设计

2.6.1　小颗粒致密层的引入

通常情况下,为了改善纳米 TiO_2 多孔薄膜与掺 F 的 SnO_2 导电玻璃(FTO)之间的电学接触,加快电子的转移和收集速率,在 FTO 与多孔薄膜之间加入一层薄的 TiO_2 致密层(图 2.41)。这种致密层主要是通过以下几种方法获得:旋涂一层厚度在 1 μm 以内的 TiO_2 层、$TiCl_4$ 水解、阳极氧化电沉积法以及磁控溅射一层厚度在 100 nm 以下的 TiO_2 致密层。

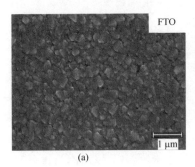
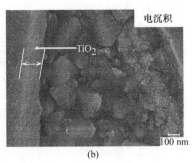

图 2.41　有无 TiO_2 致密层的 FTO 表面形貌图

(a)无;(b)有

在 FTO 上通过旋涂、$TiCl_4$ 水解及阳极氧化电沉积等方法得到一层致密层后，再通过丝网印刷技术，根据想要的厚度加印 $8 \sim 15 \mu m$ 纳米多孔薄膜，最后再印刷一层大颗粒 TiO_2 散射层。具体的旋涂、$TiCl_4$ 水解以及阳极氧化电沉积等操作过程详见文献[130]。图 2.41 为致密层淀积前后薄膜表面的场发射扫描电子显微镜 (FE-SEM) 照片。从图 2.41(a) 中可以看出，FTO 中颗粒大小为 $200 \sim 400 nm$，颗粒之间很容易区分，边界明显且薄膜表面粗糙度大。从图 2.41(b) 中可以清楚看出，在淀积致密层后，获得的 TiO_2 薄膜相对于 SnO_2 层来说非常致密且颗粒非常小，从致密层的裂缝中可以清楚看到衬底的 SnO_2 颗粒以及致密层的形貌。几种不同方法引入致密层后的电池性能测试对比结果见表 2.9。

表 2.9　引入 TiO_2 致密层对 DSC 光伏性能的影响

编号	V_{oc}/V	$J_{sc}/(mA/cm^2)$	FF/%	$\eta/\%$	引入方式
A	0.65	14.34	69	6.48	无
B	0.66	14.43	70	6.58	旋涂
C	0.66	14.70	69	6.70	$TiCl_4$ 水解
D	0.66	14.71	69	6.73	电沉积

研究发现引入致密层后，电池的 J_{sc} 由 $14.34 mA/cm^2$ 增加到 $14.43 mA/cm^2$，电沉积的结果增大到 $14.71 mA/cm^2$，光电转换效率也有不同程度的提高。这主要是由于淀积得到的致密层起到一个连接纳米多孔薄膜和导电玻璃的桥梁作用，加快了电子的导出速率。同时，也减少了电解质溶液与 FTO 直接接触的面积，在一定程度上抑制了电荷的复合，减小了电池的暗电流。由于纳米 TiO_2 多孔薄膜的孔洞率高达 $50\% \sim 60\%$，如果纳米多孔薄膜直接与 FTO 接触，纳米 TiO_2 颗粒与导电玻璃接触面积较小，有效的电学接触大大减少，多孔薄膜中电子的导出效率降低，同时纳米多孔薄膜与 FTO 直接接触还增加了光生电子与电解质中 I_3^- 的复合概率，暗电流明显增大。

图 2.42 为以上几种不同方式引入的致密层对暗电流的影响曲线，结果表明，没有引入致密层时，电池的暗电流最大。通过旋涂或电沉积方法在导电玻璃上淀积一层致密的小颗粒 TiO_2 层后组装的 DSC，暗电流得到了有效的抑制，电池的电流得到了明显地提高。厚度为几百纳米的小颗粒致密层不仅改善了多孔薄膜与导电玻璃之间的电学接触，又符合薄膜电极从导电玻璃边开始，颗粒尺寸逐步增大的电池结构设计原理[131]。

为了研究引入颗粒更小更薄更致密的 TiO_2 薄膜层对电池性能的影响，研究人员通过磁控溅射的方法，在透明导电玻璃上淀积一层致密的厚度为 $10 \sim 60 nm$ 的透明 TiO_2 薄膜，再在透明薄膜上面通过丝网技术印刷纳米 TiO_2 多孔薄膜，总厚度约为 $12 \mu m$（未印大颗粒散射层），电池测试结果见表 2.10。

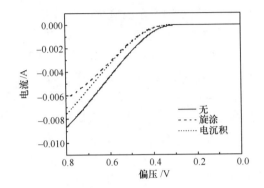

图 2.42　暗场条件下不同薄膜电极 DSC 的 LSV 曲线

表 2.10　磁控溅射得到的 TiO$_2$ 致密层对 DSC 光伏性能的影响

d/nm	V_{oc}/V	J_{sc}/(mA/cm^2)	FF/%	η/%
0	0.63	12.71	71	5.69
12.5	0.64	12.93	73	6.03
28.1	0.63	12.42	71	5.61
52.3	0.61	11.56	67	4.75

　　由于磁控溅射得到的 TiO$_2$ 薄膜,相对于阳极氧化电沉积和 TiCl$_4$ 水解得到的薄膜层来说,更加致密且薄膜表面平整度更好。采用椭圆偏振仪测试得到不同溅射时间的淀积层的厚度分别为 12.5 nm、28.1 nm 和 52.3 nm,故颗粒很小且薄膜致密。表 2.10 中电池测试结果表明随着致密层厚度的增加,电池性能呈现下降的趋势,这主要是由于磁控溅射得到的 TiO$_2$ 薄膜非常致密,超过一定厚度的致密层在一定程度上大大抑制了电子传输和转移。通过对半导体光吸收带边公式的变换和拟合,得到的致密层厚度为 12.5 nm,禁带宽度为 3.35 eV。图 2.43 为椭圆偏振仪测试和拟合得到的 $(\alpha \cdot h\nu)^{1/2}$ 与 $h\nu$ 关系曲线。

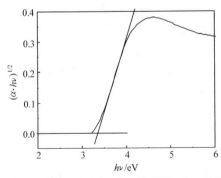

图 2.43　磁控溅射方法获得的致密 TiO$_2$ 薄膜层 $(\alpha \cdot h\nu)^{1/2}$ 与 $h\nu$ 关系曲线

通过以上研究发现,纳米多孔薄膜与 FTO 之间的接触性能对电子收集效率和整个电池电流的输出非常重要。如果多孔薄膜与 FTO 之间电学接触欠佳,就会使光生电子不能及时导出,导致电子在被电极收集之前需要的时间变长,增加了电荷的复合概率,增大电池暗电流的输出,同时增加电解质溶液与 FTO 直接接触的面积,也会导致电池暗电流的增大。

2.6.2 纳米 TiO_2 多孔薄膜层的作用

由于纳米粒子的大小对多孔薄膜的 BET 表面积有很大的影响,因而常通过表征纳米颗粒大小,来判断多孔薄膜的 BET 表面积大小。除了常用多孔薄膜 BET 表面积大小表征染料吸附情况外,研究纳米 TiO_2 晶粒度大小与多孔薄膜对染料吸附量之间的关系更具有直接性,结合 DSC 实验结果,对实现多孔薄膜微结构控制提供了实验基础。图 2.44 给出的是浓度为 3×10^{-4} mol/L 的 N719 染料在被不同晶粒度大小的纳米多孔薄膜($5\,mm \times 5\,mm$)吸附前后的紫外-可见吸收光谱。

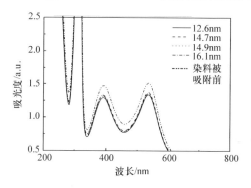

图 2.44 染料吸附前后吸收曲线

在膜厚归一化为 15 μm 情况下,随着晶粒度的增大,染料的吸附量逐步增加,当晶粒度达到 15 nm 后,染料的吸附量又呈现下降的趋势,结果如图 2.45 所示。这一结果与理论分析恰好相反,因为理论上,随着颗粒度增大,多孔薄膜比表面积下降,染料吸附量应减少,而不是增加。导致这一结果的原因可能是:随着晶粒度(相应的颗粒度)增大,多孔薄膜孔径也增大,导致多孔薄膜对染料分子的多层吸附,结果表明并不是染料吸附越多越好。

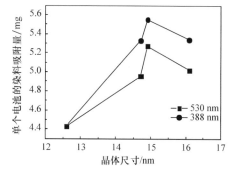

图 2.45 晶粒度大小与染料
吸附量之间的关系

　　四块同样尺寸大小的纳米多孔薄膜的染料吸附量由每块 5.02 mg 增至
6.02 mg,而相应的电池短路电流密度并不是一直增加,变化趋势如图 2.46 所示。
同样也说明了并不是所有吸附的染料都起到了光吸收的作用,其中部分染料只是
物理吸附而已。因此,并不能单一地通过控制多孔薄膜的 BET 表面积和膜厚来达
到控制染料吸附量的目的,需要结合颗粒大小和孔径分布等参数才能实现,即需考
虑多孔薄膜的微结构性能。

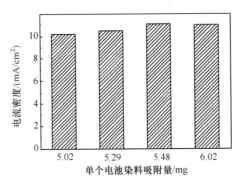

图 2.46　染料吸附量与电池的短路电流密度的关系

2.6.3　大颗粒 TiO₂ 薄膜层的光散射效应

2.6.3.1　大颗粒 TiO₂ 掺入对 DSC 性能的影响

　　电池的光吸收效率可以通过增加纳米 TiO₂ 薄膜内光的多次散射和多次折射
而得到提高,从而提高光电流。有效的光散射需要一定的大颗粒。然而,大颗粒
的加入也会降低薄膜的 BET 表面积,减少染料的吸附量。要提高对染料的吸附
量,提高光吸收和光利用率,优化 TiO₂ 颗粒尺寸大小就显得尤为重要,使染料吸附
和光散射获得最佳值。此外,在多孔薄膜内加入颗粒尺寸在 200~500 nm 范围内
的纳米 TiO₂,有助于增加 TiO₂ 电极对波长范围为 600~800 nm 的可见光的吸收,
在一定程度上可以弥补染料在此波段内的弱吸收。从光学角度来看,较厚的纳米
TiO₂ 薄膜层会有更好的光吸收效果,然而在较厚的薄膜电极的电池中,电子、碘和
碘离子在电池中的传输路径变长,内阻增大,导致电池的光电转换效率降低。

　　当纳米 TiO₂ 颗粒尺寸比较小时,虽然多孔薄膜能够吸附更多的染料分子,但
电解质在多孔薄膜内的传输速率,在一定程度上受阻导致传输过程不够顺畅。纳
米粒子直径大,相应多孔薄膜的 BET 表面积就减小,结果导致吸附染料分子数降
低。而且染料对 600~800 nm 波长范围的光吸收较弱,尽管采用 BET 表面积大的
多孔薄膜可以吸附更多的染料分子,但染料对波长范围在 600~800 nm 可见光的
利用率仍然很低。因此,针对应用于 DSC 上的纳米多孔薄膜电极中的纳米颗粒大
小进行优化设计是十分重要的。

在多孔薄膜中加入颗粒大小为 300 nm 左右的大颗粒,电池的短路电流最大且效率达到最高。由于掺入的大颗粒比例占整个 TiO_2 量的 15%,而且大多 TiO_2 的大小在 15~30 nm 范围内,因此掺入的大颗粒对 TiO_2 膜和电池的性能定会有很大的影响。掺有 300 nm 的 TiO_2 膜,短路电流和电池效率要明显好于其他两种,开路电压相差不大。影响原因可以从以下两个方面来说明:首先,掺入的颗粒太大(颗粒尺寸为 400 nm),会导致纳米 TiO_2 多孔薄膜的比表面积和孔洞体积下降,减少膜吸附的染料量,从而降低电池的效率。同样掺入的颗粒较小,起不到增加 TiO_2 膜光散射的作用,对提高电池的光电转化效率不是很明显。其次,掺入的颗粒过大,对光的反射作用增强,从而使实际染料吸收光子数量降低,影响电池对光的吸收利用率,光电转换效率也就有所下降。因此,掺入的颗粒大小有一个最佳值,实验中掺入尺寸为 300 nm 的 TiO_2 电池效果最佳(图 2.47)。

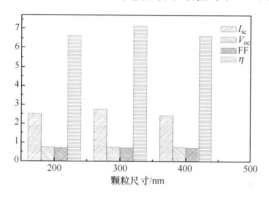

图 2.47　不同尺寸大颗粒掺入对小电池性能的影响

对于多次散射来说,在纳米 TiO_2 薄膜中掺入大颗粒的纳米 TiO_2 粒子,这些粒子对光的不同方向的散射使光在纳米 TiO_2 薄膜的传输途径增加,增强了光的再次吸收,提高了光的利用效率。

从掺入不同大颗粒的电池对比结果来看,掺入的大颗粒大小在 300 nm 左右,小电池会有最佳效果,这包括短路电流和电池的效率都明显高于其他两种。掺入的颗粒如果太大,容易造成多孔薄中大孔洞增多,薄膜中相应的小孔洞较少,这样一来多孔薄膜的性能就大大降低了。而掺入的颗粒太小,膜对太阳光的散射又达不到预期的效果。

同样,图 2.48 和图 2.49 是尺寸为 300 nm 颗粒不同掺入量的小电池性能对比结果。较为明显的是,掺入的比例在 25% 左右,电池性能要好于其他的几种比例。从实验结果来看,多孔薄膜的比表面积不一定是越大越好,只要达到某个值,吸附的染料刚好实现电池内部电子的循环即可。加入一定比例的大颗粒,虽然会降低多孔薄膜的比表面积,但是,会增强纳米薄膜对太阳光的利用率,加快电子传输,减小电荷复合,同样也可以改善电池的性能。

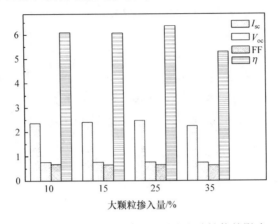

图 2.48　不同大颗粒掺入量对小电池性能的影响

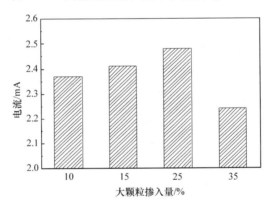

图 2.49　不同大颗粒掺入量对 DSC 性能的影响

2.6.3.2　多孔薄膜吸附染料的简单计算

除以上章节所讨论的实验结果外,通过简单的模拟计算,可分析得到大小不同的纳米颗粒多孔薄膜与染料的吸附情况(表 2.11)。从纳米 TiO_2 薄膜对各个波长散射的假设,可以认为电池整体中的单个 TiO_2 粒子表面既有单次散射又有多次散射。对于单次散射来说,染料分子尺寸大约为 1 nm,这和光波长相比是非常小的。因此,没有必要将每个染料分子都看成一个小球,可以认为染料在纳米 TiO_2 球形粒子表面形成的是一层薄膜,然后计算覆盖有染料层的纳米 TiO_2 球形粒子的散射,即可以假设 TiO_2 球表面覆盖着的单层染料分子和 TiO_2 球形粒子是一个整体来分析。

纳米 TiO_2 球状粒子的表面积对染料的吸附不是全部有效的,研究单个颗粒有几个相邻的粒子是必要的,因为只有知道了纳米 TiO_2 粒子的分布情况,即知道了纳米 TiO_2 粒子的有效面积,才能够计算出平均每个纳米 TiO_2 粒子上吸附了多少染料分子,才能更有效地分析整个电池对染料的吸收,以及染料对光的作用,最后才能确定整个电池结构对光的作用。通常每个 TiO_2 粒子周围有 4～6 个相邻颗粒[132],因此,可以假设 TiO_2 球状粒子的内部表面上只有一半的面积上吸附了染料,染料通过化学吸附与 TiO_2 表面连接。以半径为 15 mm 圆形纳米 TiO_2 薄膜为例,对纳米 TiO_2 薄膜对染料的吸附量进行假设计算,薄膜厚度为 8～9 μm 时,纳米 TiO_2 的用量为 0.005～0.008 g,其中纳米 TiO_2 颗粒的平均直径由透射电子显微镜及显微光密度计测试分析得到,比表面积和孔洞直径由 BET 比表面积和孔隙分析仪测试得到。不同纳米 TiO_2 薄膜对染料的吸附量的假设计算结果见表 2.11。

表 2.11　大小不同的纳米 TiO_2 薄膜对染料的吸附量的假设计算结果

TiO_2 颗粒直径/nm	比表面积/(m^2/g)	吸附染料量/(个/m^2)
～12	～97	～7.423×10^{16}
～15	～86	～6.834×10^{16}
～16	～78	～6.275×10^{16}
～20	～70	～5.244×10^{16}

2.6.4　大面积纳米多孔薄膜电极的微结构设计

大面积纳米多孔薄膜电极的优化设计,对 DSC 性能的提高及商业化应用非常重要。目前,小面积 DSC(面积低于 1 cm^2)的电极优化设计工艺和技术相对复杂,且难以在大面积电池中应用。对于大面积 DSC 的薄膜电极优化,目前相关研究也取得了较好的研究成果[133]。大面积薄膜电极主要采用多次丝网印刷技术,从而获得多层不同微结构性能参数的纳米多孔薄膜电极,主要包括:从衬底开始是颗粒尺寸最小、孔径分布在低数值端相对致密的薄膜层,再加上纳米多孔薄膜层,达到所需厚度后最后再加印大颗粒散射层,以增加太阳光的利用率。大面积 DSC 薄膜电极的优化设计不同于小面积电池。小面积电池由于多孔薄膜面积小,可以采用电沉积、旋涂及 $TiCl_4$ 和溶胶处理等手段和方法获得相对比较致密的 TiO_2 层,而采用以上几种方法制备大面积多孔薄膜手段烦琐且不太现实。因此大面积薄膜电极想得到颗粒较小的致密层必须简单化。下面将举例说明大面积 DSC 薄膜电极的设计理念。

目前,实验室大面积电池的制作工艺大多都是采用丝网印刷技术。通过控制颗粒尺寸大小和孔径分布,可以获得适用于大面积电池用的较为致密的 TiO_2 层。根据丝网印刷的特性和致密层厚度的需要,一般丝网印刷得到小颗粒致密层的厚度在 2～3 μm 较好,中间的纳米多孔层厚度在 5～7 μm 较为合适,再加上 2～4 μm

大颗粒散射层。这样的结构设计一方面符合颗粒尺寸逐渐增大的理论研究结果，另一方面在丝网印刷技术上容易实现。在薄薄的致密层以上，随着膜厚的增加，依次是不同颗粒大小的纳米多孔薄膜层及最后的大颗粒散射层，共同构成了应用于DSC上的纳米多孔薄膜电极。

根据大面积电池多孔薄膜电极优化结果，通过控制高压热处理温度和时间的长短，采用溶胶-凝胶方法合成了两种锐钛矿相不同晶粒尺寸的 TiO_2 浆料，分别作为获得小颗粒致密层和纳米多孔层的浆料。高温烧结后得到的粉体经 XRD 分析测试后，得到的曲线如图 2.50 所示。XRD 数据经谢乐公式计算得到致密层的晶粒度为 13 nm，纳米多孔薄膜层用的 TiO_2 晶粒度为 23 nm 左右。而且从图 2.50 还清晰看出，随着晶粒度的增大，衍射峰明显增高，表明结晶程度更好。

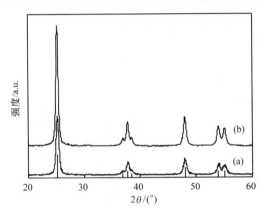

图 2.50　不同晶粒度 TiO_2 粉体的 XRD 图谱

(a) 13 nm；(b) 23 nm

两种不同晶粒度大小的 TiO_2 纳米多孔薄膜 FE-SEM 测试得到的颗粒形貌如图 2.51 所示。相对于图 2.51(b)，图 2.51(a) 中颗粒尺寸较小，且颗粒之间堆积较为紧密一些。通过测试薄膜的孔洞率计算得到图 2.51(a) 和图 2.51(b) 中纳米颗粒的平均近邻颗粒数分别为 5.09、3.65，从图中也能看出两种薄膜内颗粒之间的紧密程度不一样，图 2.51(b) 中颗粒之间堆积相对要松散一些。此处的平均近邻颗粒数是指多孔薄膜中某一个颗粒周围与之近邻的颗粒数目的平均值，同时，一个颗粒与周围颗粒近邻，必须满足的条件是它们之间的距离小于两个近似球形颗粒的半径之和。从图 2.51(c) 中可以清楚看出颗粒之间近邻数少，孔径很大。为了改善大颗粒之间的连接性能，防止大颗粒组成的多孔薄膜结构发生坍塌，在大颗粒浆料制作的过程中也加入了 5%～15% 的纳米 TiO_2 小颗粒，这在图 2.51(c) 中也能看出。

图 2.51　不同颗粒大小的纳米 TiO₂ 多孔薄膜形貌图

(a)致密层,编号为 A;(b)多孔层,编号为 B;(c)散射层,编号为 L

图 2.52 显示的是以上两种不同颗粒大小的纳米多孔薄膜孔径分布曲线。应用于大面积 DSC 中的纳米多孔薄膜不仅颗粒大小不一样,同时孔径分布范围也不同。小颗粒组成的致密纳米多孔薄膜中,孔径分布为 5~20 nm,平均孔径大小为 14.6 nm,而纳米多孔层中孔径分布为 10~27 nm,且平均孔径为 20 nm。致密层和多孔层的微结构参数详见表 2.12。

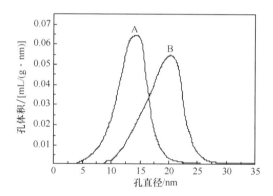

图 2.52　纳米 TiO₂ 多孔薄膜的孔径分布

表 2.12　纳米 TiO₂ 多孔薄膜参数

型号	平均颗粒尺寸 /nm	比表面积 /(m²/g)	孔洞率 /%	平均孔直径 /nm	平均颗粒近邻数
A	16	75.6	49.5	14.6	5.09
B	25	47.2	64.5	22.4	3.65
L	300	—	—	—	—

众所周知,光散射和比表面积大小取决于多孔薄膜内的纳米颗粒尺寸大小。尽管比表面积大对增加染料吸附量有帮助,一定程度上会提高电池的短路电流。但是比表面积大的多孔薄膜,相应的缺陷态也较多,加大了光生电子与电解质的复

合概率,也就是说不是 BET 表面积越大越好,这与本章前面染料吸附量对比实验结果相一致。然而颗粒尺寸在 200 nm 以上的大颗粒对光的散射能力比较强,这可增加对入射太阳光的利用,因此,需要对纳米多孔薄膜的 BET 表面积和光散射性能进行平衡和优化设计。

采用丝网印刷技术得到多层的纳米多孔薄膜对提高 DSC 的光伏性能有很大的促进作用。表 2.13 中给出的就是采用不同颗粒尺寸大小和不同微结构的多层薄膜对太阳电池光伏性能的影响结果。结果表明,采用致密层加纳米多孔层,再印上大颗粒散射层的 ABL 的结构,虽然电池的 I_{sc} 不是最高的,但是效率却是最好的;AAL 结构虽然电池的 I_{sc} 最高,但由于 FF 较低,性能最差。采用 ABL 结构一方面有助于平衡染料的吸附量和光散射;另一方面还可以加快电解质在多孔薄膜内的传输,使 I_3^- 在膜内的传输更顺畅;另外,采用 ABL 结构与从最里层向外逐步增加颗粒尺寸的设计和优化方案比较一致[131]。

表 2.13　纳米 TiO_2 多孔薄膜微结构对 DSC(15 cm×20 cm)光伏性能的影响

结构编号	I_{sc} /mA	J_{sc} /(mA/cm²)	V_{oc} /mV	FF /%	η /%
AAL	2594	13.86	744	52	5.37
BBL	2495	13.33	744	55	5.48
ABL	2514	13.43	762	58	5.97

然而,孔径分布和孔洞率对电池光伏性能的影响也非常重要。为了尽可能减少电解质与 FTO 直接接触,降低暗电流,同时也为了加快电子的收集,将颗粒尺寸小、孔洞率低的相对致密一些的 TiO_2 多孔薄膜直接印刷在 FTO 上。在致密层的表面再加印一层或多层纳米 TiO_2 薄膜层,根据不同的染料,使得致密层和多孔层的厚度一般在 8~10 μm,最后再印上一层厚度在 2~4 μm 的大颗粒散射层。逐步增大 TiO_2 颗粒尺寸和多孔薄膜的孔径,对提高 I_3^-/I^- 在多孔薄膜内传输速率和再生染料速率以及 DSC 光伏响应速率尤为重要[2,134]。正是由于采用了这种逐步增大颗粒尺寸和孔径的多层薄膜结构设计,研究人员后续制备的 15 cm×20 cm DSC 的光电转换效率成功达到 7.35%。

需要指出的是,表 2.13 中的 AAL 结构,尽管小颗粒 TiO_2 和孔径的多层膜获得了 13.86 mA/cm² 的电流密度,但是 FF 比较低,最终电池的效率并不高。这主要是由于 I_3^-/I^- 在多孔薄膜内传输并不是很顺畅。同时,颗粒越小,多孔薄膜内表面态和边界数目就越多,这也会导致电荷的复合更加严重。有文献报道[131],在一个厚度为 10 μm 的多孔薄膜内光生电子从注入导带再到被电极收集的过程需要经过平均约 10⁶ 个颗粒。因此,通过减少这种边界和缺陷数目,调整颗粒尺寸大小来改善电荷传输特性从而提高 DSC 的性能就变得可能。ABL 结构也正是满足这个条件,不仅电荷复合在一定程度上得到了抑制,与此同时,光散射性能也得到了改善。

ABL 结构的多孔薄膜截面形貌如图 2.53。在图 2.53(a)中,小颗粒纳米 TiO$_2$ 多孔薄膜直接印刷在 FTO 上,厚度大约在 5 μm。图 2.53(b)中给出了印刷三层不同颗粒大小和孔径分布的多孔薄膜,整个纳米 TiO$_2$ 多孔薄膜厚度在 18 μm,这其中包括厚度约为 5 μm 的大颗粒散射层。根据具体的实验要求,致密层和纳米多孔层的厚度可以根据丝网的目数加以调整,这样使得进行多孔薄膜微结构控制成为现实。

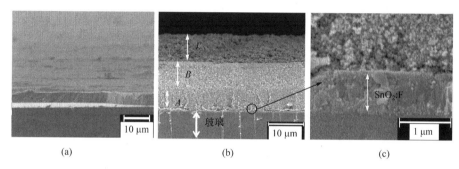

图 2.53 纳米 TiO$_2$ 多孔薄膜截面形貌图
(a)致密层;(b)整个光电极;(c)TiO$_2$ 与 FTO 界面

2.7 p 型光阴极敏化染料太阳电池

2.7.1 p 型光阴极敏化染料太阳电池原理

目前,n 型 DSC 的效率已达到 14%,但远低于电池 30% 的理论效率[135]。为此,研究人员设计了新的电池结构,即 p 型 DSC(图 2.54),其原理是:染料吸收光之后,电子由 HOMO 能级跃迁至 LUMO 能级,在 HOMO 能级上形成空穴,由空穴注入 p 型半导体的价带上。也可认为,电子由宽带隙半导体的价带注入染料的 HOMO 能级上,从而实现电荷的分离。

发展 p 型电池的初衷是将 n 型电池与 p 型电池串联起来,如图 2.55 所示,即 TiO$_2$ 光阳极敏化 DSC 与 p 型半导体光阴极敏化 DSC 串联。pn 型电池的开路电压 V_{oc} 是 p 型 DSC 的开路电压 V_{oc_1} 与 n 型 DSC 的开路电压的 V_{oc_2} 串联之和,即 $V_{oc}=V_{oc_1}+V_{oc_2}$,串联之后开路电压大大提高,从而实现了电池效率的提高。经过十几年的发展,串联电池的效率由原先的 0.005% 提高到 0.41%[136]。

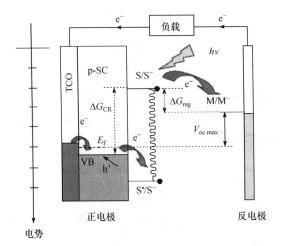

图 2.54　p 型电池结构

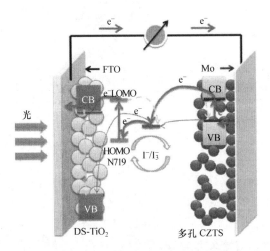

图 2.55　n 型与 p 型串联电池结构图

2.7.2　p 型半导体

　　p 型半导体电极一方面承担着收集空穴的作用,另一方面是作为吸附染料的载体。因此,p 型半导体的特性决定了 p-DSC 的光电转换效率。选择 p 型半导体的依据是:第一,它具有抗光腐蚀能力;第二,易合成高比表面积的多孔薄膜,以便吸附更多的染料,提高光的利用率,并且要求半导体电极具有多孔结构,且在一定厚度下烧结不断裂的特点;第三,p 型半导体必须能与有机官能团保持较高的化学亲和力,通过自组装促进染料的吸附;第四,最基本的要素是价带的势垒能级与电解质相匹配,半导体电极的价带要高于染料的 HOMO 能级,但要低于电解质氧化还原电对能级,以保证电池内部空穴能够顺利地注入电极,从而获得较大的开路电压 V_{oc}。实际上,p 型 DSC 的转换效率与短路电流都很低,主要原因是较低的光吸收能力、较差的空穴注入效率、很慢的电荷传输速率及电池内部复合等[135,137]。

NiO 是研究最多的光阴极敏化材料,主要是因为在电致变色器件上,NiO 纳米材料能够在导电玻璃上获得较高比表面积的多孔薄膜,以及在其他器件上,如气敏传感器、催化剂、磁性材料与燃料电池等。同时,也是由于 NiO 自身特性,如半导体带隙为 $E_g = 3.6 \sim 4\ eV$,对大多数的染料来说,价带势垒能级为 0.54 V,相比于标准氢电极是个很好的电子供体,此外,NiO 还具有很好的化学稳定性与热稳定性。

然而,与 n 型半导体相比,p 型是少电子导体,这也是为什么导电玻璃大部分都做成 n 型,如 SnO_2/F、In_2O_3/Sn 和 ZnO/Al 等。由光致吸收光谱得知,NiO 薄膜中空穴扩散速率为 $10^{-8} \sim 10^{-7}\ cm^2/s$,而在 n 型光阳极敏化 TiO_2 薄膜中,电子扩散速率为 $10^{-6} \sim 10^{-5}\ cm^2/s$。很显然,空穴的扩散速率比电子慢了两个量级,增大了空穴注入的时间,使空穴被复合的可能性加剧,减小了电池的短路电流。因而,研究人员不断地寻找新的半导体材料(如 $CuAlO_2$、CuI、CuSCN 和 $CuGaO_2$ 等)来替代现有的 NiO。

目前,常用合成纳米 NiO 的方法有化学法和物理法。化学法包括化学气相沉积、水热分解法、溶胶-凝胶法、电沉积等;物理法主要有刮涂法、丝网印刷法、磁控溅射法、微波等离子法和旋涂法等。就物理法而言,一般先制作含 NiO 的浆料,再把浆料涂在透明导电玻璃电极上。Awais 等[138]利用磁控溅射沉积方法制备出光阴极 DSC 的电极材料 NiO_x,此法优点在于,能控制镀层的特性,如机械性能与化学计量比等。通过改善 NiO_x 颗粒的相互连接性与优化电极的表面形貌,提高了染料的附着率且增强了光吸收的能力。Awais 等[139]用微波等离子技术制备出了 NiO_x 颗粒,用平均粒径为 50 nm 的纳米颗粒在 FTO 上沉积了 $1 \sim 2.5\ \mu m$ 厚的 NiO_x 薄膜层。获得了比常规方法制备的多孔薄膜高出 10 倍的光电转换效率,且染料附着率提高了 44%。

通常,含 NiO 浆料的制备一般有三种方法:第一,采用模板法,Suzuki 等利用聚乙二醇-聚环氧丙烷-聚环氧乙烷的三聚化合物为模板,氯化镍的水解反应制备出浆料[135,140];第二,采用氯化镍或乙酸镍等镍盐的水解反应制备出含镍的浆料;第三,商业化的氯化镍纳米颗粒直接分散在有机物中得到浆料。

然而,NiO 并不是最理想的光阴极敏化材料,主要由于:第一,2.3 μm 厚的薄膜吸收大部分可见波长范围内的 30%~40% 的可见光,因此透明材料是最佳选择;第二,NiO 的价带(0.54 V)非常接近常用的氧化还原电对,如碘对(0.35 V),这无疑限制了电池的开路电压 V_{oc},大部分电池的开路电压在 90~125 mV;第三,NiO 的空穴扩散速率很低,只有 $4 \times 10^{-8}\ cm^2/s$,这大大地限制了空穴的扩散长度。

总之,研究人员很有必要去研究新型的 p 型半导体材料来替代现有的 NiO,以便进一步提高该类电池的光电转换效率。

2.7.3　其他 p 型半导体

Bandara 等[141]制备了固态空穴收集材料如 CuSCN 与 CuI 等。因 CuSCN 与 CuI 具有合适的带隙与价带能级而被使用,但由于缺乏稳定性以及在短时间内分解而不能被广泛使用。除其不稳定因素外,相对液体电解质来说,固态 DSC 的短路电流及离子的传输困难使其转换效率极低。

Bandara 等[142]用氧化物 p 型半导体 $CuAlO_2$ 作为光阴极敏化材料来收集空穴。通过水热法合成了粒径在 $300\sim500$ nm 左右的 $CuAlO_2$,由于粒径较大,比表面积低,故染料附着率较低,并且颗粒间连接性不好,导致了电池内部空穴传输困难。组装电池 TiO_2/Ru 染料/$CuAlO_2$,获得了短路电流为 0.08 mA/cm^2 与开路电压为 525 mV。相比固态空穴材料 CuSCN 与 CuI 来说,$CuAlO_2$ 具有相对的稳定性,但由于 $CuAlO_2$ 比表面积低,以及很难在经敏化后的 TiO_2 上沉积一层 $CuAlO_2$,导致电池效率低。

Yu 等[143]首次将铜铁矿 $CuGaO_2$ 应用到 p 型 DSC 中,与黑色 NiO 相比,$CuGaO_2$ 是白色的纳米片,由纳米片做成的多孔薄膜具有较高的染料吸附率,从而提高电池的短路电流与开路电压。$CuGaO_2$ 组装后的 p 型 DSC 的饱和电压达到了 464 mV,在 AM 1.5 光强下,其开路电压为 357 mV,这是迄今为止最高的 p 型 DSC 电压。

研究人员[144]利用水热法合成出铜锌锡硫化合物(CTZS),相比 CdTe 与 $CuIn_{1-x}Ga_xSe_2$(CIGS)来说,铜锌锡硫这几种元素在地球上含量较丰富,相对成本较低。铜锌锡硫化合物是个窄带隙的半导体($E_g=1.4\sim1.5$ eV),这与大多数电池能级相匹配,而且具有较高的吸收系数($>10^4$ cm^{-1})。并且,多孔 CTZS 薄膜表现出很低的反射率。将 n 型 TiO_2 的 DSC 与 p 型 CTZS 的 DSC 串联后如图 2.55 所示。串联后的电池效率比 n 型单独效率提高了 7%,达到了 1.23%,短路电流提高了 22%。

参 考 文 献

[1] O'Regan B,Grätzel M. A low-cost,high-efficiency solar-cell based on dye-sensitized colloidal TiO_2 films. Nature,1991,353(6346):737-740.

[2] Barbe C J,Arendse F,Comte P,et al. Nanocrystalline titanium oxide electrodes for photovoltaic applications. J Am Ceram Soc,1997,80(12):3157-3171.

[3] Kang M G,Ryu K S,Chang S H,et al. Dependence of TiO_2 film thickness on photocurrent-voltage characteristics of dye-sensitized solar cells. Bull Kor Chem Soc,2004,25(5):742-744.

[4] Gomez R,Salvador P. Photovoltage dependence on film thickness and type of illumination in nanoporous

thin film electrodes according to a simple diffusion model. Sol Energy Mater Sol Cells,2005,88(4):
377-388.

[5] Ito S,Zakeeruddin S M,Humphry-Baker R,et al. High-efficiency organic-dye-sensitized solar cells controlled by nanocrystalline-TiO₂ electrode thickness. Adv Mate,2006,18(9): 1202-1205.

[6] Liang L Y,Dai S Y,Hu L H,et al. Porosity effects on electron transport in TiO₂ films and its application to dye-sensitized solar cells. J Phys Chem B,2006,110(25): 12404-12409.

[7] Oekermann T,Zhang D,Yoshida T,et al. Electron transport and back reaction in nanocrystalline TiO₂ films prepared by hydrothermal crystallization. J Phys Chem B,2004,108(7): 2227-2235.

[8] Lindstrom H,Rensmo H,Sodergren S,et al. Electron transport properties in dye-sensitized nanoporous-nanocrystalline TiO₂ films. J Phys Chem,1996,100(8): 3084-3088.

[9] 王瑞斌,戴松元. Sol-Gel 法制备纳米 TiO₂ 过程中水解 pH 值的影响及其性能表征. 功能材料,2002,
33(003):296-297.

[10] Hu L H,Dai S Y,Wang K J. Structural transformation of nanocrystalline titania grown by sol-gel technique and the growth kinetics of crystallites. Acta Phys Sin-ch Ed,2003,52(9): 2135-2139.

[11] Nazeeruddin M K,Kay A,Rodicio I,et al. Conversion of light to electricity by cis-X2bis (2,2′-bipyridyl-4,4′-dicarboxylate) ruthenium(Ⅱ) charge-transfer sensitizers(X=Cl⁻,Br⁻,I⁻,Cn⁻,and SCN⁻) on nanocrystalline TiO₂ electrodes. J Am Chem Soc,1993,115(14): 6382-6390.

[12] Grätzel M. Photoelectrochemical cells. Nature,2001,414(6861): 338-344.

[13] Chiba Y,Islam A,Watanabe Y,et al. Dye-sensitized solar cells with conversion efficiency of 11.1%. Jpn J Appl Phys Part 2-Let Exp Lett,2006,45(24-28):638-640.

[14] Kroon J M,Bakker N J,Smit H J P,et al. Nanocrystalline dye-sensitized solar cells having maximum performance. Prog Photovoltaics,2007,15(1): 1-18.

[15] Green M A,Emery K,King D L,et al. Solar cell efficiency tables (version 20). Prog Photovoltaics,2002,
10(5): 355-360.

[16] Dai S,Weng J,Sui Y F,et al. Dye-sensitized solar cells,from cell to module. Sol Energy Mater Sol Cells,
2004,84(1-4): 125-133.

[17] Yum J H,Kim S S,Kim D Y,et al. Electrophoretically deposited TiO₂ photo-electrodes for use in flexible dye-sensitized solar cells. J Photoch Photobio A,2005,173(1): 1-6.

[18] 唐笑,钱觉时,黄佳木. 染料敏化太阳能电池中的光电极制备技术. 材料导报,2006,20(3): 97-103.

[19] Baxter J B, Aydil E S. Nanowire-based dye-sensitized solar cells. Appl Phys Lett, 2005,
86(05): 053114.

[20] Yamamoto J , Tan A , Shiratsuchi R , et al. A 4% efficient dye-sensitized solar cell fabricated from cathodically electrosynthesized composite titania films. Adv Mater, 2003 , 15(21) : 1823-1825.

[21] Liu Y J,Wang A B,Claus R. Molecular self-assembly of TiO₂/polymer nanocomposite films. J Phys Chem B,1997,101(8): 1385-1388.

[22] Park N G,van de Lagemaat J,Frank A J. Comparison of dye-sensitized rutile- and anatase-based TiO₂ solar cells. J Phys Chem B,2000,104(38): 8989-8994.

[23] 丁星兆,罗莉,程黎放,等. 纳米 TiO₂的结构相变和锐钛矿晶粒长大动力学. 无机材料学报,1993,8(1),
114-118.

[24] 刘河洲. 纳米 TiO₂ 的反胶束水解合成与热处理过程动力学及其应用研究. 上海:上海交通大学,2000.

[25] Oregan B,Grätzel M. A low-cost,high-efficiency solar-cell based on dye-sensitized colloidal TiO₂ films.

Nature,1991,353(6346): 737-740.

[26] Redmond G,Fitzmaurice D,Graetzel M. Visible-light sensitization by cis-bis(thiocyanato)bis(2,2'-bipyr-idyl-4,4'-dicarboxylato)ruthenium(Ⅱ) of a transparent nanocrystalline ZnO film prepared by Sol-Gel techniques. Chem Mater,1994,6(5): 686-691.

[27] Rensmo H,Keis K,Lindstrom H,et al. High light-to-energy conversion efficiencies for solar cells based on nanostructured ZnO electrodes. J Phys Chem B,1997,101(14): 2598-2601.

[28] Irene G V,Monica L C. Vertically-aligned nanostructures of ZnO for excitonic solar cells: a review. Energ Environ Sci,2009,2(1): 19-34.

[29] Guo P,Aegerter M A. RU(II) sensitized Nb_2O_5 solar cell made by the sol-gel process. Thin Solid Films, 1999,351(1-2): 290-294.

[30] Xia J B,Masaki N,Jiang K J,et al. Fabrication and characterization of thin Nb_2O_5 blocking layers for ionic liquid-based dye-sensitized solar cells. J Photoch Photobio A,2007,188(1):120-127.

[31] Bjorksten U,Moser J,Grätzel M. Photoelectrochemical studies on nanocrystalline hematite films. Chem Mater,1994,6(6): 858-863.

[32] Jose R,Thavasi V,Ramakrishna S. Metal oxides for dye-sensitized solar cells. J Am Ceram Soc,2009, 92(2):289-301.

[33] Jung K H,Hong J S,Vittal R,et al. Enhanced photocurrent of dye-sensitized solar cells by modification of TiO_2 with carbon nanotubes. Chem Lett,2002,8: 864-865.

[34] Jang S R,Vittal R,Kim K J. Incorporation of functionalized single-wall carbon nanotubes in dye-sensitized TiO_2 solar cells. Langmuir,2004,20(22): 9807-9810.

[35] Kim S L,Jang S R,Vittal R,et al. Rutile TiO_2-modified multi-wall carbon nanotubes in TiO_2 film electrodes for dye-sensitized solar cells. J Appl Electrochem,2006,36(12):1433-1439.

[36] Chuan Y Y,Yu F L,Shu H L,et al. Preparation and properties of a carbon nanotube-based nanocomposite photoanode for dye-sensitized solar cells. Nanotechnology,2008,19(37): 375305.

[37] Kun M L,Chih W H,Hsin W C,et al. Incorporating carbon nanotube in a low-temperature fabrication process for dye-sensitized TiO_2 solar cells. Sol Energy Mater Sol Cells,2008,92(12): 1628-1633.

[38] Xiangnan D,Hyunjung Y,Moon-Ho H,et al. Virus-templated self-assembled single-walled carbon nanotubes for highly efficient electron collection in photovoltaic devices. Nat Nanotechnoly,2011,6(6): 377-384.

[39] Pan Z W,Dai Z R,Wang Z L. Nanobelts of semiconducting oxides. Science, 2001, 291 (5510): 1947-1949.

[40] Huang M H,Wu Y Y,Feick H,et al. Catalytic growth of zinc oxide nanowires by vapor transport. Adv Mater,2001,13(2): 113-116.

[41] Li J Y,Chen X L,Li H,et al. Fabrication of zinc oxide nanorods. J Cryst Growth,2001,233(1-2): 5-7.

[42] Park W I,Kim D H,Jung S W,et al. Metalorganic vapor-phase epitaxial growth of vertically well-aligned ZnO nanorods. Appl Phys Lett,2002,80(22): 4232-4234.

[43] Sun X M,Chen X,Deng Z X,et al. A CTAB-assisted hydrothermal orientation growth of ZnO nanorods. Mater Chem Phys,2003,78(1): 99-104.

[44] Zhang J,Sun L D,Pan H Y,et al. ZnO nanowires fabricated by a convenient route. New J Chem,2002, 26(1):33-34.

[45] Liu Y K,Liu Z H,Wang G H. Synthesis and characterization of ZnO nanorods. J Cryst Growth,2003,

252(1-3)：213-218.

[46] Li Y,Meng G W,Zhang L D,et al. Ordered semiconductor ZnO nanowire arrays and their photolumines-
cence properties. Appl Phys Lett,2000,76(15)：2011-2013.

[47] Lakshmi B B,Dorhout P K,Martin C R. Sol-gel template synthesis of semiconductor nanostructures.
Chem Mater,1997,9(3)：857-862.

[48] Pacholski C,Kornowski A,Weller H. Self-assembly of ZnO：From nanodots,to nanorods. Angew Chem
Int Edit,2002,41(7)：1188-1191.

[49] Kasuga T,Hiramatsu M,Hoson A,et al. Formation of titanium oxide nanotube. Langmuir,1998,14
(12)：3160-3163.

[50] Yuan Z Y,Colomer J F,Su B L. Titanium oxide nanoribbons. Chem Phys Lett,2002,363(3-4)：
362-366.

[51] Uchida S,Chiba R,Tomiha M,et al. Application of titania nanotubes to a dye-sensitized solar cell. Elec-
trochemistry,2002,70(6)：418-420.

[52] Ohsaki Y,Masaki N,Kitamura T,et al. Dye-sensitized TiO₂ nanotube solar cells：fabrication and elec-
tronic characterization. Phys Chem Chem Phys,2005,7(24)：4157-4163.

[53] Kasuga T. In 4th international symposium on transparent oxide thin films for electronics and optics.
Elsevier Science Sa：Tokyo,Japan,2005:141-145.

[54] Kim G S,Seo H K,Godble V P,et al. Electrophoretic deposition of titanate nanotubes from commercial
titania nanoparticles：application to dye-sensitized solar cells. Electrochem Commun,2006,8(6)：
961-966.

[55] Tian Z R R,Voigt J A,Liu J,et al. Large oriented arrays and continuous films of TiO₂-based nanotubes.
J Am Chem Soc,2003,125(41):12384-12385.

[56] Wang W L,Lin H,Li J B,et al. Formation of titania nanoarrays by hydrothermal reaction and their ap-
plication in photovoltaic cells. J Am Ceram Soc,2008,91(2)：628-631.

[57] Boercker J E,Enache-Pommer E,Aydil E S. Growth mechanism of titanium dioxide nanowires for dye-
sensitized solar cells. Nanotechnology,2008,19(9):10.

[58] Feng X J,Shankar K,Varghese O K,et al. Vertically aligned single crystal TiO₂ nanowire arrays grown
directly on transparent conducting oxide coated glass：Synthesis details and applications. Nano Lett,
2008,8(11)：3781-3786.

[59] Liu B,Aydil E S. Growth of oriented single-crystalline rutile TiO₂ nanorods on transparent conducting
substrates for dye-sensitized solar cells. J Am Chem Soc,2009,131(11):3985-3990.

[60] Adachi M,Okada I,Ngamsinlapasathian S,et al. Dye-sensitized solar cells using semiconductor thin film
composed of titania nanotubes. Electrochemistry,2002,70(6):449-452.

[61] Adachi M,Murata Y,Takao J,et al. Highly efficient dye-sensitized solar cells with a titania thin-film
electrode composed of a network structure of single-crystal-like TiO₂ nanowires made by the "Oriented
Attachment" mechanism. J Am Chem Soc,2004,126(45)：14943-14949.

[62] Ngamsinlapasathian S,Sakulkhaemaruethai S,Pavasupree S,et al. Highly efficient dye-sensitized solar
cell using nanocrystalline titania containing nanotube structure. J Photoch Photobio A,2004,164(1-3)：
145-151.

[63] Melcarne G,de Marco L,Carlino E,et al. Surfactant-free synthesis of pure anatase TiO₂ nanorods suit-
able for dye-sensitized solar cells. J Mater Chem,2010,20(34):7248-7254.

[64] Yoon J H,Jang S R,Vittal R,et al. TiO₂ nanorods as additive to TiO₂ film for improvement in the performance of dye-sensitized solar cells. J Photoch Photobio A,2006,180(1-2):184-188.

[65] Kang T S,Smith A P,Taylor B E,et al. Fabrication of highly-ordered TiO₂ nanotube arrays and their use in dye-sensitized solar cells. Nano Lett,2009,9(2): 601-606.

[66] Ghadiri E,Taghavinia N,Zakeeruddin S M,et al. Enhanced electron collection efficiency in dye-sensitized solar cells based on nanostructured TiO₂ hollow fibers. Nano Lett,2010,10(5):1632-1638.

[67] Gopal K M,Karthik S,Maggie P,et al. Use of highly-ordered TiO₂ nanotube arrays in dye-sensitized solar cells. Nano Lett,2006,6:215-218.

[68] Paulose M,Shankar K,Varghese O K,et al. Backside illuminated dye-sensitized solar cells based on titania nanotube array electrodes. Nanotechnology,2006,17(5):1446-1448.

[69] Paulose M,Shankar K,Varghese O K,et al. Application of highly-ordered TiO₂ nanotube-arrays in heterojunction dye-sensitized solar cells. J Phys D Appl Phys,2006,39(12):2498-2503.

[70] Ong K G,Varghese O K,Mor G K,et al. Application of finite-difference time domain to dye-sensitized solar cells: The effect of nanotube-array negative electrode dimensions on light absorption. Sol Energy Mater Sol Cells,2007,91(4): 250-257.

[71] Shankar K,Bandara J,Paulose M,et al. Highly efficient solar cells using TiO₂ nanotube arrays sensitized with a donor-antenna dye. Nano lett,2008,8(6): 1654-1659.

[72] Varghese O K,Paulose M,Grimes C A. Long vertically aligned titania nanotubes on transparent conducting oxide for highly efficient solar cells. Nat Nanotechnol,2009,4(9):592-597.

[73] Daibin K Jérémie B,Peter C,et al. Application of highly ordered TiO₂ nanotube arrays in flexible dye-sensitized solar cells. ACS Nano,2008,2:1113-1116.

[74] Zhu K,Neale N R,Miedaner A,et al. Enhanced charge-collection efficiencies and light scattering in dye-sensitized solar cells using oriented TiO₂ nanotubes arrays. Nano Lett,2006,7(1): 69-74.

[75] Kai Z,Todd B V,Nathan R,N,et al. Removing structural disorder from oriented TiO₂ nanotube arrays: Reducing the dimensionality of transport and recombination in dye-sensitized solar cells. Nano Lett,2007,7:3739 -3746.

[76] Nishimura S,Abrams N,Lewis B A,et al. Standing wave enhancement of red absorbance and photocurrent in dye-sensitized titanium dioxide photoelectrodes coupled to photonic crystals. J Am Chem Soc,2003,125(20): 6306-6310.

[77] Kwak E S,Lee W,Park N G,et al. Compact inverse-opal electrode using non-aggregated TiO₂ nanoparticles for dye-sensitized solar cells. Adv Funct Mater,2009,19(7): 1093-1099.

[78] Lee S H A,Abrams N M,Hoertz P G,et al. Coupling of titania inverse opals to nanocrystalline titania layers in dye-sensitized solar cells. J Phys Chem B,2008,112(46): 14415-14421.

[79] Colodrero S,Ocana M,Miguez H. Nanoparticle-based one-dimensional photonic crystals. Langmuir,2008,24(9). 4430-4434.

[80] Colodrero S,Ocana M,Gonzalez-Elipe A R,et al. Response of nanoparticle-based one-dimensional photonic crystals to ambient vapor pressure. Langmuir,2008,24(16): 9135-9139.

[81] Silvia C,Agustin M,Leif H,et al. Porous one-dimensional photonic crystals improve the power-conversion effciency of dye-sensitized solar cells. Adv Mater,2009,21:764-770.

[82] Kondo Y,Yoshikawa H,Awaga K,et al. Preparation,photocatalytic activities,and dye-sensitized solar-cell performance of submicron-scale TiO₂ hollow spheres. Langmuir,2007,24(2):547-550.

[83] Chen D,Cao L,Huang F,et al. Synthesis of monodisperse mesoporous titania beads with controllable diameter,high surface areas,and variable pore diameters (14~23 nm). J Am Chem Soc,2010,132(12). 4438-4444.

[84] Chen D,Huang F,Cheng Y-B,et al. Mesoporous anatase TiO₂ beads with high surface areas and controllable pore sizes: a superior candidate for high-performance dye-sensitized solar cells. Adv Mater,2009, 21(21): 2206-2210.

[85] Huang F,Chen D,Zhang X L,et al. Dual-function scattering layer of submicrometer-sized mesoporous TiO₂ beads for high-efficiency dye-sensitized solar cells. Adv Funct Mater,2010,20(8):1301-1305.

[86] Sauvage F d r,Chen D,Comte P,et al. Dye-sensitized solar cells employing a single film of mesoporous TiO₂ beads achieve power conversion efficiencies over 10%. ACS Nano,2010,4(8):4420-4425.

[87] Hwang D,Lee H,Jang S Y,et al. Electrospray preparation of hierarchically-structured mesoporous TiO₂ spheres for use in highly efficient dye-sensitized solar cells. ACS Appl Mater Inter, 2011, 3 (7): 2719-2725.

[88] Schmuki P,Böhni H,Bardwell J A. Ln sita characterization of anodic silicon oxide films by AC impedance measurements. J Electrochem Soc,1995. 142(5):1705-1712.

[89] Licht S,Peramunage D. Flax band variation of n-cadmium chalcogenides in aqueous cyanide. J Phys Chem. ,1996,100(21):9082-9087.

[90] Krishna K M,Umeno N,Miki T,et al. Investigation of solid state Pb doped TiO₂ sol cell. Sol Energy Mater Sol Cells,1997,48(1-4):123-130.

[91] Ko K H,Lee Y C,Jung Y J. Enhanced efficiency of dye-sensitized TiO₂ solar cells (DSSC) by doping of metal ions. J Colloid Interf Sci,2005,283(2):482-487.

[92] Zhang X,Liu F,Huang Q L,et al. Dye-sensitized W-doped TiO₂ solar cells with a tunable conduction band and suppressed charge recombination. J Phys Chem C,2011,115(25):12665-12671.

[93] Alarcon H,Hedlund M,Johansson E M J,et al. Modification of nanostructured TiO₂ electrodes by electrochemical Al³⁺ insertion: effects on dye-sensitized solar cell performance. J Phys Chem C,2007,111 (35): 13267-13274.

[94] Kim C,Kim K S,Kim H Y,et al. Modification of a TiO₂ photoanode by using Cr-doped TiO₂ with an influence on the photovoltaic efficiency of a dye-sensitized solar cell. J Mate Chem, 2008, 18 (47): 5809-5814.

[95] Chandiran A K,Sauvage F,Casas-Cabanas M, et al. Doping a TiO₂ photoanode with Nb⁵⁺ to enhance transparency and charge collection efficiency in dye-sensitized solar cells. J Phys Chem C,2010,114(37): 15849-15856.

[96] Asahi R,Morikawa T,Ohwaki T,et al. Visible-light photocatalysis in nitrogen-doped titanium oxides. Science,2001,293(5528): 269-271.

[97] Miyauchi M,Ikezawa A,Tobimatsu H,et al. Zeta potential and photocatalytic activity of nitrogen doped TiO₂ thin films. Phys Chem Chem Phys,2004,6(4): 865-870.

[98] Kang T S,Chun K H,Hong J S,et al. Enhanced stability of photocurrent-voltage curves in Ru(II)-dye-sensitized nanocrystalline TiO₂ electrodes with carboxylic acids. J Electrochem Soc,2000,147(8): 3049-3053.

[99] Zaban A,Chen S G,Chappel S,et al. Bilayer nanoporous electrodes for dye sensitized solar cells. Chem Commun,2000,22:2231-2232.

[100] Wu X M,Wang L D,Luo F,et al. BaCO₃ modification of TiO₂ electrodes in quasi-solid-state dye-sensitized solar cells: performance improvement and possible mechanism. J Phys Chem C,2007,111(22): 8075-8079.

[101] Yang S M,Huang Y Y,Huang C H,et al. Enhanced energy conversion efficiency of the Sr^{2+}-modified nanoporous TiO₂ electrode sensitized with a ruthenium complex. Chem Mater,2002,14(4): 1500-1504.

[102] Diamant Y,Chen S G,Melamed O,et al. Core-shell nanoporous electrode for dye sensitized solar cells: The effect of the SrTiO₃ shell on the electronic properties of the TiO₂ core. J Phys Chem B,2003,107 (9): 1977-1981.

[103] Kay A,Grätzel M. Dye-sensitized core-shell nanocrystals: improved efficiency of mesoporous tin oxide electrodes coated with a thin layer of an insulating oxide. Chem Mater,2002,14(7):2930-2935.

[104] Palomares E,Clifford J N,Haque S A,et al. Control of charge recombination dynamics in dye sensitized solar cells by the use of conformally deposited metal oxide blocking layers. J Am Chem Soc,2003,125 (2): 475-482.

[105] Huang C M,Chen L C,Cheng K W,et al. Effect of nitrogen-plasma surface treatment to the enhancement of TiO₂ photocatalytic activity under visible light irradiation. J Mol Catal A-Chem,2007,261(2): 218-224.

[106] Parvez M K,Yoo G M,Kim J H,et al. Comparative study of plasma and ion-beam treatment to reduce the oxygen vacancies in TiO₂ and recombination reactions in dye-sensitized solar cells. Chem Phy Lett, 2010,495(1-3): 69-72.

[107] Xin X K,Scheiner M,Ye M D,et al. Surface-treated TiO₂ nanoparticles for dye-sensitized solar cells with remarkably enhanced performance. Langmuir,2011,27(23): 14594-14598.

[108] Neo C Y,Ouyang J. Precise modification of the interface between titanium dioxide and electrolyte of dye-sensitized solar cells with oxides deposited by thermal evaporation of metals and subsequent oxidation. J Power Sources,2011,196(23):10538-10542.

[109] Tien T C,Pan F M,Wang L P,et al. Coverage analysis for the core/shell electrode of dye-sensitized solar cells. J Phys Chem C,2010,114(21): 10048-10053.

[110] Guo J C,She C X,Lian T Q. Effect of insulating oxide overlayers on electron injection dynamics in dye-sensitized nanocrystalline thin films. J Phys Chem C,2007,111(25):8979-8987.

[111] Lindgren T,Mwabora J M,Avendano E,et al. Photoelectrochemical and optical properties of nitrogen doped titanium dioxide films prepared by reactive DC magnetron sputtering. J Phys Chem B,2003,107 (24):5709-5716.

[112] Ma T L,Akiyama M,Abe E,et al. High-efficiency dye-sensitized solar cell based on a nitrogen-doped nanostructured titania electrode. Nano Lett,2005,5(12): 2543-2547.

[113] Kang S H,Kim J Y,Kim Y K,et al. Effects of the incorporation of carbon powder into nanostructured TiO₂ film for dye-sensitized solar cell. J Photoch Photobio A,2007,186(2-3): 234-241.

[114] Lopez-Luke T,Wolcott A,Xu L P,et al. Nitrogen-doped and CdSe quantum-dot-sensitized nanocrystalline TiO₂ films for solar energy conversion applications. J Phys Chem C,2008,112(4):1282-1292.

[115] Kusama H,Orita H,Sugihara H. TiO₂ band shift by nitrogen-containing heterocycles in dye-sensitized solar cells: A periodic density functional theory study. Langmuir,2008,24(8): 4411-4419.

[116] Hou Q Q,Zheng Y Z,Chen J F,et al. Visible-light-response iodine-doped titanium dioxide nanocrystals for dye-sensitized solar cells. J Mater Chem,2011,21(11):3877-3883.

[117] Batzill M, Morales E H, Diebold U. Influence of nitrogen doping on the defect formation and surface properties of TiO₂ rutile and anatase. Phys Rev Lett, 2006, 96(2): 026103.

[118] Tian H J, Hu L H, Zhang C N, et al. Superior energy band structure and retarded charge recombination for anatase N, B codoped nano-crystalline TiO₂ anodes in dye-sensitized solar cells. J Mater Chem, 2012, 22(18): 9123-9130.

[119] Ihara T, Miyoshi M, Iriyama Y, et al. Visible-light-active titanium oxide photocatalyst realized by an oxygen-deficient structure and by nitrogen doping. App Catal B-Environ, 2003, 42(4): 403-409.

[120] di Valentin C, Pacchioni G, Selloni A, et al. Characterization of paramagnetic species in N-doped TiO₂ powders by EPR spectroscopy and DFT calculations. J Phys Chem B, 2005, 109(23): 11414-11419.

[121] Orlov A, Tikhov M S, Lambert R M. Application of surface science techniques in the study of environmental photocatalysis: Nitrogen-doped TiO₂. C R Chim, 2006, 9(5-6): 794-799.

[122] Hirahara N, Onwona A B, Nakao M. Preparation of Al-doped ZnO thin films as transparent conductive substrate in dye-sensitized solar cell. Thin Solid Films, 2012, 520(6): 2123-2127.

[123] Yun S N, Lim S. Improved conversion efficiency in dye-sensitized solar cells based on electrospun Al-doped ZnO nanofiber electrodes prepared by seed layer treatment. J Solid State Chem, 2011, 184(2): 273-279.

[124] Wang Y Q, Hao Y Z, Cheng H M, et al. The photoelectrochemistry of transition metal-ion-doped TiO₂ nanocrystalline electrodes and higher solar cell conversion efficiency based on Zn²⁺-doped TiO₂ electrode. J Mater Sci, 1999, 34(12): 2773-2779.

[125] Iwamoto S, Sazanami Y, Inoue M, et al. Fabrication of dye-sensitized solar cells with an apen-circuil photovoltage of I V, Chem Sus Chem, 2008, 1(5): 401-403.

[126] 杨术明, 李富友, 黄春辉. 染料敏化稀土离子修饰二氧化钛钠米晶电极的光电化学性质. 中国科学(B辑), 2003, 33(1): 59-65.

[127] Zalas M, Walkowiak M, Schroeder G. Increase in efficiency of dye-sensitized solar cells by porous TiO₂ layer modification with gadolinium-containing thin layer. J Rare Earth, 2011, 29(8): 783-786.

[128] Kitiyanan A, Yoshikawa S. The use of ZrO₂ mixed TiO₂ nanostructures as efficient dye-sensitized solar cells electrodes. Mater Lett, 2005, 59(29-30): 4038-4040.

[129] Lee S, Kim J Y, Youn S H, et al. Preparation of a nanoporous CaCO₃-coated TiO₂ electrode and its application to a dye-sensitized solar cell. Langmuir, 2007, 23(23): 11907-11910.

[130] 徐炜炜. 染料敏化太阳电池中纳晶 TiO₂ 薄膜电极的优化设计研究. 中国科学院等离子体物理研究所, 2006.

[131] Wang Z S, Kawauchi H, Kashima T, et al. Significant influence of TiO₂ photoelectrode morphology on the energy conversion efficiency of N719 dye-sensitized solar cell. Coordin Chem Rev, 2004, 248(13-14): 1381-1389.

[132] van de Lagemaat J, Benkstein K D, Frank A J. Relation between particle coordination number and porosity in nanoparticle films: Implications to dye-sensitized solar cells. J Phys Chem B, 2001, 105(50): 12433-12436.

[133] Hu L H, Dai S Y, Weng J, et al. Microstructure design of nanoporous TiO₂ photoelectrodes for dye-sensitized solar cell modules. J Phys Chem B, 2007, 111(2): 358-362.

[134] 胡林华, 戴松元, 王孔嘉. 纳米 TiO₂ 多孔膜的微结构对染料敏化纳米薄膜太阳电池性能的影响. 物理学报, 2005, 54(4): 1914-1918.

[135] He J J,Lindstrom H,Hagfeldt A,et al. Dye-sensitized nanostructured tandem cell-first demonstrated cell with a dye-sensitized photocathode. Sol Energy Mater Sol Cells,2000,62(3):265-273.

[136] Nattestad A,Mozer A J,Fischer M K R,et al. Highly efficient photocathodes for dye-sensitized tandem solar cells. Nat Mater,2010,9(1):31-35.

[137] Fujishima A,Zhang X T. Solid-state dye-sensitized solar cells. P Jpn Acad B-Phys,2005,81(2):33-42.

[138] Awais M,Rahman M,MacElroy J M D,et al. Deposition and characterization of NiO_x coatings by magnetron sputtering for application in dye-sensitized solar cells. Surf Coat Tech,2010,204(16-17): 2729-2736.

[139] Awais M,Rahman M,MacElroy J M D,et al. Application of a novel microwave plasma treatment for the sintering of nickel oxide coatings for use in dye-sensitized solar cells. Surf Coat Tech,2011,205: S245-S249.

[140] Vera F,Schrebler R,Munoz E,et al. Preparation and characterization of eosin B- and Erythrosin J-sensitized nanostructured NiO thin film photocathodes. Thin Solid Films,2005,490(2):182-188.

[141] Durr M,Bamedi A,Yasuda A,et al. Tandem dye-sensitized solar cell for improved power conversion efficiencies. Appl Phys Lett,2004,84(17):3397-3399.

[142] Bandara J,Yasomanee J P. P-type oxide semiconductors as hole collectors in dye-sensitized solid-state solar cells. Semicond Sci Tech,2007,22(2): 20-24.

[143] Yu M Z,Natu G,Ji Z Q,et al. P-type dye-sensitized solar cells based on delafossite $CuGaO_2$ nanoplates with saturation photovoltages exceeding 460 mV. J Phys Chem Lett,2012,3(9):1074-1078.

[144] Dai P C,Zhang G,Chen Y C,et al. Porous copper zinc tin sulfide thin film as photocathode for double junction photoelectrochemical solar cells. Chem Commun,2012,48(24): 3006-3008.

第3章　染料敏化太阳电池用染料敏化剂

3.1　导　　论

由于宽禁带半导体材料如 TiO_2 等的光响应在紫外光区,无法吸收可见光区的太阳光。而吸附在纳晶宽禁带半导体(主要是 TiO_2)上的染料敏化剂则主要吸收可见光区乃至近红外光区的太阳光,从而拓宽了宽禁带半导体光阳极在可见光区的光电响应,即第 1 章 1.3 节所述的"敏化作用",这些染料敏化剂包括无机配合物染料、有机染料和无机量子点染料等多种类型。

3.1.1　染料敏化剂的作用

染料敏化剂是染料敏化太阳电池的关键部分。在染料敏化太阳电池中扮演着"光吸收剂"的作用,类似于绿色植物光合作用中的叶绿素。它吸收太阳光能,产生光激发,处于激发态的染料分子将光生电子注入 TiO_2 导带中。因而染料分子的性能直接决定电池的光吸收效率和光电转换效率。图 3.1 和图 3.2 分别为染料敏化太阳电池中染料作用和绿色植物光合作用载体叶绿素作用的示意图。由于染料敏化太阳电池的作用原理与绿色植物光合作用类似,因而被称为人造光合作用。

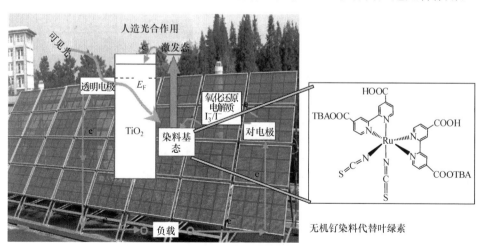

图 3.1　染料敏化太阳电池人造光合作用示意图

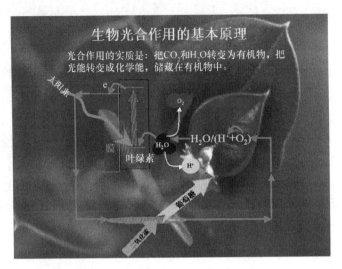

图 3.2　绿色植物光合作用示意图

3.1.2　染料敏化剂的分类

　　目前应用于染料敏化太阳电池的染料光敏化剂,其分类情况很不统一。这里分别按照染料的分子结构、来源和敏化电极等的不同将染料进行初步分类。

　　根据分子结构中是否含有金属,染料可以分为无机染料和有机染料两大类。无机类的染料光敏化剂主要集中在以钌(Ru)与锇(Os)等金属多吡啶配合物、金属卟啉、酞菁等为代表的金属配合物染料和无机量子点染料等。其中无机配合物染料按照中心原子的不同分为:钌配合物染料、锇配合物染料、铼配合物染料、铂配合物染料、锌配合物染料、铜配合物染料、铁配合物染料、钛配合物染料等。按照配体的不同分为:联吡啶配合物(包含二联吡啶及多联吡啶)、邻菲罗啉配合物、卟啉配合物、酞菁配合物等。另外根据中心金属原子数的不同,分为单核配合物染料(mononuclear complex)和多核配合物(polynuclear complex)染料两类。无机量子点染料主要包括硫化铅(PbS)量子点、硒化铅(PbSe)量子点、硫化镉(CdS)量子点、硒化镉(CdSe)量子点等。应用于染料敏化太阳电池的光敏化剂,经过 20 多年的研究,人们发现卟啉和Ⅷ族的 Os 及 Ru 等多吡啶配合物能很好地满足以上要求,后者尤其以多吡啶钌配合物的光敏化性能最好。

　　有机染料包括合成有机染料和天然有机染料,其中以合成有机染料为主。这些合成有机染料包括吲哚啉类染料、香豆素类染料、三苯胺类染料、菁类染料、方酸类染料、二烷基苯胺类染料、咔唑类染料、芴类染料、二萘嵌苯类染料、四氢喹啉类染料、卟啉类染料及酞菁类染料。天然有机染料主要是从一些绿色植物的叶子或果实中提取的。天然染料的敏化作用与有效成分的含量有关。从天然染料中提取的色素多为一种混合物,有效成分的含量可能很低。要提高天然色素的敏化效果,需对天然色素提取物进行分离提纯,寻找所含的有效成分,对有效成分进行富集。但天然染料敏化效率低,须对其进行进一步的研究。对天然色素的提取物进行纯化,提高有效组分的浓度,会提高天然染料的敏化性能。在染料敏化太阳电池的研究中,稳定性、价格和长期的可操作性是主要考虑的问题。因此,通过易获得的天然敏化染料来敏化纳晶半导体薄膜是一种很有前景的制作染料敏化太阳电池的方法。

根据敏化电极的不同,染料可以分为阳极敏化用染料和阴极敏化用染料。

3.1.3　染料敏化剂的结构及分子设计

为了得到高效的染料敏化太阳电池,设计染料时应该遵循以下原则[1]:

（1）染料应具有较宽的光谱响应范围,吸收范围应该在整个可见光区域及部分近红外区域即应该与太阳的发射光谱相匹配,并且染料的摩尔吸光系数应该尽可能高,以使染料能在更薄的 TiO_2 膜上有效收集太阳光。

（2）为得到最佳的光电转换效率,染料应以一种紧密的单分子层牢固地结合在半导体氧化物表面,并以高的量子效率将电子注入半导体氧化物的导带中。

（3）为使激发态染料分子能有效地将电子注入 TiO_2 导带,尽可能减少电子转移过程中的能量损失,染料的最低未占分子轨道（LUMO）应该局限在吸附基团（通常是羧酸或膦酸基团）附近,并且染料分子的激发态能级应该高于半导体电极（通常是 TiO_2）的导带底能级。

（4）为保证染料分子通过电解质中的电子给体或空穴材料中的电子再生,染料分子的最高占据分子轨道（HOMO）应该低于电解质中氧化还原电对的能级。

（5）为了减少注入的电子与氧化态染料之间的电荷复合,电子注入后,正电荷应该局限在染料的供体部位,即应该进一步远离 TiO_2 表面。

（6）为了减少电解液与阳极的直接接触,阻止染料在 TiO_2 表面的水诱导解吸附,增强染料的长期稳定性,染料外围应该是疏水的。

（7）染料不应该聚集在表面以避免染料激发态到基态的非辐射衰变失活,而这种过程往往在较厚的膜中发生。

（8）具有高的稳定性,能经历 10^8 次以上氧化-还原循环,寿命相当于在太阳光下运行 20 年或更长。

近年来,研究人员已经设计并合成出多种有机染料敏化剂,这不仅是为了替代相当昂贵的二价钌配合物类染料,而且也是为了拓宽染料敏化剂的光谱响应范围,延伸材料的光电化学性能。

3.1.4　染料敏化剂相关量化计算

染料敏化剂的相关理论计算主要涉及染料的 HOMO 能级和 LUMO 能级的

量化计算、染料的吸收光谱、偶极矩、振动光谱的相关计算。目前用于染料相关计算的主要是流行的量化软件 Gaussian。该软件是一个量子化学软件包,它是目前应用最广泛的计算化学软件之一。其代码最初由理论化学家、1998 年诺贝尔化学奖得主约翰·波普爵士编写,其名称来自于波普在软件中所使用的高斯型基组。使用高斯型基组是波普为简化计算过程缩短计算时间所引入的一项重要近似。Gaussian 软件的出现降低了量子化学计算的门槛,使从头计算方法可以广泛使用,从而极大地推动了其在方法学上的进展。最初,Gaussian 的著作权属于约翰·波普供职的卡内基梅隆大学,目前其版权持有者是 Gaussian 公司。该软件的最新版本为 Gaussian 09。Gaussian 计算可以模拟气相和溶液中的体系,模拟基态和激发态,是研究诸如取代效应、反应机理、势能面和激发态能量的有力工具。染料敏化太阳电池用染料敏化剂量化计算,目前基于密度泛函理论(density functional theory,DFT)的 B3LYP 相关泛函应用最为广泛。

图 3.3 为用 B3LYP 算法计算得到的染料 **1**(N621)的计算结果,与实验的结果非常吻合。实验结果(对应括号内为理论计算结果)吸收光谱位置如下:2.41 eV(2.49 eV)、3.32 eV(3.46 eV)和 4.00~4.19 eV(4.09~4.37 eV)[2]。

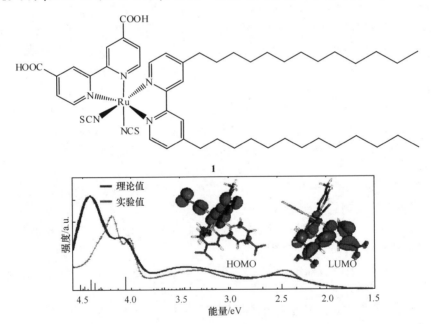

图 3.3　基于 DFT 计算的染料 **1** 吸收光谱与实验结果

3.2　阳极敏化电池用染料敏化剂

阳极敏化型染料敏化太阳电池采用 n 型半导体,其基本工作原理是:吸附在纳晶半导体(通常为纳晶 TiO_2)上的染料在太阳光(主要是可见光)的作用下,通过吸收光能从基态跃迁到激发态,由于激发态的不稳定性,电子以极快的速度($\tau < 7$ ps)注入纳晶半导体的导带中,传输到导电衬底材料,然后经外回路回到对电极产生光电流,氧化态的染料被电解质中的电子给体(通常为 I^-)还原,回到基态,同时,电解质中的 I_3^- 在对电极界面接受电子被还原,从而构成一个完整的循环。

基于上述工作原理,可以清楚地看到,合适的阳极敏化染料必须符合两个基本条件:

(1)染料的 LUMO 能级(即激发态能级)要比纳晶半导体(通常是 TiO_2)的导带能级高;

(2)染料的基态能级要比电解质氧化还原电对的能级位置低,使染料能迅速从电解质电子给体中得到电子再生。

下面按照无机染料和有机染料的基本分类,详细介绍两类染料的研究情况。

3.2.1　无机染料敏化剂

无机金属配合物染料通常含有吸附配体和辅助配体,具有较高的化学稳定性和热稳定性。图 3.4 为几种有代表性的多吡啶钌配合物的分子结构示意图。其中染料分子中的吸附配体能使染料吸附在 TiO_2 表面,同时作为发色基团。辅助配体不是直接吸附在纳米半导体表面,其作用主要是调节配合物的总体性能。多吡啶钌染料具有非常高的化学稳定性、良好的氧化还原性和突出的可见光谱响应特性,在 DSC 中应用最为广泛,有关其研究也最为活跃。这类染料通过羧基或膦酸基吸附在纳米 TiO_2 薄膜表面,使得处于激发态的染料能将其电子有效地注入纳米 TiO_2 导带中。表 3.1 列出了这些染料的紫外光谱及其敏化太阳电池的光伏性能数据。

2(N3)　　　　　　　　　　　　3(N719)

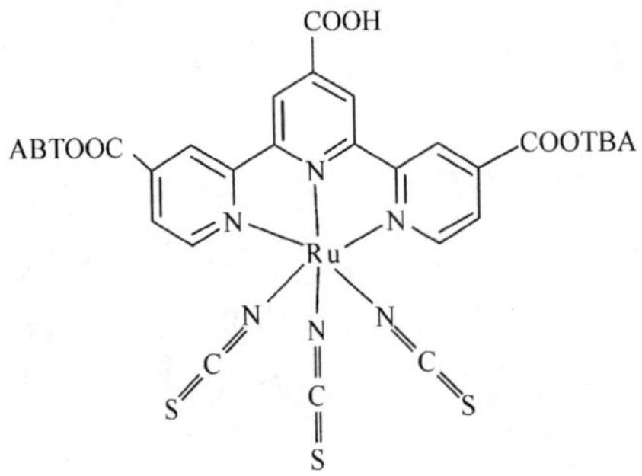

4(N749)

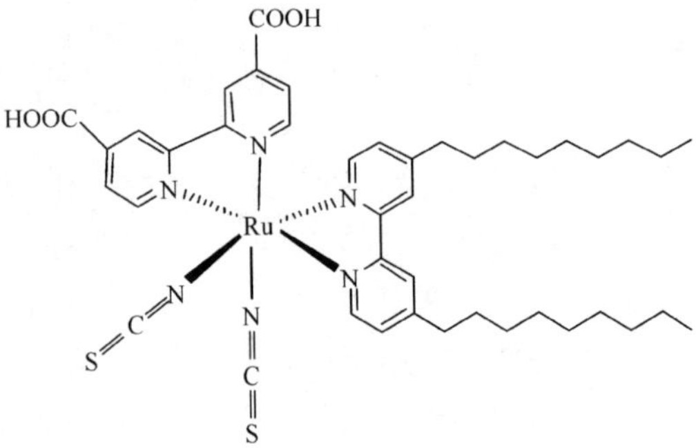

5(Z907)

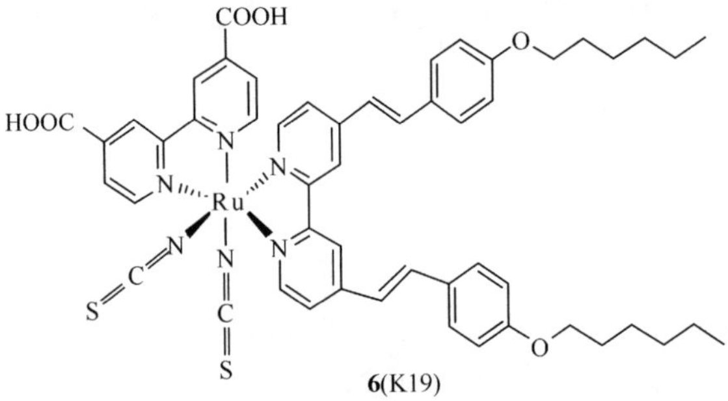

6(K19)

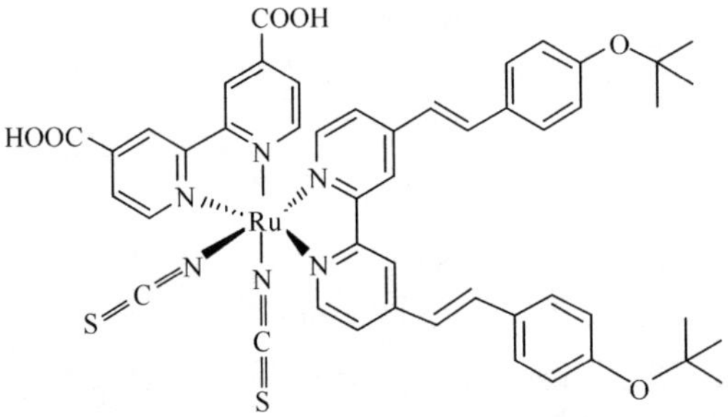

7(K77)

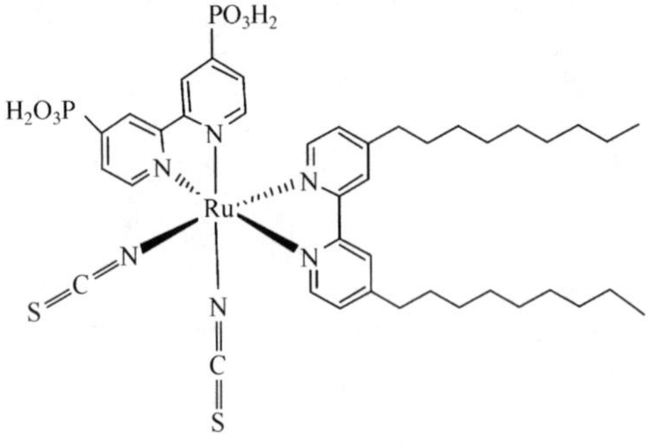

8(Z955)

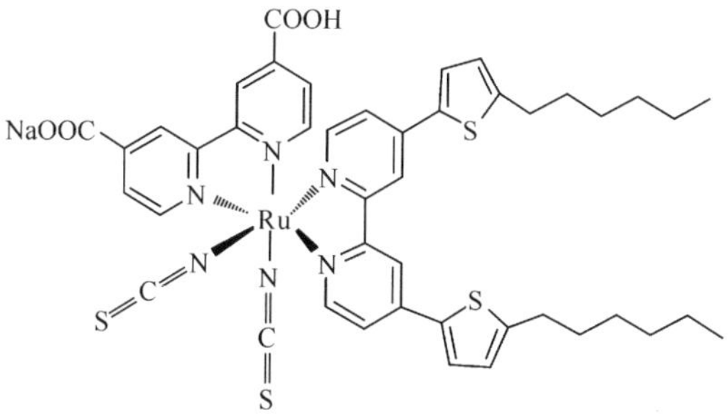

9(C101)

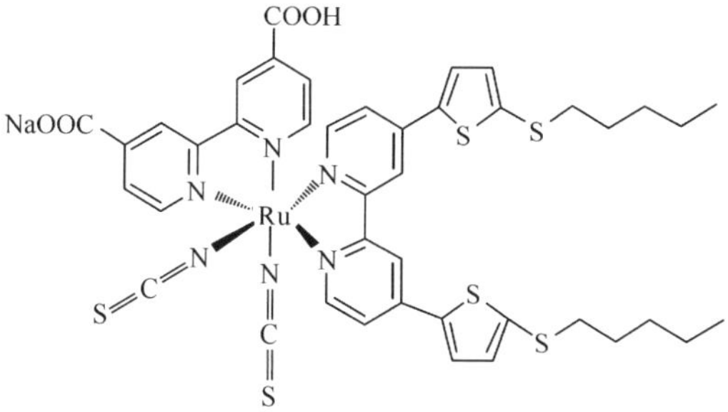

10(C106)

其中：TBA=N(C₄H₉)₄

图 3.4 几种具有代表性的无机染料结构示意图

表 3.1 多吡啶钌(Ⅱ)配合物的吸收光谱和光电性能

染料	吸光度，λ_{max}/nm (ε/[10⁴ L/(mol·cm)])	IPCE/%	J_{sc}/ (mA/cm²)	V_{oc}/mV	FF	η/%
2	538(1.42)	83	18.12	720	0.73	10.0
3	535(1.4)	85	17.73	846	0.75	11.18
4	605(0.75)	80	20.53	720	0.704	10.4
5	526(1.22)	72	14.6	722	0.693	7.3
6	543(1.82)	70	14.61	711	0.671	7.0
7	547(1.90)	80	17.5	737	0.696	9.0
8	519(0.83)	80	16.37	707	0.693	8.0
9	547(1.68)	80	17.94	778	0.785	11.0
10	550(1.87)	90	19.2	776	0.759	11.29

3.2.1.1 多吡啶钌类敏化剂

多吡啶钌染料按其结构分为羧酸多吡啶钌、膦酸多吡啶钌和多核联吡啶钌三类。其中前两类的区别在于吸附基团的不同：前者吸附基团为羧基，后者为膦酸基，它们与多核联吡啶钌的区别在于它们只有一个金属中心。羧酸多吡啶钌的吸附基团中羧基是平面结构，电子可以迅速地注入 TiO_2 导带中。这类染料是目前应用最为广泛的染料光敏化剂，目前开发的高效染料光敏化剂多为此类染料。在这类染料中，以 N3、N719 和黑染料为代表，保持着染料敏化太阳电池的最高光电转换效率。近年来，以 Z907 为代表的两亲型染料和以 K19、C101、C106 为代表的具有高摩尔消光系数的染料光敏化剂是当前多吡啶钌类染料研究的热点[3]。图 3.5 列出了几种有代表性的染料敏化剂。图 3.6 为几种染料敏化纳米 TiO_2 多孔薄膜的 IPCE 图。

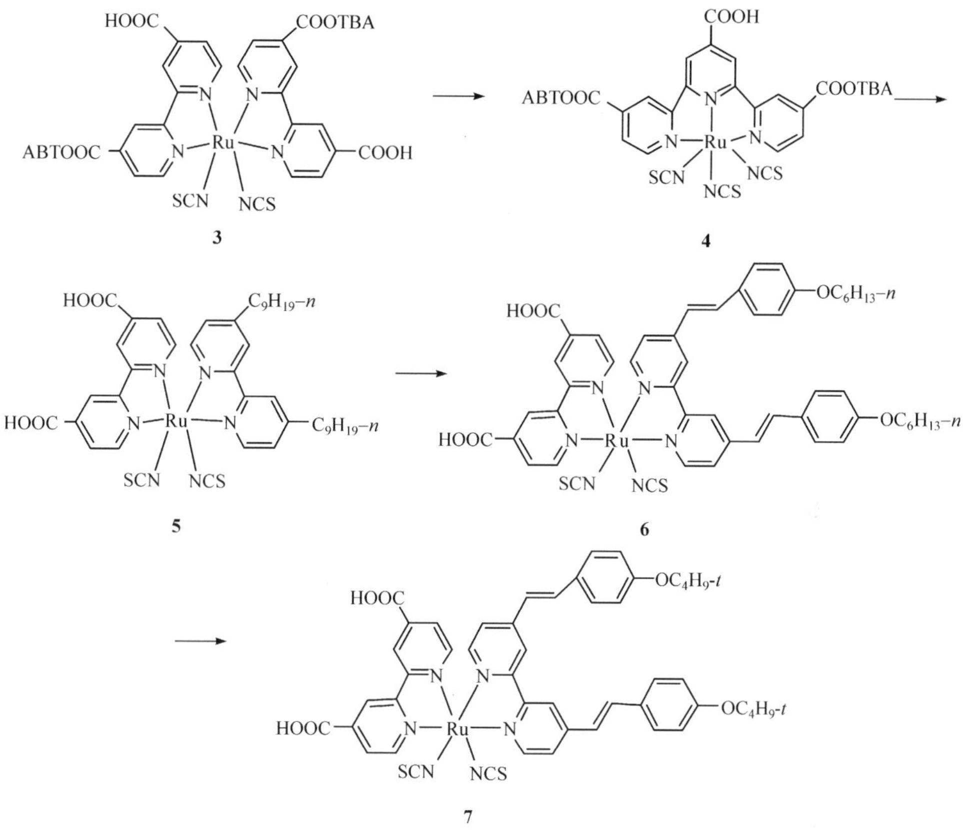

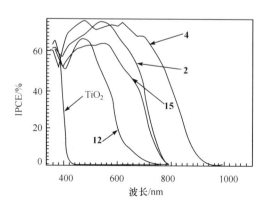

图 3.5　几种具有代表性的多吡啶钌敏化剂

图 3.6　不同染料敏化剂敏化的纳米 TiO_2 多孔膜的 IPCE 图

（1）化合物 **11**：它在均相-多相光解水中得到很大的应用[4]，有着很好的光化学性能，是良好的光敏化剂[5,6]。

(2) 化合物 **12**：由于在配体上引入了羧基，与化合物 **11** 相比，化合物 **12** 的吸收光谱发生了红移。澳大利亚 Sasse 课题组最先在化合物 **11** 的联吡啶配体上引入羧基，以便在光解水系统中获得更有效的敏化剂[7]。化合物 **12** 配体上的羧基与半导体表面上的羟基脱水形成酯键，通过化学键的形成，它能非常有效地吸附在半导体的表面上[8]。

(3) 化合物 **13**、**14**，$Ru(H_2\text{-}dcbpy)_2X_2$（**13**，X＝OH；**14**，X＝Cl）：它用两个带负电荷的—OH 或—Cl 取代化合物 **12** 的一个 2,2′-联吡啶-4,4′-二羧酸（H_2-dcbpy），能使染料的吸收光谱红移 100 nm 以上，大大拓宽了染料的光谱响应范围[9]。

(4) 化合物 **15**，NC-Ru(bpy)$_2$-NC-Ru(H_2-dcbpy)$_2$-CN-Ru(bpy)$_2$-CN：它是一个三核配合物，并引入了 CN$^-$ 作配体。CN$^-$ 既是好的 σ 电子给体，也是非常好的 π 电子受体，因此能与金属中心形成强的 π-反馈键。1991 年 O'Regan 和 Grätzel 将这种敏化剂用于太阳电池中，获得了 7.1%（AM 1.5）的光电转换效率[10]。

(5) 化合物 **16**，$Ru(H_2\text{-}dcbpy)_2(CN)_2$：它与化合物 **15** 的研究几乎在同一阶段，而且它们有着相近的效率[11]。

(6) 化合物 **2**，$Ru(H_2\text{-}dcbpy)_2(NCS)_2$：即著名的 N3 染料，它是目前应用最广泛的染料敏化剂。1993 年 Nazeeruddin 等首次报道了这种敏化剂[12]，它具有很宽的可见光吸收范围，而且它的激发态寿命较长，在作为太阳光的吸收剂和电荷转移的敏化剂方面显示出突出的性能。实验证实化合物 **2** 经历 5×10^7 次氧化-还原而无任何衰减，相当于室外运行 20 年。

(7) 化合物 **3**，N719：它是由 N3 染料的四个羧基部分脱质子化而形成的，它和 N3 染料相比，吸收光谱发生蓝移，但染料的溶解度和摩尔消光系数有适当程度的提高，电池的光电转换效率也有适当提高。Grätzel 等在 1999 年报道了这个敏化剂[13]。由于 TiO_2 导带位置在一定程度上与其 pH 有关，因而完全质子化的 N3 形式在吸附到 TiO_2 薄膜过程中会将其羧基上的质子转移到 TiO_2 表面，使其变得更正。在这种情况下，表面偶极相关的电场增强了以阴离子形式存在的钌配合物在 TiO_2 表面的吸附，有助于电子快速地由染料注入 TiO_2 导带，从而增大了光电流。而完全脱质子的染料，则可以得到一个较高的开路电压和较低的短路电流密度。因而寻找具有适当脱质子化程度的 N3 系列染料，将能使开路电压的升高和短路电流的下降取得一定平衡点，使电池的效率最高。同时适当质子化程度染料可以增大染料的溶解度，加速染料溶液对纳米半导体多孔薄膜的着色速度。

(8) 化合物 **4**，$TBA_3[Ru(Htctpy)(NCS)_3]$（Htctpy＝2,2′∶6′,2″-三联吡啶-4,4′,4″-三羧酸）：它将染料对太阳光的响应范围拓展到了 920 nm，覆盖了整个可见光谱和部分近红外光谱范围，故被称为"黑染料"。它能在整个可见光谱范围，甚至在近红外区吸收太阳光[14]。该染料和 N3、N719 染料在 I_3^-/I^- 电对的有机溶剂电解质和纳晶 TiO_2 电极的太阳电池中保持着最高纪录。

（9）化合物 **5**，Z907：针对 N3、N719 染料在有水存在时易从 TiO_2 表面脱吸附的缺点，Wang 等[15] 报道了两亲型染料敏化剂的设计合成，结合准固态聚合物凝胶电解质｛采用光化学稳定的氟聚合物聚四氟乙烯-六氟丙烯［P(VDF-HFP)］来固化 3-甲氧基丙腈基液体电解质获得｝，光电转换效率超过 6％（AM1.5，100 mW/cm²）；Z907Na 染料和乙腈基电解质体系，在模拟太阳光（AM1.5，100 mW/cm²）下获得了 9.5％的光电转换效率；Z907Na 染料和离子液体基电解质，获得了 7.4％的光电转换效率。

（10）化合物 **6**，K19：K19 染料主要是为了适应采用较薄 TiO_2 膜的要求，在染料的辅助配体中加入了苯乙烯基团来扩大电子的离域范围，同时在其末端有烷氧基疏水长链，可以分散注入电子之后的染料阳离子上所带的正电荷，同时疏水长链可以增大染料的抗水吸附稳定性[16]。

（11）化合物 **7**，K77：由于 K19 染料提纯困难，为了未来染料敏化太阳电池的产业化应用，Grätzel 等开发了 K77 染料。该染料配合非挥发性电解质，采用 6 μm 的 TiO_2 多孔薄膜加上 4 μm 厚的大颗粒散射层，电池效率达到了 9.47％，已经接近采用挥发性有机溶剂电解质的太阳电池的效率。这一结果使染料敏化太阳电池走向实用化的过程又前进了一大步[17]。

（12）C 系列染料：王鹏课题组在 Z907 染料的基础上，开发了系列钌染料[18-22]，其结构如图 3.7 所示。通过改变辅助配体的结构，提高了染料的光谱响应范围和摩尔消光系数。通过结合高吸收系数染料 C106 和乙腈基电解质，获得了 11.7％ ～ 12.1％的器件光电转换效率。

1. 羧酸多吡啶钌染料

羧酸多吡啶钌染料作为染料敏化太阳电池中应用最为广泛的一类敏化剂，其研究受到广泛重视。针对 I_3^-/I^- 电对的液态电解质系统，化合物 **2** ～ **4** 都表现出了出色的性能。目前基于挥发性液体电解质系统的高效太阳电池即是基于化合物 **3** 和化合物 **4** 获得的。N3、N719 染料在红光方向上吸光较弱，对太阳光谱中的红光和近红外光的利用效率低。同时，作为亲水型染料，其吸附基团为羧基，有水存在时易从纳晶 TiO_2 颗粒表面脱吸附。为此，人们对 N3 染料进行结构修饰，通过改变取代基位置或种类来增大共轭体系，开发了吸收光谱红移的多吡啶钌染料。拓宽染料的光谱响应范围，可以从两方面着手，一方面是活化钌金属中心的 t_{2g} 轨道，引入具有强给电子性的配体；另一方面是引入具有较低 π^* 分子轨道能量的配体。但只引入强的给电子性的配体并不能使敏化剂具有需要的光谱响应效果，这是因为染料的 HOMO 能级和 LUMO 能级位置移向了同一个方向。Meyer 等采用这种策略来调控钌配合物的金属-配体电荷转移（MLCT）跃迁吸收，取得了显著效果。包含具有较低 π^* 能量的双齿配体，结合具有强给电子性配体的混配钌配合物，的确具有所谓"全色"的吸收性质[23]。然而，在近红外光区的光谱响应是通过

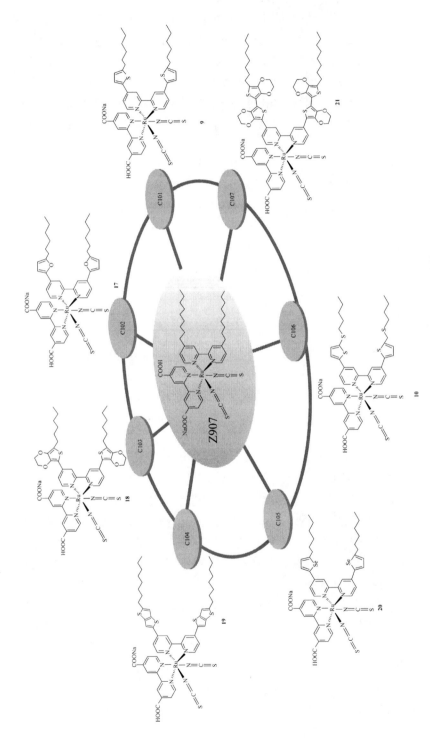

图 3.7 王鹏课题组开发的 C 系列钌染料结构

调节染料的 LUMO 能级位置实现的,过低的 LUMO 能级限制了电子注入纳晶 TiO₂ 导带的速率。染料的 LUMO 能级和 HOMO 能级的调节必须保持在一定水平,既能使光生电子转移到纳晶 TiO₂ 导带,又能使自身被 I⁻ 还原,且两个反应均应以接近 100% 的产率进行。这就大大限制了染料设计的可能选择。目前认为比较合适的染料 MLCT 电荷转移跃迁应红移到 900 nm。Grätzel 组开发的黑染料羧酸多吡啶钌染料,以其作为染料敏化剂,在 2001 年获得了 10.4% 的光电转换效率[14]。

在钌配合物多吡啶配体的合适位置引入苯基可以增大金属-配体电荷转移 (MLCT) 峰的摩尔消光系数。以 4,4′-二(对羧基苯基)-2,2′-联吡啶作配体的钌配合物中即可观察到这种效应。张宝文等[24]在中间吡啶环和羧基取代基之间引入了苯基,开发了黑染料的类似物 K[Ru(NCS)₃(tpyphCOOH)][以下略作 tpyphRu 染料,tpyphCOOH = 2,2′:6′,2′-三联吡啶-4′-(4-羧基)-苯基]。结果发现。虽然 tpyphRu 染料的可见光吸收光谱响应范围要比 N3 染料宽,但吸附在 TiO₂ 上后吸收光谱发生蓝移。虽然 IPCE 在 400 ~ 600 nm 区间超过 80%,其光电转换效率却只有 2.9%,而相同条件下的 N3 染料则为 6.8%。这可能是由于拉电子的羧基距中心金属离子太远,使染料的电子云集中于多吡啶环上,电子不能高效地由染料注入 TiO₂ 的导带中去。图 3.4 中的 N3、N719 和黑染料作为目前应用最广泛的染料,就属于羧酸多吡啶钌染料。

染料敏化太阳电池中多吡啶钌敏化剂研究的另一个热点是开发两亲型染料。这一工作起始于 2002 年 Grätzel 组[25]在 *Langumir* 上发表的论文。在该文章中,作者报道了三种两亲型的染料,图 3.8 列出了三种两亲型染料的结构图,表 3.2 列出了三种两亲型染料的光谱和光电化学数据。该类染料的设计思想是将 N3 染料的两个联吡啶二羧酸中的两个羧基换成长链烷基,从而制备出一端亲水,另一端疏水的染料。两亲型染料的长链有两个作用:①在 TiO₂ 表面形成一个脂肪网络,阻止 I₃⁻ 到达 TiO₂ 表面,从而减小暗电流;②阻止由水导致的染料在 TiO₂ 表面的解吸附。这类染料的优点是增强了自身抵抗由水导致的染料从 TiO₂ 表面脱附的稳定性,缺点是减小了染料联吡啶配体上 π 电子的离域范围,从而减小了染料对可见光吸收的摩尔消光系数,进而影响染料对光的吸收效率及电池的光电转换效率。

22　　　　　　　　　　　　　　　　　　　23

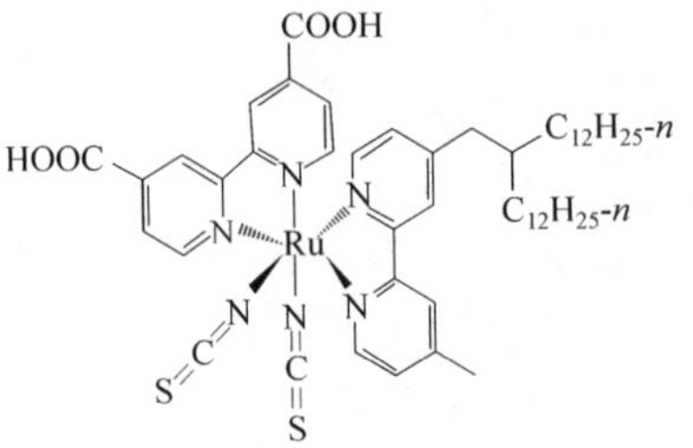

图 3.8　最早的三种两亲型染料的结构图

表 3.2　三种两亲型染料的吸收光谱、发射光谱、氧化还原特性和电池的光伏性能

染料	吸光度，λ_{max}/nm[a](ε/[10^4 L/(mol·cm)])			em_{max}^b /nm	τ^c /ns	$E_{Ru(II/III)}^d$	J_{sc} /(mA/cm²)	V_{oc}/V	FF
	$\pi-\pi^* L_1$	$\pi-\pi^* L_2$	$d\pi-\pi^*$						
22	296(3.65)	314 (2.53)	384(1.0) 528(1.01)	746	13	0.70	16.7	0.715	0.64
23	296(3.60)	312 (2.50)	384(1.01) 525(1.11)	742	29	0.74	15.9	0.740	0.72
24	296(3.77)	312 (2.61)	380(1.03) 520(1.10)	734	17	0.70	13.2	0.670	0.64
2		314 (4.82)	398(1.4) 538(1.42)	830	20	0.85	16.5	0.640	0.65

a. 乙醇中测试；b. 发射光谱在室温乙醇溶液中测试，激发波长为最低能量的 MLCT 吸收带（相关概念在 3.2.3 节介绍），误差为±2 nm；c. 在室温乙醇溶液中测试，误差为±1 ns；d. 单位 V（*vs* Ag/AgCl），在 DMF 溶液中测试，在相似条件下 Fc/Fc+ 电对的值为 0.46 V（*vs* Ag/AgCl）。

　　属于这一类的染料还有王鹏等[15]报道的 Z907 染料，在该文章中，作者利用两亲型羧酸多吡啶钌 Z907 作为敏化剂，结合准固态聚合物凝胶电解质［采用光化学稳定的氟聚合物 P(VDF-HFP) 来固化 3-甲氧基丙腈基液体电解质获得准固态聚合物凝胶电解质］，在 AM 1.5，100 mW/cm² 的模拟太阳光下获得了大于 6% 的光电转换效率。

　　两亲型多吡啶钌染料的疏水基团除了长链烷基外，长链脂肪酰胺基团和长链烷氧基团作疏水基团，都取得了很好的效果。4,4′-二羧酸-2,2′-联吡啶的长链酰胺作疏水配体，其最低能量的 MLCT 吸收峰位置和 N3 染料吸收峰位置基本一致，同时增强了染料的抗水脱附稳定性。这些两亲型染料敏化剂与 N3 染料相比有以下优点[26]：

　　（1）染料 4,4′-二羧酸-2,2′-联吡啶配体的基态 pK_a 值较高，增强了配合物和 TiO₂ 表面的键合；

（2）染料所带的电荷量下降,减弱了染料和 TiO_2 表面的静电排斥,增大了染料的负载量;

（3）配体疏水单元的存在增强了染料抵抗由水导致从 TiO_2 表面脱附的不稳定性;

（4）这些配合物与 N3 染料相比,其氧化电位向负方向位移,增强了 Ru(Ⅲ/Ⅱ)电对的可逆程度,增强了染料的稳定性。

Grätzel 等[27]开发了离子配位敏化剂(ion coordinating sensitizer) K51。用 K51 作敏化剂的染料敏化 TiO_2 太阳电池中,当所用的溶剂为无挥发性离子液体时,加入 Li^+ 使电池的光电流密度大幅上升,而开路电压有小幅下降;而对没有离子配位基团的 Z907 染料敏化的太阳电池中,加入 Li^+ 会使电池的开路电压大幅下降。对于以有机空穴传输材料作电解质的固态染料敏化太阳电池,电池电压随着空穴导体中 Li^+ 浓度的增加而增加。

近年来,基于提高染料的抗水稳定性和采用较薄的半导体薄膜的要求,以 Grätzel、Arakawa、Yanagida 和王鹏等为代表的研究者合成了许多性能优良的多吡啶钌染料敏化剂。其中以 Z907 为代表的两亲型染料和以 C106 为代表的具有高吸光系数的染料敏化剂成为当前多吡啶钌类染料研究的热点。此外,如何通过染料分子结构的设计,来增大固态染料敏化太阳电池的光吸收效率并抑制暗电流也是本领域的一个研究热点。

2. 膦酸多吡啶钌染料

羧酸多吡啶钌染料虽然具有许多优点,但其在 pH>5 的水溶液中容易从纳米半导体的表面脱附[28]。而膦酸多吡啶钌的吸附基团是膦酸基,其最大特性是在较高的 pH 下,也不易从 TiO_2 表面脱附。单就与纳米半导体表面的结合能力而言,膦酸多吡啶钌是比羧酸多吡啶钌优越的染料敏化剂。但膦酸多吡啶钌的缺点也是显而易见的:由于膦酸基团的中心原子磷采用 sp^3 杂化,为非平面结构,不能和多吡啶平面很好的共轭,电子激发态寿命较短,不利于电子的注入。Péchy 等[29]开发出了一种膦酸多吡啶钌染料化合物 25,化合物 25 在乙醇中的紫外可见吸收光谱在 498 nm[$\varepsilon = 8500$ L/(mol·cm)]处有一强的 MLCT 吸收带,配位体内 π-π^* 吸收带位于 280 nm、320 nm 处。在室温 pH=10 的乙醇溶液中,其荧光发射性质为:$\lambda_{e'max} = 708$ nm,$\phi = 0.0044$,$\tau = 15$ ns。发射量子效率比化合物 11 小一个数量级。循环伏安测定配合物 4 在 0.86 V 处有一准可逆氧化还原峰。化合物 25 在 TiO_2 上的 Langmuir 吸附常数约为 8×10^6,大约是 N3 染料的 80 倍,一个膦酸基在纳晶 TiO_2 表面吸附的性能比有四个羧基的 N3 染料更为牢固[30]。其光电流工作谱显示,其能在大部分可见光谱范围内能将光能转换为电能。其 IPCE 在 510 nm 处达到了最大值 70%。Zabri 等[31]于 2003 年开发了一系列形如 cis-Ru$(L')_2$ X_2 (其中 L' 为 2,2'-联吡啶-4,4'-二膦酸或 2,2'-联吡啶-5,5'-二膦酸,X 为 CN^-、

NCS^-,结构如图 3.9 所示,化合物 **26 ～29**)的膦酸多吡啶钌染料,研究了它们的性能。结果发现,与 N3 染料结构类似的 $4,4'$-位置取代的 cis-$Ru(L')_2(NCS)_2$ 效果最佳,但总体效率比 N3 染料约低 30%。

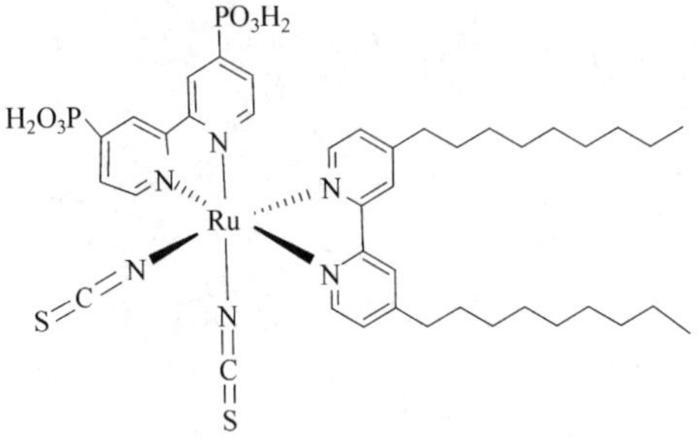

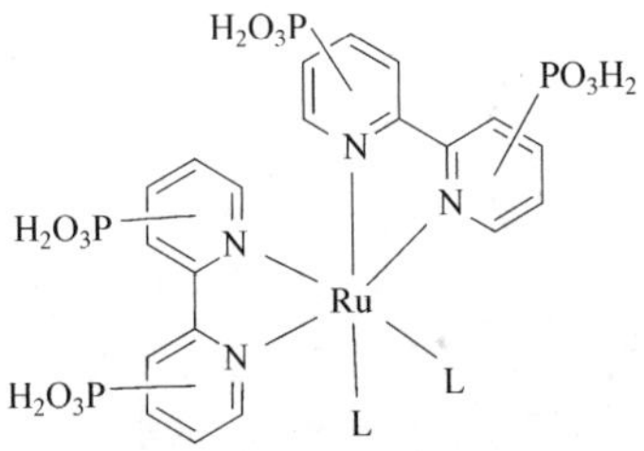

26.$Ru(4,4'-PO_3H_2)_2CN_2,L=CN$

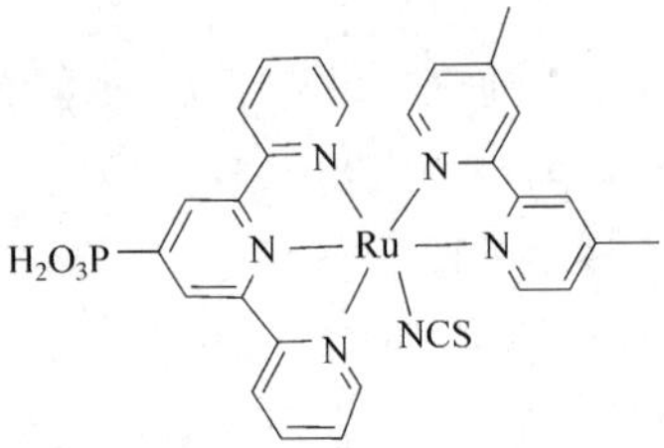

27.$Ru(5,5'-PO_3H_2)_2CN_2,L=CN$

28.$Ru(4,4'-PO_3H_2)_2SCN_2,L=SCN$

29.$Ru(5,5'-PO_3H_2)_2SCN_2,L=SCN$

图 3.9　膦酸多吡啶钌染料的结构示意图

2004 年 8 月,Grätzel 等[32]报道了 Z907 的类似物 Z955。在该染料中,作者把 Z907 中的吸附基团羧基换为 Z955 中的膦酸基,该基团能够更强地吸附在 TiO_2 表面,Z955 染料吸收光谱的 MLCT 吸收带的最大值在 519 nm 和 370 nm,脂肪取代基的联吡啶配体的 π-π^* 吸收带在 295 nm,其在 305 nm 处有一肩峰(shoulder peak)。发射光谱在中心为 780 nm 处有无结构 MLCT 发射带(structureless MLCT emission),其发射的量子效率为 $(1\pm0.05)\times10^{-3}$(以硫酸奎宁作参比)。以 Z955 作染料敏化剂,电解液组成分别为 A:0.6 mol/L 1-甲基-3-丙基咪唑碘(PMII)、30 mmol/L I_2、0.1 mol/L 硫氰酸胍(GuSCN)、0.5 mol/L 叔丁基吡啶(TBP)的乙腈/戊腈混合溶液(体积比为 3∶1);B:0.6 mol/L PMII,0.1 mol/L I_2、0.5 mol/L N-甲基苯并咪唑(NMBI)的甲氧基丙腈溶液;C:0.2 mol/L I_2、0.1 mol/L 硫氰酸胍、0.5 mol/L NMBI 的 PMII 和 1-甲基-3-乙基咪唑硫氰酸盐(EMINCS)混合溶液(体积比为 13∶7)的 DSC 的性能见表 3.3。

表 3.3　不同电解质溶液的 Z955 染料敏化太阳电池的光伏性能

器件	$J_{sc}/(mA/cm^2)$	V_{oc}/V	FF	$\eta/\%$
A	16.37	0.707	0.693	8.0
B	14.12	0.670	0.681	6.4
C	11.3	0.70	0.709	5.5

3. 多核联吡啶钌染料

多核联吡啶钌染料是通过桥键把不同种类联吡啶钌金属中心连接起来的含有多个金属原子的配合物。它的优点是可以通过选择不同的配体,逐渐改变染料的基态和激发态的性质,从而与太阳发射光谱更好地匹配,增强对太阳光的吸收效率。根据理论研究,这种多核配合物的一些配体可以把能量传递给其他配体,具有"能量天线"的作用。图 3.10 列出了几种多核联吡啶钌染料的结构示意图。Grätzel 等[33]研究认为,天线效应可以增加染料的吸收系数,可是在单核联吡啶钌染料光吸收效率和 IPCE 下降特别快的长波区域,天线效应并不能有效增加染料的光吸收效率。而且此类染料体积较大,比单核染料更难进入纳米 TiO_2 的孔洞中,从而限制了吸光效率。尽管染料在溶液中的吸收系数增大了,染料在 TiO_2 表面的浓度下降,并未增强染料在 TiO_2 上的光吸收。另外,与单核染料相比,此类染料的合成要复杂很多,使得这类染料很少在现有的 DSC 中应用。

30. X=H　31. X=COOH
32. X=Me　33. X=Ph

34. X=H
35. X=$C_6H_4SO_3^-$

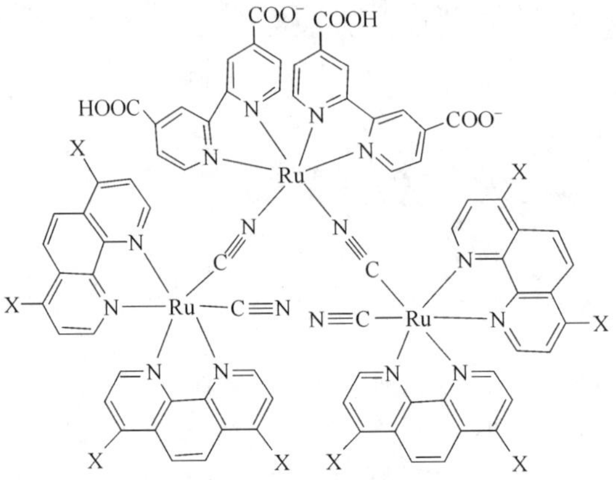

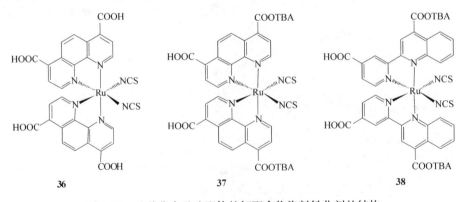

图 3.10　几种多核联吡啶钌染料的结构示意图

4. 其他钌配合物染料敏化剂

除了钌的联吡啶配合物染料，人们还广泛研究了邻菲罗啉[34-36]、吡啶基喹啉[37]、二苯并咪唑基吡啶[38]等含氮芳杂环配体的钌配合物染料。Arakawa 等合成并研究了钌的吡啶基喹啉、邻菲罗啉类配合物敏化太阳电池的光伏性能。图 3.11和表 3.4 分别为几种非多吡啶配体的钌配合物类染料敏化剂和电池的光电转换效率。他们研究了羧基取代位置、羧基取代基的数目以及羧基质子化程度等因素对钌邻菲罗啉配合物光伏性能的影响。结果发现当每个邻菲罗啉母体上有两个羧基取代基，且四个羧基取代基中有两个脱质子化形成 TBA 盐时形成的配合物的光伏性能最佳。该配合物在 AM 1.5，100 mW/cm^2 的太阳辐射下，电池的光电转换效率最高达到 6.6%。

36　37　38

图 3.11　几种非多吡啶配体的钌配合物染料敏化剂的结构

表 3.4　几种非多吡啶配体的钌配合物染料敏化太阳电池的光伏性能

染料	J_{sc}/(mA/cm²)	V_{oc}/V	FF	η/%
36	13.6	0.67	0.67	6.1
37	12.5	0.74	0.71	6.6
38	13.2	0.53	0.71	5.0

3.2.1.2　多吡啶锇配合物染料

除了多吡啶钌配合物外,锇的多吡啶配合物也常被用作替代多吡啶钌的高效敏化剂。图 3.12 为几种多吡啶锇配合物染料的结构示意图,表 3.5 列出了几种染料的光谱性能和敏化太阳电池的光伏性能[39,40]。

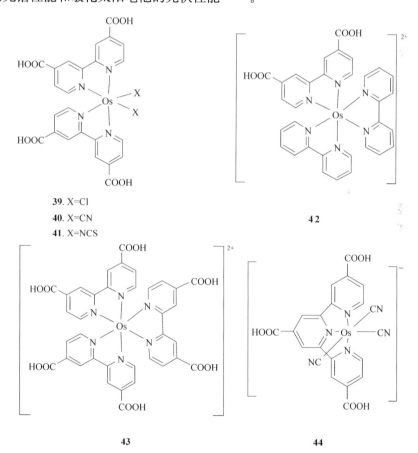

39. X=Cl
40. X=CN
41. X=NCS

42

43

44

图 3.12　几种多吡啶锇配合物染料的结构示意图

表 3.5　几种多吡啶锇染料的光谱性能和敏化太阳电池的光伏性能

化合物	吸光度,λ_{max}/nm(ε_{max}/[10^4 L/(mol·cm)])	J_{sc}/(mA/cm^2)	V_{oc}/V	FF
39	640(0.4),494(1.48),448(1.68)	7.7	0.540	0.66
40	680(0.368),508(1.44),382(1.40)	11.6	0.569	0.62
41	780(0.5),530(1.51),412(1.43)	2.1	0.360	0.55
43	640(0.6),496(2.02),442(1.01)	10.0	0.514	0.69
44	811(0.15),607(1.65),531(1.88),467(2.14),394(2.53)	18.8		

有趣的是多吡啶锇配合物[Os(H_3tcbpy)(CN)$_3$]$^-$在 811 nm 处有自旋禁止的单线态-三线态电荷转移激发(spin-forbidden singlet-triplet MLCT excitation),由于在重金属中的自旋轨道耦合较强(重原子效应,heavy-atom effect),该激发过程中混合了一定的单线态特征吸收,与类似结构的钌配合物相比,其在低能量长波长方向上的 IPCE 值要高。该染料在约 510 nm 处 IPCE 达到最大值 50%。

3.2.1.3　金属卟啉和金属酞菁

卟啉是由 4 个吡咯环通过亚甲基相连形成的具有 18 电子体系的共轭大环化合物,如图 3.13 所示。其分子配位性能突出,周期表上几乎所有的金属原子都能和中心的氮原子配位形成金属卟啉配合物。在卟啉环周围,有两类取代位置,分别为间位(*meso*)和 β 位,可以通过化学方法引入不同的取代基。卟啉化合物具有良好的光、热和化学稳定性,在可见光区有很强的特征电子吸收光谱。近年来,利用卟啉及其金属配合物独特的电子结构和光电性能,设计合成光电功能材料和器件已成为国际上十分活跃的研究领域[41]。

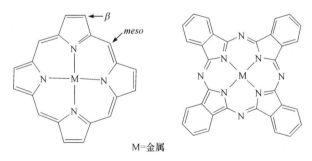

M=金属

图 3.13　金属卟啉和金属酞菁的母体结构

在获取能量方面,大自然选择了金属卟啉配合物。在自然界的光合作用中,金属卟啉衍生物叶绿素是光能-化学能转换的反应中心。能够将太阳能转化成化学能,关键是叶绿素分子受光激发产生的电荷分离态寿命长,这是电荷有效输出的重要前提。实验表明，在太阳电池，特别是在固态太阳电池中，不论电子注入 TiO_2 的效率还是速率，金属卟啉的表现都不逊于多吡啶钌类化合物[42,43]。导带电子和卟啉激发态的复合过程需要几微秒，这段时间足够电解质中的电子回传到金属卟啉的基态上，完成染料的还原[44]。这些研究结果表明，金属卟啉有望成为良好的太阳电池光敏染料。

图 3.14 为几种金属卟啉的结构，其敏化太阳电池的光伏数据归纳在表 3.6 中。目前，研究最多的间位-四(对羧基苯基)卟啉(TCPP)的锌配合物(**45**)，分子激发态寿命较长(>1 ns)，HOMO 和 LUMO 能级高低合适，是较为理想的 DSC 染料候选化合物。Grätzel 和 Fox 等都报道了化合物 **45** 敏化纳米 TiO_2 太阳电池在 B 带处的 IPCE 为 42%[45]，但没有报道 η 值；Boschloo 和 Goossens 报道了它的光电转化效率 η 为 1.1%(B 带处 IPCE 为 40%)[46]。间位四对苯磺酸基卟啉锌(**46**)染料敏化太阳电池的 IPCE 高达 99.4%，大幅超过多吡啶钌类的 DSC 的 IPCE 值[47]。

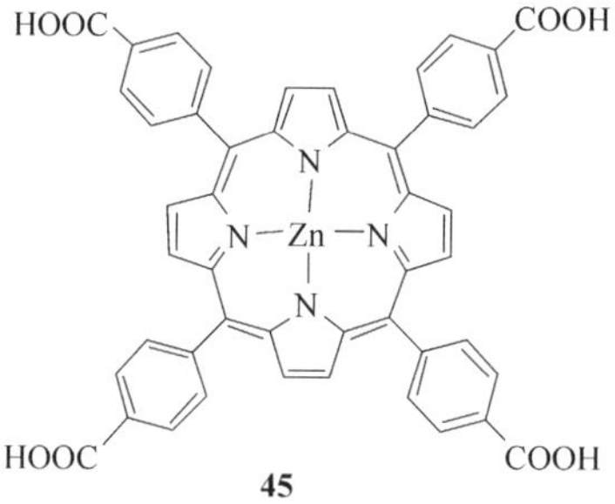

45

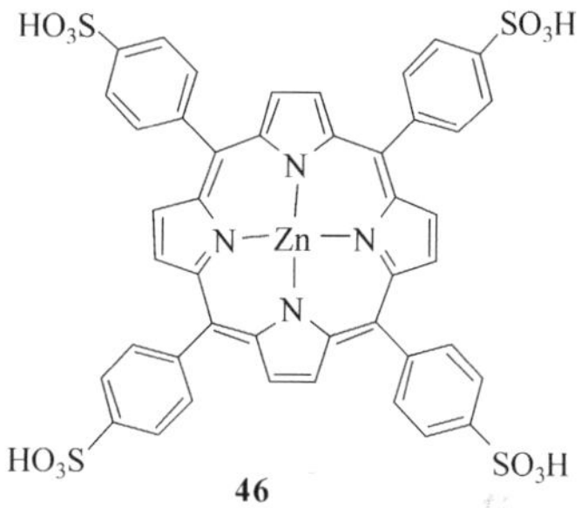

46

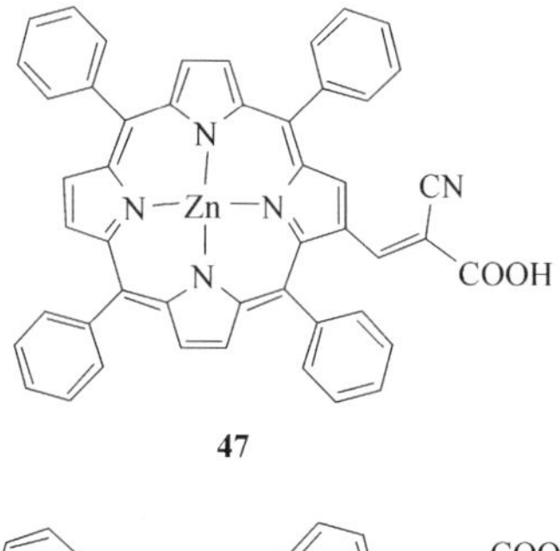

47

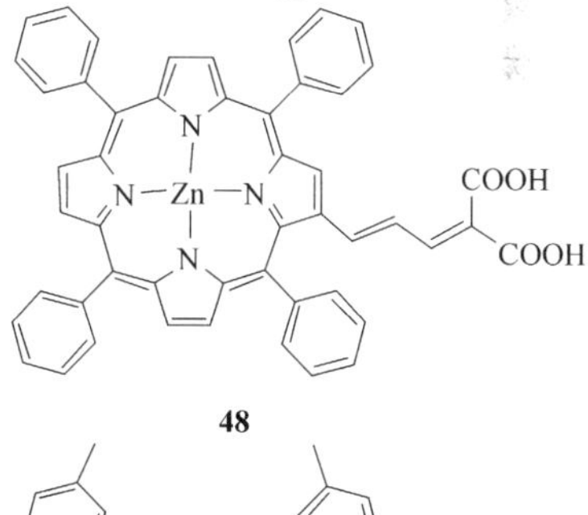

48

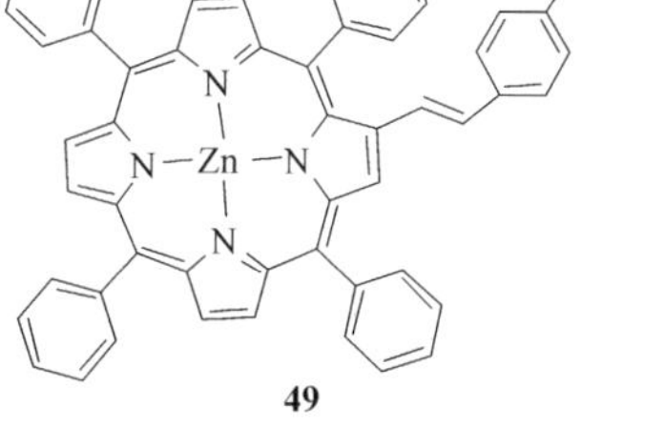

49

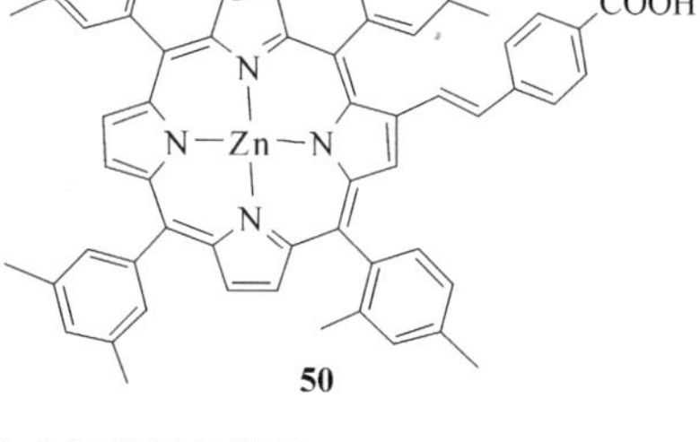

50

图 3.14　几种锌卟啉敏化剂的结构

表 3.6　基于几种卟啉敏化 TiO_2 电极的太阳电池的光伏性能

染料	J_{sc}/(mA/cm^2)	V_{oc}/V	FF	η/%
47	13.0	0.61	0.70	5.6
47*	5.1	0.730	0.66	2.5
48*	5.9	0.790	0.651	3.0
49	8.86	0.654	0.71	4.11
50	9.70	0.660	0.75	4.80

* 用基于 OMeTAD 的固体电解质。

卟啉类染料在液体电解质 DSC 中的表现也接近多吡啶钌类染料。化合物 **48** 的液态 DSC 在 B 带的 IPCE 是 90%，比多吡啶钌(85%)还要高。化合物 **47** 的 IPCE(B 带)= 85%，η= 5.6%，是目前光电转化效率比较高的卟啉类光电池[48]。此外，卟啉的光、热和化学性质稳定，摩尔消光系数比多吡啶钌类化合物高。因此，在 DSC 中利用卟啉作为光敏剂，一直有着巨大的潜力。

最近台湾刁伟光、叶振宇等与 Grätzel 研究组合作，采用化合物**51**和化合物**52**共敏化(结构如图 3.15 所示)，在 2.4 μm 的 TiO_2 上获得了 6.9%的效率，采用 11 μm的多孔膜，化合物**51**在优化条件下获得了 11%的光电转换效率。采用化合物**53**和有机染料**54**共敏化，采用新型钴电解质，获得了 12.3%的光电转换效率。

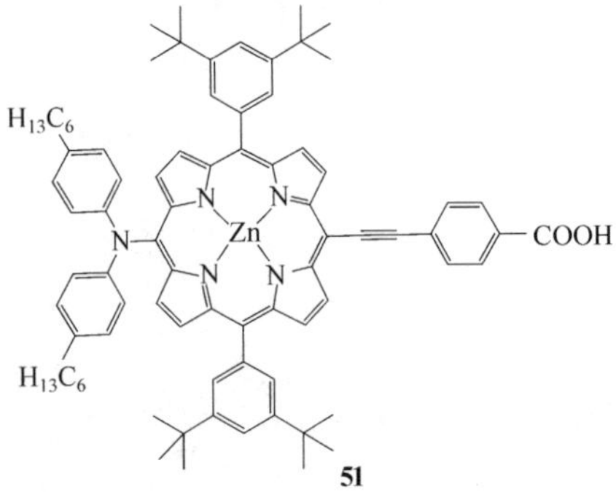

51

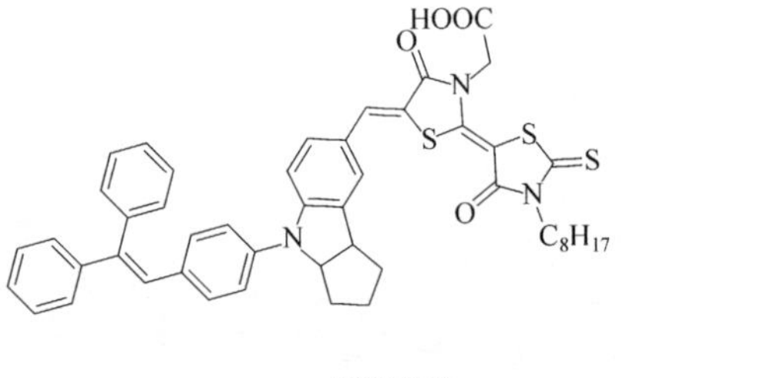

52(D205)

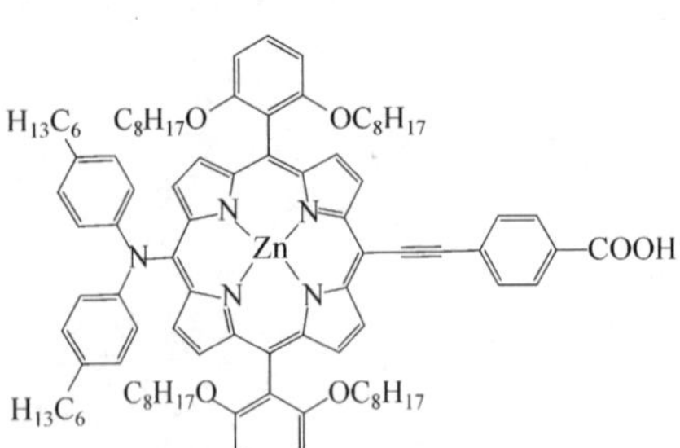

53

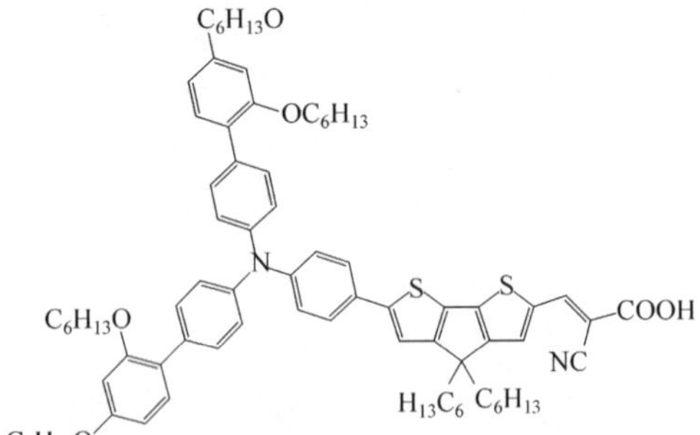

54

图 3.15　高效锌卟啉及其共敏化有机染料结构

酞菁化合物是一类性能优异的染料,它不仅具有良好的光、热稳定性,而且在近红外区有强吸收。酞菁类化合物有两个吸收带:一个在 550 nm 附近,中等吸收强度,摩尔消光系数约为 10^4 L/(mol·cm),称为 Q 带;另一个在 370 nm 附近,摩尔消光系数约为 10^5 L/(mol·cm),称为 B 带,也称为 Soret 带。酞菁与金属原子结合可生成各种金属配合物,在金属酞菁分子中只有 16 个 p 电子,由于分子的共轭作用,与金属原子相连的共价键和配位键在本质上是等同的。这种结构赋予了它非常特殊的稳定性,能够耐酸、碱、水浸、热、光、各种有机溶剂等的侵蚀,且对太阳光具有很高的吸收效率。将酞菁化合物作为光活性物质吸附在纳晶 TiO_2 电极上拓宽光谱响应,可以提高其采光效率和光电转换效率[49,50]。人们合成带有羧基、磺酸基等取代基团的化合物作为光敏剂,通过静电相互作用与 TiO_2 表面的 Ti^{4+} 相互吸引,有利于激发态染料向半导体 TiO_2 的导带注入电子。Grätzel 研究组[51]利用化合物 **55**(结构如图 3.16 所示),通过其轴向吡啶-3,4'-二羧酸配体吸附在纳晶 TiO_2 表面,成为太阳电池的高效近红外敏化剂。该研究组用酞菁染料 **56** 作敏化剂,采用液体电解质,在 AM 1.5 标准太阳光照射下,获得了 IPCE 最大值为 75%,效率为 3.0% 的电池,是目前金属酞菁染料的最好电池结果之一。

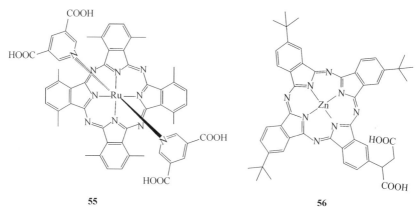

55　　　　　　　　　　　　　　　**56**

图 3.16　两种金属酞菁染料的分子结构

3.2.1.4　其他配合物类敏化剂

除了钌的配合物染料外,近年来人们还尝试了其他金属的配合物作为 DSC 的染料敏化剂。这些金属主要有 Fe(Ⅱ)[52-54]、Pt(Ⅱ)[55,56]、Re(Ⅰ)[57]、Cu(0)[58,59] 等。配体包含联吡啶、邻菲罗啉和喹喔啉二硫化物等。铁联吡啶配合物染料的开发主要是由于贵金属钌的价格较高,来源困难。铂配合物染料的开发,主要是基于铂配合物的平面结构,试图改善电子的注入效率。目前这类工作还很不成熟,以这些染料作敏化剂的电池效率都非常低,在 4% 以下。

3.2.1.5　无机量子点敏化剂

由于有些有机化合物作敏化剂常存在稳定性较差等问题,选择适当的高光吸收率的无机量子点材料,则可解决这一问题。这类材料由窄禁带无机半导体纳米颗粒组成,量子效应使得可以通过调整量子点染料的颗粒尺寸而改变该类染料的敏化谱线。在从事这方面研究时,以往首选的材料是传统的半导体材料 CdS、PbS (禁带宽度分别为 2.42 eV、1.7 eV)等。但是,由于此类材料有毒、与环境不兼容,所以并不是很好的敏化材料。近年来,有研究用 FeS$_2$、RuS$_2$(禁带宽度分别为 0.95 eV、1.8 ~ 1.3 eV)等作敏化剂,这些材料安全无毒、稳定,在自然界储量丰富,光吸收系数高。但到目前为止,用这类敏化剂所得电池的效率均远低于多吡啶钌染料敏化剂的相应参数。用无机量子点材料作敏化剂,制备工艺对材料微观形貌及对电池光电特性的影响十分明显。任何一个工艺参数的改变,都可能影响敏化剂的吸附量、粒径、致密度等修饰状态,目前有关这方面的系统报道还很少。总的来说,对无机量子点修饰 DSC 的现有报道不多,需要研究者的进一步关注与投入。

3.2.2　多吡啶染料合成及性质

3.2.2.1　多吡啶钌配合物 N3、N719 的合成

根据文献[12]和[13]的方法,染料 N3 和 N719 的合成,由水合三氯化钌(RuCl$_3$ · 3H$_2$O)和2,2′-联吡啶-4,4′-二羧酸配体(2,2′-bipyridine-4,4′-dicarboxylate acid)和硫氰酸钾(KNCS)配体合成。染料的合成过程如图 3.17 所示。

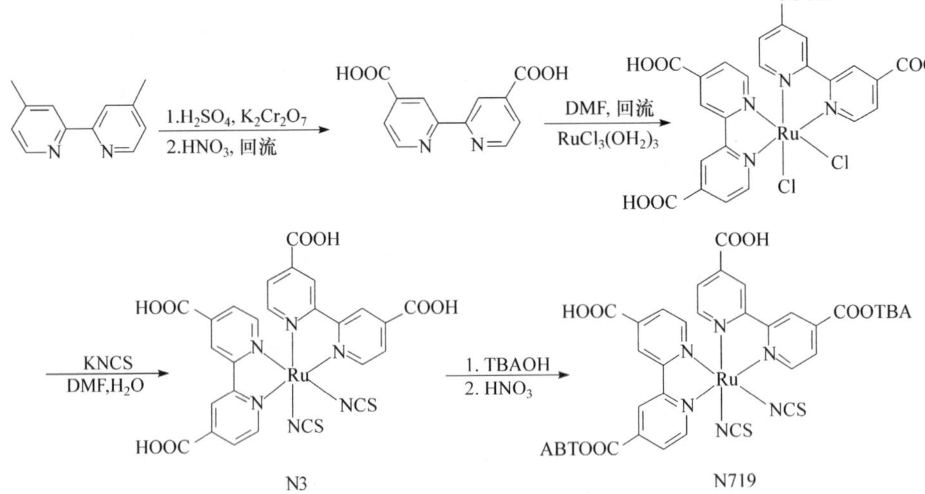

图 3.17　N3、N719 染料的合成过程示意图

3.2.2.2　两亲型多吡啶钌的合成

不同于 N3、N719 染料以水合三氯化钌作为前驱体，通过水合三氯化钌和 2,2′-联吡啶-4,4′-二羧酸等配体直接反应得到最终产物。它们的合成一般要通过其他钌前驱体来进行。这些钌前驱体常用的有以下三类：$[Ru(CO)_2Cl_2]_2$、$RuCl_2(DMSO)_4$ 和 $[Ru(p\text{-cymene})Cl_2]_2$。

Meyer 研究组[60-62] 报道了采用 $[Ru(CO)_2Cl_2]_n$ 作为前驱体来合成形如 $[RuL_1L_2L_3]^{2+}$（L_1、L_2、L_3 分别为不同的联吡啶配体或邻菲罗啉配体），这种反应前驱体可以通过 $RuCl_3\cdot 3H_2O$ 和甲酸(formic acid)在过量多聚甲醛(paraformaldehyde)存在的情况下反应得到。$[Ru(CO)_2Cl_2]_n$ 以黄色粉末的形式被分离出来。涉及的反应如下

$$RuCl_3\cdot 3H_2O \xrightarrow[\triangle]{HCO_2H,(H_2CO)_n} [Ru(CO)_2Cl_2]_n$$

这种方法在使用中对联吡啶配体有一些限制。例如，由于需要用过量的三氟甲磺酸取代氯，这种物质不适用于那些对酸敏感的配体；由于用于消除羰基的三甲基胺氮氧化物反应活性很高，对于易氧化的配体不适用，如拟卤素(SCN^-、CN^-)等配体；另外这种方法的最大缺陷在于它只适用于二齿配体，对于三齿配体如三联吡啶却不适用。这种方法合成联吡啶钌配合物需要多步反应，而且产率极低[23]。

1988 年，Alessio 等[63] 报道了采用 $Ru(DMSO)_4X_2$（X 为 Cl^-、Br^-)为钌前驱体来合成混配钌配合物。这种方法缩短了反应时间，还可以采用低沸点溶剂。但这类原料在氯仿溶剂中容易脱去一个二甲基亚砜配体形成五配位的配合物，并随之发生卤离子的离解。这些反应的发生会导致 $Ru(DMSO)_4X_2$（X 为 Cl^-、Br^-)原料在反应过程中不稳定，易生成多种异构体。Zakeeruddin 等[64] 研究发现，这类合成前驱体对溶剂的要求很严格，在质子性溶剂（乙醇、甲醇）或高沸点溶剂（DMF、DMSO）中，易产生 RuL_2Cl_2 和 $RuL(DMSO)_2Cl_2$（其中 L 为双齿联吡啶类配体）的混合物。而在低沸点溶剂如二氯甲烷中反应，产率很低（小于 40%）。其合成过程如图 3.18 所示。

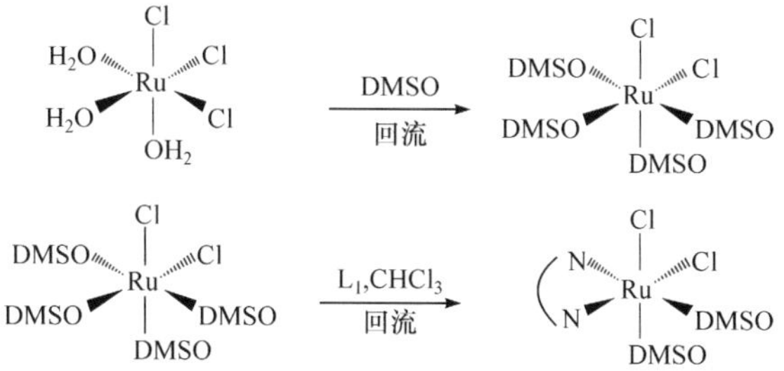

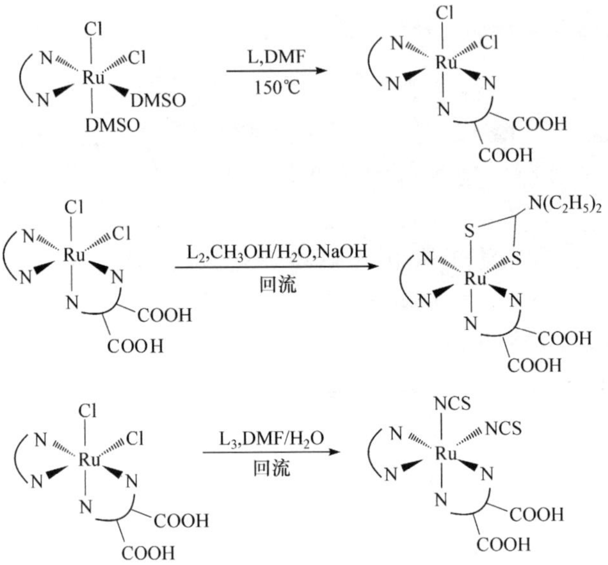

图 3.18　采用 Ru(DMSO)₄X₂ 作前驱体合成混配多吡啶钌的策略
L₁＝二甲基联吡啶，L＝联吡啶二羧酸，L₂＝二乙基二硫代氨基甲酸盐，L₃＝硫氰酸钾

　　2003 年，Wang 等[15]报道了一种新的混配多吡啶钌合成方法。该方法以二氯对甲基异丙苯合钌(Ⅱ)二聚体([RuCl₂(p-cymene)]₂)为前驱体，采用三步分步反应或所谓"一锅反应"的方法(图 3.19)，来合成混配多吡啶钌染料敏化剂，获得了良好的效果。

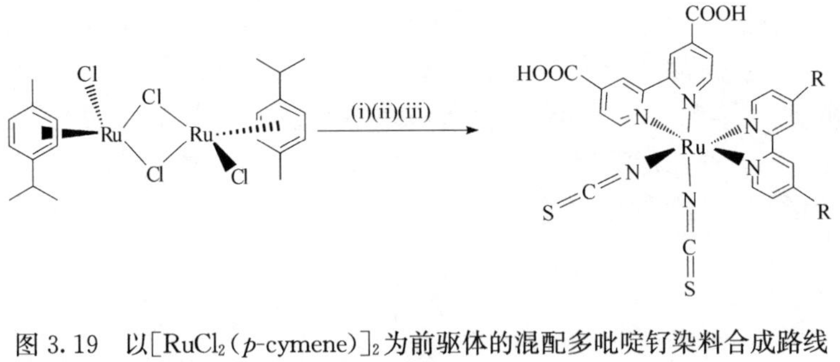

图 3.19　以[RuCl₂(p-cymene)]₂ 为前驱体的混配多吡啶钌染料合成路线
1. DMF,L₁,60～100℃,N₂,4h;2. L₂,回流,N₂,4h;3. NH₄NCS,回流,N₂,4h

3.2.3　羧酸多吡啶钌染料的性质

　　由于 N3 和 N719 染料是目前 DSC 中应用最为广泛的染料，成为目前染料敏化太阳电池的标准染料。下面以这两个染料为例详细介绍染料的性能。

3.2.3.1 染料的紫外可见光谱[65]

Ru^{2+} 为 d^6 体系,多吡啶配体通常为拥有定域在 N 原子上的 σ 给体轨道和或多或少离域在芳香环上的 π 给体、π* 受体轨道的分子。钌染料的分子跃迁过程如图 3.20 所示。从多吡啶钌配合物分子的 π$_M$ 激发一个电子到配体的 π$_L^*$ 配体轨道将产生金属-配体电荷转移(metal-ligand charge transfer,MLCT)激发态,而从 π$_M$ 激发一个电子到 σ$_M^*$ 将产生一个金属中心(metal-centered,MC)激发态,同理从配体 π$_L$ 激发一个电子到 π$_L^*$ 将产生配体中心(ligand-centered,LC)激发态。对多数 Ru(Ⅱ)多吡啶配合物,最低能量激发态是具有相当慢的非辐射跃迁和长寿命强发光特性的 MLCT 激发态。

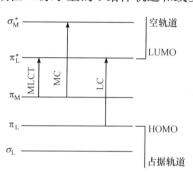

图 3.20 八面体构型多吡啶钌配合物的简化分子轨道示意图

图 3.21 是染料 N3 和 N719 在乙醇溶液中的紫外-可见吸收光谱。N3 染料在可见光谱区 538 nm 和 398 nm 处有两个强 MLCT 吸收带,紫外区吸收带在 314 nm。538 nm 和 398 nm 处的 MLCT 吸收带的形成是电子从金属的 t$_{2g}$ 轨道跃迁到 2,2′-联吡啶-4,4′-二羧酸配体 π* 轨道的结果,314 nm 处吸收带的形成是由于配体间电子跃迁(π-π*)的结果。N719 染料在可见光区的两个强的 MLCT 吸收谱带分别位于 532 nm 和 393 nm,紫外区间的配体内部 π-π* 跃迁吸收带位于 312 nm。

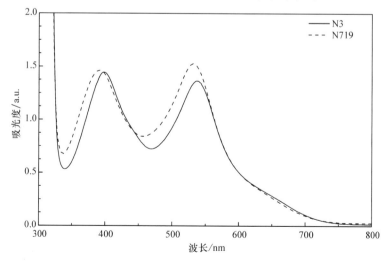

图 3.21 N3 和 N719 染料的紫外-可见吸收光谱

染料在不同溶剂中的吸收光谱是不同的。相对非质子溶剂(如二甲亚砜即DMSO)而言,染料 N3 和 N719 在质子溶剂(如 H_2O)中的吸收光谱明显发生蓝移。这是因为溶液中 H^+ 与 N^-/S^- 中的孤对电子相结合,削弱了从 NCS^- 配体到金属钌中心上的电子跃迁,造成吸收光谱的蓝移。另外,在质子溶剂中,联吡啶配体上羧基的去质子化也使得吸收光谱发生蓝移。表 3.7 是 N3 染料在不同溶剂中的吸收峰数据,其中 H_2O 是指 pH 为 10 的 NaOH 水溶液。

表 3.7　N3 在不同溶剂中的紫外-可见吸收光谱

溶剂	MLCT/nm		$\pi-\pi^*$/nm
H_2O	500	372	308
C_2H_5OH	538	398	314
DMSO	542	400	318

3.2.3.2　染料的核磁共振谱

图 3.22 是染料 N3 和 N719 在 0.1 mol/L $NaOD/D_2O$ 中的 ^1H-NMR 谱图。其中 N3 和 N719 的 ^1H-NMR 谱在芳香区有 6 个共振峰,对应于两个不同的吡啶环上的质子。

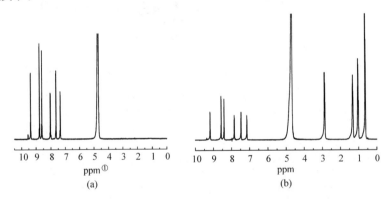

图 3.22　染料 N3(a)和 N719(b)在 0.1mol/L $NaOD/D_2O$
中的 ^1H-NMR 谱图

由于 NCS^- 是两可离子,NCS^- 与过渡金属配位时有多种配位形式,它既能以 N-与过渡金属配位,又能以 S-与过渡金属配位,配位的模式取决于硫氰根离子周围的配体和过渡金属本身的特性[66]。人们常利用 ^{13}C-NMR 谱来判断该配合物的 NCS^- 两可离子的配位方式。S-配位的 NCS^- 配体对其中碳原子的屏蔽作用大于 N-配位的异构体。含有 NCS^- 配体的顺式构型多吡啶钌配合物的 NCS^- 质子去耦

---

① 　ppm 量级为 10^{-6}。

碳谱峰位于 129 ～ 135 ppm。NCS⁻配体与过渡金属配位时,S 与过渡金属配位屏蔽 C 的程度比 N 要大得多,NCS⁻配体以 S⁻与 Ru 配位时,^{13}C-NMR 谱共振峰应在 120 ～ 125 ppm。

图 3.23 是染料 N3 染料在 0.1mol/L NaOD/D$_2$O 中的质子去耦^{13}C-NMR 谱图,N3 的质子去耦^{13}C-NMR 谱共有 13 个共振峰,在 132.84 ppm 处有一个单峰,其他 12 个共振峰分成 6 组。在 172.59 ppm 和 172.24 ppm 处的两个峰为 2,2′-联吡啶-4,4′-二羧酸配体的两个羧基(—COOH)上碳的化学位移,159.68 ppm、158.59 ppm,154.1 ppm、153.16 ppm,145.41 ppm、144.77 ppm,126.44 ppm、125.43 ppm,122.96 ppm、122.74 ppm 这 5 组共振峰分别对应于两个不同的吡啶环上 C 的化学位

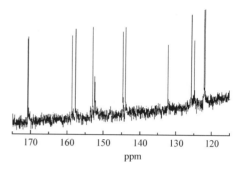

图 3.23　染料 *cis*-RuL$_2$(NCS)$_2$
在 0.1mol/L NaOD/D$_2$O 中的 ^{13}C-NMR 谱图

移,在 132.84 ppm 处的单峰是 NCS⁻配体以 N-与 Ru 配位时 C 的共振峰。

3.2.3.3　染料的红外光谱

通过染料的红外光谱可以判断 NCS⁻配体与过渡金属的配位模式。NCS⁻配体有两个特征模式,ν(NC)和 ν(CS)经常被用来判断它的配位模式。图 3.24 和图 3.25 是染料在不同区间的红外光谱。NCS⁻若以 N-与过渡金属 Ru 配位,则在 770 cm⁻¹附近应有 ν(C═S)较强的振动峰;若是 S-与 Ru 配位,应在 700 cm⁻¹处出现 ν(C═S)的弱的振动峰。如图 3.25 所示,染料在 770 cm⁻¹附近有较强的振动峰,所以 NCS⁻是以 N-与 Ru 配位的。另外,从图 3.24 可看出 RuL$_2$(NCS)$_2$染料在(2101±2)cm⁻¹处有一强的吸收峰,它是 ν(NC)的振动峰。这个吸收峰看起来好像是一强而宽的单峰,但从高分辨率的 IR 谱可看出,它在(2101±1)cm⁻¹有尖锐单峰,对应于染料 NCS⁻配位体的特征峰。

3.2.4　染料分子结构对染料性能的影响

以联吡啶钌敏化剂和纳米 TiO$_2$复合薄膜为基础的染料敏化太阳电池,将光敏染料和纳米结构半导体进行有机结合,通过染料分子的吸附功能基团与纳米 TiO$_2$相互作用,使染料分子与 TiO$_2$表面之间建立电性耦合,有效促进了电荷转移。因此可以充分发挥配体分子设计合成的灵活性,优化染料的分子结构,提高敏化剂在可见光谱内的吸收系数,从而增加对可见光的吸收率。而且可以通过设计合成强吸附取代基团,增强染料敏化剂和 TiO$_2$薄膜表面的相互作用,使电子注入的量子

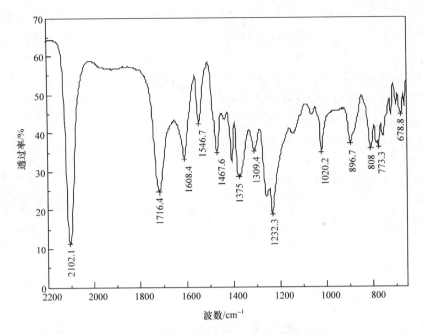

图 3.24　染料 N719 的红外光谱（KBr 片）

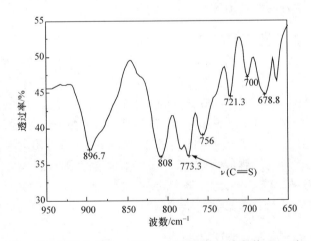

图 3.25　染料在 950 ～ 650 cm⁻¹ 区间的红外光谱（KBr 片）

产率得到提高。本节在分析不同的配体、不同的吸附功能基团、取代基效应和空间位阻效应对敏化剂光物理、光化学及光电化学性质的影响的基础上，系统地研究染料结构对染料性能的影响。

3.2.4.1 染料吸附功能基团对光电性能的影响

配体上取代基给电子和吸电子能力的不同,对染料吸收光谱的影响是不同的。吸电子基团会增加 $d\pi$-π^* 轨道混合程度,降低 π^* 能量,使光谱红移。给电子基团可以通过稳定 MLCT 态 Ru^{III} 上的"空穴"使吸收光谱红移,又可以升高 π^* 的能量使吸收光谱蓝移,但是由于距离的关系稳定作用小于蓝移作用,因此给电子基团取代的综合作用是使吸收光谱发生蓝移。

由于取代基给受电子的改变必然伴随着敏化剂其他性质的改变,因此单纯考虑配体上取代基受电子能力的改变对光电性质的影响是不够的。例如,同是吸电子取代基,硝基的吸电子能力比羧基更强,而硝基取代的敏化剂其光电性质不如羧基取代的敏化剂。

染料敏化剂与 TiO_2 薄膜表面相互作用的强弱对其光电性能有很大影响。研究表明:敏化剂与 TiO_2 薄膜表面生成酯键或氢键都能产生稳定的表面结构[67]。表 3.8 是不同吸附基团的联吡啶钌敏化剂吸附在 TiO_2 薄膜电极上所测得的短路电流密度(J_{sc})和开路电压(V_{oc})。从表中可以看出,联吡啶钌敏化剂分别在 4,4′位上取代羧酸酯($CO_2C_2H_5$)、膦酸酯[$PO(OC_2H_5)_2$]、羟甲基(CH_2OH)、膦酸基(PO_3H_2)和羧酸基($COOH$)等不同吸附基团时对光电性能的影响。

表 3.8　染料吸附基团对光电性能的影响

吸附基团	$CO_2C_2H_5$	$PO(OC_2H_5)_2$	CH_2OH	PO_3H_2	$COOH$
$J_{sc}/(mA/cm^2)$	1.8	1.6	10	6.4	18.4
V_{oc}/V	0.38	0.41	0.51	0.42	0.57

由于酯基只能与 TiO_2 薄膜表面的羟基生成氢键,作用力很小,因此,分别带有羧酸酯和膦酸酯取代基的敏化剂光电性能不理想。羟甲基虽然也能与 TiO_2 薄膜生成氢键,但由于羟基基团较小,而且羟基不是直接连在吡啶环上而是连在一个亚甲基上,因此它比较容易适应 Ti^{4+} 之间不同的距离和角度,从而增强与 TiO_2 薄膜表面的相互作用。

4,4′-上为羧酸取代基的敏化剂与纳晶多孔 TiO_2 薄膜电极表面有很强的相互作用。Kay 采用分子模型以及通过计算机计算出来的结构,模拟出这种敏化剂在 TiO_2 晶面上的吸附情况[68]。实验表明,这种敏化剂配体上的四个羧基中,可以有三个同时与 TiO_2 表面发生相互作用,增强了敏化剂与 TiO_2 导带之间的电子耦合,大大地加快了电子注入效率,电子注入量子产率接近于 100%,使用该敏化剂敏化的纳晶多孔 TiO_2 薄膜电极具有很好的光电性能。

综上所述,决定敏化剂光电性质的主要是与 TiO_2 薄膜相互作用的强弱。带有酯基、硝基取代基的敏化剂由于与 TiO_2 薄膜表面的相互作用很弱,光电性能很差;

带有能够与纳晶 TiO_2 多孔薄膜表面有强相互作用的吸附基团的敏化剂（如羧基、羟基、膦酸基等）就有较好的敏化效果，其中以羧基为吸附基团的敏化剂的光电性能最好。

3.2.4.2　羧基不同的取代位置对光电性能的影响

相同取代基在配体上取代位置的不同对联吡啶钌染料的吸收光谱有很大的影响。图 3.26 是羧基分别在不同取代位置时联吡啶钌染料的结构式，其中羧基取代在 4,4′-的化合物即为著名的 N3 染料。

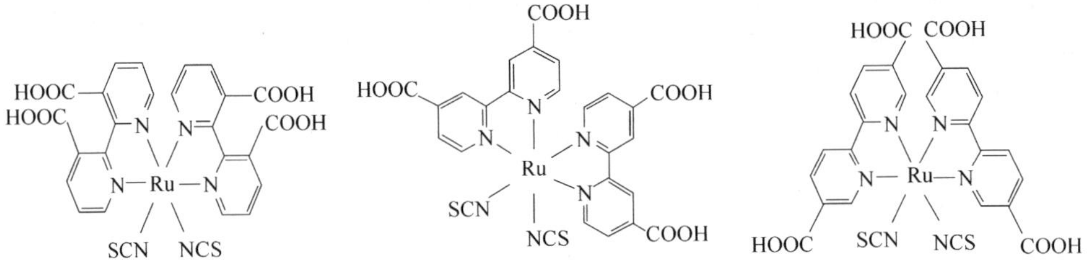

图 3.26　羧基在不同取代位置(a)～(c)时联吡啶钌染料的结构式
(a) 羧基取代在 3,3′-(**57**)；(b) 羧基取代在 4,4′-(**2**)；(c) 羧基取代在 5,5′-(**58**)

当羧基的取代位置从 3,3′-变到 5,5′-时，MLCT 带发生红移，λ_{max} 从 3,3′-取代化合物的 509 nm 红移到 4,4′-取代化合物和 5,5′-取代化合物的 535 nm 和 580 nm。这种光谱移动是由取代基空间位阻的变化造成的。基态分子通常是以最低位能的立体形式存在，基态通过扭转、键的弯曲拉长来有效地克服位阻，较多的是以扭转为主，因为它所需的能量比键的弯曲小。在共轭体系中一般可以发生单键或双键的扭转，它对光谱的影响因激发态和基态键级的改变而异，当激发态键级的改变大于基态键级的改变时，相应的吸收波长蓝移；当激发态键级的改变小于基态键级的改变时，吸收波长红移。在共轭体系中，单键在激发态比基态具有更多双键的性质，所以扭转单键使激发态能量提高较多，增加跃迁使光谱发生蓝移。由于羧基基团比较大，当 2,2′-联吡啶的 3,3′-被取代时，空间位阻相当大，必须通过单键扭转来解除位阻的张力，因此造成光谱蓝移，随着取代位置从 3,3′-、4,4′-到 5,5′-位阻越来越小，光谱的红移程度越来越大。

配体上取代基位置不同的染料敏化剂在光电性质上有着显著的差异。图 3.27 是染料敏化剂 **57**、**2**、**58** 分别在纳晶多孔 TiO_2 薄膜电极上的 IPCE。由图 3.27 可知，羧基的取代位置在 4,4′-时染料的光电性能最好，化合物 **57** 和 **58** 的 IPCE 最大值分别只有化合物 **2** 的 1/3 和 1/2。下面将分析造成不同取代位置化合物 **57**、**2**、**58** 的 IPCE 上有显著差别的原因。

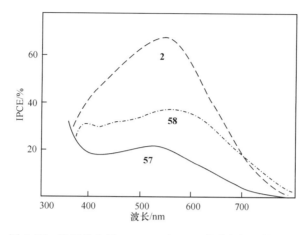

图 3.27　染料敏化剂 **57**、**2**、**58** 在 TiO₂ 薄膜电极上的 IPCE

由于随着取代位置从 $3,3'$-、$4,4'$-到 $5,5'$-位阻越来越小,光谱逐渐红移。因此光吸收效率对 IPCE 的影响应使 $5,5'$-取代的染料光电性能最好,这与实验结果刚好相反。所以羧基取代位置影响敏化剂光电性能的主要原因不是光吸收效率。

注入 TiO₂ 导带中的电子有可能与膜内的杂质复合或以其他方式消耗,TCO膜并不能全部接受到电子,因而它也影响着电池的光电转换效率。由于纳晶 TiO₂ 多孔薄膜电极能够通过厚的多孔的胶体半导体层有效收集电子,因此在纳米结构薄膜内的电阻损耗与吸附的染料表面无关。影响外电路收集电子效率的因素包括注入的电子与被氧化的染料 Ru(Ⅲ) 或电解液中电子受体之间的复合。由于 $4,4'$-取代染料的光电流密度最大,被氧化的受体 Ru(Ⅲ) 的表面浓度最高,易于与注入的电子复合,所以电子注入效率对 IPCE 的影响结果应该不利于 $4,4'$-取代染料的光电性能。另外,$3,3'$-、$4,4'$-和 $5,5'$-取代的染料具有几乎相等的氧化还原电势,因此染料氧化态被导带电子还原的驱动力相同。据此可以认为电子注入效率不是造成 IPCE 差别的主要原因。

羧基取代位置在 $3,3'$-的染料由于空间位阻很大,只能吸附在暴露的 Ti⁴⁺ 中心上;$5,5'$-取代的染料空间位阻虽然小,但两个羧基又距离较远。因此它们与 TiO₂ 表面的相互作用不强,降低了它们与 TiO₂ 导带间的电子耦合,从而影响了电子注入速率。而 $4,4'$-取代的染料空间位阻小,而且两个羧基的距离恰到好处,大大地增强了染料与 TiO₂ 导带间的电子耦合,电子注入速率加快。这是 $4,4'$-取代染料有较好的光电性能的主要原因。

联吡啶钌敏化剂的能隙是 Ru(Ⅲ/Ⅱ) 氧化还原电势与配体的 π^* 轨道之间的能量差。当羧基从 $4,4'$-移到 $5,5'$-时,π^* 轨道的能量下降,而金属的氧化还原电势变化不大,因此能隙变小。另外,5,5′-取代的联吡啶钌吸收光谱红移也说明了羧基在5,5′-时能隙较小。能隙减少加快了非辐射衰减速率,导致电子注入量子产率的降低,从而降低了5,5′-取代染料敏化电池的IPCE。

当羧基在3,3′-位置时,它们产生的空间位阻使联吡啶配体发生扭曲,减少了氮原子与金属之间的重叠,导致了配位场的减弱,MC态能量下降。另外,当羧基从4,4′-移到3,3′-时,造成了MLCT态能量升高。一升一降使MLCT态和MC态的能级非常接近,加快了通过MC态的非辐射衰减速率,最终降低了3,3′-取代联吡啶钌敏化剂敏化的纳晶TiO_2多孔薄膜电极的光电转换效率IPCE。

3.2.4.3 配体对染料性能的影响

RuL_2X_2($L=2,2′$-联吡啶-4,4′-二羧酸,$X=Cl^-$、Br^-、I^-、CN^-和SCN^-)配合物是目前太阳电池中性能较好的染料敏化剂。它们的光吸收、发光和电化学性能见表3.9。其中$RuL_2(NCS)_2$由于具有宽的可见光吸收和稳定的激发态,成为性能最佳的光敏化剂之一。

表3.9　RuL_2X_2的光吸收、发光和电化学性能

染料	最大吸收峰/nm ($\varepsilon/[10^4 L/(mol \cdot cm)]$)	次吸收峰/nm ($\varepsilon/[10^4 L/(mol \cdot cm)]$)	激发态寿命 τ/ns		E_0/V (vs SCE)
			298K	125K	
2($X=NCS^-$)	534(1.42)	396(1.40)	50	960	0.85
16($X=CN^-$)	493(1.45)	365(1.20)	166	1123	1.16
14($X=Cl^-$)	534(0.96)	385(1.01)	—	105	0.57
59($X=Br^-$)	530(0.84)	382(0.80)	—	110	0.56
60($X=I^-$)	536(0.68)	384(0.66)	—	111	0.56

由表3.9可知,化合物**2**和化合物**16**的摩尔消光系数ε较大,两者在最大吸收峰处的消光系数分别达到$1.42\times10^4 L/(mol \cdot cm)$和$1.45\times10^4 L/(mol \cdot cm)$,光吸收强度大,因此它们比二卤取代的$RuL_2X_2$能够捕获更多的光子。化合物**2**的最大吸收峰比化合物**16**红移了41 nm,更有利于太阳光的捕获。因此,从敏化剂的光吸收特性出发,化合物**2**是最好的选择。

从染料激发态的稳定性来看,化合物**2**和化合物**16**有稳定的激发态。由表3.9可见,当$X=Cl^-$、Br^-、I^-时,RuL_2X_2在室温下激发态寿命非常短,观察不到发光现象,在125 K可以看到微弱的发光。而化合物**2**和化合物**16**在室温下可以发光,在乙醇中激发态寿命分别为50 ns和166 ns;在125 K时激发态寿命更长,分别为960 ns和1123 ns。

从表3.9中还可以得知化合物**2**和化合物**16**有较高的氧化还原电势,分别为0.85 V和1.16 V,而RuL_2X_2($X=Cl^-$、Br^-、I^-)的氧化还原电势在0.56 V左右。

这是因为 CN^-、SCN^- 既是好的 σ 电子给体,也是好的 π 电子受体,因此有强的 π 反馈键,即电子从 $Ru(II)t_{2g}$ 轨道跃迁到配体空 π^* 的轨道,形成强的 $d\pi$-π^* 反键轨道;而 Cl^-、Br^-、I^- 不能形成强的 π 反馈键,所以二卤取代 RuL_2X_2 的氧化还原电势较低。

从上面的分析得出结论,化合物 **2** 和化合物 **16** 有优越的敏化性能,这些敏化剂的入射单色光的光电转换效率(IPCE)证明了这一点。图 3.28 是化合物 **2**、**16** 和 **14** 分别在纳晶 TiO_2 多孔薄膜电极上的 IPCE,电解质是 0.03 mol/L I_2、0.3 mol/L LiI 的乙腈溶液。其他联吡啶钌的卤素配合物的 IPCE 与化合物 **14** 的光谱非常接近。由图 3.28 可知,化合物 **2** 和化合物 **16** 的 IPCE 明显地比化合物 **14** 的 IPCE 高,其中化合物 **2** 的光电性能最为优越,其 IPCE 在 480 ~ 600 nm 区间超过了 80%,在 510~570 nm 区间达到了 85% ~ 90%。

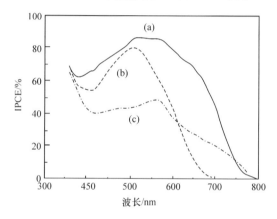

图 3.28 RuL_2X_2 在纳晶 TiO_2 多孔薄膜电极上的 IPCE
(a)化合物 **2**($X=NCS^-$);(b) 化合物 **16**($X=CN^-$);(c) 化合物 **14** ($X=Cl^-$)

化合物 **2** 的 IPCE 起始阈值在 800 nm(图 3.28),对应于染料的 E_{0-0}(由基态的最低振动能级向激发态的最低振动能级跃迁的能量)为 1.55 eV,比没有吸附在 TiO_2 薄膜电极上的染料的 E_{0-0} 值小 0.2 eV (化合物 **2** 的 E_{0-0} 为 1.74 eV)。这表明化合物 **2** 吸附在 TiO_2 薄膜电极上后,光谱发生红移。这是因为化合物 **2** 吸附到 TiO_2 表面后,通过联吡啶上的羧基与 TiO_2 表面的 Ti^{4+} 之间形成 C—O—Ti 键[66]。羧基在染料与 TiO_2 间起到传输电子的作用,加强了配体的 π^* 轨道与 TiO_2 薄膜的 3d 轨道之间的电子耦合。这种电子耦合有效加强了染料激发态中 π^* 轨道上电子的离域作用,从而降低了 π^* 轨道的能量,因此化合物 **2** 的 IPCE 出现红移现象。联吡啶钌的其他配合物也有同样的红移现象,化合物 **16** 在溶液中的最大吸收峰在 493 nm,而在 TiO_2 薄膜电极上的 IPCE 的最大值在 515 nm,化合物 **14** 在溶液中的最大吸收峰在 534 nm,而它的 IPCE 的最大值在 566 nm。

3.2.5　羧酸多吡啶钌染料与纳晶半导体薄膜的结合方式

　　染料与纳晶半导体(主要是 TiO_2)的结合方式直接关系到染料激发态电子能否快速注入纳晶半导体的导带中去,因而对 DSC 的效率起着至关重要的作用。弄清表面结合的本质将有助于 DSC 的进一步优化。最近人们用红外光谱和拉曼光谱对染料在纳晶 TiO_2 表面的结合状态进行研究。羧基和金属氧化物表面的可能结合方式如图 3.29 所示。其中(**A**)~(**D**)为化学键连接,(**E**)、(**F**)为物理连接,是通过氢键形成的物理吸附方式。

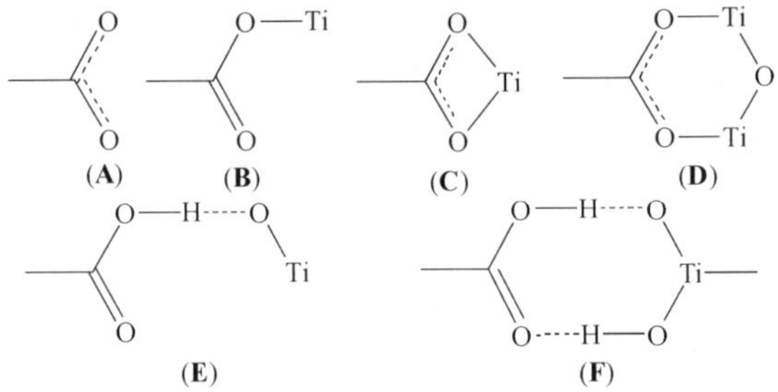

图 3.29　羧基和纳晶 TiO_2 表面的结合方式
(**A**)离子;(**B**)类酯键连接;(**C**)螯合;(**D**)桥连;(**E**)单氢键;(**F**)双氢键

　　Meyer 等[67]通过研究认为羧基和金属氧化物表面大约有 6 种结合方式:(**A**)~(**D**)分别为通过单齿、螯合或桥联而形成的化学键合方式;而(**E**)、(**F**)为通过氢键而形成的物理吸附方式。如果染料在 TiO_2 上的光谱与溶液中的酯类化合物相似,可认为羧基与 TiO_2 表面形成了酯键连接(**B**)或形成了氢键(**E**)或(**F**),因为这些结合方式中羧基的两个碳氧键是不等价的,应该表现出较高能量的 COO^- 不对称伸缩振动峰;如果与羧酸盐衍生物类似,结合方式可能是螯合(**C**)或(**D**)。含羧基的染料与 TiO_2 表面形成类酯键(ester-like)或羧酸盐键,可以使 TiO_2 表面金属离子与羧基中的氧原子形成电子耦合(即 TiO_2 中的 t_{2g} 轨道和染料分子中配体的 π^* 轨道耦合),所形成的电子耦合促进了激发态染料的电子转移[61]。Fujihira 等[69]在 20 世纪 70 年代末通过脱水的方法使染料分子中的羧基与金属氧化物表面的羟基形成偶联,证实了染料分子中的羧基有利于电子转移。为进一步研究染料与纳晶半导体表面的结合方式对电池光电转换效率的影响,Yanagida 等[70]研究了不同结合方式对 DSC 光电转换效率的影响,发现在染料敏化纳晶 TiO_2 电极中形成类酯键连接能够改善开路电压并略微降低光电流,总的结果是改善了总的光电转换效率。他们的研究为进一步改善 DSC 性能提出了表面结合方式的优化方向。中国科学院物理研究所翁羽翔等提出了用界面敏感三线态分子探针来研究染料羧基与染料表面的结合状态,这种方法的原理是基于探针分子全反式视黄酸

(all-*trans*-retinoic acid)的三线态-三线态吸收光谱是由 TiO₂ 颗粒和探针分子之间
的光致电荷复合形成的。研究结果显示羧基与纳晶 TiO₂ 表面结合是由多种结合
方式构成的。其中单纯吸附方式(离子或氢键)占 3%,酯键连接占 63%,螯合和桥
联方式共占 34%。这说明酯键连接是羧基和 TiO₂ 表面结合的主要方式。

　　采用红外光谱法研究了不同浓度的 N719 染料乙醇溶液对纳晶 TiO₂ 着色情
况(图 3.30)。将吸附染料的 TiO₂ 的光谱减去空白 TiO₂ 的光谱得到吸附在纳晶
TiO₂ 的红外光谱。研究发现,不同浓度的染料在纳晶 TiO₂ 表面吸附后,羧基的不
对称伸缩振动由 1716 cm⁻¹ 移动到 1734 cm⁻¹ 且强度变得很小,这说明羧基已经和
TiO₂ 形成了良好的键合,键合方式应为酯键连接。

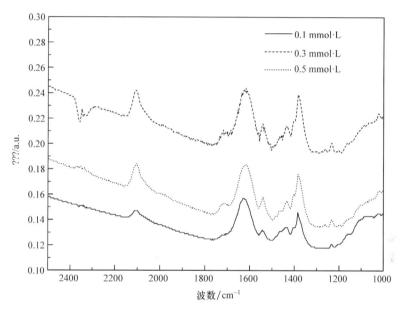

图 3.30　不同浓度 N719 染料吸附在纳晶 TiO₂ 上的红外谱(KBr 片)

　　研究发现,N719 染料在重复浸泡 TiO₂ 之后,不只是浓度发生变化,染料的吸
收光谱也发生蓝移。图 3.31 和图 3.32 为吸附染料前后 N719 染料的紫外可见吸
收光谱和红外光谱,从中可以看出 N719 染料在重复使用后,染料的吸收光谱蓝移
10 ～ 15 nm。这说明 N719 染料在纳晶 TiO₂ 表面的吸附不是按照其分子的实际
组成进行的。Nazeeruddin 等[71]通过热分析、NMR 和 ATR-FTIR 手段研究了
N3、N719、N712 染料在 TiO₂ 上的吸附情况,热分析数据表明,N719 和 N712 染料
是以每个钌中心 1 ～ 1.3 个四丁基铵离子的方式吸附在 TiO₂ 表面的。N719 和
N712 染料的游离态和吸附态 ATR-FTIR 光谱对比分析显示吸附是以每个钌中心
1 ～ 1.5 个四丁基铵离子的形式进行的。

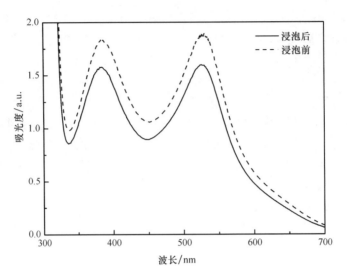

图 3.31　N719 染料溶液在浸泡 TiO$_2$ 薄膜电极前后的紫外可见吸收光谱

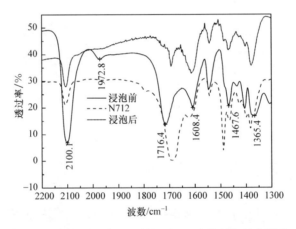

图 3.32　N719 染料在浸泡 TiO$_2$ 前后及 N712 染料红外光谱(KBr 片)

3.2.6　有机染料敏化剂

有机染料敏化剂一般具有"供体(D)-共轭桥(π)-受体(A)"的结构,借助于共轭桥(π)电子由供体(D)传到受体(A),最终实现了电子的有效传输。基于此,共轭桥不仅决定了电池的光吸收区域,也影响了电子由染料激发态向 TiO$_2$ 的注入过程。共轭桥越大,染料的可见吸收峰就更向长波方向移动,从而可以有效地利用红光与近红外光,不断提高染料敏化太阳电池的短路电流。因此,有机染料分子的结构在染料敏化太阳电池中起着非常重要的作用。染料的 D-π-A 结构优化相对方便,因为电子供体、电子受体和 π 共轭体系可分别独立修饰,这就为探究染料结构与光电转换性能间的依赖关系创造了极为便利的条件。但是由于无机染料的成本受稀有金属钌的制约,开发有机染料成为降低染料敏化太阳电池成本的有效手段[72-75]。作为光敏化剂,有机染料敏化剂有很多优点,如消光系数高,吸收波长可以控制,简易的设计与合成,成本较低等。近年来,基于有机染料的染料敏化太阳电池发展较快。

3.2.6.1　吲哚啉类染料

吲哚啉类染料(图 3.33)是由日本 Uchida 研究组发展起来的一类高效 DSC 光敏染料,也具有 D-π-A 类型的结构。它是以二氢吲哚为电子供体,绕丹宁环为电子受体,两者以共轭桥相连。2003 年,Horiuchi 等[76]报道了二氢吲哚染料化合物 **61**(D102),得到了 6.1% 的光电转换效率,在同样的实验条件下,N3 染料的光电转换效率为 6.3%。随后,他们[77]在 D102 的基础上引入一绕丹宁环合成化合物 **62**(D149),光电转换效率是 6.51%,在同样的条件下,N3 是 7.89%,N719 是 8.26%。当在电解液中用 4-叔丁基吡啶优化,用胆酸作为共吸附剂后,电池效率提高到 8.00%。同年,他们[78]又报道了光电转换效率为 5.1% 的新型二氢吲哚化合物 **63** 染料,在同样条件下,N3 为 5.8%。之后,他们[79]又将 D102 作为光敏化剂应用于固体染料敏化太阳电池,这种类型的电池光电转换效率超过了 4%,且发现 D102 具有高的吸收系数[491 nm 处是 5.58×10^4 L/(mol·cm)],而 N3 在 538 nm 处是 1.42×10^4 L/(mol·cm)[13]。随后他们[80]使用基于乙腈的电解质配合化合物 **62**,在优化条件下获得了 9.03% 的效率。2008 年,他们[81]在该染料的基础上,将第二个绕丹宁基团与 N 相连的乙基用辛基代替,合成了化合物 **52**

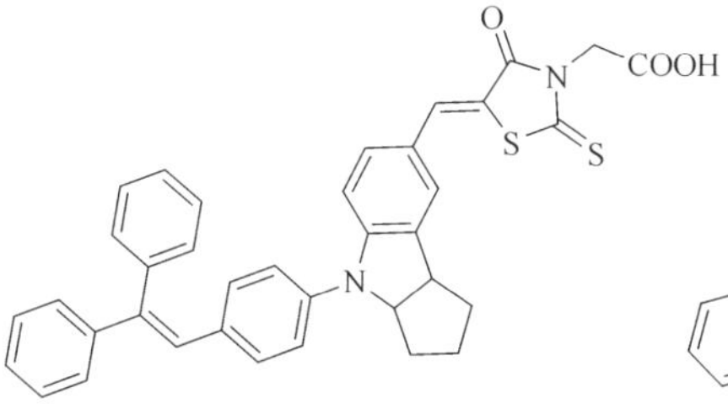

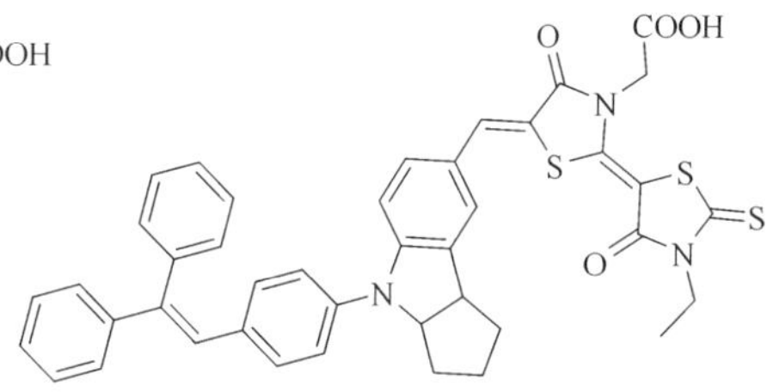

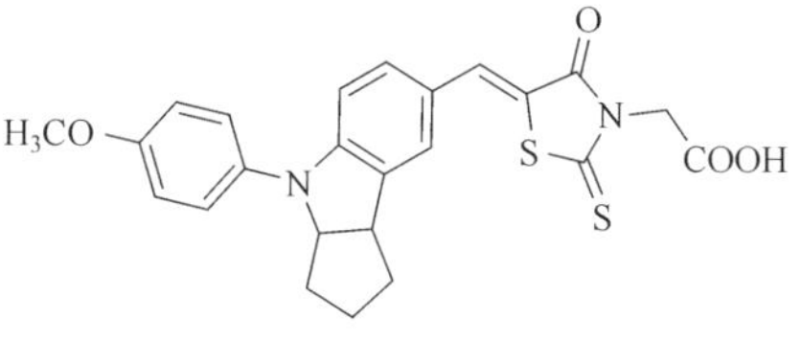

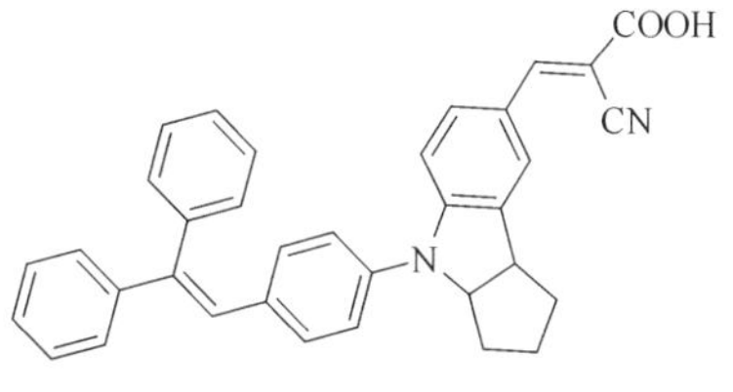

图 3.33　吲哚啉类染料分子结构

（D205）。使用共吸附剂鹅脱氧胆酸（CDCA），使其光电转换效率达到了 9.52%。他们[82]将化合物 **61**、**62**、**52** 这三种染料应用到离子液体电解液组成的电池中，分别获得了 4.86%、6.38% 和 7.18% 的转换效率。同年，Howie 等[83]在 D102 的基础上去掉一个绕丹宁环得到了化合物 **64**。通过对比，化合物 **64** 的效率要比 **62** 高，他们认为这是由于化合物 **61** 与 **62** 是"躺"在 TiO$_2$ 的表面，而化合物 **64** 是"站"在 TiO$_2$ 表面的，排列更密集，染料的总光吸收增加，从而提高了电池的光电效率。之后，Plank 等[84]又发现化合物 **61** 与 **62** 非常适合 ZnO 纳米线固态染料电池，同时也得到了基于化合物 **62** 的 ZnO-ZrO$_2$ 纳米线的电池光电转换效率最高值 0.71%。

3.2.6.2　香豆素类染料

研究者在传统的香豆素染料 **65** 的基础上，通过对电子供体、电子受体和 π 共轭体系分别修饰，合成了一系列新型香豆素染料 **66~75**（图 3.34）。与传统香豆素染料相比，这些染料不仅吸收光谱红移宽化，而且在一定程度上抑制了染料的聚集。在化合物 **65** 中引入次甲基单元，Hara 等[85,86]得到了可见光区吸收光谱红移且宽化的香豆素衍生物化合物 **66**，基于化合物 **66** 的电池，测得 IPCE 最大值达 80%（几乎可以与 N3 相媲美），光电转化效率为 5.6% ~ 6.0%。虽然次甲基的引入使得 π 共轭体系增大，吸收光谱红移宽化，但是这会使合成步骤复杂化，并且由于染料分子可能的异构化而导致染料的不稳定。

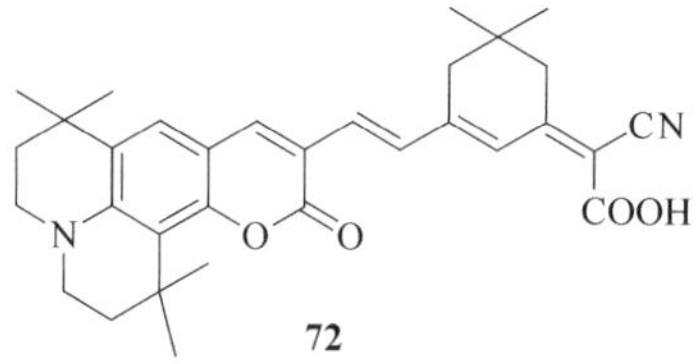

图 3.34　香豆素类染料分子结构

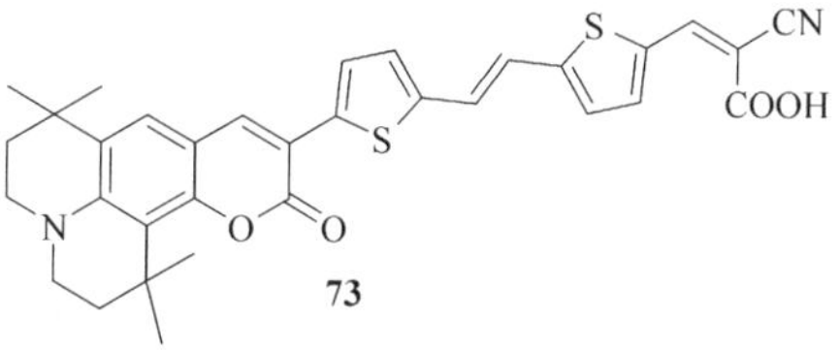

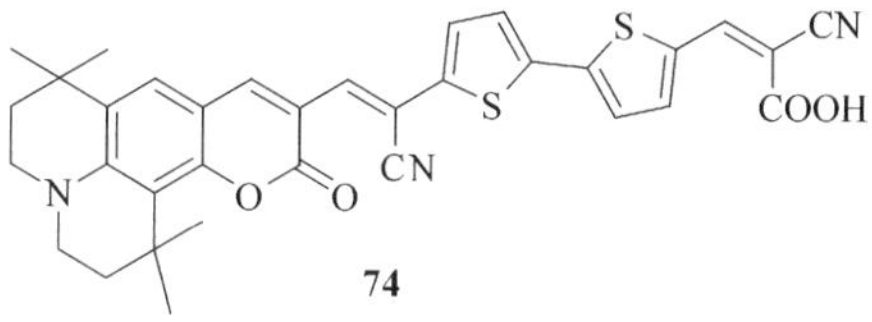

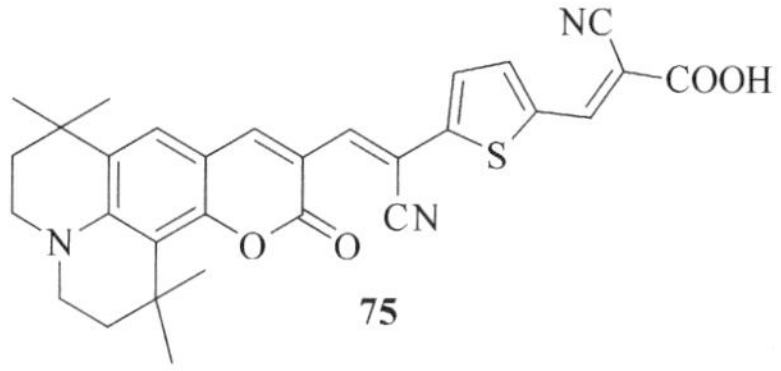

　　为了在增大染料共轭部分的同时,增加染料分子的稳定性,研究者在共轭系统中引入了苯环、噻吩环、吡咯环、呋喃环等刚性共轭单元。他们[87]通过将噻吩环引入 π 共轭体系,在化合物 66 的基础上合成了化合物 67 及 68,使得吸收光谱进一步拓宽红移,电池性能也得到了进一步提高,分别得到了 7.2% 与 7.7% 的转换效率。同年,他们[88]又在化合物 66 的基础上引入次甲基合成了化合物 69,但是由于化合物 69 发生了 H-聚集,效率明显下降。为了抑制该化合物的聚集,一方面他们[89]加入了添加物脱氧胆酸(DCA)与 4-叔丁基吡啶(TBP),研究它们对化合物 69 电池效率的影响,发现共吸附剂 DCA 的加入,虽然使吸附于 TiO₂ 电极上的染料数目减少,但却增加了电池的光电流与光电压,提高了电池效率。在电解质中加入 TBP 则显著提高了电池的光电压与填充因子。另一方面他们[90]又在化合物 69 的基础上引入侧环设计合成了化合物 72,得到了 6.7% 的效率。随后,他们[91]在化合物 68 的基础上减少一个噻吩环得到了化合物 70,增加一个噻吩环得到了化合物 71。相同条件下,测得化合物 70、68、71 及 N719 作为敏化剂的电池光电转换效率分别为 5.8%、8.1%、6.4% 及 8.9%。理论上随着噻吩数目的增加,电池的效率应该增加,但是化合物 71 的效率却下降,这可能是由于化合物 71 的聚集造成的,而化合物 68 效率低于 N719 是因为化合物 68 电池中注入 TiO₂ 的电子更容易与电解质中 I₃⁻ 复合。之后,他们[92]在化合物 68 的基础上,在两噻吩环之间引入次甲基,得到了化合物 73,在加入 120 mmol/L DCA 后,电池效率由 5.0% 显著提高到 8.2%(相同条件下,N719 为 9.0%)。为了增加染料的光谱响应,他们[93]又在化合物 67 的基础上引入氰基得到了化合物 75,在化合物 75 的基础上再引入一噻吩环,得到了化合物 74。化合物 74 在添加 DCA 优化后能够达到 7.6% 的电池效率,并且在以离子液体作为电解质的电池稳定性测试中,电池效率可以稳定在 6% 左右[92]。之后,Koops 等[94]发现了导致化合物 68 的光电性能不如 N719 的三点

原因:化合物 **68** 电子注入的寿命较短;在电解质中电子的复合比例系数较高;且在 TiO$_2$ 表面更易于聚集。

现已报道的香豆素染料吸光在 700 nm 以上,通过增加 π 共轭单元的数目,来增加共轭体系,使得在长波长处有光电响应,但还没有取得成功。因此,有效地在长波长处增加光子的吸收,对于香豆素来说,还是一个巨大的挑战。

吲哚类染料与香豆素染料在 TiO$_2$ 电极上易于发生光敏聚集,即 J 聚集[78,95]。为得到高效率的电池,必须控制染料的聚集。

3.2.6.3　三苯胺类染料

三苯胺基团及其衍生物具有很强的给电子能力,而且其中的三个苯环具有非共平面结构,可以防止分子之间的 π-π 堆积,减少染料的聚集;三苯胺部分极大地定域了 TiO$_2$ 表面的阳离子,并且有效地限制了光电子与氧化态的敏化剂之间的重组。三苯胺染料分子结构具有较大的共轭体系,使染料的吸收光谱红移宽化,有效增强了染料分子的光捕获能力,提高了可见光的利用效率(各种三苯胺染料分子如图 3.35 所示)。

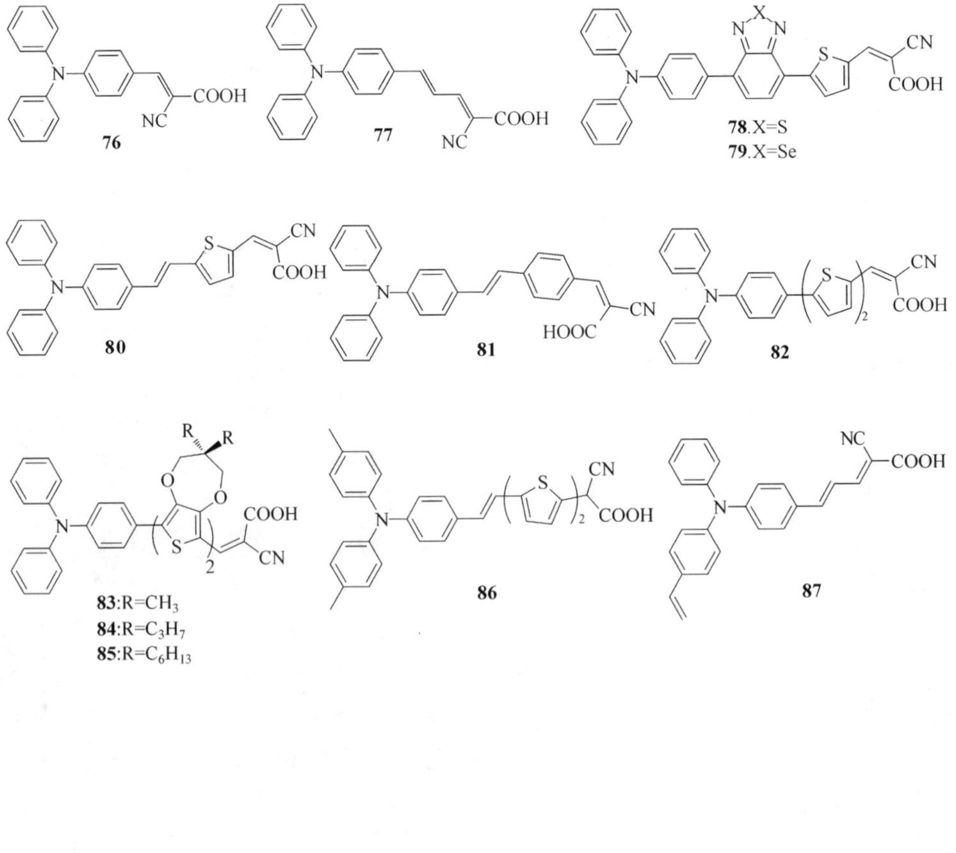

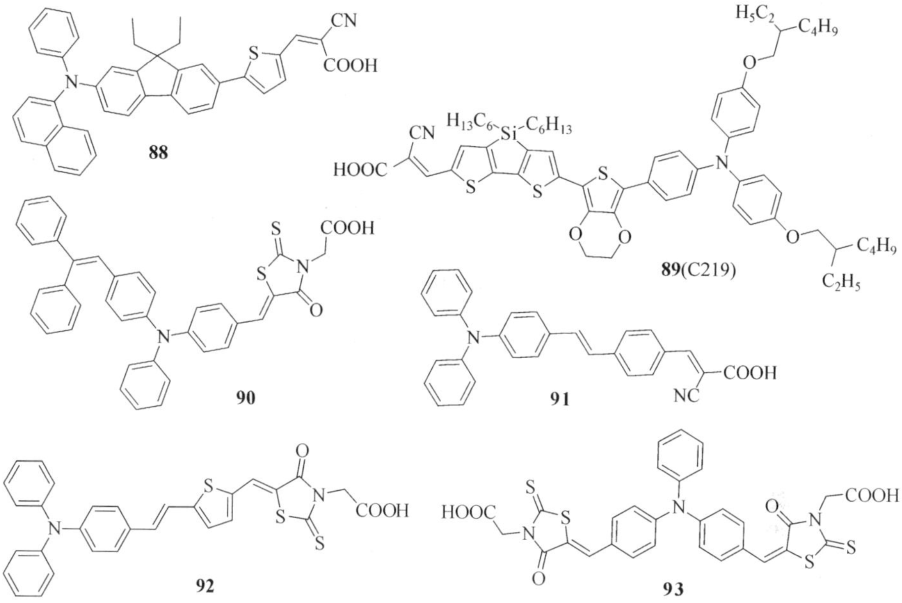

图 3.35　三苯胺类染料分子结构

　　2004 年 Kitamura 等[96]第一次报道了以三苯胺作为供电子基团,次甲基链作为共轭桥,氰基乙酸作为吸电子基团的三苯胺染料化合物 76、77,其中化合物 77 含两个次甲基,光电转换效率达到 5.3%。从此,有关三苯胺染料的研究也越来越多。Velusamy 等[97]将噻吩、苯并硫杂二唑和苯并硒杂二唑引入染料分子中,得到了化合物 78、79,其中,化合物 78 敏化性能较好,光电转换效率为 3.77%。Hagberg 等[98]则引入单烯与噻吩,得到了化合物 80,光电转换效率为 5.1%。随后,Hwang 等[99]引入了寡苯次乙烯基,得到了化合物 81,进一步增加了共轭系统,获得了 9.1%的光电转换效率(N719 为 10.1%)。Moon 等[100]则引入二噻吩,得到的染料化合物 82,当用 2,2′,7,7′-四(N,N-二对甲基苯基氨基)-9,9′-螺环二芴(spiro-OMeTAD)作为空穴传输材料时,获得的光电转换效率为 3.35%。随后,Liang 等[101]在化合物 82 的基础上,引入官能团化的 3,4-丙基二氧噻吩合成了化合物 83～85。由于染料分子的空间阻碍抑制了染料的聚集及电荷复合,增强了光捕获的能力。其中,化合物 85 的光电转换效率为 5.30%(N3 为 4.65%)。研究者发现若用甲苯来修饰三苯胺染料供体部分,甲苯相对于苯来说,供电子能力增强,增加了空间位阻,阻止了染料的聚集。于是研究者在拓宽共轭桥的同时,也对电子供体部分进行了修饰。Li 等[102]用二甲苯基苯胺部分作为电子给体,二噻吩单元作为共轭桥,得到了化合物 86,它的光电转换效率达到了 7.0%。Xu 等[103]则通过往三苯胺供体部分引入乙烯基,用次甲基作为共轭桥,得到了染料化合物 87,电池效率为

4.82%。同年,Yen 等[104]向三苯胺染料中引入吡咯环、噻吩环及苯环,合成了一系列染料。其中,化合物**88**效率最高,达到了 6.90%(N719 为 7.19%)。王鹏课题组[105-109]也通过对三苯胺供体与共轭桥进行修饰,他们在三苯胺供体部分引入烷氧基(如二甲氧基,二己氧基等),共轭桥部分引入噻吩环、呋喃环、二呋喃、二噻吩、硒吩环、二硒吩、3,4-乙基二氧噻吩等基团设计合成了一系列染料,这些染料的光电转换效率都超过了 6%。特别是,2010 年他们利用一对共轭系统 3,4-乙基二氧噻吩和二噻吩并硅杂环戊二烯构建了高吸收系数的两性染料 C219(化合物**89**),与高挥发性的电解质组装成电池,得到了 10.0% ～ 10.3%的效率(Z907 效率为 9.3%),是目前报道的有机染料中效率最高的。陈军课题组[103,110-112]于 2007 年～ 2010 年报道了一系列以三苯胺作为电子供体单元,次甲基作为共轭桥,绕丹宁-3-乙酸作为电子受体单元的新型三苯胺类染料。这些染料光电性能良好,特别是化合物**90**,在液体电解质中转换效率为 6.27%,且热稳定性很好。Tian 等[113]用不同的取代苯撑单元,并三噻吩和三个噻吩环作为共轭桥,氰基乙酸或者绕丹宁-3-乙酸单元作为电子受体合成了一系列染料。通过对比发现作为电子受体,氰基乙酸要比绕丹宁-3-乙酸好。这些染料中,化合物**91**的光电转换效率最高,达到了 5.33%(N719 为 6.33%)。之后,Wiberg 等[114]设计合成了染料化合物**92**,化合物**92**是在化合物**80**的基础上引入了一绕丹宁环,化合物**80**得到了 6%的转换效率,而化合物**92**仅有 1.7%,这主要是由于化合物**92**更易于发生电荷复合。随后,Mikroyannidis 等[115]合成了化合物**93**,在用 ZTO(ZnO 包覆 TiO_2)纳米光电极代替 TiO_2后,该染料的准固态电池得到了 6.3%的光电转换效率。

3.2.6.4　菁类染料

2001 年,Wang 等[116]以半花青染料化合物**94**、**95**作敏化剂的 TiO_2 电极经盐酸处理之后,电池效率分别由 3.1%(**94**)和 1.3%(**95**),提高到 5.1%(**94**)和 4.8%(**95**)。Sayama 等[75,95]合成了一系列含有羧基和长烷基链的部花青 Mc[m,n],研究发现 IPCE 和转换效率随着烷基链长度(m)的增加而增大,而次甲基长度(n)的增加使 IPCE 降低。其中 Mc[18,1](即化合物**96**)的电池效率最高,转换效率达到了 4.5%。随后,Chen 等[117]通过引入羧基、羟基、磺酸酯等基团合成的一系列花菁染料。测得带有羧基与羟基的 HC-1 的电池的 IPCE 为 73.6%,电池光电转换效率为 5.2%。其中,羧基加强了染料与 TiO_2 之间的结合能力,所以,优化受体基团对于提高电池效率有重要作用。

为了提高菁类染料的光稳定性,研究者将刚性方酸环代替次甲基单元引入菁类染料[118,119],发展了方酸菁染料,这类染料的吸收光谱集中在 600 ～ 700 nm,与太阳光谱不太匹配,且染料的平面结构使其很容易在纳晶半导体表面聚集,效率较低。2007 年,Grätzel 研究组引入辛基合成了不对称方酸菁(化合物**98**),有效减少了染料的聚集,得到了 4.5％ 的电池效率,这是目前此类染料的最高值(图 3.36)。

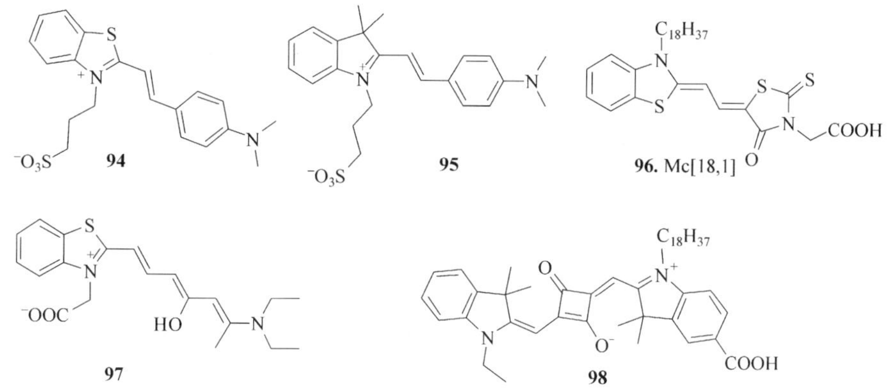

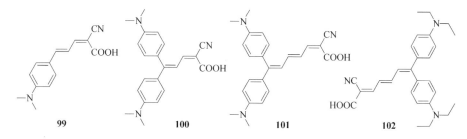

图 3.36　几种菁类有机染料的分子结构

3.2.6.5　寡烯类染料

Hara 等[120]设计合成了三种以 *N*,*N*-二甲基苯胺作为电子给体,次甲基作为共轭桥,而氰基乙酸作为电子受体的寡烯染料 **99 ~101**(图 3.37)。三种敏化剂的转换效率都超过了 5％,其中化合物 **101** 的敏化性能最高,达到了 6.8％。Kitamura 等[96]合成了一系列新型的具有不同长度的次甲基单元作为共轭桥,氰基或者羧酸基作为电子受体,氨基作为电子供体的有机染料。通过增加次甲基数目,增加了 π 体系且吸收红移。基于单烯烃的电池表现出极好的 IPCE 响应(＞80％),在模拟太阳光(AM1.5,100 mW/cm²)下,化合物 **102** 的光电效率达到了 6.6％。

图 3.37　几种寡烯染料分子结构

3.2.6.6　咔唑类染料

此类染料是用不同的芴类单元作为电子供体,正己基取代低(聚)噻吩作为共轭桥,氰基乙酸作为电子受体。长烷基链的引入,不但抑制了电子受体与 TiO₂ 表面的接触,增加了电子寿命,而且还抑制染料分子的团聚。Koumura 等[121]合成了染料 **103 ~105**(图 3.38)。其中,化合物 **104** 获得了 7.7％ 的光电转换效率。测试发现,化合物 **103** 和 **104** 比不带烷基低(聚)噻吩化合物 **105** 电子寿命显著增加,这说明饱和烷基链的引入确实有效地增加了电子寿命,提高了开路电压。之后,Wang 等[122]发现基于离子液体电解质和化合物 **104** 组装的电池,获得了 7.6% 的光电转换效率,与基于液体电解质的电池效率相当。Zhang 等[123]在化合物 **103** 的基础上,合成了化合物 **106** 和 **107**(图 3.38)。其中,化合物 **106** 的 IPCE 值达到了 83%,光电转换效率为 7.3%。此类染料的咔唑基团是很好的电子供体,易于增加电子的注入概率。且共轭系统中由于烷基噻吩基团的引入,减小了电荷复合,增加了电子寿命,提高了染料的光电性能。

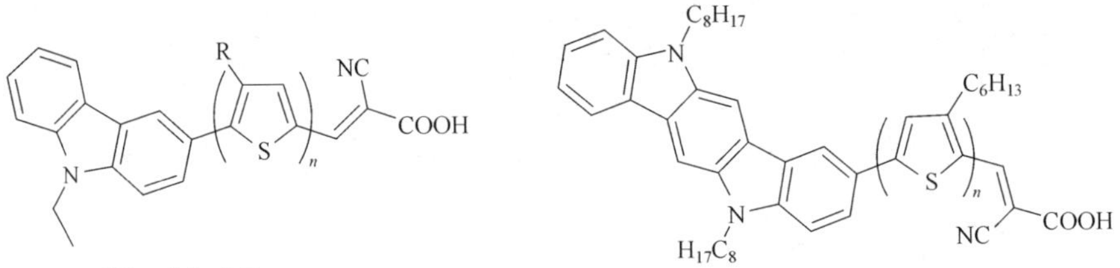

103. $n=3$,R=C_6H_{13}
104. $n=4$,R=C_6H_{13}
105. $n=3$,R=H

106. $n=2$
107. $n=3$

图 3.38　几种咔唑类有机染料分子结构

3.2.6.7　芴类染料

芴类染料是以芴单元为电子供体,氰基丙烯酸作为电子受体。Ko 研究组[74,124-127]合成了一系列高效的芴类染料(图 3.39),其中,化合物 **108** 得到了 8.6% 的电池效率,这是基于此类染料电池效率的最高值。为了增强染料的稳定性,Xu 等[128]则引入 3,4-乙烯基二氧噻吩作为共轭桥,合成了化合物 **109** 与 **110**,其中,化合物 **110** 得到了 7.6% 的光电转换效率。芴基非平面结构减少了上述芴类染料的聚集,具有较好的光热稳定性。

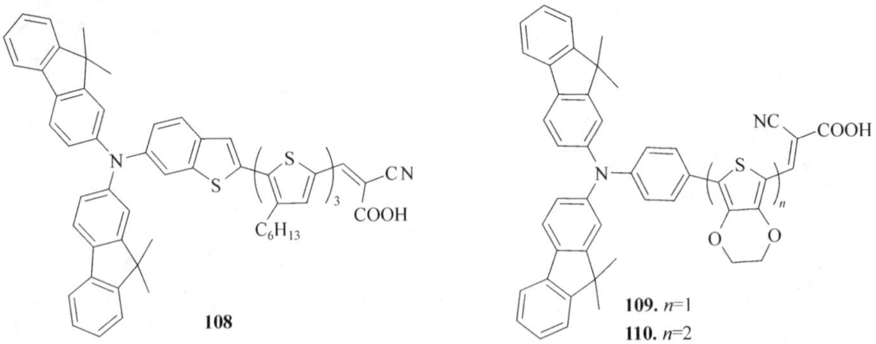

108

109. $n=1$
110. $n=2$

图 3.39　几种芴类有机染料分子结构

3.2.6.8　二萘嵌苯类染料

近期，研究者合成了许多二萘嵌苯类染料(图 3.40)[72,129,130]，化合物**111**～**113**为二萘嵌苯类染料的代表，其中用化合物 **113** 作敏化剂的电池效率达 6.8%，是至今得到的此类染料最高效率。但是，该染料的 IPCE 范围很窄，如何通过基团修饰等拓宽光谱响应范围，仍然是此类染料研究的重点。

111　　**112**　　**113**

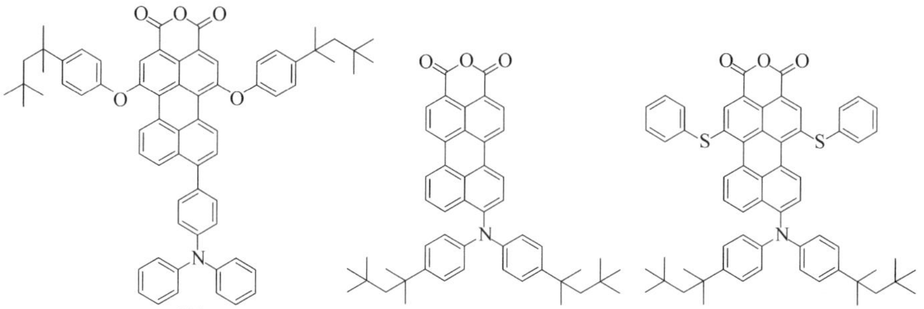

图 3.40　几种有代表性的二萘嵌苯类有机染料的分子结构

3.2.6.9　四氢喹啉类染料

大连理工大学孙立成和杨希川课题组[131-133]是以四氢喹啉作为电子供体，以多个次甲基和不同数目的噻吩作共轭桥，氰基乙酸作电子受体，合成了化合物**114**～**120**(图 3.41)。通过对共轭桥和电子给体四氢喹啉的修饰，获得了最高效率为 7.0%的新型有机染料(化合物 **119**)，而与其对应的化合物**118**的电池效率只有 1.19%，表明这类染料具有很好的发展潜力。

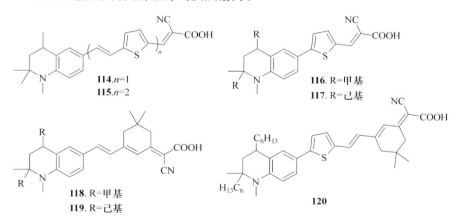

图 3.41　四氢喹啉类有机染料的分子结构

3.2.6.10　卟啉类染料及酞菁类染料

卟啉是卟吩的衍生物，是由四个吡咯环通过亚甲基相连而成的大共轭环状结构有机化合物。酞菁是在卟啉的基础上稠合四个苯环之后产生的化合物。由于电子在大共轭环上的离域效应，不利于电子的有效注入，从而导致以卟啉作为敏化剂的电池效率不高[134-136]。几种卟啉类有机染料如图 3.42 所示。为了增加电池效率，研究者通过引入金属设计了金属卟啉化合物[137,138]。目前，金属卟啉类染料已经达到了 11%的电池效率[139]。然而，卟啉类染料在红光附近无吸收。酞菁类染料虽然在可见光区有很强的吸收峰，但酞菁类染料易团聚，吸收光谱窄。为使染料敏化剂的吸收光谱能更好地与太阳光相匹配，研究者也在探索使用多种敏化剂协同敏化[3,140]。考虑到卟啉类染料及酞菁类染料各自的优缺点，可以将两种染料结合，协同敏化，使吸收光谱变宽[141,142]。

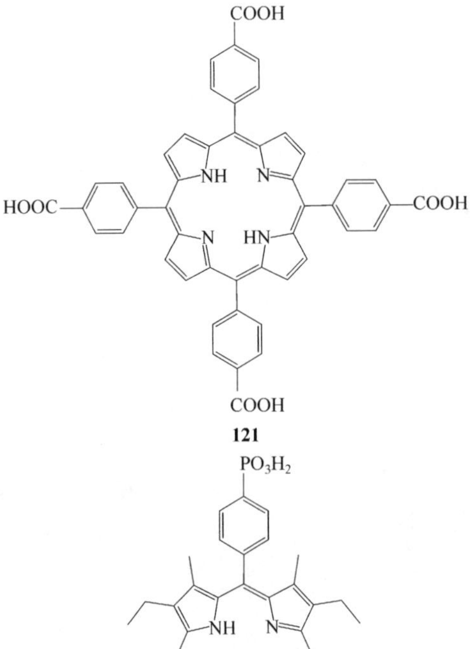

121

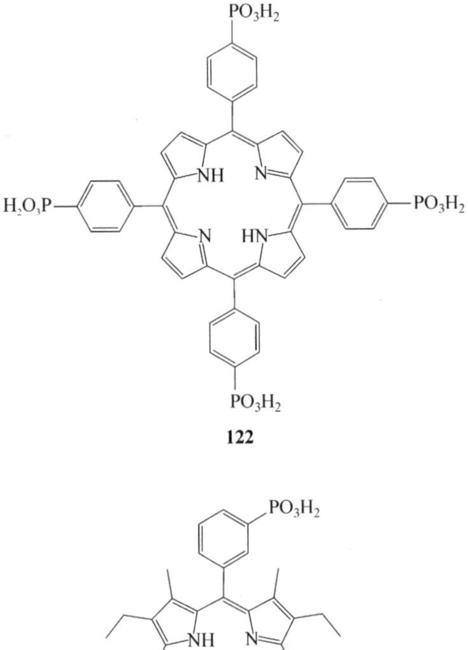

122

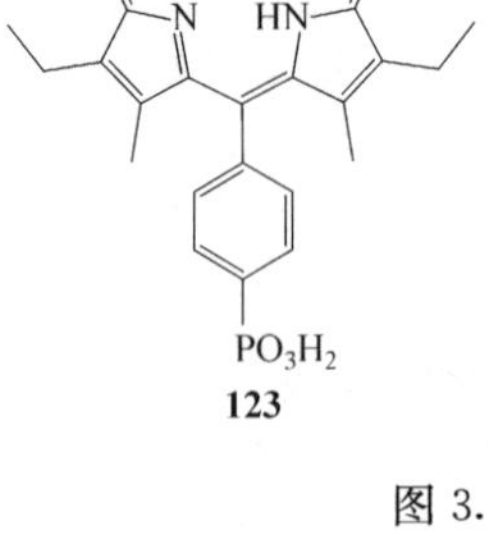

123

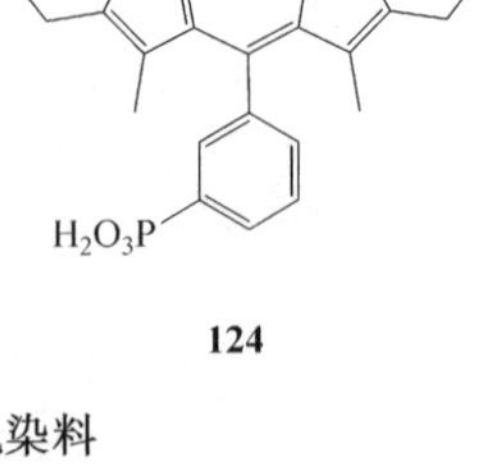

124

图 3.42　几种卟啉类有机染料

　　有机染料近年来发展非常快,目前最高转换效率已经达到 10%,开发新型的有机染料敏化剂成为当前 DSC 研究的一个热点。稳定性及光谱吸收特性是制约有机染料敏化剂发展的两大因素。研究与改善有机染料的分子结构,提高电荷分离效率,且使染料具有更优异的吸附性能,并使其光谱吸收范围宽化,这是研究者以后应该努力的方向。设计和合成光谱响应范围大、电子注入效率高、化学和热稳定性高的有机染料敏化剂是未来的发展方向之一。

　　从微观上研究认识光生电子的迁移传输规律,为人们设计高光电转换效率的有机染料敏化剂提供理论指导。所以,研究有机染料分子的光电化学反应机理也是有机染料敏化剂未来发展的一个方向。

　　研究有机染料的协同敏化,使多种有机染料共同修饰 TiO_2 电极在可见光区的光谱吸收与光电响应有更宽的范围,能更好地与太阳光谱相匹配,这也是未来有机染料的一个发展方向。

3.3　多染料协同敏化

　　单一染料敏化受到染料吸收光谱的限制,很难与太阳的发射光谱相匹配,人们采用光谱响应范围具有互补性质的染料配合使用,相互弥补各自吸收光谱不够宽的缺点,取得了良好的效果。张宝文等[143,144]设计合成了系列方酸菁染料,它们的吸收光谱与钌配合物有非常好的互补性,在 $600 \sim 700$ nm 范围内呈现一个非常强的吸收带,消光系数较 N3 高 1 个数量级,最大吸收峰较 N3 红移了 100 nm。

　　图 3.43 为三种方酸菁染料的结构式,表 3.10 列出了它们单独作为染料敏化剂和作为钌羧酸多吡啶配合物的协同敏化剂的 DSC 电池性能。利用该类染料与 N3 以一定比例协同敏化纳米 TiO_2 电极的 IPCE 最大值超过 85%,电池总的光电转换效率较 N3 单一敏化时提高了 13%。通过方酸菁和羧酸多吡啶钌染料按照一定比例的协同敏化,拓宽了羧酸多吡啶钌染料的光谱响应范围,取得了较好的电池性能参数。陆祖宏等研究了四羧基酞菁锌和 CdS[145]、锌卟啉和氢卟啉[146]、卟啉

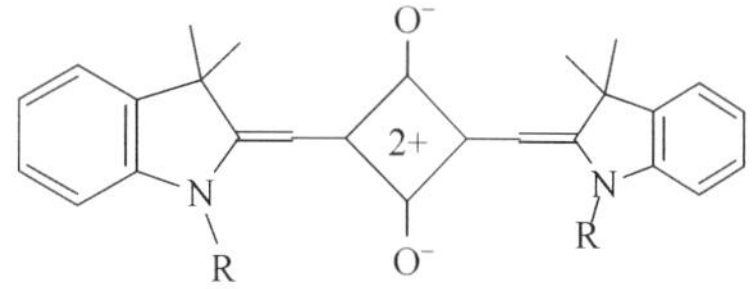

125. R=CH₃
126. R=CH₂CH₂OH
127. R=CH₂CH₂CH₂SO₃⁻

图 3.43　三种方酸染料的结构示意图

和酞菁[141,146,147]等共敏化的 TiO_2 电极体系,发现协同敏化与单一染料敏化相比,不仅拓宽了单一染料的光谱响应范围,而且提高了光电转换的量子效率。

表 3.10　三种方酸菁染料及其和 N3 染料协同敏化的 DSC 的光电化学性能

染料	V_{oc}/V	$J_{sc}/(mA/cm^2)$	FF/%	$\eta/\%$
125	0.47	2.1	53.1	0.84
126	0.45	2.8	52.6	1.07
127	0.54	4.4	56.7	2.17
2	0.55	15.0	44.1	5.87
127∶2＝1∶1(浓度比)	0.52	10.5	46.5	4.10
127∶2＝1∶100(浓度比)	0.60	15.2	45.0	6.62

　　多种染料协同敏化作为提高 DSC 性能的一条途径,相关工作目前还比较零散,有待研究者进行更深入系统的研究。

3.4　阴极敏化电池用染料敏化剂

3.4.1　阴极敏化电池敏化剂的结构特性

　　阴极敏化电池敏化剂与阳极敏化电池的敏化剂相反,染料分子通过供电子端连接在 p 型半导体上,染料的具体要求如下:染料的 HOMO 轨道要比 p 型半导体的价带低。染料的 LUMO 轨道能量要比 I_3^-/I^- 高。染料分子通过光激发,将电子注入电解质,染料分子从 p 型半导体的价带得到电子得以再生。图 3.44 列出了几种 p 型染料敏化剂。

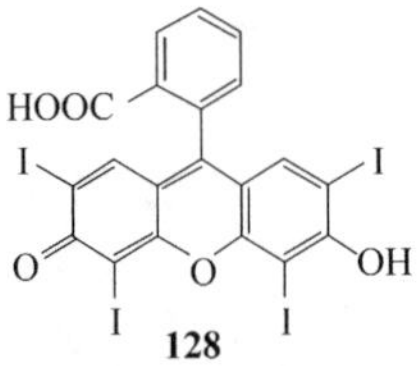

128 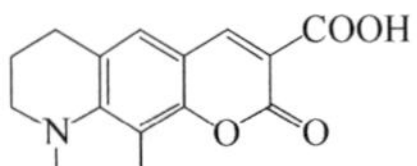　　　65 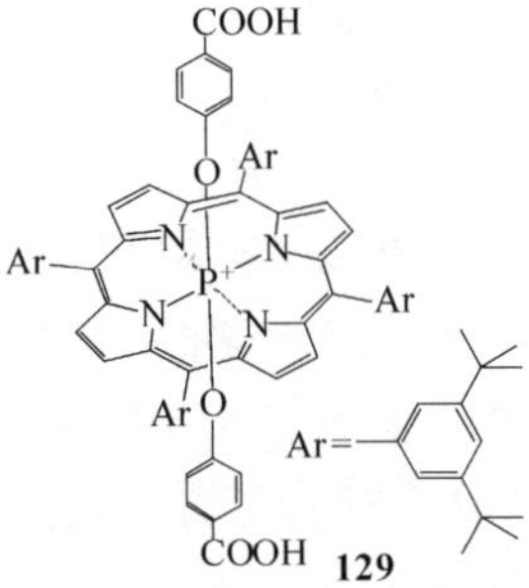　　　129

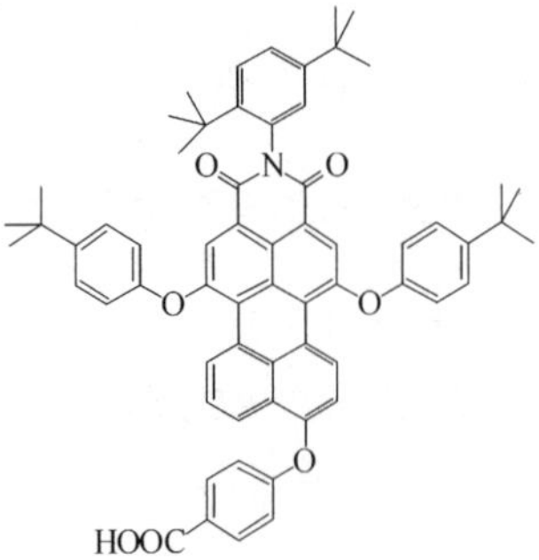

130 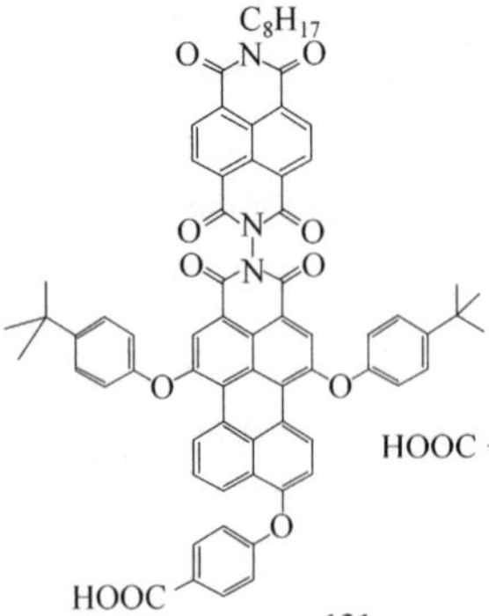　　　131 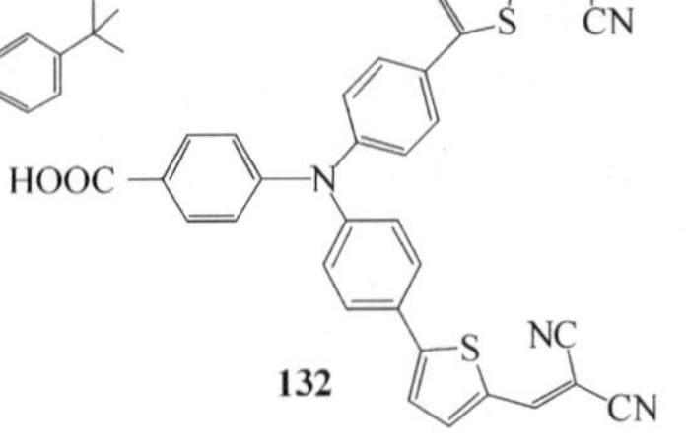　　　132

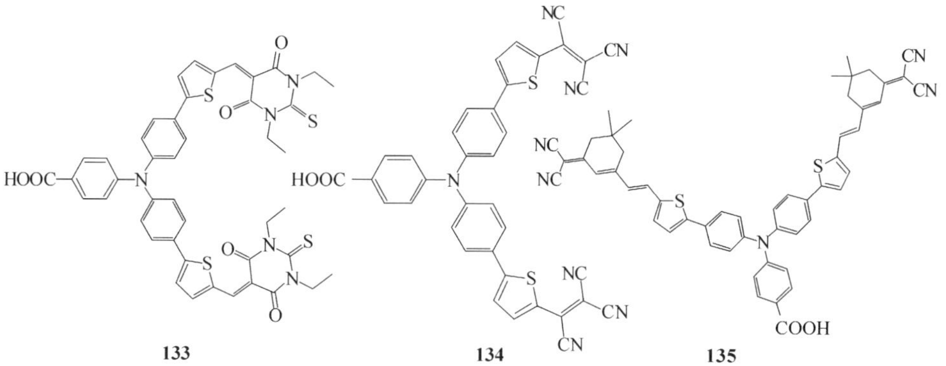

图 3.44　几种 p 型染料敏化剂

3.4.2　阴极敏化电池敏化剂研究进展

1999 年,Lindquist 及其合作者[148]报道了利用染料敏化的 NiO 半导体光阴极的染料敏化太阳电池,电池效率为 0.008％。Odobel 及其合作者[149]设计合成了系列联吡啶钌染料,获得了与标准 p 型染料65(即 C343)相当的电池效率。林建村及其合作者[150]合成了系列芳香胺染料,用于 p 型染料敏化太阳电池,获得了 0.1％的电池效率。Nattestad 等[151]采用该染料和 N719 染料敏化的 n 型半导体 TiO₂ 光阳极组成阴阳极共敏化叠层太阳电池,获得了 1.91％的光电转换效率。瑞典皇家理工学院的孙立成和 Hagfeldt 等[152-154]合成了一系列以三苯胺甲酸作电子给体,二氰基乙烯作电子受体的 p 型染料132～135,其中以染料135作敏化剂,获得了可见光区 IPCE 最大吸收峰值为 18％和 0.05％的光电转换效率,而在类似条件下,染料65的 IPCE 最大吸收峰值为 7％,短路电流密度为 0.8 mA/cm²,而典型的 N3 染料的 IPCE 则几乎可以忽略(图 3.45)。

Hagfeldt 等[155,156]通过瞬态吸收光谱仪研究染料65和129敏化 NiO 光阴极的光致电荷转移动力学,结果显示开发高效 p 型 NiO 染料敏化太阳电池的主要制约因素是还原态染料与价带注入空穴的半导体之间的快速电子复合,这会使对电极的电荷收集效率和通过氧化还原电对 I₃⁻/I⁻ 的染料再生受到很大限制。Hagfeldt 和 Odobel[153]采用化合物130和131作敏化剂,研究了在 I₃⁻/I⁻ 存在下光阴极的性能。研究发现化合物130比131的电荷复合速率快。化合物131染料的电荷复合速率慢可以归结为萘酰亚胺单元作为电子受体产生了一个长寿命的电荷分离态,从而有效提高了向电解质的电荷转移和光阴极上的空穴收集效率。Suzuki 及其合作者[157]采用 TiO₂/N3 光阳极和部花菁67敏化的 NiO 光阴极,得到 3.6 mA/cm² 的短路电流和 0.92V 的开路电压。

总体来看,光阴极用染料敏化剂的研究刚刚起步,染料的设计合成、染料与光

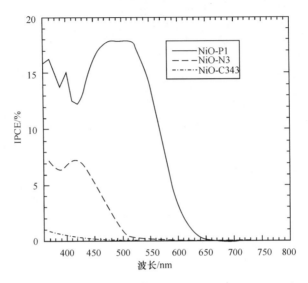

图 3.45　P1、C343 和 N3 作为 p 型敏化剂的电池 IPCE 对比

阴极半导体材料的快速电荷复合等诸多基本物理化学问题的研究工作尚待进一步深入研究。在解决了这些基本问题之后,通过光阳极和光阴极叠层,有可能成为未来染料敏化太阳电池效率进一步提升的一个重要途径。

参 考 文 献

[1] Hagfeldt A,Grätzel M. Molecular photovoltaics. Acc Chem Res,2000,33(5):269-277.

[2] Nazeeruddin M K,De Angelis F,Fantacci S,et al. Combined experimental and DFT-TDDFT computational study of photoelectrochemical cell ruthenium sensitizers. J Am Chem Soc,2005,127(48):16835-16847.

[3] 孔凡太,戴松元. 染料敏化太阳电池研究进展. 化学进展,2006,18(11):1409-1424.

[4] Abruna H D,Teng A Y,Samuels G J,et al. Reduction of water to hydrogen by reduced polypyridine complexes of ruthenium. J Am Chem Soc,1979,101(22):6745-6746.

[5] Castellano F N,Heimer T A,Tandhasetti M T,et al. Photophysical properties of ruthenium polypyridyl photonic SiO$_2$ gels. Chem Mater,1994,6(7):1041-1048.

[6] Ford W E,Wessels J M,Rodgers M A J. Electron injection by photoexcited Ru(bpy)$_3^{2+}$ into colloidal SnO$_2$: Analyses of the recombination kinetics based on electrochemical and auger-capture models. J Phys Chem B,1997,101(38):7435-7442.

[7] Lay P A,Sasse W H F. Proton transfer in the excited state of carboxylic acid derivatives of tris(2,2'-bipyridine-N,N')ruthenium(Ⅱ). Inorg Chem,1984,23(25):4123-4125.

[8] Argazzi R,Bignozzi C A,Heimer T A,et al. Enhanced spectral sensitivity from ruthenium(Ⅱ) polypyridyl based photovoltaic devices. Inorg Chem,1994,33(25):5741-5749.

[9] Liska P,Vlachopoulos N,Nazeeruddin M K,et al. cis-diaquabis(2,2'-bipyridyl-4,4'-dicarboxylate)ruthenium(Ⅱ) sensitizes wide band gap oxide semiconductors very efficiently over a broad spectral range in the visible. J Am Chem Soc,1988,110(11):3686-3687.

[10] O'Regan B, Grätzel M. A low-cost, high-efficiency solar cell based on dye-sensitized colloidal TiO₂ films. Nature, 1991, 353: 737-740.

[11] Bignozzi C A, Argazzi R, Schoonover J R, et al. Electronic coupling in cyano-bridged ruthenium polypyridine complexes and role of electronic effects on cyanide stretching frequencies. Inorg Chem, 1992, 31 (25): 5260-5267.

[12] Nazeeruddin M K, Kay A, Rodicio I, et al. Conversion of light to electricity by *cis*-X₂ bis (2,2'-bipyridyl-4,4'-dicarboxylate) Ruthenium(Ⅱ) charge-transfer sensitizers (X = Cl⁻, Br⁻, I⁻, CN⁻, and SCN⁻) on nanocrystalline TiO₂ electrodes. J Am Chem Soc, 1993, 115(14): 6382-6390.

[13] Nazeeruddin M K, Zakeeruddin S M, Humphry-Baker R, et al. Acid-base equilibria of (2,2'-bipyridyl-4,4'-dicarboxylic acid)ruthenium(Ⅱ) complexes and the effect of protonation on charge-transfer sensitization of nanocrystalline titania. Inorg Chem, 1999, 38(26): 6298-6305.

[14] Nazeeruddin M K, Pechy P, Renouard T, et al. Engineering of efficient panchromatic sensitizers for nanocrystalline TiO₂-based solar cells. J Am Chem Soc, 2001, 123(8): 1613-1624.

[15] Wang P, Zakeeruddin S M, Moser J E, et al. A stable quasi-solid-state dye-sensitized solar cell with an amphiphilic ruthenium sensitizer and polymer gel electrolyte. Nat Mater, 2003, 2(6): 402-407.

[16] Wang P, Klein C, Humphry-Baker R, et al. A high molar extinction coefficient sensitizer for stable dye-sensitized solar cells. J Am Chem Soc, 2005, 127(3): 808-809.

[17] Kuang D, Klein C, Ito S, et al. High-efficiency and stable mesoscopic dye-sensitized solar cells based on a high molar extinction coefficient ruthenium sensitizer and nonvolatile electrolyte. Adv Mater, 2007, 19 (8): 1133-1137.

[18] Cao Y, Bai Y, Yu Q, et al. Dye-sensitized solar cells with a high absorptivity ruthenium sensitizer featuring a 2-(hexylthio)thiophene conjugated bipyridine. J Phys Chem C, 2009, 113(15): 6290-6297.

[19] Cao Y, Zhang J, Bai Y, et al. Dye-sensitized solar cells with solvent-free ionic liquid electrolytes. J Phys Chem C, 2008, 112(35): 13775-13781.

[20] Gao F, Wang Y, Shi D, et al. Enhance the optical absorptivity of nanocrystalline TiO₂ film with high molar extinction coefficient ruthenium sensitizers for high performance dye-sensitized solar cells. J Am Chem Soc, 2008, 130(32): 10720-10728.

[21] Gao F F, Cheng Y M, Yu Q J, et al. Conjugation of selenophene with bipyridine for a high molar extinction coefficient sensitizer in dye-sensitized solar cells. Inorg Chem, 2009, 48(6): 2664-2669.

[22] Gao F F, Wang Y, Zhang J, et al. A new heteroleptic ruthenium sensitizer enhances the absorptivity of mesoporous titania film for a high efficiency dye-sensitized solar cell. Chem Commun, 2008, 23: 2635-2637.

[23] Anderson P A, Strouse G F, Treadway J A, et al. Black MLCT absorbers. Inorg Chem, 1994, 33(18): 3863-3864.

[24] Wang Z S, Huang C H, Huang Y Y, et al. Photoelectric behavior of nanocrystalline TiO₂ electrode with a novel terpyridyl ruthenium complex. Sol Energy Mater Sol Cells, 2002, 71(2): 261-271.

[25] Zakeeruddin S M, Nazeeruddin M K, Humphry-Baker R, et al. Design, synthesis, and application of amphiphilic ruthenium polypyridyl photosensitizers in solar cells based on nanocrystalline TiO₂ films. Langmuir, 2002, 18(3): 952-954.

[26] Klein C, Nazeeruddin K, di Censo D, et al. Amphiphilic ruthenium sensitizers and their applications in dye-sensitized solar cells. Inorg Chem, 2004, 43(14): 4216-4226.

[27] Kuang D,Klein C,Snaith H J,et al. Ion coordinating sensitizer for high efficiency mesoscopic dye-sensitized solar cells: Influence of lithium ions on the photovoltaic performance of liquid and solid-state cells. Nano Lett,2006,6(4): 769-773.

[28] Hagfeldt A,Lindquist S E,Grätzel M. Charge carrier separation and charge transport in nanocrystalline junctions. Sol Energy Mater Sol Cells,1994,32(3):245-257.

[29] Péchy P,Rotzinger F P,Nazeeruddin M K,et al. Preparation of phosphonated polypyridyl ligands to anchor transition-metal complexes on oxide surfaces:Application for theconversion of light to electricity with nanocrystalline TiO₂ films. J Chem Soc,Chem Commun,1995(1):65-66.

[30] Ito S,Liska P,Comte P,et al. Control of dark current in photoelectrochemical (TiO₂/I⁻/I₃⁻) and dye-sensitized solar cells. Chem Commun,2005,34:4351-4353.

[31] Zabri H,Gillaizeau I,Bignozzi C A,et al. Synthesis and comprehensive characterizations of new *cis*-RuL₂X₂(X = Cl,CN,and NCS) sensitizers for nanocrystalline TiO₂ solar cell using bis-phosphonated bipyridine ligands (L). Inorg Chem,2003,42(21):6655-6666.

[32] Wang P,Klein C,Moser J-E,et al. amphiphilic ruthenium sensitizer with 4,4'-diphosphonic acid-2,2'-bipyridine as anchoring ligand for nanocrystalline dye sensitized solar cells. J Phys Chem B, 2004, 108 (45): 17553-17559.

[33] Kohle O,Ruile S,Grätzel M. Ruthenium(Ⅱ) charge-transfer sensitizers containing 4,4'-dicarboxy-2,2'-bipyridine. Synthesis, properties, and bonding mode of coordinated thio- and selenocyanates. Inorg Chem,1996,35(16):4779-4787.

[34] Hara K,Horiuchi H,Katoh R,et al. Effect of the ligand structure on the efficiency of electron injection from excited Ru-phenanthroline complexes to nanocrystalline TiO₂ films. J Phys Chem B,2002,106(2): 374-379.

[35] Hara K,Sugihara H,Singh L P,et al. New Ru(Ⅱ) phenanthroline complex photo sensitizers having different number of carboxyl groups for dye-sensitized solar cells. J Photoch Photobiol A,2001,145(1-2): 117-122.

[36] Sakaguchi S,Ueki H,Kato T,et al. Quasi-solid dye sensitized solar cells solidified with chemically cross-linked gelators-control of TiO₂/gel electrolytes and counter Pt/gel electrolytes interfaces. J Photoch Photobiol A,2004,164(1-3):117-122.

[37] Yanagida M,Islam A,Tachibana Y,et al. Dye-sensitized solar cells based on nanocrystalline TiO₂ sensitized with a novel pyridylquinoline ruthenium(Ⅱ) complex. New J Chem,2002,26(8):963-965.

[38] Ruile S,Kohle O,Pechy P,et al. Novel sensitisers for photovoltaic cells. Structural variations of Ru(Ⅱ) complexes containing 2, 6-bis (1-methylbenzimidazol-2-yl) pyridine. Inorg Chim Acta, 1997, 261 (2): 129-140.

[39] Sauve G,Cass M E,Coia G,et al. Dye sensitization of nanocrystalline titanium dioxide with osmium and Ruthenium polypyridyl complexes. J Phys Chem B,2000,104(29):6821-6836.

[40] Sauve G,Cass M E,Doig S J,et al. High quantum yield sensitization of nanocrystalline titanium dioxide photoelectrodes with cis-dicyanobis(4,4'-dicarboxy-2,2'-bipyridine)osmium(Ⅱ) or tris(4,4'-dicarboxy-2,2'-bipyridine)osmium(Ⅱ) complexes. J Phys Chem B,2000,104(15):3488-3491.

[41]吴迪,沈珍,薛兆历,等.卟啉类光敏剂在染料敏化太阳电池中的应用.无机化学学报,2007,23(1):1-14.

[42] Hagen J,Schaffrath W,Otschik P,et al. Novel hybrid solar cells consisting of inorganic nanoparticles and an organic hole transport material. Synth Met,1997,89(3):215-220.

[43] Tachibana Y, Haque S A, Mercer I P, et al. Electron injection and recombination in dye sensitized nano-crystalline titanium dioxide films: a comparison of ruthenium bipyridyl and porphyrin sensitizer dyes. J Phys Chem B, 2000, 104(6): 1198-1205.

[44] Odobel F, Zabri H. Preparations and characterizations of bichromophoric systems composed of a ruthenium polypyridine complex connected to a difluoroborazaindacene or a zinc phthalocyanine chromophore. Inorg Chem, 2005, 44(16): 5600-5611.

[45] Dabestani R, Bard A J, Campion A, et al. Sensitization of titanium dioxide and strontium titanate electrodes by ruthenium(Ⅱ) tris(2, 2'-bipyridine-4, 4'-dicarboxylic acid) and zinc tetrakis(4-carboxyphenyl)porphyrin: an evaluation of sensitization efficiency for component photoelectrodes in a multipanel device. J Phys Chem, 1988, 92(7): 1872-1878.

[46] Boschloo G K, Goossens A. Electron trapping in porphyrin-sensitized porous nanocrystalline TiO₂ electrodes. J Phys Chem, 1996, 100(50): 19489-19494.

[47] Deng H H, Zhou Y M, Mao H F, et al. The mixed effect of phthalocyanine and porphyrin on the photoelectric conversion of a nanostructured TiO₂ electrode. Synth Met, 1998, 92(3): 269-274.

[48] Wang Q, Zakeeruddin S M, Cremer J, et al. Cross surface ambipolar charge percolation in molecular triads on mesoscopic oxide films. J Am Chem Soc, 2005, 127(15): 5706-5713.

[49] Yanagisawa M, Korodi F, Bergquist J, et al. Synthesis of phthalocyanines with two carboxylic acid groups and their utilization in solar cells based on nanostructured TiO₂. J Porphyrins Phthalocyanines, 2004, 8(10): 1228-1235.

[50] Yanagisawa M, Korodi F, He J J, et al. Ruthenium phthalocyanines with axial carboxylate ligands. Synthesis and function in solar cells based on nanocrystalline TiO₂. J Porphyrins Phthalocyanines, 2002, 6(3): 217-224.

[51] He J J, Benko G, Korodi F, et al. Modified phthalocyanines for efficient near-IR sensitization of nanostructured TiO₂ electrode. J Am Chem Soc, 2002, 124(17): 4922-4932.

[52] Ferrere S. New photosensitizers based upon [Fe(L)₂(CN)₂] and [Fe(L)₃](L = substituted 2, 2'-bipyridine): Yields for then photosensitization of TiO₂ and effects on the band selectivity. Chem Mater, 2000, 12(4): 1083-1089.

[53] Ferrere S. New photosensitizers based upon [FeⅡ(L)₂(CN)₂] and [FeⅡL₃], where L is substituted 2, 2'-bipyridine. Inorg Chim Acta, 2002, 329: 79-92.

[54] Ferrere S, Gregg B A. Photosensitization of TiO₂ by [FeⅡ(2, 2'-bipyridine-4, 4'-dicarboxylic acid)₂(CN)₂]: Band selective electron injection from ultra-short-lived excited states. J Am Chem Soc, 1998, 120(4): 843-844.

[55] Geary E A M, Hirata N, Clifford J, et al. Synthesis, structure and properties of [Pt(2, 2'-bipyridyl-5, 5'-dicarboxylic acid)(3, 4-toluenedithiolate)]: Tuning molecular properties for application in dye-sensitised solar cells. Dalton Trans, 2003, 19: 3757-3762.

[56] Islam A, Sugihara H, Hara K, et al. New platinum(Ⅱ) polypyridyl photosensitizers for TiO₂ solar cells. New J Chem, 2000, 24: 343-345.

[57] Man K Y K, Tse C W, Cheng K W, et al. Fabrication of photovoltaic cells using rhenium diimine complex containing polyelectrolytes by the layer-by-layer electrostatic self-assembly method. J Inorg Organomet Polym Mater, 2007, 17(1): 223-233.

[58] Bessho T, Constable E C, Grätzel M, et al. An element of surprise-efficient copper-functionalized dye-

sensitized solar cells. Chem Commun,2008,32:3717-3719.

[59] Sakaki S,Kuroki T,Hamada T. Synthesis of a new copper(Ⅰ) complex,[Cu(tmdcbpy)(2)]$^+$(tmdcbpy =4,4′,6,6′-tetramethyl-2,2′-bipyridine-5,5′-dicarboxylic acid),and its application to solar cells. J Chem Soc Dalton Trans,2002,6:840-842.

[60] Anderson P A,Deacon G B,Haarmann K H,et al. Designed synthesis of mononuclear tris(heteroleptic) ruthenium complexes containing bidentate polypyridyl ligands. Inorg Chem,1995,34(24):6145-6157.

[61] Anderson S,Constable E C,Dare-Edwards M P,et al. Chemical modification of a titanium (Ⅳ) oxide electrode to give stable dye sensitisation without a supersensitiser. Nature,1979,280:571-573.

[62] Strouse G F,Anderson P A,Schoonover J R,et al. Synthesis of polypyridyl complexes of ruthenium(Ⅱ) containing three different bidentate ligands. Inorg Chem,1992,31(14):3004-3006.

[63] Alessio E,Mestroni G,Nardin G,et al. *Cis-* and *trans*-dihalotetrakis(dimethyl sulfoxide)ruthenium(Ⅱ) complexes (RuX$_2$(DMSO)$_4$;X = Cl,Br):Synthesis,structure,and antitumor activity. Inorg Chem, 1988,27(23):4099-4106.

[64] Zakeeruddin S M,Nazeeruddin M K,Humphry-Baker R,et al. Stepwise assembly of tris-heteroleptic polypyridyl complexes of ruthenium(Ⅱ). Inorg Chem,1998,37(20):5251-5259.

[65] 孔凡太. 多吡啶钌染料敏化剂的设计合成及其在染料敏化太阳电池中的应用研究. 合肥:中国科学院合肥物质科学研究院博士学位论文,2007.

[66] Cao F,Oskam G,Meyer G J,et al. Electron transport in porous nanocrystalline TiO$_2$ photoelectrochemical cells. J Phys Chem,1996,100(42):17021-17027.

[67] Meyer T J,Meyer G J,Pfennig B W,et al. Molecular-level electron transfer and excited state assemblies on surfaces of metal oxides and glass. Inorg Chem,1994,33(18):3952-3964.

[68] Kay A,Grätzel M. Low cost photovoltaic modules based on dye sensitized nanocrystalline titanium dioxide and carbon powder. Sol Energy Mater Sol Cells,1996,44(1):99-117.

[69] Fujihira M,Ohishi N,Osa T. Photocell using covalently-bound dyes on semiconductor surfaces. Nature, 1977,268(5617):226-228.

[70] Murakoshi K,Kano G,Wada Y,et al. Importance of binding states between photosensitizing molecules and the TiO$_2$ surface for efficiency in a dye-sensitized solar-cell. J Electroanal Chem,1995,396(1-2):27-34.

[71] Nazeeruddin M K,Amirnasr M,Comte P,et al. Adsorption studies of counterions carried by the sensitizer *cis*-dithiocyanato(2,2′-bipyridyl-4,4′-dicarboxylate)ruthenium(Ⅱ) on nanocrystalline TiO$_2$ films. Langmuir,2000,16(22):8525-8528.

[72] Ferrere S,Zaban A,Gregg B A. Dye sensitization of nanocrystalline tin oxide by perylene derivatives. J Phys Chem B,1997,101(23):4490-4493.

[73] Hara K,Horiguchi T,Kinoshita T,et al. Highly efficient photon-to-electron conversion with mercurochrome-sensitized nanoporous oxide semiconductor solar cells. Sol Energy Mater Solar Cells,2000, 64(2):115-134.

[74] Kim S,Lee J K,Kang S O,et al. Molecular engineering of organic sensitizers for solar cell applications. J Am Chem Soc,2006,128(51):16701-16707.

[75] Sayama K,Hara K,Sugihara H,et al. Photosensitization of a porous TiO$_2$ electrode with merocyanine dyes containing a carboxyl group and a long alkyl chain. Chem Commun,2000,13:1173-1174.

[76] Horiuchi T,Miura H,Uchida S. Highly-efficient metal-free organic dyes for dye-sensitized solar cells.

Chem Commun,2003,24:3036-3037.

[77] Horiuchi T,Miura H,Sumioka K,et al. High efficiency of dye-sensitized solar cells based on metal-free indoline dyes. J Am Chem Soc,2004,126(39):12218-12219.

[78] Horiuchi T,Miura H,Uchida S. Highly efficient metal-free organic dyes for dye-sensitized solar cells. J Photoch Photobiol A,2004,164(1-3):29-32.

[79] Schmidt-Mende L,Bach U,Humphry-Baker R,et al. Organic dye for highly efficient solid-state dye-sensitized solar cells. Adv Mater,2005,17(7):813-815.

[80] Ito S,Zakeeruddin S M,Humphry-Baker R,et al. High-efficiency organic-dye-sensitized solar cells controlled by nanocrystalline-TiO$_2$ electrode thickness. Adv Mater,2006,18(9):1202-1205.

[81] Ito S,Miura H,Uchida S,et al. High-conversion-efficiency organic dye-sensitized solar cells with a novel indoline dye. Chem Commun,2008,41:5194-5196.

[82] Kuang D,Uchida S,Humphry-Baker R,et al Organic dye-sensitized ionic liquid based solar cells: Remarkable enhancement in performance through molecular design of indoline sensitizers. Angew Chem Int Ed,2008,47(10):1923-1927.

[83] Howie W H,Claeyssens F,Miura H,et al. Characterization of solid-state dye-sensitized solar cells utilizing high absorption coefficient metal-free organic dyes. J Am Chem Soc,2008,130(4):1367-1375.

[84] Plank N O V,Howard I,Rao A,et al. Efficient ZnO nanowire solid-state dye-sensitized solar cells using organic dyes and core-shell nanostructures. J Phys Chem C,2009,113(43):18515-18522.

[85] Hara K,Sato T,Katoh R,et al. Molecular design of coumarin dyes for efficient dye-sensitized solar cells. J Phys Chem B,2002,107(2):597-606.

[86] Hara K,Sayama K,Ohga Y,et al. A coumarin-derivative dye sensitized nanocrystalline TiO$_2$ solar cell having a high solar-energy conversion efficiency up to 5.6%. Chem Commun,2001,6:569-570.

[87] Hara K,Kurashige M,Dan-oh Y,et al. Design of new coumarin dyes having thiophene moieties for highly efficient organic-dye-sensitized solar cells. New J Chem,2003,27(5):783-785.

[88] Hara K,Sato T,Katoh R,et al. Molecular design of coumarin dyes for efficient dye-sensitized solar cells. J Phys Chem B,2003,107(2):597-606.

[89] Hara K,Dan-Oh Y,Kasada C,et al. Effect of additives on the photovoltaic performance of coumarin-dye-sensitized nanocrystalline TiO$_2$ solar cells. Langmuir,2004,20(10):4205-4210.

[90] Wang Z S,Hara K,Dan-Oh Y,et al. Photophysical and (photo)electrochemical properties of a coutnarin dye. J Phys Chem B,2005,109(9):3907-3914.

[91] Hara K,Miyamoto K,Abe Y,et al. Electron transport in coumarin-dye-sensitized nanocrystalline TiO$_2$ electrodes. J Phys Chem B,2005,109(50):23776-23778.

[92] Wang Z S,Cui Y,Hara K,et al. A high-light-harvesting-efficiency coumarin dye for stable dye-sensitized solar cells. Adv Mater,2007,19(8):1138-1141.

[93] Wang Z S,Cui Y,Dan-oh Y,et al. Molecular design of coumarin dyes for stable and efficient organic dye-sensitized solar cells. J Phys Chem C,2008,112(43):17011-17017.

[94] Koops S E,Barnes P R F,O'Regan B C,et al. Kinetic competition in a coumarin dye-sensitized solar cell: Injection and recombination limitations upon device performance. J Phys Chem C,2010,114(17):8054-8061.

[95] Sayama K,Tsukagoshi S,Hara K,et al. Photoelectrochemical properties of J aggregates of benzothiazole merocyanine dyes on a nanostructured TiO$_2$ film. J Phys Chem B,2002,106(6):1363-1371.

［96］Kitamura T,Ikeda M,Shigaki K,et al. Phenyl-conjugated oligoene sensitizers for TiO₂ solar cells. Chem Mater,2004,16(9):1806-1812.

［97］Velusamy M,Justin Thomas K R,Lin J T,et al. Organic dyes incorporating low-band-gap chromophores for dye-sensitized solar cells. Org Lett,2005,7(10):1899-1902.

［98］Hagberg D P,Edvinsson T,Marinado T,et al. A novel organic chromophore for dye-sensitized nano-structured solar cells. Chem Commun,2006,21:2245-2247.

［99］Hwang S,Lee J H,Park C,et al. A highly efficient organic sensitizer for dye-sensitized solar cells. Chem Commun,2007,46:4887-4889.

［100］Moon S J,Yum J H,Humphry B R,et al. Highly efficient organic sensitizers for solid-state dye-sensitized solar cells. J Phys Chem C,2009,113(38):16816-16820.

［101］Liang Y,Peng B,Liang J,et al. Triphenylamine-based dyes bearing functionalized 3,4-propylenedioxy-thiophene linkers with enhanced performance for dye-sensitized solar cells. Org Lett,2010,12(6):1204-1207.

［102］Li G,Jiang K J,Li Y F,et al. Efficient structural modification of triphenylamine-based organic dyes for dye-sensitized solar cells. J Phys Chem C,2008,112(30):11591-11599.

［103］Xu W,Peng B,Chen J,et al. New triphenylamine-based dyes for dye-sensitized solar cells. J Phys Chem C,2008,112(3):874-880.

［104］Yen Y S,Hsu Y C,Lin J T,et al. Pyrrole-based organic dyes for dye-sensitized solar cells. J Phys Chem C,2008,112(32):12557-12567.

［105］Li R,Lv X,Shi D,et al. Dye-sensitized solar cells based on organic sensitizers with different conjugated linkers:Furan,bifuran,thiophene,bithiophene,selenophene,and biselenophene. J Phys Chem C,2009,113(17):7469-7479.

［106］Shi D,Cao Y,Pootrakulchote N,et al. New organic sensitizer for stable dye-sensitized solar cells with solvent-free ionic liquid electrolytes. J Phys Chem C,2008,112(44):17478-17485.

［107］Xu M,Li R,Pootrakulchote N,et al. Energy-level and molecular engineering of organic D-π-A Sensitizers in dye-sensitized solar cells. J Phys Chem C,2008,112(49):19770-19776.

［108］Zeng W,Cao Y,Bai Y,et al. Efficient dye-sensitized solar cells with an organic photosensitizer featuring orderly conjugated ethylenedioxythiophene and dithienosilole blocks. Chem Mater, 2010, 22 (5):1915-1925.

［109］Zhang G,Bala H,Cheng Y,et al. High efficiency and stable dye-sensitized solar cells with an organic chromophore featuring a binary π-conjugated spacer. Chem Commun,2009,16:2198-2200.

［110］Liang M,Xu W,Cai F S,et al. New triphenylamine-based organic dyes for efficient dye-sensitized solar cells. J Phys Chem C,2007,111(11):4465-4472.

［111］Pei J,Peng S,Shi J,et al. Triphenylamine-based organic dye containing the diphenylvinyl and rhodanine-3-acetic acid moieties for efficient dye-sensitized solar cells. J Power Sources, 2009, 187 (2):620-626.

［112］Shi J,Wang L,Liang Y,et al. All-solid-state dye-sensitized solar cells with alkyloxy-imidazolium iodide ionic polymer/SiO₂ nanocomposite electrolyte and triphenylamine-based organic dyes. J Phys Chem C,2010,114(14):6814-6821.

［113］Tian H,Yang X,Chen R,et al. Effect of different dye baths and dye-structures on the performance of dye-sensitized solar cells based on triphenylamine dyes. J Phys Chem C,2008,112(29):11023-11033.

[114] Wiberg J, Marinado T, Hagberg D P, et al. Effect of anchoring group on electron injection and recombination dynamics in organic dye-sensitized solar cells. J Phys Chem C, 2009; 113(9), 3881-3886.

[115] Mikroyannidis J A, Suresh P, Roy M S, et al. Triphenylamine- and benzothiadiazole-based dyes with multiple acceptors for application in dye-sensitized solar cells. J Power Sources, 2010, 195 (9): 3002-3010.

[116] Wang Z S, Huang C H, Huang Y Y. A highly efficient solar cell made from a dye-modified ZnO-covered TiO2 nanoporous electrode. Chem Mater, 2001, 13(2): 678-682.

[117] Chen X, Guo J, Peng X, et al. Novel cyanine dyes with different methine chains as sensitizers for nanocrystalline solar cell. J Photoch Photobiol A, 2005, 171(3): 231-236.

[118] Kim S, Mor G K, Paulose M, et al. Molecular Design of near-IR harvesting unsymmetrical squaraine dyes. Langmuir, 2010, 26(16): 13486-13492.

[119] Yum J H, Jang S R, Walter P, et al. Efficient co-sensitization of nanocrystalline TiO2 films by organic sensitizers. Chem Commun, 2007, 44: 4680-4682.

[120] Hara K, Kurashige M, Ito S, et al. Novel polyene dyes for highly efficient dye-sensitized solar cells. Chem Commun, 2003, 2: 252-253.

[121] Koumura N, Wang Z S, Mori S, et al. Alkyl-functionalized organic dyes for efficient molecular photovoltaics. J Am Chem Soc, 2006, 128(44): 14256-14257.

[122] Wang Z S, Koumura N, Cui Y, et al. Exploitation of ionic liquid electrolyte for dye-sensitized solar cells by molecular modification of organic-dye sensitizers. Chem Mater, 2009, 21(13): 2810-2816.

[123] Zhang X H, Wang Z S, Cui Y, et al. Organic sensitizers based on hexylthiophene-functionalized indolo [3,2-*b*]carbazole for efficient dye-sensitized solar cells. J Phys Chem C, 2009, 113(30): 13409-13415.

[124] Choi H, Baik C, Kang S O, et al. Highly efficient and thermally stable organic sensitizers for solvent-free dye-sensitized solar cells. Angew Chem Int Ed, 2008, 47(2): 327-330.

[125] Choi H, Baik C, Kim H J, et al. Synthesis of novel organic dyes containing coumarin moiety for solar cell. Bull Korean Chem Soc, 2007, 28(11): 1973-1979.

[126] Choi H, Lee J K, Song K H, et al. Synthesis of new julolidine dyes having bithiophene derivatives for solar cell. Tetrahedron, 2007, 63(7): 1553-1559.

[127] Kim C, Choi H, Kim S, et al. Molecular engineering of organic sensitizers containing p-phenylene vinylene unit for dye-sensitized solar cells. J Org Chem, 2008, 73(18): 7072-7079.

[128] Xu M, Wenger S, Bala H, et al. Tuning the energy level of organic sensitizers for high-performance dye-sensitized solar cells. J Phys Chem C, 2009, 113(7): 2966-2973.

[129] Edvinsson T, Li C, Pschirer N, et al. Intramolecular charge-transfer tuning of perylenes: spectroscopic features and performance in dye-sensitized solar cells. J Phys Chem C, 2007, 111(42): 15137-15140.

[130] Li C, Yum J H, Moon S J, et al. An improved perylene sensitizer for solar cell applications. Chem Sus Chem, 2008, 1(7): 615-618.

[131] Chen R, Yang X C, Tian H, et al. Tetrahydroquinoline dyes with different spacers for organic dye-sensitized solar cells. J Photoch Photobiol A, 2007, 189(2-3): 295-300.

[132] Chen R K, Yang X C, Tian H N, et al. Effect of tetrahydroquinoline dyes structure on the performance of organic dye-sensitized solar cells. Chem Mater, 2007, 19(16): 4007-4015.

[133] Hao Y, Yang X C, Cong J, et al. Engineering of highly efficient tetrahydroquinoline sensitizers for dye-sensitized solar cells. Tetrahedron, 2012, 68: 552-558.

[134] Balanay M P,Dipaling C V P,Lee S H,et al. AM1 molecular screening of novel porphyrin analogues as dye-sensitized solar cells. Sol Energy Mater Sol Cells,2007,91(19)：1775-1781.

[135] Cherian S,Wamser C C. Adsorption and photoactivity of tetra(4-carboxyphenyl)porphyrin (TCPP) on nanoparticulate TiO$_2$. J Phys Chem B,2000,104(15)：3624-3629.

[136] Ma T L,Inoue K,Yao K,et al. Photoelectrochemical properties of TiO$_2$ electrodes sensitized by porphyrin derivatives with different numbers of carboxyl groups. J Electroanal Chem,2002,537(1-2)：31-38.

[137] Campbell W M,Jolley K W,Wagner P,et al. Highly efficient porphyrin sensitizers for dye-sensitized solar cells. J Phys Chem C,2007,111(32)：11760-11762.

[138] Wang X F,Kakitani Y,Xiang J F,et al. Generation of carotenoid radical cation in the vicinity of a chlorophyll derivative bound to titanium oxide,upon excitation of the chlorophyll derivative to the Q(y) state,as identified by time-resolved absorption spectroscopy. Chem Phys Lett, 2005, 416 (4-6)：229-233.

[139] Bessho T,Zakeeruddin S,Yeh C Y,et al. Highly efficient mesoscopic dye-sensitized solar cells based on donor-acceptor-substituted porphyrins. Angew Chem Int Ed,2010,49(37)：6646-6649.

[140] 孔凡太,戴松元,王孔嘉. 染料敏化纳米薄膜太阳电池中的染料敏化剂. 化学通报（印刷版）,2005,68(5)：338-345.

[141] 方靖淮,张向阳,吴敬文,等. 双染料共敏化的纳米晶二氧化钛多孔电极的光伏特性研究. 太阳能学报,1997,18(02)：164-167.

[142] 周迪,佘希林,宋国君. 金属有机类光敏剂在染料敏化太阳能电池中的应用. 贵金属,2010,31(1)：37-42.

[143] Zhao W,Hou Y J,Wang X S,et al. Study on squarylium cyanine dyes for photoelectric conversion. Sol Energy Mater Sol Cells,1999,58(2)：173-183.

[144] 赵为,张宝文,曹怡,等. 方酸菁功能材料修饰纳米晶 TiO$_2$ 薄膜电极的光电转换性能研究. 功能材料,1999,30(3)：304-306.

[145] Shen Y C,Deng H H,Fang J H,et al. Co-sensitization of microporous TiO$_2$ electrodes with dye molecules and quantum-sized semiconductor particles. Colloids Surf A,2000,175(1-2)：135-140.

[146] 邓慧华,毛海舫,沈耀春,等. 卟啉、酞菁共敏化二氧化钛纳米电极. 化学学报,1999,57：1199-1205.

[147] 毛海舫,田宏健,周庆复,等. 共吸附对卟啉、酞菁/二氧化钛复合电极光电特性的影响. 高等学校化学学报,1997,18(2)：268-272.

[148] He J J,Lindstrom H,Hagfeldt A,et al. Dye-sensitized nanostructured p-type nickel oxide film as a photocathode for a solar cell. J Phys Chem B,1999,103(42)：8940-8943.

[149] Pellegrin Y,Le Pleux L,Blart E,et al. Ruthenium polypyridine complexes as sensitizers in nio based p-type dye-sensitized solar cells：Effects of the anchoring groups. J Photoch Photobiol A,2011,219(2-3)：235-242.

[150] Yen Y S,Chen W T,Hsu C Y,et al. Arylamine-based dyes for p-type dye-sensitized solar cells. Org Lett,2011,13(18)：4930-4933.

[151] Nattestad A,Mozer A J,Fischer M K R,et al. Highly efficient photocathodes for dye-sensitized tandem solar cells. Nat Mater,2010,9(1)：31-35.

[152] Qin P,Linder M,Brinck T,et al. High incident photon-to-current conversion efficiency of p-type dye-sensitized solar cells based on nio and organic chromophores. Adv Mater,2009,21(29)：2993-2996.

[153] Qin P,Wiberg J,Gibson E A,et al. Synthesis and mechanistic studies of organic chromophores with dif-

ferent energy levels for p-type dye-sensitized solar cells. J Phys Chem C,2010,114(10):4738-4748.

[154] Qin P, Zhu H, Edvinsson T, et al. Design of an organic chromophore for p-type dye-sensitized solar cells. J Am Chem Soc,2008,130(27): 8570-8571.

[155] Bavykin D V,Friedrich J M,Walsh F C. Protonated titanates and TiO$_2$ nanostructured materials: synthesis,properties,and applications. Adv Mater,2006,18(21):2807-2824.

[156] Morandeira A,Boschloo G,Hagfeldt A,et al. Photoinduced ultrafast dynamics of comnarin 343 sensitized p-type-nanostructured nio films. J Phys Chem B,2005,109(41):19403-19410.

[157] Nakasa A,Usami H,Sumikura S,et al. A high voltage dye-sensitized solar cell using a nanoporous nio photocathode. Chem Lett,2005,34(4):500-501.

第4章 染料敏化太阳电池用电解质

电解质是能够导电的溶液。在 DSC 中,电解质承担着输运电荷的作用,是 DSC 的一个重要组成部分。DSC 中电解质的作用是通过以下几个过程来实现的:对电极/电解质界面的电子交换反应,该反应的反应速率快慢会直接影响 DSC 的填充因子(FF)与短路电流密度(J_{sc})[1];TiO_2 导带中的电子与电解质中 I_3^- 的复合反应,该反应的反应速率快慢则直接影响 DSC 的开路电压(V_{oc});此外电解质中氧化还原电对的传输更是影响 DSC 光伏性能的主要因素[2,3],并且电解质中氧化还原电对的传输会直接影响与电解质相关的界面电子交换反应。Tang 等仔细研究了电解质中各个组分对 Pt 对电极/电解质的界面反应的影响,发现电解质中氧化还原电对的传输越快,对电极/电解质界面的电子交换反应就越快,越有利于提高 DSC 的光伏性能[4,5]。Huo 等研究表明[6,7],在以 I^-/I_3^- 为氧化还原电对的电解质中,较快的 I_3^- 的传输可以减缓吸附染料的 TiO_2/电解质界面的复合反应,使 DSC 的 V_{oc} 提升,即电解质中氧化还原电对的传输还会影响 DSC 中的并联电阻,进而影响 DSC 的光伏性能。

电解质中氧化还原电对的传输方式主要是受浓度驱动的扩散。扩散系数的大小是衡量其扩散速率的重要标志。较小的扩散系数会使扩散通量降低,直接影响到 J_{sc}[3]。与此同时,电解质中氧化还原电对的扩散还会产生扩散阻抗,在 DSC 中表现为串联电阻,成为电池内阻的一部分。扩散阻抗的大小取决于两方面:一是扩散物种的扩散系数,二是扩散物种的浓度[8]。Han 及其合作者[9]利用电化学阻抗谱研究了电解质中的扩散阻抗,认为电解质的电阻理论上可以降到 $0.7\ \Omega \cdot cm^2$,并且随着电极之间距离的减小,扩散电阻逐渐减小。然而事实上,实际的扩散阻抗要大得多,如当电极之间的距离是 $20\ \mu m$ 时,扩散阻抗一般是 $2\ \Omega \cdot cm^2$。

综上所述,在 DSC 电解质中,氧化还原电对的传输是影响 DSC 性能的重要因素之一。电解质中氧化还原电对的传输速率越快,DSC 中的串联电阻越小,并联电阻越大,对应的 DSC 光伏性能就越好。

4.1 电解质的分类

电解质通常由以下部分组成:可逆性好的氧化还原电对(如常见的 I^-/I_3^-)、溶解氧化还原电对所用的溶剂及添加剂。按照其存在状态不同,电解质又可以分为液体电解质、准固态电解质及全固态电解质。

4.1.1　有机溶剂电解质

DSC 中所使用的电解质一般要满足以下几个条件：①具有较高的化学稳定性；②较低的黏度以增加氧化还原电对的传输速率；③具有良好的溶解氧化还原电对及添加剂的能力，同时又不会使染料解吸附。这就对电解质中的溶剂提出了较高的要求。目前常用的有机溶剂一般是极性较高的腈类，如乙腈（ACN）、甲氧基丙腈（MePN），以及酯类如碳酸乙烯酯（EC）、碳酸丙烯酯（PC）和 γ-丁内酯（GBL）等。与水相比，这些有机溶剂对电极是惰性的，不参与电极反应，具有较宽的电化学窗口，不易导致染料的解吸附和降解，其凝固点低，适用的温度范围宽。此外，它们也具有较高的介电常数和较低的黏度，能满足无机盐在其中的溶解和解离，且溶液具有较高的电导率。1991 年 Grätzel 小组首先在这种体系中取得了突破。瑞士的 EPFL 和日本夏普的研究小组采用这种体系的电解质于 2005 年和 2006 年分别获得了高达 11.18% 和 11.1% 的效率。表 4.1 列出了目前在 DSC 电解质中常用的有机溶剂及其相关的性质。乙腈是高效 DSC 常用的溶剂，而 3-甲氧基丙腈则作为 DSC 稳定性实验的溶剂。

表 4.1　常用有机溶剂电解质的性质

溶剂	mp/bp^a/ ℃	ε_r^b	黏度 /(mPa·s)^c	$D_{I_3^-}^d$ /(10^{-6}cm^2/s)	备注
水	0 / 100	80	0.89	11.0	
乙醇	−114 / 78	24	1.07		
乙腈	−44 / 82	36.6	0.34	15.0	
丙腈	−92 / 97	28	0.41		用于高效实验
戊腈	−96 / 140	20	0.71		
戊二腈	−29 / 286	37	5.3		
甲氧基乙腈	/ 119			7.6	
3-甲氧基丙腈	−57 / 165	36	1.1	4.5	
γ-丁内酯	−44 / 204	42	1.7	3.9	用于稳定性实验
碳酸丙烯酯	−49 / 242	65	2.5	2.3	

a. 一个大气压下的熔点/沸点；b. 相对偶极常数；c. 25℃下纯溶剂的黏度；d. I$_3^-$ 的表观扩散系数。

此外，不同的有机溶剂通常会对 DSC 的光伏性能产生一定的影响。Arakawa 小组采用 LiI/I$_2$ 作为电对研究了一系列的有机溶剂电解质在 DSC 中的应用，包括 THF、DMSO、DMF、不同的腈类、醇类等[10]。结果表明，具有较强供电子能力的有机溶剂会影响 TiO$_2$ 的导带能级，使 DSC 的 V_{oc} 增大，而 J_{sc} 则显著降低。其他的一些含有 N 元素的有机溶剂（如 N-甲基吡咯烷酮及吡啶等）均会与电解质中 N 杂环添加剂一样,使 DSC 的 V_{oc} 增加,J_{sc} 降低。

　　尽管有机溶剂电解质具有诸多的优点,但其缺点也是显而易见的。有机溶剂通常具有相对较高的蒸气压,使得 DSC 的封装比较困难。此外,有机溶剂容易泄漏且具有光热不稳定性等缺点,这些都限制了其在 DSC 上的应用。

4.1.2　离子液体电解质

4.1.2.1　离子液体的优点

　　离子液体是近年来发展起来的一种新型绿色溶剂。与传统溶剂相比,离子液体有着诸多优势,其最大的特点就是可以通过设计阴阳离子结构来修饰/调变离子液体的性质,所以离子液体也被称为"设计者的溶剂"[11],这种经设计而满足专一性要求的离子液体就是功能化离子液体,包括针对物理性质(如流动性、传导能力、液态范围)的功能化和针对化学性质(如极性、酸性、手性、配位能力、溶解性)的功能化。在离子液体中嫁接各种官能团,实现离子液体的功能化以满足特定的需求,是当今离子液体研究的前沿。

　　除了易于设计外,与传统溶剂相比,离子液体还有一系列突出优点。

　　(1) 在室温下,离子液体的密度一般为 1.1～1.6 g/cm³,黏度一般为 50～200 cP①,是水的几倍到几十倍,可传热,可流动。

　　(2) 离子液体具有非挥发特性,几乎无蒸气压,可用在高真空体系中,同时具有不可燃、不爆炸及低毒等特点,可作为绿色溶剂使用,在使用过程中基本不会造成溶剂损失和环境污染。

　　(3) 离子液体溶解性强。离子液体可以较好地溶解多种有机物、无机物和金属配合物(但不溶解聚乙烯、聚四氟乙烯和玻璃等),避免了在反应中使用多种溶剂,而且还可以通过对阴阳离子的合理设计来调节其对无机物、水、有机物及聚合物的溶解性。它们与一些有机溶剂不互溶,可以提供一个非水、极性可调的两相体系,疏水性离子液体还可以作为一个水的非共溶极性相使用。

　　(4) 具有较宽的稳定温度范围,甚至在高达 200 ℃时仍具有非常良好的热稳定性。大多数离子液体在 300 ℃时仍然能保持液态,有利于动力学控制。

　　(5) 离子液体具有较宽的电化学稳定窗口(也称为电化学稳定电位窗)和良好的导电性,可作为电化学研究用的电解液。电化学稳定窗口是指物质的氧化电位和还原电位的差值。大部分离子液体的电化学稳定窗口在 4 V 左右,这与传统的溶剂相比是非常宽的(如在碱性条件下,水的电化学稳定窗口为 0.4 V,在酸性条件下为 1.3 V),加之其良好的导电性(电导率一般在 10^{-2}～10^{-1} S/m 数量级上),

---

　　① 1 cP＝10^{-3} Pa·s。

使离子液体在电化学研究中有着广泛的应用。

（6）离子液体具有一定的酸碱性，且具备可调控性。例如，将 Lewis 酸（如 $AlCl_3$）加入到离子液体氯化-1-丁基-3-甲基咪唑中后，当 $AlCl_3$ 的摩尔分数小于 0.5 时，离子液体呈碱性；当 $AlCl_3$ 的摩尔分数等于 0.5 时，为中性；当 $AlCl_3$ 的摩尔分数大于 0.5 时，表现出了强酸性。同时，在研究离子液体时还发现存在"潜酸性"[12,13] 和"超酸性"[14,15] 情况。例如，把弱碱吡咯或 N, N'-二甲基苯胺加入到中性的 1-丁基-3-甲基咪唑四氯铝酸盐（[BMI]$AlCl_4$）中，离子液体表现出很强的潜酸性；把无机酸溶于上述酸性离子液体中时可观察到离子液体的超强酸性。

（7）易于与其他物质分离，可以循环使用。

（8）制备工艺相对简单。例如[BMI]Cl-$AlCl_3$，可由商业成品甲基咪唑和卤代烷直接合成中间产物，再与含有目标阴离子的无机盐反应生成相应离子液体。

（9）具有较弱的配位趋势[16]。

4.1.2.2　离子液体的种类

离子液体种类繁多，改变阳离子与阴离子的不同组合，可以设计出多种离子液体。根据阳离子的不同可以将室温离子液体分为咪唑盐类、吡啶盐类、季铵盐类、季鏻盐类、吡咯类、噻唑类、三氮唑类、苯并三氮唑类、胍盐类、锍盐类、四氢噻吩类及杂环芳香化合物和天然产物的衍生物等。其中比较常见的阳离子有 1,3-二烷基取代的咪唑阳离子或称 N, N'-二烷基取代的咪唑阳离子[R_1R_2Im]$^+$、烷基季铵阳离子[NR_xH_{4-x}]$^+$、烷基季鏻阳离子[PR_xH_{4-x}]$^+$、N-烷基取代的吡啶阳离子[RPy]$^+$，以及近几年广泛发展起来的烷基锍阳离子[R_1R_2S]$^+$，而最常见的还是 N, N'-二烷基咪唑阳离子。

根据阴离子的不同可将离子液体分为两大类：一类是组成可调的氯铝酸类离子液体[$AlCl_3$（$AlBr_3$）]体系。例如，氯化-1-丁基-3-甲基咪唑盐[BMI]Cl-$AlCl_3$，它含有几种不同的离子系列，它们的熔点和性质取决于其组成。此类离子液体研究的较早，对以其为溶剂的化学反应研究也较多，现仍有报道。此类离子液体虽然具有离子液体诸多优点，但其对水极其敏感，易分解且在空气中不稳定，要完全在真空或惰性气氛下进行处理和应用，质子和氧化物杂质也对该类离子液体中的化学反应有决定性影响。此外，$AlCl_3$ 遇水会放出 HCl，对皮肤有刺激作用。因此，该类离子液体在 DSC 中较少应用。另一类离子液体其阴离子组成固定，阳离子主要为含 N、P、S 元素的杂环或取代烷基，对水和空气稳定，属于时下研究的主流。常见的阴离子有：X^-（Cl^-、Br^-、I^-）、BF_4^-、PF_6^-、$CF_3SO_3^-$、$C_4F_9SO_3^-$、CF_3COO^-、$C_3F_7COO^-$、$(CF_3SO_2)_2N^-$、$(CF_3SO_2)_3C^-$、$(C_2F_5SO_2)_3C^-$、NO_3^-、SbF_6^-、AsF_6^-、Sac^-、$CB_{11}H_{12}$ 及其取代物等。

近几年也有一些新型结构的阴阳离子被开发出来，如 Shreeve 研究小组[17] 合成了双阳离子结构的离子液体;而在阴离子方面,Yoshida 研究小组[18]也合成了一系列基于氰基结构的新型阴离子。

4.1.2.3　离子液体的合成

根据所采用的制备技术不同,可将离子液体的制备分为传统合成法与新技术合成法两大类。

1. 传统合成法

传统合成法是指在合成过程中采用常见的化学制备工艺,如加热、搅拌、回流、萃取、减压蒸馏等操作,通常又分为一步法和二步法。

一步法反应由目标化合物的亲核试剂与卤代烃或酯类物质发生亲核加成反应而一步生成目标离子液体,如具有商业价值的卤代咪唑盐和吡啶盐就是用这种方法制备的[19,20]。该方法操作经济简便,没有副产物,产品易纯化。反应使用的溶剂通常为 1,1,1-三氯乙烷、乙酸乙酯、甲苯等。这些溶剂共同的特点是反应混合物与溶剂互溶而产物与溶剂不互溶,且产物的密度大于溶剂,使用分液的方法就能将产物分离出来。对于在常温下是固态的离子液体,一般采用重结晶法提纯,而对于在常温下是液态的离子液体则使用 1,1,1-三氯乙烷、乙酸乙酯等溶剂反复洗涤,以除去产物中混有的有机杂质,提纯后的产物,还需要经过真空干燥,除去水分及残留的溶剂。在一步法反应中,利用酸碱中和反应制备离子液体也很常见。例如,单烷基胺的硝酸盐离子液体就是由胺的水溶液与硝酸进行中和反应制得。酸碱中和制备方法简单,且不存在卤离子的污染问题,其制备过程是:酸碱中和反应至中性,真空干燥除去体系中多余的水或其他产物,再将其溶解在乙腈或四氢呋喃等有机溶剂中,用活性炭处理,最后真空干燥除去有机溶剂得到离子液体。Hirao 等[21]用此法合成出一系列不同阳离子的四氟硼酸盐离子液体。另外,通过季铵化反应也可以一步制备出多种离子液体,如 1-丁基-3-甲基咪唑鎓盐等[22]。咪唑衍生物和不同的酸中和也能得到类似的离子液体[23]。相似的反应还有将等物质的量的磺酸与四烷基氢氧化铵混合制备磺酸四烷基铵盐离子液体[24]。Ohno 等[25]使用这种方法制备出基于咪唑阳离子的 20 种氨基酸离子液体。此外,也有学者报道了由咪唑衍生物直接甲基化成为一种新离子液体的合成方法,通过此方法合成的离子液体没有卤离子污染,稳定性比较好(耐热温度可达 400 ℃)[26]。

二步法合成指的是:第一步,目标阳离子化合物与卤代烷通过季铵化(季锍化、季磷化等)反应制备出含目标阳离子的卤盐;第二步,用其他阴离子置换卤离子或加入 Lewis 酸与第一步生成的卤盐进行阴离子交换,得到最终目标产物。

一般来说,第一步反应时间较长(48~72 h),需要在氮气或氩气保护下进行,还要用到有机溶剂(如丙酮)。卤代烷通常为碘代烷和溴代烷(氯代烃反应活性小,且一般为气态),产物一般经乙酸乙酯或醚洗涤除去未反应的目标阳离子化合物和卤代烷,减压蒸馏得到烷基咪唑卤化物。此步反应的污染物主要是未反应完全的原料、溶剂和含有少量产物的洗涤用废酯或废醚,选择合适的反应条件和合成方法可以大幅度提高产率,减少有机溶剂的用量。例如,de Souza 等[27]用正丁胺、甲胺、甲醛、乙二醛和四氟硼酸一步法合成了 MMIBF₄、BBIBF₄和 MIBF₄的离子液体混合物,产物中三种离子液体的物质的量比为 1:4:5,反应没有使用常用的原料甲基咪唑,实际上是避免了乙二醛的缩合过程,对其他离子液体的合成并没有推广价值。Holbrey 等[28]采用酸、甲基咪唑和环氧丙烷一步法合成一系列阳离子含有功能羟基的离子液体,反应除了需要使用极易爆炸的环氧丙烷这一缺点之外,只需一步即可完成,且反应时间也大幅缩短,使其经济性大为提高。Shi 等[29,30]采用高压釜合成的方法,在不使用任何溶剂的情况下,制备出了高纯度、高产率的 1-甲基-3-丙基咪唑碘(MPII)与 1,2-二甲基-3-丙基咪唑碘(DMPII),展示出广泛的应用前景。

在第二步反应中,将卤素离子转化为目标阴离子的方法有很多,如利用复分解反应、离子交换法及电解法等。

1)复分解反应

复分解反应是离子液体合成中最常用的方法,该方法的关键是要通过一定手段使复分解反应进行完全,如形成新的液相、沉淀或气体,或改换反应溶剂使复分解产物之沉淀析出。用于复分解反应的盐 MY 通常是 AgY、NH₄Y、NaY(Na 也可换作 K 或 Li,Y 通常是 BF₄⁻和 PF₆⁻等)。当 AgY、NH₄Y 用作离子液体阴离子的来源反应时,复分解反应进行的很快,而且产生 AgX 沉淀或 NH₃、HX 等容易除去的气体,因此,离子液体的纯化比较容易。Bonhöte 等[22]通过银盐法制备了 1,3-二甲基咪唑三氟乙酸离子液体,使用此方法制备的离子液体纯度和产率都很高,但是银盐价格昂贵。从离子液体的合成成本及纯化角度来考虑,最适用的盐是 NH₄Y 和 NaY。Fuller 等[31]使用铵盐,在乙腈溶液中进行复分解反应制备了 1-乙基-3-甲基咪唑四氟硼酸盐(EMIBF₄)。对于疏水性离子液体的合成采用金属盐(NaY)进行复分解反应更为合适,如 BMIPF₆的制备。在使用 NaY 反应时,需较长的反应时间才能将卤离子置换完全,且残存的卤离子很难除净。Singer 用 ICP-MS 比较了合成 BMIBF₄时卤离子残留量,结果表明在相同实验条件下,BMI-Cl 与 AgBF₄和 HBF₄置换反应,卤离子残留量最小(0.007%),而和 NH₄BF₄置换,卤离子含量是 0.45%[32]。Seddon 等[33]报道卤离子的存在对离子液体物理性质及其催化能力会有不利的影响。因此,探索新的离子液体合成途径已成必然趋势。Roger 小组[34]报道了 1-烷基咪唑和硫酸二甲酯及硫酸二乙酯反应制备烷基硫酸阴离子基离子液体,此反应瞬间即可完成,无需加热,操作简单,所用试剂便宜,得到的离子液体具有较低的熔点和较高的热稳定性,并且它们还可以直接与其他酸反应,制备出所需离子液体。通过这种途径合成离子液体没有卤离子的污染,不过二烷基硫酸毒性比较大。二烷基碳酸也是一种很好的烷基化试剂[35],它和咪唑形成的盐可以和其他酸发生置换反应制备新的离子液体,副产物只有醇和CO_2,不污染环境,制备过程中也没有卤离子污染,是比较理想的方法。

当用强质子酸 HY 作离子液体阴离子来源时,反应需要在低温搅拌条件下进行,反应结束后体系要洗至中性,再用有机溶剂提取,最后真空除去有机溶剂能得到纯净离子液体。

2) 离子交换法[36]

离子交换法是将含目标阳离子的前驱体水溶液,通过含有目标阴离子的交换树脂进行离子交换反应,得到目标产物水溶液,然后蒸发除去水得到产品。高纯度二元离子液体的合成通常是在离子交换器中完成的。

3) 电解法

电解法是直接电解含目标阳离子的氯化物前驱体水溶液,生产氯气和含目标阳离子的氢氧化物,后者再与含目标阴离子的酸发生中和反应,得到目标产物水溶液,蒸发除水,得到纯离子液体。目前的应用不是很多[37]。

二步法是目前离子液体合成的主流方法,通过置换法,已经相继合成出硫氰酸、三(三氟甲基磺酸基)甲基化物、三氟乙酸、六氟丁酸、辛基硫酸、三氰甲基、碳硼烷、二氰胺、全氟烷基三氟化硼、对甲基苯磺酸及四烷基硼等咪唑类离子液体,为不断拓展离子液体的种类打下了坚实基础,也为功能化离子液体的合成提供了必要条件。除上述几种合成方法外,在离子液体的合成中也有一些其他的方法陆续见诸报道,如 Zimmermann 小组[38]报道可以通过 Michael 型反应制备功能性离子液体。第一步是碱和酸合成质子性盐,第二步是在弱碱催化下,与不饱和化合物反应,制备带羰基的功能性离子液体。Dickenson 等[39]发现可以由天然产物果糖来合成离子液体,这种离子液体的溶解性比较特别,与咪唑类离子液体相比,其三氟甲磺酰亚胺盐不溶于水和甲醇,但对乙醚的溶解性比较好。

2. 微波及超声辅助合成法

微波技术和超声方法属化学合成中的新技术、新手段,近年来受到广泛关注,同样也被应用于离子液体合成中。Seddon 等[40]把微波技术用于卤代盐的合成,不用溶剂,反应物不过剩,仅 1h 即可完成,加快了反应速率和转化率,缩短了反应时间,提高了离子液体纯度,可以用于大规模生产;Varma 等[41]在变频家用微波炉中以聚四氟乙烯压力釜为反应器研究了卤代烷与甲基咪唑合成 RMI-X,结果发现生成的 RMI-X 加速了微波的吸收,在微波场中反应可以缩短至几分钟,与油浴 80 ℃条件下的产率相当或更高,随后研究发现 RMI-X 与 NH_4BF_4 在无溶剂条件下合成 RMI-BF_4 时,反应时间可以缩短至几分钟且产率明显提高(至 90% 以上)[42];Khadilkar 等[43]在改装的连接有回流装置的家用微波炉和商用微波反应系统(CEMMARSS)中研究了卤代烷与甲基咪唑、吡啶、2,6-二甲基吡啶的反应,发现咪唑类反应时间较短(只有几分钟),吡啶类一般需要 1 h 左右。微波辅助法在显著缩短反应时间的同时却容易发生副反应,Leadbeater 等[44]在研究 RMI-X 生成 ROH 的反应中发现 RMI-X 在长时间微波作用下容易分解为 RIm+ 和 MeX。微波辅助合成离子液体的优点在于不需要溶剂,反应时间可以缩短至几小时甚至几分钟,其缺点是反应不易控制、有副反应发生、微波反应器价格昂贵,只能限制在实验室小规模合成上,难于大规模工业化生产离子液体。除了微波辅助合成外,超声辅助技术也被用于离子液体合成。Leveque 等[45]发现在使用超声技术合成离子液体时,同样可以在不降低产率的情况下明显缩短反应时间。目前采用微波和超声技术合成离子液体的研究都是针对常见的烷基咪唑类和烷基吡啶类离子液体,其他种类离子液体或需要特殊反应原料(如易燃易爆的环氧化合物)的合成,由于反应安全性问题还未见文献报道。

目前,离子液体合成方面的研究主要集中在设计不同阴阳离子组合改进离子液体性质上,其自身合成方法的改进尚未得到足够重视,主要原因是常见离子液体的小规模制备方法已经成熟,许多公司(如 Merck、Solvent Innovation 等)已经可以提供少量商品化离子液体,并且价格已大幅下降。实验方面关注更多的是离子液体应用研究。离子液体合成方法的绿色化及规模化制备与其应用前景密不可分,离子液体将来在应用领域带来的技术革新和突破必然会引导人们重新考虑离子液体本身合成上的问题,最终应当使离子液体这一"绿色溶剂"本身的制备更具绿色性。

4.1.2.4 离子液体在染料敏化太阳电池中的应用

在 DSC 中,使用离子液体作为电解质溶剂,能够有效提高电池的稳定性,避免电池在封装和运输过程中产生电解质泄漏问题,对 DSC 的实用化意义重大。在 DSC 电解质中常见的离子液体有咪唑锅类、锍类、吡啶锅类及胍盐类等,具体阴阳离子结构如图 4.1 所示。其中以咪唑类的离子液体在 DSC 中的应用最为广泛。

Grätzel 为解决有机溶剂电解质对 DSC 产生的负面影响,于 1996 年首次将离子液体 1-己基-3-甲基咪唑碘(HMII)作为电解质引入 DSC 中。但是当时受制于 HMII 高黏度的影响,DSC 的光电转换效率并不高。2003 年,Wang 等[46]以黏度相对较低的 1-丙基-3-甲基咪唑碘作为溶剂,并引入 I_2、LiI 和 N-甲基苯并咪唑,以此作为电解质应用于 DSC 中获得了高达 6% 的转换效率。然而以电活性的 I^- 作为阴离子的离子液体的黏度通常都比较大,由此而引起的质量传输速率较慢的问题成为限制 DSC 光伏性能的主要因素。因此需要改变阴离子结构,研发其他类型

阳离子

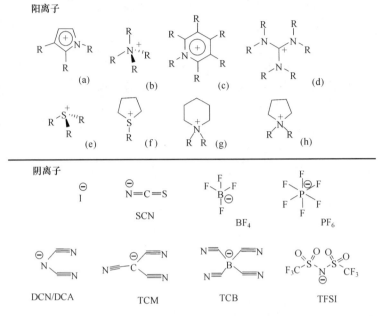

阴离子

图 4.1　DSC 中常见离子液体的结构

的低黏度的离子液体。实验结果表明,体积相对较大的阴离子的引入能够显著降低离子液体的黏度,如 SCN^-、$N(CN)_2^-$、$C(CN)_3^-$、$B(CN)_4^-$、$TFSI^-$ 等(图 4.2)。由于 I^- 在 DSC 中不可或缺,因此当采用改变阴离子的办法降低离子液体的黏度后,还需要引入碘盐类的离子液体即制备二元或者多元混合离子液体应用于 DSC 电解质。表 4.2 列出了目前研究的离子液体及其中 I^-/I_3^- 的扩散系数。

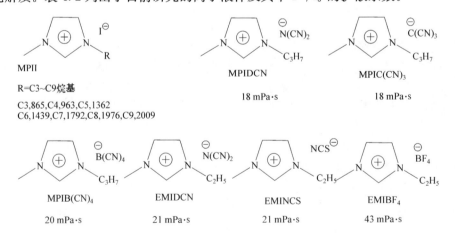

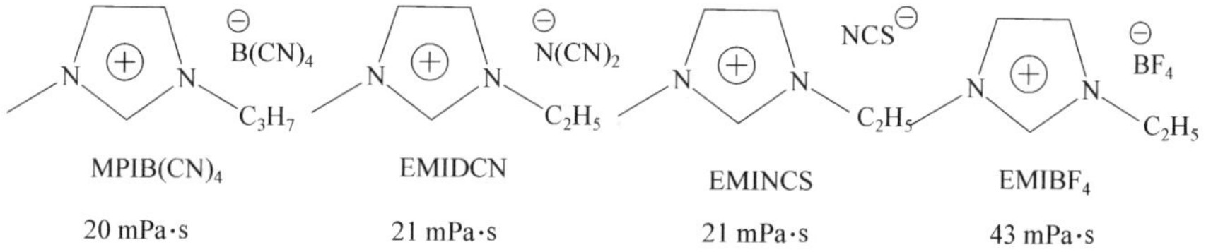

图 4.2 几种离子液体的结构和黏度

表 4.2 离子液体电解质中 I^- 和 I_3^- 的扩散系数

电解质组成	$D(I_3^-)$ / $(10^{-7} cm^2/s)$	$D(I^-)$ / $(10^{-7} cm^2/s)$	参考文献
0.2 mol/L I_2, 0.5 mol/L NMBI, PMII	1.9	3.1	[47]
0.4 mol/L I_2, 0.45 mol/L NMBI, PMII	1.88	3.07	[46]
10 mmol/L I_2, HMII	0.90	0.50	[48]
10 mmol/L I_2, 10 % HMII, 90 % EMITFSI	3.4	—	[48]
HMII + I_2 (12 : 1)	2.05	—	[49]
BMII + I_2 (12 : 1)	3.50	—	[49]
PMII + I_2 (12 : 1)	3.57	—	[49]
DMII + EMII + AMII + I_2 (4 : 4 : 4 : 1)	6.25	—	[49]
0.2 mol/L I_2, 0.14 mol/L GNCS, 0.5 mol/L TBP, PMII + EMINCS (65 : 35, 体积比)	2.95	—	[50]
0.2mol/L I_2, 0.12 mol/L GNCS, 0.5 mol/L NMBI, PMII + EMINCS (65 : 35, 体积比)	3.95	—	[51]
0.2 mol/L I_2, PMII + EMITFSI + EMITFO (2 : 1 : 1)	2.48	3.23	[52]
0.1 mol/L I_2, 0.45 mol/L NMBI, PMII + EMIDCN (13 : 7, 体积比)	4.4	—	[53]
0.1 mol/L I_2, 0.1 mol/L LiI, 0.45 mol/L NMBI, PMII + EMIDCN (13 : 7, 体积比)	4.4	—	[53]
0.2 mol/L I_2, 0.45 mol/L NMBI, 0.1 mol/L GNCS, PMII + EMITCB (100 : 0, 体积比)	2.03	3.93	[54]
0.2 mol/L I_2, 0.45 mol/L NMBI, 0.1 mol/L GNCS, PMII + EMITCB (80 : 20, 体积比)	2.65	4.4	[54]
0.2 mol/L I_2, 0.45 mol/L NMBI, 0.1 mol/L GNCS, PMII + EMITCB (65 : 35, 体积比)	3.51	4.3	[55]

电解质组成	$D(I_3^-)$ / $(10^{-7}cm^2/s)$	$D(I^-)$ / $(10^{-7}cm^2/s)$	参考文献
0.2 mol/L I$_2$,0.45 mol/L NMBI,0.1 mol/L GNCS,PMII + EMITCB (50:50,体积比)	4.64	5.04	[54]
0.2 mol/L I$_2$,0.45 mol/L NMBI,0.1 mol/L GNCS,PMII + EMITCB (35:65,体积比)	5.86	5.75	[54]
0.2 mol/L I$_2$,0.45 mol/L NMBI,0.1 mol/L GNCS,PMII + EMITCB (20:80,体积比)	7.18	6.03	[54]
PMII + I$_2$(24:1)	1.57	—	[56]
DMII + EMII + AMII + I$_2$(8:8:8:1)	3.19	—	[56]
PMII + EMITCB + I$_2$(24:16:1.67)	4.11	—	[56]
DMII + EMII +EMITCB + I$_2$(12:12:16:1.67)	5.78	—	[56]
0.03 mol/L I$_2$,0.9 mol/L DMHII, EMITFSI	7.6	—	[57]
0.03 mol/L I$_2$, 0.9 mol/L DMHII, EMIF2.3HF	43	—	[57]
0.2mol/L I$_2$,0.5 mol/L NMBI,PMII + EMITCM (50:50,体积比)	63	5.4	[58]
0.2 mol/L I$_2$,0.5 mol/L NMBI,PMII + EMITCM (80:20,体积比)	—	5.24	[58]
0.2 mol/L I$_2$,0.5 mol/L NMBI,PMII + EMITCM (20:80,体积比)	—	7.37	[58]
T2I/T2DCA/I$_2$(6:4:1)	2.87	—	[59]
T2I/T2TCM/I$_2$(6:4:1)	3.26	—	[59]
0.05 mol/L I$_2$,EMIDCA/PMII (PMII 摩尔分数 80%)	2.78	—	[60]
0.1 mol/L I$_2$,EMIDCA/PMII (PMII 摩尔分数 80%)	2.71	—	[60]
0.2 mol/L I$_2$,EMIDCA/PMII (PMII 摩尔分数 80%)	2.7	—	[60]
0.3 mol/L I$_2$,EMIDCA/PMII (PMII 摩尔分数 80%)	2.82	—	[60]

续表

电解质组成	$D(I_3^-)$ / $(10^{-7}\,cm^2/s)$	$D(I^-)$ / $(10^{-7}\,cm^2/s)$	参考文献
0.4 mol/L I$_2$，EMIDCA/PMII（PMII 摩尔分数 80%）	2.96	—	[60]
0.5 mol/L I$_2$，EMIDCA/PMII（PMII 摩尔分数 80%）	3.09	—	[60]
0.05 mol/L I$_2$，EMIBF$_4$/PMII（PMII 摩尔分数 80%）	1.85	—	[60]
0.1 mol/L I$_2$，EMIBF$_4$/PMII（PMII 摩尔分数 80%）	2.07	—	[60]
0.2 mol/L I$_2$，EMIBF$_4$/PMII（PMII 摩尔分数 80%）	2.16	—	[60]
0.3 mol/L I$_2$，EMIBF$_4$/PMII（PMII 摩尔分数 80%）	2.15	—	[60]
0.4 mol/L I$_2$，EMIBF$_4$/PMII（PMII 摩尔分数 80%）	2.31	—	[60]
0.5 mol/L I$_2$，EMIBF$_4$/PMII（PMII 摩尔分数 80%）	2.37	—	[60]

2003 年，Wang 等[53]将低黏度的离子液体 EMImN(CN)$_2$ 和 MPII 共混制备出黏度相对较低的二元混合离子液体，并将其应用于 DSC 中，电池效率达到 6.6%。进一步的研究结果表明，N(CN)$_2^-$ 类离子液体的光稳定性较差，不适合应用于 DSC 电解质。2004 年，Wang 等[50]又在低黏度的离子液体 EMImSCN 中引入 I$^-$ 的供体 MPII，制备出了黏度较低的二元混合离子液体，并将其引入采用 Z907 作为敏化剂的 DSC 中，结果表明 DSC 的效率在 AM1.5 下达到了 7%。此时二元混合离子液体的黏度是 21 cP，其中 I$_3^-$ 的表观扩散系数是 2.95×10^{-7} cm^2/s，明显比纯 MPII 中的 I$_3^-$ 扩散快。2005 年，Wang 研发了低黏度的离子液体 1-乙基-3-甲基咪唑三氰基甲基盐(EMImTCM)(18 cP，22 ℃)，在 MPII 的含量为 20% 时，I$_3^-$ 的扩散系数达到了 7.37×10^{-7} cm^2/s，当其作为电解质应用于 DSC 时，对应的效率达到了 7.4%。但是，SCN$^-$ 和 TCM$^-$ 的热稳定性相对较差。2006 年，Kuang 等[55]开发了 1-乙基-3-甲基咪唑四氰基硼基盐[EMImB(CN)$_4$](19.8 cP，20 ℃)，并联用 MPII、敏化剂 Z 907Na 及共吸附剂 PPA 获得了高达 6.4% 的效率，展示了良好的热稳定性。在 EMImB(CN)$_4$/MPII 体系中，I$_3^-$ 和 I$^-$ 的表观扩散系数分别是 3.42×10^{-7} cm^2/s 和 4.08×10^{-7} cm^2/s。除了上述的二元体系的离子液体外，Fei 等[61]还研发了一系列不同取代基的咪唑类过冷离子液体，将其和 MPII 共混制备

出二元离子液体,联用 K60 染料在 AM1.5 光强下得到了 6.8% 的效率,在 30 mW/cm² 光强下达到了 8% 的效率,并且在 60 ℃ 下的加速老化实验中表现出了良好的稳定性。

除了二元体系外,最近,Bai 等[56]报道了一种三元咪唑类离子液体电解质体系,他们将三种常温下呈固态的咪唑类碘盐 DMII、AMII 和 EMII 混合后,得到了低温共熔体(eutectic melts),再加入单质碘、N-丁基苯并咪唑(NBB)和胍盐(GNCS)后组成离子液体基电解质,配合 Z907 染料后,相应电池光电转化效率达到了 7.1%,而将其中的 AMII 换成黏度更小的 EMITCB 后,相应电池转化效率高达 8.2%;其后 Shi 等[62]将 Z907 染料替换成 C103 染料,在同样的离子液体电解质体系(DMII/EMII/EMITCB/NBB/GNCS)下,得到了 8.5% 的转化效率(AM 1.5 光照下),是迄今为止离子液体基 DSC 最高的转化效率。

到目前为止,已经有多种的离子液体被研发出来并用作 DSC 的电解质,于是研究人员开始关注于不同结构对离子液体性质的影响以及由此而产生的对 DSC 光伏性能的影响。Kubo 等[63]将含不同长度烷基链的 1-甲基-3-烷基咪唑碘盐离子液体引入 DSC 中,发现烷基链为己基的离子液体(HMII)要比烷基链为丙基的离子液体(MPII)效果好。Kawano 等[64]对比了不同阴离子:TFSI⁻、BF₄⁻、PF₆⁻ 和 DCA⁻ 的 EMI⁺ 基离子液体电解质的物理性质及其对 DSC 性能的影响,发现其中 DCA⁻ 在 DSC 中作用比较特别,可以显著地提高 DSC 的 V_{oc}。Dai 等[65]做了类似的对比实验,分别制备了 EMITCM、EMIDCN 和 EMISCN 离子液体电解质基 DSC,发现黏度最小的 EMITCM 对应 DSC 的 J_{sc} 和效率最高[61]。Mazille 等[66]在咪唑环上引入烯丙基和氰基并且改变阴离子[N(CN)₂⁻ 和 TFSI⁻],分别研究了不同基团和阴离子对离子液体的性质影响。结果表明:咪唑环上的取代基使对应的离子液体的黏度按照如下关系变化,—CH₂—CH₂—CN＞—CH＝CH₂＞—CH₂—CH₂—CH₃;而阴离子则使其黏度遵循如下规律变化,TFSI⁻＞N(CN)₂⁻。但是当这些离子液体作为电解质应用于 DSC 时,并没有使 DSC 的效率发生明显变化。

除了咪唑类离子液体外,各国学者也相继开发出其他种类离子液体电解质。目前研究较多的包括烷基锍类、烷基吡啶类、季铵/季鏻盐类和胍盐类等离子液体。Paulsson 等[67]合成了一系列三烷基锍类离子液体并将其应用于 DSC,其中(Bu₂MeS)I 基离子液体电解质展示出最好的效果,相应电池在 AM 1.5 的光强下转化效率为 3.7%;Kawano 等[64]开发了烷基吡啶类离子液体 BPTFSI,并将其用于 DSC 中,获得了 2% 的光电转换效率;Santa-Nokki 等[68]开发了一系列季铵碘盐类离子液体,发现用含有正己基的季铵盐制备的 DSC 光电转化效率要好于含有正戊基的 DSC;Cai 等[69]则开发了基于不同阴离子的低熔点吡咯类离子液体,发现产物黏度随着阴离子的变化关系为 I⁻＜NO₃⁻＜SCN⁻＜DCA⁻,最终 DCA 基吡咯离子液体的 DSC 展示出了最好的性能,效率达到了 5.58%;Wang 等[70]将脈盐离子液体用于 DSC 中,但是电池光电转化效率并不理想;Li 等[71]开发了一种环状脈盐类离子液体,相应 DSC 转化效率可达 5.41%;Kunugi 等[72]则使用季鳞盐类离子液体,相应 DSC 在标准光强下转化效率最高仅为 1.2%。最近,Xi 等[59]开发出一种基于四氢噻吩结构的二元离子液体体系,在 AM1.5 取得了近 7% 的光电转化效率,接近了传统的咪唑类离子液体的水平,展示出了巨大的应用潜力。

上述离子液体电解质都是采用 I^-/I_3^- 作为氧化还原电对,主要是因为电对价格低廉,且传输电子效率高。近几年也有学者致力于开发新的氧化还原电对,一些新的电子传输媒介被陆续开发出来,如多吡啶钴(II/III)复合物[73-75]、2,2,6,6-tetramethyl-1-piperidinyloxy (TEMPO)[76] 及液态的空穴传输材料等[77],这些新电对在弱光强下都展示出了不错的效果,但是在标准光强下(AM1.5),相应电池的效率均低于 4%。Gorlov 等[78]合成了 14 种 $[K^+]XY_2^-$ 形式的卤间离子盐,其中阳离子 K^+ 有三种类型,分别为 1,3-二烷基咪唑阳离子、1,2,3-三烷基咪唑阳离子和 N-烷基吡啶离子;阴离子 XY_2^- 有两种形式,为 IBr_2^- 和 I_2Br^-。由于各种阴离子平衡的存在,I^-/IBr_2^- 或 I^-/I_2Br^- 作为氧化还原电对比 I^-/I_3^- 电对体系更灵活。作者在实验中选取了 PrMeI-IBr₂、HexMeI-IBr₂⁻、HexMeI-I₂Br⁻、Me₂BuI-IBr₂ 和 BuPy-IBr₂ 五种卤间化合物作为 DSC 用电解质,并研究了各组分的配比情况,数据表明基于离子液体 HexMeI-IBr₂⁻ 的 DSC 在 100 mW/cm² 光照下光电转化效率最高,为 2.4%,之后在 35 mW/cm² 光照下老化 1000 h 后,效率降低了 9%~14%。Oskam 等[79]使用 $SCN^-/(SCN)_2$ 和 $SeCN^-/(SeCN)_2$ 作为电对,结合 N3 染料后,制备了 DSC,但是电池性能不高,主要是由于 SCN^- 和 $SeCN^-$ 不能有效地再生氧化态染料。其后,Wang 等[80]使用 $(SeCN)_3^-/SeCN^-$ 电对并结合 EMI-SeCN 基离子液体电解质体系,相应的 DSC 光电转换效率高达 7.5%,已与 I^-/I_3^- 电对相当。但鉴于 Se 元素在地球上含量稀少,价格昂贵,该电对很难取代 I^-/I_3^- 电对。

离子液体电解质的主要问题在于黏度过大,不能很好地渗透到 TiO_2 膜中,故基于离子液体电解质的 DSC 光电转换效率始终不如基于低黏度的有机溶剂电解质的电池。上面所介绍的工作都旨在降低离子液体电解质体系的黏度。最近,Yamanaka 等[81]不再从降低离子液体黏度这个方向着手,而是通过给 I^-/I_3^- 创造出一条新的扩散途径来提高它们的扩散系数,进而改善电池的性能。他们发现 1-十二烷基-3-甲基咪唑基团由于存在相互交错的烷基链,可以自组装成双分子层结构,形成了具有近晶 A(S_A)相的离子液体液晶(ILC)体系,由于离子在 S_A 水平方向上离子电导率高,故可将 I_3^- 和 I^- 定位在 S_A 双分子层的水平方向上,形成一个二维的电子传输通道,其示意图如图 4.3 所示。

将这种 ILC 与 I_2 混合作为 DSC 的电解质,开路电压和短路电流密度都比非结晶离子液体体系的 DSC 高。该工作也为 DSC 用离子液体的研究开辟了新路径。

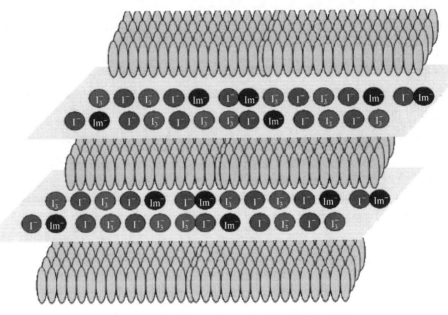

图 4.3 离子液体液晶体系中电子传输通道示意图

然而,ILC 离子液晶的高黏度限制其物理扩散的同时还限制了 I^-/I_3^- 基于交换反应传输的扩散,因此 ILC 在 DSC 中的应用还存在局限性。总的来讲,目前 DSC 用离子液体电解质的主要研究方向是研发非碘盐类、低黏度及低成本的离子液体,通过降低离子液体的黏度来提高电解质中 I_3^- 的扩散系数,从而提高 DSC 的光伏性能。

4.1.3 准固态电解质

1991 年瑞士 Grätzel 教授领导的研究小组利用联吡啶钌(Ⅱ)配合物染料和纳米多孔 TiO₂薄膜制备出了世界上第一块染料敏化太阳电池,并获得了 7.1% 的光电转换效率[82]。染料敏化太阳电池在随后的十几年里,经过各国研究者的不懈努力,其效率已经提高到 10%～11%[83,84],这已经相当于非晶硅太阳电池的效率。如此高的效率确实给研究者极大的鼓舞,但在随后的研究中发现,这种太阳电池使用的液态电解质给电池的稳定性和实用化带来了一系列问题:①液态电解质可能导致 TiO₂表面上染料的脱落,从而影响电池的稳定性;②液态电解质中的溶剂易挥发;③密封困难,且电解质可能与密封剂反应,容易漏液,从而导致电池寿命大大下降;④液态电解质本身不稳定,易发生化学反应,从而使太阳电池失效;⑤电解质中的氧化还原电对在高强度光照下不稳定[85]。

为了克服这些问题,研究者提出了用固态电解质或准固态电解质来代替 DSC 中的液态电解质。目前,固态电解质主要有 p 型半导体、导电聚合物和有机空穴传输材料[86-89]。虽然固态电解质克服了液态电解质的不足,但由于电导率很低,以及电解质与电极界面浸润性差等问题,太阳电池光电转换效率还远达不到应用的水平,所以固态电解质有待进一步研究。与固态电解质相比,准固态电解质不仅具有较高的电导率和光电转换效率,而且还克服了液态电解质的不足,有效防止了电解质的挥发和泄漏,延长了电池使用寿命。因此准固态电解质逐渐成为研究的热点。

准固态电解质的机械性能介于液态和固态电解质之间,外观呈凝胶状。制备准固态电解质的重要手段是在液态电解质中加入一些物质,如有机小分子凝胶剂、高分子聚合物和纳米颗粒等。这些物质能够在电解质体系当中通过分子之间的物理或化学交联形成三维网络结构,使电解质呈宏观固态微观液态的结构,从而使液态电解质变成准固态电解质。根据凝胶化的方法不同可以将准固态电解质分为三类,即聚合物凝胶电解质、有机小分子凝胶电解质和添加纳米粒子的准固态电解质。

4.1.3.1　聚合物凝胶电解质

聚合物是制备准固态电解质最常用的凝胶剂,一般来说,这类聚合物包括高相对分子质量的聚合物和低相对分子质量的聚合物,这两种聚合物各有优缺点。高相对分子质量的聚合物形成的空间网络结构比较稳定,机械强度比较好,但同时凝胶网络结构对电荷传输的阻碍作用比较明显,导电性较差;另外,电解质与 TiO_2 膜的接触性不够好,造成电解质与 TiO_2 膜之间的阻抗升高。低相对分子质量的聚合物形成的准固态电解质虽然机械性能稍差,但这类电解质往往具有相对较高的电导率,制备的电池光电转化效率也会较高。目前使用的高分子聚合物主要有聚氧化乙烯(PEO)[90,91]、聚乙烯基吡啶(PVP)[92]、聚丙烯腈(PAN)[93]、聚甲基丙烯酸甲酯(PMMA)、偏氟乙烯和六氟丙烯的共聚物 P(VDF-HFP)[94,95]等。为了提高聚合物的导电性和机械性能,人们通常采用两种或多种高分子共聚的方法。聚合物本身是长链状结构,在准固态电解质中,聚合物链之间形成相互交联的三维网络结构,这种结构之间的支撑力是分子共价键,所以要比有机小分子凝胶剂形成的结构稳定,而且这种准固态电解质往往是热不可逆性的。用聚合物来制备准固态电解质一般有两种方法:一是将聚合物加到液态电解质当中加热使聚合物熔化,使分子间产生交联网络结构,生成准固态电解质;二是先将聚合物成膜,然后再吸收液态电解质变成准固态电解质。

Wang 等[94]用 P(VDF-HFP)固化离子液体电解质 1-甲基-3-丙基咪唑碘得到凝胶电解质,制得的 DSC 在 100 mW/cm² 光强下光电转换效率达到 5.3%。Kim 等[96]将甲基丙烯酸甲酯(MMA)和丙烯腈(AN)共聚物 P(MMA-AN)制备成凝胶电解质,制得的电池在 100 mW/cm² 的光强下光电转换效率为 2.4%。2004 年,日本的 Komiya 等[97]将一种低聚物用在准固态电解质中,这种聚合物的结构如图 4.4

所示。制作这种 DSC 时,先在吸附染料后的电极上形成一层聚合物膜,然后将电极和膜一起浸泡在液态电解质中。用这种聚合物制得的 DSC 在 $100\ mW/cm^2$ 的光强下短路电流密度、开路电压、填充因子分别为 $14.8\ mA/cm^2$、$0.78\ V$、0.70,光电转换效率高达 8.1%。作者研究组[98]制备的 P(VDF-HFP)基凝胶电解质染料敏化纳米 TiO_2 薄膜太阳电池在 $100\ mW/cm^2$ 光强下光电转换效率达到 6.61%。

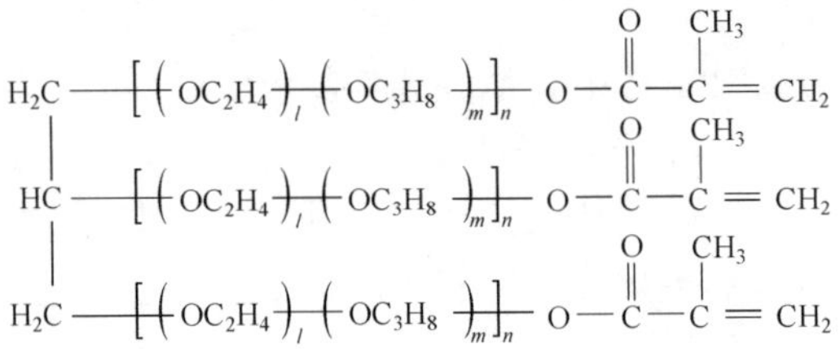

$$H_2C-[(OC_2H_4)_l(OC_3H_8)_m]_n-O-\underset{\overset{\displaystyle O}{}}{C}-\underset{\overset{\displaystyle CH_3}{}}{C}=CH_2$$
$$HC-[(OC_2H_4)_l(OC_3H_8)_m]_n-O-\underset{\overset{\displaystyle O}{}}{C}-\underset{\overset{\displaystyle CH_3}{}}{C}=CH_2$$
$$H_2C-[(OC_2H_4)_l(OC_3H_8)_m]_n-O-\underset{\overset{\displaystyle O}{}}{C}-\underset{\overset{\displaystyle CH_3}{}}{C}=CH_2$$

图 4.4　Komiya 使用的低聚物结构

林原等[99]使用聚环氧乙烷(PEO)内增塑侧链聚硅氧烷聚合物在液态电解质中与交联剂反应制备了一种新型凝胶电解质,聚合物结构如图 4.5 所示。他们在聚合物主链上引入季铵碘盐侧链,用 PEO 内增塑侧链和季铵盐侧链并存的聚硅氧烷聚合物制备的凝胶 DSC 在 $60\ mW/cm^2$ 的光强下短路电流密度、开路电压、填充因子和光电转换效率分别为 $5.0\ mA/cm^2$、$680\ mV$、0.60 和 3.4%,聚合物结构如图 4.6所示。

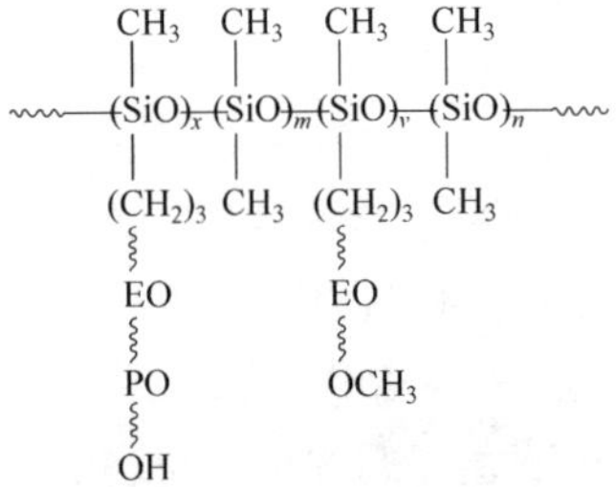

图 4.5　PEO 内增塑侧链聚硅氧烷聚合物结构 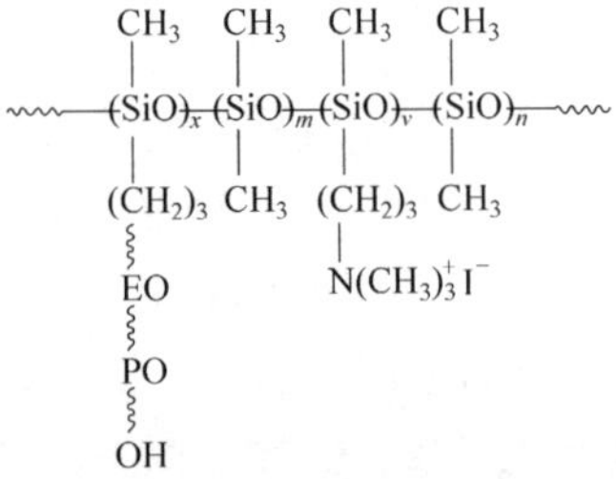　　　图 4.6　PEO 内增塑链和季铵盐侧链并存的聚硅氧烷聚合物结构

林原等[100]向含有 I^-/I_3^- 的聚环氧乙烷凝胶电解质中添加一定量的无机纳米 TiO_2 和离子液体 1-甲基-3-丙基咪唑碘盐这两种功能添加剂,对电解质进行优化,组装的 DSC 在 $100\ mW/cm^2$ 光强下光电转换效率达到 3.2%,与不添加的 DSC 相比,光电转换效率得到很大提高。他们用聚环氧乙烷卤代物和聚酰胺(PAMAM)的衍生物反应固化液态电解质,制得的 DSC 在 $100\ mW/cm^2$ 光强下光电转换效率达到 7.72%[91]。他们还用一种新型的含有低聚环氧乙烷链梳状熔盐型聚合物(MOEMImTFSI)固化含有不同有机溶剂(N-甲基噁唑烷二酮、3-甲氧基丙腈、碳

酸乙烯酯和碳酸丙烯酯混合)的液态电解质,得到凝胶电解质。其中用含有碳酸乙烯酯和碳酸丙烯酯有机溶剂制备的凝胶电解质组装成电池后光电性能最好,在 $100 \ mW/cm^2$ 光强下光电转换效率达到 6.58%。在室温放置 50 天后电池的光电转换效率降为 4%[46]。

4.1.3.2　有机小分子凝胶电解质

某些有机小分子化合物可以在液体电解质中发生分子间的自组装,形成三维网络结构,得到准固态电解质。有机小分子凝胶剂与高聚物相比相对分子质量低,目前见诸报道的主要包括糖类衍生物、氨基酸类化合物、酰胺(脲)类化合物、联(并)苯类化合物等[101]。相对于高分子凝胶剂来说,小分子凝胶剂的相对分子质量比较小,一般都在 1000 以下。小分子凝胶剂一般都含有酰胺键、羟基、氨基等极性基团或长脂肪链[102]。在有机溶剂中,凝胶分子之间通过氢键、疏水相互作用、静电相互作用、π-π 相互作用在液体电解质中自组装形成三维网络结构使液态电解质凝胶化[103]。

日本的 Kubo 等最早开始将有机小分子凝胶剂用于制备 DSC 中的准固态电解质。1998 年,他们用氨基酸类化合物来凝胶液态电解质,制得的准固态 DSC 在 $100 \ mW/cm^2$ 的光强下光电转换效率超过 3%。2001 年,他们用四种小分子凝胶剂(结构如图 4.7 所示)固化液体电解质,其中液态电解质的组成为:0.6 mol/L 1,2-二甲基-3-丙基咪唑碘、0.1 mol/L I$_2$、0.1 mol/L LiI、1 mol/L 4-叔丁基吡啶,溶剂为 3-甲氧基丙腈。对应的 DSC 性能见表 4.3。

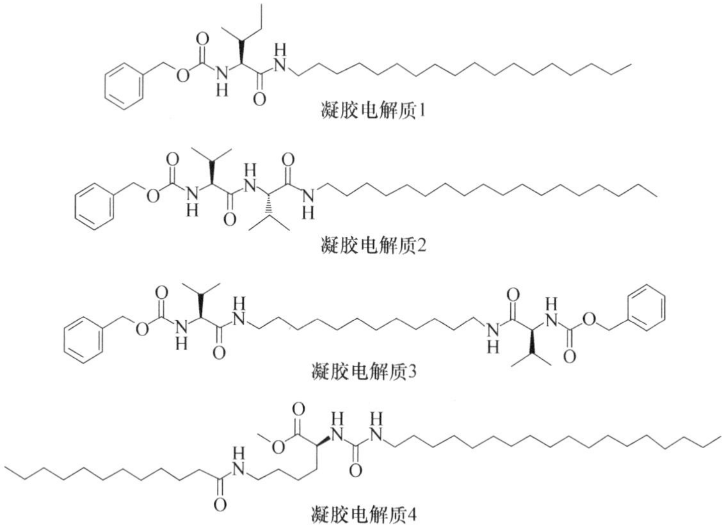

图 4.7　四种有机小分子凝胶剂的结构

表 4.3　几种小分子凝胶电池的光伏性能

电解质	$J_{sc}/(mA/cm^2)$	V_{oc}/V	FF	$\eta/\%$
液体电解质	11.1	0.622	0.674	4.66
凝胶电解质 1	10.9	0.625	0.658	4.46
凝胶电解质 2	11.1	0.632	0.658	4.62
凝胶电解质 3	11.1	0.640	0.634	4.49
凝胶电解质 4	11.2	0.623	0.664	4.67

　　由表 4.3 可以看出,电解质在凝胶化后对电池的各项性能的影响不大。第一种凝胶剂优化后得到的 DSC 在 100 mW/cm² 的光强下,短路电流密度、开路电压、光电转化效率分别为 12.8 mA/cm²、0.67 V、5.91%[104]。Mohmeyer 等[103]用双(3,4-二甲基-二苯亚甲基山梨醇)固化液态电解质,制得的电池在 100 mW/cm² 的光强下光电转换效率达到 6.1%。Huo 等[6]将 12-羟基硬脂酸作为有机小分子凝胶剂(图 4.8),通过羟基和甲氧基间的氢键作用对 3-甲氧基丙腈电解质进行固化,测试得到凝胶相转变温度 T_{SG} 达到 66 ℃,组装得到的 DSC 光电转换效率为 5.36%。研究了凝胶电解质电池的光电性能及凝胶电解质中 I_2 含量,以及多碘离子的形成对电导率的影响。作者通过对凝胶电解质的电化学性能(包括电导率、活化能)的研究发现,随着 I_2 浓度的增加,准固态电解质的电导率也随之增大,即随着碘浓度的增加,电解质中形成了多碘化合物,根据 Grotthuss 电荷传输机理,多碘化合物的生成可以显著提高电荷在胶凝剂形成的网络结构中的传输。在 60 ℃ 条件下加速老化 1000 h 后,这种准固态电池的光电转换效率为初始值的 97%,表明这种准固态 DSC 具有较好的稳定性。

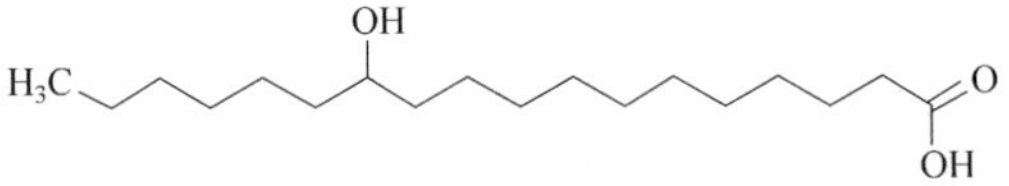

图 4.8　12-羟基硬脂酸的分子结构

　　用于胶凝液体电解质的有机小分子凝胶剂还可以通过胺与卤代烃形成季铵盐的反应在有机液体中形成凝胶网络结构而使液体电解质固化。Murai 等[105]利用各种多溴代烃与含杂原子氮的芳香环(如吡啶、咪唑等)的有机小分子和有机高分子之间能形成季铵盐的反应,也能够使组成成分为 0.3 mol/L 1-甲基-3-己基咪唑碘、0.05 mol/L I_2、0.5 mol/L LiI、0.58 mol/L 4-叔丁基吡啶和乙腈的液体电解质形成凝胶,得到准固态电解质的太阳电池。

4.1.3.3　纳米粒子的准固态电解质

　　由于特殊的尺寸效应,纳米粒子常被作为高聚物的填充剂以改进高聚物的各种性能。后来人们也向 DSC 的电解质中加入无机纳米粒子以提高体系的导电性和机械性能。无机纳米粒子在液态电解质中易于分散,在凝胶体系中形成更多的孔洞,对于提高凝胶电解质的电导率是有利的。最常用的无机纳米粒子有纳米 TiO_2、纳米 SiO_2、炭黑、碳纳米管等。近年来,世界各国的研究人员对无机纳米粒子凝胶电解质做了许多研究。

Wang 等[46]首次向含单质碘(I_2)的 1-甲基-3-丙基咪唑鎓碘(MPII)离子液体电解质中加入纳米 SiO_2(粒径为 12 nm)粒子将电解质固化,得到准固态凝胶电解质。结果表明,固化后的离子液体电解质与液态电解质的性能几乎无异,其中离子液体电解质的配方为:将 0.5 mol/L I_2 和 0.45 mol/L N-甲基苯并咪唑加入到体积比为 13∶7 的 1-甲基-3-丙基咪唑鎓碘(MPII)和 3-甲氧基丙腈混合液中配制而成,组装的 DSC 光电转换效率为 7.0%。之后,研究者陆续开展了用纳米 SiO_2 粒子固化离子液体的工作。Yanagida 等[106]用不同的无机纳米粒子分别制备凝胶电解质,所得电池光电转换效率达到 4.57%~5.00%,发现使用纳米 TiO_2 凝胶电解质的 DSC 光电转换效率最高。中国科学院物理研究所孟庆波研究组[107]以一定质量比将纳米 SiO_2 添加到 LiI/乙醇基液态电解质中制得凝胶电解质,组装的电池光电转换效率达到 6.1%。2005 年复旦大学的杨红等[108]用介孔纳米 SiO_2 粒子凝胶化液态电解质,所得的 DSC 在 100 mW/cm^2 的光强下光电转换效率达到 4.34%。Yang 等[109]用纳米 SiO_2 粒子使离子液体四氟硼酸 1-丁基-3-甲基咪唑鎓盐(BMI·BF_4)固化。他们认为 SiO_2 固化离子液体电解质的机理为四氟硼酸根(BF_4^-)与 SiO_2 表面上羟基之间存在氢键作用(O—H···F),将该准固态电解质与 N3 染料组装成 DSC,室温时电池的效率为 4.7%,60 ℃ 时达到 5.0%(75 mW/cm^2)。在 60 ℃下加速老化 1000 h 后,电池的效率几乎没有改变。Chen 等[110]将丁二腈与 BMI·BF_4 和 SiO_2 粒子一起制备了丁二腈/BMI·BF_4/SiO_2 凝胶电解质体系,它具有很宽的热稳定范围,而且,如果丁二腈缺失,体系的离子迁移率就急剧下降,这种凝胶电解质与 Z907 染料组装的 DSC,当温度从 20 ℃升至 80 ℃时,电池的效率从 4.98%升至 5.3%(75 mW/cm^2)。Chen 等[111]又用六氟磷酸根(PF_6^-)替代 BF_4^-,用纳米 SiO_2 粒子将 BMI·PF_6 和 MPII 组成的二元离子液体电解质固化,并加入 3-甲氧基丙腈(MPN)以降低电解质的黏度,制成了 MPII/BMI·PF_6/MPN,体积比为 2∶2∶1 体系凝胶电解质。测试结果显示,MPN 的加入对提高凝胶电解质的离子电导率有很大帮助。基于该凝胶电解质组装成的 DSC,20 ℃时光电转换效率达到 5.77%(75 mW/cm^2),比先前有较大提高,并且电池在高温区能很好工作且具有长的时间稳定性,这为电池在室外实际应用提供了可能。

总的来说,准固态电解质在一定程度上解决了液态电解质和固态电解质的不足,并取得了一定的研究成果(表 4.4)。与固态电解质相比,准固态电解质对 TiO_2 纳米多孔薄膜具有较好的浸润性,电导率远大于固态电解质,虽然用准固态电解质制得 DSC 的光伏性能通常不及液态电解质,但远大于固态电解质;与液态电解质相比准固态电解质不会流动,准固态电解质的三维网络结构能够有效抑制液体电解质的挥发从而提高电池的长期稳定性,而且还可以对准固态电解质的电荷传输机理做深入研究以改善其性能,从而提高准固态染料敏化太阳电池的光伏性能。因此,准固态电解质的研究开发对于染料敏化太阳电池实用化具有重要意义。

表 4.4　基于各种凝胶剂的准固态 DSC 的光伏性能

电解质组成	胶凝剂	染料	效率
0.6 mol/L DMPII,0.1 mol/L I₂,0.05 mol/L LiI,1 mol/L TBP,MPN	酰胺类有机小分子	N719	7.4%
0.6 mol/L DMPII,0.1 mol/L I₂,0.1 mol/L LiI,1 mol/L TBP,MPN	酰胺类有机小分子	N719	5.91%
HMII,I₂等	酰胺类有机小分子	N719	5.01%
0.2 mol/L I₂,0.12 mol/L GuSCN,0.5 mol/L NMBI,PMII/EMINCS(13∶7,体积比)	2%(质量分数)脲类有机小分子	K19 DPA	6.3%
DMPII,I₂,NMBI,MPN	双(3,4-二甲基-二苯亚甲基山梨醇)	Z907	6.1%
KI,I₂,EC,PC	聚硅氧烷	N3	3.4%
DMPII,I₂,LiI,TBP	PVDF-HFP	N719	6.61%
0.6 mol/L DMPII,0.1 mol/L I₂,0.5 mol/L NMBI,MPN	5%(质量分数)PVDF-HFP	Z907	6.1%
NaI,I₂,EC,PC,ACN	PAN	N3	3%~5%
0.2 mol/L DMPII,0.5 mol/L LiI,0.05 mol/L I₂,EC/GBL(3∶7,体积比)	聚(氧乙烯-共-氧丙烯)三(甲基丙烯酸酯)齐聚物	N3	8.1%
I₂、MPII、NMBI	10% PVDF-HFP	Z907	5.3%
0.6 mol/L PMII,0.1 mol/L I₂,0.45 mol/L NMBI,MPN	5%(质量分数)PVDF-HFP 或 5%(质量分数)SiO₂纳米颗粒	Z907	6.7%,6.6%
0.5 mol/L I₂,0.45 mol/L NMBI,MPII	SiO₂纳米颗粒	Z907	6.1%
1.5 mol/L EMII,0.1 mol/L LiI,0.15 mol/L I₂,0.5 mol/L TBP,EMITFSI	1%(质量分数)不同种类的纳米颗粒	N3	4.57%~5.00%

4.1.4　全固态电解质

虽然准固态电解质在一定程度上能防止电解质泄漏,减缓有机溶剂的挥发,但其长期稳定性还存在问题,于是全固态电解质应运而生[112,113]。目前对全固态电解质的研究主要集中在无机 p 型半导体材料、有机/聚合物空穴传输材料及离子导电高分子材料等。在全固态电解质中,其电子的传输与前面电解质略有不同。主要体现在,氧化态染料将空穴注入空穴传输材料中,空穴经空穴传输材料到达对电极与外电路的电子复合,实现电子输运回路。

4.1.4.1 无机 p 型半导体传输材料

无机 p 型半导体传输材料的研究领域也十分活跃。用于 DSC 的空穴传输材料,一般应满足如下条件:① 在可见光区(染料吸收范围)内透明;② 沉积 p 型半导体的方法不能引起染料降解或溶解;③染料基态能级要在 p 型半导体价带之下,而激发态能级在 TiO₂ 导带之上。该领域主要是以 Cu 的化合物为基础的无机 p 型半导体,以 CuI、CuSCN、CuBr 为主。1995 年,Tennakone 等[114] 将从溶液中沉积的 CuI 作为空穴传输材料应用于 DSC,尽管当时得到的 DSC 的效率很低,但是却证实了无机 p 型半导体材料可以作为电解质应用于 DSC 中。由于 CuI 易结晶,在填充到 TiO₂ 薄膜的过程中容易形成较大的颗粒,导致其与 TiO₂ 的接触性能较差。于是研究人员采用晶体生长抑制剂来抑制晶体的形成和生长。Meng 等[115] 采用离子液体作为 CuI 晶体生长抑制剂并与有机金属染料联用,制备出效率为 3.8% 的全固态 DSC。目前,基于 CuI 电解质的光电转化效率已达 3%,该方法已由日本东芝公司在欧洲申请专利。

CuSCN 也被用来作为 p 型半导体材料,1995 年 O'Regan 等[116] 发现了以 CuSCN 作空穴传输材料的可行性,并研究了紫外光照射对光伏电池的影响。他们发现紫外光照射有利于增加 TiO₂ 和 CuSCN 界面之间的接触和(SCN)$_x^-$ 的生成,而(SCN)$_x^-$ 可提高染料阳离子产生的再生速率[88]。随后他们又将 TiO₂ 换成 ZnO,得到了 ZnO/染料/CuSCN 的结构[117]。在 AM1.5 光照下得到了 1.5% 的效率。研究表明 CuSCN 的使用会加快 DSC 中复合反应[118],但是 CuSCN 的传输性质却优于常规的液体电解质[119]。为了解决 p 型半导体 DSC 中复合严重的问题,他们又在 TiO₂ 和染料之间引入 Al₂O₃ 势垒,结果表明引入的 Al₂O₃ 薄层作为隧道势垒,可增加电池的开路电压、填充因子,但是降低了短路电流密度[120]。具体的数据可见表 4.5。

表 4.5 不同器件的光伏性能参数

器件组成	V_{oc}/mV	J_{sc}/(mA/cm²)	FF	η/%	光强/(mW/cm²)	文献
ZnO/染料/CuSCN	550	4.5	0.57	1.5	100	[116]
TiO₂/染料/CuSCN	550	7.2	0.46	1.8		[88]
TiO₂(Al₂O₃)/染料/CuSCN	690	5.1	0.59	2.1		[88]
TiO₂/染料/CuI	600	1	0.6	6	5	[117]
n-TiO₂/Se/p-CuCNS	600	3.0		0.13	80	[120]

器件组成	V_{oc}/mV	$J_{sc}/(mA/cm^2)$	FF	$\eta/\%$	光强 $/(mW/cm^2)$	文献
TiO$_2$/染料/CuI (MEISCN)	516	9.3		3.0		[122]
TiO$_2$/染料/CuI	612	12.0		2.9		[122]
TiO$_2$(Al$_2$O$_3$)/染料/CuI	470	9.47	0.52	2.59	89	[123]
TiO$_2$(MgO)/染料/CuI	510	8.74	0.54	2.90	83	[124]
TiO$_2$/染料/CuI	390	1.6	0.37	0.4	61	
TiO$_2$/染料/CuI (MEISCN)	560	6.5	0.55	3.3	61	
TiO$_2$(ZnO)/染料/CuI (MEISCN)	590	6.84	0.57	3.8	61	

此外,日本的 Fujishima 小组[121]结合表面修饰电极研究 CuI 作空穴传输材料的固态电池。他们利用表面修饰的方法,用 Al$_2$O$_3$、MgO、ZnO 在 TiO$_2$ 电极表面形成势垒层,并通过引入晶体抑制剂 MEISCN 提高电池的性能和稳定性。

然而,迄今为止,基于无机 p 型半导体材料的 DSC 的稳定性,依然有待于进一步改进,并且就如何降低 DSC 中复合反应还缺乏行之有效的理论指导。这些都是无机 p 型半导体材料在 DSC 中应用时所面临和需要解决的问题。

4.1.4.2　有机空穴传输材料

有机空穴传输材料可以分为两大类:一是小分子空穴传输材料;另一是高分子空穴导电材料。在小分子空穴传输材料方面的研究十分活跃。1998 年 Grätzel 小组在研究染料敏化介孔 TiO$_2$ 的固态太阳电池中,利用 N3 作为敏化剂,2,2′,7,7′-四(N,N-二对-甲氧基苯基胺)9,9′-螺双芴(OMeTAD)作为空穴传输材料(HTM),IPCE 达到 33%[86]。他们利用脉冲纳秒激光光解结合时间分辨吸收光谱研究了染料敏化异质结的电荷分离动力学过程,认为敏化剂受光激发后将电子注入 TiO$_2$ 的导带中,氧化态染料分子随之将空穴注入 HTM 中而获得再生,见式(4.1)和式(4.2)。图 4.9 为染料敏化异质结中电子转移过程的示意图。在 9.4 mW/cm^2 的白光照射下,产生了 0.74% 的光电转换效率,而在 100 mW/cm^2 的白光照射下,可以获得 3.18 mA/cm^2 的短路光电流。染料敏化异质结的优点在于光吸收剂和空穴传输材料可以独立选取,这对于优化电池的性能是非常有利的。染料敏化异质结这个概念的出现为将来低廉的固态太阳电池的研究提供了可行的选择。

$$Ru(NCS)_2(dcbpy)_2^* \longrightarrow Ru(NCS)_2(dcbpy)_2^+ + e^-(TiO_2) \tag{4.1}$$

$$OMeTAD + Ru(NCS)_2(dccbpy)_2^+ \longrightarrow Ru(NCS)_2(dcbpy)_2 + OMeTAD^+$$

$$(4.2)$$

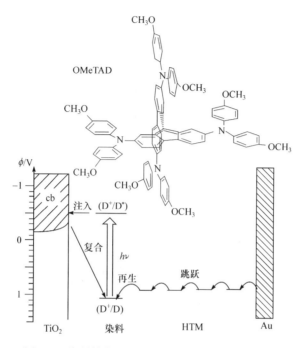

图 4.9 染料敏化异质结中的电子转移过程示意图

另外，Grätzel 小组又研究了不同碳链的钌染料(图 4.10)对该类固态电池光电性能的影响[125]。相对较长的碳链有利于提高性能参数，因为长的碳链可以增大电极和空穴传输层之间的距离，这样染料就可以作为一个阻挡层抑制电荷复合。由表 4.6 的数据可以看出，长碳链染料的利用对提高各个参数都有一定的作用。

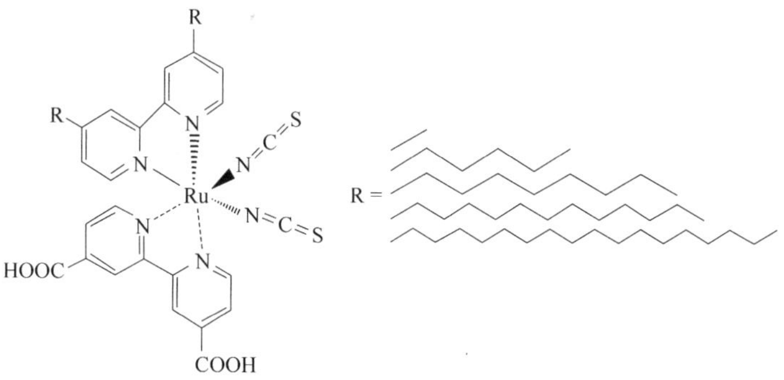

图 4.10 不同链长的钌染料的分子结构

表 4.6　不同碳链钌染料存在下的性能参数[115]

不同碳链	V_{oc}/ mV	J_{sc}/ (mA/cm²)	FF	η /%
C2	714	5.4	0.597	2.3
C6	712	5.8	0.605	2.5
C9	738	6.3	0.613	2.8
C13	744	6.3	0.660	3.1
C18	718	5.8	0.552	2.3

在小分子空穴传输材料中引入液体电解质中常用的 Li⁺ 和 TBP,也常用来提高电解质的电导率和抑制 DSC 中的复合反应。2007 年 Snaith[126] 通过设计在染料分子中引入离子螯合位点,大幅度的抑制了基于 OMeTAD 电解质的 DSC 的复合反应,获得了高达 5% 的效率。这是目前在小分子空穴传输材料方面取得的最高效率。

此外,以传统导电高分子聚噻吩、聚吡咯、聚苯胺类等[127] 可以充当空穴传导层(hole conducting material),由于此类高聚物大都具有 p 型半导体性质,也可称为有机 p 型半导体。但是这类化合物作为电解质的太阳电池还没有很大的进展,光电转化效率都比较低。1997 年 Yanagida 小组[128] 将掺有 LiClO₄ 的多吡啶导电高分子作为 DSC 电解质,制备出了全固态 DSC,只是当时仅获得了 0.1% 的效率。Saito 等[129] 采用化学聚合法制备出了有机空穴传输材料聚(3,4-乙撑二氧噻吩)(PEDOT),并在电极之间引入磺酰亚胺类离子液体,成功的改善了全固态 DSC 的光伏性能。如果采用"原位"聚合 PEDOT[130] 联用疏水型染料[131],并加入一些离子(Li⁺、TFSI⁻、CF₃SO₃⁻)掺杂剂[132,133],则全固态 DSC 的效率可以进一步提升。除上述高分子聚合物外,常见的聚合物有机空穴传输材料还有聚苯胺(PANI)[134]、聚(邻亚苯基二胺)[135]、聚(3-辛基噻吩)(P3OT)、聚(3-己基噻吩)(P3HT)[136] 等。Yanagida 小组使用 P3HT 电解质并在其中引入离子液体和TBP,联用含有噻吩的染料,获得了 2.7% 的效率。

在基于有机空穴传输材料的 DSC 中,已经证实空穴的传输速率并非是限制DSC 光电流的主要因素[137]。提高有机空穴传输材料和 TiO₂ 薄膜的接触才是改善 DSC 光伏性能的关键,这也是目前研究人员最为关注的地方。目前采取的主要方法是在有机空穴传输材料中引入离子液体,或者减小 TiO₂ 薄膜的厚度。

4.1.4.3　离子导电高分子材料

从上述两种全固态电解质的研究进展来看,结果并不乐观。因为空穴传输速率、电极接触等问题极大地限制了太阳电池的性能,无法与液体电解质电池相媲美。所以,基于离子导电高分子材料的全固态电解质是一个比较好的选择。导电高分子有着相对较高的离子迁移率和较易固化等优点,因此,成为近年来固态电解质的研究热点,并已取得了一些比较好的结果。2001 年,Paoli 等[138]将环氧丙烷和环氧乙烷共聚成聚合物 Epichlomer-16,与 NaI、I_2 共混制得了固态电解质,组装成 DSC(图 4.11)获得了 2.6% 的效率。这一结果与液态 DSC 相比,其光电转化效率较低,主要原因是全固态电解质的电导率在室温下比较低,并且电解质和染料的接触不充分。为了避免这个问题,研究者通过引入增塑剂如无机纳米粉末来降低晶化度,提出了无机复合型聚合物固体电解质的概念。研究表明,加入无机纳米粉体后,体系的离子迁移率有较大的提高,可以抑制聚合物高分子的结晶,提高电解质与电极界面的稳定性。

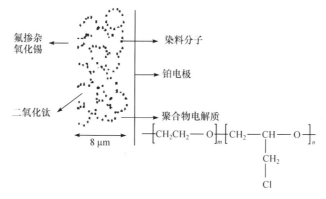

图 4.11　利用聚合物电解质组装的电池结构

Stergiopoulos 等采用有机高分子化合物聚氧乙烯醚(PEO)和 TiO_2 纳米粉末作为胶凝剂,胶凝组成成分为 I_2、LiI 和乙腈的液体电解质,在 65.6 mW/cm^2 (AM1.5)的光强下,获得了 4.2% 的效率[139]。2004 年,Kim 等[140]对掺二氧化硅纳米粉末修饰聚氧乙烯醚二甲基乙醚(PEODME)的固态电解质进行了研究,得到了 4.5% 的转换效率。Han 等[141]将 PEO 和 PVDF 组成共混高分子,然后引入 TiO_2 纳米粉末,降低了共混高分子母体的结晶度,提高了离子导电性、并有效地克服了在 TiO_2 电极与固态电解质界面的复合,使 DSC 的光电转化效率达到 4.8%。

除了以上结果,还有一些研究也值得关注,如孟庆波研究组[142]利用 LiI 和 3-羟基丙腈形成 $LiI(HPN)_x$ 化合物,并且根据单晶结构(图 4.12)发现,该类化合物能够为碘离子的传输提供三维的通道,有望代替电解质中的溶剂。他们还通过引入纳米二氧化硅来抑制 $LiI(HPN)_x$ 化合物的结晶。经过优化得到 5.4% (100 mW/cm^2)的光电转化效率。

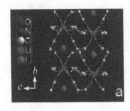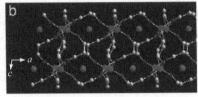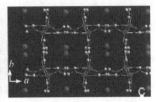

图 4.12　LiI(HPN)$_x$ 化合物 a, b, c 轴方向的单晶结构

4.2　电解质中的氧化还原电对

4.2.1　I$^-$/I$_3^-$ 电对

1991 年,Grätzel 在 *Nature* 上首次发表染料敏化太阳电池时,使用了 I$^-$/I$_3^-$ 氧化还原电对[143]。这是由 I$^-$/I$_3^-$ 的优良性质决定的[144]:其一,I$^-$/I$_3^-$ 的能级与常规的染料相匹配,能够优先实现染料的再生过程;其二,I$_3^-$ 与 TiO$_2$ 中的导带电子复合较慢,而 I$^-$ 的再生速率却很快;其三,在电解质中 I$^-$/I$_3^-$ 性能比较稳定而且电池具有较高的转换效率。然而,I$^-$/I$_3^-$ 并不是无可挑剔的,是由于 I$_2$ 具有腐蚀电极且具有吸收可见光的副作用,这促使工作者不断地寻找新的氧化还原电对。

目前,通过对 I$^-$/I$_3^-$ 氧化还原电对的研究与优化,DSC 光电转化效率达到了 11.1%[145]。同时,研究者发现了一些基于非碘的电对[146],如二茂铁、二苯酚、SCN$^-$/(SCN)$_3^-$、SeCN$^-$/(SeCN)$_3^-$ 和 Br$^-$/Br$_3^-$ 等,然而基于这些电对做成的电池光电转化效率都比较低,无法替代现有的 I$^-$/I$_3^-$。

4.2.1.1　I$^-$/I$_3^-$ 氧化还原电对在电解质中传输机理

经过近十几年对 DSC 的研究,I$^-$/I$_3^-$ 电对的传输机理已经比较成熟,I$^-$/I$_3^-$ 在电解质中扩散主要是受浓度梯度影响。在一定黏度的介质中,由于摩擦阻力的存在,扩散物种(等价为球形物种)所受的力与速度存在如下的关系[147]:

$$F = 6\pi r \eta v \tag{4.3}$$

其中,η 为介质的黏度;r 为物种的半径;v 为物种的移动速率。又有 Stokes-Einstein 方程:

$$D = \frac{kT}{6\pi r \eta} \tag{4.4}$$

其中,D 为物种的扩散系数;k 为玻尔兹曼常量。而方程(4.4)则可以计算不同黏度、不同温度的介质中扩散物种的扩散系数。将方程(4.4)稍作变化可得方程(4.5):

$$\frac{D\eta}{T} = \frac{k}{6\pi r} \tag{4.5}$$

由方程(4.5)则可以计算出特定温度下、特定介质中、特定物种的扩散系数。目前关于有机溶剂电解质中的氧化还原电对传输的研究,Stokes-Einstein 方程是其主要理论依据。

在 DSC 中,当 I_3^- 浓度比较低,或者电解质黏度比较大时,I_3^- 的扩散是速控步骤。I_3^- 在光阳极上被还原,会降低电池的输出电压。然而,当 I_3^- 浓度比较大时,扩散系数增加可以用 Grotthus 离子交换机制解释[147]。Grotthus 机制表达如下:

$$I_3^- + I^- \longrightarrow I^- \cdots I_2 \cdots I^- \longrightarrow I^- + I_3^- \tag{4.6}$$

电荷的传输与化学键的形成或裂解相对应。目前该理论已被广泛接受,特别是在离子强度场比较高的离子液体电解质中,并且 D_{ex} 的大小可以通过 Dahms-Ruff 方程定量计算:

$$D_{ex} = \frac{k_{ex}\delta^2 c'}{6} \tag{4.7}$$

其中,k_{ex} 为发生交换反应时的反应速率常数;δ 为发生交换反应时 I^- 和 I_3^- 之间的距离;c' 为电解质中 I_3^- 和 I^- 的浓度。于是电解质中 I^- 和 I_3^- 的扩散系数可以视为由两部分组成:

$$D_{app} = D_{phys} + D_{ex} = \frac{kT}{6\pi r\eta} + \frac{k_{ex}\delta^2 c'}{6} \tag{4.8}$$

从方程(4.8)中可以看出,交换反应必须满足这样一个条件:I^- 和 I_3^- 具有足够的动能以克服两者相互接近时所产生的势能,从而使 I^- 和 I_3^- 能够发生碰撞以实现交换反应的发生。离子液体是仅有阴阳离子组成的室温熔盐,其中的离子强度非常高,I^- 和 I_3^- 处于高的离子强度场中,由于动力学盐效应的影响[148],I^- 和 I_3^- 之间的碰撞变得比较容易(k_{ex} 显著增加),在离子液体中 D_{ex} 对 D_{app} 的贡献显著增加。例如,在 MPN 中 I^- 和 I_3^- 溶剂化后在 MPN 中可以自由移动,但是 I^- 和 I_3^- 本身带有负电荷,当 I^- 和 I_3^- 相互接近时,同性电荷相互排斥,于是 I^- 和 I_3^- 很难发生碰撞,即 k_{ex} 很小。因此,可以近似认为在液体电解质中 I^- 和 I_3^- 基于 Grotthus 类交换反应的扩散系数 D_{ex} 近似为零。

4.2.1.2　电对在电解质中发生的反应

DSC 转换工作原理前文已有描述(图 4.13),其中和电解质相关部分为:氧化态的染料分子 S^+ 被氧化还原电对 I^-/I_3^- 中的 I^- 还原成基态,实现染料的再生,与此同时,I^- 自身被氧化成 I_3^-。I_3^- 在电解质中扩散到光阴极处得到电子而生成 I^-。因此,在 DSC 中,氧化还原电对起到了传输电子的作用,它们在电解质中的扩散速率对电池的光电性能有重要的影响。

碘在电解质中与 I^- 结合生成 I_3^-,当碘含量较高,易生成多碘负离子,如 I_5^-、I_7^- 和 I_9^- 等[149]。在 DSC 中 I_3^- 的含量直接影响电池的性能,因此需要控制 I^- 和 I_3^- 含

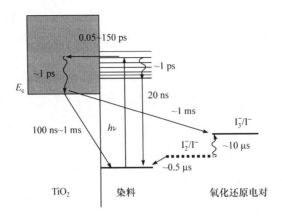

图 4.13　DSC 的转换原理图及各转换所需时间

量,即随着碘浓度的增加及多碘离子的形成,电解质的电导率应该下降。但是,事实上电解质的电导率会因为多碘离子的形成而有所增加。这说明电解质中的交换反应产生的离子迁移也会对电解质的电导率产生重要影响,并且多碘离子的形成会对离子交换反应产生积极的影响。通常情况下,在 DSC 电解质中交换反应通常是在 I^- 和 I_3^- 之间发生,并且一定情况下这一作用对电解质中 I^-/I_3^- 的传输起着重要作用。当电解质中形成 I_5^- 后,I_5^- 也可以与 I^- 和 I_3^- 之间发生交换反应。并且由于 I_5^- 较大的离子半径,在电解质中 I_5^- 与 I^- 发生交换反应更容易进行。因此,电解质受交换反应影响,其 D_{ex} 也会随着多碘离子的形成而增大[150]。但是到现在为止还难以定量地描述多碘离子的形成对 D_{ex} 的贡献。

$$I_2 + I^- \Longrightarrow I_3^- \tag{4.9}$$
$$I_3^- + 2e^- \Longrightarrow 3I^- \tag{4.10}$$

在电化学电池中,方程(4.9)发生在充分催化并具有低超电势下的对电极上,对于氧化还原电对 I^-/I_3^- 来说,常用 Pt 作为催化剂来快速吸附 I^-、I_3^-、I_2 发生单电子还原[151]。在对电极上发生的电荷传输会产生一定的电荷转移电阻 R_{CT}。因此,在一定的电流密度下,需要一个超电势 η 使方程(4.9)发生反应。当超电势 η 比较小时,η 与电流密度 J 呈线性关系:$R_{CT} = \eta/J = RT/(nFJ_0)$,对于方程(4.9)来说 $n=2$,J_0 为交换电流密度。理想情况下,$R_{CT} \leqslant 1\Omega \cdot cm^2$ 以免电流密度降低太大。式(4.9)与染料的再生并没多大联系,反而方程 $2I^- \Longrightarrow I_2^- + e^-$ 与氧化态染料的还原相关联。相对标准氢电极来说,I^-/I_3^- 电对的氧化还原电势为 0.35 V,N3 或 N719 的标准氧化电势为 1.1 V。因此,氧化态染料被还原的驱动力高达 0.75 V,这个过程同时也是最大耗能过程[151]。

当光生电子注入 TiO₂ 中后,染料处于氧化态,需要电子供体来使其还原,以实现染料的再生。根据扩散控制动力学得出染料再生的下限:在非黏性介质中其扩

散系数 K_{diff} 不得低于 $10^9 \sim 10^{10}$ L·s/mol;在电解质中,给电子体浓度不得低于 0.1 mol/L,因此可以计算出染料再生时间 $= K_{diff} \times$ 给电子体的浓度。我们在这里给染料再生效率 φ_{reg} 下定义。φ_{reg} 指染料再生是有电解质中给电子还原的或是有导带 TiO_2 中电子直接复合还原的可能性。

$$\varphi_{reg} = \frac{k_{reg}}{k_{reg} + k_{rec}} \tag{4.11}$$

其中,k_{reg} 为再生速率常数;k_{rec} 为氧化态染料与导带电子复合的准一阶速率常数。

在 DSC 中,碘化物是常用的电子供体(还原剂),同时对不同的染料表现出较高的 φ_{reg}。在染料的还原过程中,碘化物会部分被氧化成二碘化物 I_2^- [152],然而 I_2^- 是不稳定的,会歧化生成三碘化物 I_3^- 和碘化物 I^-,氧化态染料(S^+)被还原机理如下:

$$S^+ + I^- \longrightarrow (S \cdots I) \tag{4.12}$$
$$(S \cdots I) + I^- \longrightarrow (S \cdots I_2^-) \tag{4.13}$$
$$(S \cdots I_2^-) \longrightarrow S + I_2^- \tag{4.14}$$
$$I_2^- \longrightarrow I_3^- + I^- \tag{4.15}$$

第一步 S^+ 与 I^- 是单电子传递反应。然而,水溶液中相对于标准氢电极 NHE 的 $I \cdot / I^-$ 氧化还原电势 $U^0(I \cdot / I^-)$ 为 1.33 V[151],相应乙腈溶液中的为 1.32 V[153],这个值远比各个染料的 $U^0(S^+/S)$ 更正,因此碘不会被氧化成碘自由基 $I \cdot$,而 $(S \cdots I)$ 的氧化还原电势稍正,故染料再生的第一步可能是生成 $(S \cdots I)$。I^- 还可以继续与 $(S \cdots I)$ 反应生成 $(S \cdots I_2^- \cdot)$ 络合物,$(S \cdots I_2^- \cdot)$ 络合物可以解离成 S 和 $I_2^- \cdot$。最后,$I_2^- \cdot$ 歧化成 I_3^- 和 I^-,其在乙腈中二阶速率常数为 2.3×10^{10} L/(mol·s)。

$(S \cdots I)$ 中间体经激光光谱研究得到证实。Clifford 等证实了处于氧化态的染料 cis-Ru(dcbpy)$_2$(CN)$_2$ 与碘化物形成了 $(S \cdots I)$ [154]。1991 年,Fitzmaurice 等观察到 Ru(dcbpy)$_3^{2+}$ 敏化剂与碘化物形成了 $(S \cdots I_2^-)$ [155]。通过量子化学计算得出,cis-Ru(dcbpy)$_2$(CN)$_2$ 敏化剂易于碘化物形成中间体。对于常见的标准敏化剂 cis-Ru(dcbpy)$_2$(CN)$_2$,在电解质中加入 0.5 mol/L 的碘化物,其再生半时间为 100 ns $\sim$ 10 μs[156]。再生动力学来源于电解质的组成。Pelet 等发现碘盐中阳离子的性质与再生密切相关[157],吸附在 TiO_2 表面的阳离子(如 Li^+ 和 Mg^{2+})能促进染料快速地再生,而 TBA^+ 阳离子能降低反应速率。这是由于,当阳离子吸附在 TiO_2 表面时,能促使 TiO_2 局部表面具有较高的碘离子浓度,从而提高再生效率。

一大部分的敏化剂能被碘化物有效地还原,从而实现染料的再生,其染料的氧化电势与标准敏化剂 cis-Ru(dcbpy)$_2$(CN)$_2$($U^0 = +1.10$V vs NHE)相似或稍正。I_3^-/I^- 在有机溶剂中的氧化还原电势为 $+0.35$ V(vs NHE),对标准敏化剂 cis-Ru(dcbpy)$_2$(CN)$_2$ 来说,其再生的驱动力 $\Delta G^0 = 0.75$ eV,从而估算出所需的驱动力。2001 年,Kuciauskas 等[156] 研究了一系列关于 Ru 与 Os 的染料再生动力学,发现

$Os(dcbpy)_2(NCS)_2$ 敏化剂的驱动力为 $\Delta G^0 = 0.52$ eV 时,是不能被碘化物还原的,而 $Os(dcbpy)_2(CN)_2$ 敏化剂的驱动力为 $\Delta G^0 = 0.82$ eV 时,是可以被碘化物还原的。Clifford 等[158]研究证实:Ru 的一系列染料 $Ru(dcbpy)_2Cl_2$ 驱动力为 $\Delta G^0 = 0.46$ eV 时,再生效率很慢。此结果表明:在 I^-/I_3^- 体系中,需要 0.5~0.6 eV 的驱动力来还原 Ru 一系列的染料。如此大的驱动力可能来源于起始再生反应过程中的 $I^-/I_2^{-\cdot}$ 电对,其电势比 I^-/I_3^- 更正。

4.2.2　非碘氧化还原电对

尽管目前基于含碘液态电解质的染料敏化太阳电池效率最高,但碘对体系的主要缺点是需要较大的驱动力来使染料再生[144]。碘对会腐蚀金属电极和吸收可见光波段的太阳光,影响电池的效率及稳定性[159]。

Arakawa 等[160]以 $LiBr/Br_2$ 作为 DSC 的氧化还原电对,但取得的光电转换效率较低。2005 年,王忠胜等[161]以 $LiBr/Br_2$ 氧化还原电对结合曙红染料制得的电池效率达到了 2.61%,与相同条件下基于 I^-/I_3^- 氧化还原电对的 DSC 相比,效率提高了 56%。Yanagida 等[162]合成了一系列 $Cu(I)/(II)$ 复合物的氧化还原体系,最高取得了 1.4% 光电转换效率。

1995 年,Tennakone 等[114]以 p-CuI 作为空穴传输材料制备了全固态 DSC,在 800 W/m^2 太阳光下,电池的电流密度为 1.5~2.0 mA/cm^2。2002 年,Kumara 等[124]研究了以 p-CuI 为电解质的固态 DSC,研究发现由于 CuI 晶体生长导致电池的开路电压和短路电流密度降低很快,于是他们在电解质中加入少量 1-乙基-2,3-二甲基咪唑硫氰盐(MEISCN)以抑制 CuI 晶体的生长,经过处理后的电池在 AM 1.5 太阳光照射下,光电转化效率达到了 3.0%。2011 年,武汉大学彭天佑等[163]报道了基于 CuI 的新型凝胶电解质。这种电解质中含有作为塑化剂的聚乙烯氧化物和作为添加剂的 $LiClO_4$。它能有效避免液态电解质的挥发和泄漏等问题,且具有较高的导电性和稳定性。研究表明加入聚乙烯氧化物和 $LiClO_4$ 能显著提高固态染料敏化太阳电池的效率。这是由于他们之间存在 Li^+-O 配位效应,它对该电解质的结构、形貌和离子导电性有重要影响。与基于不加 $LiClO_4$ 新型凝胶电解质的染料敏化太阳电池相比,基于这种含有 $LiClO_4$ 新型凝胶电解质的电池效率提高了 116.2%,最优化条件下效率达到了 2.81%。

2000 年,Tennakone 等[164]报道了以 $CuBr_3S(C_4H_9)_2$ 为空穴收集材料制备了高稳定性的 DSC,在 1000 W/m^2 光照下,V_{oc} 为 0.4 V,J_{sc} 约为 4.3 mA/cm^2。2005 年,Bandara 以 p 型半导体 NiO 为 DSC 的空穴收集材料,电池的 I_{sc} 为 0.15 mA,V_{oc} 为 480 mV。

1995 年,O'Regan 等[116]首次报道了以 CuSCN 为电解质制备了固态 DSC,但电池效率不高。2002 年,O'Regan[165]经过优化研究,使基于 CuSCN 电解质电池的光电转化率达到了 2.0%。

　　另外,研究者尝试用有机空穴传输材料来代替无机 p 型半导体材料作为 DSC 的固态电解质。

　　1998 年,Grätzel 等[86]首次将一种空穴传输材料 2,2′,7,7′-(N,N-二对甲苯氨基)-9,9′-螺环二芴(spiro-OMeTAD)(图 4.14)作为电解质用于 DSC 中,在 9.4 mW/cm² 白光照射下,光电转换效率为 0.7%。2006 年,Grätzel 等[166] 又以 tris-[4-(2-methoxy-ethoxy)-phenyl]-amine(TMEPA)空穴传输材料为电解质,结合双亲型 K51 染料制备的 DSC,在 AM 1.5 太阳光照射下,光电转化率达到了 2.4%。

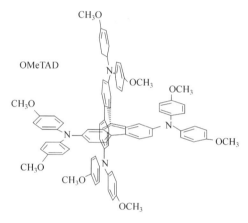

图 4.14　2,2′,7,7′-(N,N-二对甲苯氨基)-9,9′-螺环二芴(spiro-OMeTAD)的结构式

　　2001 年,Oskam 等[79]报道了以 SCN⁻/(SCN)₂ 或 SeCN⁻/(SeCN)₂ 为氧化还原电对的 DSC,最高 IPCE 只有 20%,比 I⁻/I₃⁻ 体系的 DSC 的 IPCE 低很多。这可能是由于 SCN⁻/(SCN)₂ 或 SeCN⁻/(SeCN)₂ 不能充分有效地还原染料造成的。2004 年,Grätzel 等[80]合成了低黏度的 1-乙基-3-甲基咪唑鎓硒氰酸盐(EMISeCN)离子液体,21℃ 时的电导率为 14.1 mS/cm,结合 Z907 染料制得的 DSC,在 AM1.5 的太阳光下,光电转化效率达到了 7.5%,性能与基于 I⁻/I₃⁻ 氧化还原电对的离子液体的 DSC 相当。

　　2010 年,Grätzel 小组[167]报道了以二硫化物/硫醇盐氧化还原电对为新型电解质。这种电解质几乎不吸收可见光,这种特性对以透明电极来收集电流的柔性 DSC 来说很重要。在标准太阳光下,基于这种新型非碘电对电解质的电池的光电转换效率达到了 6.4%。另外,在 520 nm 波长处的单色光光电转换效率超过了 81%。为我们指明了一个提高染料敏化太阳电池效率的新方向。

　　2011 年,莫纳什大学的 Spiccia 等[168]报道了一种基于二茂铁/二茂铁盐(Fc/Fc⁺)的氧化还原电对,以它作为电解质结合有机给体-受体型染料 Carbz-PAHT-

DTT 构建 DSC。实验分析表明,二茂铁/二茂铁盐的氧化还原电对和 Carbz-PAHTDTT 的氧化还原电位符合较好。同等条件下,基于二茂铁/二茂铁盐氧化还原电对电解质的电池效率超过了基于 I^-/I_3^- 电对电解质的电池效率,展示了其在未来 DSC 中应用的可行性。

Mirkin 等[169]报道了以 Ni(Ⅲ)/Ni(Ⅳ) bis(dicarbollide)为 DSC 的氧化还原电对,尽管该电对的氧化还原电势比 Fc/Fc$^+$ 负约 140 mV,基于前者的 DSC 的 V_{oc}(580 mV)比基于后者的 V_{oc}(200 mV)高很多,经过 1 个周期的 Al_2O_3 钝化后,V_{oc} 从 580 mV 提高到了 640 mV,J_{sc} 为 3.76 mA/cm^2,光电转换效率达到了 1.5%。

2001 年,Nusbaumer 等[74]研究发现钴体系的氧化还原电对在再生染料的动力学方面和 I^-/I_3^- 相当。2011 年 Grätzel 等[170]报道了基于 Co$^{(Ⅱ/Ⅲ)}$ tris(bipyridyl)的氧化还原电解质,结合锌卟啉染料 YD2-o-C8(图 4.15)制备的 DSC。YD2-o-C8 的特殊设计很大程度上抑制了纳晶 TiO_2 表面电子向氧化态的钴电子媒介的背反应,使开路电压接近 1 V。另外,由于 YD2-o-C8 在整个可见光范围内都能捕获光,获得了较大的光电流。在 AM 1.5 的太阳光照射下,该电池的光电转化效率达到了 11.9%,加入与 YD2-o-C8 有互补吸收光谱范围的 Y123(图 4.16)染料共敏化后,在 AM1.5 的太阳光照射下,电池效率达到了 12.3%。

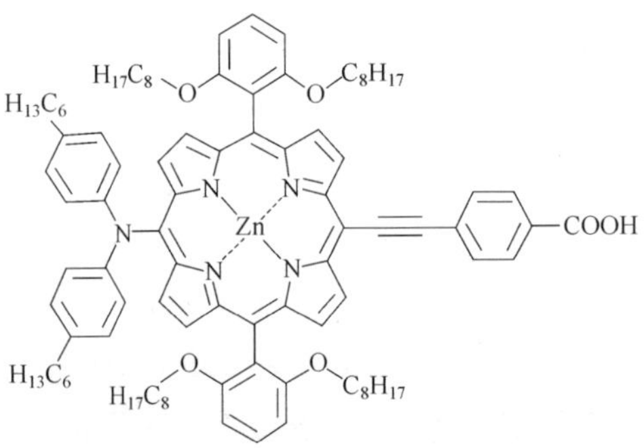

图 4.15　锌卟啉染料 YD2-o-C8 的结构式 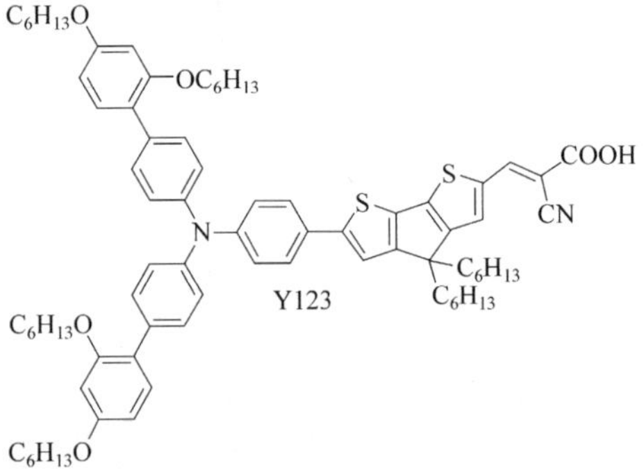　　　　图 4.16　Y123 的结构式

4.3　电解质中的添加剂

在 DSC 的液体电解质和准固态电解质中都含有氧化还原电对、溶剂、有机或无机添加剂。由于电解质成分与光阳极和反电极同时接触,因此形成了五个界面、两个层的复杂结构。如图 4.17 所示,五个界面即 TiO_2/TCO、染料/TiO_2、染料/电解质、TiO_2/电解质和 Pt/电解质,两个层即电解质层和染料敏化多孔薄膜层。其中 TiO_2/电解质界面容易发生 TiO_2 薄膜中的电子与电解质中的氧化性物种的

复合反应,造成电池的漏电现象。这种复合反应由 TiO_2 薄膜表面存在未吸附染料的缺陷而引起。染料/TiO_2 界面几乎只有十分之一的染料吸附到 TiO_2 薄膜表面,且染料分子间普遍存在由氢键引起的团聚现象。界面电子复合和染料团聚是降低电池光伏性能的主要因素之一,电解质是与这两个界面密切相关的一个层,因此在现有的研究中,通常采用在电解质中加入添加剂这种简单有效的办法来改善电池性能。添加剂会吸附在 TiO_2 表面,形成抑制 TiO_2 光阳极上注入电子与 I_3^- 之间电子复合反应的发生,减少了光阳极的漏电现象,提高电池的 V_{oc} 和 J_{sc}。与此同时,添加剂的吸附使 TiO_2 导带发生移动,间接地影响了染料/TiO_2 界面的电子注入。因此,添加剂在调控 TiO_2 导带的升高和降低时,对 V_{oc} 和 J_{sc} 来说是一个相互矛盾的过程。添加剂作为电解质重要的成分有提高电池的效率和稳定性的作用,且对于广泛的 DSC 体系有着

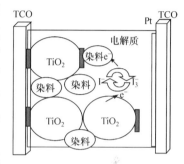

图 4.17　DSC 结构图

普遍的适用性。研究添加剂的作用更是对 DSC 界面动力学的深入探讨。

4.3.1　添加剂的作用原理

　　添加剂在 TiO_2 光阳极作用概括为形成阻挡层以抑制暗电流,调节 TiO_2 的导带和与染料的相互作用。大多数添加剂在反电极上的吸附对其催化性能的影响较小,添加剂在电解质中对离子的传导和电化学窗口的影响还没有系统的研究。

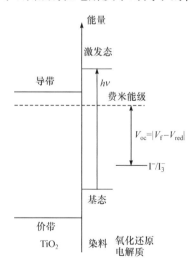

图 4.18　DSC 光阳极的能级图

在 DSC 中,V_{oc} 的数值是由 TiO_2 的费米能级 V_f 与氧化还原电对能级 V_{red} 的差值决定的(图 4.18)。因此,提高 TiO_2 的 V_f 或者降低电对的 V_{red} 都可以增大两者的差值从而改善开路电压。V_f 的升高和降低由 TiO_2 的导带的升高和降低决定。不同种类的添加剂的吸附由于带的电荷和电负性不同会对 TiO_2 的导带产生不同影响,但对电解质电对的能级几乎不产生影响。J_{sc} 的变化是由于添加剂与染料的氢键作用有可能达到减小染料团聚的效果,影响染料的基态能级,进而影响染料的激发态能级,改变电子从染料激发态注入 TiO_2 导带的动力。

　　电池的开路电压可以由二极管方程(4.16)进行计算[171]:

$$V_{oc} = \frac{nRT}{F} \ln \left(\frac{i_{sc}}{i_0} - 1 \right) \tag{4.16}$$

其中, n 为理想因子; 在 DSC 中数值为 $1 \sim 2$; i_0 为反向饱和电流, 即 DSC 中的暗电流。

当 TiO_2 薄膜与电解液接触时, 在 TiO_2 表面会形成 Helmholtz 层电容[172]。当 TiO_2 表面积累的电荷量足够大时, 会改变 Helmholtz 层中的电势降导致导带边的移动; 当表面积累正电荷时, 导带边将向正方向移动; 当表面积累负电荷时导带边将向负方向移动。导带中的电子浓度 Q_{cb} 决定着导带边 E_{cb} 与费米能级 E_f 之差, 即 $E(Q_{cb}) = E_{cb} - E_f$[173]。当 Q_{cb} 一定时, E_{cb} 向上移动时 E_f 也向上移动, 使得 V_{oc} 增大; 同理, E_{cb} 向下移动时 E_f 也向下移动, 使得 V_{oc} 减小。研究表明当向电解液中添加 Li^+[158]、胍盐或者通过酸处理, 使得 TiO_2 表面吸附有 H^+[174]时, 表面吸附正电荷使得导带向正方向移动, 导致 V_{oc} 减小。而 TBP、NMBI 和 BI 可以使 TiO_2 明显的负移, 使得 V_{oc} 升高。实际使用中, 一些添加剂的作用仍然不清楚。例如, TBP 可能改变复合速率, 也可能改变了导带移动, 或者二者兼有。改变表面复合速率与导带移动可以有四种情况: ①加快复合, 导带正向移动; ②加快复合, 导带负向移动; ③减慢复合, 导带正向移动; ④减慢复合, 导带负向移动。可以通过一些实验手段加以证实, 同时还应该综合考虑电子传输与电子复合两个过程, 如导带正向移动可以增加短路电流。

在对电流的影响较小的情况下, 减小暗电流可以增大 V_{oc}。电子在 TiO_2 表面的复合减小暗电流也会减小。通常用电池的暗态阻抗测试来表征暗态下电池各个界面的电子交换情况(图 4.19)。奈奎斯特图中第二个半圆表示 TiO_2 导带的电子在界面复合的难易程度, 对应于右方电路图的 R_{ct} 和 C_μ。R_{ct} 是 TiO_2/电解质界面的电子复合阻抗值, R_{ct} 越大, 表示电子在界面的复合越小, 有利于电池的 V_{oc} 和 J_{sc}; C_μ 是 TiO_2/电解质界面的化学电容值, 与界面的物质吸附情况有关, 可以反映 TiO_2 表面态密度的分布。

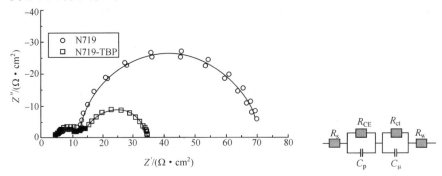

图 4.19　电解质中加入 TBP 前后奈奎斯特图和阻抗拟合电路图

　　分子化合物的添加剂在反电极上吸附很微弱,因此对反电极上的反应影响一般较小,但也有可能与 I_3^- 进行反应,影响 I_3^- 的扩散。如果是离子液体类添加剂有可能吸附到反电极上。图 4.19 第一个半圆表现了反电极界面 Pt/电解质的界面性质。R_p 反映了 I_3^- 在反电极上的还原反应难易程度,R_p 越小,反应越容易发生。常相位角元件 CPE 反映 Pt/电解质界面的双电层电容,其导纳 YQ 的表达式为 $YQ = Y_0(j\omega)^n$,YQ 有两个参数,一个是 Y_0,它的数值反映 Pt 与电解质溶液界面的电双层电容,另一个 $n(0 \leqslant n \leqslant 1)$ 是无量纲的指数,反映 Pt 电极表面的粗糙程度,即偏离平板电容的程度。因此,C_p 反映了 Pt/电解质双电层的性质,主要受反电极上物质吸附的影响[175]。

4.3.2　添加剂的分类

　　现有的研究中,添加剂主要分为含氮杂原子的中性分子、带正电的无机阳离子化合物、碘化钠等金属碘化物和胍盐,也有少量含杂环阳离子的离子液体作为添加剂的报道。

　　含氮杂环的分子主要包括 4-叔丁基吡啶(TBP)、N-甲基苯并咪唑(NMBI),苯并咪唑(BI)等,通过 N 原子上的孤对电子吸附到 TiO_2 膜的(101)晶面,与 Ti 结合形成共价键(图 4.20)[176]。

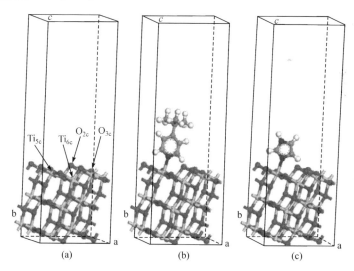

图 4.20　叔丁基吡啶和咪唑在 TiO_2 的(101)晶面的吸附

　　TBP 是 DSC 电解质中应用最广泛的添加剂。TBP 分子可以通过 Ti←N 化学吸附在纳米 TiO_2 的表面。游离 TBP 或物理吸附 TBP 的整个吡啶环的全对称环"呼吸"振动位于 996 cm^{-1},对于化学吸附的 TBP,主要是 TiO_2 与 TBP 之间存在着 Ti←N 配位键的 TBP,其整个吡啶环的全对称环"呼吸"振动位移至

$1007\ cm^{-1}$[177,178]。由此，N 原子作为电子供体，显电负性，使吸附添加剂后的 TiO_2 的导带负向移动。因此产生了两个方面的影响：电子从染料的激发态注入 TiO_2 导带的概率减小，降低电池的 J_{sc}；导带与氧化还原碘对的能级差值增大，V_{oc} 得到改善。同时，含氮杂环分子的吸附会形成复合反应的阻挡层，延长电子在 TiO_2 薄膜中的传输寿命，有利于电池的 V_{oc} 提高，暗电流损失的减小也有利于 J_{sc} 的提高。

TBP 能够抑制 I_3^- 在 TiO_2 电极或染料敏化 TiO_2 电极上的还原；当 TiO_2 上没有吸附染料时，TBP 可以通过化学吸附在 TiO_2 表面来抑制 I^- 的氧化，当 TiO_2 上吸附染料时，TBP 对 I^- 的氧化影响较小。这也说明了染料分子 NCS 中的硫原子对 I_3^- 的还原和 I^- 的氧化起着十分重要的作用[157,179]。

近年来有少量的报道表明，NMBI 可以改善钌吡啶类染料的团聚。杂环化合物的 N 原子可以与 I_3^- 形成配体[方程(4.17)]，这个反应使 I_3^- 的浓度降低，而 I^- 的浓度增大。这个反应在光阳极形成反应平衡后，使 I^- 捕获空穴的能力增强，I_3^- 的电子复合减少，提高 V_{oc}[180,181]。

$$\text{Heterocycles} + I_3^- \Longleftrightarrow \text{Heterocycles I}_2 + I^- \qquad (4.17)$$

工作状态中的电池 TiO_2 表面呈电负性，金属阳离子由于静电作用吸附在 TiO_2 表面。带正电的阳离子会导致 TiO_2 导带的正移，使从染料激发态能级注入 TiO_2 导带的电子注入概率增加，有利于 J_{sc} 的提高但同时使 V_{oc} 降低[182]。染料敏化纳米薄膜太阳电池电解质溶液中常用的金属阳离子添加剂是 Li^+。当在电解质溶液中加入小体积的 Li^+ 时，如果 Li^+ 浓度很小，主要是 Li^+ 在 TiO_2 膜表面的吸附；增大 Li^+ 的浓度，则 Li^+ 在 TiO_2 膜表面的吸附和 Li^+ 嵌入 TiO_2 膜内这两种情况共存；锐钛矿相 TiO_2 插入 Li^+ 后，可发生自发的相分离，成为锂贫相 $Li_{0.01}TiO_2$ 和锂富相 $Li_{0.6}TiO_2$，致使 TiO_2 膜的表面态增加，加剧电子的复合，缩短电子寿命[183]。Li^+ 的吸附同样会加速 TiO_2 中的电子扩散系数[184]，另外它还可与导带电子形成偶极子。由于表面的偶极子既可在 TiO_2 膜表面迁移，也有可能脱离 TiO_2 膜表面迁移，其结果是明显缩短了导带电子在相邻的或不相邻的钛原子之间传输的阻力和距离[183]。因此，在电解质溶液中加入 Li^+，可明显改善电子在 TiO_2 膜中的传输，从而提高太阳电池的短路电流。同时，形成的偶极子与溶液中 I_3^- 复合的速率也快，会导致太阳电池的填充因子下降，阳离子在 TiO_2 表面的吸附受到其分子大小的影响，体积很小的 Li^+ 容易吸附到 TiO_2 表面，咪唑阳离子其次，体积最大的 TBA^+ 在 TiO_2 表面的作用很微弱，因此对电子寿命的影响也有很大区别(图 4.21)[185]。

金属离子在反电极上虽然不存在吸附，但是存在热运动。金属离子的直径越大，对反电极反应的阻碍越大，体现为较小的 R_p 和 C_p 值。目前，在 DSC 电解质溶液中常用的碘源是烷基咪唑碘盐。常见的烷基咪唑碘盐是 1,2-二甲基-3-丙基咪

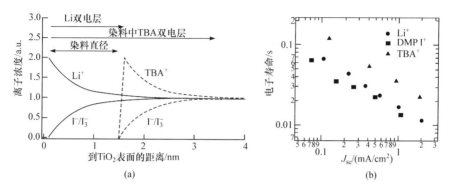

图 4.21 不同阳离子的半径大小(a)和电子寿命(b)的对比

唑碘,其常用浓度为 0.60 mol/L,而系统研究 1,2-二甲基-3-丙基咪唑碘、1-甲基-3-丙基咪唑碘和 1-甲基-3-己基咪唑碘对液体电解质溶液中 I_3^- 和 I^- 氧化还原行为的影响、I_3^- 的质量传输控制过程及其对 DSC 光伏性能的影响还未见报道。在计算 25 ℃时 I^- 和 I_3^- 在这三种烷基咪唑碘盐的 MePN 溶液中的表观扩散系数过程中发现,保持烷基咪唑碘盐的浓度一定,改变 I_2 的浓度,I_3^- 的扩散系数基本不变,I^- 的扩散系数略有减小。此外,适当提高电解质溶液中 I^- 和 I_2 的浓度,可降低电极反应的界面传输电阻。烷基咪唑阳离子在纳米 TiO_2 多孔薄膜表面的多层吸附,可以加快电子在纳米多孔薄膜中的传输和抑制 I_3^- 与 TiO_2 导带电子的复合,这些因素均有利于提高 DSC 的光电转换效率。咪唑阳离子会在反电极吸附,对反电极双电层产生影响,并增大 I^-/I_3^- 电对的吸附量。而含 N 杂环化合物分子不会吸附到反电极上,只是和 I_3^- 形成络合物后[式(4.17)],减少了 I_3^- 在反电极上的吸附浓度,反电极的催化反应受到 I_3^- 浓度扩散的限制。

胍盐的吸附不仅会使 TiO_2 的导带正向移动,还同时形成了阻挡层,抑制了电子复合,因此在提高电流的同时,V_{oc} 无明显的变化[186]。

由于碱金属碘化物与冠醚或穴醚形成配合物后,可使 I^- 近乎裸露,其在有机溶剂中的溶解度和 I^- 的还原活性会比原来的碱金属碘化物有大幅度的提高。大环多元醚是 1967 年以后出现的一大类中性化合物,其中把大单环多元醚称为冠醚(crown ether),而含桥头氮原子的大二环多元醚则称为穴醚(cryptand)。常见冠醚和穴醚的结构简式如图 4.22 所示,通常饱和冠醚是无色黏稠液体或低熔点的固体,穴醚是油状液体或低熔点的固体。自从发现冠醚和穴醚对金属离子,特别是碱金属离子具有特殊的配合作用后,人们对冠醚和穴醚的合成、结构与配合性能之间的关系及应用等方面做了大量的研究工作。冠醚和穴醚对阳离子的选择性配合,可以捕集和分离金属;碱金属盐与冠醚和穴醚配合后,可以增大在非质子溶剂中的溶解度,而且裸阴离子有很高的反应性能等,使得冠醚和穴醚在核能工业、电子工业、电化学工业、感光材料工业、军事工业、有机合成、化学等领域得到广泛应用。用冠醚和穴醚作添加剂可以制成高功率的非水电解质电池,其放电时间长、放电容量大、放电利用率高且具有极好的低温(-20 ℃)放电特性和高负荷特性。研究表明:I_3^- 在碱金属碘化物与冠醚或穴醚的配合物中的表观扩散系数要小于 DMPII,而 I^- 的表观扩散系数则相反,要大于 DMPII,且 I^- 和 I_3^- 的表观扩散系数与 DSC 的短路电流和填充因子的变化规律相一致,即含碱金属碘化物与冠醚或穴醚配合物的 DSC 的短路电流要高于基于传统离子液体 DMPII 的电池,其填充因子要低于基于 DMPII 的电池。

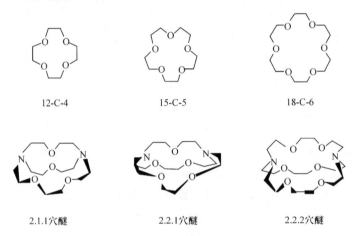

图 4.22　常见冠醚和穴醚的结构简式

4.3.3　添加剂的研究进展

传统添加剂的作用机理在近期的研究中得到进一步的完善。Wang 在文章中报道电解质中不同的阳离子盐,随着路易斯酸性增加($H^+ >$ TBA$^+ >$ 胍盐$ >$ Li$^+ >$ Na$^+ >$ K$^+$),染料吸收光谱蓝移[187]。Gao 等报道在电解质中加 $Mg(OOCCH_3)_2$ 可以与染料形成氢键,吸收光谱蓝移,但可以减少染料的团聚[188]。Zhao 等报道了苯并咪唑类离子液体作为添加剂具有较高的电池性能和很好的稳定性。一些高温离子熔盐由于性质稳定,不容易挥发也被用于 DSC 电解质添加剂,这些熔盐通常带有较长的烷基链,可以吸附于 TiO_2 表面后很好的形成阻挡层,获得较高的电池效率[189]。Zhang 等报道不同的阳离子添加剂和 TBP 共同修饰 TiO_2 表面时,TBP 的吸附量会产生改变,从而 TBP 的吸附会对 TiO_2 的费米能级产生不同的影响(图 4.23)[190]。

各种新结构新功能的添加剂材料在近期的报道中层出不穷。Thomas 等研究了在离子液体电解质中常用添加剂 TBP 和 NMBI 在不同碘浓度的电解质中的行为,并得出最佳的添加剂/碘的浓度配比。NMBI 在高碘浓度的离子液体电解质中

短路

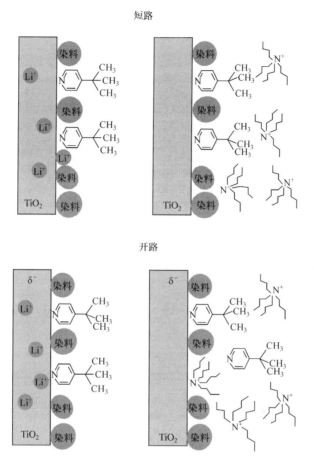

开路

图 4.23　短路和开路状态下电解质中 TBP 和不同阳离子在 TiO_2 表面共同吸附示意图

对暗电流的抑制很明显,使得电池的 V_{oc} 和 J_{sc} 都得到了提高。硫氰酸胍盐
(GuNCS)仅在 NMBI 存在的离子液体电解质中可以起到抑制电解质/TiO_2/染料
界面电子复合的作用[191]。Raja 等合成了一种分子结构呈树枝状的三唑类衍生物
(图 4.24)作为添加剂,这种树枝状结构在 TiO_2 表面与染料共吸附后会增强电池
对光的吸收同时改善电池的电化学性能,随着树枝状结构末端的三唑酯类衍生物
个数的增大,电池性能也随之加强[192]。Marszale 等合成了一系列具有低饱和蒸
气压的咪唑、吡啶、吡咯的三氰基甲基盐类,应用于离子液体电解质中作为新型的
添加剂,得到较好的光电性能[193]。Kisserwan 等报道了碘化铜作为添加剂对离子
液体电解质基的 DSC 性能影响。碘化铜可以加快染料的再生从而使电池的 J_{sc} 得
到提高。碘化铜对电解质/TiO_2/染料界面的电子复合不产生影响,因此电池的
V_{oc} 基本不变[194]。

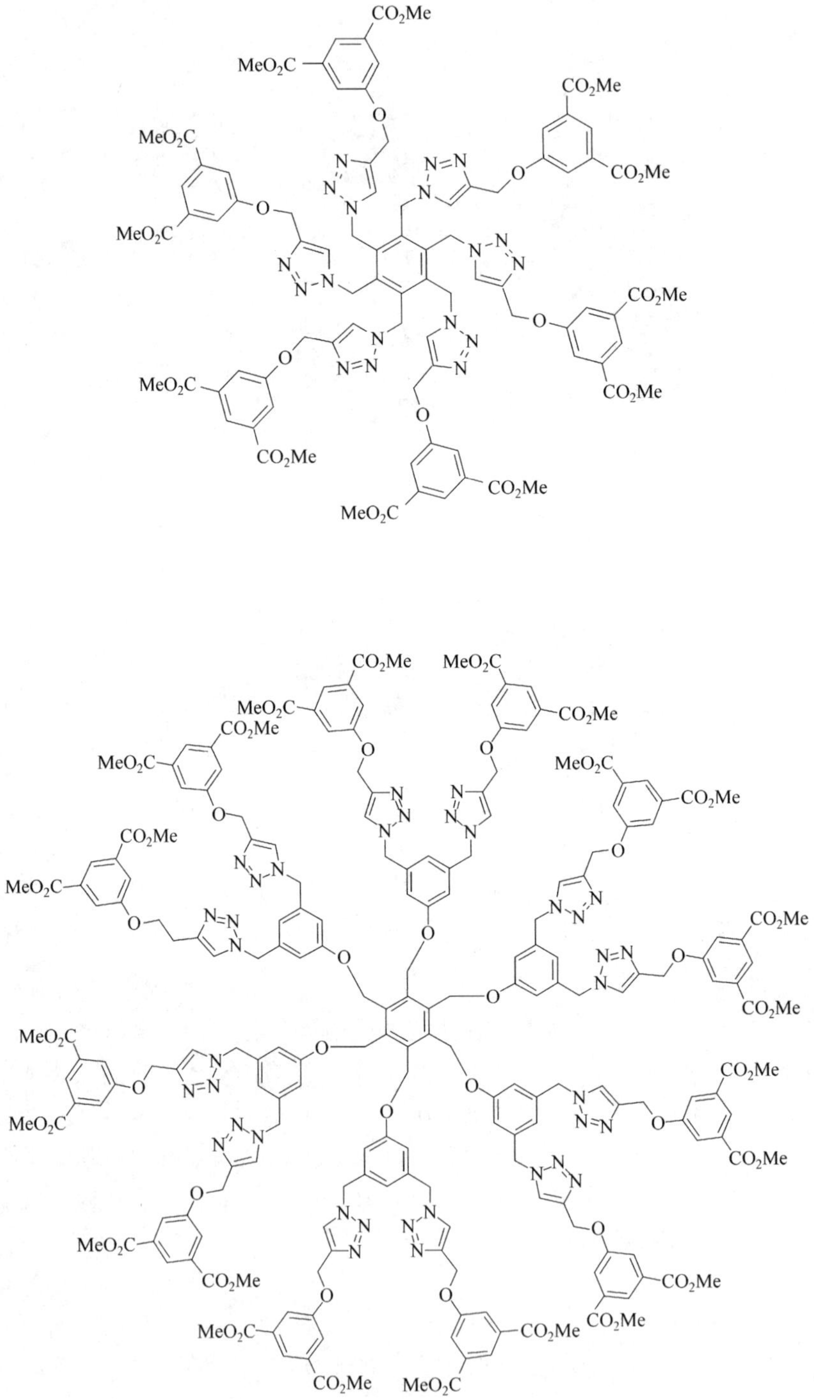

图 4.24　三唑类树枝状结构的分子示意图

关于添加剂对界面作用的理论正在逐步完善中。在现有的报道中,常用的氮杂环类添加剂加入电解质后对电解质中氧化还原电对的电势 V_{red} 几乎无影响,导带移动和电子复合反应的减少最终有利于 V_{oc} 的提高,同时引起 J_{sc} 的减小。N 杂环化合物对 V_{oc} 和 J_{sc} 的影响程度还与杂环本身的结构、取代基的不同有关。Kusama 等计算分析了一系列不同取代基,总结出不同结构的含氮杂环类的化合物的光电性能参数与 N 原子的部分电荷、电负性等的关系[195],如图 4.25 所示。结果表

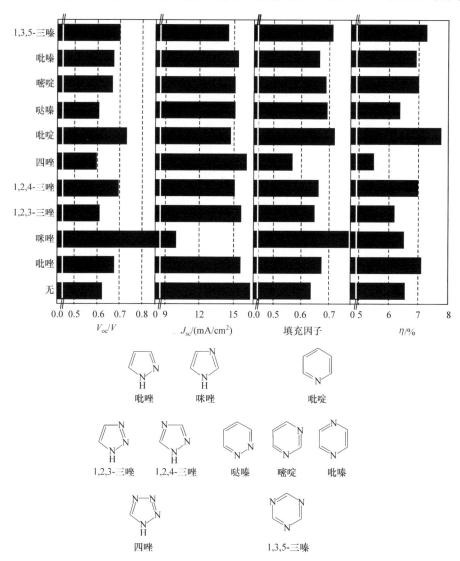

图 4.25　不同氮杂环添加剂的光伏性能对照表

明：当杂环上 N 的部分电荷增大时，对应电池的暗电流减小，V_{oc} 增大得越明显，而 J_{sc} 则降低得更多。同时，化合物的离子化能越高，V_{oc} 也随之增大。上述结论表明：杂环化合物的亲核性大小会影响添加剂的修饰效果。

　　添加剂对于 TiO_2/电解质界面性能的优化主要通过调节 TiO_2 的导带和形成复合抑制层来实现。从现有效果较好的添加剂来看，其作用效果总是很难对 V_{oc} 和 J_{sc} 同时改善。图 4.26 囊括了四种可能的形式，其中第四种可以达到提高光电压同时对电流影响较小的效果。同时添加剂的选用不仅需要考虑自身的稳定性，还要进一步考虑添加剂有可能同电池内其他组分发生反应从而影响电池的性能。例如，TBP 容易和 I_3^- 形成络合物，析出或影响界面稳定性，以及添加剂对钌染料的吸附和能级都有可能产生影响。除钌吡啶以外，添加剂对有机染料的作用还有待进一步研究。

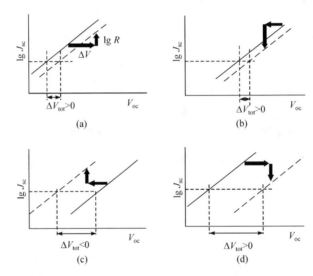

图 4.26　TiO_2 导带移动和界面电子复合的几种假设，虚线为有添加剂，实线为无添加剂的情况
(a)带边上移、复合加快；(b)带边下移、复合减慢；(c)带边下移、复合加快；(d)带边上移、复合减慢

　　总体来说，应尽量选择与氧化还原电对和反电极不产生作用的添加剂，同时可以吸附到 TiO_2 表面达到图 4.26(d)的效果，使 V_{oc} 的提高对 J_{sc} 的影响较小。同时所选的添加剂如能够作为一种很好的助吸附剂，使一些宽光谱但吸附弱或团聚强的染料能够完美地吸附到 TiO_2 表面形成敏化层，则能够更有效地提升电池的性能。

参 考 文 献

[1] Koide N,Islam A,Chiba Y,et al. Improvement of efficiency of dye-sensitized solar cells based on analysis of equivalent circuit. J Photoch Photobio A,2006,182(3):296-305.

［2］Kang T E,Cho H H,Cho C H,et al. Photoinduced charge transfer in donor-acceptor (DA) copolymer: Fullerene bis-adduct polymer solar cells. ACS Appl Mater Inter,2013,5(3):861-868.

［3］Lin J F,Tu G Y,Ho C C,et al. Molecular structure effect of pyridine-based surface ligand on the performance of P3HT:TiO₂ hybrid solar cell. ACS Appl Mater Inter,2013,5(3):1009-1016.

［4］Kozycz L M,Gao D,Seferos D S. Compositional influence on the regioregularity and device parameters of a conjugated statistical copolymer. Macromolecules,2013,46(3):613-621.

［5］Cocilovo B,Amooali A,Lopez-Santiago A,et al. Effect of modular diffraction gratings on absorption in P3HT:PCBM layers. Appl Optics,2013,52(5):1025-1034.

［6］Huo Z P,Dai S Y,Zhang C G,et al. Low molecular mass organogelator based gel electrolyte with effective charge transport property for long-term stable quasi-solid-state dye-sensitized solar cells. J Phys Chem B,2008,112(41):12927-12933.

［7］Huo Z P,Dai S Y,Wang K J,et al. Nanocomposite gel electrolyte with large enhanced charge transport properties of an I_3^-/I^- redox couple for quasi-solid-state dye-sensitized solar cells. Sol Energy Mater Sol Cells,2007,91(20):1959-1965.

［8］Hauch A,Georg A. Diffusion in the electrolyte and charge-transfer reaction at the platinum electrode in dye-sensitized solar cells. Electrochimi Acta,2001,46(22):3457-3466.

［9］Han L Y,Koide N,Chiba Y,et al. Improvement of efficiency of dye-sensitized solar cells by reduction of internal resistance. Appl Phys Lett,2005. 86(21):213-501.

［10］Fukui A,Komiya R,Yamanaka R,et al. Effect of a redox electrolyte in mixed solvents on the photovoltaic performance of a dye-sensitized solar cell. Sol Energy Mater Sol Cells,2006,90(5):649-658.

［11］Sheldon R. Catalytic reactions in ionic li-quids. Chem Commun,2001,23:2399-2407.

［12］Perelygin V P,Stetsenko S G. On the determination of bismuth concentration in specimens by an alpha-activation technique. Nucl Tracks Rad Meas,1993,22(1-4):823-826.

［13］Quarmby I C,Mantz R A,Goldenberg L M,et al. Stoichiometry of latent acidity in buffered chloroaluminate Ionic liquids. Anal Chem,1994,66(21):3558-3561.

［14］Ma M H,Johnson K E. Carbocation formation by selected hydrocarbons in trimethylsulfonium bromide-AlCl₃/AlBr₃-Hbr ambient-temperature molten-salts. J Am Chem Soc,1995,117(5):1508-1513.

［15］Quarmby I C,Osteryoung R A. Latent acidity in buffered chloroaluminate ionic liquids. J Am Chem Soc,1994,116(6):2649-2650.

［16］Gordon C M. New developments in catalysis using ionic liquids. Appl Cat A: Gen,2001,222(1-2):101-117.

［17］Singh R P,Winter R W,Gard G L,et al. Quaternary salts containing the pentafluorosulfanyl (SF5) group. Inorg Chem,2003,42(19):6142-6146.

［18］Yoshida Y,Muroi K,Otsuka A,et al. 1-ethyl-3-methylimidazolium based ionic liquids containing cyano groups: Synthesis,characterization,and crystal structure. Inorg Chem,2004,43(4):1458-1462.

［19］Hurley F H,Wier T P. Electrodeposition of met als from fused quaternary ammonium salts. J Electrochem Soc,1951,98(5):203-206.

［20］Chan B K M,Chang N H,Grimmett M R. Synthesis and thermol ysis of imidazole quaternary-salts. Aust J Chem,1977,30(9):2005-2013.

［21］Hirao M,Sugimoto H,Ohno H. Preparation of novel room-temperature molten salts by neutralization of amines. J Electrochem Soc,2000,147(11):4168-4172.

[22] Bonhöte P,Dias A P,Papageorgiou N,et al. Hydrophobic,highly conductive ambient-temperature molten salts. Inorg Chem,1996,35(5):1168-1178.

[23] Ohno H,Yoshizawa M. Ion conductive characteristics of ionic liquids prepared by neutralization of alkylimidazoles. Solid State Ionics,2002,154:303-309.

[24] Poole S K,Shetty P H,Poole C F. Chromatographic and spectroscopic studies of the solvent pro-perites of a new series of room temperature liquid tetraalkylammonium sulfonates. Anal Chim Acta,1989,218 (2):241-264.

[25] Fukumoto K,Yoshizawa M,Ohno H. Room temperature ionic liquids from 20 natural amino acids. J Am Chem Soc,2005,127(8): 2398-2399.

[26] Zhang J,Martin G R,DesMarteau D D. Direct methylation and trifluoroethylation of imidazole and pyridine derivatives. Chem Commun,2003,(18):2334-2335.

[27] de Souza R F,Padilha J C,Goncalves R S,et al. Room temperature dialkylimidazolium ionic liquid-based fuel cells. Electrochem Commun,2003,5(8):728-731.

[28] Holbrey J D,Seddon K R. The phase behaviour of 1-alkyl-3-methylimidazolium tetrafluoroborates: ionic liquids and ionic liquid crystals. J Chem Soc Dalton,1999,(13):2133-2139.

[29] Shi C W,Ge Q,Han S K,et al. An improved preparation of 1-methyl-3-propylimidazolium iodide and its application in dye-sensitized solar cells. Sol Energy,2008,82(5):385-388.

[30] Shi C W,Dai S Y,Wang K J,et al. Application of 3-hexyl-1-methylimidazolium iodide to dye-sensitized solar cells. Acta Chim Sin,2005,63(13):1205-1209.

[31] Fuller J,Breda A C,Carlin R T. Ionic liquid-polymer gel electrolytes from hydrophilic and hydrophobic ionic liquids. J Electroanal Chem,1998,459(1):29-34.

[32] McCamley K,Warner N A,Lamoureux M M,et al. Quantification of chloride ion impurities in ionic liquids using ICP-MS analysis. Green Chem,2004,6(7):341-344.

[33] Seddon K R,Stark A,Torres M J. Influence of chloride,water,and organic solvents on the physical properties of ionic liquids. Pure Appl Chem,2000,72(12):2275-2287.

[34] Holbrey J D,Reichert W M,Swatloski R P,et al. Efficient,halide free synthesis of new,low cost ionic liquids: 1,3-dialkylimidazolium salts containing methyl- and ethyl-sulfate anions. Green Chem,2002, 4(5):407-413.

[35] Picquet M,Poinsot D,Stutzmann S,et al. Ionic liquids: Media for better molecular catalysis. Top Catal, 2004,29(3-4):139-143.

[36] Lall S I,Mancheno D,Castro S,et al. Polycations. Part X. LIPs,a new category of room temperature ionic liquid based on polyammonium salts. Chem Commun,2000,(24):2413-2414.

[37] Moulton R. Eleetrochemical procees for producing ionic liquids. US,2003/0094380A1.

[38] Wasserscheid P,Driessen-Holscher B,van Hal R,et al. New,functionalised ionic liquids from Michael-type reactions-a chance for combinatorial ionic liquid development. Chem Commun, 2003, (16): 2038-2039.

[39] Handy S T,Okello M,Dickenson G. Solvents from biorenewable sources: Ionic liquids based on fructose. Org Lett,2003,5(14):2513-2515.

[40] Deetlefs M,Seddon K R. Improved preparations of ionic liquids using microwave irradiation. Green Chem,2003,5(2):181-186.

[41]Varma R S,Namboodiri V V. An expeditious solvent-free route to ionic liquids using microwaves. Chem

Commun,2001,(7):643-644.

[42] Namboodiri V V,Varma R S. Microwave-assisted preparation of dialkylimidazolium tetrachloroalumi-nates and their use as catalysts in the solvent-free tetrahydropyranylation of alcohols and phenols. Chem Commun,2002,(4):342-343.

[43] Khadilkar B M,Rebeiro G L. Microwave-assisted synthesis of room-temperature ionic liquid precursor in closed vessel. Org Process Res Dev,2002,6(6):826-828.

[44] Leadbeater N E,Torenius H M,Tye H. Ionic liquids as reagents and solvents in conjunction with micro-wave heating: rapid synthesis of alkyl halides from alcohols and nitriles from aryl halides. Tetrahedron, 2003,59(13):2253-2258.

[45] Leveque J M,Luche J L,Petrier C,et al. An improved preparation of ionic liquids by ultrasound. Green Chem,2002,4(4):357-360.

[46] Wang P,Zakeeruddin S M,Comte P,et al. Gelation of ionic liquid-based electrolytes with silica nanopar-ticles for quasi-solid-state dye-sensitized solar cells. J Am Chem Soc,2003,125(5):1166-1167.

[47] Wang M,Chen P,Humphry-Baker R,et al. The influence of charge transport and recombination on the performance of dye-sensitized solar cells. Chem Phys Chem,2009,10(1):290-299.

[48] Papageorgiou N,Athanassov Y,Armand M,et al. The performance and stability of ambient temperature molten salts for solar cell applications. J Electrochem Soc,1996,143(10):3099-3108.

[49] Cao Y M,Zhang J,Bai Y,et al. Dye-sensitized solar cells with solvent-free ionic liquid electrolytes. J Phys Chem C,2008,112(35):13775-13781.

[50] Wang P,Zakeeruddin S M,Humphry-Baker R,et al. A binary ionic liquid electrolyte to achieve≥7% power conversion efficiencies in dye-sensitized solar cells. Chem Mater,2004,16(14):2694-2696.

[51] Mohmeyer N,Kuang D B,Wang P,et al. An efficient organogelator for ionic liquids to prepare stable quasi-solid-state dye-sensitized solar cells. J Mater Chem,2006,16(29):2978-2983.

[52] Ito S,Zakeeruddin S M,Humphry-Baker R,et al. High-efficiency organic-dye-sensitized solar cells con-trolled by nanocrystalline-TiO$_2$ electrode thickness. Adv Mater,2006,18(9):1202-1205.

[53] Wang P,Zakeeruddin S M,Moser J E,et al. A new ionic liquid electrolyte enhances the conversion effi-ciency of dye-sensitized solar cells. J Phys Chem B,2003,107(48):13280-13285.

[54] Kuang D B,Klein C,Zhang Z P,et al. Stable,high-efficiency ionic-liquid-based mesoscopic dye-sensitized solar cells. Small,2007,3(12):2094-2102.

[55] Kuang D B,Wang P,Ito S,et al. Stable mesoscopic dye-sensitized solar cells based on tetracyanoborate ionic liquid electrolyte. J Am Chem Soc,2006,128(24),7732-7733.

[56] Bai Y,Cao Y M,Zhang J,et al. High-performance dye-sensitized solar cells based on solvent-free electro-lytes produced from eutectic melts. Nat Mater,2008,7(8):626-630.

[57] Matsumoto H,Matsuda T,Tsuda T,et al. The application of room temperature molten salt with low vis-cosity to the electrolyte for dye-sensitized solar cell. Chem Lett,2001,1: 26-27.

[58] Wang P,Wenger B,Humphry-Baker R,et al. Charge separation and efficient light energy conversion in sensitized mesoscopic solar cells based on binary ionic liquids. J Am Chem Soc,2005, 127 (18): 6850-6856.

[59] Xi C C,Cao Y M,Cheng Y M,et al. Tetrahydrothiophenium-based ionic liquids for high efficiency dye-sensitized solar cells. J Phys Chem C,2008,112(29):11063-11067.

[60] Wachter P,Schreiner C,Zistler M,et al. A microelectrode study of triiodide diffusion coefficients in mix-

tures of room temperature ionic liquids, useful for dye-sensitised solar cells. Microchimi Acta, 2008, 160 (1-2): 125-133.

[61] Fei Z, Kuang D, Zhao D, et al. A supercooled imidazolium iodide ionic liquid as a low-viscosity electrolyte for dye-sensitized solar cells. Inorg Chem, 2006, 45(26): 10407-10409.

[62] Shi D, Pootrakulchote N, Li R Z, et al. New efficiency records for stable dye-sensitized solar cells with low-volatility and ionic liquid electrolytes. J Phys Chem C, 2008, 112(44): 17046-17050.

[63] Kubo W, Kitamura T, Hanabusa K, et al. Quasi-solid-state dye-sensitized solar cells using room temperature molten salts and a low molecular weight gelator. Chem Commun, 2002, (4): 374-375.

[64] Kawano R, Matsui H, Matsuyama C, et al. High performance dye-sensitized solar cells using ionic liquids as their electrolytes. J Photoch Photobio A, 2004, 164(1-3): 87-92.

[65] Dai Q, Menzies D B, MacFarlane D R, et al. Dye-sensitized nanocrystalline solar cells incorporating ethyl-methylimidazolium-based ionic liquid electrolytes. C R Chim, 2006, 9(5-6): 617-621.

[66] Mazille F, Fei Z F, Kuang D B, et al. Influence of ionic liquids bearing functional groups in dye-sensitized solar cells. Inorg Chem, 2006, 45(4): 1585-1590.

[67] Paulsson H, Berggrund M, Svantesson E, et al. Molten and solid metal-iodide-doped trialkylsulphonium iodides and polyiodides as electrolytes in dye-sensitized nanocrystalline solar cells. Sol Energy Mater Sol Cells, 2004, 82(3): 345-360.

[68] Santa-Nokki H, Busi S, Kallioinen J, et al. Quaternary ammonium polyiodides as ionic liquid/soft solid electrolytes in dye-sensitized solar cells. J Photoch Photobio A, 2007, 186(1): 29-33.

[69] Cai N, Zhang J, Zhou D F, et al. N-methyl-N-allylpyrrolidinium based ionic liquids for solvent-free dye-sensitized solar cells. J Phys Chem C, 2009, 113(10): 4215-4221.

[70] Wang P, Zakeeruddin S M, Grätzel M, et al. Novel room temperature ionic liquids of hexaalkyl substituted guanidinium salts for dye-sensitized solar cells. Appl Phys A, 2004, 79(1), 73-77.

[71] Li D M, Wang M Y, Wu J F, et al. Application of a new cyclic guanidinium ionic liquid on dye-sensitized solar cells (DSCs). Langmuir, 2009, 25(8): 4808-4814.

[72] Kunugi Y, Hayakawa H, Tsunashima K, et al. Dye-sensitized solar cells based on quaternary phosphonium ionic liquids as electrolytes. Bull Chem Soc Jpn, 2007, 80(12): 2473-2475.

[73] Cameron P J, Peter L M, Zakeeruddin S M, et al. Electrochemical studies of the Co^{III}/Co^{II} (dbbip)^2 redox couple as a mediator for dye-sensitized nanocrystalline solar cells. Coord Chem Rev, 2004, 248(13-14): 1447-1453.

[74] Nusbaumer H, Moser J E, Zakeeruddin S M, et al. Co^{II} (dbbip)$_2^{2+}$ complex rivals tri-iodide/iodide redox mediator in dye-sensitized photovoltaic cells. J Phys Chem B, 2001, 105(43): 10461-10464.

[75] Nusbaumer H, Zakeeruddin S M, Moser J E, et al. An alternative efficient redox couple for the dye-sensitized solar cell system. Chem-Eur J, 2003, 9(16): 3756-3763.

[76] Zhang Z, Chen P, Murakami T N, et al. The 2,2,6,6-tetramethyl-1-piperidinyloxy radical: An efficient, iodine-free redox mediator for dye-sensitized solar cells. Adv Funct Mater, 2008, 18(2): 341-346.

[77] Snaith H J, Zakeeruddin S M, Wang Q, et al. Dye-sensitized solar cells incorporating a "liquid" hole-transporting material. Nano Lett, 2006, 6(9): 2000-2003.

[78] Gorlov M, Pettersson H, Hagfeldt A, et al. Electrolytes for dye-sensitized solar cells based on interhalogen ionic salts and liquids. Inorg Chem, 2007, 46(9): 3566-3575.

[79] Oskam G, Bergeron B V, Meyer G J, et al. Pseudohalogens for dye-sensitized TiO_2 photoelectrochemical

cells. J Phys Chem B,2001,105(29):6867-6873.

[80] Wang P,Zakeeruddin S M,Moser J E,et al. A solvent-free,SeCN$^-$/(SeCN)$_3^-$ based ionic liquid electrolyte for high-efficiency dye-sensitized nanocrystalline solar cells. J Am Chem Soc,2004,126(23):7164-7165.

[81] Yamanaka N,Kawano R,Kubo W,et al. Dye-sensitized TiO$_2$ solar cells using imidazolium-type ionic liquid crystal systems as effective electrolytes. J Phys Chem B,2007,111(18):4763-4769.

[82] Oregan B,Grätzel M. A low-cost,high efficiency solar-cell based on dye-sensitized collodial TiO$_2$ films. Nature,1991,353(6346):737-740.

[83] Nazeeruddin M K,Kay A,Rodicio I,et al. Conversion of light to electricity by cis-X$_2$bis(2,2'-bipyridyl-4,4'-dicarboxylate) ruthenium(Ⅱ) charge-transfer sensitizers (X=Cl$^-$,Br$^-$,I$^-$,Cn$^-$,and SCN$^-$) on nanocrystalline TiO$_2$ electrodes. J Am Chem Soc,1993,115(14):6382-6390.

[84] Nazeeruddin M K,Pechy P,Renouard T,et al. Engineering of efficient panchromatic sensitizers for nanocrystalline TiO$_2$-based solar cells. J Am Chem Soc,2001,123(8):1613-1624.

[85] Tennakone K,Perera V P S,Kottegoda I R M,et al. Dye-sensitized solid state photovoltaic cell based on composite zinc oxide tin (Ⅳ) oxide films. J Phys D:Appl Phys,1999,32(4):374-379.

[86] Bach U,Lupo D,Comte P,et al. Solid-state dye-sensitized mesoporous TiO$_2$ solar cells with high photon-to-electron conversion efficiencies. Nature,1998,395(6702):583-585.

[87] Huynh W U,Dittmer J J,Alivisatos A P. Hybrid nanorod-polymer solar cells. Science,2002,295(5564):2425-2427.

[88] O'Regan B,Schwartz D T. Large enhancement in photocurrent efficiency caused by UV illumination of the dye-sensitized heterojunction TiO$_2$/RuLL′NCS/CuSCN:Initiation and potential mechanisms. Chem Mater,1998,10(6):1501-1509.

[89] Kumara G R R A,Konno A,Senadeera G K R,et al. Dye-sensitized solar cell with the hole collector p-CuSCN deposited from a solution in n-propyl sulphide. Sol Energy Mater Sol Cells,2001,69(2):195-199.

[90] Kang J,Li W,Wang X,et al. Polymer electrolytes from PEO and novel quaternary ammonium iodides for dye-sensitized solar cells. Electrochim Acta,2003,48(17):2487-2491.

[91] Wang L,Fang S B,Lin Y,et al. A 7.72% efficient dye sensitized solar cell based on novel necklace-like polymer gel electrolyte containing latent chemically cross-linked gel electrolyte precursors. Chem Commun,2005,(45):5687-5689.

[92] Murai S,Mikoshiba S,Sumino H,et al. Quasi-solid dye sensitised solar cells filled with phase-separated chemically cross-linked ionic gels. Chem Commun,2003,(13):1534-1535.

[93] Ileperuma O A,Dissanayake M A K L,Somasundaram S. Dye-sensitised photoelectrochemical solar cells with polyacrylonitrile based solid polymer electrolytes. Electrochim Acta,2002,47(17):2801-2807.

[94] Wang P,Zakeeruddin S M,Exnar I,et al. High efficiency dye-sensitized nanocrystalline solar cells based on ionic liquid polymer gel electrolyte. Chem Commun,2002,24:2972-2973.

[95] Asano T,Kubo T,Nishikitani Y. Electrochemical properties of dye-sensitized solar cells fabricated with PVDF-type polymeric solid electrolytes. J Photoch Photobio A,2004,164(1-3):111-115.

[96] Kim D W,Jeong Y B,Kim S H,et al. Photovoltaic performance of dye-sensitized solar cell assembled with gel polymer electrolyte. J Power Sources,2005,149:112-116.

[97] Komiya R,Han L Y,Yamanaka R,et al. Highly efficient quasi-solid state dye-sensitized solar cell with

ion conducting polymer electrolyte. J Photoch Photobio A,2004,164(1-3):123-127.

［98］ 郭力,戴松元,王孔嘉,等. P(VDF-HFP)基凝胶电解质染料敏化纳米 TiO$_2$ 薄膜太阳电池. 高等学校化学学报,2005,10:1934-1937.

［99］ 李维盈,康俊杰,林原,等. 聚硅氧烷凝胶网络电解质准固态 TiO$_2$ 纳晶太阳电池. 科学通报,2003,48:129-131.

［100］ 张昌能,王淼,周晓文,等. 染料敏化太阳电池中聚合物电解质的优化. 科学通报, 2004,49(13):1241-1243.

［101］ Kubo W,Murakoshi K,Kitamura T,et al. Fabrication of quasi-solid-state dye-sensitized TiO$_2$ solar cells using low molecular weight gelators. Chem Lett,1998,12:1241-1242.

［102］ 史成武,戴松元,王孔嘉,等. 染料敏化纳米薄膜太阳电池中电解质的研究进展. 化学通报,2005,68(1):W0001.

［103］ Mohmeyer N,Wang P,Schmidt H W,et al. Quasi-solid-state dye sensitized solar cells with 1,3 : 2,4-di-O-benzylidene-D-sorbitol derivatives as low molecular weight organic gelators. J Mater Chem,2004,14(12):1905-1909.

［104］ Kubo W,Murakoshi K,Kitamura T,et al. Quasi-solid-state dye-sensitized TiO$_2$ solar cells: Effective charge transport in mesoporous space filled with gel electrolytes containing iodide and iodine. J Phys Chem B,2001,105(51):12809-12815.

［105］ Murai S,Mikoshiba S,Sumino H,et al. Quasi-solid dye-sensitized solar cells containing chemically cross-linked gel—How to make gels with a small amount of gelator. J Photoch Photobio A,2002,148(1-3):33-39.

［106］ Usui H,Matsui H,Tanabe N,et al. Improved dye-sensitized solar cells using ionic nanocomposite gel electrolytes. J Photoch Photobio A,2004,164(1-3):97-101.

［107］ Lee H K,Chang S I,Yoon E. A capacitive proximity sensor *in dual* implementation with tactile imaging capability on a single flexible platform for robot assistant applications. MEMS 2006: 19th IEEE International Conference on Micro Electro Mechanical Systems. Technical Digest,2006: 606-609.

［108］ Yang H,Cheng Y F,Li F Y,et al. Quasi-solid-state dye-sensitized solar cells based on mesoporous silica SBA-15 framework materials. Chin Phys Lett,2005,22(8):2116-2118.

［109］ Yang H,Yu C Z,Song Q L,et al. High-temperature and long-term stable solid-state electrolyte for dye-sensitized solar cells by self-assembly. Chem Mater,2006,18(22):5173-5177.

［110］ Chen Z G,Yang H,Li X H,et al. Thermostable succinonitrile-based gel electrolyte for efficient,long-life dye-sensitized solar cells. J Mater Chem,2007,17(16):1602-1607.

［111］ Chen Z G,Li F Y,Yang H,et al. A thermostable and long-term-stable ionic-liquid-based gel electrolyte for efficient dye-sensitized solar cells. Chem Phys Chem,2007,8(9):1293-1297.

［112］ 林红,庄东填,李鑫,等. 染料敏化太阳电池用固态电解质研究进展. 科技导报,2007(22):63-67.

［113］ 林红,李鑫,王宁,等. 染料敏化太阳电池用电解质的研究现状. 世界科技研究与发展,2006(4):41-45.

［114］ Tennakone K,Kumara G R R A,Kumarasinghe A R,et al. A dye-sensitized nano-porous solid-state photovoltaic cell. Semicond Sci Tech,1995,10(12):1689-1693.

［115］ Meng Q B,Takahashi K,Zhang X T,et al. Fabrication of an efficient solid-state dye-sensitized solar cell. Langmuir,2003,19(9):3572-3574.

［116］ O'regan B,Schwartz D T. Efficient photo-hole injection from adsorbed cyanine dyes into electrodeposited copper(I) thiocyanate thin-films. Chem Mater,1995,7(7):1349-1354.

[117] O'Regan B,Schwartz D T,Zakeeruddin S M,et al. Electrodeposited nanocomposite n-p heterojunctions for solid-state dye-sensitized photovoltaics. Adv Mater,2000,12(17):1263-1267.

[118] O'Regan B C,Lenzmann F. Charge transport and recombination in a nanoscale interpenetrating network of n-type and p-type semiconductors: Transient photocurrent and photovoltage studies of TiO_2/Dye/CuSCN photovoltaic cells. J Phys Chem B,2004,108(14):4342-4350.

[119] Mahrov B,Hagfeldt A,Lenzmann F,et al. Comparison of charge accumulation and transport in nanostructured dye-sensitized solar cells with electrolyte or CuSCN as hole conductor. Sol Energy Mater Sol Cells,2005,88(4):351-362.

[120] ORegan B C,Scully S,Mayer A C,et al. The effect of Al_2O_3 barrier layers in TiO_2/Dye/CuSCN photovoltaic cells explored by recombination and DOS characterization using transient photovoltage measurements. J Phys Chem B,2005,109(10):4616-4623.

[121] Zhang X T,Sutanto I,Taguchi T,et al. Al_2O_3-coated nanoporous TiO_2 electrode for solid-state dye-sensitized solar cell. Sol Energy Mater Sol Cells,2003,80(3):315-326.

[122] Tennakone K,Kumara G R R A,Kottegoda I R M,et al. A solid-state photovoltaic cell sensitized with a ruthenium bipyridyl complex. J Phys D:Appl Phys,1998,31(12):1492-1496.

[123] Tennakone K,Kumara G R R A,Kottegoda I R M,et al. Nanoporous n-TiO_2/selenium/p-CuCNS photovoltaic cell. J Phys D-Appl Phys,1998,31(18):2326-2330.

[124] Kumara G R A,Konno A,Shiratsuchi K,et al. Dye-sensitized solid-state solar cells: use of crystal growth inhibitors for deposition of the hole collector. Chem Mater,2002,14(3):954-955.

[125] Schmidt-Mende L,Kroeze J E,Durrant J R,et al. Effect of hydrocarbon chain length of amphiphilic ruthenium dyes on solid-state dye-sensitized photovoltaics. Nano Lett,2005,5(7):1315-1320.

[126] Snaith H J,Moule A J,Klein C,et al. Efficiency enhancements in solid-state hybrid solar cells via reduced charge recombination and increased light capture. Nano Lett,2007,7(11): 3372-3376.

[127] Gebeyehu D,Brabec C J,Padinger F,et al. Solid state dye-sensitized TiO_2 solar cells with poly(3-octylthiophene) as hole transport layer. Synth Met,2001,121(1-3):1549-1550.

[128] Murakoshi K,Kogure R,Wada Y,et al. Solid state dye-sensitized TiO_2 solar cell with polypyrrole as hole transport layer. Chem Lett,1997,26(5):471-472.

[129] Saito Y,Kitamura T,Wada Y,et al. Poly(3,4-ethylenedioxythiophene) as a hole conductor in solid state dye sensitized solar cells. Synth Met,2002,131(1-3):185-187.

[130] Saito Y,Fukuri N,Senadeera R,et al. Solid state dye sensitized solar cells using *in situ* polymerized PEDOTs as hole conductor. Electrochem Commun,2004,6(1):71-74.

[131] Fukuri N,Saito Y,Kubo W,et al. Performance improvement of solid-state dye-sensitized solar cells fabricated using poly(3,4-ethylenedioxythiophene) and amphiphilic sensitizing dye. J Electrochem Soc,2004,151(10):A1745-A1748.

[132] Xia J B,Masaki N,Lira-Cantu M,et al. Influence of doped anions on poly(3,4-ethylenedioxythiophene) as hole conductors for iodine-free solid-state dye-sensitized solar cells. J Am Chem Soc,2008,130(4):1258-1263.

[133] Xia J B,Masaki N,Jiang K J,et al. The influence of doping ions on poly(3,4-ethylenedioxythiophene) as a counter electrode of a dye-sensitized solar cell. J Mater Chem,2007,17(27):2845-2850.

[134] Kim Y,Lim J W,Sung Y E,et al. Photoelectrochemical oxidative polymerization of aniline and its application to transparent TiO(2) solar cells. J Photoch Photobio A,2009,204(2-3):110-114.

[135] Zhang X H, Wang S M, Xu Z X, et al. Poly(o-phenylenediamine)/MWNTs composite film as a hole conductor in solid-state dye-sensitized solar cells. J Photoch Photobio A, 2008, 198(2-3):288-292.

[136] Ravirajan P, Peiro A M, Nazeeruddin M K, et al. Hybrid polymer/zinc oxide photovoltaic devices with vertically oriented ZnO nanorods and an amphiphilic molecular interface layer. J Phys Chem B, 2006, 110(15):7635-7639.

[137] Snaith H J, Grätzel M. Electron and hole transport through mesoporous TiO_2 infiltrated with spiro-MeOTAD. Adv Mater, 2007, 19(21):3643-3647.

[138] Nogueira A F, Durrant J R, de Paoli M A. Dye-sensitized nanocrystalline solar cells employing a polymer electrolyte. Adv Mater, 2001, 13(11):826-830.

[139] Stergiopoulos T, Arabatzis I M, Katsaros G, et al. Binary polyethylene oxide/titania solid-state redox electrolyte for highly efficient nanocrystalline TiO_2 photoelectrochemical cells. Nano Lett, 2002, 2(11): 1259-1261.

[140] Kim J H, Kang M S, Kim Y J, et al. Dye-sensitized nanocrystalline solar cells based on composite polymer electrolytes containing fumed silica nanoparticles. Chem Commun, 2004, (14):1662-1663.

[141] Han H W, Liu W, Zhang J, et al. A hybrid poly(ethylene oxide)/poly(vinylidene fluoride)/TiO_2 nanoparticle solid-state redox electrolyte for dye-sensitized nanocrystalline solar cells. Adv Func Mater, 2005, 15(12):1940-1944.

[142] Wang H X, Li H, Xue B F, et al. Solid-state composite electrolyte LiI/3-hydroxypropionitrile/SiO_2 for dye-sensitized solar cells. J Am Chem Soc, 2005, 127(17):6394-6401.

[143] O' Regan B, Grätzel M. A low-cost, high-efficiency solar-cell based on dye-sensitized colloidal TiO_2 films. Nature, 1991, 353(6346):737-740.

[144] Hagfeldt A, Grätzel M. Light-induced redox reactions in nanocrystalline systems. Chem Rev, 1995, 95(1):49-68.

[145] Chiba Y, Islam A, Watanabe Y, et al. Dye-sensitized solar cells with conversion efficiency of 11.1%. Jpn J Appl Phys, 2006, 45(25): L638-L640.

[146] Pichot F, Gregg B A. The photovoltage-determining mechanism in dye-sensitized solar cells. J Phys Chem B, 2000, 104(1):6-10.

[147] Zistler M, Wachter P, Wasserscheid P, et al. Comparison of electrochemical methods for triiodide diffusion coefficient measurements and observation of non-Stokesian diffusion behaviour in binary mixtures of two ionic liquids. Electrochim Acta, 2006, 52(1): 161-169.

[148] Gordon C M, McLean A J. Photoelectron transfer from excited-state ruthenium(II) tris(bipyridyl) to methylviologen in an ionic liquid. Chem Commun, 2000, (15):1395-1396.

[149] Andrews L, Prochaska E S, Loewenschuss A. resonance raman and ultraviolet-absorption spectra of the triiodide ion produced by alkali iodide iodine argon matrix reactions. Inorg Chem, 1980, 19(2): 463-465.

[150] Ruff I, Korosiod I. Application of diffusion constant measurement to determination of rate constant of electron-exchange reactions. Inorg Chem, 1970, 9(1):186-188.

[151] Wang X G, Stanbury D M. Oxidation of iodide by a series of Fe(III) complexes in acetonitrile. Inorg Chem, 2006, 45(8):3415-3423.

[152] Nogueira A F, de Paoli M A, Montanari I, et al. Electron transfer dynamics in dye sensitized nanocrystalline solar cells using a polymer electrolyte. J Phys Chem B, 2001, 105(31): 7517-7524.

[153] Wang X G, Stanbury D M. Oxidation of iodide by a series of Fe(Ⅲ) complexes in acetonitrile. Inorg Chem, 2006, 45(8): 3415-3423.

[154] Clifford J N, Palomares E, Nazeeruddin M K, et al. Dye dependent regeneration dynamics in dye sensitized nanocrystalline solar cells: Evidence for the formation of a ruthenium bipyridyl cation/iodide intermediate. J Phys Chem C, 2007, 111(17): 6561-6567.

[155] Fitzmaurice D J, Frei H. Transient near-infrared spectroscopy of visible-light sensitized oxidation of I- at colloidal TiO_2. Langmuir, 1991, 7(6): 1129-1137.

[156] Kuciauskas D, Freund M S, Gray H B, et al. Electron transfer dynamics in nanocrystalline titanium dioxide solar cells sensitized with ruthenium or osmium polypyridyl complexes. J Phys Chem B, 2001, 105(2): 392-403.

[157] Pelet S, Moser J E, Grätzel M. Cooperative effect of adsorbed cations and iodide on the interception of back electron transfer in the dye sensitization of nanocrystalline TiO_2. J Phys Chem B, 2000, 104(8): 1791-1795.

[158] Nakade S, Kanzaki T, Kubo W, et al. Role of electrolytes on charge recombination in dye-sensitized TiO_2 solar cell (1): The case of solar cells using the I^-/I_3^- redox couple. J Phys Chem B, 2005, 109(8): 3480-3487.

[159] Yanagida S, Yu Y H, Manseki K. Iodine/iodide-free dye-sensitized solar cells. Accounts Chem Res, 2009, 42(11): 1827-1838.

[160] Hara K, Horiguchi T, Kinoshita T, et al. Influence of electrolytes on the photovoltaic performance of organic dye-sensitized nanocrystalline TiO_2 solar cells. Sol Energy Mater Sol Cells, 2001, 70(2): 151-161.

[161] Wang Z S, Sayama K, Sugihara H. Efficient eosin Y dye-sensitized solar cell containing Br^-/Br_3^- electrolyte. J Phys Chem B, 2005, 109(47): 22449-22455.

[162] Hattori S, Wada Y, Yanagida S, et al. Blue copper model complexes with distorted tetragonal geometry acting as effective electron-transfer mediators in dye-sensitized solar cells. J Am Chem Soc, 2005, 127(26): 9648-9654.

[163] Chen J, Xia J, Fan K, et al. A novel CuI-based iodine-free gel electrolyte for dye-sensitized solar cells. Electrochim Acta, 2011, 56(16): 5554-5560.

[164] Tennakone K, Senadeera G K R, de Silva D B R A, et al. Highly stable dye-sensitized solid-state solar cell with the semiconductor $4CuBr\ 3S(C_4H_9)_2$ as the hole collector. Appl Phys Lett, 2000, 77(15): 2367-2369.

[165] O'Regan B, Lenzmann F, Muis R, et al. A solid-state dye-sensitized solar cell fabricated with pressure-treated $P25-TiO_2$ and CuSCN: Analysis of pore filling and IV characteristics. Chem Mater, 2002, 14(12): 5023-5029.

[166] Snaith H J, Zakeeruddin S M, Wang Q, et al. Dye-sensitized solar cells incorporating a "liquid" hole-transporting material. Nano Lett, 2006, 6(9): 2000-2003.

[167] Wang M K, Chamberland N, Breau L, et al. An organic redox electrolyte to rival triiodide/iodide in dye-sensitized solar cells. Nat Chem, 2010, 2(5): 385-389.

[168] Daeneke T, Kwon T H, Holmes A B, et al. High-efficiency dye-sensitized solar cells with ferrocene-based electrolytes. Nat Chem, 2011, 3(3): 211-215.

[169] Li T C, Spokoyny A M, She C X, et al. Ni(Ⅲ)/(Ⅳ) bis(dicarbollide) as a fast, noncorrosive redox

shuttle for dye-sensitized solar cells. J Am Chem Soc,2010,132(13):4580-4852.

[170] Yella A,Lee H W,Tsao H N,et al. Porphyrin-sensitized solar cells with cobalt（Ⅱ/Ⅲ）-based redox electrolyte exceed 12 percent efficiency. Science,2011,334(6060):1203-1203.

[171] Grätzel M. Dye-sensitized solar cells. J Photoch Photobio C,2003,4(2):145-153.

[172] Bisquert J,Vikhrenko V S. Interpretation of the time constants measured by kinetic techniques in nano-structured semiconductor electrodes and dye-sensitized solar cells. J Phys Chem B, 2004, 108 (7): 2313-2322.

[173] Schlichthorl G,Huang S Y,Sprague J,et al. Band edge movement and recombination kinetics in dye-sensitized nanocrystalline TiO_2 solar cells:A study by intensity modulated photovoltage spectroscopy. J Phys Chem B,1997,101(41): 8141-8155.

[174] Wang Z S,Zhou G. Effect of surface protonation of TiO_2 on charge recombination and conduction band edge movement in dye-sensitized solar cells. J Phys Chem C,2009,113(34):15417-15421.

[175] Wang M K,Grätzel C,Moon S J,et al. Surface design in solid-state dye sensitized solar cells:effects of zwitterionic co-adsorbents on photovoltaic performance. Adv Functional Mater, 2009, 19 (13): 2163-2172.

[176] Kusama H,Orita H. Sugihara H. DFT investigation of the TiO_2 band shift by nitrogen-containing heterocycle adsorption and implications on dye-sensitized solar cell performance. Sol Energy Mater Sol Cells,2008,92(1),84-87.

[177] Simpson S F,Harris J M. Raman-spectroscopy of the liquid solid interface -monolayer and bilayer adsorption of pyridine on silica. J Phys Chem,1990,94(11):4649-4654.

[178] Hendra P J,Turner I D M,Loader E J,et al. Laser Raman-spectra of species adsorbed on oxide surfaces. Ⅱ. J Phys Chem,1974,78(3):300-304.

[179] Greijer H,Lindgren J,Hagfeldt A. Resonance Raman scattering of a dye-sensitized solar cell:Mechanism of thiocyanato ligand exchange. J Phys Chem B,2001,105(27):6314-6320.

[180] Cahen D,Hodes G,Grätzel M,et al. Nature of photovoltaic action in dye-sensitized solar cells. J Phys Chem B,2000,104(9):2053-2059.

[181] Grätzel M. Photoelectrochemical cells. Nature,2001,414(6861): 338-344.

[182] Liu Y,Hagfeldt A,Xiao X R,et al. Investigation of influence of redox species on the interfacial energetics of a dye-sensitized nanoporous TiO_2 solar cell. Sol Energy Mater Sol Cells,1998,55(3):267-281.

[183] Wagemaker M,Kentgens A P M,Mulder F M. Equilibrium lithium transport between nanocrystalline phases in intercalated TiO_2 anatase. Nature,2002,418(6896): 397-399.

[184] Kambe S,Nakade S,Kitamura T,et al. Influence of the electrolytes on electron transport in mesoporous TiO_2-electrolyte systems. J Phys Chem B,2002,106(11):2967-2972.

[185] Nakade S,Makimoto Y,Kubo W,et al. Roles of electrolytes on charge recombination in dye-sensitized TiO_2 solar cells (2): The case of solar cells using cobalt complex redox couples. J Phys Chem B,2005, 109(8):3488-3493.

[186] Kopidakis N,Neale N R,Frank A J. Effect of an adsorbent on recombination and band-edge movement in dye-sensitized TiO_2 solar cells: Evidence for surface passivation. J Phys Chem B,2006,110(25): 12485-12489.

[187] Wang Z S,Sugihara H. N3-sensitized TiO_2 films:*in situ* proton exchange toward open-circuit photovoltage enhancement. Langmuir,2006,22(23): 9718-9722.

[188] Gao R,Wang L,Ma B,et al. Mg(OOCCH$_3$)$_2$ interface modification after sensitization to improve performance in quasi-solid dye-sensitized solar cells. Langmuir,2010,26(4):2460-2465.

[189] Zhao J,Yan F,Qiu L,et al. Benzimidazolyl functionalized ionic liquids as an additive for high performance dye-sensitized solar cells. Chem Communi,2011,47(41):11516-11518.

[190] Zhang S,Yang X,Zhang K,et al. Effects of 4-tert-butylpyridine on the quasi-Fermi levels of TiO$_2$ films in the presence of different cations in dye-sensitized solar cells. Phys Chem Chem Phys,2011,13(43): 19310-19313.

[191] Stergiopoulos T,Rozi E,Karagianni C S,et al. Influence of electrolyte co-additives on the performance of dye-sensitized solar cells. Nanoscale Res Lett,2011,6:307.

[192] Raja S,Satheeshkumar C,Rajakumar P,et al. Influence of triazole dendritic additives in electrolytes on dye-sensitized solar cell (DSSC) performance. J Mater Chem,2011,21(21):7700-7704.

[193] Marszalek M,Fei Z,Zhu D R,et al. Application of ionic liquids containing tricyanomethanide C(CN)$_3^-$ or tetracyanoborate B(CN)$_4^-$ anions in dye-sensitized solar cells. Inorg Chem, 2011, 50 (22): 11561-11567.

[194] Kisserwan H,Ghaddar T H. Enhancement of photocurrent in dye sensitized solar cells incorporating a cyclometalated ruthenium complex with cuprous iodide as an electrolyte additive. Dalton Trans,2011, 40(15):3877-3884.

[195] Kusama H,Kurashige M,Arakawa H. Influence of nitrogen-containing heterocyclic additives in I$^-$/I$_3^-$ redox electrolytic solution on the performance of Ru-dye-sensitized nanocrystalline TiO$_2$ solar cell. J Photoch Photobio A,2005,169(2):169-176.

第 5 章　染料敏化太阳电池对电极

对电极的作用是指收集从光阳极经外电路传输过来的电子,并将电子传递给电解质(液体、胶体或固体)中的电子受体使其还原再生,完成电子输运的一个循环。对电极除了收集电子的作用外,还要起到催化作用,加快电解质中氧化还原电对与阴极之间的电子交换速率,进而提高电池整体性能。DSC 电解质中常见的氧化还原电对为 I_3^-/I^-,对电极表面发生 I_3^- 的还原反应。

$$I_3^- + 2e^- \longrightarrow 3I^-$$

理论上,在开路状态下(电流值为零),DSC 能够提供的最大电压取决于电解质中氧化还原电对的电势和光阳极半导体的费米能级。然而,当 DSC 处于工作状态下,由于电流在通过电解质过程中存在损耗,如传质过电位、电解质/对电极界面的电流损耗及动力学过电位,导致对电极电势低于开路状态下的理论值。电解质中电极间的离子电导率和电对的传输是该种损耗的主要决定因素,被称为传质过电位(η_{mt})。同时对电极表面对氧化还原电对的催化还原活性也会引起该种损耗,被称为动力学或电荷交换过电位(η_{ct})。对电极上总的电压损失是以上的损耗总和,即总体的对电极过电位(η_{CE})[1]。FTO 和 ITO 透明导电玻璃对电极广泛用于大面积 DSC 中,但它们对 I_3^- 的催化还原活性差,因此其总体的对电极过电位较大,电荷交换速率低导致大量电池内耗,所以有必要对其进行表面修饰。

目前最常用的对电极材料是在导电衬底表面沉积一层金属铂。其他的对电极材料如碳(石墨、炭黑、碳纳米管、石墨烯等)、聚合物和化合物材料等也有相关的报道。

5.1　对电极及制备方法

5.1.1　Pt 对电极

研究表明,铂电极上 $I_3^- + 2e^- \longrightarrow 3I^-$ 的反应速率很快[2]。即使很少量的铂($5\sim10\ \mu g/cm^2$)已经足够使 I_3^- 还原反应的过电势降低,交换电流密度可达到 $20\ mA/cm^2$[3]。Pt 具有较低的超电势,对大部分 DSC 用电解质中的氧化还原电对具有较好的催化活性,并且制备工艺简单,被广泛应用于 DSC 对电极。但是由于 Pt 的成本相对较高,因此,需要减小 Pt 的用量,提高 Pt 的催化活性,从而有效地降低对电极的成本。目前主要制备 Pt 对电极的方法有电沉积法、磁控溅射法和热分解法等。

1. 电沉积法制备 Pt 电极

电沉积法制备 Pt 电极时,电极上的 Pt 纳米颗粒能均匀、致密地分散在 FTO 导电玻璃的表面;Pt 纳米颗粒与 FTO 导电玻璃衬底的黏合力强、表面缺陷少、镜面光亮、反射性能好,因而催化活性高。Yoon 等[4] 把非离子表面活性剂加入到 H_2PtCl_6 溶胶中作为稳定剂,用电沉积法制备 Pt 电极,用此对电极组装 DSC 的光电转换效率达到 7.6%。Lin 等[5] 通过在电解质中添加 3-(2-氨基乙胺)丙基-甲基二甲氧基硅烷,用直流电沉积 30 min 制备出了低交换电阻、低载 Pt 量和高有效比表面积的 Pt 电极。用此种 Pt 电极组装的 DSC 的光电转换效率达到 7.39%。Kim 等[6] 分别用直流电沉积和交流电沉积的方法制备 Pt 电极,其中交流电沉积法制备的 Pt 电极比直流电沉积法制备的 Pt 电极的催化活性高,比表面积大。

但电沉积法制备的 Pt 电极的膜较厚、载 Pt 量高、比表面积小、吸附 I_3^- 的能力弱,使其催化效率和在 DSC 工业化生产中的应用受到一定的限制。

2. 磁控溅射法制备 Pt 电极

磁控溅射制备 Pt 电极的电子交换电阻低、比表面积高、Pt 纳米颗粒与 FTO 导电玻璃衬底的黏合力强,然而磁控溅射制备 Pt 电极的载 Pt 量较高。Choi 等[7] 在 6.7×10^{-1} Pa 氩气的保护下,通过磁控溅射制备了 Pt 电极。其中磁控溅射法制备的 Pt 电极比普通溅射法制备的 Pt 电极的有效面积大。用磁控溅射法制备的 Pt 电极所组装的 DSC(6 cm×4 cm)先 6 块串联,然后 5 块再并联,得到组装电池的开路电压是 4.8 V、短路电流为 569 mA、光电转换效率大约为 3.6%。Lee 等[8] 通过溅射的方法在掺锡的二氧化锡(ITO)衬底上镀了一层极薄的 Pt 膜作为 DSC 的对电极。纳米结构的 Pt 膜不仅具有很高的透过率(75%),还具有较低的电子交换电阻。在正面照射的情况下,纳米尺寸(1.4 nm)厚度 Pt 膜和反射铝箔的增效作用可以把 DSC 的电池效率从 6.8% 提高到 7.9%。为了降低成本,Kim 等[9] 用磁控溅射法制备了 Pt-NiO 和 Pt-TiO₂ 双组分 Pt 电极,与传统方法相比,双组分 Pt 电极不仅能降低载 Pt 量,而且具有较高的比表面积,从而提高 Pt 电极的催化活性和 DSC 的光电转换效率。

3. 热分解法制备 Pt 电极

热分解法就是把 H_2PtCl_6 溶液涂抹在 FTO 导电玻璃衬底上,在加热的条件下使 H_2PtCl_6 分解为 Pt 纳米颗粒。热分解法制备工艺简单,制备的 Pt 纳米颗粒相对均一、呈多孔结构(易吸附较多的电解质),因而热分解法制备的 Pt 电极具有很好的催化作用。热分解法也存在一定的缺点:Pt 电极表面存在很多缺陷,Pt 纳米颗粒与 FTO 导电玻璃衬底的黏合力弱,高温热分解也会增加 FTO 导电玻璃的方块电阻。

郝三存等[10] 用磁控溅射、电沉积和热分解三种方法分别在 FTO 导电玻璃上制备 Pt 电极,对比发现电沉积法制备的 Pt 电极组装的 DSC 有最大输出功率,但载 Pt 量偏高,与 DSC 价格低廉的特点不相适应;由于热分解法是一种简便、快速制备高效 Pt 电极的方法,所以目前制备 DSC 的 Pt 电极通常为热分解法制备的。

4. 化学还原法制备 Pt 电极

与其他制备 Pt 电极的方法相比,化学还原法非常简单而且处理温度低。Chen 等[11]用还原法制备 Pt 电极,首先将 H_2PtCl_6 溶解在松油醇中,再用丝网印刷的方法将上述溶液印在 ITO-PEN 表面后在 80 ℃下烘干 2 h,然后用 $NaBH_4$ 水溶液在 40 ℃下还原 Pt^{4+}。接下来分别用两种后续方法进行处理:第一种是常压下水热处理过程,将电极放入装有 100 ℃水的非密封容器中处理 4 h 去除有机残留物后在 80 ℃下烘干得到 Pt 对电极;另一种方法是在 100 ℃下烧结电极 4 h 得到 Pt 电极。采用该方法制备的 Pt 电极表现出较高的电催化活性,较低的电荷转移电阻和良好的透光性(400~800 nm,70%),其制作的 Pt 电极组装成的电池效率可以达到 5.41%。Sun 等[12]在低于 200℃的情况下用多元醇还原 H_2PtCl_6,纳米 Pt 膜沉积到如导电聚合物膜、ITO 和聚酰亚胺等衬底上。用此方法制备的 Pt 电极应用于 DSC 中,DSC 的光电转换效率可以达到 8.10%,该种制备方法适合在柔性有机基板上制备大面积 Pt 电极。

5. 其他衬底镀 Pt 电极

在 FTO 导电玻璃上镀微量 Pt 制备的对电极对 I_3^- 的还原反应具有很高的催化性能,但由于 FTO 导电玻璃有较大的方块电阻使 DSC 的填充因子大大降低,从而影响了 DSC 的光电转化效率。因此,选择一种导电性能好的衬底制备对电极,对提高 DSC 的光电转换效率具有重要意义。很多金属,如不锈钢和镍片很难被直接应用在液态 DSC 中,因为含有 I_3^-/I^- 的电解质对它们有腐蚀作用;然而,在这些金属上面镀上掺 F 的 SnO_2 或碳,就可作为对电极的衬底材料。

Ma 等[13,14]在不锈钢片和镍片上溅射少量 Pt 作为对电极,制备的 DSC 分别获得了 5.24% 和 5.13% 的光电转换效率。林原等[15]用电沉积法在 FTO 导电玻璃表面镀一层 NiP 合金,再热分解 H_2PtCl_6 来制备 Pt/NiP 电极。与常规 FTO 导电衬底的 Pt 电极相比,Pt/NiP 电极能增加光反射,从而能提高光收集效率。用 Pt/NiP 电极组装 DSC 的光电转化效率可达 8.30%。

5.1.2　碳对电极

DSC 因为较低的制备成本和较高的光电转换效率而受到广泛关注。虽然在 FTO 导电玻璃上镀很少的 Pt 就能获得很好的催化效果,但是用于制备大面积电池的生产成本还是较高。为了进一步降低 DSC 的制作成本,人们希望用一种便宜的催化材料代替 Pt 来制备对电极。碳材料价格低、性能稳定,而且电导率高,对 I_3^- 的还原反应具有较好的催化活性,已经成为 DSC 对电极材料研究的一个热点。

目前用于对电极的碳材料主要有炭黑、活性炭、石墨、纳米碳粉、介孔碳和碳纳米管（CNT）。

5.1.2.1　普通碳电极

Imoto 等[16]将碳粉、炭黑、羟甲基纤维素及 30％的乙醇混合制成膏体,用涂敷法将上述混合物均匀地涂到 FTO 导电玻璃上,然后在 180 ℃进行热处理来制备碳电极,用此碳电极组装 DSC 的光电转换效率为 3.89％。Huang 等[17]单用石墨作为对电极的催化剂,制备的石墨电极组装 DSC 的光电转换效率为 5.7％。Kay 等[18]在石墨中加入 20％的炭黑制备碳电极。该碳电极的方块电阻大约为 5 $\Omega/\square$,并且具有较大的比表面积,对 I_3^- 的还原反应有较高的催化活性。用该碳电极组装的 DSC 获得了 6.67％的光电转换效率。Murakami 等[19]以炭黑和 TiO_2 为原料制备出高性能碳电极,填充因子和光电转换效率受到碳电极上炭黑厚度的影响。在炭黑厚度为 14.47 μm 时,DSC 的电流密度为 16.8 mA/cm^2,开路电压 789.8 mV,填充因子为 0.685,光电转化效率为 9.1％。

Ramasamy 等[20]把纳米碳粉沉积到 FTO 导电玻璃上制备对电极,用在 DSC 中的光电转换效率为 6.73％,并且保持了很好的稳定性。Lee 等[21]用纳米碳粉制备对电极,组装 DSC 的光电转换效率达到 7.56％,在经过 60 天后仍保持了 84％的光电转换效率。

Li 等[22]在低温的情况下,通过在 FTO 导电玻璃衬底包覆一层不含有机黏合剂的碳浆制得介孔碳电极。碳浆是通过球磨分散在四氯化锡（$SnCl_4$）溶液中的活性炭制备。在球磨过程中,四氯化锡水溶物变成四价锡酸胶体作为黏合剂。用此种介孔碳电极组装 DSC 的光电转换效率达到 6.10％。王桂强等[23]用介孔碳作为 DSC 对电极催化剂,发现增加载碳量可以提高 DSC 的光电转换效率;当对电极上的载碳量为 339 $\mu g/cm^2$ 时,DSC 的光电转换效率为 6.18％。Ramasamy 等[24]制备了具有高比表面积（1575 m^2/g）的双孔有序介孔碳作为 DSC 对电极催化剂,基于此种对电极 DSC 的光电转换效率达到 7.46％。电化学测试表明有序介孔碳电极/电解质间的电子转移电阻低,因而能提高 DSC 的填充因子和光电转换效率。

5.1.2.2　碳纳米管电极

碳纳米管可分为单壁碳纳米管（SWCNT）和多壁碳纳米管（MWCNT）等。单壁碳纳米管是由卷起的单层石墨片层组成,而多壁碳纳米管是由若干同轴排列的石墨片层组成的。碳纳米管材料具有比表面积大,电导率高,化学稳定性好等特点,因此作为 DSC 的对电极的研究也受到关注。但碳纳米管不能提供高的交换电流密度,为了达到与 Pt 相匹配的催化活性,需要在对电极上沉积较厚的碳纳米管。

Imoto 等[25]用 SWCNT 作为对电极的催化剂,应用于 DSC 中取得了 4.5％的光电转化效率。Ramasamy 等[26]成功地把 MWCNT 配成的溶液喷涂在 FTO 导电玻璃衬底作为 DSC 中 I_3^- 还原反应的催化剂。FTO 导电玻璃上 MWCNT 的喷涂量能影响 DSC 的填充因子。在标准光强下,DSC 的最大填充因子达到 0.62,光电转换效率达到 7.59%。

Lee 等[27]使用 MWCNT 作为 DSC 对电极的催化剂,MWCNT 能加快电子在电解质/电极界面的转移,从而使电子交换电阻减小、填充因子增加。应用 MWCNT 电极的 DSC,在标准光照条件下的光电转换效率达到 7.7%。Nam 等[28]先把 CNT 提纯和蒸馏,用丝网印刷法和化学蒸气沉积法制备 CNT 电极,得到 DSC 的光电转换效率超过 10%,并且沉积法制备的 CNT 电极性能优于丝网印刷法制备的 CNT 电极。

用碳来代替 Pt 作为 DSC 对电极的催化剂有一定的可行性,并且碳电极价格便宜、耐热、耐腐蚀、制造工艺简单,具有一定的实用价值;但是相比于 Pt 电极,碳电极催化活性偏低,用碳电极组装的 DSC 的光电转换效率比使用 Pt 电极的 DSC 低大约 20%;并且碳与 FTO 导电玻璃衬底的粘接不牢固。为了克服碳材料作为 DSC 的对电极催化剂的缺陷,通过把碳粉或碳纳米管掺到 Pt 溶胶里,然后再烧结,增加碳与 FTO 导电玻璃衬底的粘接度,并且把 Pt 纳米颗粒负载在碳纳米颗粒上,来降低载 Pt 量,增大 Pt 纳米颗粒的有效比表面积。

5.1.2.3　Pt/碳电极

Cai 等[29]通过在乙炔黑衬底上热分解 H_2PtCl_6 制备 Pt/乙炔黑电极。Pt 纳米颗粒均匀分散在乙炔黑的表面。Pt/乙炔黑电极上的载 Pt 量仅为 2.0 $\mu g/cm^2$,远低于常规法制备 Pt 电极上的载 Pt 量(5~10 $\mu g/cm^2$)。电化学测量表明 Pt/乙炔黑电极电荷交换电阻为 1.48 $\Omega \cdot cm^2$,用此 Pt/乙炔黑电极制备 DSC 的光电转换效率为 8.6%。Li 等[30]利用 $NaBH_4$ 还原 H_2PtCl_6 制备 Pt/炭黑电极,该电极对 I_3^- 的还原反应有很高的催化活性。用此 Pt/炭黑电极组装的 DSC 的光电转换效率达到了 6.72%。Pt/炭黑电极在不降低 DSC 光电转换效率的情况下,能降低 DSC 的制备成本。Wang 等[31]制备了比表面积为 380 m^2/g 的介孔碳,再在介孔碳上还原 H_2PtCl_6。Pt 纳米颗粒的大小(3.4 nm)均匀,能高度分散在介孔碳上,用 Pt/介孔碳电极组装 DSC 的光电转换效率达到 6.62%。

5.1.3　其他对电极材料

5.1.3.1　导电聚合物电极

导电聚合物成本低,制备工艺简单,通过掺杂和改变制备工艺等方法可以提高电导率,改善对电解质的催化活性从而达到取代 Pt 等贵金属对电极的目的。导电聚合物作为催化剂的对电极的研究将对 DSC 未来的发展带来更好的前景。常用的导电聚合物主要有聚噻吩衍生物、聚苯胺和聚吡咯等。

1. 聚噻吩及其衍生物电极

2000 年,Groenendaal 等[32]合成了聚(3,4-二氧乙烯基噻吩)(PEDOT),它的透光性好、导电率高,并且对 I_3^- 的还原反应具有较高的催化活性。

Saito 等[33]将对甲基苯磺酸(TsOH)掺杂的 PEDOT(PEDOT：TsOH)涂到导电玻璃表面,然后在低温(110℃)下制备 PEDOT：TsOH 电极。PEDOT：TsOH 电极具有较高催化活性,而且催化活性随 PEDOT：TsOH 膜厚的增强而增加。将 2 μm 的 PEDOT：TsOH 膜厚的电极应用于离子液体 DSC 时,该电池的光电转换效率达到 3.93%。Lee 等[34]研究发现,随着 PEDOT 膜中咪唑/PEDOT 比值的增加,粗糙度下降、导电性增强。当咪唑/PEDOT 原子比例为 2：1 时,DSC 的光电转换效率达到 7.44%。电池效率的提高可能是因为咪唑的加入提高了 PEDOT 膜有效活性面积,进而使 PEDOT 电极的催化活性变强。

PEDOT 与聚苯乙烯磺酸钠(PSS)的混合物具有水溶性、透明、高催化活性等优点,其透明的特性还可用于制备有透光要求的柔性对电极。Shibatal 等[35]用 PSS 掺杂 PEDOT(PEDOT：PSS)制备 PEDOT：PSS 电极,用 PEDOT：PSS 电极组装的凝胶电解质 DSC 的短路电流密度可达到 11.3 mA/cm^2,并且短路电流密度随 PEDOT：PSS 膜厚度的增加而增大。纯 PEDOT：PSS 膜的电导率较低,使其应用受到了极大限制,通过掺杂不同纳米颗粒可以极大地提高 PEDOT：PSS 膜的电导率。Chen 等[36]把炭黑(0.1%,质量分数)掺杂到二甲基亚砜(DMSO)处理的 PEDOT：PSS 膜中,用此 PEDOT：PSS 电极组装的 DSC 的光电转换效率达到 5.81%。可能是因为掺入 DMSO 能提高 PEDOT：PSS 膜的导电性,而炭黑能增加 PEDOT：PSS 膜的有效活性面积,从而使 PEDOT：PSS 膜的催化活性增强。Hong 等[37]在室温条件下,把石墨掺杂的 PEDOT：PSS 膜通过旋涂法镀到掺铟的二氧化锡(ITO)衬底,用作 DSC 的对电极。60 nm 厚的混合物层(含 1% 的石墨,质量分数)包覆的 ITO 电极在可见光区域有很高的透过率(＞80%)和高的电催化活性。用此电极组装的 DSC 的光电转换效率达到 4.5%,而相同条件下用 Pt 电极组装 DSC 的光电转换效率为 6.3%。

Lee 等[38]通过电化学恒压法在 FTO 导电玻璃上原位聚合制备了聚(3,3-二乙基-3,4-二氢-2H-噻吩-[3,4-b]并[1,4]二氧杂庚环)(PProDOT-Et$_2$)膜作对电极,获得了高达 7.88% 的光电转换效率。

2. 聚苯胺电极

聚苯胺(PANI)具有较高电导率,因此也是太阳电池中常见的空穴传输材料。李清华等[39]用 PANI 制备对电极。PANI 是介孔性的,孔径大约为 100 nm,因此 PANI 电极对 I_3^- 的还原反应的电子传输电阻小,电催化活性高,用 PANI 电极组装 DSC 的光电转换效率可以达到 7.15%。

李佐鹏等[40]研究了不同掺杂离子(如 SO_4^{2-}、ClO_4^-、BF_4^-、Cl^-、TsO^- 等)对 PANI 膜的微观结构和电化学活性的影响,其中掺杂 SO_4^{2-} 阴离子的 PANI 膜 (PANI-SO$_4$)具有介孔结构,孔径达到几微米。相比于 Pt 电极,介孔结构 PANI-SO$_4$ 膜对 I_3^- 的还原电流高、界面转移电阻小。在标准光照条件下,用 PANI-SO$_4$ 电极组装的 DSC 的光电转换效率达到 5.6%;而在相同条件下,用 Pt 电极组装 DSC 的光电转换效率为 6.0%。

Zhang 等[41]在室温的条件下,用循环伏安法在 FTO 导电玻璃上成功镀上了厚度可控的纳米 PANI 膜。通过优化制备条件制备 PANI 电极,使用 PANI 电极组装 DSC 的短路电流密度比使用 Pt 电极的 DSC 的短路电流密度提高 11.6%。Qin 等[42]通过稳压器控制技术,从含有 0.3 mol/L PANI 的 H$_2$SO$_4$(0.5 mol/L)溶液中把 PANI 电沉积到不锈钢表面,来制备廉价不易破碎的电极。而 PANI 膜的介孔结构使 PANI 电极具有高的导电性和非常好的催化活性。

Ameen 等[43]用纯 PANI 纳米纤维(PANI-NFs)和化学掺杂的胺磺酰基 (SFA)的 PANI-NFs(PANI-NFs-SFA)作为高效 DSC 的对电极材料。在标准光照条件下,使用 PANI-NFs 电极 DSC 的光电转换效率达到 4.0%;而使用 PANI-NFs-SFA 电极组装 DSC 的光电转换效率提高 27%,达到 5.5%。其原因可能是 SFA 掺杂到 PANI-NFs 膜中提高了 PANI-NFs 膜对 I_3^- 还原反应的催化活性。

3. 聚吡咯电极

吴季怀等[44]合成了聚吡咯(PPy)导电聚合物,利用沉积法让 PPy 导电聚合物均匀紧密地包覆在 FTO 导电玻璃衬底制成 PPy 电极。PPy 纳米颗粒具有介孔结构,孔径为 40~60 nm。PPy 电极的界面转移电阻小、电催化活性高,使用 PPy 电极组装 DSC 的光电转换效率达到 7.66%。Makris 等[45]在溶液中,使用恒电势沉积法把吡咯单体合成为 PPy,使用 PPy 膜作为 DSC 对电极的催化材料,其催化活性比 Pt 电极低 30%。

5.1.3.2　化合物电极

Gong 等[46]采用水热法在导电玻璃衬底上原位生长对电极薄膜,制备的石墨烯状 Co$_{0.85}$Se 对电极 DSC 获得了 9.4% 的效率,同等条件下的铂对电极 DSC 的效率为 8.64%,这是目前为止,以 I_3^-/I^- 为氧化还原电对的非铂类对电极 DSC 的最高电池转换效率。采用同样工艺制备的 Ni$_{0.85}$Se 对电极 DSC 的电池效率为 8.32%。实验表明,Co$_{0.85}$Se 对电极的催化活性高于铂,且电化学稳定性可与铂媲美,且高于 Ni$_{0.85}$Se。Ni$_{0.85}$Se 对于碘对的催化活性不如铂,Gong 等[47]认为硒化镍的催化活性可能与化学计量比有关,进而制备了 NiSe$_2$ 对电极,结果证明其对 I_3^- 还原反应的催化活性高于铂,DSC 的电池效率达到 8.69%,而铂的为 8.04%。

NiSe$_2$ 对电极的 R_{ct} 由 0.81 Ω・cm^2 仅增加到 0.96 Ω・cm^2,表明其对含碘电解质有优异的耐腐蚀性。

Hou 等[48]采用量子化学第一性原理计算研究了碘电对的催化还原机理并计算了不同半导体材料的催化活性。在理论推测的前提下,Hou 等采用实验成功验证了理论推演的正确性,采用 α-Fe$_2$O$_3$ 作为对电极的 DSC 效率可达 6.69%,铂的为 7.32%。同时,理论计算结果显示 TiO$_2$、MnO$_2$、SnO$_2$、CeO$_2$、ZrO$_2$、La$_2$O$_3$、Al$_2$O$_3$ 和 Ga$_2$O$_3$ 的催化活性可能较差,Hou 等选取其中的 Ta$_2$O$_5$、TiO$_2$ 和 CeO$_2$进行实验验证,结果与推论一致,证明理论计算的可行性。

氧化铜(CuO)是一种窄禁带 p 型半导体材料,具有较好的光电、化学和催化性能,价格低廉,受到 DSC 研究人员的关注。Anandan 等[49]将经过盐酸处理的铜箔(1 cm^2)放入一定浓度的氨水(NH$_3$)和氢氧化钠(NaOH)的溶液中,经过一段时间在铜箔表面生成排列整齐的 CuO 纳米棒,用去离子水冲洗后晾干,得到 CuO 电极。用这种方法制备的 CuO 电极具有较大的比表面积、较低的生产成本和优良的稳定性。用 CuO 电极组装 DSC 的短路电流为 0.45 mA、开路电压为 546 mV、填充因子为 0.17、光电转换效率为 0.29%。

Xia 等[50]用五氧化二钒(V$_2$O$_5$)掺铝(Al)作为固体 DSC 对电极的催化材料,用这种新式对电极组装 DSC 的光电转换率达到 2.0%,能和贵金属对电极的固体DSC 相媲美,进而能降低固体 DSC 的制备成本。

Hu 等[51]采用具有高吸光系数 p 型半导体材料 FeS$_2$(吸光系数为 5×10^5 cm^{-1},λ≤700 nm 时,禁带宽度 E_g=0.90 eV)和 FeS 作为 DSC 对电极,利用一步热解法在铁箔片上制备了 FeS$_x$ 薄膜,其中 FeS 的 DSC 电池效率较高,为 1.32%。

Wu 等[52]系统研究了三类纳米结构前过渡金属化合物(碳化物、氮化物和氧化物)对电极材料用以取代昂贵的 Pt 催化剂,在这些材料中 Cr$_3$C$_2$、CrN、VC(N)、VN、TiC、TiC(N)、TiN 和 V$_2$O$_3$ 都显示出了对 I$_3^-$/I$^-$ 非常好的催化活性。进而用原位合成法合成了 VC 嵌入介孔碳结构材料,用其作对电极催化材料得到了7.63% 的效率,同样情况下 Pt 电极效率为 7.5%。对于其他氧化还原电对(T$_2$/T$^-$)的电解质 TiC 和 VC-MC 都表现出高于 Pt 对电极的光电转换效率。

5.1.3.3　其他金属对电极

Sapp 等[53]用热蒸镀法制备了 Au 对电极,即先在 FTO 导电玻璃上沉积 25 nm厚的 Cr,然后沉积 150 nm 厚的 Au,组装电池,结果表明 Au 对电极优于 Pt 对电极,测试过程中,Au 对电极没有出现腐蚀现象。但是,黄金属于贵金属类,此外在用含I$_3^-$/I$^-$ 电解质组装电池,测试得到的光电性能很低,能量转换效率只有 1.3%。

金属 Ni 相对于 Pt、Au 要廉价得多,范乐庆等[54]提出镀 Ni 导电玻璃也可以作为 DSC 的对电极。采用电沉积的方法来制备 Ni 对电极。在实验中所采用的电解

质为 I_3^-/I^-，使用镀 Ni 的导电玻璃对电极，测得电池的开路电压为 0.468 V，短路电流密度为 5.23 mA/cm²，填充因子为 0.15，入射单色光子-电子转换效率（IPCE）达 41.19%。尽管 Ni 具有较好的催化作用，但是由于 Ni 会与电解质中的 I_3^- 缓慢反应，导致 Ni 的催化活性有所下降。

5.1.4　柔性 DSC 的对电极

FTO 导电玻璃透光性好，但质量大、易破碎、不易加工，给 DSC 的实际应用带来了很多不便，特别是制备大面积电池时，用 FTO 导电玻璃就出现很多困难。考虑到太阳电池的便携性和生产的连续性，人们开发了基于塑料和金属薄片的柔性导电衬底。柔性 DSC 质量轻、可随意变形且价格低，引起了人们的广泛关注。

Wang 等[55]在柔性 ITO/PEN 表面沉积的 CoS 薄膜，其催化还原 I_3^- 的活性高于 ITO/PEN 表面沉积的 Pt 薄膜，并且以 Z907 为染料的 DSC 电池效率达 6.5%。Katusic 等[56]把贵金属 Au 和 Pt 分别掺到 ITO 膜中，比表面积达到 60 m²/g，得到固相 In_2Pt 和 In_2Au，粒子半径平均为 3.5～5.5 nm，电阻率为 0.6 Ω/cm²。Kawashima 等[57]开发了 FTO/ITO 双层导电膜，该双层导电膜的方块电阻大约为 1.4×10^4 Ω·m²，可见光的光透过率达到了 80%。基于该双层导电膜对电极的电池性能优于基于 ITO 膜对电极的电池性能。FTO/ITO 双层导电膜在 300～600 ℃空气中烧结 1 h 后，电阻率下降 10%。Longo 等[58]和 Haque 等[59]分别通过磁控溅射在涂有 ITO 的聚酯衬底上沉积少量的 Pt 制成柔性电池的对电极。Lindstrom 等[60]则在室温下，用机械压膜法将锑掺杂的 SnO_2 颗粒压到表面涂有 ITO 导电层的聚酯片上制备对电极。

总之，柔性衬底催化剂材料的选择受到限制，因为柔性衬底热稳定性不如导电玻璃，在催化剂沉积时的高温加热过程中可能发生弯曲变形或氧化。因此，成熟的低温催化剂制备工艺是柔性衬底材料大面积推广的前提。

5.2　对电极表面的氧化还原反应

电极反应一般是由一系列的基元步骤共同组成。

（1）反应粒子向电极表面传递——电解质相中的传质步骤。

（2）反应粒子在电极表面上或表面附近的液层中进行"反应前的转化过程"，如反应粒子在表面上吸附或发生化学变化——"前置的"表面转化步骤。

（3）在电极表面上得到或失去电子，生成反应产物——电化学步骤。

（4）反应产物在电极表面上或表面附近的液层中进行"反应后的转化步骤"，如从表面上解吸附、反应产物的复合、分解、歧化或其他化学变化等——"随后的"表面转化步骤。

（5）反应物脱离电极表面进入电解质中或向电极内部传递——电解质中的传质步骤。

电极反应过程除了彼此串联进行的分步反应外，还可能包括若干"并联"的分步反应。整个电极反应存在一个决速步骤，它控制着电极反应速率。假设存在一个"合格"的决速步骤，那么其他分步步骤可被认为处于热力学平衡状态；如果某一电极反应仅受电化学步骤的反应速率控制，就可近似地认为电解质中的反应粒子浓度是均一的，各表面转化步骤都处于平衡状态。如此可以用表面吸附等温式来计算表面吸附量；采用平衡常数来处理表面层中的化学转化平衡等。又假设液相中的传质速率是电极反应速率的瓶颈步骤，则此时需要考虑电解质中的反应粒子浓度变化。整个电极反应的决速步骤并不是特定的，它会随着反应条件的变化而发生改变。同时，决速步骤的改变也会造成整个电极反应动力学特征的改变。因此，在 DSC 对电极催化机理的研究中，决速步骤的确定成为热门争论点，5.2.1 节中会有详细论述。

5.2.1　对电极氧化还原反应原理

DSC 中，对电极上发生的催化反应为：$I_3^- + 2e^- \longrightarrow 3I^-$，即光阳极上的逆向反应 I_3^- 被还原为 I^-，反应发生在电解质与对电极的交界面上。

通常情况下，多相催化反应包括以下几个主要步骤：①反应物分子被吸附在固体催化剂的表面上；②被吸附在固体催化剂表面的分子或原子发生电化学反应；③产物分子从固体催化剂表面解吸附，通过扩散离开催化剂表面。在 DSC 中，I_3^- 在 Pt 电极上的催化反应具有电极反应和异相催化反应的共同特点。因此 I_3^- 在 Pt 电极/电解质界面的催化反应过程一般包括三个阶段：①I_3^- 由染料通过电解质本体扩散至 Pt 电极的表面区域；②I_3^- 以某种方式吸附在 Pt 电极表面，发生化学反应生成 I^-；③I^- 解吸附离开 Pt 电极的表面，然后扩散至电解质本体，整个电极反应过程如图 5.1 所示。

Anneke 等提出了 I_3^-/I^- 在纯 Pt 电极上的反应机理。

(1) $I^- + Pt \rightleftharpoons I^-(Pt)$　　　　（I^- 吸附在 Pt 上）　　快

(2) $I^-(Pt) \rightleftharpoons I(Pt) + e^-$　　　　（I^- 被氧化）　　　　慢

(3) $I(Pt) + I(Pt) \rightleftharpoons I_2 + 2Pt$　　　（I_2 的还原）　　　　快

(4) $I_2 + I^- \rightleftharpoons I_3^-$　　　　　　（I_3^- 的还原）　　　　快

由于 Pt 在(3)过程的吸附和解吸附是公认的快速过程，因此 Anneke 认为决速步骤是(2)。这与 Vetter 等[61]（H_2SO_4 为溶剂）和 Hauch 等[62]（ACN 为溶剂）提出的 Pt 催化机理相类似，认为决速步骤是吸附在 Pt 上的 I^- 的氧化反应。

然而，Dané 等[2]（H_2SO_4 为溶剂）和 Macagno 等[63]（ACN 为溶剂）提出另一种催化反应机理。根据他们的理论，决速步骤并非(2)和(3)，而是吸附在 Pt 上的 I

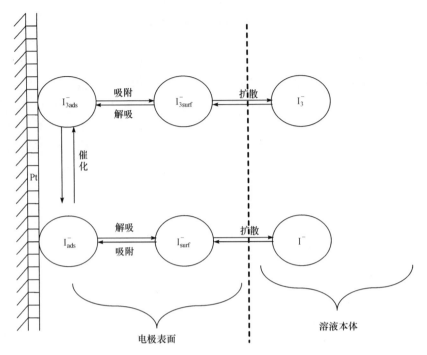

图 5.1　I_3^-/I^- 在 Pt 电极/电解质界面的电极反应过程

和 Pt 电极附近的 I^- 失去电子生成 I_2 的过程,如式(5.1)所示。

$$I(Pt)+I^- \rightleftharpoons I_2+Pt+e^- \tag{5.1}$$

总之,有关不同电解质对 I_3^- 在 Pt 电极上催化反应机理的影响还存在争议。

5.2.2　对电极反应的表征方法

对电极的表征除了采用扫描电子显微镜(SEM)、X 射线光电子能谱(XPS)、X 射线衍射(XRD)等常规手段外,主要集中于对其表面上电化学反应的表征。

5.2.2.1　电化学阻抗法

对电极反应动力学研究常用手段还有电化学阻抗谱(electrochemical impedance spectroscopy,EIS)法。

电化学阻抗谱是给电化学系统施加一个频率不同的小振幅的交流电势波,测量交流电势与电流信号的比值(此比值即为系统的阻抗)随正弦波频率 ω 的变化,或者是阻抗的相位角 Φ 随 ω 的变化而变化。其研究的基本思路在于将电化学系统看作是一个等效电路,该等效电路是由电阻(R)、电容(C)和电感(L)等基本元件按照串并联等不同方式组合而成的。通过 EIS 的表征,可以确定等效电路的构成形式及各基本元件的大小,利用这些元件的电化学意义,来研究电极过程动力学、双电层和扩散等。

　　EIS 广泛运用于 DSC 的研究中。例如开路状态下,通过构建等效电路,用于研究电子传输和暗反应等参数,以此来预测 DSC 的性能。实验结果显示,采用 EIS 预测的结果与采用瞬态技术所得结果一致,但后者由于受到电子复合的干扰不适用于解释电池老化现象[64,65]。EIS 在对电极研究中的突出贡献表现在确定对电极/电解质界面的 R_{ct}[3,59,60]。R_{ct} 与交换电流密度(J_0)关系式为:$R_{ct} = RT/nFJ_0$,其中 R、T、n 和 F 分别为摩尔气体常数、温度、电子转移数目($n=2$)和法拉第常数。同时,交换电流密度(J_0)与催化活性紧密相关。因此,通过 EIS 所获得的 R_{ct} 信息,可以确定催化活性的高低。

　　DSC 典型的 EIS 谱为包含三个半圆的奈奎斯特图。三个半圆依次表示高频区的 Pt 对电极上的电子传输阻抗(Z_1),中频区的 Ti/染料/电解质界面(Z_2)和低频区的电解质中的能斯特扩散(Z_3)。R_1、R_2 和 R_3 分别表示 Z_1、Z_2、Z_3 的实部。R_h 是超过 10^6 Hz 高频区的电阻,与 TCO 的方块电阻成正比。

　　为了更准确地研究对电极部分,排除 DSC 其他组件的干扰,DSC 对电极的研究中,常常引入对称薄层电池模型,组成 Pt 电极/电解质/Pt 电极薄层电池,图 5.2[62] 是 Pt 电极/电解质/Pt 电极薄层电池的构造示意图。薄层电池优势:两个电极表面的电场分布是相同的;由于电池十分薄,所以不会发生对流现象。同时,电解质中高浓度的离子阻挡了电池内部电场的建立,因此迁移也可被忽略,即扩散是影响物质传输的唯一因素。

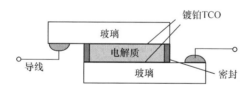

图 5.2　Pt 电极/电解质/Pt 电极薄层电池的构造示意图

图 5.3 为 Pt/电解质/Pt 的电化学阻抗谱,图 5.4 为相应的等效电路图[66]。

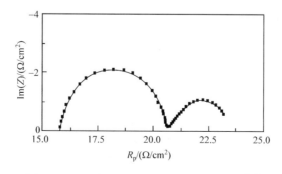

图 5.3　Pt/电解质/Pt 的典型电化学阻抗谱[66]

区别于 DSC 的电化学阻抗谱,图中只含有两个半圆 Z_1 和 Z_3,由于 Pt/电解质/Pt 薄层电池含有两个电解质/对电极界面,因此,根据阻抗谱中高频处的半圆测量所得的电极 R_{ct} 是实际 DSC 电池中的 R_{ct} 的两倍[67]。

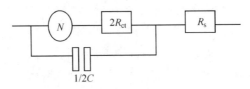

图 5.4　上图的等效电路

N:能斯特扩散阻抗;R_{ct}:单个电极的电荷交换电阻;C:单个电极的双电层电容;R_s:串联电阻

5.2.2.2　稳态极化曲线法[68]

电流通过电极后,电极电势偏离平衡电势的现象称为极化。根据极化产生原因的不同,通常把极化大致分为两类:浓差极化和电化学极化。

(1) 浓差极化。电极反应发生时,电极表面附近电解质浓度与主体电解质浓度不同所产生的现象称为极化。在阴极附近,阳离子被快速还原,而主体电解质中阳离子来不及扩散到电极附近,因此阴极电势比可逆电势更负。在阳极附近,电极被氧化或溶解,离子来不及离开,因此阳极电势比可逆电势更正。

(2) 电化学极化。电极反应分若干步进行,若其中一步反应速率较慢,则需要较高的活化能,为了使电极反应能顺利进行,需要额外施加电压(电化学超电势,也称活化超电势)所产生的极化现象称为电化学极化。

极化电势与极化电流的变化曲线称为极化曲线。极化曲线的形状和变化规律反映了电化学反应过程的动力学特征。根据极化曲线可以确定交换电流、传递系数等动力学常数,同时可以考察电极反应过程的控制步骤。由不同步骤控制的电极反应过程,各有其特定的极化曲线形状和变化规律,先简单总结如下。

(1) 受浓度扩散控制的极化曲线的特征。由浓差扩散控制的极化特征是电流密度开始增加时,阴极极化慢慢增加,电势变小,但当电流密度增加到某一极限值后,极化显著增加,扩散速率与电势无关,极化曲线为一条水平线(图 5.5)。

(2) 受电化学反应控制的极化曲线的特征。由电化学控制反应的电流密度增长得很快,而且在较小的电流时,即出现强烈地极化,电极电势剧烈变负。其后,当电流密度继续增加时,极化作用变化迟缓(图 5.6)。

(3) 受浓度扩散和电化学反应联合控制的极化曲线的特征。图 5.7 中虚线为由单纯浓度扩散控制的极化曲线,阴极极化过程从电化学反应控制区逐渐进入混合控制区(当 i 在 $0.1I_d \sim 0.9I_d$ 的范围内),最后转变为扩散控制。

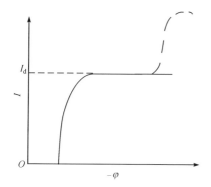

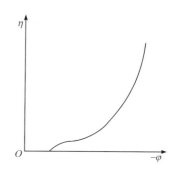

图 5.5　由浓差扩散控制的极化曲线　　　　图 5.6　由电化学反应控制的极化曲线

塔菲尔(Tafel)曲线可以被用来研究 I_3^-/I^- 在薄层电池 Pt 电极/电解质界面双电层的电子传输性质,实验得到的极化曲线符合 Bulter-Volmer 方程。

$$I = nFAk_s \left[C_o \exp\left(\frac{\alpha nF}{RT}\varphi\right) - C_R \exp\left(-\frac{\beta nF}{RT}\varphi\right) \right] \tag{5.2}$$

其中,I 为电极电流;A 为电极的表面活性面积;k_s 为标准平衡常数;φ 为超电势;C_o 为反应物的浓度;C_R 为产物的浓度;α 为阳极转移系数;β 为阴极转移系数。Bulter-Volmer 方程是电化学中最基本的关系式,它描述了阴极和阳极电子交换电流和电极电势的关系,并设定阳极反应和阴极反应发生在同一个电极上。交换电流是由稳态极化曲线的阴极部分和阳极部分曲线的交点确定的。本组对比了不同 I^- 浓度电解质的薄层电池的稳态极化曲线,如图 5.8 所示,稳态极化曲线的分析结果列于表 5.1 中[69]。

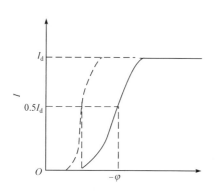

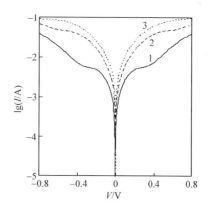

图 5.7　浓度扩散和电化学反应　　　　图 5.8　I^- 的浓度对薄层电池的稳态极化曲线的影响
联合控制的极化曲线　　　　　　　　电解质 1:0.1 mol/L LiI 和 0.1 mol/L I_2 的 MPN 溶液;
　　　　　　　　　　　　　　　　　电解质 2:0.2 mol/L LiI 和 0.1 mol/L I_2 的 MPN 溶液;
　　　　　　　　　　　　　　　　　电解质 3:0.7 mol/L LiI 和 0.1 mol/L I_2 的 MPN 溶液

表 5.1　图 5.8 的稳态极化曲线影响的分析结果

电解质	交换电流/A
电解质 1	4.182×10^{-3}
电解质 2	6.088×10^{-3}
电解质 3	10.49×10^{-3}

从表 5.1 可以看出,界面交换电流随着电解质中 I^- 浓度的增加而增加,因此高浓度 I^- 能加速 I_3^-/I^- 在 Pt 电极/电解质界面的转移。

5.2.2.3　循环伏安法

循环伏安法(cyclic voltammetry,CV)是对电极反应研究中另外一种重要手段。常采用三电极体系,以待研究的 DSC 对电极为工作电极,铂为对电极,Ag/Ag$^+$ 电极为参比电极。图 5.9[16] 为 Pt 对电极在 $I_2 + I^-$ 系统中的循环伏安图,实线为 $[I^-]/[I_2] = 1/9$,虚线为 $[I^-]/[I_2] = 9/1$。图中包含两对氧化还原峰。相对较负的一对峰对应反应(5.3);相对较正的一对峰对应反应(5.4)[70]。

$$I_3^- + 2e^- \Longrightarrow 3I^- \tag{5.3}$$

$$3I_2 + 2e^- \Longrightarrow 2I_3^- \tag{5.4}$$

图中显示,当 $[I^-]/[I_2] = 9/1$ 时,碳电极上仅有一对氧化还原峰。但是当

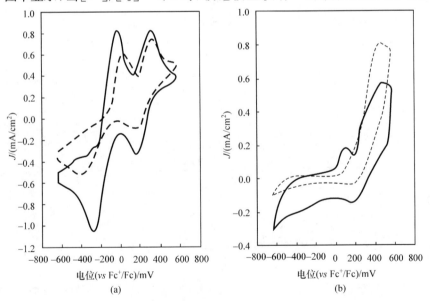

图 5.9　铂电极(a)和碳电极(b)循环伏安图 5 mmol/L LiI + I$_2$ 的乙腈溶液,
含有 0.1 mol/L LiClO$_4$ 作为支持电解质
实线:$[I^-]/[I_2] = 1/9$;虚线:$[I^-]/[I_2] = 9/1$

[I⁻]/[I₂]=1/9 时,碳电极上有两对氧化还原峰,这可能是由于 I₂ 在高浓度下形成多碘离子如 I_5^- 造成的。同时,从图中可以看出玻碳电极上 I_3^- 的还原峰电流密度相较于铂电极的低。这表明玻碳电极上反应速率较小,即玻碳电极上氧化还原反应电荷转移电阻 R_{ct} 较大。

汤英童[69]采用薄层电池循环伏安法研究 I_3^- 在 Pt 电极上的催化反应机理。电解质为含有 0.1 mol/L LiI 和 0.1 mol/L I₂ 的 MPN 溶液,由于 $I_2+I^- \Longleftrightarrow I_3^-$,电解质中 I⁻ 的浓度很低。图 5.10 为改变扫描速率下的薄层电池循环伏安曲线。

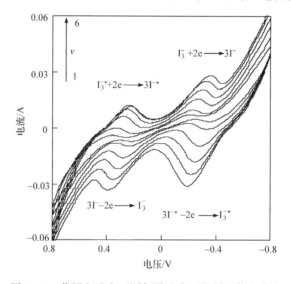

图 5.10　薄层电池在不同扫描速率下的循环伏安曲线

曲线 1. 0.1 V/s;曲线 2. 0.2 V/s;曲线 3. 0.4 V/s;曲线 4. 0.6 V/s;曲线 5. 0.8 V/s;
曲线 6. 1.0 V/s;电解质:0.1 mol/L LiI 和 0.1 mol/L I₂ 的 MPN 溶液。* 表示吸附反应

循环伏安曲线上出现一对氧化(大约在 −0.4 V 处)还原(大约在 +0.4 V 处)峰和一对吸附电流峰。由图 5.10 可以看出,随着扫描速率的增加,氧化峰电势(E_p)正向移动而还原峰电势(E_{pa})负向移动,并且氧化还原反应的 ΔE_p 增加。根据循环伏安理论,氧化还原峰电流(I_p)都会随着扫描速率的增加而增加;对于完全可逆的氧化还原反应,ΔE_p 应该小于 $60/n$ mV,并且氧化(还原)峰电势(E_p)不会随着扫描速率的变化而改变;而在一个完全不可逆过程中,E_p 与扫描速率的对数呈线性关系,氧化还原峰不可能成对出现。根据图 5.10 可知,I_3^-/I^- 在 Pt 电极/电解质界面的氧化还原反应属于准可逆反应。

当拟卤素离子接触到 Pt 电极表面后,会吸附在 Pt 电极上,然后在 Pt 电极表面稳定下来,这一类接触吸附常称为“特性吸附”。“特性吸附”涉及的作用力已经超出静电作用而与离子的化学性质有关。当电极反应中存在表面吸附时,反应的

E_p 和 I_p 符合如下方程式[70]：

$$E_\mathrm{p} = E_\Psi^0 - \frac{RT}{nF}\ln(B_\mathrm{O}/B_\mathrm{R}) \tag{5.5}$$

$$I_\mathrm{p} = n^2 F^2 v \Gamma_\mathrm{o}/RT \tag{5.6}$$

其中，E_p 为反应物和产物吸附能力不同时的吸附平衡电势，在数值上等于吸附电流峰电势；E_Ψ^0 为反应物和产物吸附能力相同时吸附平衡电势，在数值上等于还原峰电势；B_O 为反应物的吸附平衡常数；B_R 为反应产物的吸附平衡常数；n 为每个分子中的电子数；F 为法拉第常数；R 为摩尔气体常数，T 为热力学温度；Γ_o 为反应物的吸附量。吸附电流峰在还原电流峰的前面（图 5.10），就是所谓的"前波"，因而 E_p 大于 E_Ψ^0，根据方程（5.5）可以得到方程式（5.7）：

$$B_\mathrm{R} \gg B_\mathrm{O} \tag{5.7}$$

在 I_3^- 的还原反应过程中，反应物是 I_3^-，产物是 I^-。因此，I^- 在 Pt 电极上的吸附能力大于 I_3^- 在 Pt 电极上的吸附能力，也就是说 $B_{I^-} \gg B_{I_3^-}$。吸附电流峰在氧化电流峰的后面，也就是所谓的"后波"，根据方程（5.5）可以得到方程（5.8）：

$$B_\mathrm{O} \gg B_\mathrm{R} \tag{5.8}$$

在 I^- 的氧化过程中，反应物是 I^-，反应产物是 I_3^-；I^- 在 Pt 电极上的吸附能力大于 I_3^- 的吸附能力，因此 $B_{I^-} \gg B_{I_3^-}$。图 5.10 中氧化峰电流（I_pc）和相应的还原峰（I_pa）与扫描速率（v）的直线关系如图 5.11 所示。

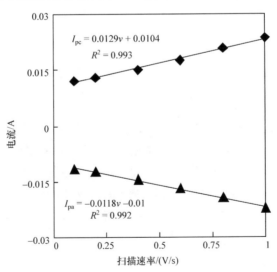

图 5.11　图 5.10 的循环伏安曲线上 I_p 与扫描速率的关系

根据方程（5.6），I_3^- 在低 I^- 浓度电解质中的催化反应过程是受吸附步骤控制的；又因为 $B_{I^-} \gg B_{I_3^-}$，I^- 从 Pt 电极上的解吸附非常困难，因此提出以下反应步骤：

(1) $I^-_{3bulk} \rightleftharpoons I^-_{3surf}$　　　　　　　　　(I^-_3 的扩散)　　　快

(2) $I^-_{3surf} + Pt \rightleftharpoons I^-_3 (Pt)$　　　　　(I^-_3 在 Pt 的吸附)　快

(3) $I^-_3 (Pt) + Pt \rightleftharpoons I_2(Pt) + I^- (Pt)$　　(I^-_3 的解离)　　　快

(4) $I_2(Pt) + e^- \rightleftharpoons I(Pt) + I^- (Pt)$　　(I_2 的还原)　　　快

(5) $I(Pt) + e^- \rightleftharpoons I^- (Pt)$　　　　　(I 的还原)　　　快

(6) $I^- (Pt) \rightleftharpoons I^-_{surf} + Pt$　　　　　(I⁻ 从 Pt 上的解吸附)　慢

(7) $I^-_{surf} \rightleftharpoons I^-_{bulk}$　　　　　　　　(I⁻ 的扩散)　　　快

这与前面所提到的 I^-_3/I^- 在纯 Pt 电极上的反应机理基本一致,只是决速步骤存在不同。

总之,循环伏安法是 DSC 对电极反应研究中十分成熟且重要的表征手段。

5.2.2.4　扫描电化学显微镜

最近,运用扫描电化学显微镜(SECM)手段研究对电极催化活性引起人们的关注[71]。图 5.12 是 SECM 测试原理图。

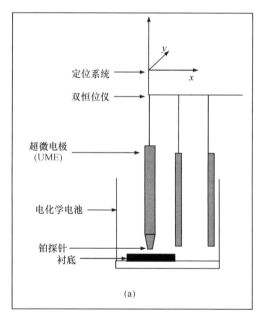
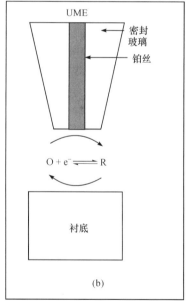

图 5.12　SECM 测试原理图[72]

SECM 在对电极方面的运用主要集中在对电催化活性的表征。Huang 等[72]采用 SECM 手段对 DSC 纳米石墨/聚苯胺(NG/PANI)对电极电化学催化活性进行表征。实验在 SECM 反馈工作模式下进行,以 Fc/Fc^+ 为氧化还原电对,由于 NG/PANI 薄膜是导体,对电极的逼近曲线显示出正反馈,图 5.13 为 PANI、NG/

PANI、溅射 Pt 对电极的归一化正反馈逼近曲线,反应动力学参数 Λ($\Lambda = ak_s^0/D_{app}$,a 为超微 Pt 探针的直径;D_{app} 为 Fc 的表观扩散系数)为 5 和 1 的理论曲线。通过比较三种对电极的曲线并进行理论计算得出 NG/PANI 和 Pt 对电极符合 $\Lambda=5$ 的情况,对电极催化反应的异相反应速率常数 k_s^0 约为 0.217 cm/s,PANI 的 k_s^0 约为 0.043。k_s^0 值越大表明对电极催化活性越好,即 NG 的加入使 PANI 薄膜的催化活性得到提高。同时,NG/PANI 薄膜表现出和 Pt 对电极类似的电催化活性。

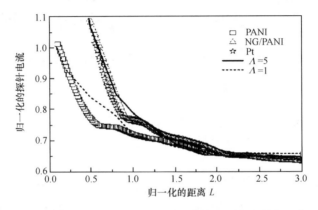

图 5.13　PANI(20 mC/cm²)、NG/PANI(20 mC/cm²)、溅射 Pt 对电极的归一化正反馈逼近曲线[68]

　　虽然 SECM 在过去的十年中得到了迅速地发展,但是 SECM 在 DSC 中运用的相关报道并不多见,然而 SECM 手段拥有坚实的定量理论分析基础,其引入必能为 DSC 对电极催化动力学研究带来新思路。

参 考 文 献

[1] Papageorgiou N. Counter-electrode function in nanocrystalline photoelectrochemical cell configurations. Coord Chem Rev, 2004, 248(13-14): 1421-1446.

[2] Dané L M, Janssen L J J, Hoogland J G. The iodine/iodide redox couple at a platinum electrode. Electrochim Acta, 1968, 13(3): 507-518.

[3] Papageorgiou N, Maier W F, Grätzel M. An iodine/triiodide reduction electrocatalyst for aqueous and organic media. J Electrochem Soc, 1997, 144(3): 876-884.

[4] Yoon S, Lee J, Kim S O, et al. Enhanced cyclability and surface characteristics of lithium batteries by Li-Mg co-deposition and addition of HF acid in electrolyte. Electrochim Acta, 2008, 53(5): 2501-2506.

[5] Lin C Y, Lin J Y, Wan C C, et al. High-performance and low platinum loading electrodeposited-Pt counter electrodes for dye-sensitized solar cells. Electrochim Acta, 2011, 56(5): 1941-1946.

[6] Kim S S, Nah Y C, Noh Y Y, et al. Electrodeposited Pt for cost-efficient and flexible dye-sensitized solar cells. Electrochim Acta, 2006, 51(18): 3814-3819.

[7] Choi J Y, Hong J T, Seo H, et al. Optimal series-parallel connection method of dye-sensitized solar cell for Pt thin film deposition using a radio frequency sputter system. Thin Solid Films, 2008, 517(2): 963-

966.

[8] Lee Y L, Chen C L, Chong L W, et al. A platinum counter electrode with high electrochemical activity and high transparency for dye-sensitized solar cells. Electrochem Commun, 2010, 12(11): 1662-1665.

[9] Kim S S, Park K W, Yum J H, et al. Dye-sensitized solar cells with Pt-NiO and Pt-TiO$_2$ biphase counter electrodes. J Photoch Photobiol A, 2007, 189(2-3): 301-306.

[10] 郝三存, 吴季怀, 林建明, 等. 铂修饰光阴极及其在纳晶太阳电池中的应用. 感光科学与化学, 2004, 22(3): 175-182.

[11] Chen L L, Tan W W, Zhang J B, et al. Fabrication of high performance Pt counter electrodes on conductive plastic substrate for flexible dye-sensitized solar cells. Electrochim Acta, 2010, 55(11): 3721-3726.

[12] Sun K, Fan B H, Ouyang J Y. Nanostructured platinum films deposited by polyol reduction of a platinum precursor and their application as counter electrode of dye-sensitized solar cells. J Phys Chem C, 2010, 114(9): 4237-4244.

[13] Ma T L, Fang X M, Akiyama M, et al. Properties of several types of novel counter electrodes for dye-sensitized solar cells. J Electroanal Chem, 2004, 574(1): 77-83.

[14] Fang X M, Ma T L, Akiyama M, et al. Flexible counter electrodes based on metal sheet and polymer film for dye-sensitized solar cells. Thin Solid Films, 2005, 472(1-2): 242-245.

[15] Wang G Q, Lin R F, Lin Y, et al. A novel high-performance counter electrode for dye-sensitized solar cells. Electrochim Acta, 2005, 50(28): 5546-5552.

[16] Imoto K, Takahashi K, Yamaguchi T, et al. High-performance carbon counter electrode for dye-sensitized solar cells. Sol Energy Mater Sol Cells, 2003, 79(4): 459-469.

[17] Huang Z, Liu X H, Li K X, et al. Application of carbon materials as counter electrodes of dye-sensitized solar cells. Electrochem Commun, 2007, 9(4): 596-598.

[18] Kay A, Gratzel M, Low cost photovoltaic modules based on dye sensitized nanocrystalline titanium dioxide and carbon powder. Sol Energy Mater Sol Cells, 1996, 44(1): 99-117.

[19] Murakami T N, Ito S, Wang Q, et al. Highly efficient dye-sensitized solar cells based on carbon black counter electrodes. J Electrochem Soc, 2006, 153(12): A2255-A2261.

[20] Ramasamy E, Lee W J, Lee D Y, et al. Nanocarbon counterelectrode for dye sensitized solar cells. Appl Phys Lett, 2007, 90(17): 173103-1-3.

[21] Lee W J, Ramasamy E, Lee D Y, et al. Performance variation of carbon counter electrode based dye-sensitized solar cell. Sol Energy Mater Sol Cells, 2008, 92(7): 814-818.

[22] Li K X, Luo Y H, Yu Z X, et al. Low temperature fabrication of efficient porous carbon counter electrode for dye-sensitized solar cells. Electrochem Commun, 2009, 11(7): 1346-1349.

[23] Wang G Q, Xing W, Zhuo S P, Application of mesoporous carbon to counter electrode for dye-sensitized solar cells. J Power Sources, 2009, 194(1): 568-573.

[24] Ramasamy E, Chun J. Lee J. Soft-template synthesized ordered mesoporous carbon counter electrodes for dye-sensitized solar cells. Carbon, 2010, 48(15): 4563-4565.

[25] Imoto K, Suzuki M, Takahashi K, et al. Activated carbon counter electrode for dye-sensitized solar cell. Electrochemistry, 2003, 71(11): 944-946.

[26] Ramasamy E, Lee W J, Lee D Y, et al. Spray coated multi-wall carbon nanotube counter electrode for tri-iodide (I$_3^-$) reduction in dye-sensitized solar cells. Electrochem Commun, 2008, 10(7): 1087-1089.

[27] Lee W J, Ramasamy E, Lee D Y, et al. Efficient dye-sensitized cells with catalytic multiwall carbon nanotube counter electrodes. ACS Appl Mater Inter, 2009, 1(6): 1145-1149.

[28] Nam J G, Park Y J, Kim B S, et al. Enhancement of the efficiency of dye-sensitized solar cell by utilizing carbon nanotube counter electrode. Scripta Mater, 2010, 62(3): 148-150.

[29] Cai F S, Liang J, Tao Z H, et al. Low-Pt-loading acetylene-black cathode for high-efficient dye-sensitized solar cells. J Power Sources, 2008, 177(2): 631-636.

[30] Li P J, Wu J H, Lin J M, et al. High-performance and low platinum loading Pt/carbon black counter electrode for dye-sensitized solar cells. Sol Energy, 2009, 83(6): 845-849.

[31] Hsu K F, Hu S K, Chen C H, et al. Formation mechanism of LiFePO$_4$/C composite powders investigated by X-ray absorption spectroscopy. J Power Sources, 2009, 192(2): 660-667.

[32] Groenendaal B L, Jonas F, Freitag D, et al. Poly(3,4-ethylenedioxythiophene) and its derivatives: past, present, and future. Adv Mater, 2000, 12(7): 481-494.

[33] Saito Y, Kitamura T, Wada Y, et al. Application of poly(3,4-ethylenedioxythiophene) to counter electrode in dye-sensitized solar cells. Chem Lett, 2002,(10): 1060-1061.

[34] Lee K M, Chiu W H, Wei H Y, et al. Effects of mesoscopic poly (3,4-ethylenedioxythiophene) films as counter electrodes for dye-sensitized solar cells. Thin Solid Films, 2010, 518(6): 1716-1721.

[35] Shibata Y, Kato T, Kado T, et al. Quasi-solid dye sensitised solar cells filled with ionic liquid - increase in efficiencies by specific interaction between conductive polymers and gelators. Chem Commun, 2003, (21): 2730-2731.

[36] Chen J G, Wei H Y, Ho K C, Using modified poly(3,4-ethylene dioxythiophene): poly(styrene sulfonate) film as a counter electrode in dye-sensitized solar cells. Sol Energy Mater Sol Cells, 2007, 91(15-16): 1472-1477.

[37] Hong W J, Xu Y X, Lu G W, et al. Transparent graphene/PEDOT-PSS composite films as counter electrodes of dye-sensitized solar cells. Electrochem Commun, 2008, 10(10): 1555-1558.

[38] Lee K M, Chen P Y, Hsu C Y, et al. A high-performance counter electrode based on poly(3,4-alkylenedioxythiophene) for dye-sensitized solar cells. J Power Sources, 2009, 188(1): 313-318.

[39] Li Q H, Wu J H, Tang Q W, et al. Application of microporous polyaniline counter electrode for dye-sensitized solar cells. Electrochem Commun, 2008, 10(9): 1299-1302.

[40] Li Z P, Ye B X, Hu X D, et al. Facile electropolymerized-PANI as counter electrode for low cost dye-sensitized solar cell. Electrochem Commun, 2009, 11(9): 1768-1771.

[41] Zhang J, Hreid T, Li X X, et al. Nanostructured polyaniline counter electrode for dye-sensitised solar cells: Fabrication and investigation of its electrochemical formation mechanism. Electrochim Acta, 2010, 55(11): 3664-3668.

[42] Qin Q, Tao J, Yang Y. Preparation and characterization of polyaniline film on stainless steel by electrochemical polymerization as a counter electrode of DSSC. Synth Met, 2010, 160(11-12): 1167-1172.

[43] Ameen S, Akhtar M S, Kim Y S, et al. Sulfamic acid-doped polyaniline nanofibers thin film-based counter electrode: Application in dye-sensitized solar cells. J Phys Chem C, 2010, 114 (10): 4760-4764.

[44] Wu J H, Li Q H, Fan L Q, et al. High-performance polypyrrole nanoparticles counter electrode for dye-sensitized solar cells. J Power Sources, 2008, 181(1): 172-176.

[45] Makris T, Dracopoulos V, Stergiopoulos T, et al. A quasi solid-state dye-sensitized solar cell made of

polypyrrole counter electrodes. Electrochim Acta, 2011, 56(5): 2004-2008.

[46] Gong F, Wang H, Xu X, et al. In situ growth of Co$_{0.85}$Se and Ni$_{0.85}$Se on conductive substrates as high-performance counter electrodes for dye-sensitized solar cells. J Am Chem Soc, 2012, 134(26): 10953-10958.

[47] Gong F, Xu X, Li Z Q, et al. NiSe$_2$ as an efficient electrocatalyst for a Pt-free counter electrode of dye-sensitized solar cells. Chem Commun, 2013, 49(14): 1437-1439.

[48] Hou Y, Wang D, Yang X H. Rational screening low-cost counter electrodes for dye-sensitized solar cells. Nat Commun, 2013:1583

[49] Anandan S, Wen X G, Yang S H. Room temperature growth of CuO nanorod arrays on copper and their application as a cathode in dye-sensitized solar cells. Mater Chem Phys, 2005, 93(1): 35-40.

[50] Xia J B, Yuan C C, Yanagida S. Novel counter electrode V$_2$O$_5$/Al for solid dye-sensitized solar cells. ACS Appl Mater Inter, 2010, 2(7): 2136-2139.

[51] Hu Y, Zheng Z, Jia H M, et al. Selective synthesis of FeS and FeS$_2$ nanosheet films on iron substrates as novel photocathodes for tandem dye-sensitized solar cells. J Phys Chem C, 2008, 112(33): 13037-13042.

[52] Wu M X, Lin X, Wang Y D, et al. Economical Pt-free catalysts for counter electrodes of dye-sensitized solar cells. J Am Chem Soc, 2012, 134(7): 3419-3428.

[53] Sapp S A, Elliott C M, Contado C, et al. Substituted polypyridine complexes of cobalt(II/III) as efficient electron-transfer mediators in dye-sensitized solar cells. J Am Chem Soc, 2002, 124(37): 11215-11222.

[54] 范乐庆,吴季怀,黄昀昉,等. 阴极修饰对染料敏化 TiO$_2$ 太阳电池性能的改进. 电子元件与材料, 2003, 22(5): 1.

[55] Wang M K, Anghel A M, Marsan B, et al. CoS supersedes Pt as efficient electrocatalyst for triiodide reduction in dye-sensitized solar cells. JACS, 2009, 131(44): 15976-15977.

[56] Katusic S, Albers P, Kern R, et al. Prod-action and characterization of ITO-Pt semiconductor powder containing nanoscale noble metal particles catalytically active in dye-sensitized solar cells. Sol Energy Mater Sol Cells, 2006, 90(13): 1983-1999.

[57] Kawashima T, Ezure T, Okada K, et al. FTO/ITO double-layered transparent conductive oxide for dye-sensitized solar cells. J Photoch Photobiol A, 2004, 164(1-3): 199-202.

[58] Longo C, Freitas J, De Paoli M A. Performance and stability of TiO$_2$/dye solar cells assembled with flexible electrodes and a polymer electrolyte. J Photoch Photobiol A, 2003, 159(1): 33-39.

[59] Haque S A, Palomares E, Upadhyaya H M, et al. Flexible dye sensitised nanocrystalline semiconductor solar cells. Chem Commun, 2003, 24, 3008-3009.

[60] Lindstrom H, Holmberg A, Magnusson E, et al. A new method for manufacturing nanostructured electrodes on plastic substrates. Nano Lett, 2001, 1(2): 97-100.

[61] Vetter K J. Kinetik der Elektrolytischen Abscheidung von Wasserstoff und Sauerstoff. Angew Chem Int Ed, 1961, 73(9): 277.

[62] Hauch A, Georg A. Diffusion in the electrolyte and charge-transfer reaction at the platinum electrode in dye-sensitized solar cells. Electrochim Acta, 2001, 46(22): 3457-3466.

[63] Macagno V A, Giordano M C, Arvia A J. Kinetics and mechanisms of electrochemical reactions on platinum with solutions of iodine-sodium iodide in acetonitrile. Electrochim Acta, 1969, 14(4): 335.

［64］Tang Y T, Pan X, Zhang C N, et al. Influence of different electrolytes on the reaction mechanism of a triiodide/iodide redox couple on the platinized FTO glass electrode in dye sensitized solar cells. J Phys Chem C, 2010, 114: 4160-4167.

［65］Wang Q, Moser J E, Grätzel M. Electrochemical impedance spectroscopic analysis of dye-sensitized solar cells. J Phys Chem B, 2005, 109(31): 14945-14953.

［66］Fang X M, Ma T L, Guan G Q, et al. Effect of the thickness of the Pt film coated on a counter electrode on the performance of a dye-sensitized solar cell. J Electroanal Chem, 2004, 570(2): 257-263.

［67］Macdonald J R. Impedance spectroscopy and its use in analyzing the steady-state ac response of solid and liquid electrolytes. J Electroanal Chem, 1987, 223(1-2): 25-50.

［68］陈国华, 王光信. 电化学方法应用. 北京: 化学工业出版社, 2003.

［69］汤英童. 染料敏化太阳电池对电极的研究. 中国科学院等离子体物理研究所, 2011.

［70］查全性. 电极过程动力学导论. 北京: 科学出版社, 2002.

［71］Figgemeier E, Kylberg W H, Bozic B. Scanning photoelectrochemical microscopy as versatile tool to investigate dye-sensitized nano-crystalline surfaces for solar cells. P Soc Photo-Opt Ins, 2006, 6197:19711.

［72］Huang K C, Huang J H, Wu C H, et al. Nanographite/polyaniline composite films as the counter electrodes for dye-sensitized solar cells. J Mater Chem, 2011: 21: 10384-10389.

第6章 染料敏化太阳电池界面光电化学

6.1 固/固接触界面

6.1.1 固/固接触界面性质

半导体与金属的主要区别在于能带占据的程度,0 K时半导体的价带全部被电子占据,而导带没有电子占据。由于缺少自由移动的载流子,此时半导体导电性非常低。温度高于0 K,在一定条件下价带电子会越过禁带进入能量较高的导带,这种跃迁使得价带中留下一个空穴而导带中增加一个电子。无论是价带中的空穴还是导带中的电子都可以自由移动,所以半导体导电能力明显增强。热平衡时,半导体内部的电子体系有统一的费米能级 $E_{F,s}$。

同种半导体材料通过掺杂等工艺可以构成n型和p型两种导电类型相反的半导体。由于n型和p型两块半导体中的空穴和电子浓度的巨大差异,接触前,n型半导体电子浓度高于p型半导体的,n型半导体费米能级高于p型半导体的费米能级;接触后,接触界面的性质与半导体内部不同,电子和空穴将会发生扩散运动:电子将从n型半导体流向p型半导体,而空穴与之相反。n型半导体接触界面附近,带有正电的施主离子不能移动,随着电子浓度的降低逐渐形成一个带正电荷的区域;而p型半导体接触界面附近,带有负电的受主离子不能移动,随着空穴浓度的降低逐渐形成一个带负电荷的区域。这样在接触界面附近就形成了电性相反的空间电荷区(图6.1),在接触界面附近产生一个方向由正电荷指向负电荷的内建电场。内建电场使电子和空穴产生漂移运动,而这个运动正好与电子和空穴的扩

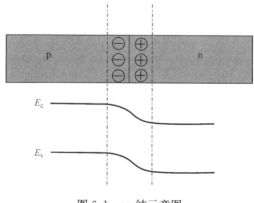

图 6.1 pn 结示意图

散运动相反,最终 n 型与 p 型半导体的费米能级相等,宏观上不再出现电子和空穴的净流动。接触界面处随着费米能级的变化,空间电荷区的导带和价带将发生弯曲。n 区导带电子进入 p 区时在空间电荷区将会遇到一个势垒,所以接触界面处的空间电荷区也称为势垒区。

　　本征半导体的费米能级位于禁带的中间位置,而 n 型半导体费米能级 $E_{\mathrm{Fn,s}}$ 靠近导带一侧,相反 p 型半导体费米能级 $E_{\mathrm{Fp,s}}$ 靠近价带一侧。pn 结处于热平衡态时,具有统一的费米能级 $E_{\mathrm{F,s}}$,此时结两端能带发生弯曲。平衡时空间电荷层两端的电势差 V_{D},称为 pn 结接触电势差或内建电势;而 qV_{D} 也就是能带弯曲量,称为势垒高度。这个势垒高度等于接触前两端的费米能级差:

$$qV_{\mathrm{D}}=E_{\mathrm{Fn,s}}-E_{\mathrm{Fp,s}} \tag{6.1}$$

n 区内的导带电子浓度可以表示为[1]

$$n_{\mathrm{n}}=n_{\mathrm{i}}\exp\left(\frac{E_{\mathrm{Fn,s}}-E_{\mathrm{F,s}}}{kT}\right) \tag{6.2}$$

其中,n_{i} 为本征载流子浓度。类似地,在 p 区内电子的浓度可以表示为

$$n_{\mathrm{p}}=n_{\mathrm{i}}\exp\left(-\frac{E_{\mathrm{Fp,s}}-E_{\mathrm{F,s}}}{kT}\right) \tag{6.3}$$

　　将式(6.1)和式(6.2)代入式(6.3),可得 pn 结的内建电势差 V_{D} 的表达式,即

$$V_{\mathrm{D}}=\frac{1}{q}(E_{\mathrm{Fn,s}}-E_{\mathrm{Fp,s}})=\frac{kT}{q}\ln\left(\frac{N_{\mathrm{D}}N_{\mathrm{A}}}{n_{\mathrm{i}}^{2}}\right) \tag{6.4}$$

　　式(6.4)表明 V_{D} 与结两边的掺杂浓度(N_{D} 和 N_{A})、温度和禁带宽度等有关。

　　两种不同半导体材料接触构成的异质结性质不同于上述的同质结。异质结接触界面区域性质取决于两种半导体的电子亲和能、禁带宽度及功函数等。与同质结相比,两种不同半导体材料接触时,接触界面情况既有相同之处又有不同之处。当两种材料费米能级不同时,电子和空穴会发生流动,进而在接触界面两侧形成空间电荷区,导致能带发生弯曲。这些情况与同质结基本相同。但是最大的不同在于电子亲和能和功函数的不同,导致接触界面处能带不是连续的,可能出现尖峰和断口。

　　金属晶格中相邻原子间的相互作用,使金属原子最外层电子容易失去。金属中存在大量自由运动的电子,所以金属一般具有很高的导电性。处于晶格位上的原子能级发生分裂,相互重叠形成准连续的能带。0 K 时,电子占据的最高能级称为金属费米能级 $E_{\mathrm{F,m}}$,电子填满了 $E_{\mathrm{F,m}}$ 以下所有的能级,而高于 $E_{\mathrm{F,m}}$ 的能级全部是空着的。温度高于 0 K 时,$E_{\mathrm{F,m}}$ 能级附近的一些电子受到热激发,低于 $E_{\mathrm{F,m}}$ 能级的电子会跃迁到高于 $E_{\mathrm{F,m}}$ 的能级上。

　　金属中的自由电子虽然可以在晶格之间自由移动,但是绝大部分不能脱离金属。电子要从金属中逸出,必须吸收一定的能量来克服金属体内能级和体外能级

之差[2]。金属内部一个处于费米能级 $E_{F,m}$ 的电子要从金属内部逸出到真空中,所需要的最小能量可以用金属功函数来表示。金属功函数 Φ_m 为真空中静止电子能量 E_{vac} 和金属费米能级 $E_{F,m}$ 之差:

$$\Phi_m = E_{vac} - E_{F,m} \qquad (6.5)$$

通过金属功函数大小可以判断电子从金属逸出的难易程度,换句话说金属功函数大小代表金属束缚电子的强弱;功函数越大电子从金属中逸出越困难,金属对电子束缚越强;功函数越小电子从金属中逸出越容易,金属对电子束缚越弱。

半导体中的电子脱离半导体而逸出也需要一定的能量。与金属类似可以定义半导体的功函数 Φ_s:

$$\Phi_s = E_{vac} - E_{F,s} \qquad (6.6)$$

半导体的费米能级位置与半导体掺杂浓度有关,所以半导体功函数也与掺杂有关。除了功函数,半导体导带 E_c 与 E_{vac} 的差称为电子亲和能 χ_s,表明半导体导带底的电子逸出体外所需要的最小能量:

$$\chi_s = E_{vac} - E_c \qquad (6.7)$$

图 6.2 是金属与 n 型半导体接触前后能级变化的示意图,金属的功函数与半导体的功函数差值不同时其接触界面能级也不相同。

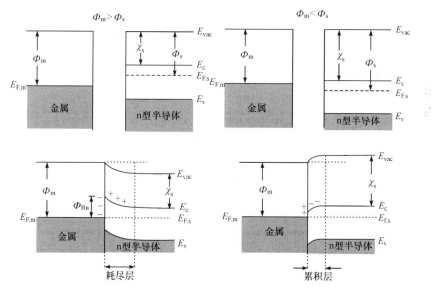

图 6.2　金属与 n 型半导体接触前后能级示意图

当 $\Phi_m > \Phi_s$ 时,即金属的功函数大于半导体的功函数时,半导体的费米能级高于金属的费米能级。当二者接触后半导体中的电子将流向金属一侧,而正电荷仍然留在半导体中。电子在两相的流动降低了金属的电势而提高了半导体的电势,最终金属和半导体的费米能级相等,宏观层面上电子不再存在净流动。这样金属表面带有负电荷而半导体表面带有正电荷,两个表面带电量相等,电荷相反,整体上不显电性。在半导体层形成了一个带有正电荷的空间电荷区,这个空间电荷区主要由电离施主形成,电子浓度比较低,是一个耗尽层,因此这种接触界面是一个高阻区域,也被称为阻挡层。在金属和半导体之间就建立了一内建电势,这个电势正好补偿了金属和半导体之间的费米能级差或者功函数之差。

当 $\Phi_m < \Phi_s$ 时,即金属的功函数小于半导体的功函数时,半导体的费米能级低于金属的费米能级。当二者接触后,金属中的电子将流向半导体一侧。电子在两相的流动提高了金属的电势而降低了半导体的电势,最终金属和半导体的费米能级相等,宏观层面上电子不再存在净流动。在半导体一侧形成了一个带有负电荷的空间电荷区,电子浓度比体内浓度高,是一个积累层,因此这种接触界面是一个高导电域,也被称为反阻挡层。

实际上并不存在绝对完美的晶体,一旦晶体内部周期势场遭到破坏,在半导体价带与导带之间就会出现表面态。当表面态密度非常高时,表面会积累很多电荷,那么半导体表面附近必定会出现相对应的相反电荷。这种情况下,在半导体与金属接触之前半导体表面就会产生势垒而且半导体内部能带会发生弯曲。当这种半导体与金属接触时,表面态可以屏蔽金属接触带来的影响,使半导体内部接触势垒高度由半导体表面性质决定,而几乎不取决于金属的功函数。所以实际测量时不同金属与同一半导体接触所形成的势垒高度并不一定直接随金属功函数的变化而变化。

半导体/半导体接触和金属/半导体接触形成的结,在不同方向的偏压作用下电流电压特性不同,即整流特性。

当外加电势作用在半导体/半导体接触界面时,理想 pn 结电流-电压方程为

$$J = J_0 \left[\exp\left(\frac{qV}{kT}\right) - 1 \right] \tag{6.8}$$

当 pn 结处于正向偏压时,$\exp\left(\frac{qV}{kT}\right) \gg 1$,则正向偏压下式(6.8)的 pn 结电流-电压方程简化为

$$J = J_0 \exp\left(\frac{qV}{kT}\right) \tag{6.9}$$

随着正向偏压的增大,pn 结内部电流密度成指数关系增大,pn 结处于导通状态。

当 pn 结处于反向偏压下时,$\exp\left(\frac{qV}{kT}\right) \approx 0$,则反向偏压下式(6.8)的 pn 结电流-电压方程简化为

$$J = -J_0 \tag{6.10}$$

pn 结内部形成一个与反向电压无关的反向饱和电流,这个电流很小,pn 结处于截止状态。

当外加电势作用在金属/半导体接触界面时,由于接触界面是一个高阻区,电压主要施加在阻挡层上。施加偏压后,当偏压的方向与内建电势相同时,势垒将被提高;而当施加偏压与内建电势相反时,势垒将会降低。势垒的升高与降低破坏了原来接触界面处的电荷热平衡状态,金属和半导体材料的费米能级不再处于同一水平。假设电子从半导体流向金属为 $J_{s \to m}$,从金属流向半导体为 $J_{m \to s}$,则金属/半导体结中两个方向的净电流密度为[1]

$$J = J_{s \to m} - J_{m \to s} \tag{6.11}$$

规定金属到半导体的方向为电流的正方向,则有

$$J = \left[A^* T^2 \exp\left(\frac{-q\Phi_{Bn}}{kT}\right) \right] \left[\exp\left(\frac{qV_a}{kT}\right) - 1 \right] \tag{6.12}$$

其中,参数 A^* 为热电子发射的有效理查森数:

$$A^* \equiv \frac{4\pi q m_n^* k^2}{h^3} \tag{6.13}$$

式(6.12)也可以写成普通二极管方程,形式为

$$J = J_{sT} \left[\exp\left(\frac{qV_a}{kT}\right) - 1 \right] \tag{6.14}$$

其中,J_{sT} 为反向饱和电流密度:

$$J_{sT} = A^* T^2 \exp\left(\frac{-q\Phi_{Bn}}{kT}\right) \tag{6.15}$$

其中,Φ_{Bn} 为肖特基势垒高度。

当金属/半导体结处于正向偏压时,接触界面处势垒降低,这时从半导体流向金属的电子数目增加,而从金属流向半导体的电子数目减小,由此形成了由金属向半导体方向的正向电流。而偏压越大势垒降低越大,所以正向电流随偏压增大而升高。

当金属/半导体结处于反向偏压时,接触界面处势垒升高,这时从半导体流向金属的电子数目减小,从金属流向半导体的电子数目占有优势,由此形成了由金属向半导体方向的反向电流。但是由于金属中的电子要克服相当高的势垒才能进入半导体中,并且这个势垒不随偏压的变化而变化,所以反向电流很小。当偏压进一步提高时,半导体流向金属的电子数目基本上可以忽略不计,这时反向电流接近饱和。

除了整流作用,金属/半导体还可以形成非整流作用,即欧姆接触。欧姆接触界面不会产生明显的阻抗,当电流经过欧姆接触界面时,这个界面的电压降远小于

器件的其他电压降,并且不影响器件的电流-电压特性。半导体器件的输入或输出电流在接触处一般都要求形成良好的欧姆接触。两种材料在接触界面不可避免地对电流形成一种附加的阻力,此接触电阻 R_C 定义为,在零偏压时电流密度对电压求导的倒数,即

$$R_C = \left(\frac{\partial J}{\partial V}\right)^{-1} \Bigg|_{V=0} \ \Omega/\mathrm{cm}^2 \tag{6.16}$$

两种材料形成欧姆接触时,R_C 的值应越小越好。对于由较低半导体掺杂浓度形成的整流接触,电流-电压关系由式(6.14)给出,当金属半导体接触中热发射电流起主要作用,此时单位接触电阻为

$$R_C = \frac{\left(\dfrac{kT}{q}\right)\exp\left(\dfrac{+q\varPhi_{Bn}}{kT}\right)}{A^* T^2} \tag{6.17}$$

由此可知,单位接触电阻随着势垒高度的下降迅速减小。

6.1.2　DSC 中固/固接触界面构成

　　DSC 中固/固接触界面存在于电池的阳极和阴极两侧,如图 6.3 所示。在阳极一侧,导电衬底上印刷的 TiO_2 经烧结形成纳米 TiO_2 晶体颗粒,纳米 TiO_2 晶体颗粒与导电衬底以点状接触形成 TCO/TiO_2 界面,而 TiO_2 薄膜是由无数的纳米 TiO_2 颗粒连接而成,颗粒之间的接触可以看成一个接触界面(TiO_2/TiO_2 界面)。在阴极一侧,导电衬底上载 Pt 制备的对电极可以形成 Pt/TCO 界面。DSC 中固/固接触界面中导电衬底与 TiO_2 薄膜接触界面(TCO/TiO_2 界面)和 TiO_2 颗粒之间接触界面(TiO_2/TiO_2 界面)的研究较多;而 Pt 与 TCO 接触界面(Pt/TCO 界面)目前鲜有研究。

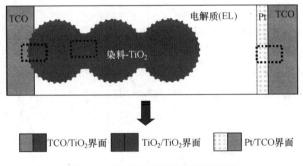

图 6.3　DSC 中固/固接触界面图

6.1.3　DSC 中固/固接触界面性质

　　导电衬底一般通过化学气相沉积、阴极溅射、溅射热解、电子束蒸发和氧离子

束辅助沉积等方法,将氧化铟锡、掺氟的二氧化锡等材料镀在玻璃上制备而成[3]。
当半导体掺杂浓度超过一定数量时,出现简并化的现象(施主杂质或受主杂质的浓
度很大),即费米能级进入价带或导带中。DSC 所用的 TCO(SnO$_2$：F)掺杂浓度
很高($N_D \geqslant 10^{20}$ cm^{-3}),是一种简并半导体[4],所以 TCO 与 TiO$_2$ 接触时可以认为
是肖特基接触。相对于真空能级,TiO$_2$ 功函数为 -5.15 eV,而 TCO(SnO$_2$：F)
的功函数为 -4.85 eV[5]。TCO 费米能级比 TiO$_2$ 费米能级高 0.3 eV,当二者接
触时,电子从 TCO 流向 TiO$_2$ 直到两相的费米能级处于同一水平。TiO$_2$ 的导带
发生向下弯曲,在 TiO$_2$ 一侧电子浓度比体内电子浓度高,形成了一个带有负电荷
的空间电荷区,即积累层。TCO 和 TiO$_2$ 接触界面是一种异质结,形成的内建电势
正好补偿了 TCO 与 TiO$_2$ 之间费米能级差。

　　但 TCO/TiO$_2$ 接触界面内建电势的作用目前还存在一些争议。TCO/TiO$_2$ 接
触界面一度被认为是光生电荷分离和光电压起源的位置。这种情况类似于传统的
固态光伏电池,其最大光电压受限于这个接触界面的内建电势。Willig 等估计
TCO/TiO$_2$ 内建电势大小约为 0.7 eV,得出 DSC 的最大开路电压应该为 0.7 V[6]。
如果事实如此,那么改变导电衬底材料的功函数势必改变 DSC 的开路电压,但在
已报道的实验中利用不同功函数的 ITO、Au 和 Pt 等材料作为导电衬底,测得光
电压并不与导电衬底材料的功函数对应。目前大多数研究者并不支持 TCO/
TiO$_2$ 接触界面内建电场决定开路电压这一理论[7]。由于 TCO 内部和 TiO$_2$ 颗粒
内部不存在复合过程,流出 TiO$_2$ 薄膜的电流密度等于流经 TCO/TiO$_2$ 接触界面
的电流密度,所以 TCO/TiO$_2$ 接触界面的肖特基接触势垒高度并不影响短路电
流。同时开路条件下没有电子流出外电路,TCO/TiO$_2$ 界面不存在电压降,所以开
路电压也不受肖特基接触势垒的影响,但是肖特基接触势垒高度对填充因子有很
大的影响[8]。

　　TiO$_2$ 浆料经过烧结后颗粒间接触形成三维网状多孔薄膜。由于是性质相同
的材料相互接触,TiO$_2$/TiO$_2$ 接触界面可能不会出现内建电势和空间电荷区,但
是可能存在大量的晶格缺陷。这些缺陷态会随着烧结温度改变而变化进而影响电
子在薄膜中的传输[9]。TiO$_2$ 颗粒之间的重叠程度、相邻颗粒之间的配位数及薄膜
孔洞率和表面积的改变都可以严重影响 DSC 的性能[10]。为了抑制电子复合,常
常会在 TiO$_2$ 表面包覆一层近绝缘材料形成阻挡层。在烧结前包覆颗粒和烧结后
包覆薄膜两种情况对 TiO$_2$/TiO$_2$ 界面影响是不同的:先将 TiO$_2$ 颗粒包覆形成一
个核壳结构颗粒后再进行烧结形成多孔薄膜时,TiO$_2$/TiO$_2$ 接触界面就会被一层
高阻层物理地分开,这样会增加电子穿过 TiO$_2$/TiO$_2$ 接触界面的困难;如果对已
经烧结过的 TiO$_2$ 薄膜再进行表面包覆,电子通过 TiO$_2$/TiO$_2$ 接触界面似乎不受
到影响,但是有研究表明由于电子可以通过隧穿越过两颗粒接触的颈部区域,这种
TiO$_2$ 薄膜包覆会在颈部区域阻碍电子在颗粒之间的转移。另外,采取低温烧结、

填入黏合剂或者通过等静压压制等方法制备的 TiO_2 薄膜,因其 TiO_2/TiO_2 接触界面电接触不良会对电池效率造成较大影响。

6.2　固/液接触界面

6.2.1　固/液接触界面性质

当溶液中存在氧化还原体系,建立平衡后溶液电子的电化学势为[11]

$$\bar{\mu}_{e,\,redox} = \mu^0_{e,\,redox} + kT\left(\frac{c_{ox}}{c_{red}}\right) \tag{6.18}$$

其中,$\mu^0_{e,\,redox}$ 为标准状态下的电化学势;c_{ox} 和 c_{red} 分别为溶液中氧化物质和还原物质的浓度。与固体电子体系类似,可以定义一个氧化还原体系溶液电子的"费米能级"——$E_{F,\,redox}$,在能量尺度下,溶液的电化学势等于 $E_{F,\,redox}$,即

$$E_{F,\,redox} = \bar{\mu}_{e,\,redox} \tag{6.19}$$

溶液中氧化还原体系存在电子占据态和未占据态两种能态,分别对应着氧化还原系统的还原态和氧化态。比较特殊的是这种能态呈现高斯分布,还原态和氧化态的分布函数 D_{red} 和 D_{ox}[11,12]分别为

$$D_{ox} = \exp\left[-\frac{(E - E_{F,\,redox} - \lambda)^2}{4kT\lambda}\right] \tag{6.20}$$

$$D_{red} = \exp\left[-\frac{(E - E_{F,\,redox} + \lambda)^2}{4kT\lambda}\right] \tag{6.21}$$

按照 Franck-Condon 原理,当溶液中的 D_{ox} 和 D_{red} 分布与所接触的固体的占据和未占据电子态互相匹配时,才有可能对电流有贡献(图 6.4)。

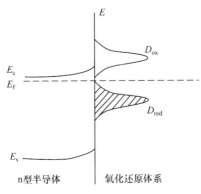

图 6.4　半导体与氧化还原体系接触界面

固相与液相接触时,如果带电粒子在两相中的电化学势不同,则带电粒子就会在两相之间发生转移,这样在固/液界面的两侧形成符号相反的两层电荷[13]。当固相为导电性能良好的金属材料时,由于其内部含有大量的自由电子,与液相接触时电子的增减量不足以改变电子的分布。所以金属与电解质溶液接触时,金属一侧的剩余电荷主要集中在表面。而电解质溶液一侧离子的分布依赖于电解质浓度和电极表面电荷密度:当电解质溶液的总浓度很大时(几摩每升),电极表面电荷密度也较大,则溶液相中的剩余电荷(离子)也倾向于紧密地分布在界面上分散层的最内侧。表面层中离子与电极表层之间的距离约等于或略大于溶

剂化离子的半径。如果溶剂中离子浓度不够大或电极表面电荷密度比较小,则因热运动的干扰致使溶液中的剩余电荷不可能全部集中排列在分散层的最内侧。在这种情况下,溶液中剩余电荷的分布就具有一定的“分散性”[14]。

当固相电极材料为半导体材料时,由于半导体内部电子或空穴浓度较低,其与电解质溶液接触时,无论是电子移入半导体还是移出半导体,剩余电荷都不会集中在表面,而是在半导体内的一定距离内形成空间电荷层。所以半导体与电解质溶液接触时界面两端的双电层都具有一定的分散性。具体来讲,当 n 型半导体与电解质溶液接触时,若半导体费米能级高于电解质溶液的氧化还原对的费米能级 $E_{\mathrm{F,redox}}$ 时,电子将从半导体中转移至电解质溶液,半导体表面形成由施主构成的耗尽层,此时半导体的能带向上弯曲;当 n 型半导体费米能级低于电解质溶液的氧化还原对的费米能级 $E_{\mathrm{F,redox}}$ 时,电子将从电解质溶液转移至半导体,半导体表面形成由受主构成的积累层,此时半导体的能带向下弯曲;当 n 型半导体与电解质溶液接触时,半导体电极表面剩余电荷被中和后,此时半导体电极处于平带状态,如图6.5 所示。

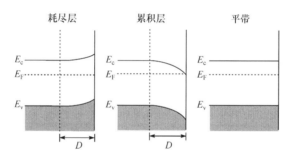

图 6.5　n 型半导体与电解质溶液接触时能级结构

半导体电极与电解液接触后界面两端会出现空间电荷层、Helmholtz 层和溶液中的分散层,这三层对电荷的容纳都具有电容性质。半导体/电解液接触界面的电容也是由这三者的电容串联而成的,大多数情况下半导体/电解液接触界面的电容近似等于半导体内部的空间电荷层电容。半导体/电解液接触界面电容与电极电势的变化关系符合 Mott-Schottky 公式[14]:

$$\frac{1}{C_{\text{界面}}^{2}}=\frac{1}{C_{\mathrm{SC}}}=\frac{2}{\varepsilon_{\mathrm{sc}}qN_{\mathrm{D}}}\left(\varphi-\varphi_{\mathrm{fb}}-\frac{kT}{q}\right) \tag{6.22}$$

$C_{\text{界面}}^{-2}$ 与电极电势之间呈简单的线性关系。因此,根据实验测得的 $C_{\text{界面}}^{-2}$-φ 关系,通过测量和数据分析可以得出半导体的掺杂浓度和平带电势。

半导体电极极化时还存在两种特殊情况:①当电极极化主要改变空间电荷层的电势分布而 Helmholtz 层和溶液中的分散层电势分布保持不变时,导带和价带边相对于参考电极而保持恒定,这种情况下称为“带边钉扎”;②当电极极化主要改变 Helmholtz 层电势分布时,费米能级相对于能带边缘是"钉扎"的。实际半导体/电解质溶液体系中,以上两种情况都是存在的[15]。

半导体/电解质溶液界面处还存在附加电子态——表面态。半导体晶格周期性排列重复在表面截止,使得表面原子具有方向朝外的悬空轨道,这种不饱和键称为悬空键。悬空键可以表现出施主能级效果:悬空键电子可以跃迁至导带使表面带有正电荷;也可以俘获电子使表面带有负电荷,呈现出受主能级效果。表面态的存在会影响表面电容和电极电势之间的关系,也会影响到 Mott-Schottky 的测量。高密度表面态的存在会影响到表面的电荷分布,屏蔽外界对空间电荷层的影响,甚至出现电子能级的简并而表现出金属特性。

从微观层面上描述半导体/电解质溶液接触界面电荷转移机理,有助于更加深入理解半导体/电解质溶液接触界面电子转移过程。电子从液体转移至固体时,阳极电流密度与电子在电解质溶液中的占据态密度分布 D_{red} 和固体中的未占据态分布 N_{un} 有关,对所有能量进行积分则阳极电流密度为[13]

$$i_a = k_a \int_{-\infty}^{+\infty} D_{red}(E_0) \cdot N_{un}(E_0) \cdot dE_0 \qquad (6.23)$$

当电子从固体转移至液体时,阴极电流密度与电子在固体占据态密度分布 N_{oc} 和电解质溶液中的未占据态分布 D_{ox} 有关,对所有能量进行积分则阴极电流密度为

$$i_c = -k_c \int_{-\infty}^{+\infty} N_{oc}(E_0) \cdot D_{ox}(E_0) \cdot dE_0 \qquad (6.24)$$

从理论上可以得出这些微观层面上的电子转移关系,实际上要想利用式(6.23)和式(6.24)计算,还需要大量的简化与假设。

从宏观层面上看,电流-电压性能能够直观的理解半导体/电解质溶液接触界面转移过程。固/液界面处发生氧化还原反应涉及电荷在固/液两相间的转移,其反应速率与电极电势有密切关系。设化学反应速率在正向偏压下为 k_a,反向偏压下为 k_c;正向偏压下,电极界面发生的反应速率可以用电流密度表示,对应的阳极电流 i_a 为

$$i_a = F k_a c_{red} e^{+\frac{\alpha_a F}{RT} E_0} \qquad (6.25)$$

其中,F 为法拉第常数;k_a 为正向偏压下反应速率;c_{red} 为还原物质浓度;α_a 为正向偏压下的传递系数;E_0 为电极电势。对应的阴极电流 i_c 为

$$i_c = -F k_c c_{ox} e^{-\frac{\alpha_c F}{RT} E_0} \qquad (6.26)$$

其中,k_c 为反向偏压下反应速率;c_{ox} 为还原物质浓度;α_c 为反向偏压下的传递系数。总电流密度为两电流之和:

$$i = F k_a c_{red} e^{+\frac{\alpha_a F}{RT} E_0} - F k_c c_{ox} e^{-\frac{(1-\alpha_a) F}{RT} E_0} \qquad (6.27)$$

当电极没有被极化而处于平衡状态时,电极反应的两个方向进行的速度相等,相应的按两个反应方向进行的阳极反应和阴极反应的电流密度的绝对值称为交换电流密度:

$$|i_0| = Fk_a \bar{c}_{red} e^{+\frac{\alpha_a F}{RT}E_0} = Fk_c \bar{c}_{ox} e^{-\frac{(1-\alpha_a)F}{RT}E_0} \qquad (6.28)$$

在一定的电流密度下,电极极化引起的过电势引入式(6.28),并且在电极表面处氧化还原物质的浓度与体相相同时,电极的电流-电势方程即 Bulter-Volmer 方程[13]:

$$i = i_0 \left[e^{+\frac{\alpha_a F}{RT}\eta} - e^{-\frac{(1-\alpha_a)F}{RT}\eta} \right] \qquad (6.29)$$

6.2.2　DSC 中固/液接触界面构成

在 DSC 制备过程中,从阴极板小孔灌入电解质溶液后,电解质溶液可以渗透至 DSC 中光阳极与阴极两板间,形成固/液接触界面。DSC 内部固/液接触界面主要有以下几种:在阳极一侧,电解质溶液会渗入染料敏化多孔 TiO$_2$ 薄膜中的孔隙内,与巨大的 TiO$_2$ 表面积形成染料-TiO$_2$/EL 界面;同时 TiO$_2$ 薄膜不可能完全覆盖 TCO 界面,在光阳极一侧,靠近导电衬底的部分会形成 TCO/EL 接触界面;在阴极一侧,电解质溶液接触表面载 Pt 的导电衬底,会形成 EL/Pt-TCO 界面,如图 6.6 所示。

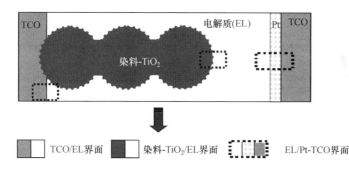

图 6.6　DSC 的固/液接触界面

6.2.3　DSC 中固/液接触界面性质

1. TCO 与电解质溶液接触

在 DSC 中,TCO 会与电解质溶液发生接触,形成 TCO/EL 接触界面。TiO$_2$ 薄膜经过高温烧结后在导电玻璃衬底形成点接触阵列,点接触之间不可避免地存在空隙,而空隙底部就是未被 TiO$_2$ 覆盖的 TCO。研究表明这个未被覆盖的 TCO 面积与 TiO$_2$ 浆料种类有关,如 P25 浆料印刷的薄膜未被覆盖的 TCO 大约占整个薄膜面积的 30%[16]。另外,通常情况下 DSC 采用的密封圈都要比 TiO$_2$ 薄膜面积大一些,这样在薄膜和密封膜之间也存在裸露的 TCO。如果一块呈正方形的 TiO$_2$ 薄膜边长为 0.5 cm,而正方形密封膜边长为 0.7 cm,假设在热密封时密封膜的延展导致的边长变化为 0.05 cm,则可以估算出未被覆盖的 TCO 占薄膜面积的 10%,那么这样一块电池裸露的 TCO 面积约为 0.19 cm^2。相对电池面积而言,这个 TCO/EL 界面面积已经不能忽视。越来越多的研究表明,TCO/EL 接触界面也会对 DSC 性能产生影响[17]。TCO(SnO$_2$:F)的平带电势相对于电解质溶液中的氧化还原电势约为 −0.23 V。这种情况下 TCO/EL 接触界面的 TCO 一侧将形成耗尽层,即 TCO 的能带向上弯曲,在靠近电解质溶液表面形成负的双电层[5]。

2. 半导体 TiO$_2$ 与电解质溶液接触

TiO$_2$ 薄膜接触电解质溶液后内部电子会转移至电解质溶液中的 I$_3^-$,直至 TiO$_2$ 费米能级与电解质溶液的氧化还原电势相等。理论上,这种情况下 TiO$_2$ 颗粒会出现耗尽层,但实际上由于 TiO$_2$ 颗粒尺寸特别小并不能维持空间电荷层。纳米 TiO$_2$ 颗粒构成的薄膜最大特点之一就是表面积巨大且容易吸附染料。当 TiO$_2$ 吸附染料且与电解质溶液接触时,TiO$_2$ 大的表面积和染料及电解液体系的多种成分决定着染料-TiO$_2$/EL 界面的复杂特性。常用的染料一般含有羧酸基团,在与 TiO$_2$ 表面吸附的时候会释放 H$^+$,H$^+$ 可能会吸附在 TiO$_2$ 表面。染料分子吸附后会在 TiO$_2$ 表面形成一个偶极子双电层,这种偶极子增加了 TiO$_2$ 电子亲和能,导致导带下移。当这种吸附了染料的 TiO$_2$ 薄膜浸入含有高浓度氧化还原对的电解质溶液中时,电解质溶液中带有正电的离子会吸附甚至嵌入到 TiO$_2$ 表面。另外,电解液中的带有负电的离子或是添加剂分子也可以吸附或在表面附近存在。这样染料-TiO$_2$/EL 界面形成了一个多种离子构成的复杂双电层。电解质溶液中的正负离子种类、大小、电荷数量、吸附能力及它们之间的竞争使实际染料-TiO$_2$/EL 界面情况更加复杂。

3. 对电极与电解质溶液接触

TCO 掺杂浓度很高可以显示一定的金属特性,但是它对电解质溶液中的氧化还原反应催化能力不强。要想使氧化还原反应在 TCO 表面迅速进行,必须在 TCO 界面附着一层 Pt 颗粒来增加其催化性能、减小过电势。TCO 附着 Pt 颗粒后导电性和催化活性大大升高,可以将电子转移电阻从 25 MΩ/cm^2 降低至 2 Ω/cm^2[18]。当 Pt-TCO 接触电解质溶液时,电子转移到电解质溶液中,在 EL/Pt-TCO 接触界面形成一个 Helmholtz 层。式(6.18)的能斯特方程可以较好地描述 EL/Pt-TCO 接触界面的氧化还原电势,当电解质溶液中的氧化还原组分浓度保持一致时,这个界面的氧化还原电势也就保持恒定。一般情况下,电解质溶液氧化还原对在 EL/Pt-TCO 界面的氧化还原电势可以作为电势的参比点。

6.3　频率域内接触界面动力学过程

6.3.1　时间域与频率域过程

DSC 测量界面电荷传输与转移过程主要有两种方法：一种是在时间域（时域）内测量；另一种是频率域（频域）内测量。时域测量就是以时间作为变量，要测量的信号随时间的变化关系，测量结果横轴是时间，纵轴是信号的变化，描述不同时刻的信号函数值。频域测量就是以频率作为变量，待测信号随频率的变化关系，测量结果横轴是频率，纵轴是信号的变化，描述不同频率下的信号函数值。时域测量是与人们生活空间思维一致，得到的信号变化关系比较直观。频域测量则能得到更多的信号信息，能更深层次理解测量信号的信息。

时域和频域可以通过傅里叶变换得到，在一定条件下时间为变量的函数都可以经过傅里叶变化转化为频率为自变量的函数，同样还可以利用反傅里叶变换将频域函数变化成时域函数。

6.3.2　接触界面动力学过程测量方法

1. 电化学阻抗谱方法

电化学阻抗谱（EIS）是常用的一种频域内电化学测试技术，是研究电极过程动力学、电极表面结构及测定固体电解质电导率的重要工具。该方法是对体系施加小幅度信号扰动，并观察体系在稳态时对扰动的响应。EIS 具有许多优点[19]：一是具有进行高精度测量的实验能力，因为响应可以无限稳定，可以很长时间中得出平均值；二是通过电流电势特性的线性化，使得数学处理较为简单；三是可以在很宽的频率范围 $10^{-4}\sim10^{6}$ Hz 内进行测量。

已有众多研究者[20]对 DSC 的电化学阻抗谱进行了分析，指出在 Bode 图上从低频到高频的峰分别对应电解质中的能斯特扩散阻抗、染料-TiO_2/EL 界面的电荷复合阻抗及 EL/Pt-TCO 界面的电荷传递电阻等，具体将在 6.3.3 节中叙述。

2. 强度调制光电流/光电压谱方法

IMPS/IMVS（强度调制光电流/光电压谱，intensity modulated photocurrent/voltage spectroscopy）是用正弦调制光对半导体电极体系在频域内进行测量分析，其主要原理为：用单色光照射（直流光照）TiO_2 电极，入射光由直流背景和振幅较小的调制光强两部分组成。用小振幅的调制光强（大约是直流光强的 10%）有三个优点：一是能够使描述电荷的传输、复合和被表面态俘获的方程线性化，可以用一级动力学方程描述；二是使入射光照射情况下半导体中能带弯曲、空间电荷层电容和多数载流子浓度等与暗平衡下的情况近似相同；三是由于扩散系数主要是由直流光照强度决定，可以观察到电子扩散系数随光强变化的关系。由于外部测量的光电流和光电压响应与内部流入多孔薄膜的光电流和电池内部复合过程相对应,因此,在短路情况下,IMPS 提供了电荷传输和背反应动力学信息[21],可以得到电荷传输时间。在开路情况下,利用 IMVS 可以测量电子寿命[4]。两种实验手段对于认识和了解 DSC 中载流子传输和复合过程提供了全新的视角。

3. 开路光电压衰减方法

为研究 DSC 中电子传输与界面复合,英国的 Peter 研究组[22,23]首先引入了一种新的实验技术:开路光电压衰减-电量抽取方法。它的原理可以简述为:首先对开路状态的电池进行光照一段时间(如 5s),使之达到稳态,这时电池中光电子的产生与复合达到平衡,然后迅速关闭入射光,暗态下电池的开路电压将随着时间而逐渐衰减,在此衰减过程中,在任意一个时间点对电池进行短路,将短路电流对时间积分即可得到该时间点电池中剩余的电子电量。在整个光电压衰减过程中,纳晶电极上导带电子数量不断减少,准费米能级也从接近于导带的位置不断降低。

图 6.7 为 Peter 研究组[24]为实现该方法建立的装置示意图。用 LED 作入射光源,通过运算放大器实现电池的电势/电流控制,电池的短路电流通过测量电阻器上的电压降获得,通过电流积分器得到提取的电量,用数字存储示波器记录电量

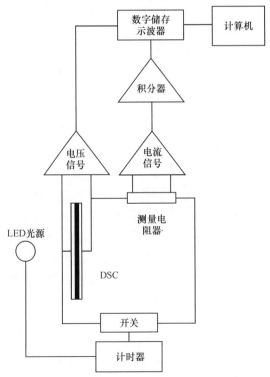

图 6.7　开路光电压衰减-电量提取方法实验装置示意图

和电势的信号变化。根据这种光电压衰减-电量抽取方法,得到电量随时间的衰减关系,反映了纳晶 TiO$_2$ 薄膜中电子与电解质溶液中氧化态复合的信息。另外,Peter 研究组[24]指出不需要进行其他的假设,根据这种方法可以得到 DSC 内电子陷阱的能态分布。

在开路光电压衰减-电量抽取方法中,通过一定强度的光照来改变光阳极中电子的准费米能级,Jennings 等[25]让电池处于暗态,但是首先对光阳极施加一电压使电流达到稳定值,然后立即使电路闭合,将短路电流对时间积分即可得到该时间点电池中剩余的电子电量,结果显示,这种通过电压控制得到的电量值与上面的开路光电压衰减-电量抽取的实验结果非常吻合,是研究纳晶电极准费米能级的有力方法。

基于 DSC 中开路电压与导带电子浓度的指数关系,利用相似的装置,只需要通过简单的开路光电压衰减即可得到电子寿命[26]:

$$\tau_n = -\frac{k_B T}{q} \left(\frac{dV_{oc}}{dt} \right)^{-1} \tag{6.30}$$

式(6.30)中 V_{oc} 为电池的开路电压。利用这种方法测量电子寿命具有这样一些优点:①能够得到随开路电压连续变化且对电压有较高分辨的电子寿命数值;②实验方法相对简单;③简化实验数据的处理。Zaban 等[26]利用该方法对 DSC 的电子寿命进行了实验测量,观测到电子寿命随着开路电压增大呈指数衰减,当 V_{oc} 降低约 0.6 V 时,电子寿命从 20 ms 增大到 20 s,变化达到三个数量级,这与强度调制光电压谱的测量结果相符。电子与电解质中氧化态物质复合反应的级数随光电压变化,平均值为 1.4。级数随光电压变化表明复合反应机理比 IMVS 所揭示的更复杂。Bisquert 等[27]对开路光电压衰减方法的理论基础进行了更加完整的分析,这表明该方法依赖于完善的理论分析。

4. 短路光电流方法

为了研究短路状态下 TiO$_2$ 电极内的准费米能级并与开路状态进行比较,Boschloo 等在类似于开路光电压衰减的装置上建立了另一种新方法——短路光电流方法[28,29]:让电池始终保持在短路状态,首先以一定光强照射电池一段时间使之达到稳态,然后立即关掉入射光,同时电池切换到开路状态,监测电池电压的变化。显然电池开路电压将会很快上升到一最大值然后下降,这个电压最大值称为短路电压 V_{sc}。显然 V_{sc} 与电池内的电量有关,据此,即可得到短路状态下 TiO$_2$ 膜内的准费米能级位置信息。另外,如果在关掉入射光时仍然保持电池的短路状态并测量短路电流,并对时间进行积分,即可得到电池中的电量衰减曲线。鉴于此,短路光电流方法常和开路光电压衰减方法同时使用,以便对 DSC 在开路和短路状态下的电子准费米能级进行研究比较。

5. 阶跃光诱导瞬态光电流(压)方法

瞬态光电流常用来测量电子扩散系数。Solbrand 等[30]指出瞬态光电流由两部分共同组成:扩散电流和静电斥力的贡献。扩散电流 I_{diff} 随时间 t 增大,静电斥力使电流像 RC 回路一样发生衰减。Kopidakis 等[31]考虑到当载流子扩散超过电池一半厚度时即可认为一半电荷被提取,可以用下式计算扩散系数:

$$D=(L/2)^2/t_h \tag{6.31}$$

其中,D 为扩散系数;L 为电极厚度;t_h 为提取一半电子的时间。假设瞬态电流可以用指数函数 $\exp(-t/\tau_c)$ 来拟合,那么 $t_h = 0.693\tau_c$,扩散系数为

$$D=L^2/(2.77\tau_c) \tag{6.32}$$

Nakade 等[32]为简化实验的光学装置,缩短测量时间,对传统的瞬态光电流方法进行了改进:短路条件下,初始的光电流值对应初始的入射强度,当入射光强发生阶跃时,初始光电流也立即开始衰减,直至达到对应阶跃后新光强的光电流数值,光电流到达新的常数值的时间依赖于电子的扩散系数。扩散系数的计算方法同上。同样,他们也建立了阶跃光诱导瞬态光电压的方法[32],开路条件下,电子浓度 $n(x,t)$ 与时间 t 的关系为

$$dn(t)/dt=G(t)-n(t)/\tau \tag{6.33}$$

其中,$G(t)$ 为电子产生速率;τ 为电子寿命。在小幅变化下,电子浓度随时间指数衰减。又因为开路电压 V_{oc} 与 $\ln(n/n_0)$ 成正比,即可以根据阶跃光诱导瞬态光电压的变化求出电子寿命。利用阶跃光诱导瞬态光电流(压)方法,Nakade 等[32]通过系统地研究溶剂黏度、阳离子种类和电解质浓度的影响,发现染料阳离子的还原速率是限制高黏度电解质体系电池性能提高的因素,利用阶跃光诱导瞬态光电流(压)方法进行扩散系数和电子寿命的快速测定有助于实现电解质体系的优化。

6.3.3　调制电压下接触界面动力学过程

DSC 包含多个电荷传输和转移过程,其动力学常数快慢不同,跨度在 $10^{-12} \sim 10^1$ s。对于这种光电化学体系,需要一个测试范围较宽的手段才能深入研究 DSC 的工作机理[33]。EIS 是一种频域测量技术,可以先通过光照或偏压使 DSC 处于稳态,然后对稳态体系施加一个周期性调制的电压信号,比较和分析输出端和输入端信号得出各种动力学信息[34]。EIS 可在 $10^{-3} \sim 10^6$ Hz 范围内研究 DSC 的微观动力学过程,同时 EIS 也广泛应用于 DSC 的新材料筛选、制备、工艺条件优化的研究,极大地推动了 DSC 的发展[35]。

6.3.3.1　光态与暗态阻抗特性

研究表明,DSC 内部的光电能量转移过程都和内部相和相的接触界面有关[36]。基于 DSC 的"夹心"结构,内部两相接触形成若干个界面。在接触界面之

间还存在两个电荷传输的通道:电子传输机制的半导体薄层和离子传输机制的电解质薄层。在光照或外加偏压作用下,电荷就会在薄层中发生电荷传输过程,在接触界面会发生电子转移过程。

利用 EIS 研究 DSC 的测试条件主要分为两种:一种是暗态条件;另一种是光态条件。由于暗态与光态激励信号不同,DSC 从开路到短路时电子注入的来源、位置及电荷传输和转移方向和动力学信息是不相同的[20,37]。在暗态条件下,在光阳极的导电衬底上施加一个负偏压时,DSC 中的染料没有被激发,电子将由导电衬底注入薄膜内部[10]。电子在靠近导电衬底处浓度升高,随后电子通过扩散向 TiO$_2$ 薄膜内传输。图 6.8(a)为其电荷流动方向:导电衬底→敏化 TiO$_2$ 薄膜→电解质溶液→对电极→导电衬底[37,38]。由于 DSC 是在光照情况下工作的,暗态测试时内部发生的过程不能真正反映 DSC 工作时的状态。光态测试与暗态测试相比,内部电荷流动方向是不同的,如图 6.8(b)和图 6.8(c)所示。开路时 DSC 内部电荷流动方向:染料→敏化 TiO$_2$ 薄膜→电解液→染料;短路时(电子收集效率为 100%时)DSC 光照工作循环的电荷流动方向:敏化 TiO$_2$ 薄膜→导电衬底→对电极→电解质溶液→敏化的 TiO$_2$ 薄膜[37,38]。Liu 等[38]研究表明由于存在内部电荷传输和转移过程的区别,光态阻抗和暗态阻抗获得的动力学信息也不相同。

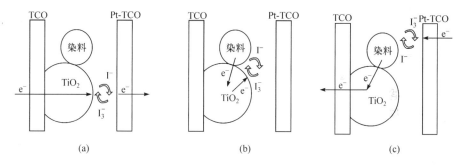

图 6.8　光/电作用下电池内部电荷传输和转移过程
(a)暗态和偏压作用;(b)稳态光照开路情况;(c)稳态光照短路情况

6.3.3.2　DSC 内部过程频率响应

当加载在 DSC 上的调制电压频率由高频向低频变化时,电池内部各个界面发生的电荷转移,以及薄层中发生的电荷传输阻抗信息就会在不同的频率区间内出现。实际 DSC 的 EIS 谱,随着频率的变化依次出现大小不等的若干个半圆。在 EIS 理论中,半圆的出现对应着一个过程的发生,意味着一个时间常数的出现[39]。一般来说,DSC 的 EIS 谱按频率高低可以划分为四个频区阻抗:极高频区的纯电阻 R_h、高频区阻抗 Z_1、中频区阻抗 Z_2 和低频区阻抗 Z_3(如图 6.9)。

改变 DSC 内部各个组成部分的性质,观察 EIS 谱的变化可确认 DSC 内部过

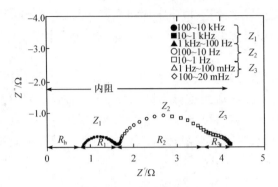

图 6.9 DSC 的 EIS 频率响应范围

程与四个频区阻抗的对应关系[40,41]。纯电阻 R_h 主要是方块电阻引起的;高频区阻抗 Z_1 对应于电解质层与对电极接触界面(EL/Pt-TCO 界面)发生的电子转移过程;中频区 Z_2 是 DSC 中类似于二极管的部分,与 TiO$_2$ 和电解质溶液接触界面(染料-TiO$_2$/EL)发生的电子转移有关;低频区阻抗 Z_3 与染料-TiO$_2$/EL 界面和 EL/Pt-TCO 界面之间的离子扩散传输有关。理论上,EIS 谱包括导电衬底与 TiO$_2$ (TCO/TiO$_2$)界面、染料-TiO$_2$/EL 界面、EL/Pt-TCO 界面和电解质层阻抗信息,即 EIS 谱应该有对应四个半圆(图 6.10)。但是实际上 TCO/TiO$_2$ 界面阻抗被其他过程覆盖,很难直接观察到,EIS 谱只有染料-TiO$_2$/EL 界面、EL/Pt-TCO 界面和电解质层阻抗信息[20,42]。Liu 等[43]通过大量实验发现,屏蔽掉电解质溶液的影响后,TCO/TiO$_2$ 界面的阻抗会在较负的偏压下出现,同时测得了四个过程的动力学信息。

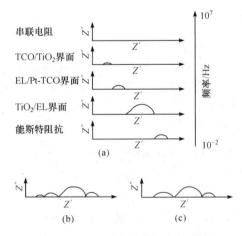

图 6.10 EIS 谱中随频率逐渐出现四个半圆的过程(a);
四个半圆的 EIS 谱(b);三个半圆的 EIS 谱(c)

6.3.3.3 EIS 的数学模型

针对 DSC 内部界面复杂的频率响应,经过几十年的发展研究逐步建立了面向 DSC 的 EIS 理论模型。DSC 受到光照或外偏压时,电荷或受到驱动力的作用,而传输和转移或积累在某一位置。传输和转移遇到的阻力与电路中的电阻类似,而电荷的积累是一种能量的储存,与电路中的电容类似。这样就可以把 DSC 内部发生的电荷传输转移过程等效成由电阻元件和电容元件构成的电路系统[41]。

电子在 TiO_2 薄膜或离子在电解质溶液中的传输会受到一些阻碍,这些阻力的影响都可以等效成电荷传输电阻[44]:

$$R_t = R_0 \exp\left[-\frac{q}{kT}\left(V + \frac{E_{F,redox} - E_{cb}}{q} \right) \right] \tag{6.34}$$

其中,R_0 为常数;k 为玻尔兹曼常量;T 为温度;E_{cb} 为最低导带边能级;$E_{F,redox}$ 为氧化还原电势。

电解质溶液中的离子扩散同样会受到一些阻力,也可以用一个扩散阻抗来表示。电解质溶液中,相对于 I_3^- 浓度来说,I^- 浓度较高,所以 I^- 对于扩散阻抗没有贡献,只有 I_3^- 的扩散阻抗对扩散阻抗有意义。当电解质溶液层的厚度一定时,I_3^- 浓度在 TiO_2 薄膜处的浓度最高,由于对电极催化性很高,所以认为 I_3^- 浓度在对电极附近降至为 0。这种情况下扩散阻抗为

$$Z_n = \frac{R_3}{(i\tau_{el}\omega)^{0.5}} \tanh (i\tau_{el}\omega)^{0.5} \tag{6.35}$$

其中,$R_3 = k_B T/(n^2 q^2 c_0 ND_{el}\delta)$,为直流电阻;$\tau_{el} = \delta^2/D_{el}$,为扩散的特征时间常数;$D_{el}$ 为 I_3^- 的扩散常数;δ 为扩散长度;k_B 为玻尔兹曼常量;T 为温度;N 为阿伏伽德罗常数;c_0 为 I_3^- 体浓度;n 为电荷转移数目。

电子在 DSC 内部多个界面的转移过程同样会受到阻碍,这种阻碍作用可以等效成电阻元件——电子转移电阻。DSC 中一般用的导电衬底是玻璃表面镀有一层导电性较好的 SnO_2:F。SnO_2:F 是一种简并半导体,像金属一样具有很高的电导率[44]。所以裸露的导电玻璃与电解质溶液接触时就可能发生电荷转移。这个过程存在两方向:电子从导电玻璃转移至电解质溶液中,或者电子由电解质溶液转移到导电玻璃中。在 TCO/EL 界面的转移电流可由 Buttler-Volmer 方程得到[44,45]

$$j = j_0 \exp\left(\frac{\alpha q V}{kT} \right) - j_0 \exp\left(-\frac{(1-\alpha)qV}{kT} \right) \tag{6.36}$$

其中,j_0 为交换电流密度;α 为转移因数。电势对电流求导时,$\frac{dV}{dj}$ 具有电阻意义,根据电势的正负分为两种情况。

(1) 当电势为负时,转移电阻 $R_{ct,TCO/EL}$ 可以表示为

$$R_{ct,TCO/EL}=R_0\exp\left(\frac{\alpha q}{kT}V\right) \tag{6.37}$$

(2) 当电势为正时,转移电阻 $R_{ct,TCO/EL}$ 可以表示为

$$R_{ct,TCO/EL}=R_0\exp\left[-\frac{(1-\alpha)q}{kT}V\right] \tag{6.38}$$

染料敏化的 TiO_2 薄膜与电解质层接触界面是 DSC 中最为重要的界面,直接关系到 DSC 的能量输出。一般情况,电子会通过染料-TiO_2/EL 界面与电解质溶液中的 I_3^- 发生复合反应。这个界面反应机理非常复杂,电子不仅能从 TiO_2 导带与 I_3^- 发生复合,而且还经过局域态发生间接反应[4,46],结合电子在 TiO_2 薄膜传输和染料-TiO_2/EL 界面复合反应,可以通过传输线模型来表示这个界面的阻抗[34]:

$$Z=\left(\frac{R_t R_{ct,染料-TiO_2/EL}}{1+i\omega/\omega_r}\right)^{1/2}\tanh\left[(\omega_r/\omega_d)^{1/2}(1+1+i\omega/\omega_r)^{1/2}\right] \tag{6.39}$$

其中,ω_r 和 ω_d 分别为电子传输和界面复合的特征频率。

DSC 中,为了增大反应活性减少过电势的影响,一般常用载 Pt 的导电玻璃来充当对电极。当电解质溶液扩散不限制对电极反应时,由 Buttler-Volmer 方程,并用一级 Taylor 公式近似得到 EL/Pt-TCO 界面 $R_{ct,EL/Pt-TCO}$[20,47]:

$$R_{ct,EL/Pt-TCO}=\frac{kT}{qj_0} \tag{6.40}$$

在 DSC 中,电荷一般积累在 TiO_2 薄膜和各个接触界面中形成电容。TCO/EL 界面电容和 EL/Pt-TCO 界面电容都可以用 Helmholtz 双电层电容表示[34,48,49]。但是因纳米 TiO_2 的多孔特性,在 TiO_2 薄膜内的电容比较复杂。由于纳米 TiO_2 多孔薄膜缺少空间电荷层,所以不存在空间电荷层电容。一般认为 TiO_2 薄膜主要有两种电容:一是薄膜内部的化学电容 C_μ 和与电解质溶液接触侧的 Helmholtz 双电层电容 C_H(C_H 只有在高偏压下才有一定的意义)[49-51]。化学电容 C_μ 是 DSC 中最重要的电容,它不同于通常意义上的平板电容,而是与电子浓度和薄膜电化学势有关。电子积累在薄膜中有两种形式:一部分自由电子位于导带,另一部分处于局域态中。所以 C_μ 可分为两个部分,即导带电容和局域态电容[50]:

$$C_\mu=q^2\frac{\partial(n_c+n_l)}{\partial\mu_n}=C_\mu^{(cb)}+C_\mu^{(trap)} \tag{6.41}$$

其中,n_c 为自由电子浓度;n_l 为局域态电子浓度;μ_n 为电化学势。

6.3.3.4　两电极与三电极测量系统

DSC 可以看作是一种含有两个电极的光化学池,所以一般情况下当采用 EIS

对 DSC 测量时,都是两电极体系,即工作电极是 DSC 的纳米多孔薄膜电极,而参比电极和辅助电极都是对电极。研究 EL/Pt-TCO 界面的电子转移和电解质溶液的离子扩散行为时,除了分析 EIS 低频区的能斯特扩散阻抗外,还可以采用图 6.11 所示"对称薄层电池"的两电极系统来研究[52]。这种薄层电池采用两个相同的 Pt 对电极,可以排除 TiO_2 薄膜的影响,直接研究 EL/Pt-TCO 界面的电子转移和电解质溶液的离子扩散过程。

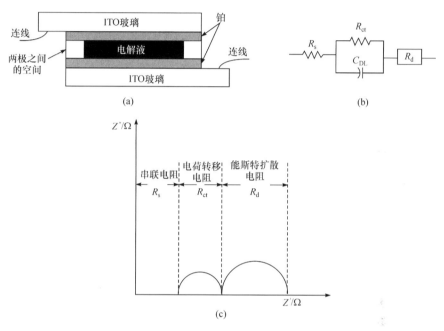

图 6.11　对称薄层电池结构示意图(a);等效电路(b);典型 EIS 谱示意图(c)

　　两电极体系由于缺少参比电极,一般常用电解质溶液的氧化还原电势作参比[4]。Hoshikawa 等[53]设计了带有参比电极的三电极玻璃管型 DSC,利用 EIS 研究了这种有别于常规 DSC 结构的阻抗行为。严格地说,这是一种含有敏化薄膜电极的光电化学池,并不是传统意义上的 DSC。由于这种三电极玻璃管型 DSC 与常规 DSC 结构相差较大,另一种接近真实状况的三电极体系的 DSC(图 6.12)也被设计出来[54]。与常规的 DSC 相比,只是电解质溶液层的厚度不同(1.5 mm),利用一根 Pt 丝插入电解质溶液层作为参比电极构成三电极 DSC。文献[54]研究表明,采用三电极系统可以明显地把工作电极和对电极对电池阻抗的贡献有效地分开。

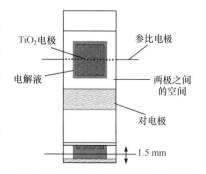

图 6.12　三电极 DSC 结构示意图

6.3.3.5　DSC 中等效电路构建

通过测量获得 DSC 的 EIS 谱,需要根据图谱的特征构建合适的等效电路才能推断 DSC 内部发生的过程。由于 DSC 是一种多界面的光电系统,内部含有较多的电荷传输和转移过程,很多研究者设计了不同的等效电路来模拟 DSC 的工作过程。目前最主要的等效电路有"梯"状等效电路和传输线等效电路两种形式。

"梯"状等效电路较为清晰和直观,把 DSC 内部的电荷传输和转移过程简化成简单的 RC 电路,再根据它们之间的串/并联关系连接成一个完整的电路。Frank等[55]建立的等效电路是"梯"状效电路的代表(图 6.13)。等效电路可以分成几个RC 电路部分,最终这些 RC 电路通过串联构成一个电路系统。

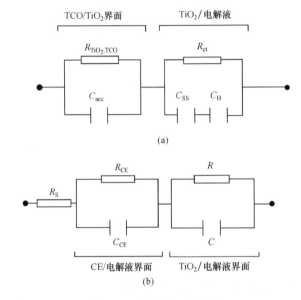

图 6.13　"梯"状等效电路

(a)含有 TCO/TiO$_2$ 和染料-TiO$_2$/EL 界面的等效电路;(b)含有染料-TiO$_2$/EL 和 EL/Pt-TCO 界面的等效电路

由于 DSC 光阳极采用的是纳米多孔结构的半导体薄膜,薄膜内部电子不仅在这个网状结构中进行传输,而且还伴随着染料-TiO$_2$/EL 界面电子转移过程。这种情况下简单电路很难完整的描述光阳极内部的电子传输和界面的转移过程。针对此,Bisquert 等[34,44]建立了传输线等效电路,较为完整地描述了 DSC 内部电荷传输与转移过程[图 6.14(a)]。DSC 内部发生的电荷传输过程分为两条传输通道:电子在薄膜内部的传输通道和离子在电解质溶液中的传输通道。两通道之间的电子交换均用一系列 RC 子电路代表。这个传输线等效电路在不同外加偏压下可以有不同的简化形式[图 6.14(b)和图 6.14(c)]。

以上所述等效电路适用于电解质溶液层中传输阻碍较小的情况(如常用的液

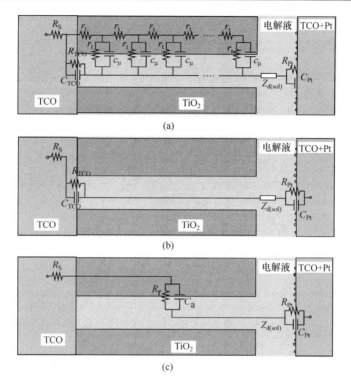

图 6.14　两通道传输线型等效电路

(a)完整等效电路；(b) TiO₂绝缘态时简化等效电路；(c)TiO₂导电态时简化等效电路

态电解质溶液)。当采用固态空穴材料作为电解质时,由于电荷在电解质传输的时间较长,有时甚至超过了电子寿命[56]。这种情况下,电解质溶液传输通道中的阻抗已不能采用能斯特扩散阻抗,而是增加一系列子电荷传输电阻来表示电荷在电解质中的传输[57,58]。

　　两通道传输线等效电路是 DSC 较为经典的模型,目前利用 EIS 研究 DSC 大多数采用这个等效电路。由于 DSC 的 TiO₂表面覆盖一层染料,这层染料之间也可能存在电子传输的通道,基于此可以构建三通道传输线等效电路[59]。三通道模型在原有两通道的基础上增加了染料分子层传输通道(图 6.15)。通过三通道传输线等效电路的构建和进行的一系列详细的计算模拟,可以获得分子层内电子传输信息。

　　虽然"梯"状等效电路和传输线等效电路获得了较大的成功,但是也存在一些不足之处。Yong 等[60]指出已报道的等效电路不能同时很好地拟合 I-V 曲线和EIS 谱:不含有二极管特性的传输线和"梯"状等效电路不能很好地拟合 I-V 曲线;而 Han 等[40,61]设计的等效电路虽然含有一个二极管元件,但不能完全拟合 EIS 曲线。基于此状况,Yong 等构建了一个包含两个二极管的 DSC 新等效电路(图 6.16):

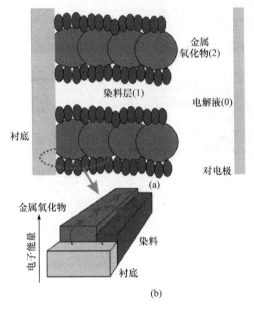

图 6.15　三通道传输线型等效电路

(a)光阳极结构示意图；(b)染料层和半导体层电子传输和转移过程

通过设定合适的元件参数范围，这个模型在同时拟合 *I-V* 曲线和 EIS 谱上获得成功。

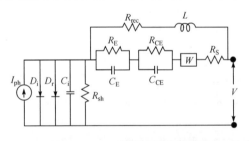

图 6.16　Yong 等构建的等效电路

6.3.3.6　DSC 阻抗信息提取和动力学过程解析

构建合适的等效电路后，要结合 EIS 谱提取等效电路中各个元件的参数值。分析阻抗信息可以借助相关的软件来处理，拟合得出各个元件随条件（如时间、电势和温度等）的变化趋势。Equivcrt、ZsimpWin 和 Zview 等都是拟合 EIS 谱的理想软件。

面对由拟合软件提取的大量阻抗信息，最终要对 DSC 内部动力学过程进行解析。通过 EIS 测量可以提取电容、转移电阻、传输电阻、离子扩散电阻、电子扩散常数和电子寿命等多个参数[62]。经过进一步的数据处理可以分析 DSC 电子转移动力学、电荷传输动力学、电子收集动力学、半导体能级变化和局域态分布等特性。

电子转移动力学:电子在界面上发生的转移过程分析较为简单,一般用 RC 常数表示界面的动力学常数。DSC 阻抗谱中高频区和中频区半圆通过等效电路拟合都可以获得每个半圆的电阻和电容值,经过简单计算即可获得电子在界面的转移时间常数和分析界面转移动力学过程[62,63]。

电荷传输动力学:离子在电解质溶液层中的传输过程和动力学常数可以通过能斯特扩散阻抗直接分析得出。电子在 TiO₂ 薄膜中的传输电阻处于高频与中频区半圆交接处,其特征是一个近似于 45° 斜线的 Warburg 特性传输电阻[38,44,64]。需要强调的是,这个电阻只能在一定的偏压范围内出现[44]。得出电子传输电阻和电容,即可分析薄膜中的传输过程和动力学常数。

电子收集动力学:光生电子由染料注入 TiO₂ 后,在向衬底传输的过程中受到复合的影响。最终被收集的电子是传输和复合两个过程的竞争结果,所以电子收集效率与电子传输电阻 R_t 和染料-TiO₂/EL 界面转移电阻 R_{ct} 有关,可以用一个收集效率来表示[65]:

$$\eta_c = 1 - \frac{R_t}{R_{ct}} \tag{6.42}$$

半导体能级变化:TiO₂ 薄膜导带边移动是引起开路电压(V_{oc})变化的一个主要原因[4]。当薄膜中的电量一定时导带和电子准费米能级差值保持不变,如果带边发生移动则 V_{oc} 随之变化。通过从 EIS 谱中分析传输电阻和偏压的关系[式(6.34)]可以直观的获得带边移动信息[图 6.17(a)][57]。

局域态分布:TiO₂ 晶体也存在着很多局域态,这些局域态对电子的传输和复合动力学过程产生了巨大影响[66]。局域态密度 $g(E)$ 与化学电容有着直接的联系[57,66]:

$$C_{ch}^{trap} = q^2 \frac{\partial n_t}{\partial E} \approx q^2 g(E) \tag{6.43}$$

通过式(6.43)可以得出薄膜化学电容与局域态密度 $g(E)$ 相关,所以获得的化学电容将直接反应局域态密度分布[图 6.17(b)和图 6.17(c)]。

6.3.3.7　光阳极阻抗

纳米多孔半导体薄膜是 DSC 光阳极主要组成部分,其自身性质直接决定 DSC 的效率。EIS 在辅助光阳极几何设计、优化薄膜微结构、深入研究表面修饰与掺杂机理、筛选薄膜材料和构建新型光阳极等方面用途广泛。

由于 DSC 体系不可避免地存在内阻,必须对光阳极进行合理的几何设计才能减少能量损失。光阳极几何设计包括光活性面积的大小、形状和膜厚,借助 EIS 可以直接获得光阳极几何结构与内阻的关系。EIS 研究结果表明,TiO₂ 电极和欧姆接触点的距离直接决定着电池的内阻,从而决定填充因子,影响 DSC 的效率

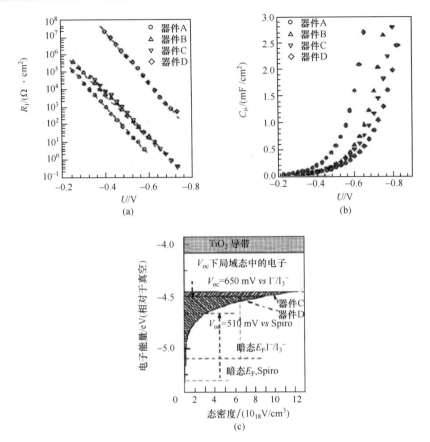

图 6.17　利用 EIS 解析 DSC 中动力学过程

(a)电子传输电阻；(b)化学电容随外加偏压的变化；(c)电子能级标度下的态密度分布

（图 6.18）[67]。TiO₂ 薄膜厚度是决定电池效率的因素之一[68]。膜厚增加时，染料-TiO₂/EL 界面的电子转移电阻减小，电子扩散系数增加，但是薄膜厚度对电子的复合速率并没有影响[48,62]。

图 6.18　不同几何形状的光阳极制备的 DSC

　　半导体薄膜微结构可以从造孔剂的选用、颗粒尺寸分布、烧结温度及黏合剂的使用进行调控。利用 EIS 可以研究不同制备工艺的半导体薄膜微结构阻抗性能，分析薄膜微结构对电池性能的影响。

TiO$_2$ 浆料制备过程中,聚乙二醇[poly(ethylene glycol)]的加入能明显改变薄膜的孔洞结构。EIS 研究表明,低/高相对分子质量聚乙二醇型薄膜的表面积较小,但是由于外层薄膜的孔洞率较大,更加有利于电解质溶液中的离子和薄膜中的电子传输,电池效率也最高[69]。除浆料制备过程可以调控孔洞结构外,还可以在浆料中添加有机造孔剂来控制薄膜结构。Kang 等[70]将 70~100 nm 的有机化合物微球掺入 TiO$_2$ 浆料之中来调控薄膜孔洞,最终发现当有机化合物微球的掺杂质量比为 10 %(质量分数)时,可以获得电解质扩散性能最优、界面转移电阻最小的薄膜。

改变颗粒尺寸分布也能达到调控薄膜孔洞率的目的。电子传输性能随小尺寸颗粒的掺入量变化会产生拐点,而电子复合性能则随掺入量的增加而增加[71]。烧结温度是 TiO$_2$ 浆料转化成薄膜的重要参数,决定着 TiO$_2$ 颗粒之间的接触程度。当烧结温度从 350 ℃ 升高到 600 ℃ 时,电子在染料-TiO$_2$/EL 界面的转移电阻由 60.37 Ω 降低到 27.90 Ω。但是电子传输电阻呈现先升高后减小的变化趋势,这种阻抗的变化归因于表面态随温度的变化[9]。

利用黏合剂在低温条件下制备 TiO$_2$ 薄膜是 DSC 的一个重要的研究方向,特别在柔性 DSC 研究领域[72]。以 TTIP[Ti(Ⅳ)tetraisopropoxide]作为黏合剂添加到纳米 TiO$_2$ 浆料中,在较低的温度(<150 ℃)下制备半导体薄膜。EIS 研究表明,TTIP/TiO$_2$ 的比例与染-TiO$_2$/EL 界面的转移电阻存在一定的关系,当 TTIP/TiO$_2$ 比例为 0.08 时,界面转移电阻最大,电池效率也最高[73]。

大量研究表明,对纳米多孔薄膜进行表面修饰、包覆和掺杂可以达到提高电池效率的目的。单纯从宏观层面的开路电压、短路电流、填充因子等变化来表征这些方法对电池的影响是不足的。EIS 可以深入的研究表面修饰、包覆和掺杂的作用机理,在微观层面上对提高电池效率加以解释。

TiCl$_4$ 表面修饰是一种提高效率常用的方法,可在 TiO$_2$ 表面形成一层致密、缺陷较少的高纯度 TiO$_2$ 层[74]。单纯 TiCl$_4$ 修饰可以降低体系中的串联电阻,使得短路电流和开路电压增加,提高电池效率。电池经过 TiCl$_4$ 修饰后再经过 CF$_4$ 蚀刻,薄膜的电子浓度增加约两倍,但是电子传输性能降低约 70%[75]。Al$_2$O$_3$ 包覆 TiO$_2$ 表面后几乎完全抑制了表面陷阱态复合,同时也减慢了导带发生复合的速率,使 DSC 的电子寿命、化学电容和电子转移电阻都有较大的增加[76]。对薄膜进行掺杂是另一个提高电池效率的方法。研究表明 N 掺杂可以提高电子寿命,改善了电池的性能;而 P 掺杂却降低了电子寿命,使开路电压降低[77,78]。

至今 TiO$_2$ 仍然是理想的 DSC 光阳极材料,但是较多研究者依然致力于寻找其他半导体材料来替代 TiO$_2$ 的工作。ZnO 也是一种宽禁带半导体材料,但是基于 ZnO 的 DSC 效率依然不高。EIS 研究表明,纳米 ZnO 棒呈指数分布的表面态

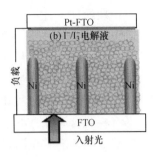

图 6.19　Ni 微柱阵列制
备的 DSC 示意图

是纳米 ZnO 棒电容在低电势下的主要构成部分，也是复合过程的主要发生部位，这种复合过程是限制电池效率的主要因素[79]。

为了加快电子传输、减少复合，研究者不仅对材料自身性质进行研究，对薄膜的结构也提出了新的设计思想。Xu 等[80]设计了利用 Ni 微柱阵列快速收集电子的新功能结构薄膜(图 6.19)。通过 EIS 研究发现，Ni 微柱可以作为快速传输电子的通道，传输性能大约提高了 1.8 倍，使电荷收集效率提高了 15%～20%，电池效率也从 2.6%

增加至 4.8%。

6.3.3.8　电解质溶液体系阻抗

基于液态 DSC 所用电解质多以有机溶液作为溶剂，EIS 可以分析不同溶剂制备电解质时 DSC 的性能存在较大差异的原因。腈类是目前取得效率最高的电解质溶剂，乙腈和甲氧基丙腈为溶剂时，对电极界面的电子转移电阻分别为 2.1 Ω/cm^2 和 57 Ω/cm^2。电子转移电阻差距如此之大，可能的原因是溶液的黏度或者溶液分子的尺寸影响了电子转移过程[18]。丁腈作为溶剂与常用的甲氧基丙腈的电子转移电阻并没有大的区别(约为 1.4 Ω/cm^2)。但是由于丁腈的黏度较低，I_3^- 的扩散系数为甲氧基丙腈的两倍，所以基于丁腈的 DSC 效率高于基于甲氧基丙腈电池的效率[81]。改变电解质溶液的黏度对电池的阻抗性能会产生较大的影响，一般添加聚乙二醇来改变溶液的黏度。改变聚乙二醇(相对分子质量 600)的添加比例从 1% 增加至 50%时(体积比)，电子转移电阻逐渐增加，由 25 Ω/cm^2 增加至 890 Ω/cm^2[18]。当改变聚乙二醇的相对分子质量从 200 增加至 600 时，电解质扩散阻抗变大，I_3^- 的扩散系数约由 0.77×10^{-7} cm^2/s 降至 0.57×10^{-7} cm^2/s[82]。

液态电解质黏度低，易于电荷传递，能取得较高的光电转换效率。但是液态电解质也存在一些问题，近年来各种新型的离子液体、准固态和固态电解质相继开发出来[83]。从目前的研究来看，这些形态的电解质取得光电转化效率仍然较液态电解质低。离子液体 DSC 电子注入较低而复合较高是效率低的主要原因，并且离子液体基 DSC 的扩散电阻都比较大，在温度较低的情况下这个扩散电阻会大大影响电池的填充因子[84]。混合两种不同黏度的离子液体可以获得黏度较低、阻抗较小的离子液体电解质溶液[85]。在 P(VDF-HFP)/TiO_2 纳米颗粒二元共混准固态电解质中，纳米 TiO_2 颗粒添加能够增大界面处的电子复合电阻，使得复合反应得到

抑制[86]。固态空穴传输材料用于 DSC 时,有一个较为突出的特点是在这些固体
电解质中的传输时间都较长,都接近或超过电子复合过程的电子寿命[56]。Spiro-
OMeTAD 固体电解质基 DSC 中存在较快的复合过程,并且固体电解质的传输电
阻远大于液体电解质电阻,大大降低了电池的填充因子[58]。

DSC 内部的电解质溶液层一侧与敏化薄膜接触,另一侧与对电极界面接触,
所以电解质溶液所含的氧化还原对性质会同时影响到两侧接触材料的性质。I_3^- /
I^- 对具有不对称的氧化还原动力学特性,非常适合 DSC 这种体系,在电解质溶液
中,只有 I_3^- 对电解质溶液层的离子扩散阻抗有贡献[18]。I_3^- 浓度对电解质溶液层
的离子扩散阻抗的影响要比 I_3^- 扩散的影响大[82]。I_3^- 浓度同时会影响到电子复
合过程和薄膜中的电子传输过程。当电解质溶液 I_3^- 浓度增大时,通过染料-TiO₂/
EL 界面的复合过程非常严重,导致薄膜中电子浓度降低,电子传输电阻增大;当
电解质溶液 I_3^- 浓度降低时,染料-TiO₂/EL 界面的复合电阻和电解质溶液离子扩
散阻抗增加,延长了电子寿命并降低了填充因子[82]。I_3^- 浓度也会影响到对电极
的电子交换过程,对电极电子交换电阻的倒数与 I_3^- 浓度的平方根成正比关系,而
I^- 几乎对交换电阻没有影响[18]。电解质中碘化物的阳离子会影响对电极电子转
移和 I_3^- /I^- 氧化还原过程。结合稳态伏安测量得出随着阳离子尺寸的增加,I^- 还
原性增加而 I_3^- 的扩散降低[87]。

氧化还原对必须具有一定的氧化还原动力学特性才能适合 DSC 体系,除 I_3^- /
I^- 对外,其他氧化还原电对仍未取得较大的突破。EIS 研究表明 Co(Ⅲ)/Co(Ⅱ)
电对在染料-TiO₂/EL 界面的复合动力学过程太快,导致 DSC 效率只有 0.94 %。
只有当 TiO₂ 表面包覆一层 Al₂O₃ 层后,才能降低 Co(Ⅲ)/Co(Ⅱ)在染料-TiO₂/
EL 界面的复合过程,最终电池效率升高到 2.48%(图 6.20)[88]。

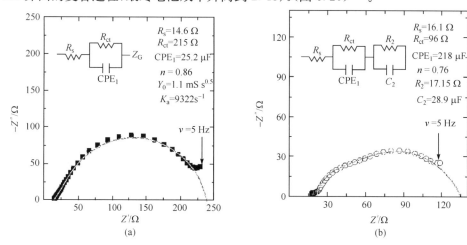

图 6.20　基于 Co(Ⅲ)/Co(Ⅱ)电对 DSC 包覆 A₂O₃ 前(a)后(b)的 EIS 谱

高效 DSC 电解质溶液除溶剂和氧化还原电对外,还在电解质中加入一些添加剂来提高电池效率。EIS 能够更加深入的研究这些添加剂对 DSC 宏观性能的影响和微观的作用机理。

Li$^+$ 是 DSC 中常用的一种添加剂,一般会提高 DSC 的短路电流而同时降低开路电压。EIS 研究表明电解质溶液中添加 Li$^+$ 后使 TiO$_2$ 导带边发生正移,导致了开路电压的下降[44]。Wang[63] 通过 EIS 和光电压衰减法的研究提出了电解液中 Li$^+$ 的一个新作用机理:在可见光持续照射下,TiO$_2$ 导带附近形成了一个有利于传输的浅能级促使电子传输加快(图 6.21),但是电解液中存在 Li$^+$ 时可能会抑制这种现象。电解质中 Li$^+$ 浓度变化会影响半导体性质和电池动力学常数。Jennings 等[89] 通过 EIS 研究表明,Li$^+$ 浓度变化会改变 DSC 的化学电容和缺陷态的分布,同时增加电子在薄膜中的扩散长度。虽然 Na$^+$ 和 Li$^+$ 同处于碱金属族中,但是二者的添加对电池的影响不同。在电解液中其他成分相同的情况下,在含有 Na$^+$ 的电解液中电子传输电阻大于含有 Li$^+$ 的传输电阻,表明 Li$^+$ 比 Na$^+$ 更能促进电子的传输,所以含 Na$^+$ 电解液的 DSC 短路电流小于含 Li$^+$ 的 DSC。在电势大于 0.4 V 时,含有 Na$^+$ 的电解液中电子转移电阻大于含有 Li$^+$ 的转移电阻,表明含有 Li$^+$ 的电解液中电子复合也更容易,所以含 Na$^+$ 电解液的 DSC 开路电压大于含 Li$^+$ 的 DSC[44]。

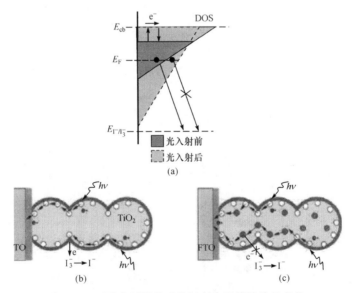

图 6.21　可见光照射前后能级和电子传输路径变化:
(a)照射前后能级变化;(b)照射前的电子传输路径;(c)照射后的电子传输路径

四叔丁基吡啶(TBP)是另外一种常用的添加剂。与 Li$^+$ 作用相反,电解液中添加 TBP 一般会提高 DSC 的开路电压而降低短路电流[4,90-92]。TBP 的作用机理目前仍不是很清楚,较多研究者一致赞同 TBP 吸附在表面可以抑制电子复合[62,82]。利用 EIS 深入研究表明 TBP 的添加还会影响到电子在薄膜内的传输性能。由于复合过程被抑制,薄膜中的电子浓度大大增加,这样电子传输阻抗由添加前的 19 Ω 减小到添加后的 1.49 Ω,电子的扩散系数大约增加了 5 倍[62]。

　　电解液层的厚度也是一个影响电池效率的因素。随着电解液层厚度的增加,能斯特阻抗变大,I_3^- 扩散变得越来越困难[48,93]。但是这里存在一个问题尚未完全解决,电解液层厚度的改变是否影响了染料-TiO_2/EL 界面阻抗[48]。Liu 等[36]将 EIS 与 IMPS/IMVS 结合进一步解释了这个问题:随着电解液层厚度增加,减慢了 TiO_2 中的电子传输,延长了电子寿命。

6.3.3.9　对电极阻抗

　　DSC 中对电极起着催化还原的作用。一个衡量对电极性能的重要指标就是对电极界面的转移电阻:界面转移电阻越小,其过电势越低,电势损失越小,催化性能越优良。随着研究的深入,除常用的铂对电极外,新型碳基、聚合物基及氧化物基对电极相继研发出来(一些报道的对电极阻抗性能见表 6.1)。

表 6.1　DSC 中一些报道的对电极阻抗性能

对电极	R_s	R_{ct}	参考文献
溅射 Pt		1.9	[18]
蒸发 Pt		0.8	
热分解 Pt		1.3	
Pt/乙炔炭黑		1.48	[95]
Pt/ITO-PEN		0.26-1.38	[94]
柔性石墨片	4.7	280	[96]
炭黑	6.7	1.2	
C/FTO	26.1	0.9	
MC/TCO		0.7	[97]
MC/ITO-PEN	49.9	0.6	[98]
纳米碳		0.74	[99]
竹状介孔碳阵列	14.55	38.41	[100]
橡木状介孔碳阵列	15.11	10.05	
SWCNT/PET		89	[101]
CNT		0.82	[102]
PProDOT-Et₂		5	[103]
PPy	22.1	46	[104]
PANI	1.215	13.67	[105]

续表

对电极	R_s	R_{ct}	参考文献
PEDOT-MWCNT		<u>33.1</u>	[106]
PEDOT		<u>35.2</u>	
V_2O_5/Al	986.8	3673	[107]

注:划线电阻值单位为 Ω,其余的单位为 Ω/cm^2。

铂是目前报道的 DSC 催化性能最好的常用对电极材料。铂厚度是制备对电极的一个重要参数,EIS 研究表明铂层越厚电荷转移电阻越小。但是综合考虑铂用量和催化性能两方面,在含有 Li^+ 的乙腈电解液中仅 2 nm 厚的铂层就能将电子转移电阻从 25 $M\Omega/cm^2$ 降低至 2 Ω/cm^2,满足 DSC 工作要求[18]。除了常用的热解 H_2PtCl_6 制备铂电极,其他制备含铂对电极的方法,如化学沉积、溅射、化学还原及铂/乙炔炭黑复合电极[18,94,95]等获得的电极转移电阻也较低,催化效果非常好。

碳也是一种催化活性很高的材料,各种碳对电极也逐步应用到 DSC 领域中。在柔性石墨片、柔性石墨片/活性炭/炭黑和 TCO/活性炭/炭黑这几种碳对电极中,柔性石墨片/活性炭/炭黑对电极阻抗最小,光伏性能最优[96]。刚性 TCO 和柔性 ITO-PEN 衬底制备的中孔碳对电极,电荷转移电阻分别为 0.7 Ω/cm^2 和 0.6 Ω/cm^2,电池效率达到了 6.18% 和 6.07%[97,98]。Ramasamy 等[99]利用纳米碳(平均颗粒尺寸 30 nm、比表面积 100 m^2/g)制备了纳米碳对电极,EIS 表明这种纳米碳对电极转移电阻 0.74 Ω/cm^2,低于丝网印刷的铂对电极 1.8 Ω/cm^2。高度有序的橡木状介孔碳阵列对电极性能较优,系统电阻和界面转移电阻要比铂对电极要低,但电解液的扩散电阻高于铂对电极(图 6.22)[100]。

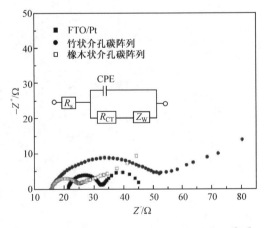

图 6.22　基于两种碳对电极 DSC 的阻抗谱[100]

　　Aitola 等[101]利用单壁碳纳米管在塑料片上制备对电极,该对电极同时具有催化和导电两种作用。EIS 研究结果表明,转移电阻约为 89 Ω/cm^2,方块电阻约为 60 Ω/cm^2,在 8 mW/cm^2 的条件下,获得了 2.5 % 的效率。Lee 等[102]制备了多壁碳纳米管对电极,这种碳纳米管具有很多缺陷使电子转移电阻降低,所以获得的填充因子和电池效率和铂对电极相差不大。

　　近年来导电聚合物基对电极成为 DSC 研究中的一个热点。在制备电极过程中,必须优化聚合条件才能得到电阻最小而效率最高的对电极(图 6.23)。Lee 等[103]、Makris 等[104]和 Qin 等[105]分别制备了聚合物 PProDOT-Et$_2$、聚吡咯(polypyrrole)对电极和聚苯胺(polyaniline)对电极,利用 EIS 分析制备工艺对阻抗性能的影响,得到了系统电阻和界面转移电阻最低且电池效率最高的聚合物电极。最近还报道了聚合物 PEDOT [poly(3,4-ethylenedioxythiophene),聚

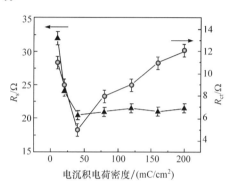

图 6.23　制备聚合物对电极在不同电沉积电荷密度下串联和转移电阻[103]

(3,4-二氧乙基噻吩)]和多壁碳纳米管制备的复合对电极,这种复合电极的电子转移电阻为 33.1 Ω,小于铂对电极和单纯 PEDOT 对电极的转移电阻,电池效率超过了铂对电极[106]。

　　除上述铂对电极、碳对电极和聚合物对电极外,氧化物材料也尝试制备对电极应用到 DSC 中。在固态 Spiro-OMeTAD 基 DSC 中,Xia 等[107]利用 V_2O_5/Al 对电极来替代 Ag 对电极,虽然转移电阻和电池效率不及 Ag 对电极,但是这种电极具有潜在的价格优势。

6.3.3.10　染料/共吸附剂阻抗

　　染料和共吸附剂分子吸附在 TiO_2 界面,改变了半导体与电解液接触界面的很多性质[108]。不同的染料吸附对 TiO_2 界面的电子转移过程的阻抗有不同的影响[109]。EIS 研究表明 N749、N719 和 P5 三种染料吸附后,DSC 电子寿命由小到大的顺序为 P5<N719<N749。而将这三种染料分层共同吸附 TiO_2 界面时,共敏化 DSC 电子寿命高于 P5 染料单独敏化 DSC,但是低于 N719 和 N749 单独敏化的电池电子寿命(图 6.24)。

　　在 DSC 中引入共吸附剂分子,使共吸附剂分子和染料共同吸附在 TiO_2 表面,可以改善界面性能(图 6.25)。在染料 Z907 敏化薄膜中引入共吸附剂 DINHOP [dineohexyl bis-(3,3-dimethyl-butyl)-phosphinic acid]使导带能级正移 52 mV,同

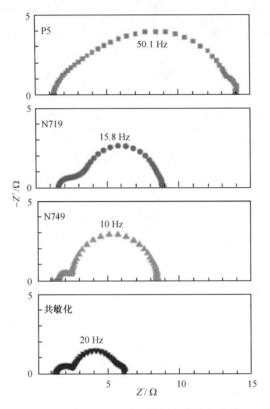

图 6.24　P5、N719、N749 单独敏化和共敏化薄膜 EIS 谱

时在 TiO$_2$ 表面形成阻挡层抑制电子复合过程,增加了电子传输电阻[110]。两性分子 GBA(4-guanidinobutyric acid,4-胍基丁酸)与染料 K19 共吸附条件下导致电子转移电阻增加而化学电容下降,同时导带负移并且在表面形成阻挡层,减少复合中心,改变了局域态的分布[111]。在固态 DSC 中,GBA 分子和 ABA(4-aminobutyric acid,4-氨基丁酸)分子作用不同,GBA 分子加入时导带负移,ABA 分子则使导带正移。但是两者共同特点是都能在 TiO$_2$ 表面吸附形成一层阻挡层,钝化表面抑制电子复合[112]。

6.3.3.11　导电衬底阻抗

光生电子传输到衬底附近,最终越过 TiO$_2$/TCO 接触界面而被外电路收集。研究者采用一些改善 TiO$_2$ 与 TCO 接触的处理方法,利用 EIS 得到处理前后 TiO$_2$ 与 TCO 接触电阻的变化。利用 SiO$_2$ 乳胶抛光剂对导电玻璃进行抛光,降低了两者之间的接触电阻,导致短路电流有所增加[113]。Kim 等[114]利用激光对 TiO$_2$ 与 TCO 进行焊接,改善导电衬底与薄膜的接触,使系统电阻降低了 108%。Doh

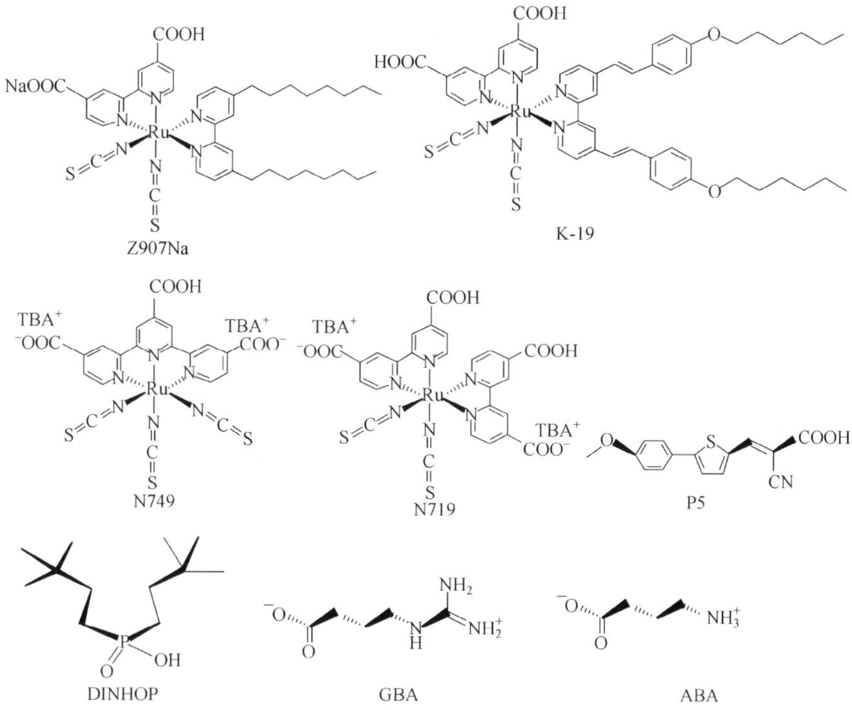

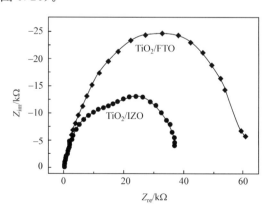

图 6.25　几种染料和共吸附剂的分子结构

等[115]则研究了 IZO(indium-zinc-oxide,氧化铟锌)作为导电衬底的 DSC 性能,EIS 发现由于改善了 IZO 与 TiO$_2$ 的接触,使得 TiO$_2$/IZO 电池的电子转移电阻小于 TiO$_2$/FTO 电池(图 6.26)。

图 6.26　基于 TiO$_2$/FTO 和 TiO$_2$/IZO 导电衬底 DSC 的 EIS 谱

由于 TiO$_2$ 薄膜不能完全覆盖 TCO[16],电解液也与裸露的 TCO 接触,电子经过裸露 TCO 也可能与电解液中的氧化还原对发生复合反应。一般用喷涂 TiCl$_4$

的方法可以制备致密的 TiO_2 层来抑制这个复合反应。EIS 研究表明这个致密层只有在短路条件下有很好的阻挡效果,在开路电压附近阻挡效果有限[116]。新型的 Nb_2O_5 阻挡层可以大大增加染料-TiO_2/EL 的电阻,同时减少了系统电阻,使得填充因子增加了 15%[117]。

6.3.3.12　DSC 界面稳定性

随着基础和应用研究的不断深入,DSC 的最终目标是从实验室研究走向实用化,在这期间 DSC 的稳定性是一个需要重点研究的问题。

热稳定性测试中,基于 Z907 和 N719 两种染料的 DSC 的 EIS 结果表明,电池经 48 h 老化后,对电极转移阻抗降低,填充因子增大,但电子寿命下降到原来的 1/3~1/2。最终得出结论:整个热老化过程中,电池性能的改变主要是电子寿命降低造成的[64]。Kuang 等[118]用四氰基硼酸离子液体(tetracyanoborate)作为电解质溶剂,在 80 ℃条件下进行老化时间 1000 h 的热稳定性测试。EIS 结果表明对电极界面是稳定的,但是染料-TiO_2/EL 界面稳定性下降,电子寿命从 17.1 ms 下降到 8.9 ms(图 6.27),同时电解液中的扩散阻抗增加。其原因可能是 I_3^- 与杂质发生反应致使浓度降低。

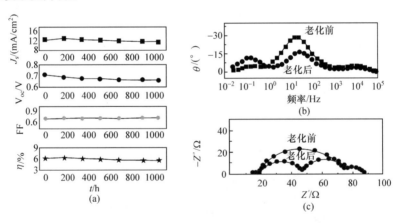

图 6.27　热老化过程中电池光伏性能变化(a),老化前和老化后
电池的 Bode(b)和 Nyquist(c)形式 EIS 谱

光稳定性测试中,EIS 研究结果证实 GuSCN(guanidinium thiocyanate,异硫氰酸胍)化学吸附在 TiO_2 表面可以增加 DSC 的稳定性[119]。Fei 等[120]基于过冷咪唑啉碘离子液体作为电解质溶剂,在 60 ℃条件下进行老化时间 1000 h 的可见光稳定性测试。老化过程中电子寿命从 47.2 ms 降低至 11.9 ms,同时对电极界面上电子转移过程加快,EIS 结果解释了光电压下降约 60 mV 而填充因子增加 4%的原因。

除在上述人工环境测试外,还可以将 DSC 放在室外自然环境进行稳定性测试。Kato 等[121]通过长达 2.5 年的室外稳定性测试表明,N719 染料敏化的光阳极和碳对电极是稳定的,所以老化过程中短路电流变化较小。但是由于电解液的能斯特扩散阻抗变大,导致开路电压和填充因子下降(图 6.28)。

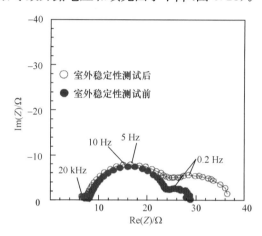

图 6.28　室外稳定性测试前后电池的 EIS 谱

6.3.3.13　新结构电池

随着 DSC 研究的进一步深入,一些研究者设计了新型 DSC 电池结构。EIS 也被广泛应用于研究这些新型结构电池的制备工艺对阻抗的影响和电池的工作机理等方面。Fuke 等[122]设计了一种新型背接触式 DSC,利用 EIS 研究了制备多孔钛电子收集电极过程中对扩散电阻的影响,最终确定了系统总串联电阻最小时的电极制备工艺条件。Chang 等[75]设计了带有促进光吸收的银反射膜和 3D 光子晶体的新型 DSC。宏观上,这种 DSC 开路电压和填充因子没有改变,但是短路电流却大大增加。通过 EIS 对其机理进行分析,发现这两种促进光吸收方式并不改变电池的传输性能,只是系统电阻减小而电解液的扩散系数增加。

6.3.4　调制光作用下接触界面动力学过程

强度调制光电流谱/光电压谱(IMPS/IMVS)技术的发展可以追溯到 20 世纪 80 年代,Albery 和 Bartlett 利用调制光来研究 p-GaP 光电化学的工作[123],后来由 Peter 等[124,125]逐步发展起来。随着近年来理论与实验技术日趋完善,应用范围由最初的半导体单晶电极领域[125,126]逐步扩大到纳米半导体薄膜电极[127,128]和半导体粒子悬浮溶液[129]等体系中,特别是在 20 世纪 90 年代初期新型光伏电池——染料敏化太阳电池(DSC)的迅速发展[130,131],使得这种技术应用到更加复杂的 DSC 系统中来进行光电化学过程的研究[21]。IMPS/IMVS 技术对深入理解半导体光电化学反应基本过程和电子传输动力学有很大的贡献。

6.3.4.1　IMPS/IMVS 基本理论

IMPS/IMVS 是一种频域探测技术。输入信号一般是由一束稳定的背景光信号和一束经过正弦调制的小幅扰动光信号两部分叠加同时作用于研究对象。输出信号则是相应的稳态光电流和调制光电流(短路状态)或稳态光电压和调制光电压(开路状态)。通过比较输入信号与输出信号振幅与相位的频率响应来研究界面动力学过程。描述电子动力学过程的参数,如电子扩散系数 D_n 和电子寿命 τ_n 等,都依赖于光强进而依赖于费米能级 E_{Fn}(电子电化学势)的变化。在背景入射光的作用下,电子传输过程处于稳定状态,在小振幅调制光的扰动下,这些动力学参数依然可以看作常数,这就给分析电子传输动力学过程带来极大方便。

针对 IMPS/IMVS 频率响应,已有研究者建立各种理论模型来模拟和解释频率响应,其中 Dloczik 等[21]从理论的角度分析了 DSC 在正弦调制光激励下的光电流频率响应,于 1997 年提出基于连续性方程的理论模型,该理论模型被广泛应用于 DSC 中。

忽略光散射的情况下,DSC 中电子的产生、传输和复合过程可以由以下连续性方程来描述[6,28]:

$$\frac{\partial n(x)}{\partial t} = G(x) + T(x) - R(x) \tag{6.44}$$

其中,$n(x)$ 为电子浓度;$G(x)$ 为电子产生过程;$T(x)$ 为电子传输过程;$R(x)$ 为电子复合过程(图 6.29 所示)。

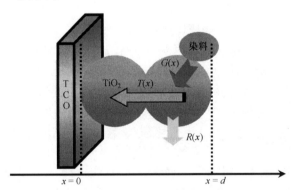

图 6.29　电子产生、传输与复合过程示意图

当 DSC 受到稳态光 I_0 照射时,电子产生过程依赖于入射方向。入射光可以从阳极导电衬底入射(se 入射)或者从光阴极导电衬底入射(ee 入射),两种方向入射时电子产生率 $G(x)$ 为

$$G(x) = \eta \alpha I_0 e^{-\alpha x} \qquad (\text{se 入射}) \tag{6.45}$$

$$G(x) = \eta \alpha I_0 e^{-a(d-x)} \qquad \text{(ee 入射)} \tag{6.46}$$

其中，α 为吸收系数；η 为电子注入效率；I_0 为入射光通量；x 为 TiO_2 薄膜距离玻璃衬底的距离。

在 IMPS/IMVS 研究中，通常在稳定的背景光信号上叠加正弦调制的小幅扰动光信号，总的入射光通量为

$$I(t) = I_0 (1 + \xi e^{i\omega t}) \tag{6.47}$$

其中，ξI_0 为正弦调制振幅（$\xi \ll 1$），ω 为调制角频率。调制光参与下电子产生过程为

$$G(x) = \eta \alpha I_0 (1 + \xi e^{i\omega t}) e^{-ax} \qquad \text{(se 入射)} \tag{6.48}$$

$$G(x) = \eta \alpha I_0 (1 + \xi e^{i\omega t}) e^{-a(d-x)} \qquad \text{(ee 入射)} \tag{6.49}$$

电子在薄膜中是以扩散形式进行传输的，根据 Fick 扩散定律，电子传输过程为

$$T(x) = D_n \frac{\partial^2 n}{\partial x^2} \tag{6.50}$$

其中，D_n 为电子扩散系数。电子的复合一般认为是准一级反应：

$$R(x) = \frac{n}{\tau_n} \tag{6.51}$$

其中，τ_n 为电子寿命。根据 $G(x)$、$T(x)$ 和 $R(x)$ 的表达式，电子连续方程为

$$\frac{\partial n}{\partial t} = \eta \alpha I_0 e^{-ax} + D_n \frac{\partial^2 n}{\partial x^2} - \frac{n}{\tau_n} \qquad \text{（背景光，se 入射）} \tag{6.52}$$

$$\frac{\partial n}{\partial t} = \eta \alpha I_0 e^{-a(d-x)} + D_n \frac{\partial^2 n}{\partial x^2} - \frac{n}{\tau_n} \qquad \text{（背景光，ee 入射）} \tag{6.53}$$

$$\frac{\partial n}{\partial t} = \eta \alpha I_0 (1 + \xi e^{i\omega t}) e^{-ax} + D_n \frac{\partial^2 n}{\partial x^2} - \frac{n}{\tau_n} \qquad \text{（背景光＋调制光，se 入射）}$$

$$\tag{6.54}$$

$$\frac{\partial n}{\partial t} = \eta \alpha I_0 (1 + \xi e^{i\omega t}) e^{-a(d-x)} + D_n \frac{\partial^2 n}{\partial x^2} - \frac{n}{\tau_n} \qquad \text{（背景光＋调制光，ee 入射）}$$

$$\tag{6.55}$$

开路条件或短路条件下，电子浓度可由电子连续方程解出，边界条件为

$$k_{ext} n(0,t) = D \frac{\partial n}{\partial x} \bigg|_{x=0} \tag{6.56}$$

$$\frac{\partial n(x,t)}{\partial x} \bigg|_{x=d} = 0 \tag{6.57}$$

其中，k_{ext} 为衬底位置（$x=0$）电子的抽取速率：当 $k_{ext}=0$ 时，表明此时处于开路条件；当 k_{ext} 逐渐增大时，DSC 也逐渐由开路条件直至转为短路条件。

稳态光照条件下，当调制光作用于 DSC 时，得到的是随频率变化的调制电流响应，即 IMPS[21]。

(1) se 方向入射时,式(6.54)的解为

$$n(x,t)=(Ae^{\gamma x}+Be^{-\gamma x}+Ce^{-\alpha x})e^{i\omega t} \tag{6.58}$$

$$\gamma=\sqrt{\left(\frac{1}{D\tau}+\frac{i\omega}{D}\right)} \tag{6.59}$$

由边界条件求出系数 A、B 和 C 的值[21]:

$$A=C\frac{\alpha e^{-\alpha d}(k_{ext}+\gamma D)-\gamma e^{-\gamma d}(k_{ext}+\alpha D)}{\gamma[k_{ext}(e^{\gamma d}+e^{-\gamma d})+D\gamma(e^{\gamma d}-e^{-\gamma d})]} \tag{6.60}$$

$$B=-C\frac{\alpha e^{-\alpha d}(k_{ext}-\gamma D)+\gamma e^{\gamma d}(k_{ext}+\alpha D)}{\gamma[k_{ext}(e^{\gamma d}+e^{-\gamma d})+D\gamma(e^{\gamma d}-e^{-\gamma d})]} \tag{6.61}$$

$$C=\frac{\alpha I_0}{D(\gamma^2-\alpha^2)}e^{-\alpha d} \tag{6.62}$$

调制光电流为

$$j(\omega)=qD\left(\frac{\partial n}{\partial x}\right)\Big|_{x=0}=D(A\gamma-B\gamma-C\alpha) \tag{6.63}$$

光电转换效率为

$$\Phi_{int}(\omega)=\frac{j(\omega)}{qI_0} \tag{6.64}$$

将系数 A、B 和 C 的值代入式(6.58),利用式(6.63)和式(6.64),最终得到 se 入射时光电转换效率的最后形式为

$$\Phi_{int}(\omega)=\frac{\alpha}{\alpha+\gamma}\frac{e^{\gamma d}-e^{-\gamma d}+2\alpha\dfrac{e^{-\alpha d}-e^{-\gamma d}}{\gamma-\alpha}}{e^{\gamma d}+e^{-\gamma d}+\dfrac{D\gamma}{k_{ext}}(e^{\gamma d}-e^{-\gamma d})} \tag{6.65}$$

(2) ee 方向入射时,式(6.55)的解为

$$n(x,t)=(Ae^{\gamma x}+Be^{-\gamma x}+Ce^{\alpha x})e^{i\omega t} \tag{6.66}$$

由边界条件求出系数 A、B 和 C 的值为

$$A=-C\frac{\alpha e^{-\alpha d}(k_{ext}+\gamma D)+\gamma e^{-\gamma d}(k_{ext}-\alpha D)}{\gamma[k_{ext}(e^{\gamma d}+e^{-\gamma d})+D\gamma(e^{\gamma d}-e^{-\gamma d})]} \tag{6.67}$$

$$B=C\frac{\alpha e^{-\alpha d}(k_{ext}+\gamma D)+\gamma e^{\gamma d}(\alpha D-k_{ext})}{\gamma[k_{ext}(e^{\gamma d}+e^{-\gamma d})+D\gamma(e^{\gamma d}-e^{-\gamma d})]} \tag{6.68}$$

$$C=\frac{\alpha I_0}{D(\gamma^2-\alpha^2)}e^{-\alpha d} \tag{6.69}$$

将系数 A、B 和 C 的值代入式(6.66)利用式(6.63)和式(6.64),最终得到 ee 入射时光电转换效率的最后形式为

$$\Phi_{int}(\omega)=\frac{\alpha}{\alpha+\gamma}\frac{e^{(\gamma-\alpha)d}-e^{-(\gamma+\alpha)d}+2\alpha\dfrac{e^{(\gamma-\alpha)d}-1}{\gamma-\alpha}}{e^{\gamma d}+e^{-\gamma d}} \tag{6.70}$$

IMPS 在测量过程中会受到一个附加 RC 时间常数的影响。所以 IMPS 的频率响应可以定义一个积的形式来表示这种影响：

$$\Phi(\omega) = \Phi_{int}(\omega) \cdot T \tag{6.71}$$

这里 T 可以有以下形式：

$$T = \frac{1 - i\omega RC}{1 + \omega^2 R^2 C^2} = \frac{1}{1 + i\omega RC} \tag{6.72}$$

其中，R 为电阻；C 是电容。电子传输时间由下面的公式给出：

$$\tau_d = \frac{1}{\omega_{min}} = \frac{1}{2\pi f_{min}} \tag{6.73}$$

其中，f_{min} 为 IMPS 响应图谱虚部最低点所对应的频率。

在开路情况下，假定在 TCO/TiO_2 界面和染料-TiO_2/EL 界面处没有电子流入或流出 TiO_2 膜，则边界条件中 $k_{ext} = 0$，解式(6.54)中的系数为

$$A = C\frac{\alpha[\exp(-\alpha d) - \exp(-\gamma d)]}{\gamma[\exp(\gamma d) - \exp(-\gamma d)]} \tag{6.74}$$

$$B = C\frac{\alpha[\exp(-\alpha d) - \exp(-\gamma d)]}{\gamma[\exp(\gamma d) - \exp(-\gamma d)]} \tag{6.75}$$

$$C = \frac{\alpha \eta I_0}{(1/\tau_n - D\alpha^2 + i\omega)} \tag{6.76}$$

在调制光强的振幅很小以及忽略对导电玻璃充电的情况下，调制电压 ΔV_{oc} 的变化将依赖于 $n(0)$ 的改变。ΔV_{oc} 的交流部分可以有这样的比例关系：

$$\Delta V_{oc} \sim \frac{\phi I_0 \alpha}{k_r - mD\alpha^2 + i\omega}\left[1 + \frac{\alpha}{\gamma}\frac{2\exp(-\alpha d) - \exp(\gamma d) - \exp(-\gamma d)}{\exp(\gamma d) - \exp(-\gamma d)}\right] \tag{6.77}$$

为了得到 IMVS 的反应时间常数，由下面的表达式近似描述式(6.77)：

$$\mathrm{Re}(\Delta V_{oc}) = \frac{X_1}{1 + (\omega\tau_n^{Re})^2} \tag{6.78}$$

$$\mathrm{Im}(\Delta V_{oc}) = -\frac{X_2\omega\tau_n^{Im}}{1 + (\omega\tau_n^{Im})^2} \tag{6.79}$$

其中，X_1 和 X_2 为标度因子；通过拟合实验曲线获得 τ_n^{Re} 和 τ_n^{Im} 分别为 IMVS 图谱拟合得到的实部和虚部电子寿命。

根据连续性方程可知，影响 IMPS/IMVS 频率响应的主要是入射方向、光吸收系数、电子寿命 τ_n 和衬底抽取速率 k_{ext}。由于调制光产生的调制电压与电子浓度呈线性关系，所以 IMVS 频率响应较为简单，在奈奎斯特图上是一个较为标准的半圆，因此本书未讨论上述条件对 IMVS 的影响。结合已有的工作[21]，下面将更详细地研究这些条件对 IMPS 频率响应的影响(IMPS 频率响应模拟采用软件 MATLAB 6.5)。

图 6.30 为 se 入射时不同光吸收系数和电子寿命对 IMPS 的影响($k_{ext} = \infty$)。

当入射光从 se 入射,光吸收系数逐渐降低时,光可以入射到 DSC 的深处,使光生电子产生区域扩大。在 $\alpha = 300\ cm^{-1}$ 时,在较高的频率下可以明显地看出扩散控制的斜线。而高吸收光条件下,产生电子的区域越靠近导电衬底则电子越容易被收集,扩散斜线逐渐消失。但是在低频区可以看见有另一个半圆出现(对应一个时间常数)。Cao 等[132]认为电子传输有两个过程:一个是快过程,一个是慢过程,所以造成了 IMPS 曲线有两个时间常数。Halme 等[133]认为这是由于传输过程中电子扩散途径不同造成的。虽然表面上二者观点不一致,实际上二者的观点可以统一起来,推测当电子浓度峰值在靠近导电衬底出现时,薄膜中会存在两个传输过程,导致了两个时间常数的出现。

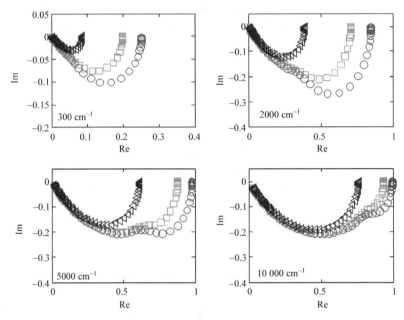

图 6.30　se 入射时吸收系数与电子寿命对 IMPS 的影响模拟$(k_{ext} = \infty)$

△为 $\tau_n = 0.01\ s$,□为 $\tau_n = 0.1\ s$,○为 $\tau_n = 1\ s$;$d = 10\ \mu m$;$D = 1 \times 10^{-5}\ cm^2/s$

图 6.31 为 ee 入射时不同光吸收系数和电子寿命对 IMPS 的影响$(k_{ext} = \infty)$。当入射光从 ee 入射时,电子在薄膜靠近电解液一侧产生。光吸收系数逐渐降低时,IMPS 曲线与 se 入射时基本相同,但是高吸收条件下,IMPS 曲线会穿过负虚轴而螺旋式的接近零点。Dloczik 等[21]也观察到这一现象,这是由于电子在外侧产生之后,需要一定的时间才能到达导电衬底。电子寿命逐渐减小时,表明 DSC 中复合增加,更多的电子被复合而没有被收集,所以 IMPS 的曲线半径逐渐减小。IMPS 曲线的低频端与实轴交点处为 DSC 的 IPCE[134],图 6.31 表明 IPCE 也随电子寿命的降低而减小。

光生电子扩散到导电衬底后,电子应该快速的越过 TCO/TiO$_2$ 界面而导入外

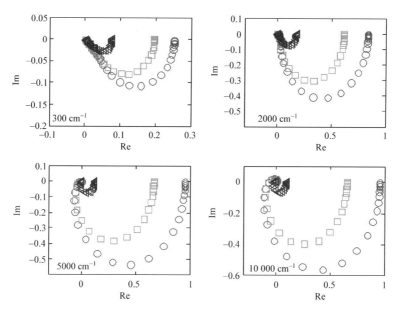

图 6.31　ee 入射时吸收系数与电子寿命对 IMPS 的影响模拟($k_{ext}=\infty$)

△为 $\tau_n=0.01$ s，□为 $\tau_n=0.1$ s，○为 $\tau_n=1$ s；$d=10$ μm；$D=1\times10^{-5}$ cm^2/s

电路。图 6.32 和图 6.33 为不同方向入射时不同光吸收系数和电子寿命对 IMPS

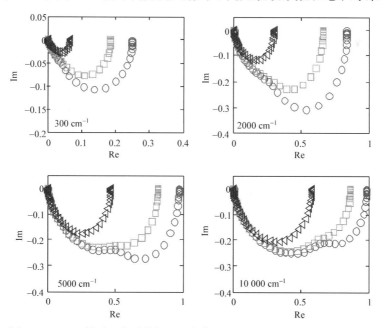

图 6.32　se 入射时吸收系数与电子寿命对 IMPS 的影响模拟($k_{ext}=0.1$)

▽为 $\tau_n=0.01$ s，□为 $\tau_n=0.1$ s，○为 $\tau_n=1$ s；$d=10$ μm；$D=1\times10^{-5}$ cm^2/s

的影响($k_{ext}=0.1$)。与当$k_{ext}=\infty$时相比,可以看到 IMPS 的曲线变形程度减弱。特别是电子寿命较小时,IMPS 曲线变成一个较标准的半圆。同时可以看出 IPCE 在电子寿命较小时是逐渐降低的;而在电子寿命较大时,因为复合较小,所以大部分电子仍然导出外电路。因此,k_{ext}值对 IMPS 的影响较小。

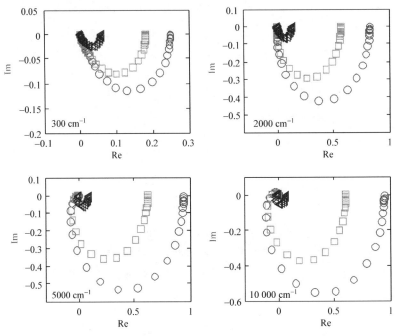

图 6.33 ee 入射时吸收系数与电子寿命对 IMPS 的影响模拟($k_{ext}=0.1$)
△为 $\tau_n=0.01$ s,□为 $\tau_n=0.1$ s,○为 $\tau_n=1$ s;$d=10$ μm;$D=1\times10^{-5}$ cm^2/s

除了连续性方程外,还可以从等效电路角度来解释 IMPS/IMVS 频率响应[135]。等效电路是一个既包括薄膜中的电子传输又包括电解质中离子传输的传输线模型(图 6.34)。传输线模型可以很直观描述电荷传输过程,同时可以很方便地利用电路分析技术来解释。传输线模型没有直接体现在连续方程模型中考虑的电子扩散传输以及俘获/脱俘等作用,但是 Bay 认为"梯"状拓扑结构传输线等效

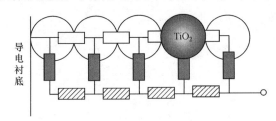

图 6.34 TiO$_2$ 薄膜电极传输线分析图

于通常所考虑的电子扩散传输与俘获/脱俘等行为,得到的结果与常用来解释 IMPS/IMVS 的连续性方程是等价的[135]。

仅仅利用等效电路来描述 IMPS/IMVS 频率响应存在不足,常用的电子元件不能完整的描述动力学过程。Ponomarev 等[136]结合动力学方程和等效电路(图 6.35)给出了 IMPS 的另一个理论模型。模型中,在半导体/电解质界面发生的电荷转移和复合可以利用图 6.35(a)所示的过程来描述。定义各种过程的速率常数采用动力学方程来描述。而表面态充电和流经外电路的电流则利用图 6.35(b)电路方程来描述。作者建立一个依赖于频率的光电流和光电压的解析方程,从理论上分析了空间电荷、表面态和 Helmholtz 电容对 IMPS 频率响应的影响。同时讨论了在恒电量条件下,通过串联一个相对较大的外电路电阻来测量 IMVS,从而研究快速动力学过程。综合动力学方程与等效电路两种方法并吸取它们的优点,对 IMPS/IMVS 频率响应进行解释,但是这一理论模型没有考虑在调制光的作用下表面态充电的动力学过程。

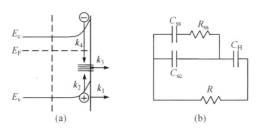

图 6.35　动力学模型(a)与等效电路模型(b)

另外,其他研究者建立一些模型和方法试图解决在电子传输过程中存在异议的问题。Kambili 等[137]基于电荷浓度的连续偏微分方程,首次采用一维电荷交换模型来解决 DSC 中电子复合反应的级数问题。van de Lagemaat 等[138]利用 IMPS 理论建立一个描述 DSC 中表面态分布模型,用以解释电子传输速率与电子浓度之间的关系。Franco 等[139]提出一个"两层模型"来描述染料分布不均匀时对电子传输的影响。表明染料在电池中分布不均匀程度可以在 IMPS 反映出来。Peter[140]利用一个附加电极测量 TiO₂ 薄膜外侧的准费米能级,重新评价了固态 DSC 的电子扩散长度。近年来,IMPS/IMVS 理论和模型有了很大的发展,但是对于 IMPS/IMVS 频率响应仍然没有一个令人满意的理论模型,IMPS/IMVS 理论模型方面仍然有待于进一步研究。

6.3.4.2　IMPS/IMVS 实验方法

IMPS/IMVS 测试量系统主要由三个部分组成,如图 6.36 所示:①光源系统,常用氙灯[141]、紫外灯[142]和发光二极管(LED)[21,143]等作为光源(可以采用双光源,即一个光源产生稳态入射光,另一个光源产生调制光,也可以采用直流电压叠加调制电压同时驱动一个光源,同样可以实现稳态光与调制光的叠加);②光源驱动系统中的主要设备是频响分析仪和恒电位仪,它们发生电压或电流信号驱动光源产生调制光信号;③测试分析系统是利用频响分析仪来对比分析输入信号与输出信号的振幅与相位关系,最终由微机输出测试结果。最早的 IMPS/IMVS 测试系统是采用 Solartron 1255 或 1250 型频响分析仪和灵敏的恒电位仪组装而成的[21,126],现在精度较高的综合性光电测试设备已经出现,并且加入反馈测量光强系统使得测量精度更高。

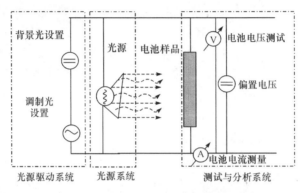

图 6.36　IMPS/IMVS 测量系统

　　图 6.37 为测量 DSC 得到的 IMPS 与 IMVS 复平面图(光源为波长 470 nm 的蓝色 LED,调制光强的振幅为背景光强的 5%,频率范围为 3 kHz~0.1 Hz,入射光从纳米 TiO$_2$ 薄膜方向照射)。通过拟合,从 IMVS 和 IMPS 图谱可以得到电子扩散系数 D_n、电子寿命 τ_n 和吸收系数 α 等与电子传输机理和动力学过程相关的重要特征常数。

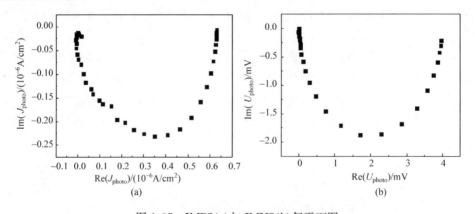

图 6.37　IMPS(a)与 IMVS(b)复平面图

　　常用的 IMPS/IMVS 测试系统的调制信号一般是小幅度正弦调制的光信号，同时也有研究者尝试利用其他类型的调制信号，或将这种方法扩展到非频域来进一步研究光电响应。Goossens[128]采用方波调制光信号而不是一般常用的正弦调制，这种方波可以激发比较高的谐波。较高的谐波抑制可以利用线性电路理论来解释。而 Duffy 等[144]将频域的 IMPS/IMVS 方法扩展到时间域，采用小振幅的脉冲光叠加在稳态入射光上来研究电子传输和界面反应，利用微分方程分析解释瞬态光电流和瞬态光电压响应。

　　DSC 中电子传输、电子复合及电子收集等过程非常复杂。图 6.38 描述了 TiO_2 薄膜中光生电子传输过程：①电子从染料注入 TiO_2 导带；②电子通过扩散传输到衬底被收集；③电子被陷阱俘获；④电子热激发脱俘至导带；⑤电子被表面态俘获；⑥通过表面态复合；⑦通过导带复合。同时电子传输过程还易受到薄膜制备工艺、薄膜结构及电解质性质等因素影响，IMPS/IMVS 为深入研究 DSC 电子传输机理和动力学过程提供了全新的视角。

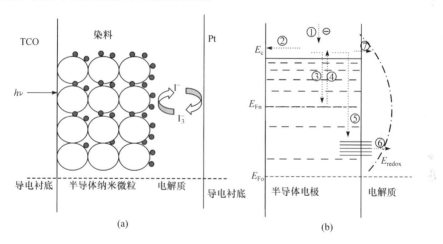

图 6.38　DSC 工作原理图(a)与 TiO_2 电子传输过程(b)

6.3.4.3　IMPS/IMVS 在 DSC 中电子传输机理和动力学研究的应用

　　DSC 特殊结构在于采用的半导体纳米颗粒不能有效支撑空间电荷层，薄膜电极能带处于平带状态。同时电极被电解液中高浓度离子屏蔽，内电场可以忽略，电子传输（图 6.38 过程②）的主要驱动力是浓度梯度而不是漂移[21]。Dloczik 等[21]通过 IMPS 测量出 DSC 中光生电子在薄膜中的电子扩散系数，发现电子扩散系数比 TiO_2 单晶低近 4 个数量级，表明电子在 DSC 中传输过程是相对缓慢的。对此现象有一种解释是，电子受到电解质溶液极化的影响使电子传输变慢，但是至今实验上没有证实这种作用的存在[134]。普遍接受的解释是，由于多孔膜内部存在大量的晶界,同时纳米薄膜具有很高的表面积,晶界和表面是电子陷阱的聚集区域。这样电子从产生到被衬底收集的过程中,不断地受到俘获/脱俘(图 6.38 过程③与过程④)的影响使传输变慢[21]。而单晶电极相对于多孔薄膜电极来说陷阱较少,电荷传输受俘获/脱俘的影响很小,所以电子传输较快。

DSC 中电子被陷阱俘获速率远大于电子脱俘进入导带速率,绝大多数电子是处于陷阱之中。只有导带中的自由电子对扩散过程有贡献。由此,一些研究者[21,145-147]提出用有效电子扩散系数 $D_n = D_0 n_{free} / n_{total}$($n_{total}$ 为电子总浓度;n_{free} 为导带中自由电子浓度;D_0 为导带电子扩散系数)来描述 DSC 中电子扩散过程更加合理,大量实验也很好地证实了这种理论[21,46,146]。

当入射光强度改变时,导带中的光生电子准费米能级(E_{Fn})随之改变,所以 D_n 与入射光强度有关。Peter 等[132,146]通过 IMPS 研究得出 D_n 与入射光强成指数关系。对此原因,一些研究者[21,147,148]认为处于禁带中的陷阱能级是单一能级,所有被俘获的电子处于同一能级上,电子俘获/脱俘取决于陷阱深度和电子准费米能级与导带底的指数关系。而 Nelson 等[22,149,150]提出处于陷阱能级按照指数形式分布(图 6.38 禁带中短线所示),正是这种指数分布的陷阱能级影响着电子的 D_n 与入射光强的关系。实验表明分布式陷阱能级更接近事实情况[143]。如果更加细致考虑,光电子的产生随着薄膜厚度而变化,电子俘获/脱俘依赖的 E_{Fn} 也随着膜厚而改变[21,134],D_n 在薄膜中不是常数。一般情况下为了分析方便,常忽略 D_n 与薄膜厚度的关系。

电子的扩散能力对电池效率有很大的影响。较高的电子扩散系数意味着电子在更短的时间内到达衬底,电子损失更少,DSC 的效率更高。通过改善纳米颗粒之间的连接程度,可以减少俘获/脱俘对电子扩散的影响。通过优化烧结温度、纳米颗粒尺寸、膜的比表面积及 $TiCl_4$ 处理[151]等方法,能够很大幅度提高电子的扩散能力。

DSC 中光生电子的损失主要是电子与 I_3^- 的复合,是一种只发生在 DSC 界面上的行为[147]。未被 TiO_2 覆盖的导电衬底/电解质之间的界面也存在复合,但这个界面发生复合时,电子浓度必须很低才有可能发生[152]。相对于 TiO_2/电解质界面来说,未被 TiO_2 覆盖的界面非常有限,所以光生电子主要通过 TiO_2/电解液界面与 I_3^- 复合。发生复合的途径可能有两种:一是通过 TiO_2 导带直接与 I_3^- 复合(图 6.38 中的过程⑦),另一种是通过表面态间接与 I_3^- 发生复合(图 6.38 中的过程⑥)。Schlichthorl 等[4]通过 IMVS 研究认为:DSC 中电子复合主要是通过表面态发生间接复合,而不是通过 TiO_2 导带直接发生复合。

光生电子与 I_3^- 的复合机理还不清楚[153]。为了简化分析过程,一般将复合速率常数与电子浓度 n 看作是一级反应[21,134,144],但是更加细致的研究表明准二级反应更符合实际情况[37]。Peter 等[145]通过 IMPS/IMVS 研究表明复合过程是准二级反应;Kambili 等[137]基于连续性方程的一维电荷交换模型,利用 IMPS/IMVS 也得出电子与 I_3^- 的复合过程是准二级反应。

电子的复合过程可以用电子寿命 τ_n 来描述。τ_n 可以在开路状态下由 IMVS 图谱拟合得出。当复合速率常数与电子浓度 n 的关系为一级反应速率时:$\tau_n=1/k'$,理论上 τ_n 与电子浓度 n 无关,不依赖于入射光强度。但 Peter 等[132,146]通过 IMPS/IMVS 研究得出 τ_n 与入射光强成指数关系。对此原因可以解释为:图 6.38 过程⑥中的电子转移势垒随着光强的增加而降低,电子转移速率常数 k_5 依赖于光强,进而 τ_n 与光强有关[146]。当复合速率常数与电子浓度 n 的关系为二级反应速率时:$\tau_n=1/k''n$,τ_n 与电子浓度有关,直接依赖于入射光强。

光生电子的俘获/脱俘同样影响着 τ_n 的大小。TiO_2 薄膜中的大部分电子都处于陷阱之中。入射光强度增加使 E_{Fn} 升高,浅能级的电子容易跃迁回导带,增大了光电流,而深能级陷阱中的电子滞留时间延长,与 I_3^- 的复合概率增大。这样电子俘获与脱俘相互竞争影响着 τ_n[143]。仍然可以用有效电子寿命 τ_n 来说明电子俘获/脱俘对电子寿命的影响:$\tau_n=\tau_0 n_{total}/n_{free}$($\tau_0$ 为导带电子寿命)。可以看出俘获/脱俘对 τ_0 与 D_0 的影响恰好相反[147],相互制约电子复合过程与扩散过程,对电子收集过程影响很大。

电子由于复合而产生的暗电流明显降低了开路电压 V_{oc} 和填充因子 FF,影响了电池的效率。可以对薄膜表面进行处理或是在电解液中添加抑制剂来实现对电子复合的抑制。利用酸溶液的一些基团与表面态的 Ti^{3+} 结合在表面形成小分子层或者在 TiO_2 薄膜表面包裹一层金属氧化物形成势垒,都可以抑制电子复合[154],还可以在电解液中加入叔丁基吡啶(TBP)[155]抑制暗电流的形成,提高 DSC 的效率。

光生电子最终在导电衬底/TiO_2 界面被收集,并导入外电路,但界面性质仍然不清楚[55,116]。导电衬底/TiO_2 界面对光生电势的影响存在争议。Schwarzburg 等[6]认为这个界面存在暗态电势降,并导致电荷分离,从而限制电池的最大光电势。Schlichthorl 等[4,37]通过 IMVS 研究,认为最大光电势是 TiO_2 电子电化学势与电解液的氧化还原电势差。

导电衬底/TiO_2 界面对电子的收集能力影响着电池的光电转换效率。光生电子的复合与收集过程相互竞争:如果电子收集过程比电子复合过程快,则电池效率升高,这是由于电子在复合之前就被衬底电极收集。van de Lagemaat 等[55]利用 IMPS/IMVS 研究得出:当 DSC 从短路状态过渡到开路状态时,电子复合过程加快而电子收集效率下降。扩散过程与复合过程同样相互影响。理论上,利用 D_0 和 τ_0 来定义电子扩散长度,用 $L_n=(D_0\tau_0)^{-1/2}$ 来描述二者对收集过程的作用,L_n 必须大于 TiO_2 膜厚才能被导电衬底/TiO_2 界面成功收集[146]。

通过上述分析可知,电子俘获/脱俘对 τ_0 与 D_0 的影响正好相反,在计算 L_n 时这种作用被抵消: $L_n = (D_0\tau_0)^{-1/2} = (D_n\tau_n)^{-1/2}$。稳态条件下 E_{Fn} 保持恒定,电子俘获/脱俘作用不会影响稳态参数 L_n 和单色光光电转换效率(IPCE)。通过实验也证明当入射光强度发生改变时,由于电子俘获/脱俘作用, D_n 与 τ_n 变化相反, L_n 基本不依赖于光强,同时 IPCE 也不依赖于光强[132,146,147]。 L_n 和 IPCE 可以直接从稳态测量中获得,还可以在 IMPS/IMVS 测试中获得。在 IMPS 测量的低频极限可以得出 IPCE[134],而利用 IMPS 获得的 D_n 和 IMVS 获得的 τ_n,可以计算出电子扩散长度 L_n[147]。

TiO$_2$ 薄膜晶型对 DSC 电子传输性能影响很大。Park 等[156]用 IMPS 比较了电子在金红石型和锐钛矿型 DSC 的电子扩散能力。结果发现,相同短路电流密度下,锐钛矿型的扩散系数比金红石晶型高一个量级,说明锐钛矿型薄膜电子扩散能力较强,从电子扩散角度证实了在 DSC 应用中,TiO$_2$ 锐钛矿型比金红石型性能更优。

IMPS/IMVS 可以研究薄膜微结构对电子传输性能的影响。很多薄膜制备方法如水热法[157]和磁控溅射[158]等得到的薄膜结构与纳米多孔粒子型薄膜不同。有序排列的微结构减少了晶界和缺陷的数量,抑制了电子俘获/脱俘作用,促进电子的扩散传输,降低了电子的复合。缺少裂纹的 TiO$_2$ 薄膜[157]明显提高了电子在薄膜中的传输性能;多孔柱状 TiO$_2$ 薄膜[158]电子传输性能与纳米多孔粒子型薄膜电子传输性能类似;纳米管阵列型薄膜[159]电子传输时间与粒子型薄膜近似相等,但是纳米管阵列的 DSC 的复合速率比较慢,因而具有较高的收集效率。薄膜的孔洞率也会影响 DSC 内部电子输运特性[10]。TiCl$_4$ 处理[160]改变了薄膜的微结构,处理前后染料不均匀程度会对电子传输产生影响。

电解质是影响 DSC 光电转换效率和长期稳定性的重要因素之一。可以利用 IMPS/IMVS 技术,通过研究 DSC 中电子传输性能,得出不同类型电解质对 DSC 性能的影响。通过 IMVS 研究,得出电子寿命 τ_n 取决于电解质中所含阳离子的种类、离子半径和吸附能力。含有半径大、吸附能力弱的阳离子电解质, τ_n 一般都比较长。IMPS 研究发现电子扩散系数 D_n 取决于 TiO$_2$ 薄膜的性质,与电解质种类无关[161]。

目前,固态和准固态电解质的 DSC 效率仍然低于常用的液态电解质。一方面电解质的黏度明显影响光电流值,固态电解质由于黏度较高,离子的传质比较困难,使这个过程成为限制过程;另一方面固体电解质 DSC 中电荷传输与液体型不同。Kruger 等[162]利用一种螺环化合物(spiro-MeOTAD)作为固态电解质,研究了 DSC 电池的电荷传输和复合机理。通过改变入射光强得出 IMPS 响应受到电子在纳米 TiO$_2$ 薄膜中的传输限制,而不是空穴在固态电解质的传输限制;

L_n 与入射光的强度无关,但是明显低于液态电解质 DSC;Guo 等[163]以导电聚苯胺作为空穴传输材料制备了固态 DSC,通过 IMPS/IMVS 研究表明电子寿命很低,存在严重的光生电子的复合过程,可能与激发态染料和光生电子间的复合有关。

DSC 内部电子传输可以分为电子产生、电子传输、电子损失和电子收集几个过程。通过 IMPS/IMVS 研究,对这几个过程有了很深入的了解,但是也存在很多问题有待于进一步研究。

DSC 是一种新型的光电转化器件。由于内部发生的电子传输过程复杂,至今为止没有一个模型能够完全的解释 IMPS/IMVS 过程:在连续性方程模型中,电子扩散系数 D_n 不随薄膜空间变化,复合反应是单电子的准一级过程,这些近似不符合实际情况。在等效电路模型中,常用电流源和二极管等电子元件来模拟 DSC 过程,但是还有许多过程不能用电子原件来模拟,如电子的俘获/脱俘过程。没有合适的等效电路元件能准确的模拟 DSC 中的微观过程。理论模型仍需要更加详细的研究。

在入射光的影响下,电子从激发态的染料注入 TiO_2 导带之中,失去电子的染料迅速被 I^- 还原再生。上述两个过程的速度非常快,IMPS/IMVS 不能对其进行研究。对于电子的俘获/脱俘的影响,在连续性方程中只能用有效扩散系数 D_n 和有效电子寿命 τ_n 来近似,目前没有更好的理论能够描述。IMPS 曲线高频部分进入第三象限的现象仍是一个有待研究的问题。

开路状态时,一般认为光生电子的损失过程是与电解液中的 I_3^- 反应。光生电子也有可能与激发态染料复合,而与 I_3^- 反应机理仍然不清楚。最可能的电子损失机理是 TiO_2 表面态作为中介的间接复合,但是从 TiO_2 导带直接复合不能忽视。另外,暴露于电解质的 TCO 也是一个复合途径,在不同条件下可能影响 DSC 的性能。

导电衬底存在三个不同的相:电解质、TiO_2 和 TCO,这使得电子的收集问题变得复杂。电子从 TiO_2 导入 TCO 这个过程有很多可能:热发射和隧穿等。目前并没有合适的理论来描述这个界面。衬底的内建电势作用是否为光电压的起源问题,目前还存在很大争议,需要进一步研究。

综上所述,必须从微观角度研究 DSC 的几个过程,从而找出限制电子传输的过程。通过对 DSC 各个部分进行优化,提高电子产生率,改善电子传输过程,降低电子损失才能进一步提高 DSC 效率。

6.3.4.4　IMPS/IMVS 在半导体电极中的应用

无机半导体材料——特别是纳米尺度范围内的材料,本身以及和其他材料接触的界面上所进行的物理化学过程有着一系列特殊的光、电和催化等性能。IMPS/IMVS 理论和实验技术的迅速发展大大深化了对这一领域的认识。

纳米 TiO_2 电极在入射光照射下产生电子/空穴对,空穴与电子反方向传输产生光电流。图 6.39 描述了光生电子传输过程:①电子/空穴对的产生;②电子通过传输到衬底被收集;③电子被陷阱俘获;④电子热激发脱俘至导带;⑤空穴被表面态俘获;⑥电子被表面态俘获被复合;⑦俘获的空穴通过表面态复合。

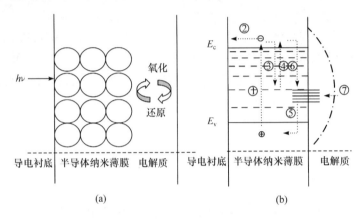

图 6.39　纳米半导体电极示意图(a)与电子传输过程(b)

利用 IMPS/IMVS 研究纳米 TiO_2 电极中电子传输过程(图 6.39)与 DSC(图 6.38)有以下不同:第一,研究电荷种类不同。DSC 电子与空穴出现在两相中,一般只研究光生电子的传输过程,而纳米 TiO_2 电极中电子/空穴对在同一相中产生,需要研究两种不同电荷的传输过程。第二,电荷损失方式不同。DSC 中的复合主要是光生电子与 I_3^- 复合(图 6.38 过程⑥和过程⑦),而纳米 TiO_2 电极中电子可以与空穴复合(图 6.39 过程⑥),或者空穴通过表面态与电解质复合(图 6.39 过程⑦)。

IMPS/IMVS 是一种频率域的测量方法,在很宽的调制频率范围内研究被测系统,可以区分速度不同的动力学过程。同时,电子与空穴传输方向相反出现在不同相位上,由此分辨出电子与空穴的动力学过程[164]。因而 IMPS/IMVS 能比其他常规测量方法获得更多的动力学微观过程信息。de Jongh 等[127]通过 IMPS/IMVS 研究发现光生电子通过纳米 TiO_2 薄膜电极时受到俘获/脱俘(图 6.38 过程③与过程④)限制,并且指出电子的俘获/脱俘局限在 TiO_2 电极与电解液接触的界面上。光生电子或与表面态捕获的空穴复合或与电解质溶液中的氧化还原物质复合(图 6.39 过程⑤、过程⑥与过程⑦)。Xiao 等[164]通过 IMPS/IMVS 测量不同背景光强下纳米 TiO_2 薄膜电极的电子扩散系数来研究电子传输性能。发现利用 HCl 化学处理薄膜后抑制了表面态的复合作用,改善了电子在纳米 TiO_2 薄膜电极中的输运性能,电子扩散系数明显增大。Goossens[128]利用 IMPS 研究了金红石相 TiO$_2$ 薄膜在含硫电解液中的光电化学性质。结果表明复合速率不为多子的俘获所限制,但是受光氧化的表面物质扩散限制。

除纳米 TiO$_2$ 薄膜电极外,IMPS/IMVS 也应用在其他类型的半导体电极上,对其光电化学行为进行了一些深入研究。Albery 等[126]利用 IMPS 研究了 p-GaP、n-CdS 和 p-InP 等三种不同的单晶掺杂平面电极的光电化学性质,结果验证了表面复合反应取决于电极/溶液表面高斯分布自由能分散率的理论。Li 等[125]研究了 n-GaAs 在碱性溶液中的光电化学行为,利用 IMPS 研究了表面复合过程的动力学过程,从理论层面研究了不同种类的表面势分布。Vanmaekelbergh 等[142]在晶体 GaP 电极上采用阳极蚀刻技术,制备膜厚为 $1 \sim 200$ μm 的电极,利用 IMPS 研究了 GaP 电极的光生电子传输过程。Zhang 等[164,165]用 IMPS 研究立方晶型 CdSe 纳晶薄膜电极光生电荷的界面转移和传输动力学过程,测量了不同外加偏压和不同 Na$_2$S 溶液浓度下,CdSe 纳晶薄膜电极的 IMPS 频率响应,并分析了界面空穴的直接转移和通过表面态的间接转移过程。

6.3.4.5　IMPS/IMVS 在其他体系中的应用

IMPS/IMVS 不仅广泛应用于 DSC 和半导体电极的电子传输性质研究,同时也应用于其他体系的研究。例如,采用 IMPS/IMVS 等手段研究分子薄膜[141,166]、聚乙烯基固态光伏电池[167]、空穴导电材料[168]、纳米颗粒修饰电极[169,170]及 TiO$_2$ 粒子悬浮液体系中的光催化反应机理等,取得了一些很有意义的结果,为这些领域提供了一种新的研究方法,扩展了 IMPS/IMVS 应用范围。

6.3.5　阻抗谱与 IMPS 区别

在稳态光照射或外加偏压作用下,电子或离子就会在 DSC 内部传输并在界面间进行转移。电荷传输过程主要发生在 TiO$_2$ 薄膜和电解质两个薄层之中:TiO$_2$ 薄膜内部电子在浓度梯度驱使下发生扩散传输[21,34],最终到达与 TiO$_2$ 薄膜接触的 TiO$_2$/TCO 界面或染料-TiO$_2$/EL 界面。溶解在电解质层中的离子在染料-TiO$_2$/EL 界面和 EL/Pt-TCO 界面之间通过扩散而传输。电子转移发生在界面处,电子转移过程中:①在染料-TiO$_2$/EL 界面,电子可以由激发态染料注入 TiO$_2$ 薄膜中,或电子从 TiO$_2$ 薄膜中转移到电解质中,与 I$_3^-$ 发生复合反应;②在 EL/Pt-TCO 界面,I$_3^-$ 获得电子还原成 I$^-$ 或 I$^-$ 失去电子氧化成 I$_3^-$;③在 TiO$_2$/TCO 界面,电子从 TiO$_2$ 薄膜转移到外电路或在偏压作用下注入 TiO$_2$ 薄膜内部。

频域范围内研究电荷在 DSC 内的传输和转移动力学,可以先通过光照或施加偏压使 DSC 处于稳态,然后对其施加一个微扰来研究体系的响应与微扰之间的关系。这种微扰可以是调制的电压,如电化学阻抗谱(EIS)[34,41,42,171]和光电化学阻抗谱(PEIS)[20];或者是调制的光,如强度调制光电流谱(IMPS)[21,146,172]和强度调制光电压谱(IMVS)[4,48,150,172]等。应用这些技术手段对 DSC 研究,无论是从机理研究[4,21,34,171]还是实验方面[20,173]都取得了很多成果。这四种频域技术手段原理上有相似之处:先通过光照或施加偏压使 DSC 处于稳态,然后对其施加一个微扰来研究体系响应与微扰之间的关系。不同的是,前两者的微扰采用的是调制的电压,可以称为电阻抗谱(electrical impedance spectra);后两者的微扰采用的是调制的单色光,可以称为光阻抗谱(optical impedance spectra)[48]。

　　DSC 在稳态光照射或外加偏压作用下,电子注入的来源、位置及电荷传输和转移方向等特征是不相同的[20,37]。各种频率域测试中,施加的调制光或电压微扰对应的响应也是不同的。利用 EIS 和 PEIS 可以研究电荷在两个薄层中的传输过程和多个界面电子转移的过程,获得电荷传输和电子在染料-TiO$_2$/EL界面、EL/Pt-TCO 界面转移信息。而 IMPS 专门研究电子在 TiO$_2$ 薄膜中的传输过程,IMVS则专门研究染料-TiO$_2$/EL 界面的电子转移过程(图 6.40)。TiO$_2$ 薄膜是 DSC 的关键组成部分之一,电子在 TiO$_2$ 薄膜中的传输和染料-TiO$_2$/EL 界面转移过程直接影响 DSC 的性能[174]。

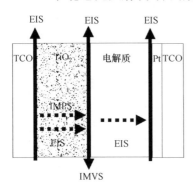

图 6.40　四种频域技术手段研究的 DSC 内部过程

　　图 6.41 为不同条件下 EIS 和 PEIS 的奈奎斯特图。从图 6.41(a)可以明显看出中频区靠近高频部分出现约成 45°倾角的斜线。这条斜线与电子在 TiO$_2$ 薄膜中的扩散和传输过程有关,可以用一个扩散电阻 R_d 来表示电子传输的难易程度,而电子在薄膜中的传输时间 τ_d 可以由 $\tau_d(\text{EIS}) = R_d \times C$($C$ 为 TiO$_2$ 薄膜电容)计算得到[44,62]。在图 6.41(b)中很难观察到电子在薄膜中的扩散特征斜线。这是因为偏压较大或光强增大时,TiO$_2$ 薄膜电子浓度增加使得 R_d 变得很小,发生在 EL/Pt-TCO 界面的电子转移过程掩盖了这个扩散阻抗[173]。电子在染料-TiO$_2$/EL 界面与 I$_3^-$ 发生复合反应,这个过程可以用一个反应电阻 R_{ct} 来表示电子转移的难易程度。在图 6.41 中频区的圆弧对应的实轴数值代表 R_{ct} 的大小,由中频区圆弧顶点的频率通过计算得到电子寿命 $\tau_n(\text{EIS}) = 1/(2\pi f_{\text{EIS}})$[44]。利用文献[44,62]中的等效电路和数据处理方法来拟合 EIS 和 PEIS 实验数据,所得的 R_d 和 R_{ct} 拟合值见表 6.2。

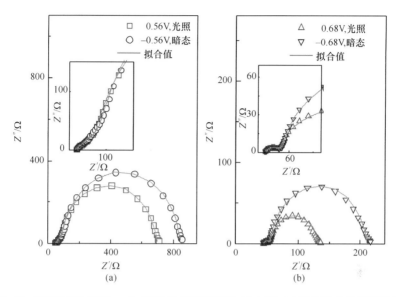

图 6.41　EIS(暗态,偏压:−0.56V)和 PEIS(光照,光电压:0.56V)的奈奎斯特图(a);
EIS(暗态,偏压:−0.68V)和 PEIS(光照,光电压:0.68V)的奈奎斯特图(b)

表 6.2　不同条件下 EIS 和 PEIS 拟合结果

测试技术	测试条件	R_d/Ω	R_{ct}/Ω	CPE,$Y_0/(\mu F \cdot s^{n-1})$	CPE,n
PEIS	0.56 V,光照	104.5	615.5	144.4	0.94
EIS	−0.56 V,暗态	127.9	756.8	136.4	0.94
PEIS	0.68 V,光照	—	78.7	556.3	0.92
EIS	−0.68 V,暗态	—	156.0	411.9	0.94

由表 6.2 可知 EIS 测量的 R_{ct} 与 PEIS 获得的 R_{ct} 有所不同,在偏压和光电压相等的条件下 EIS 测试的 R_{ct} 都比 PEIS 测试的 R_{ct} 要大一些。在 EIS 和 PEIS 测量过程中,电荷的产生、传输和转移过程是不同的。EIS 测试过程中,当 TiO₂/TCO 界面处于偏压时,电子由 TiO₂/TCO 界面注入,通过扩散传输到染料-TiO₂/EL 界面[34]。在染料-TiO₂/EL 界面 I_3^- 被还原成 I^-,I^- 扩散到对电极后失去电子氧化成 I_3^-,如图 6.8(a)所示。PEIS 测试时,DSC 在稳态光作用下激发态染料将电子注入 TiO₂ 导带。在开路状态下,光生电子不能导入外电路,部分电子将积累在薄膜中维持稳定的光电压,其余的光生电子将在染料-TiO₂/EL 界面被 I_3^- 俘获。而 I^- 在染料-TiO₂/EL 界面附近将直接还原激发态染料分子,如图 6.8(b)所示。通过比较这两个过程,EIS 测量含有离子在界面染料-TiO₂/EL 和 EL/Pt-TCO 界面之间扩散的过程,这种情况下染料-TiO₂/EL 界面附近的 I_3^- 浓度在 EIS 测量时比 PEIS 测量时要低一些,电子与 I_3^- 的复合速率会降低[20]。同时 EIS 测量时施加的偏压

不可避免地会降在 DSC 的内阻上(如 TCO、电解液层等),实际施加在 TiO_2 薄膜上的偏压要小于设定的偏压,这样的情况下注入薄膜中的电子浓度也会减小。这两方面原因使 EIS 测得的 R_{ct} 要大于 PEIS 测得的 R_{ct}。EIS 在 -0.56 V 时测得的 R_{ct} 为 756.8 Ω,与利用 PEIS 测得的 615.5 Ω 相比大约增大了 22.9%。而在 -0.68 V 时 R_{ct} 从光照下的 78.7 Ω 增大到暗态下的 156.0 Ω,大约增大了 98.2%。EIS 测量的 R_{ct} 与 PEIS 获得的 R_{ct} 的差值随偏压(或光强)增加而增大的原因为:偏压(或光强)较低时,TiO_2 薄膜中电子浓度较低,染料-TiO_2/EL 界面电子转移速率较慢,离子扩散过程不是限制因素,所以对 R_{ct} 影响较小。相反,偏压(或光强)较高时,染料-TiO_2/EL 界面电子转移速率较快,离子扩散过程明显影响 R_{ct} 值。

　　IMPS 测试时 DSC 受到稳态光照射,激发态染料分子将电子注入 TiO_2 导带中。电子扩散传输到 TiO_2/TCO 界面,经过外电路到达对电极,如图 6.8(c) 所示。在对电极的 EL/Pt-TCO 界面,I_3^- 被还原成 I^- 后扩散到染料-TiO_2/EL 界面附近将染料分子再生,完成一个工作循环。IMPS 的奈奎斯特图是一个偏平的半圆,主要位于第四象限。电子在薄膜中的传输时间可以由 IMPS 曲线的虚部最低点对应的频率得到 $\tau_d(IMPS) = 1/(2\pi f_{IMPS})$[146]。IMVS 测试时电荷的传输和转移过程与 PEIS 相同,不同的是 IMVS 的微扰是调制的光而 PEIS 的微扰是调制的电压。IMVS 的奈奎斯特图是一个近似标准的半圆,位于复平面图的第四象限。IMVS 曲线虚部的最低点频率对应着电子寿命 $\tau_n(IMVS) = 1/(2\pi f_{IMVS})$[146]。

　　图 6.42 为 EIS、PEIS、IMVS 和 IMPS 的虚部与频率的关系图。从图中可以看出 f_{IMPS} 位于 $10 \sim 100$ Hz,而 f_{EIS}、f_{PEIS} 和 f_{IMVS} 则位于 $1 \sim 10$ Hz。在不同的测试条件下,f_{PEIS} 和 f_{IMVS} 值基本相等,而 f_{EIS} 低于 f_{PEIS} 和 f_{IMVS} 的值。表 6.3 为通过 EIS、PEIS、IMVS 和 IMPS 获得的传输与复合时间常数。由表 6.3 可知,通过 EIS、PEIS 和 IMPS 所获得的 τ_d 没有很大的差别。结果表明虽然 EIS、PEIS 和 IMPS 测试过程中电荷的产生、传输和转移过程是不同的,但是薄膜中的电子扩散过程并没有受到影响。所以当 EIS 或 PEIS 的奈奎斯特图存在明显的电子扩散的特性时,可以通过 EIS、PEIS 和 IMPS 中的一种获得 τ_d。但是当电子扩散的特性在 EIS 或 PEIS 谱中很不明显时,τ_d 就很难通过 EIS 或 PEIS 来确定。此时可以通过专门研究电子在 TiO_2 薄膜中传输过程的 IMPS 技术来获得 τ_d。由表 6.3 可知,在光强为 3.7×10^{16} $cm^{-2} \cdot s^{-1}$(光电压:0.68 V)时,电子从产生的位置扩散到导电衬底大约需要 4 ms 的时间。表明入射光强由 5.0×10^{15} $cm^{-2} \cdot s^{-1}$(光电压:0.56 V)增大到 3.7×10^{16} $cm^{-2} \cdot s^{-1}$(光电压:0.68 V)时,电子传输时间减小,电子扩散加快。在开路情况下,PEIS 和 IMVS 测量过程中,电子在染料-TiO_2/EL 界面附近通过氧化还原反应而不断的循环,最终将光能转化成热能[20]。PEIS 和 IMVS 测量时电荷的产生、传输和转移过程是相同的,并且不受 TCO 电阻等条件的影响[20,55],所以由 PEIS 和 IMVS 所获得的 τ_n 是一致的。但是 EIS 测量的 τ_n 与

PEIS 和 IMVS 获得的 τ_n 值有所不同。在-0.56 V 时，τ_n(EIS)与 τ_n(PEIS,IMVS)相比差别较小，大约增大了 22.2%；而在-0.68 V 时差别比较明显，大约增大了 65.5%。在染料-TiO$_2$/EL 界面发生的复合过程中的时间常数 τ_n 与电子转移的难易程度 R_{ct} 相对应：如电子转移到 I$_3^-$ 的过程越容易，则 τ_n 值越小；电子转移到 I$_3^-$ 的过程越困难，则 τ_n 值越大。引起复合时间常数变化的原因与前述影响 R_{ct} 一致。

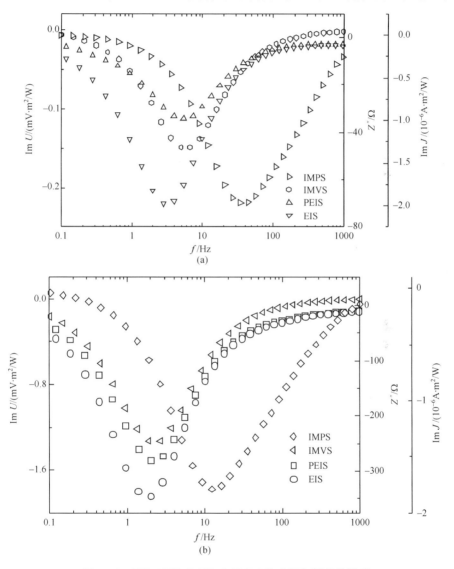

图 6.42　EIS、PEIS、IMVS 和 IMPS 的虚部与频率的关系

(a)暗态(-0.56V)或光照(光电压：0.56V)；(b)暗态(-0.68V)或光照(光电压：0.68V)

表 6.3　EIS、PEIS、IMVS 和 IMPS 计算得到的电子传输时间和电子寿命

测试技术 / 偏压或光电压	电子传输时间 τ_d/s		电子寿命 τ_n/s	
	-0.56 V	-0.68 V	-0.56 V	-0.68 V
IMPS	0.014	0.004	—	—
EIS	0.017	—	0.088	0.048
PEIS	0.015	—	0.072	0.029
IMVS	—	—	0.071	0.027

6.4　界面电子注入过程

6.4.1　TiO$_2$ 能带形成及与染料的耦合

TiO$_2$ 是钛的最高价氧化物,主要有锐钛矿相、金红石相和板钛矿三种晶型结构。晶体结构的差异导致了锐钛矿相和金红石相 TiO$_2$ 不同的密度和电子结构。研究表明,这两种晶型的 TiO$_2$ 应用在 DSC 中时,V_{oc}基本相同,但金红石相 DSC 的 J_{sc} 大约低于锐钛矿相 DSC 的 30%,原因是金红石相的 TiO$_2$ 薄膜表面积较小使得染料量吸附很小;动力学研究表明,由于单位体积内金红石相的颗粒连接数目较低,所以电子在金红石相薄膜内传输时间较慢[156]。所以在 DSC 实际研究中,锐钛矿相 TiO$_2$ 较为常用。

TiO$_2$ 晶体中,Ti 原子与 O 原子的比例为 1:2。但是在缺少氧环境中或还原气氛中,O 原子就会逸出而在晶体中产生氧空位,这种情况下,Ti 原子与 O 原子的比例将发生改变,使得 Ti 原子过剩,这种缺陷反应为

$$2Ti_{Ti} + 4O_O \longrightarrow 2Ti'_{Ti} + V_O + 3O_O + \frac{1}{2}O_2 \uparrow \tag{6.80}$$

其中,Ti_{Ti} 为 Ti^{4+} 原子的位置;O_O 为 O^{2-} 的位置;Ti'_{Ti} 为 Ti^{3+} 占据 Ti^{4+} 位置;V_O 为氧空位。氧逸出后留下带有正电的氧空位和带有负电的 Ti'_{Ti} 保持电中性。氧逸出后释放两个电子,由于氧空位带有正电,这两个电子被束缚在氧空位的周围。如果其与周围 Ti^{4+} 作用就会生成 Ti^{3+},但是电子并不属于某一特定的 Ti^{4+},它可以从一个 Ti^{4+} 迁移到另一个 Ti^{4+} 形成电子导电,所以 TiO$_2$ 是一种 n 型半导体[175]。TiO$_2$ 的能带结构如图 6.43 所示[176]。

近年来,过渡金属络合物敏化纳米晶 TiO$_2$(锐钛矿)的光电池的研究已越来越吸引人们的兴趣。目前,最稳定和最有效的敏化剂是羧基钌(Ⅱ)的吡啶络合物。Ru^{2+} 为 d^6 体系,多吡啶配体通常为拥有定域在 N 原子上的 σ 给体轨道和或多或少离域在芳香环上的 π 给体和 π* 受体轨道的无色分子。从多吡啶钌配合物分子的 π_M 激发一个电子到配体的 π_L^* 配体轨道将产生金属到配体电荷转移(metal-lig-

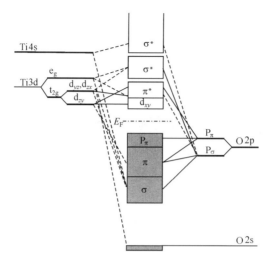

图 6.43　TiO$_2$ 能带示意图

and charge transfer，MLCT)激发态，而从 π_M 激发一个电子到 σ_M^* 将产生一个金属中心(metal-centered，MC)激发态，同理从配体 π_L 激发一个电子到 π_L^* 将产生配体中心(ligand-centered，LC)激发态。对多数 Ru(Ⅱ)多吡啶配合物，最低能量的激发态是具有相当慢的非辐射跃迁和长寿命强发光特性的 MLCT 激发态[177]。

　　染料与 TiO$_2$ 结合有很多种可能方式[178]，研究表明含羧基的染料与 TiO$_2$ 表面形成类酯键或羧酸盐键，可以使 TiO$_2$ 表面金属离子与羧基中的氧原子形成电子耦合(即 TiO$_2$ 中的 t$_{2g}$ 轨道和染料分子中配体的 π^* 轨道耦合)，所形成的电子耦合促进了激发态染料的电子转移[179]。

　　染料受到光照后，产生的激子通过扩散到染料/TiO$_2$ 界面。在染料/TiO$_2$ 界面，由于染料的 LUMO 在 TiO$_2$ 导带之上，所以存在一个能量差 ΔE。当 ΔE 超过激子之间键合的能量时，激子发生了分裂，自由电子的能级等于 TiO$_2$ 导带时，电子就被注入 TiO$_2$ 导带中(图 6.44)[180]。

　　实际晶体中都存在着结构缺陷，这种缺陷的存在和运动规律对固体的电学性质有很大的影响，与机械强度、烧结、扩散、化学反应、非化学计量组成及材料的物理化学性质有密切关系[175]。TiO$_2$ 晶体也存在着很多缺陷，这些缺陷对 DSC 的性质产生了很大的影响。这里主要考虑三种电子态[181]：①导带态或称为扩展态，电子处于这种态时可以很快的传输；②位于内部的"体陷阱(bulk trap)"，这种局域的电子态位于带隙之中，陷阱只能与导带交换电子，导带中的电子陷入陷阱后只能通过热激发回到导带中；③位于颗粒表面的"表面陷阱(surface trap)"，这种局域的电子态也位于带隙之中，表面态不仅能和导带交换电子，而且还能与电解液中的氧化还原对发生复合反应。

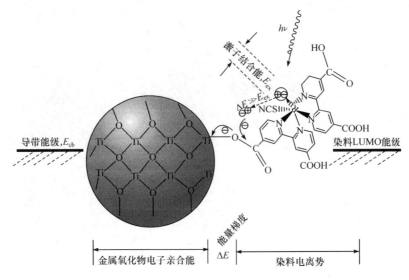

图 6.44　光生电子分离与注入示意图

导带态取决于最低导带边能级 E_c 和导带态密度 Θ_c，导带态中单位体积内的电子密度为

$$n_c = \Theta_c \exp[(E_F - E)/kT] \tag{6.81}$$

其中，E_F 为电子准费米能级。

各种局域态分布 $N_t(E)$ 目前还不清楚[171,181,182]，一般主要由单能级分布和指数能级分布两种。单能级态分布，也就是所有的局域态处于固定的能级，能级分布为

$$N_t(E) = \frac{\Theta_t}{\varepsilon'} \tag{6.82}$$

其中，Θ_t 为局域态密度；ε' 为分布宽度。指数能级态分布即局域态能级按照指数形式分布，能级分布为

$$N_t(E) = \frac{\Theta_t}{kT_c} \exp[\alpha'(E - E_c)/kT] \tag{6.83}$$

其中，T_c 为特征温度；T 为热力学温度；$\alpha' = T/T_c$。

6.4.2　光生电子的产生与注入动力学

6.4.2.1　光生电子的产生动力学

一般情况下，纳米 TiO_2 颗粒非常小并且纳米多孔薄膜的表面积非常大，所以这种薄膜可以忽略光的散射并且具有很高的透明度。光照射表面吸附单层染料的 TiO_2 薄膜后，光强随着薄膜的深度增加而衰减。介质的吸光度一般遵守 Lambert-Beer 定律,假设入射光的光强为 I_0,穿过介质后的光强为 I,则吸光度 A 为 $A=\lg\dfrac{I_0}{I}$。在液体中吸光度一般可以表示为 $A=\varepsilon l c_0$(ε 为消光系数;l 为溶液厚度;c_0 为溶液浓度)。当 Lambert-Beer 定律应用到染料敏化的 TiO_2 薄膜时,吸光度与薄膜厚度的关系为[27]

$$A=\alpha d \tag{6.84}$$

其中,α 为吸收系数,其倒数为光在薄膜中的吸收深度;d 为薄膜厚度。α 还可以表示为[183]

$$\alpha=\sigma c \tag{6.85}$$

其中,σ 为染料吸收截面积,$\sigma=\varepsilon\times1000(cm^2/mol)$,它与染料的消光系数有关;$c$ 为膜表面覆盖染料的物质的量浓度,即代表着染料的吸附量。假设染料吸收截面积为 $1\times10^7\sim2\times10^7\ cm^2/mol$,膜表面覆盖染料的物质的量浓度为 2×10^{-4} mol/cm^3,则 α 约为 $2\times10^3\sim4\times10^3\ cm^{-1}$,光的吸收深度约为 $2.5\sim5.0\ \mu m$。根据上述关系,可以通过实验来测定光的吸收系数。利用紫外可见吸收光谱测量不同浓度下的某些特定波长下的吸光度与染料浓度的关系,通过浓度与吸光度的线性关系可以求出消光系数。将敏化过的薄膜放入碱溶液中,将染料解吸附下来,通过测量吸光度,反求出溶液的浓度,最后计算出染料的吸附量。

不同波长的光照射下,染料有不同的光电转换效率,可定义入射单色光的光电转换效率(IPCE)为[55]:在外回路中产生的电子数与入射光子数之比,即

$$IPCE(\lambda)=\frac{1.25\times10^3\times\text{光电流密度}(\mu A/cm^2)}{\text{波长}(nm)\times\text{光通量}(W/m^2)} \tag{6.86}$$

事实上,IPCE(λ)可用几个因子的乘积来描述:

$$IPCE(\lambda)=LHE(\lambda)\varphi_{inj}\eta_c \tag{6.87}$$

其中,LHE(λ)为光吸收效率;φ_{inj} 为电子注入量子产率;η_c 为电极收集注入电荷的效率。LHE(λ)为染料敏化薄膜所能吸收光的效率,它可进一步写成

$$LHE(\lambda)=1-10^{-\alpha d} \tag{6.88}$$

仍以上面提到的染料吸附量和染料吸收截面积为例,当 TiO_2 膜厚为 5 μm 时,最大吸收峰时光吸收效率达 90%～99%。影响染料敏化薄膜所能吸收光的效率主要有以下几个方面:一是染料吸附量不足,造成不能有效地吸收光,从式(6.87)和式(6.88)可看出,内部表面积越大染料吸附量越高,则其光吸收效率就越高;二是入射光一部分被 TiO_2 薄膜吸收或被电解液吸收,造成光损失;三是染料可能变质不能有效地吸收入射光[184]。

当染料敏化的 TiO_2 薄膜受到光照时,入射光 I_0 将随着膜厚的增加呈指数递减,在距离 TiO_2 表面 x 处,光强为 $I_0\exp(-\alpha x)$。按照光吸收系数的定义,单位时间和单位体积内吸收的光子数为 $\alpha I_0\exp(-\alpha x)$[15,185],同时考虑到电子注入量子产

率 φ_{inj},则电子产生率 $G(x)$ 可以写成[21,146]

$$G(x) = \varphi_{inj}\alpha I_0 \exp(-\alpha x) \qquad (6.89)$$

6.4.2.2 光生电子的注入动力学

影响染料敏化薄膜的电子注入量子产率 φ_{inj} 的因素主要有以下几个方面[4,55,186]:①激发态的染料分子可能通过内部转换回到基态而不能注入;②半导体表面的氧化态染料分子可能与 TiO_2 导带中的电子复合回到基态而不能注入;③电解质中的 I_3^- 也可能被 TiO_2 导带中的电子还原;④染料解吸附或染料发生团聚;⑤薄膜导带边发生移动使得电子注入动力受到影响。在忽略次要因素的情况下电子注入量子产率可写成

$$\varphi_{inj} = \frac{k_{inj}}{\tau^{-1} + k_{inj}} \qquad (6.90)$$

其中,k_{inj} 为注入电荷的速率常数;τ 为激发态寿命。从实验测得 $RuL_2(H_2O)$($L=$ 2,2$'$-bipyridyl-4,4$'$-dicarboxylate):$\tau = 59$ ns,$k_{inj} = 1.4 \times 10^{11}$ s^{-1},则 $\varphi_{inj} > 99.9\%$,即吸收的光子能全部转换成 TiO_2 导带中的电子[187]。在一些文献中电子注入量子产率常常被认为是 1[4,143,146],实际上这种假设只有在短路条件下才适用,因为短路条件下复合反应可以忽略。在开路条件下注入导带中的电子有可能与激发态染料发生复合,也有可能与电解质溶液中的 I_3^- 发生复合反应,所以电子注入量子产率将低于 1[188]。研究表明,开路条件下电子注入产率只有 0.3[143]。激发态染料的复合反应也可能是限制开路电压的一个因素[189],但是一般文献都忽略了激发态染料的复合反应,认为只有电子与 I_3^- 发生的复合反应才限制光电压。pn 结的界面层存在由 n 区指向 p 区的内建电场,光生电子-空穴被内电场分离,使光生电子积累在 n 区,光生空穴积累在 p 区,这样完成了电荷的分离[190]。与 pn 结不同,DSC 这种电池中,电荷分离发生在染料-TiO_2/EL 界面上。染料激发后,电子很快由染料的 LUMO 能级跃迁到 TiO_2 的导带中(这个过程的速度大约为 $10^{-13} \sim 10^{-11}$ s)[183],使光生电子留在 TiO_2 内部,缺少电子的染料留在 TiO_2 外面完成了电荷分离。

6.5 光生电子的传输动力学

一般来说电子传输的驱动力主要有浓度梯度和电场两种,因此电流可以表示为[191]

$$J(x,t) = \mu n(x,t)\left[-\frac{1}{q}\frac{\partial E_{Fn}(x,t)}{\partial x}\right] \qquad (6.91)$$

其中,$J(x,t)$ 为时间和位置变化的电流;$n(x,t)$ 为时间和位置变化的电子浓度;

$E_{Fn}(x,t)$ 为电化学势，μ 为电子迁移率；q 为基本电荷。$-\dfrac{1}{q}\dfrac{\partial E_{Fn}(x,t)}{\partial x}$ 可以称为电子传输的驱动力，具体可表示为

$$-\frac{1}{q}\frac{\partial E_{Fn}(x,t)}{\partial x}=\frac{\partial \phi(x,t)}{\partial x}-\frac{kT}{q}\frac{1}{n(x,t)}\frac{\partial n(x,t)}{\partial x} \qquad (6.92)$$

其中，$\dfrac{\partial \phi(x,t)}{\partial x}$ 为电场驱动力项；$\dfrac{kT}{q}\dfrac{1}{n(x,t)}\dfrac{\partial n(x,t)}{\partial x}$ 为浓度梯度驱动力项。

在 DSC 中，纳米 TiO_2 多孔半导体膜的颗粒非常小，周围被高浓度的电解质溶液屏蔽。假如颗粒半径 r 为 8 nm，掺杂浓度 N_d 为 10^{17} m^{-3}，TiO_2 的 ε 为 130，则由下式[192]

$$\Delta\phi_{SC}=\frac{kT}{6q}(r/L_p)^2,\quad L_p=\left(\frac{\varepsilon_0\varepsilon}{2q^2}\frac{kT}{N_d}\right)^{1/2} \qquad (6.93)$$

计算出 TiO_2 颗粒中心与表面间的最大电位差仅为 0.3 mV，（室温下 $kT\approx$ 26 mV），所以 TiO_2 颗粒与电解质间接触时的能带弯曲可以忽略不计。宏观上薄膜并不能维持一个空间电荷层，薄膜内的电场作用可以忽略。所以光生电子在薄膜内的传输是扩散形式而不是电场驱动的漂移形式。

在式(6.92)中，电场驱动力项为 0，根据 Einstein 关系式

$$\mu=\frac{qD}{kT} \qquad (6.94)$$

所以在纳米多孔薄膜中电流为[152]

$$J=-D_0\frac{\partial n(x,t)}{\partial x} \qquad (6.95)$$

其中，D_0 为电子在导带中的扩散系数。运用 Fick 第二扩散定律，电子浓度随时间的变化为

$$\frac{\partial n(x,t)}{\partial t}=\frac{\partial J}{\partial x}=-D_0\frac{\partial^2 n(x,t)}{\partial x^2} \qquad (6.96)$$

电子传输过程中，电子不断地受到陷阱的俘获/脱俘影响：当外界向 TiO_2 导带注入一部分电子后，原来的稳态将被打破，这时导带电子浓度变化率 $\partial n_c/\partial t$ 与陷落电子浓度变化率 $\partial n_L/\partial t$ 将遵守准静态条件[147,152]：

$$\frac{\partial n_L}{\partial t}=\frac{\partial n_L}{\partial n_c}\frac{\partial n_c}{\partial t} \qquad (6.97)$$

根据 Fick 定律，在薄膜中总的电子浓度变化为

$$\frac{\partial n_c}{\partial t}+\frac{\partial n_L}{\partial t}=-\frac{\partial J}{\partial x} \qquad (6.98)$$

将式(6.95)与式(6.98)重新定义一个粒子流 $\hat{j}$，则可以写作

$$\hat{J} = -D_0 \frac{\partial n_c(x,t)}{\partial x} \tag{6.99}$$

考虑到陷落电子的影响,可以定义一个表观扩散系数 D_n 为

$$D_n = \frac{1}{1+\dfrac{\partial n_L}{\partial n_c}} D_0 \tag{6.100}$$

表观扩散系数可以从动力学测量方法得到[25,147,152]。

当 $\partial n_L / \partial n_c \geqslant 1$ 时,电子的俘获/脱俘影响对于扩散系数才是重要的,所以可以写为

$$D_n = \frac{\partial n_c}{\partial n_L} D_0 \tag{6.101}$$

$\partial n_L / \partial n_c$ 可以根据陷阱的分布 $N_t(E)$ 来计算:

$$\frac{\partial n_L}{\partial n_c} = \frac{k_B T}{n_c} N_t(E) \tag{6.102}$$

当 $N_t(E)$ 为单能级分布时,表观扩散系数为

$$D_n = \frac{n_c \epsilon'}{\Theta_t k_B T} D_0 \tag{6.103}$$

当 $N_t(E)$ 为指数能级分布时,表观扩散系数最终为

$$D_n = \frac{\Theta_c^\alpha}{\alpha \Theta_t} n_c^{1-\alpha} D_0 \tag{6.104}$$

6.6　光生电子的收集动力学

注入导带后的电子将在浓度梯度的驱使下向着导电衬底的方向扩散。同时在传输过程中有可能被复合而损失,导电衬底并不能接收全部电子。收集效率可以用传输过程和复合过程两个时间常数来表示,即[55]

$$\eta_c = 1 - \frac{\tau_d}{\tau_n} \tag{6.105}$$

其中,τ_d 为电子传输时间;τ_n 为电子寿命。

τ_d 可以由 IMPS 或 EIS 测量得到,IMPS 可以在很宽的光强范围内得出传输时间,但是 EIS 只有在一定的条件下才能测量;τ_n 可以由 IMVS 或 EIS 得到,但是 IMVS 只能得出开路条件下的电子寿命,而 EIS 可以在很宽的电压范围内测量。通过式(6.105)可以得出,若想提高收集效率,一定要抑制复合过程同时加快电子的传输。换句话说电子复合时间 τ_n 一定要比电子传输时间 τ_d 长,并且两个时间常数相差越大收集效率越高。若两个时间常数相差比较大时,如 τ_d 为 0.002 s、τ_n 为 0.040 s 时,电子收集效率约为 95%,而当两个时间常数相差比较小时,如 τ_d 为

0.002 s、τ_n 为 0.004 s 时,电子收集效率只有约 50%。在实际测量中观察到两个时间常数相差较大,两者的比值为 $10^1 \sim 10^2$,所以 DSC 电子收集效率还是比较高的。

6.7　光生电子的复合动力学

6.7.1　I_3^-/I^- 氧化还原对的动力学特性

近年来,很多研究者尝试用其他氧化还原对来代替传统的 I_3^-/I^-,如 Br^-/Br_2[193]、$SCN^-/(SCN)_2$[194] 和二茂铁/二茂铁合物[17] 等,但是目前性能仍然不理想。原因在于,I_3^-/I^- 电对具有的动力学特性非常适合 DSC 这种体系。I_3^-/I^- 电对是不对称的氧化还原动力学过程:I^- 非常容易失去电子而被氧化态染料氧化,而 I_3^- 或 I_2 的还原过程又是相对很慢的过程[17];在对电极,I_3^- 非常容易获得电子并且反应迅速,而在光阳极获得电子的速度又是很慢的[140]。这样的动力学特性条件就使得电子可以积累在薄膜中产生光电压,而在对电极过电势损失又很少,可以支持较大的电流通过。与单晶 TiO_2 相比,光生电子在 TiO_2 薄膜中的传输过程非常慢,一般的传输时间大约为 10 ms 或是更长时间[21]。光生电子在 TiO_2 颗粒中与电解液中的氧化物质只有纳米级距离[17,31],在长时间电子传输过程中,电子没有被复合掉,主要原因是 I_3^-/I^- 氧化还原对在 TiO_2 表面具有较慢的复合动力学[17]。

6.7.2　光生电子复合位置

DSC 中复合反应是一个界面转移过程,而且只发生在界面处[147]。在 DSC 中可以发生复合的界面主要是染料-TiO_2/EL 界面和 TCO/EL 界面。Zhu 等通过 IMIS 研究发现,DSC 复合过程只发生在靠近衬底的区域而不是整个薄膜[195],但是这种说法的合理性还需要进一步研究。TCO 掺杂浓度很高($N_D \geqslant 10^{20}$ cm^{-3})是一种简并半导体[4],TiO_2 薄膜并不能完全覆盖 TCO[16],TCO/EL 界面特点是面积较小且只与电解液接触。染料-TiO_2/EL 界面特点是与电解液接触的 TiO_2 表面积巨大并且表面吸附大量染料。从存在电子反应物的角度来说,在染料-TiO_2/EL 界面光生电子可以与激发态染料发生复合或与溶液中的 I_3^- 发生复合,而 TCO/EL 界面只能与电解液中的 I_3^- 发生复合。因为电解液中 I^- 浓度很高并且 I^- 还原染料的速度非常快,光生电子与染料之间的复合一般是可以忽略的[192,196]。电子与染料复合还与电子浓度有关,在短路条件下这个复合过程可以忽略,但是开路状态下由于电子浓度较高,这个复合反应速率就会增加到 10^{-9} s 数量级内[197],这种情况下电子注入将受到影响。但是通常情况下,复合过程一般考虑是光生电子与 I_3^- 的反应过程[37]。由于 I_3^-/I^- 在 TCO 上发生反应的过电势要大于在染料-

TiO$_2$/EL 界面发生反应的过电势[17]，并且 TCO/EL 界面的面积相对较小，所以一般认为 DSC 中复合主要发生在染料-TiO$_2$/EL 界面。在染料-TiO$_2$/EL 界面有两种可能的方式发生复合：一是通过导带直接复合；二是电子从导带陷落至表面态再通过表面态发生复合[4]。通过以上分析可以得出，在各种复合途径中，DSC 中最主要的复合过程是薄膜中的光生电子通过染料-TiO$_2$/EL 界面与 I$_3^-$ 发生反应。

6.7.3　光生电子复合机理

光生电子与 I$_3^-$ 的复合机理还不清楚，一般认为有以下两种可能[153]：

（1）当复合速率常数与电子浓度 n 的关系为二级反应速率时：

$$\text{I}_3^- \overset{K_1}{\longleftrightarrow} \text{I}_2 + \text{I}^- \tag{6.106}$$

$$\text{I}_2 + \text{e} \overset{K_2}{\longleftrightarrow} \text{I}_2^- \cdot \tag{6.107}$$

$$2\text{I}_2^- \cdot \overset{k_3}{\longleftrightarrow} \text{I}^- + \text{I}_3^- \tag{6.108}$$

$$\text{I}_2^- \cdot + \text{e} \overset{k_4}{\longrightarrow} 2\text{I}^- \tag{6.109}$$

过程（6.108）或者过程（6.109）都可能是速率控制步骤：① 如果反应过程（6.108）为速率控制步骤时，电子浓度的变化关系为

$$\frac{\mathrm{d}n}{\mathrm{d}t} = -2k_3 K_1^2 K_2^2 \frac{[\text{I}_3^-]^2 n^2}{[\text{I}^-]^2} = -k'' n^2 \tag{6.110}$$

②如果反应过程（6.109）为速率控制步骤时，电子浓度的变化关系为

$$\frac{\mathrm{d}n}{\mathrm{d}t} = -k_4 K_1 K_2 \frac{[\text{I}_3^-] n^2}{[\text{I}^-]} = -k'' n^2 \tag{6.111}$$

（2）当复合速率常数与电子浓度 n 的关系为一级反应速率时[146]：

$$\text{I}_3^- \overset{K_1}{\longleftrightarrow} \text{I}_2 + \text{I}^- \tag{6.112}$$

$$\text{I}_2 \overset{K_3}{\longleftrightarrow} 2\text{I} \cdot \tag{6.113}$$

$$\text{I} \cdot + \text{e} \overset{k_5}{\longrightarrow} \text{I}^- \tag{6.114}$$

$$\frac{\mathrm{d}n}{\mathrm{d}t} = -k_5 n \sqrt{\frac{K_1 K_3 [\text{I}_3^-]}{[\text{I}^-]}} = -k' n \tag{6.115}$$

为了简化分析过程，一般将复合速率常数与电子浓度 n 看作是一级反应[21,134,144]，但是更加细致的研究表明二级反应更符合实际情况[37]：Peter 等[145]通过 IMPS/IMVS 研究表明，复合过程是二级反应；Kambili 等[137]基于连续性方程的一维电荷交换模型，利用 IMPS/IMVS 也得出电子与 I$_3^-$ 的复合过程是二级反应。

电子的复合过程可以用电子寿命 τ_n 来描述。τ_n 可以在开路状态下由 IMVS 图谱拟合得出。当复合速率常数与电子浓度 n 的关系为一级反应速率时：$\tau_n =$

$1/k'$,理论上 τ_n 与电子浓度 n 无关,不依赖于入射光强度。但 Peter 等[132,146]通过 IMPS/IMVS 研究得出 τ_n 与入射光强呈指数关系。对此原因可以解释为:反应过程(6.114)中的电子转移势垒随着光强的增加而降低,电子转移速率常数[式(6.114)中的 k_5]依赖于光强,进而 τ_n 与光强有关[146]。当复合速率常数与电子浓度 n 的关系为二级反应速率时: $\tau_n = 1/k''n$, τ_n 与电子浓度有关直接依赖于入射光强。

6.7.4　局域态对复合过程的影响

与电子传输过程类似,纳米 TiO_2 多孔薄膜中的局域态也影响电子复合的过程。由于 τ_0 为自由电子的寿命,考虑到俘获/脱俘的影响,定义一个表观扩散系数 τ_n 为[147]

$$\tau_n = 1 + \frac{\partial n_L}{\partial n_c}\tau_0 \qquad (6.116)$$

当 $\partial n_L/\partial n_c \geqslant 1$ 时,电子的俘获/脱俘影响对于电子寿命才是重要的,所以可以表示为

$$\tau_n = \frac{\partial n_L}{\partial n_c}\tau_0 \qquad (6.117)$$

当 $N_t(E)$ 为单能级分布时,表观电子寿命为

$$\tau_n = \frac{\Theta_t k_B T}{n_c \varepsilon'}\tau_0 \qquad (6.118)$$

当 $N_t(E)$ 为指数能级分布时,表观电子寿命最终为

$$\tau_n = \frac{\alpha\Theta_L}{\Theta_c^\alpha}n_c^{\alpha-1}\tau_0 \qquad (6.119)$$

暗态条件下,费米能级(E_{Fn})和电解液的氧化还原电势(E_{redox})相等。开路条件下,电子积累在 TiO_2 薄膜中,使电子准费米能级上升。V_{oc} 可以定义为电子费米能级和氧化还原电势的差值[26,171]:

$$V_{oc} = \frac{E_{Fn} - E_{F0}}{q} = \frac{k_B T}{q}\ln\left(\frac{n}{n_0}\right) \qquad (6.120)$$

当电子复合直接经过导带复合时,复合速率可以表示为[182]

$$R_1 = e_{ox}^{cb}(n^\beta - n_0^\beta) \qquad (6.121)$$

开路情况下电子产生速率 $G(x)$ 等于电子复合速率 $R(x)$[4],将 V_{oc} 的表达式代入式(6.121)中,可以得出

$$V_{oc} = \frac{2.3kT}{q}\ln\left(\frac{G}{n_n^\beta e_{ox}^{cb}} + 1\right)^{1/\beta} \qquad (6.122)$$

电子复合经过表面态复合时的情况比较复杂。电子可以在表面态与导带之间交换也可在表面态与电解液之间交换。

当表面态为单能级分布时,电子从导带中陷落过程速率 r_t 和从陷阱中脱俘过程的速率 r_r 可以表示为[171]

$$r_t = \Theta_t(1-f)e_t \tag{6.123}$$

$$r_r = \Theta_t f e_r \tag{6.124}$$

其中,$e_t = \sigma v n$ 为陷落频率;σ 为电子俘获截面;v 为导带自由电子的热速度。$e_r = \Theta_c v \exp[(E_t - E_c)/kT]$ 为脱俘频率。

电子从表面态转移至电解液中遵循 Marcus-Gerischer 模型,电子从表面态转移到电解液的速率 r_{ox} 和从电解液转移到表面态的速率 r_{red} 可以表示为[171]

$$r_{ox} = \Theta_t f e_{ox} = \Theta_t f A_{ox} \exp\left[-\frac{(E_t - E_{ox})^2}{4\lambda kT}\right] \tag{6.125}$$

$$r_{red} = \Theta_t(1-f)e_{red} = \Theta_t(1-f)A_{red}\exp\left[-\frac{(E_t - E_{red})^2}{4\lambda kT}\right] \tag{6.126}$$

其中,$A_{ox} = Ac_{ox}$,$A_{red} = Ac_{red}$,A 为前置因子;c_{ox} 和 c_{red} 为电解液中氧化还原物质的浓度;E_{ox} 和 E_{red} 为氧化还原物质的最可几能级;λ 为重组能。则通过单能级分布表面态的复合速率为

$$R_2 = \Theta_t[fe_{ox} - (1-f)e_{red}] \tag{6.127}$$

最终可以整理成[182]

$$V_{oc} = \frac{kT}{q}\ln\left(\frac{e_{ox} + e_r}{e_{t_0}}\frac{G + \Theta_t e_{red}}{\Theta_t e_{ox} - G} - \frac{r_{red}}{e_{t_0}}\right) \tag{6.128}$$

当表面态为指数分布时,电子的复合速率可表示为[171]

$$R_3 = \int_{E_v}^{E_c} N_t(E)\{f(E)e_{ox}(E) - [1 - f(E)]e_{red}(E)\}dE \tag{6.129}$$

其中,e_{ox} 和 e_{red} 为高斯形式:

$$e_{ox}(E) = A_{ox}\exp\left[-\frac{(E - E_{ox})^2}{4\lambda kT}\right] \tag{6.130}$$

$$e_{red}(E) = A_{red}\exp\left[-\frac{(E - E_{ox})^2}{4\lambda kT}\right] \tag{6.131}$$

最终可以简化整理成[182]

$$V_{oc} = \sqrt{b}\,\text{inverf}\left[\frac{G}{C}\text{erf}\left(\frac{-a}{\sqrt{b}}\right)\right] + a \tag{6.132}$$

其中,C、a 和 b 含义见文献[182]。

6.8 光生电子传输与复合过程的相互限制

电子从产生到被收集阶段,一直伴随着传输与复合的竞争。传输与复合的竞争过程可以定义一个参数来衡量,即扩散长度[147]

$$L=\sqrt{D_0\tau_0} \tag{6.133}$$

其中，D_0 为自由电子的扩散长度，是描述电子传输过程的量；τ_0 为自由电子寿命，是描述复合过程的量。

式(6.133)中的这两个量的乘积的平方根具有长度意义，是传输与复合过程竞争的结果，只有当 L 的长度大于薄膜厚度时电子才能被衬底收集。研究表明 IPCE 仅依赖于电子扩散长度和几何因数[198]，所以扩散长度与 IPCE 都是常数，可以通过稳态光电流来获得[147]。由于电子俘获/脱俘的影响，实际测量电子扩散因数和电子寿命时，所得到的是表观电子扩散因数 D_n 和表观电子寿命 τ_n。但是由式(6.101)和式(6.117)可知，俘获/脱俘对于电子扩散系数和电子寿命的影响正好相反，所以当两者乘积时，俘获/脱俘的作用就被抵消了：

$$L=\sqrt{D_n\tau_n}=\sqrt{\frac{\partial n_L}{\partial n_c}\tau_0\frac{\partial n_c}{\partial n_L}D_0}=\sqrt{D_0\tau_0} \tag{6.134}$$

扩散长度定义也可能存在一些问题。因为 D_n 是在短路情况下获得的，而 τ_n 是在开路条件下获得的，两个参数是在费米能级不一致的条件下得到的，所以扩散长度的意义值得进一步研究。Dunn 等[199]利用"瞬态光电压法"，将在相同费米能级下得到的扩散长度与费米能级不一致条件下得到的扩散长度相比较，发现如果考虑到费米能级的差别，实际上得到的扩散长度是一致的。

在 DSC 中，电子传输过程限制着电子复合过程[200]。电子传输过程中电子扩散系数可以表示为[201]

$$D=\frac{d^2}{2.35\tau_d} \tag{6.135}$$

其中，d 为薄膜厚度。在薄膜中由于光照而积累的电荷密度 N 为[4,201]

$$N=\frac{J_{sc}\tau_d}{qd(1-p)} \tag{6.136}$$

其中，p 为薄膜的孔洞率；q 为基本电荷。电子传输时间与短路电流和局域态分布 α 之间的关系为[138,201]

$$\tau_d\propto J_{sc}^{\alpha-1} \tag{6.137}$$

由式(6.136)和式(6.137)可以得出

$$N\propto J_{sc}^{\alpha} \tag{6.138}$$

$$D\propto J_{sc}^{1-\alpha}\propto N^{(1-\alpha)/\alpha} \tag{6.139}$$

而在复合过程中，电子传输越快，单位时间内电子遇到复合中心的概率就越高，导致复合速率越快[153]。电子复合速率 R 与电子扩散系数之间的关系就可以表示为[200]

$$R=\frac{N}{\tau_n}\propto DN \tag{6.140}$$

所以,综合式(6.137)~式(6.140),最后得出传输过程与复合过程的时间常数是成正比的,即传输过程限制复合过程:

$$\tau_n \propto \frac{1}{D} \propto \tau_d \tag{6.141}$$

6.9　TiO₂ 导带边移动与表面钝化

TiO₂ 薄膜与电解液接触时,在 TiO₂ 表面会形成 Helmholtz 层电容[147]。当 TiO₂ 表面积累的电荷量足够大时,会改变 Helmholtz 层中的电势降,导致导带边的移动:当表面积累正电荷时,导带边将向正方向移动;当表面积累负电荷时,导带边将向负方向移动。导带中的电子浓度 Q_{cb} 决定着导带边 E_{cb} 与费米能级 E_F 之差,即 $E(Q_{cb}) = E_{cb} - E_F$ [4]。当 Q_{cb} 一定时,E_{cb} 向上移动,E_F 也向上移动,使得 V_{oc} 增大;同理,E_{cb} 向下移动,E_F 也向下移动,使得 V_{oc} 减小。研究表明,当向电解液中添加 Li⁺[202]、胍盐[203],通过酸处理使 TiO₂ 表面吸附有 H⁺[204]时,表面吸附正电荷使导带向正方向移动,导致 V_{oc} 减小。而 4-叔丁基-吡啶[4]、氨[4]、1-甲基苯丙咪唑[44]、4-胍基丁酸[111]等可以使 TiO₂ 明显的负移,使得 V_{oc} 升高。实际使用中,一些添加剂的作用仍然不清楚,如 4-叔丁基吡啶[202]可能改变复合速率,也可能改变了导带移动,或者二者兼有。改变表面复合速率与导带移动可以有四种情况[203]:①加快复合,导带正向移动;②加快复合,导带负向移动;③减慢复合,导带正向移动;④减慢复合,导带负向移动。可以通过一些实验手段来加以证实。同时还应该综合考虑电子传输与电子复合两个过程,如导带正向移动可以增加短路电流[202,205]。

6.10　接触界面特性对动力学的影响

6.10.1　两相接触界面电学特性对动力学的影响

DSC 的各个部分之间应该具有良好的电接触才能构成一个完整的回路。DSC 工作循环的电荷流动方向是:染料-TiO₂ 薄膜→导电衬底→对电极→电解液→染料-TiO₂ 薄膜,这样各个部分之间是以串联形式实现的。但是实际工作中,电荷还会有背反应的发生,如染料-TiO₂ 薄膜→电解液,这样的电荷流动是以并联形式实现的,所以实际 DSC 工作中串联和并联是同时存在的。

DSC 中的组成部分如导电玻璃、对电极和电解液等,会带来一些欧姆损失[18,41]。串联电阻是影响 DSC 性能的一个重要因素。现有研究都是针对宏观方面的研究,通过 IV 等手段从宏观方面来研究串联电阻对 DSC 的影响[18,41,42,53,93]。针对电子传输和复合的微观方面研究的还比较少,研究串联电阻和动力学反应之间的联系对提高 DSC 效率有很重要的意义。

DSC 可以通过等效电路来分析,如图 6.45 所示。在这个等效电路里,电子由染料产生的过程可以用一个电流源(I_{ph})来表示。电子在染料-TiO$_2$/EL 界面的电子转移阻抗可以用 Z 表示。这个阻抗的最简单形式可以由一个电容 C 和一个转移电阻 R 来表示。DSC 总的串联电阻可以表示成[41,42]

$$R_s = R_h + R_1 + R_3 \qquad (6.142)$$

其中,R_h 为电子在导电衬底的电阻;R_1 为 EL/Pt-TCO 界面转移电阻;R_3 为能斯特扩散电阻中的直流电阻。

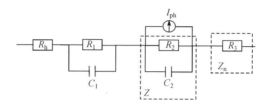

图 6.45　DSC 等效电路

短路条件下,电子被衬底收集后,通过 TCO 导入外电路。导电玻璃中的导电层是 F 掺杂 SnO$_2$ 层,这个导电层的导电能力可以由方块电阻来表示,电子经过导电玻璃时所遇到的阻力可以用一个电阻 R_h 来表示。研究表明在 DSC 的 EIS 谱中,R_h 主要是由 TCO 电阻引起的[41]。无论是单片 DSC 还是 DSC 组件,这个电阻都应该尽可能减小,才能提高 DSC 的效率。理论上可以通过降低方块电阻来降低电子在这个导电层的电阻,但是方块电阻降低后,不可避免的降低导电玻璃的光透过率[41]。如果忽略了光透过率,通过改变 TCO 的方块电阻来研究 R_h 对 DSC 的影响,可能会带来一些未知的影响。所以为了避免透过率的改变,通过在 TCO 上增加银栅极来研究 R_h 对 DSC 动力学的影响。

图 6.46 为印刷银栅极前后的 EIS 谱。通过 EIS 拟合的参数值见表 6.4。因为所用的电解液厚度很薄,图 6.46 中低频区的半圆不是很明显,表明 R_3 的值都比较小。从图 6.46(a)中可以看出未印刷银栅极前 R_h 较大,约为 48.6 Ω。增加银栅极后,R_h 值大大降低,大约降至 3.4 Ω。当 TCO 未增加银栅极时,外加的偏压 V_{bias} 将会有一部分损失在 TCO 上。这种情况,V_{bias} 不能完全加载在 Z 上。当 TCO 增加银栅极时,大部分的 V_{bias} 会加载在 Z 上,使得 TiO$_2$ 薄膜中的电子浓度升高,导致 R_2 从 21.4 Ω 降至 5.8 Ω。图 6.46(b)是 DSC 在光照下的 EIS 阻抗奈奎斯特图。与暗态阻抗相比,R_2 基本上保持不变。在光照开路条件下,所有的光生电子都被电解液中的 I$_3^-$ 俘获,吸收的光能转化成热能[20]。同时没有净电流从 DSC 中流出,所以光生电势完全加载在 Z 上,与 TCO 是否增加银栅极无关,所以 R_2 基本保持不变。

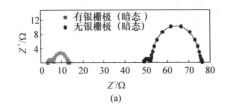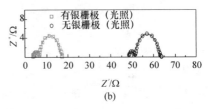

图 6.46　有无银栅极在暗态(a)和光照(b)条件下的 EIS 谱

表 6.4　有无银栅极在暗态(a)和光照(b)条件下的 EIS 拟合结果

实验条件	银栅极	R_h/Ω	R_1/Ω	R_2/Ω	R_3/Ω
开路	有	3.4	3.1	9.0	1.7
开路	无	48.0	3.3	10.0	1.9
−0.7V 偏压	有	3.4	2.7	5.8	1.6
−0.7V 偏压	无	48.6	2.9	21.4	3.4

图 6.47 是在不同光强下的电子传输时间的变化。从图中可以看出,电子传输时间与光强呈指数关系 $\tau_d \propto I_0^\beta$(β 为斜率)。在 $1\times10^{-15} \sim 2.3\times10^{-16}$ cm^{-2} · s^{-1} 光强范围内,β 由印刷银栅极的 0.52 降至未印刷银栅极的 0.38。斜率 β 的降低表明 τ_d 依赖光强变弱,可能是由一些不依赖光强的过程引起的[157]。在这里较高的 TCO 电阻是斜率 β 降低的原因。未印刷银栅极的电子传输时间大于印刷银栅极的传输时间,表明导电玻璃衬底对电子传输有阻碍作用。

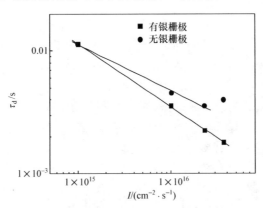

图 6.47　电子传输时间随入射光强的变化关系

在短路情况下,TCO/TiO$_2$ 界面和 TCO/EL 界面的电阻和电容会引入一个附加的 RC 时间常数[21,139,206]。IMPS 会受到这个时间常数的影响,只有 RC 时间常数短于传输时间,IMPS 测得的时间常数才对应于电子在膜内的传输时间[127]。TCO/TiO$_2$ 界面和 TCO/EL 界面的电阻一般为 $10\sim20$ Ω/cm^2,电容一般为 $15\sim$

$30~\mu F/cm^{2[21,139,206-208]}$，所以 RC 时间常数为$(1.5\sim6)\times10^{-4}$ s。当 TCO 未增加银栅极时，R_s 电阻比增加银栅极的电阻值要高很多，所以 RC 时间常数在未增加银栅极时也比较长。现已证明 τ_d 随入射光强的升高而减小[146]。综合银栅极和光强这两个因素的影响，RC 常数有可能大于 τ_d 值。光强高于 2.3×10^{-16} cm$^{-2}\cdot$s^{-1} 时，所测得的时间常数是 RC 时间常数并不是电子传输时间。

图 6.48 是不同光强下的电子寿命的变化。在实验的光强范围内，电子寿命随光强的变化趋势几乎相同，与 TCO 是否增加银栅极无关。因为 IMVS 是在开路条件下测量电子寿命，IMVS 主要是研究染料-TiO$_2$/EL 界面的电子转移过程，其他因素如导电玻璃等，并不影响 IMVS 的测试[55]。

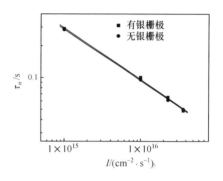

图 6.48　电子寿命随入射光强的变化关系

DSC 中常用载 Pt 导电玻璃作为对电极，Pt 对电解液中氧化还原对有很强的催化作用，能使发生在对电极表面的电子转移电阻大大下降[45]。这里采用有无载 Pt 的对电极来研究 EL/Pt-TCO 界面的电子转移电阻对动力学的影响。

图 6.49 为有无载 Pt 的对电极 DSC 的 EIS 图。对电极未载 Pt 时，EL/Pt-TCO 界面的电子转移电阻 R_1 增加达到千欧姆。这样大的电子转移电阻将掩盖掉 DSC 其他部分的阻抗，所以 EIS 谱中只有一个很大的半圆。从中可以看出 TCO 未载 Pt 时，R_1 大约为 1806.0 Ω；当 TCO 载 Pt 时，R_1 迅速下降至 20.6 Ω。图 6.50 为 EL/Pt-TCO 界面电子转移电阻对电子传输过程的影响。在 $1\times10^{-15}\sim2.3\times10^{-16}$ cm$^{-2}\cdot$s^{-1} 光强范围内，可以观察到与图 6.47 同样的规律。表明 EL/Pt-TCO 界面转移电阻同样阻碍了电子的导出。与前述类似，高光强时，RC 时间

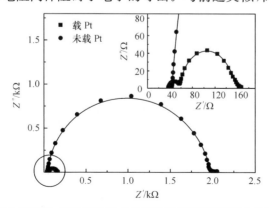

图 6.49　对电极载 Pt 前后 EIS 的奈奎斯特图(插图是圆圈内的局部放大图)

常数仍然影响 IMPS 的测量。图 6.51 为有无载 Pt 对电极对复合过程的影响。结果表明对电极载 Pt 与否并不影响染料-TiO₂/EL 界面的复合过程,所以电子寿命并不发生改变。

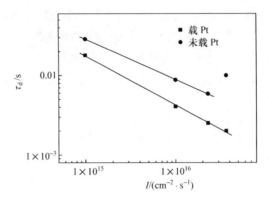

图 6.50　对电极载 Pt 前后的电子传输时间与入射光强变化关系

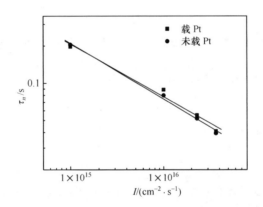

图 6.51　对电极载 Pt 前后的电子寿命与入射光强变化关系

　　DSC 所用的电解液一般采用含有氧化还原电对的有机溶液。氧化还原电对的浓度空间分布,在不同的偏压和光照下是不同的[20,209]。改变 DSC 光阳极和光阴极之间的厚度进而改变电解液层的厚度,可以研究电解质能斯特扩散电阻对电子传输和复合过程动力学的影响。

　　电解液中的扩散阻抗在 EIS 谱中是一个较小的半圆,一般会出现在奈奎斯特图较低的频率区间中。能斯特扩散阻抗适合描述 DSC 中的离子扩散过程,所以 Z_n 的表达式为式(6.35)[18,62]。

　　图 6.52 为改变电解液厚度的奈奎斯特型 EIS 谱,表 6.5 为阻抗拟合值。图 6.52 中的低频半圆随着厚度的增加而逐渐明显,半径也逐渐增大,表明此时电解液中的氧化还原电对的传输开始影响 EIS 谱。从表 6.5 中可以看出,电解液的

传输阻抗 R_3 由 22.4 Ω 增加到 49.8 Ω。扩散长度 δ 随着两电极之间的距离增大而增大（$\delta = 0.5d$，d 是两电极之间的距离），所以 I_3^- 需要更长时间扩散才能到达对电极。

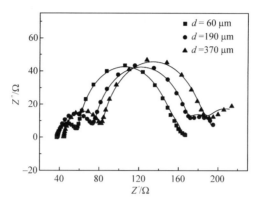

图 6.52　改变电解液层厚度时 DSC 的奈奎斯特型 EIS 谱

表 6.5　改变电解液层厚度时 EIS 的拟合结果

$d/\mu m$	R_h/Ω	R_1/Ω	R_2/Ω	R_3/Ω
60	37.1	20.6	85.1	22.4
190	38.3	36.4	90.6	30.2
370	44.3	37.9	97.1	49.8

在电解液中，相对于 I_3^- 浓度来说，I^- 浓度较高，所以 I^- 对于扩散阻抗没有贡献，只有 I_3^- 的扩散阻抗限制光电流[18]。图 6.53 是不同光强下的光电流与电解液层厚度之间的关系。光电流随着光强的增加而线性增加。在高光强下，光电流随厚度的增加而明显降低，表明 I_3^- 浓度限制光电流。

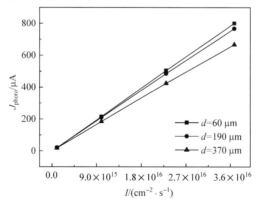

图 6.53　改变电解液层厚度时光电流随入射光强的变化关系

　　图 6.54 为不同厚度下的电子传输时间与光强的关系,表明当 I_3^- 浓度限制光电流时,薄膜中的电子必须花费更多的时间才能到达导电衬底。

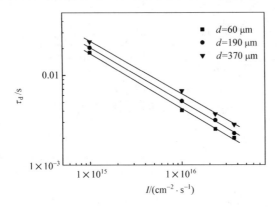

图 6.54　改变电解液层厚度时电子传输时间随入射光强的变化关系

　　图 6.55 为不同厚度下的光电压与入射光强的关系,图 6.56 为不同厚度下的电子寿命与光强的关系。实验证明光电压会随着电解液层厚度的增加而有一些增大,这个实验结果与文献报道一致[53]。引起光电压变化的原因还不清楚[48],但是通过 IMVS 和 EIS 可以确定电子在 TiO_2 表面向 I_3^- 扩散的速率减小了,可能原因是 I_3^- 浓度空间分布随着距离的改变而发生了变化。

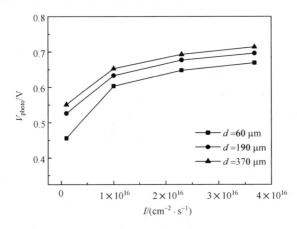

图 6.55　改变电解液层厚度时光电压随入射光强的变化关系

6.10.2　三相接触界面电学特性对动力学的影响

　　由于 TiO_2 薄膜不能完全覆盖 TCO[16],电解液也与裸露的 TCO 接触,这样在光阳极的导电衬底处形成了一个由 TCO、TiO_2 和电解液组成的复杂结构(TCO/TiO_2+EL)。由于电解液的参与,这个界面的很多性质都变得复杂起来[210]。界面

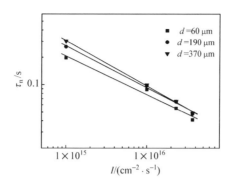

图 6.56　改变电解液层厚度时电子寿命随入射光强的变化关系

处发生的化学和物理过程的机理还不是很清楚,目前研究也不透彻。由于与电解液中的氧化还原对接触,这个区域会发生复合反应,有研究表明光生电子并不是在薄膜全部表面发生复合,而是主要在几层靠近 TCO 处的 TiO₂ 薄膜发生复合[195],但是这个新理论需要进一步研究[153]。裸露 TCO 也可能发生复合,特别对于采用快速氧化还原电对[17]或是固态电解质[211]的 DSC 来说,这个复合途径对性能的影响尤其重要。TCO 掺杂浓度很高($N_D \geqslant 10^{20}$ cm^{-3}),是一种简并半导体[4],所以 TCO 与 TiO₂ 接触时可以认为是 Schottky 接触。TCO/TiO₂ 界面可能存在一个内建电场,使电荷能够发生分离,所以光电压起源于此[6]。但是这种说法存在争议,因为光电压起源于 TiO₂ 薄膜的费米能级与氧化还原电势的差值似乎更加合理[55,212]。在 TCO/TiO₂ 界面可能存在一个势垒,电压可能在这个界面会损失一部分,进而影响到光电压和填充因子[212,213]。光生电子通过扩散达到衬底后,再通过 TCO/TiO₂ 这个界面被导入外电路的过程也不清楚,目前有几种理论模型如结模型、热发射和隧穿等,来解释这个过程,但是没有完全研究清楚[214]。研究这个复杂的界面,对于理解 DSC 工作机理,进而提高电池效率研究有重要意义。

通过对导电衬底沉积一层绝缘的 PPO 薄膜[poly(phenylene oxide-co-2-allyl-phenylene oxide)],使电解液与导电玻璃隔开。这样使复杂的结构变得简单,只剩下 TCO/TiO₂ 界面,如图 6.57 所示。通过 EIS 测试获得了电子在 TCO/TiO₂ 界面转移的阻抗和动力学信息。

图 6.58 为 PPO 沉积过程中的电流-电压曲线,当电势扫描第一个循环时,电流大约为 2 mA(1.5 V),随着扫描循环的增加电流不断地减小,直到第 60 个循环时电流下降至 0.08 mA。表明 PPO 层已经沉积在裸露的 TCO 上,形成了绝缘层阻止电子在 TCO 表面的反应。

图 6.59 为 TCO 在沉积 PPO 前后的电流密度-电压曲线,沉积后在 $-0.8 \sim +0.8$ V,阴极电流和阳极电流都被 PPO 层抑制,表明 PPO 使 TCO 表面绝缘。

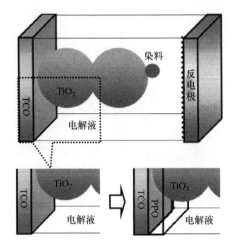

图 6.57　TiO₂ 薄膜沉积 PPO 绝缘层示意图

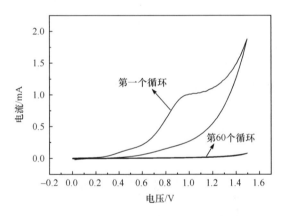

图 6.58　PPO 沉积过程中的电流-电压曲线

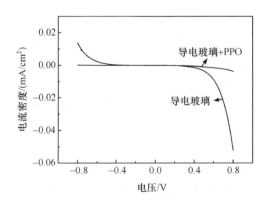

图 6.59　PPO 处理 TCO 前后电流密度-电压曲线

图 6.60 为 TiO_2 薄膜沉积 PPO 前后电流密度-电压曲线。正偏压作用下:沉积前,由于 TiO_2 在正偏压下是绝缘的,所以电子由电解液转移到裸露的 TCO 上;沉积后,由于裸露的 TCO 被绝缘,所以正偏压下电流基本被抑制。在负偏压作用下:沉积前,电子可以通过 TiO_2 薄膜和导电玻璃两个途径转移到电解液中;沉积后,由于 PPO 将裸露的 TCO 和电解液分隔开,电流只能通过 TiO_2 薄膜一个途径转移到电解液中,所以电流下降。

图 6.61 为沉积 PPO 导电玻璃的透射光谱(吸收率和透过率的基线校正是以沉积前的导电玻璃为参考)。图 6.61 表明沉积 PPO 并不影响入射光的通过,相反由于致密膜的增透作用,使得光通过稍多一些。

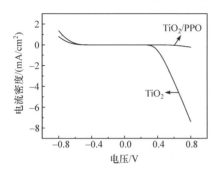

图 6.60　PPO 处理 TiO_2 薄膜
前后电流密度-电压曲线

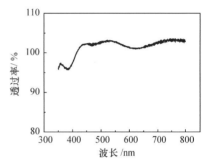

图 6.61　沉积 PPO 导
电玻璃的透射光谱

由于电解液能够深入到导电衬底与裸露的 TCO 接触,暗态条件下 TCO/TiO_2+EL 接触界面的电势分布依赖于 TCO/EL 界面的内建电势[207]。当 TCO 与电解液接触时,TCO 表面形成耗尽层,在 TiO_2 界面形成电子积累层[55,207,214]。一个内建电场在 TCO/TiO_2+EL 接触界面形成,这个电场取决于 TCO 的功函数 (W_{TCO})和氧化还原电势(E_{redox})的差值[214],如图 6.62(a)与图 6.62(b)所示。但是研究表明在这种 DSC 内,$W_{TCO}-E_{redox}$ 对电子在 TCO/TiO_2 界面的转移影响并不大。PPO 薄膜将电解液与 TCO 分隔开,外加电势就有可能降在 TiO_2 上。沉积 PPO 薄膜的光阳极类似于 TCO 与一个致密的 TiO_2 层接触,电子通过热发射过程从一个界面转移到另一个界面[214]。在这种 DSC 中,$W_{TCO}-E_{redox}$ 差值将影响 DSC 的性能[7],此时的能级如图 6.62(c)与图 6.62(d)所示,由于 TCO 与 TiO_2 电子亲和力不同,导带出现了不连续的差值。当光电压或者外加偏压大于平带电势时,在 TCO/TiO_2 界面就会产生一个势垒。

DSC 的特殊"夹心"结构不仅形成了若干个接触界面,同时在接触界面之间还存在两个电荷传输的通道:电子传输机制的半导体薄层和离子传输机制的电解质薄层。在光照或外加偏压作用下,电荷在接触界面发生界面转移,在界面之间的半

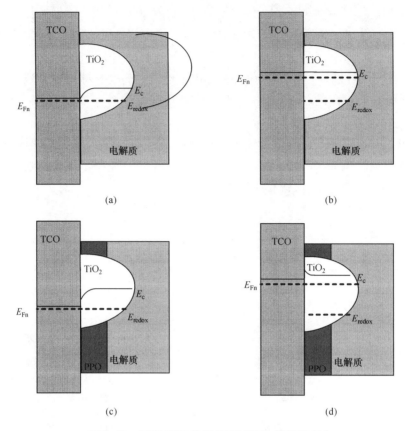

图 6.62　沉积 PPO 前后 TCO/TiO₂ 能级的变化

导体薄层和电解质薄层发生定向传输移动。DSC 内部整个工作过程就是电荷在这些界面上的转移和界面间的传输过程。

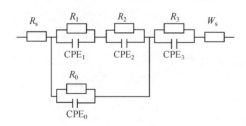

图 6.63　包含四个界面的 DSC 等效电路

　　通过构建合适的等效电路,可以描述 DSC 内部发生的面上转移和界面间的传输过程[57]。这里首先构建一个完整的 DSC 等效电路,包括四个界面的电子转移过程和相对应的两个薄层的电荷传输,如图 6.63 所示,纯电阻 R_s 为系统电阻;R_0 和 CPE₀(CPE 为常相角元件,相当于电容元件)组成的 RC 子电路为 TCO/EL 界面的电子转移电阻和 Helmholtz 层电容;R_1 与 CPE₁ 组成的 RC 子电路为 TCO/TiO₂ 界面电子转移电阻和电容;R_2 与 CPE₂ 组成的 RC 子电路为染料-TiO₂/EL 接触界面的转移电阻和化学电容;R_3 与 CPE₃ 组成的 RC 子电路为

EL/Pt-TCO 界面的电子转移电阻和双电层电容；W_s 为电解液中离子的能斯特扩散阻抗。理论上，等效电路中的每一个 RC 子电路代表一个界面过程的发生，意味着一个时间常数的出现，EIS 的奈奎斯特图将对应出现一个半圆形的曲线[62]。

DSC 薄膜中的电子可以与电解液中的电子受体在接触界面发生电子交换[17]。外加偏压方向变化时，电子注入的来源、位置及电池内部电荷传输、转移过程的方向和获得的动力学信息是不相同的。当 DSC 处于正向偏压时，电子由 DSC 导电衬底注入，注入的电子最终与电解液中的电子受体 R^+ 发生复合反应。正向偏压下，电子可以从 TCO 直接转移至电解液中，在 TCO/EL 界面发生的电子转移过程可以表示为[图 6.64(a)]

$$\vec{e}_{TCO/EL} + R^+ \longrightarrow R \tag{6.143}$$

DSC 中最重要的光电转换过程都发生在染料-TiO_2/EL 界面。在这个界面上，TiO_2 薄膜中的电子可以与电解液中的电子受体 R^+ 反应，也可以与激发态染料发生复合反应。正向偏压下染料未被激发，薄膜中的电子仅和电解液中的电子受体 R^+ 反应。除直接从 TCO/EL 界面转移过程[式(6.143)]外，电子还可以越过 TCO/TiO_2 界面后在 TiO_2 薄层中传输，最终在染料-TiO_2/EL 界面与 R^+ 发生反应，这个界面电子转移过程可以表示为[图 6.64(a)]

$$\vec{e}_{染料\text{-}TiO_2/EL} + R^+ \longrightarrow R \tag{6.144}$$

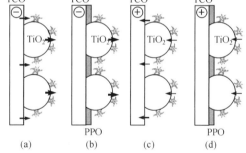

图 6.64　正向偏压和反向偏压作用下在多相界面
变化前(a)(c)和变化后(b)(d)的电子转移过程

图 6.65 为正向偏压(−0.8 V)时获得的 EIS 的奈奎斯特图，此条件下 EIS 图谱由三个半圆组成。由于 DSC 采用的是纳米多孔 TiO_2 薄膜，这种薄膜与电解液接触形成的巨大的接触面积，而 TCO/EL 界面面积相对较小，所以电子转移过程[式(6.144)]是正向偏压下电池复合过程的主要途径。这种情况下等效电路中 R_0 和 CPE_0 组成的 TCO/EL 界面 RC 子电路可以忽略，又由于 TCO/TiO_2 界面的阻抗较小且容易被 EL/Pt-TCO 界面阻抗所掩盖，所以正向偏压下 DSC 等效电路变成 $R_s(R_2CPE_2)(R_3CPE_3)W_s$。据此分析，图 6.65 中 EIS 图谱三个半圆反映的是

染料-TiO$_2$/EL 界面、EL/Pt-TCO 界面和电解液扩散阻抗信息。通过等效电路 R_s $(R_2\mathrm{CPE}_2)(R_3\mathrm{CPE}_3)W_s$ 拟合可知染料-TiO$_2$/EL 界面电子转移电阻为 31.5 Ω,界面电容约为 5.4×10^{-4} F;EL/Pt-TCO 界面电子转移电阻 18.4 Ω,界面电容约为 3.3×10^{-5} F。所以染料-TiO$_2$/EL 界面和 EL/Pt-TCO 界面电子转移动力学常数在 10^{-2} s 和 10^{-4} s 数量级左右。EIS 得出的动力学时间常数结果表明正是由于 DSC 中界面的不对称动力学特性,使得 DSC 输出了较高的功率[140]。

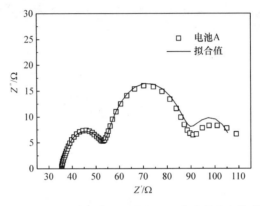

图 6.65　正向偏压作用下多相界面变化前的阻抗谱

图 6.66 为反向偏压(+0.8 V)时获得的 EIS 的奈奎斯特图,此条件下 EIS 图谱特征是由两个半圆组成。当 DSC 处于反向偏压时,电解液中的电子给体 R 将在 TCO/EL 界面给出电子,电子从电解液直接转移至 TCO,此时 TCO/EL 界面发生的过程为[图 6.64(c)]

$$R + \bar{e}_{TCO/EL} \longrightarrow R^+ \tag{6.145}$$

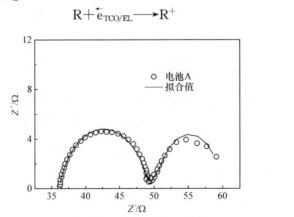

图 6.66　反向偏压作用下多相界面变化前的阻抗谱

反向偏压下,TiO$_2$ 薄膜内部电子浓度很低,大部分 TiO$_2$ 薄膜处于绝缘状态不具有反应活性,染料-TiO$_2$/EL 界面电子转移反应电阻很大[图 6.64(c)]。染料-

TiO$_2$/EL 界面的 RC 子电路接近开路,所以反向偏压下光阳极侧 TCO/EL 界面发生过程［式(6.145)］占主要地位,DSC 等效电路可以简化成 $R_s(R_0\text{CPE}_0)$ $(R_3\text{CPE}_3)W_s$。图 6.66 的 EIS 图谱反映的是 TCO/EL 界面、EL/Pt-TCO 界面和电解液扩散阻抗信息。由于 TCO/EL 界面和 EL/Pt-TCO 界面发生的电子转移阻抗相互掩盖,两个界面的半圆没有完全的分开,所以在 EIS 高频区表现出一个半圆。通过等效电路拟合得知,TCO/EL 界面和 EL/Pt-TCO 界面总的电子转移电阻为 13.0 Ω,而两相接触界面形成的总电容约为 2.3×10^{-5} F。由于这两个界面阻抗相互掩盖,不能直接得到各自的电子转移动力学信息。

　　由于电解液与裸露的 TCO 直接接触,多相接触 TCO/TiO$_2$/EL 界面的很多性质都变得复杂。通过对导电衬底沉积一层绝缘的 PPO 薄膜,使得电解液与导电玻璃隔开,这样使复杂的结构变得简单,只剩下 TCO/TiO$_2$ 界面。通过 EIS 不同的外加偏压作用下,再次分析多相接触界面简化后的电子界面转移机制,构建对应的等效电路和研究电子转移动力学过程。

　　图 6.67 为 DSC 导电衬底裸露的 TCO 沉积 PPO 薄膜后,正向偏压(−0.8 V)时获得的 EIS 的奈奎斯特图,此条件下 EIS 图谱特征是由四个半圆组成。当 TCO 沉积 PPO 薄膜后,正向偏压下 TCO/EL 界面电子转移过程式(6.143)被抑制,只存在染料-TiO$_2$/EL 界面的电子转移过程——式(6.144),如图 6.64(b)所示。同时由于 PPO 薄膜屏蔽掉电解液的作用,复杂的多相接触界面被简化:TCO/EL 界面消失而 TCO/TiO$_2$ 界面被凸显出来[43]。此时

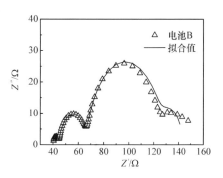

图 6.67　正向偏压作用下多相
界面变化后的阻抗谱

DSC 等效电路为 $R_s(R_1\text{CPE}_2)(R_2\text{CPE}_2)(R_3\text{CPE}_3)W_s$。图 6.67 中的四个半圆反映了 TCO/TiO$_2$ 界面、染料-TiO$_2$/EL 界面、EL/Pt-TCO 界面和电解液扩散阻抗信息。通过等效电路 $R_s(R_1\text{CPE}_1)(R_2\text{CPE}_2)(R_3\text{CPE}_3)W_s$ 的拟合,TCO/TiO$_2$ 界面、染料-TiO$_2$/EL 界面和 EL/Pt-TCO 界面 RC 时间常数约为 10^{-6} s、10^{-2} s 和 10^{-4} s 数量级。动力学研究表明,电子在 TCO/TiO$_2$ 界面转移很快并不是光生电子传输的限制过程。

　　EIS 结果表明在 TCO/TiO$_2$ 的确存在一个势垒,所以在 TCO/TiO$_2$ 界面会有一定的电压损失。假设电子在这个界面的转移主要是热发射,根据热发射理论,TCO/TiO$_2$ 界面的电流-电压关系式为[215]

$$J = A^* T^2 \exp\left(\frac{-q\Phi}{k_B T}\right)\left(\exp\frac{q\Delta V}{k_B T} - 1\right) \tag{6.146}$$

其中,$q\Phi$ 为肖特基势垒;A^* 为理查森数,这里为 6.71×106 A/(m² · K²)[213];k_B 为玻尔兹曼常量;T 为热力学温度;q 为电荷电量;ΔV 为损失电压。$\partial \Delta V / \partial J$ 具有电阻意义,则界面处的电阻 R 可以表示为

$$R = \frac{k_B}{qA^*T} \exp\left(\frac{q\Phi}{k_B T}\right) \exp\left(\frac{-q\Delta V}{k_B T}\right)　　　　　(6.147)$$

通过改变 $q\Phi$ 和 ΔV（这里 ΔV 为负值）可以计算得到 R。图 6.68 为通过改变 $q\Phi$ 条件下 R 随 ΔV 的变化关系。随着在 TCO/TiO₂ 界面损失的电压增多,电阻很快增加,同时势垒高度 $q\Phi$ 增加时,电阻也随之增加。

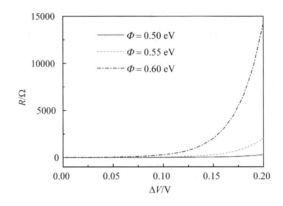

图 6.68　改变 $q\Phi$ 条件下 R 随损失电压 ΔV 的变化关系

通过 EIS 测试表明这个界面损失的电压很小,假如当流过的电流为 20 mA、电阻为 1.27 Ω/cm² 时,损失的电压仅为 0.025 V。外加偏压绝大部分并未降在 TCO/TiO₂ 界面处,所以电阻对于外加电势的变化不敏感。可能因为 TCO/TiO₂ 界面形成了欧姆接触,并且这个界面损失的电压很小,所以测得的电阻值近似为接触电阻。当 ΔV 等于 0 时,可以计算得到此时势垒为 0.56 eV,这个值与文献报道一致[212]。

电荷积累在 TCO/TiO₂ 界面会产生电容,电容随着外加电势的变化改变很小,可以认为是一个常电容。EIS 测得这个电容大约为 1.59 μF/cm²。这个电容远小于其他界面的电容,EL/Pt-TCO 界面电容大约是 10^{-5} F/cm²,染料-TiO₂/EL 界面电容大约为 10^{-3} F/cm² 量级。

激发态染料注入 TiO₂ 导带的时间大约为飞秒量级[216],而电子传输大约为微秒量级[183]。计算得到的 RC 时间常数大约为 10^{-6} s 量级,表明电子在薄膜衬底的收集过程将受到电子传输过程限制。

图 6.69 为 DSC 导电衬底裸露的 TCO 沉积 PPO 后,反向偏压(+0.8 V)时获得的 EIS 的奈奎斯特图,此时的 EIS 图谱中只有一个较大的半圆。PPO 薄膜引入后使得通过 TCO/EL 界面的电子转移过程[式(6.145)]被抑制,DSC 光阳极反应

活性大大降低[图 6.64(d)]。所以电子转移阻抗非常大,掩盖了其他阻抗信息,在 EIS 图上表现出一个较大的半圆,忽略 TCO/EL 界面和电解液扩散的影响,这个半圆可以近似反映电子从电解液的电子给体转移至染料-TiO₂/EL 界面的阻抗。通过等效电路 $R_s(R_2CPE_2)$ 拟合,此时电容约为 2.8×10^{-7} F,表明电子在薄膜中的浓度非常低。电子转移电阻约为 731.7 Ω,远大于沉积 PPO 前的 13.0 Ω,表明电子从电解液的电子给体转移至染料-TiO₂/EL 界面非常困难。

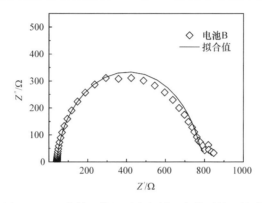

图 6.69　反向偏压作用下多相界面变化后的阻抗谱

6.10.3　不同电解质环境中染料-TiO₂/EL 界面修饰对动力学的影响

开路条件下大量的电子积累在薄膜中是纳米多孔 TiO₂ 电极的显著特点。一般认为 V_{oc} 是电子准费米能级和电解液的氧化还原电势的差值。DSC 在实际工作过程中,光生电子很容易从 TiO₂ 薄膜直接转移到电解质中与 I₃⁻ 发生复合反应。这种复合反应是降低 DSC 性能的主要因素之一,影响 V_{oc} 的一个重要因素是染料-TiO₂/EL 界面发生复合反应使薄膜中电子浓度降低,所以一些研究主要集中对染料-TiO₂/EL 界面进行修饰,期望获得较高的 V_{oc}[217-220]。可以在 TiO₂ 表面吸附一些有机分子来钝化表面,如十六丙酸[221]和癸基膦酸[222],这几种分子添加在染料中,作用机理是羧基或磷酸基吸附在 TiO₂ 表面,使得疏水基的一端在 TiO₂ 和电解液之间起了缓冲作用[203]。还可以在电解液中添加一些有机分子,如脱氧胆酸[90]等来阻止复合反应。在 TiO₂ 多孔薄膜表面包覆一层半导体或绝缘体形成"核-壳"结构的阻挡层是抑制电子复合的一种有效方法[219,223-225]。大量研究表明采用不同的包覆材料和包覆方法对 DSC 的 V_{oc}、FF 和 J_{sc} 等性能参数影响是不同的,而对通过表面包覆是否能够提高 DSC 效率(η)仍持有不同的观点[219,223-224,226]。当 TiO₂ 表面包覆 Nb₂O₅、CaCO₃、MgO 和金属氧化物(如 Mg、Zn、Al 和 La)时,V_{oc}、FF、J_{sc} 和 η 都得到了改善[154,227-229]。TiO₂ 表面包覆 Al₂O₃、ZrO₂ 和 SiO₂ 时,电池效率与包覆前保持一致[217-220]。但是还有一些研究报道当

TiO₂ 表面包覆 Al₂O₃、MgO 和 Y₂O₃ 时,V_{oc} 与 FF 会有提高,但是 J_{sc} 降低很多,最后导致了 η 的下降[223]。

目前大多数研究者集中对包覆材料和包覆方法进行研究,在不同电解质中,表面包覆对 DSC 带边移动、表面态分布、电子传输与复合动力学影响等研究还很少。采用强度调制光电流谱(IMPS)与强度调制光电压谱(IMVS)获得不同条件下的电子传输时间(τ_d)和电子寿命(τ_n)。通过分析对比 V_{oc} 与 $\ln J_{sc}$、V_{oc} 与 $\ln Q$、$\ln \tau_n$ 与 $\ln J_{sc}$ 和 $\ln \tau_d$ 与 $\ln J_{sc}$ 等参数之间的关系,可以研究不同电解液中 TiO₂ 表面包覆前后的带边移动过程和对电子传输与复合动力学的影响。

Yb₂O₃ 可以作为一种包覆材料,它的一些特性见表 6.6。Yb₂O₃ 的导带边高于 TiO₂ 导带边和 N719 染料的 LUMO 能级[230,231],表明 Yb₂O₃ 层会在 TiO₂ 表面形成一个势垒,这个势垒不但会影响电子的复合过程还会影响电子的注入过程。

表 6.6　染料与半导体材料特性

材料	带隙/eV	E_{CB}/LUMO(eV 相对于真空)	pzc(pH 单位)
TiO₂	3.20	−4.21	5.80
Yb₂O₃	4.90	−3.02	8.15
N719		−3.85	

图 6.70 为以 TiO₂ 表面包覆前作为基准的 DSC 性能参数的变化情况。从图 6.70 结果可知,在不同电解液中表面包覆对 DSC 性能参数影响是不同的。含 Li⁺ 电解液中表面包覆后电池的 V_{oc} 和 FF 平均增长 19.9% 和 20.3%,而 J_{sc} 平均下降了 16.2%;含 TBA⁺ 电解液中 V_{oc} 和 FF 变化很小,但是 J_{sc} 下降很大,平均下降 15.6%。含 Li⁺ 电解液中表面包覆后电池 V_{oc} 和 FF 的增长弥补了 J_{sc} 的下降,使得 η 增加 20.8%;而含 TBA⁺ 电解液中表面包覆后 V_{oc} 和 FF 不能弥补 J_{sc} 的下降,导致 η 下降了约 12.4%。

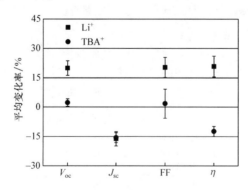

图 6.70　以 TiO₂ 表面包覆前作为基准的 DSC 性能参数的变化情况

图 6.71 为表面包覆前后不同 J_{sc} 下的 V_{oc} 变化情况。由图 6.71 可知随着 J_{sc} 的增加 V_{oc} 增大，V_{oc} 与 $\ln J_{sc}$ 可以线性地表示为[4]

$$V_{oc} = V_a + m_a \ln J_{sc} \qquad\qquad (6.148)$$

其中，V_a 为纵轴截距；m_a 为斜率，即 $m_a = dV_{oc}/d\ln J_{sc}$，拟合的参数见表 6.7。相同 J_{sc} 条件下比较 V_a 值可知，在两种电解液中表面包覆后 V_{oc} 都有一定的提高：含有 Li$^+$ 电解液的电池在表面包覆前后 V_a 变化较大（$\Delta V_a \approx 92$ mV），即 V_{oc} 提高约 92 mV；而含有 TBA$^+$ 电解液电池在表面包覆前后 V_a 改变较小（$\Delta V_a \approx 23$ mV），即 V_{oc} 提高约 23 mV。

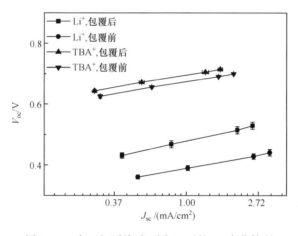

图 6.71　表面包覆前后不同 J_{sc} 下的 V_{oc} 变化情况

表 6.7　拟合参数 m_a、m_c、V_a、V_c 和 α 值

项目	m_a/mV	m_c/mV	V_a/mV	V_c/mV	α
Li$^+$，包覆前	43	70	389	100	0.48
Li$^+$，包覆后	53	82	481	154	0.43
TBA$^+$，包覆前	39	65	674	449	0.51
TBA$^+$，包覆后	39	93	697	439	0.36

注：样品包覆前的 m_a 和 m_c 确定为固定值，用来拟合得到 V_a 和 V_c（具体方法见参考文献[4]）。

电子陷阱一般认为存在于 TiO$_2$ 内部或者是表面，由于纳米多孔 TiO$_2$ 巨大的表面积，所以电子陷阱最有可能是在表面，即表面态。一般认为光生电子在染料-TiO$_2$/EL 界面与 I$_3^-$ 发生复合反应的途径可能有两种：一是通过 TiO$_2$ 导带直接与 I$_3^-$ 复合；另一种是通过表面态间接与 I$_3^-$ 发生复合。若光生电子通过导带直接发生复合反应，则 $m_a = 26$ mV；若光生电子复合通过表面态发生复合反应，则 $m_a > 26$ mV[4]。由表 6.7 可知，获得的 m_a 都大于 26 mV，表明在这两种电解质体系中光生电子主要通过表面态发生复合反应。同时也表明了表面包覆不改变表面复合过程的反应途径。

　　TiO₂ 薄膜带边移动是引起 V_{oc} 变化的一个主要原因。光照情况下,电子积累 TiO₂ 薄膜中来维持一定的光电压,薄膜中的电量只和导带和电子准费米能级之间的差值有关,而 V_{oc} 取决于电子准费米能级与氧化还原电势之差[4]。当薄膜中的电量一定时,导带与电子准费米能级差值保持不变,如果带边发生移动,则 V_{oc} 随之变化:带边正移时,电子准费米能级也随之向正方向移动,导致 V_{oc} 减小;带边负移时,电子准费米能级也随之向负方向移动,导致 V_{oc} 增大。图 6.72 为表面包覆前后电量 Q 与 V_{oc} 的关系,V_{oc} 与 $\ln(Q)$ 可以线性地表示为[4]

$$V_{oc}=V_c+m_c\ln Q \qquad (6.149)$$

其中,V_c 为纵轴截距;m_c 为斜率,即 $m_c=dV_{oc}/d\ln Q$。由表 6.7 可知 m_c 分别为 70 mV(Li⁺ 电解液)和 65 mV(TBA⁺ 电解液),与其他文献报道一致(60～100 mV)[4,204]。

　　在 TiO₂ 薄膜中电子既可以积累在导带中又可以积累在表面态中:当 $m_c=26$ mV 时,电子主要是积累在导带中;$m_c>26$ mV 时,电子主要是积累在表面态中[4]。由表 6.7 可知,m_c 都大于 26 mV,所以大部分电子积累在表面态中。TiO₂ 表面包覆 Yb₂O₃ 后表面态的分布可能受到影响。

　　相同电量下,两种电解液中 TiO₂ 表面包覆前后 V_c 变化不同。从图 6.72 中可以看出,Li⁺ 电解液中表面包覆后 V_c 变化较大($\Delta V_c\approx 54$ mV),表明包覆后的带边相对于包覆前大约负移了 54 mV,而 TBA⁺ 电解液中包覆前后带边没有明显的负移。两种电解液中 TiO₂ 表面包覆前后带边变化不同的原因是由于 Li⁺ 和 TBA⁺ 性质不同造成的。Li⁺ 是一种特性吸附离子,可以吸附在 TiO₂ 薄膜上,由于 Li⁺ 带有正电荷吸附在 TiO₂ 薄膜后导致带边向正方向移动[205]。Li⁺ 是一种决定

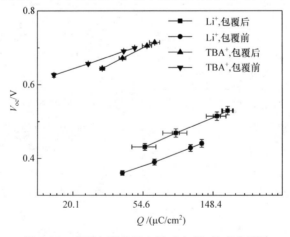

图 6.72　表面包覆前后电量 Q 与 V_{oc} 的变化情况

电位的离子,这种离子决定半导体导带边的电势依赖浓度[205]。表面包覆 Yb_2O_3
层后,由于将 TiO_2 和电解液中的 Li^+ 隔开引起了 TiO_2 表面的 Li^+ 浓度降低,导致
了薄膜带边负移。TBA^+ 虽然也带有正电荷,但是由于基本不吸附于 TiO_2 表
面[205],无论表面是否包覆 Yb_2O_3 层,TiO_2 表面不会增加正电荷,所以不影响带边
的移动。

结合图 6.71 和图 6.72 可知 Li^+ 电解液中,V_{oc} 大约增大了 92 mV,而 TiO_2 带
边仅负移了 54 mV;而 TBA^+ 电解液中,TiO_2 带边没有明显负移,但是 V_{oc} 却增大
了约 23 mV。所以带边负移不是 V_{oc} 增大的全部原因,导致 V_{oc} 增大的另一个主要
原因就是表面包覆抑制了电子的复合过程。

DSC 中的复合是一种界面电荷转移过程,这个过程只发生在界面上[147]。理
论上,DSC 的复合可以在几个界面上发生,但是发生在染料-TiO_2/EL 界面的复合
是影响 DSC 性能最重要的一个因素。从复合反应动力学角度来说,光生电子与
I_3^- 反应的过程可以用电子寿命 τ_n 来表征,即电子从注入导带到转移到 I_3^- 的时
间。τ_n 值越大,表明光生电子与电解液中的 I_3^- 复合速率越慢。τ_n 与 V_{oc} 存在如下
关系[140]

$$V_{oc} = \frac{kT}{q} \ln \frac{J_{sc}\tau_n}{qdn} \tag{6.150}$$

其中,k 为玻尔兹曼常量;T 为温度;q 为基本电荷电量;n 为暗态下电子浓度;d 为
薄膜厚度。

根据式(6.150)可知,相同 J_{sc} 条件下,随着 τ_n 的延长薄膜中的电子浓度升高,
导致 V_{oc} 增大。图 6.73 为表面包覆前后 τ_n 与 J_{sc} 的关系,可以看出两种电解液中
相同 J_{sc} 条件下表面包覆后的 τ_n 值增大,表明包覆后电子复合过程被抑制。由于

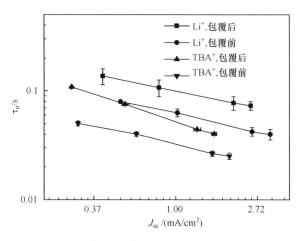

图 6.73　表面包覆前后 τ_n 与 J_{sc} 的变化情况

TiO₂ 包覆的绝缘性 Yb₂O₃ 层形成一个势垒,电子不容易与 I₃⁻ 发生复合反应,所以电子复合被抑制[225]。综合现有的关于表面包覆的文献报道,光阳极薄膜表面包覆后,复合反应大都会被抑制并且提高了 V_{oc}[154,217-220,223,227-229]。

结合前述分析可知,在 Li⁺ 电解液中,带边负移和电子复合抑制双重作用导致了 V_{oc} 的增大;而含有 TBA⁺ 的电解液只有表面复合抑制导致了 V_{oc} 的增大。

表面包覆 TiO₂ 薄膜虽然很大程度上提高了 V_{oc},但是不可避免地会降低 J_{sc}。只有 DSC 的其他参数(如 FF 和 V_{oc})提高能弥补并且超过 J_{sc} 的损失时,DSC 的效率才会得到提升。所以研究表面包覆最重要的是找出 J_{sc} 下降的因素,然后采取措施尽可能地提高 J_{sc},才有可能提高 DSC 效率。

首先应该确定的是 J_{sc} 的下降是否与表面包覆后的染料吸附量有关。图 6.74 为 TiO₂ 薄膜在包覆前后紫外-可见光谱。测量结果表明未吸附染料的 TiO₂ 薄膜的透光度变化不大,表明 TiO₂ 表面包覆 Yb₂O₃ 层对透光度影响很小。TiO₂ 薄膜包覆后的染料吸附量与包覆前相比并没有减少,还有一定的提高,表明 Yb₂O₃ 层并不影响染料 N719 的吸附。杨术明等[225]研究也表明 Yb₂O₃ 包覆后 N3 染料吸附量也有提高。研究发现染料吸附与包覆材料的 pzc 有一定的关系[219,223]。Yb₂O₃ 的 pzc 是 pH=8.15,而 TiO₂ 的 pzc 是 pH=5.8(表 6.6)。所以 Yb₂O₃ 表面碱性比 TiO₂ 更强,能吸附更多的染料。因此表面包覆后染料吸附量略有上升,表明 J_{sc} 下降不是染料的吸附量变化造成的。引起 J_{sc} 下降的另一些原因是电子传输过程和电子注入过程。

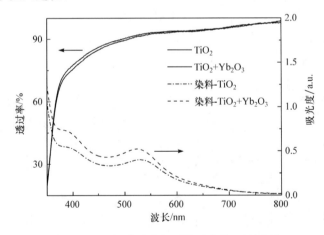

图 6.74 TiO₂ 薄膜在包覆前后紫外-可见光谱

图 6.75 为 TiO₂ 薄膜在包覆前后 τ_d 与 J_{sc} 的关系。图 6.75 表明在两种电解液中表面包覆后 τ_d 都有所增大。IMPS 结果表明,在两种电解液中,表面包覆后电子的传输都变慢。

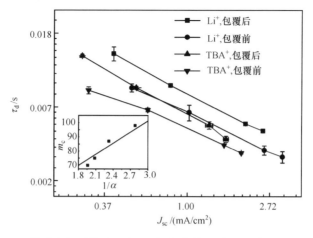

图 6.75　TiO_2 薄膜在包覆前后 τ_d 与 J_{sc} 的变化情况（内插图为 m_c 与 $1/\alpha$ 的关系）

电子传输变慢的一个原因是表面态分布变化造成的。电子可以被陷阱俘获也可以从陷阱中热激发回到导带中，所以 τ_d 依赖于自由电子与陷落电子的比值和导带中的电子扩散系数[232]。如果外界一些条件使得自由电子与陷落电子的原有平衡打破，自由电子与陷落电子的比值减小时，电子在陷阱里俘获的时间延长，所以会导致较长的 τ_d。

从 $\ln\tau_d$ 与 $\ln J_{sc}$ 曲线的斜率变化可以表征表面态分布变化，τ_d 与 J_{sc} 有如下关系[138,200]

$$\tau_d \propto J_{sc}^{\alpha-1} \tag{6.151}$$

其中，α 为表面态指数分布的陡度。α 与式(6.149)中的 m_c 有着密切的关系[138,200]

$$m_c = \frac{kT}{q\alpha} \tag{6.152}$$

其中，k 为玻尔兹曼常量；T 为热力学温度。从图 6.75 中的内插图可以看出，实验测得的 α 与 m_c 很好地符合式(6.152)所示关系（内插图中的实线的斜率为 $kT/q=$ 26 mV）。m_c 增大（或等同于 α 减小）表明指数分布的带尾变宽。由于高浓度电解液的屏蔽作用，电子在薄膜中是以扩散形式传输的。激子扩散（ambipolar diffusion）模型常用来描述阳离子对电子传输的影响[31]。当电解液中含有 Li^+ 时，Li^+ 可能吸附或嵌入到 TiO_2 薄膜之中，导致了较慢的电子传输[233]。当表面包覆后，由于 TiO_2 表面的 Li^+ 浓度降低，Li^+ 与 TiO_2 的相互作用可能减弱。而 TBA^+ 不吸附在 TiO_2 上，所以无论包覆与否 TBA^+ 与 TiO_2 的相互作用不受影响。假设表面包覆不改变表面态的分布，则包覆后在 Li^+ 电解液中 α 应该明显增加，而在 TBA^+ 溶液中 α 应该保持不变。但是实验结果恰好相反：Li^+ 电解液中 α 基本保持不变，而 TBA^+ 溶液中 α 明显降低。显然，表面包覆也影响了表面态的分布。在 Li^+ 电解液中,一方面包覆后 Li^+ 浓度减小使 α 增加;另一方面表面包覆引起表面态变化使得 α 降低。所以综合两方面影响,最终使得 α 可能变化不大。在 TBA^+ 电解液中,只有表面包覆影响表面态分布,所以包覆后 α 明显降低。以上结果表明,表面态分布依赖于电解液中的阳离子和表面包覆材料。

除了表面态分布可以影响电子传输外,其他原因也应该考虑进去。由于 Yb_2O_3 只包覆在 TiO_2 的表面,颗粒内部的性质没受到影响,所以 τ_d 增大的原因可能是 Yb_2O_3 在颗粒之间的连接部位形成了势垒,使颗粒之间接触变差阻碍了电子的传输。光生电子由激发态染料注入 TiO_2 导带的过程也可能受到表面包覆的影响。当 TiO_2 带边向正方向移动时,激发态染料更容易将电子注入 TiO_2 的导带中去[205]。由于 Li^+ 电解液中表面包覆后 TiO_2 带边负移,所以相对于包覆前电子注入动力受到影响,另外表面包覆后形成的势垒层也可能阻碍光生电子的注入。总之,包覆前后电子传输和电子注入两个过程对 J_{sc} 影响比较复杂,需要进一步研究来确定哪一个过程是导致了 J_{sc} 减小的主要原因。

6.11 接触界面光学特性对动力学的影响

常用作 DSC 光阳极的 TiO_2 半导体带隙宽度(E_g)约为 3.2 eV[231],光吸收阈值 λ 取决于带隙宽度[196]:$\lambda(nm)=1240/E_g(eV)$。当入射光的能量大于 E_g 时,价带中的电子就会吸收光子的能量跃迁到导带,同时在价带中留下一个空穴,形成电子-空穴对。TiO_2 只能吸收波长小于 387 nm 的光,对于波长大于 387 nm 的光谱部分光吸收很小。当 TiO_2 薄膜吸附染料后,光吸收情况改变很大。图 6.76 为 N719 染料敏化的 TiO_2 薄膜的吸收光谱(膜厚 6 μm),可以看出与未吸附染料相比,敏化薄膜大大拓宽了吸收光的范围。但是由于染料本身的特点,并不能吸收全部光谱范围内的光。例如,常见的 N729 染料最大吸收峰大约为 530 nm,在大于

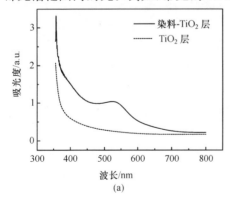
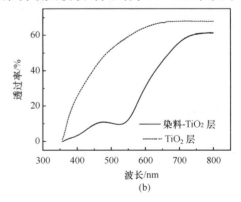

图 6.76 TiO_2 薄膜敏化前后的吸收光谱(a)和透射光谱(b)

600 nm 的范围吸收较差,所以提高 DSC 效率的一个途径就是拓展染料的吸收范围[234]。

DSC 研究中常使用的 TiO₂ 颗粒大约为 20 nm,这种粒径的薄膜可以忽略光的散射。为了提高电池效率,在染料敏化层(光活性层)的上端覆盖颗粒半径为 300~400 nm 的大颗粒散射层,用来增加光的反射,使得入射光被反复吸收,以达到增大吸收光的效率[235]。这种增加光的散射依赖于颗粒的大小和活性层与散射层的折射系数[236]。图 6.77 和图 6.78 为 TiO₂ 薄膜敏化前后有无大颗粒反射层的漫散射光谱。没有大颗粒散射层的情况下,未被染料敏化的 TiO₂ 层在波长大于 450 nm 的波段散射,反射率低于 10%。大颗粒反射层的散射能力较强,在波长 400~800 nm 范围内,被散射的光大约在 30%~55%。当多孔 TiO₂ 薄膜吸附染料后,在 400~600 nm 波段的散射率有些下降,其他波段没有较大的变化。在活性层上覆盖大颗粒散射层后,400~600 nm 波段光的散射率基本不变,这是因为此波段处于染料的强吸收区,大部分入射光都被染料吸收。而染料吸收较弱的长波段,大颗粒散射层的散射能力尤其明显。所以大颗粒散射层的作用基本上是增加了长波段的光吸收使 DSC 效率提高。

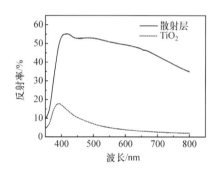

图 6.77　敏化前 TiO₂ 薄膜有无大颗粒反射层的漫散射光谱

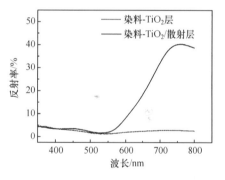

图 6.78　敏化后 TiO₂ 薄膜有无大颗粒反射层的漫散射光谱

实际 DSC 中光路比较复杂,既有提高效率的方面,如大颗粒层的反射效应,这些反射都可以增加 DSC 的性能;同时一些反射也可能造成光损失,如光阳极的导电玻璃上发生的反射。忽略光阳极的导电玻璃上的光损失,在 DSC 中发生的光路可以由图 6.79 表示。

这里建立一个简单的 DSC 光路反射模型:假设入射光 I_0 从光阳极导电衬底入射(衬底的反射忽略不计),入射光由于染料的吸收遵照 Lambert-Beer 定律呈指数衰减,吸收系数为 α。当光通过膜厚为 d 的活性层后到达大颗粒散射界面时入射光衰减至 $I_0 e^{-\alpha d}$,反射回的光仍然遵照 Lambert-Beer 定律呈指数衰减。这样在电子的连续方程中增加一个反射项,设反射率为 R',则电子连续方程为

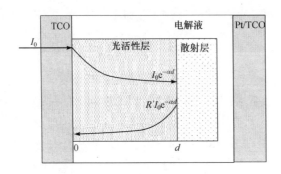

图 6.79　DSC 中的光路示意图

$$\frac{\partial n(x,t)}{\partial t}=\eta\alpha(I_0\cdot e^{-\alpha x}+R'I_0e^{-\alpha d}\cdot e^{-\alpha(d-x)})+D_n\frac{\partial^2 n}{\partial x^2}-\frac{n-n_0}{\tau_n}\quad(6.153)$$

利用 MATLAB 在不同吸收条件下改变 R'，模拟 IMPS 在不同条件下的响应，边界条件与式(6.56)和式(6.57)相同。图 6.80 为在强吸收($\alpha=4000\ cm^{-1}$)条件下 IMPS 的频率响应奈奎斯特图。由于此时染料的吸收较强，光的吸收深度($1/\alpha$)大约为 2.5 μm，而 TiO$_2$ 薄膜的膜厚为 4 μm，入射光未到达光散射层就已经被全部吸收了。所以此时光散射层对 IMPS 的频率响应没有作用，IMPS 曲线基本上是重合的。图 6.81 为在弱吸收($\alpha=1000\ cm^{-1}$)条件下 IMPS 的频率响应奈奎斯特图。此时吸收深度大约为 10 μm，入射光可以到达大颗粒散射层，随着反射率 R' 增大时，IMPS 曲线逐渐变大，与实轴的交点向正方向移动，表明 IPCE 也随着增大。

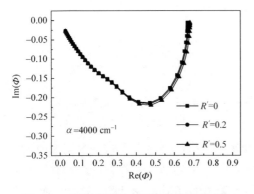

图 6.80　高吸收条件下 IMPS 的频率响应
$d=4\ \mu m, \tau_n=0.1\ s, D=2\times10^{-6}\ cm^2/s$

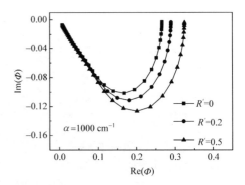

图 6.81　低吸收条件下 IMPS 的频率响应
$d=4\ \mu m, \tau_n=0.1\ s, D=2\times10^{-6}\ cm^2/s$

6.12　不同染料分布条件对动力学的影响

在 DSC 的制作过程中，大多采用多孔薄膜直接浸泡在染料溶液中的方式使薄膜吸附染料。浸泡过程中，由于各种影响因素(如染料浓度、溶液温度、浸泡时间等)对染料在薄膜中的吸附产生显著影响[237]，有可能导致染料在薄膜中分布不均匀。目前关于染料在纳米 TiO_2 薄膜表面吸附行为的研究集中于染料与薄膜的吸附方式及染料吸附量对电池性能的影响[21,130]，研究染料在 TiO_2 薄膜中的分布情况鲜有报道。了解染料在薄膜中的分布程度，降低染料使用量，缩短电池的制作周期，对提高电池的光电转换效率具有积极意义。

　　薄膜浸泡染料过程中，由于各种影响染料吸附的因素，染料有可能在薄膜中分布不均匀，存在没有染料分布的空白区域，Franco 等[139]用一个简单的"两层模型"来研究染料分布的情况，假定在 TiO_2 薄膜中存在两个不同的薄层：厚度为 d_1 的染料空白层和厚度为 $d-d_1$ 均匀吸附的染料层(d 为 TiO_2 薄膜厚度)，如图 6.82所示。

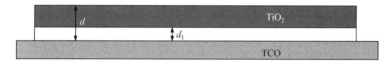

图 6.82　染料不均匀分布示意图

同时，给出了模型的光电转换效率表达式：

$$\Phi(\omega)=\frac{\beta}{\beta+\gamma}\frac{e^{\gamma(d-d_1)}+e^{\gamma(d_1-d)}-2\dfrac{\beta e^{-ad}-\gamma e^{\gamma(d_1-d)}}{\beta-\gamma}}{e^{\gamma d}+e^{-\gamma d}} \tag{6.154}$$

其中，$\beta=\alpha\dfrac{d}{d-d_1}$。"两层模型"假定染料浸泡时间相当长时，如 24 h，TiO_2 薄膜中不存在染料空白层，染料在薄膜中分布均匀，所以 $d_1=0$，光电流响应根据式(6.154)来描述。将 $d_1=0$ 时的各种参数固定，改变 d_1 的值，通过式(6.154)计算，可以得到一系列不同 d_1 值的光电流响应理论曲线，将实验曲线与理论曲线比较，可以得出 TiO_2 薄膜中染料空白层的厚度 d_1。染料分布的实际情况比"两层模型"复杂得多，但是可以利用它来近似估计薄膜中染料分布均匀程度。

　　通过丝网印刷得到薄膜 a；部分薄膜 a 经过浓度为 0.05 mol/L 的 $TiCl_4$ 修饰后得到薄膜 b。a、b 薄膜膜厚约为 13 μm。采用浓度为 5×10^{-4} mol/L 的 N719 染料，温度为室温，浸泡时间分别为 1 h、6 h、24 h。最后注入电解质组装成六块电池，对应于薄膜结构和浸泡时间电池编号分别为 a_1、a_6、a_{24} 和 b_1、b_6、b_{24}。

　　图 6.83(a)与图 6.83(b)分别为电池 a_1、a_6、a_{24} 和 b_1、b_6、b_{24} 的强度调制光电流谱的奈奎斯特图。每块电池的曲线由一个不规则的半圆组成，由于 TiO_2 薄膜半导体光电流是由电子在薄膜中扩散形成的，所以曲线位于第三、四象限[238]。随着浸泡染料时间延长，图 6.83(a)与图 6.83(b)中的曲线形状变化相同：a_1、b_1 曲线半圆最小；a_6、b_6 曲线半圆最大；a_{24}、b_{24} 位于两者中间。当调制频率 $\omega=0$ 时，曲线与

奈奎斯特图正实轴的交点为背景光的光电转化效率,所以电池 a_6、b_6 的背景光的光电转化效率最大。

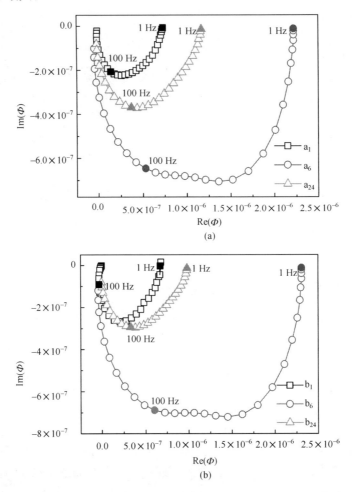

图6.83　TiO_2 处理前(a)和处理后(b)的 IMPS 频率响应的奈奎斯特图

　　如果染料在薄膜中分布不均匀,则存在没有染料的空白层,光生电子经过染料空白层时会产生传输时间的延迟,导致强度调制光电流谱中相同频率的相角绝对值增大[139]。图 6.84(a)为电池 a_1、a_6、a_{24} 的相角 Bode 图,相同调制频率下的相角绝对值随浸泡时间缩短而增大,但是增大程度不是很明显,三条曲线形状基本相同。表明这种 TiO_2 薄膜在浸泡染料时,染料能够在短时间内分布到整个薄膜之中,浸泡时间进一步延长时,染料分布变化不大,染料分布不均匀程度较小。

　　图 6.84(b)为电池 b_1、b_6、b_{24} 的相角 Bode 图。相同调制频率下,三条曲线相角绝对值变化规律与未经过任何处理的纳米 TiO_2 薄膜 a 制成的电池相同。b_6、

b_{24} 曲线差别不大,但 b_1 曲线形状明显与 b_6、b_{24} 曲线不同,原因是 TiO$_2$ 薄膜经过 TiCl$_4$ 修饰,薄膜微结构发生了改变:TiCl$_4$ 水解后经过烧结形成纳米 TiO$_2$ 颗粒,新生成颗粒弥漫于原 TiO$_2$ 网络微结构中,增加了 TiO$_2$ 的质量,薄膜孔隙度降低,颗粒间的接触性能提高,使整个薄膜层致密度增加[74]。与未经过任何处理的薄膜 a 相比,在较短时间内染料只分布在 TiO$_2$ 薄膜的一定膜厚中,不能完全分布到整个薄膜层,在靠近导电玻璃的上端形成了一个比较明显的空白层,所以浸泡时间相对较短的 b_1 相角绝对值改变的最大。随着染料浸泡时间的延长,染料不断吸附深入到薄膜内部,染料空白层逐渐减小,染料不均匀程度减小,6 h 后的 b_6 曲线已经接近 b_{24} 曲线,达到均匀分布状态。

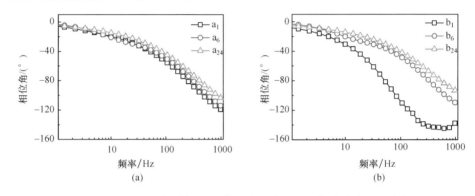

图 6.84　TiO$_2$ 处理前(a)和处理后(b)的 IMPS 频率响应 Bode 图

图 6.85(a)与图 6.85(b)为"两层模型"理论模型与实验结果的拟合。通过比较,可知未经过任何处理的纳米 TiO$_2$ 薄膜 a 制成的电池 a_1、a_6 染料空白层厚度很小,可以认为染料分布情况与 a_{24} 基本相同;经过 TiCl$_4$ 修饰纳米 TiO$_2$ 薄膜 b 制成的电池 b_1、b_6、b_{24} 与理论曲线拟合如图 6.85(b)所示,浸泡时间 1 h 后,b_1 薄膜大约存在 3 μm 的空白层,大约占整个膜厚的 1/4 左右,此时染料在薄膜中不均匀分布

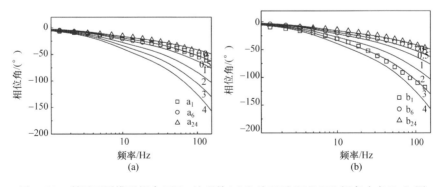

图 6.85　利用两层模型拟合 TiO$_2$ 处理前(a)和处理后(b)IMPS 频率响应 Bode 图

程度很明显。浸泡 6 h 后，b_6 薄膜空白层大约只有 0.5 μm，已经接近 b_{24} 均匀分布，所以染料在 b_6 和 b_{24} 中的分布没有太大差异。

电池 J-V 性能测试结果见表 6.8。虽然 a_1、a_6、a_{24} 电池的染料不均匀分布程度很小，但是三块电池的 J-V 性能存在差异，电池 a_6 的 I-V 性能较好。原因是当染料在薄膜分布均匀时，不一定意味着染料吸附量达到最佳值，同时，染料分布均匀时间与染料吸附量达到饱和的时间不一定相同。电池 a_1 染料虽然分布比较均匀，但是浸泡时间较短，染料吸附量较少导致性能较低。当染料在 TiO_2 薄膜形成单层吸附时，电池的性能最优，但是若浸泡时间进一步延长，染料达到过吸附，在 TiO_2 薄膜表面容易形成多层吸附，多层染料影响光的吸收以及阻碍电子的注入，反而会使电池性能下降[239]，所以电池 a_{24} 性能略差。

表 6.8　不同条件下 DSC 的 J-V 特性

编号	V_{oc}/V	J_{sc}/(mA/cm^2)	FF	η/%	编号	V_{oc}/V	J_{sc}/(mA/cm^2)	FF	η/%
a_1	0.67	12.80	0.67	5.67	b_1	0.67	11.80	0.67	5.30
a_6	0.70	13.31	0.69	6.43	b_6	0.72	13.42	0.70	6.76
a_{24}	0.68	12.97	0.68	6.10	b_{24}	0.67	12.48	0.69	5.77

电池 b_1、b_6、b_{24} 的 I-V 性能测试表明电池 b_6 性能较好，b_1、b_{24} 性能较差，原因与前面所述相同。$TiCl_4$ 修饰 TiO_2 薄膜是提高电池效率的有效手段[74]，但是从表 6.8 中可以看出，$TiCl_4$ 修饰后，浸泡时间过短的电池 b_1 或时间过长的电池 b_{24}，电池性能反而不如未处理过的薄膜电池 a_1 和 a_{24}，原因可能是 $TiCl_4$ 修饰过的 TiO_2 薄膜在 1 h 内 b_1 吸附染料量比 a_1 少，而 24 h 内 b_{24} 可能比未处理 a_{24} 更容易在 TiO_2 薄膜表面形成多层吸附，导致性能下降。但是浸泡 6 h、经过 $TiCl_4$ 修饰的电池 b_6 性能明显高于 a_6。所以利用 $TiCl_4$ 修饰 TiO_2 薄膜时，应该注意染料的吸附程度，选择合适的条件，修饰效果才能达到最优。

参 考 文 献

[1] 赵毅强，姚素英，等. 半导体物理与器件. 三版. 北京：电子工业出版社，2010.

[2] 刘恩科，朱秉升，罗晋生. 半导体物理学. 四版. 北京：国防工业出版社，2010.

[3] Ngamsinlapasathian S, Sreethawong T, Suzuki Y, et al. Doubled layered ITO/SnO$_2$ conducting glass for substrate of dye-sensitized solar cells. Sol Energy Mater Sol Cells, 2006, 90(14): 2129-2140.

[4] Schlichthorl G, Huang S Y, Sprague J, et al. Band edge movement and recombination kinetics in dye-sensitized nanocrystalline TiO$_2$ solar cells: A study by intensity modulated photovoltage spectroscopy. J Phys Chem B, 1997, 101(41): 8141-8155.

[5] Cahen D, Hodes G, Graetzel M, et al. Nature of photovoltaic action in dye-sensitized solar cells. J Phys Chem B, 2000, 104(9): 2053-2059.

[6] Schwarzburg K, Willig F. Origin of photovoltage and photocurrent in the nanoporous dye-sensitized electrochemical solar cell. J Phys Chem B, 1999, 103(28): 5743-5746.

[7] Pichot F, Gregg B A. The photovoltage-determining mechanism in dye-sensitized solar cells. J Phys Chem B, 2000, 104(1): 6-10.

[8] 倪萌, Michael L. 衬底对染料敏化太阳电池 J-U 特性的影响. 电源技术, 2006, 30(8): 668-671.

[9] Zhao D, Peng T Y, Lu L L, et al. Effect of annealing temperature on the photoelectrochemical properties of dye-sensitized solar cells made with mesoporous TiO$_2$ nanoparticles. J Phys Chem C, 2008, 112 (22): 8486-8494.

[10] Liang L Y, Dai S Y, Hu L H, et al. Porosity effects on electron transport in TiO$_2$ films and its application to dye-sensitized solar cells. J Phys Chem B, 2006, 110(25): 12404-12409.

[11] Nozik A J, Memming R. Physical chemistry of semiconductor-liquid interfaces. J Phys Chem, 1996, 100(31): 13061-13078.

[12] Gerischer H Z. Kinetics of oxidation-reduction reactions on metals and semiconductors. Phys Chem (Munich), 1960, 26:223.

[13] Plieth W. 材料电化学. 北京: 科学出版社, 2008.

[14] 查全性. 电极过程动力学导论. 北京: 科学出版社, 2002.

[15] 古列维奇, 波利斯科夫. 半导体光电化学. 彭瑞武, 译. 北京: 科学出版社, 1989.

[16] Fabregat-Santiago F, Garcia-Belmonte G, Bisquert J, et al. Mott-Schottky analysis of nanoporous semiconductor electrodes in dielectric state deposited on SnO$_2$(F) conducting substrates. J Electrochem Soc, 2003, 150(6): E293-E298.

[17] Gregg B A, Pichot F, Ferrere S, et al. Interfacial recombination processes in dye-sensitized solar cells and methods to passivate the interfaces. J Phys Chem B, 2001, 105(7): 1422-1429.

[18] Hauch A, Georg A. Diffusion in the electrolyte and charge-transfer reaction at the platinum electrode in dye-sensitized solar cells. Electrochim Acta, 2001, 46(22): 3457-3466.

[19] Bard A J, Faulkner L R. Electrochemical Methods: Fundamentals and Applications. 2nd ed. New York: John Wiley & Sons, 2000.

[20] Wang Q, Moser J E, Gratzel M. Electrochemical impedance spectroscopic analysis of dye-sensitized solar cells. J Phys Chem B, 2005, 109(31): 14945-14953.

[21] Dloczik L, Ileperuma O, Lauermann I, et al. Dynamic response of dye-sensitized nanocrystalline solar cells: Characterization by intensity-modulated photocurrent spectroscopy. J Phys Chem B, 1997, 101 (49): 10281-10289.

[22] Duffy N W, Peter L M, Rajapakse R M G, et al. A novel charge extraction method for the study of electron transport and interfacial transfer in dye sensitised nanocrystalline solar cells. Electrochem Commun, 2000, 2(9): 658-662.

[23] Duffy N W, Peter L M, Rajapakse R M G, et al. Investigation of the kinetics of the back reaction of electrons with tri-iodide in dye-sensitized nanocrystalline photovoltaic cells. J Phys Chem B, 2000, 104 (38): 8916-8919.

[24] Bailes M, Cameron P J, Lobato K, et al. Determination of the density and energetic distribution of electron traps in dye-sensitized nanocrystalline solar cells. J Phys Chem B, 2005, 109(32): 15429-15435.

[25] Jennings J R, Ghicov A, Peter L M, et al. Dye-sensitized solar cells based on oriented TiO$_2$ nanotube arrays: Transport, trapping, and transfer of electrons. J Am Chem Soc, 2008, 130(40): 13364-13372.

[26] Zaban A, Greenshtein M, Bisquert J. Determination of the electron lifetime in nanocrystalline dye solar cells by open-circuit voltage decay measurements. Chem Phys Chem, 2003, 4(8): 859-864.

[27] Bisquert J, Fabregat-Santiago F, Mora-Sero I, et al. Electron lifetime in dye-sensitized solar cells: The-

ory and interpretation of measurements. J Phys Chem C, 2009, 113(40): 17278-17290.

[28] Boschloo G, Haggman L, Hagfeldt A. Quantification of the effect of 4-*tert*-butylpyridine addition to I_3^-/I^- redox electrolytes in dye-sensitized nanostructured TiO_2 solar cells. J Phys Chem B, 2006, 110 (26): 13144-13150.

[29] Boschloo G, Hagfeldt A. Activation energy of electron transport in dye-sensitized TiO_2 solar cells. J Phys Chem B, 2005, 109(24): 12093-12098.

[30] Solbrand A, Lindstrom H, Rensmo H, et al. Electron transport in the nanostructured TiO_2-electrolyte system studied with time-resolved photocurrents. J Phys Chem B, 1997, 101(14): 2514-2518.

[31] Kopidakis N, Schiff E A, Park N G, et al. Ambipolar diffusion of photocarriers in electrolyte-filled, nanoporous TiO_2. J Phys Chem B, 2000, 104(16): 3930-3936.

[32] Nakade S, Kanzaki T, Wada Y, et al. Stepped light-induced transient measurements of photocurrent and voltage in dye-sensitized solar cells: application for highly viscous electrolyte systems. Langmuir, 2005, 21(23): 10803-10807.

[33] 朱俊, 戴松元, 张耀红. 染料敏化太阳电池中的电子传输及复合. 化学进展, 2011, 22: 822-828.

[34] Bisquert J. Theory of the impedance of electron diffusion and recombination in a thin layer. J Phys Chem B, 2002, 106(2): 325-333.

[35] Hagfeldt A, Boschloo G, Sun L C, et al. Dye-sensitized solar cells. Chem Rev, 2010, 110(11): 6595-6663.

[36] Liu W Q, Hu L H, Dai S Y, et al. The effect of the series resistance in dye-sensitized solar cells explored by electron transport and back reaction using electrical and optical modulation techniques. Electrochim Acta, 2010, 55(7): 2338-2343.

[37] Huang S Y, Schlichthorl G, Nozik A J, et al. Charge recombination in dye-sensitized nanocrystalline TiO_2 solar cells. J Phys Chem B, 1997, 101(14): 2576-2582.

[38] Liu W Q, Kou D X, Hu L H, et al. Processes of charge transport and transfer in dye-sensitized solar cell by electrical and optical modulation techniques. Acta Phys Sin, 2010, 59(7): 5141-5147.

[39] 张鉴清. 电化学测试技术. 北京: 化学工业出版社, 2010.

[40] Han L Y, Koide N, Chiba Y, et al. Improvement of efficiency of dye-sensitized solar cells by reduction of internal resistance. Appl Phys Lett, 2005, 86(21): 3501-3503.

[41] Koide N, Islam A, Chiba Y, et al. Improvement of efficiency of dye-sensitized solar cells based on analysis of equivalent circuit. J Photoch Photobiol, A, 2006, 182(3): 296-305.

[42] Han L Y, Koide N, Chiba Y, et al. Modeling of an equivalent circuit for dye-sensitized solar cells: Improvement of efficiency of dye-sensitized solar cells by reducing internal resistance. C R Chim, 2006, 9 (5-6): 645-651.

[43] Liu W Q, Kou D X, Hu L H, et al. kinetics of electron transfer across the multi-point contact interface through simplifying the complex structure in dye-sensitized solar cell. Chem Phys Lett, 2011, 513(1-3): 145-148.

[44] Fabregat-Santiago F, Bisquert J, Garcia-Belmonte G, et al. Influence of electrolyte in transport and recombination in dye-sensitized solar cells studied by impedance spectroscopy. Sol Energy Mater Sol Cells, 2005, 87(1-4): 117-131.

[45] Cameron P J, Peter L M, Hore S. How important is the back reaction of electrons via the substrate in dye-sensitized nanocrystalline solar cells? J Phys Chem B, 2005, 109(2): 930-936.

[46] Bisquert J. Chemical diffusion coefficient of electrons in nanostructured semiconductor electrodes and

dye-sensitized solar cells. J Phys Chem B, 2004, 108(7): 2323-2332.

[47] Sastrawan R. Photovoltaic modules of dye solar cells. Freiburg im Breisgau: Albert-Ludwigs-Universität, 2006.

[48] Kern R, Sastrawan R, Ferber J, et al. Modeling and interpretation of electrical impedance sectra of dye solar cells operated under open-circuit conditions. Electrochim Acta, 2002, 47(26): 4213-4225.

[49] Wang Q, Ito S, Gratzel M, et al. Characteristics of high efficiency dye-sensitized solar cells. J Phys Chem B, 2006, 110(50): 25210-25221.

[50] Bisquert J. Chemical capacitance of nanostructured semiconductors: Its origin and significance for nano-composite solar cells. Phys Chem Chem Phys, 2003, 5(24): 5360-5364.

[51] Bisquert J, Garcia-Belmonte G. Interpretation of AC conductivity of lightly doped conducting polymers in terms of hopping conduction. Russ J Electrochem, 2004, 40(3): 352-358.

[52] Wei T C, Wan C C, Wang Y Y, et al. Immobilization of poly(N-vinyl-2-pyrrolidone)-capped platinum nanoclusters on indium-tin oxide glass and its application in dye-sensitized solar cells. J Phys Chem C, 2007, 111(12): 4847-4853.

[53] Hoshikawa T, Yamada M, Kikuchi R, et al. Impedance analysis for dye-sensitized solar cells with a three-electrode system. J Electroanal Chem, 2005, 577(2): 339-348.

[54] Hoshikawa T, Kikuchi R, Eguchi K. Impedance analysis for dye-sensitized solar cells with a reference electrode. J Electroanal Chem, 2006, 588(1): 59-67.

[55] van de Lagemaat J, Park N G, Frank A J. Influence of electrical potential distribution, charge transport, and recombination on the photopotential and photocurrent conversion efficiency of dye-sensitized nanocrystalline TiO₂ solar cells: A study by electrical impedance and optical modulation techniques. J Phys Chem B, 2000, 104(9): 2044-2052.

[56] Bisquert J, Fabregat-Santiago F, Garcia-Belmonte G, et al. Characterization of nanostructured hybrid and organic solar cells by impedance spectroscopy. Phys Chem Chem Phys, 2011, 13(20): 9083-9118.

[57] Wang M, Chen P, Humphry-Baker R, et al. The influence of charge transport and recombination on theperformance of dye-sensitized solar cells. Chemphyschem, 2009, 10(1): 290-299.

[58] Fabregat-Santiago F, Bisquert J, Cevey L, et al. Electron transport and recombination in solid-state dye solar cell with spiro-OMeTAD as hole conductor. J Am Chem Soc, 2009, 131(2): 558-562.

[59] Bisquert J, Gratzel M, Wang Q, et al. Three-channel transmission line impedance model for mesoscopic oxide electrodes functionalized with a conductive coating. J Phys Chem B, 2006, 110(23): 11284-11290.

[60] Yong V, Ho S T, Chang R P H. Modeling and simulation for dye-sensitized solar cells. Appl Phys Lett, 2008, 92(14): 143506-143508.

[61] Yang X D, Yanagida M, Han L Y. Reliable evaluation of dye-sensitized solar cells. Energy Environ Sci, 2013, 6: 54-66.

[62] Adachi M, Sakamoto M, Jiu J T, et al. Determination of parameters of electron transport in dye-sensitized solar cells using electrochemical impedance spectroscopy. J Phys Chem B, 2006, 110(28): 13872-13880.

[63] Wang Q, Zhang Z P, Zakeeruddin S M, et al. Enhancement of the performance of dye-sensitized solar cell by formation of shallow transport levels under visible light illumination. J Phys Chem C, 2008, 112(28): 10585-10585.

[64] Gratzel M, Wang Q, Moser J E. Electrochemical impedance spectroscopic analysis of dye-sensitized so-

lar cells. J Phys Chem B, 2005, 109(31): 14945-14953.

[65] Wang Q, Zhang Z, Zakeeruddin S M, et al. Enhancement of the performance of dye-sensitized solar cell by formation of shallow transport levels under visible light illumination. J Phys Chem C, 2008, 112(17): 7084-7092.

[66] Wang Q, Jennings J R. Influence of lithium ion concentration on electron injection, transport, and recombination in dye-sensitized solar cells. J Phys Chem C, 2010, 114(3): 1715-1724.

[67] Lee W J, Ramasamy E, Lee D Y. Effect of electrode geometry on the photovoltaic performance of dye-sensitized solar cells. Sol Energy Mater Sol Cells, 2009, 93(8): 1448-1451.

[68] Dai S, Weng J, Sui Y F, et al. Dye-sensitized solar cells, from cell to module. Sol Energy Mater Sol Cells, 2004, 84(1-4): 125-133.

[69] Lee K M, Suryanarayanan V, Ho K C. The influence of surface morphology of TiO$_2$ coating on the performance of dye-sensitized solar cells. Sol Energy Mater Sol Cells, 2006, 90(15): 2398-2404.

[70] Kang S H, Kim J Y, Kim H S, et al. Influence of light scattering particles in the TiO$_2$ photoelectrode for solid-state dye-sensitized solar cell. J Photoch Photobiol A, 2008, 200(2-3): 294-300.

[71] Li X, Lin H, Li J B, et al. A numerical simulation and impedance study of the electron transport and recombination in binder-free TiO$_2$ film for flexible dye-sensitized solar cells. J Phys Chem C, 2008, 112(35): 13744-13753.

[72] 林原, 王尚华, 付年庆, 等. 柔性染料敏化太阳电池的制备和性能研究. 化学进展, 2011, 23(2-3): 548-556.

[73] Hsu C P, Lee K M, Huang J T W, et al. EIS analysis on low temperature fabrication of TiO$_2$ porous films for dye-sensitized solar cells. Electrochim Acta, 2008, 53(25): 7514-7522.

[74] Sommeling P M, O'Regan B C, Haswell R R, et al. Influence of a TiCl$_4$ post-treatment on nanocrystalline TiO$_2$ films in dye-sensitized solar cells. J Phys Chem B, 2006, 110(39): 19191-19197.

[75] Chang R P H, Lee B, Hwang D K, et al. Materials, interfaces, and photon confinement in dye-sensitized solar cells. J Phys Chem B, 2010, 114(45): 14582-14591.

[76] Fabregat-Santiago F, Garcia-Canadas J, Palomares E, et al. The origin of slow electron recombination processes in dye-sensitized solar cells with alumina barrier coatings. J Appl Phys, 2004, 96(11): 6903-6907.

[77] Tian H J, Hu L H, Dai S Y, et al. Retarded charge recombination in dye-sensitized nitrogen-doped TiO$_2$ solar cells. J Phys Chem C, 2010, 114(3): 1627-1632.

[78] Tian H J, Hu L H, Dai S Y, et al. Enhanced photovoltaic performance of dye-sensitized solar cells using a highly crystallized mesoporous TiO$_2$ electrode modified by boron doping. J Mater Chem, 2011, 21(3): 863-868.

[79] He C, Zheng Z, Tang H L, et al. Electrochemical impedance spectroscopy characterization of electron transport and recombination in ZnO nanorod dye-sensitized solar cells. J Phys Chem C, 2009, 113(24): 10322-10325.

[80] Xu T, Yang Z Z, Gao S M, et al. Enhanced electron collection in TiO$_2$ nanoparticle-based dye-sensitized solar cells by an array of metal micropillars on a planar fluorinated tin oxide anode. J Phys Chem C, 2010, 114(44): 19151-19156.

[81] Sauvage F, Chhor S, Marchioro A, et al. Butyronitrile-based electrolyte for dye-sensitized solar cells. J Am Chem Soc, 2011, 113(33): 13103-13109.

[82] Hoshikawa T, Ikebe T, Kikuchi R, et al. Effects of electrolyte in dye-sensitized solar cells and evalua-

tion by impedance spectroscopy. Electrochim Acta, 2006, 51(25): 5286-5294.

[83] Meng Q B, Qin D, Guo X Z, et al. Solid state electrolytes for dye-sensitized solar cells. Prog Chem, 2011, 23(2-3): 557-568.

[84] Fabregat-Santiago F, Bisquert J, Palomares E, et al. Correlation between photovoltaic performance and impedance spectroscopy of dye-sensitized solar cells based on ionic liquids. J Phys Chem C, 2007, 111 (17): 6550-6560.

[85] Chen P Y, Lee C P, Vittal R, et al. A quasi solid-state dye-sensitized solar cell containing binary ionic liquid and polyaniline-loaded carbon black. J Power Sources, 2010, 195(12): 3933-3938.

[86] Huo Z P, Dai S Y, Wang K J, et al. Nanocomposite gel electrolyte with large enhanced charge transport properties of an I_3^-/I^- redox couple for quasi-solid-state dye-sensitized solar cells. Sol Energy Mater Sol Cells, 2007, 91(20): 1959-1965.

[87] Shi C W, Dai S Y, Wang K J, et al. Influence of various cations on redox behavior of I^- and I_3^- and comparison between KI complex with 18-crown-6 and L1,2-dimethyl-3-propylimidazolium iodide in dye-sensitized solar cells. Electrochim Acta, 2005, 50(13): 2597-2602.

[88] Liberatore M, Burtone L, Brown T M, et al. On the effect of Al_2O_3 blocking layer on the performance of dye solar cells with cobalt based electrolytes. Appl Phys Lett, 2009, 94(17): 173113-173115.

[89] Jennings J R, Wang Q Influence of lithium ion concentration on electron injection, transport, and recombination in dye-sensitized solar cells. J Phys Chem C, 2010, 114(3): 1715-1724.

[90] Hara K, Dan-Oh Y, Kasada C, et al. Effect of additives on the photovoltaic performance of coumarin-dye-sensitized nanocrystalline TiO_2 solar cells. Langmuir, 2004, 20(10): 4205-4210.

[91] Nakade S, Makimoto Y, Kubo W, et al. Roles of electrolytes on charge recombination in dye-sensitized TiO_2 solar cells (2): The case of solar cells using cobalt complex redox couples. J Phys Chem B, 2005, 109(8): 3488-3493.

[92] 戴松元, 肖尚锋, 史成武, 等. 染料敏化纳米薄膜太阳电池电解质的优化. 高等学校化学学报, 2005, 26(3): 518-521.

[93] Hoshikawa T, Yamada M, Kikuchi R, et al. Impedance analysis of internal resistance affecting the photoelectrochemical performance of dye-sensitized solar cells. J Electrochem Soc, 2005, 152(2): E68-E73.

[94] Chen L L, Tan W W, Zhang J B, et al. Fabrication of high performance Pt counter electrodes on conductive plastic substrate for flexible dye-sensitized solar cells. Electrochim Acta, 2010, 55(11): 3721-3726.

[95] Cai F S, Liang J, Tao Z H, et al. Low-Pt-loading acetylene-black cathode for high-efficient dye-sensitized solar cells. J Power Sources, 2008, 177(2): 631-636.

[96] Chen J K, Li K X, Luo Y H, et al. A flexible carbon counter electrode for dye-sensitized solar cells. Carbon, 2009, 47(11): 2704-2708.

[97] Wang G Q, Wang L A, Xing W, et al. A novel counter electrode based on mesoporous carbon for dye-sensitized solar cell. Mater Chem Phys, 2010, 123(2-3): 690-694.

[98] Chen L L, Liu J, Zhang J B, et al. Low temperature fabrication of flexible carbon counter electrode on ITO-PEN for dye-sensitized solar cells. Chin Chem Lett, 2010, 21(9): 1137-1140.

[99] Ramasamy E, Lee W J, Lee D Y, et al. Nanocarbon counterelectrode for dye sensitized solar cells. Appl Phys Lett, 2007, 90(17): 173013.

[100] Jiang Q W, Li G R, Wang F, et al. Highly ordered mesoporous carbon arrays from natural wood ma-

terials as counter electrode for dye-sensitized solar cells. Electrochem Commun, 2010, 12 (7): 924-927.

[101] Aitola K, Kaskela A, Halme J, et al. Single-walled carbon nanotube thin-film counter electrodes for indium tin oxide-free plastic dye solar cells. J Electrochem Soc, 2010, 157(12): B1831-B1837.

[102] Lee W J, Ramasamy E, Lee D Y, et al. Efficient dye-sensitized cells with catalytic multiwall carbon nanotube counter electrodes. Acs Appl Mater Inter, 2009, 1(6): 1145-1149.

[103] Lee K M, Chen P Y, Hsu C Y, et al. A high-performance counter electrode based on poly(3,4-alkylenedioxythiophene) for dye-sensitized solar cells. J Power Sources, 2009, 188(1): 313-318.

[104] Makris T, Dracopoulos V, Stergiopoulos T, et al. A quasi solid-state dye-sensitized solar cell made of polypyrrole counter electrodes. Electrochim Acta, 2011, 56(5): 2004-2008.

[105] Qin Q, Tao J, Yang Y, Preparation and characterization of polyaniline film on stainless steel by electrochemical polymerization as a counter electrode of DSSC. Synth Met, 2010, 160 (11-12): 1167-1172.

[106] Zhang J, Li X X, Guo W, et al. Electropolymerization of a poly(3,4-ethylenedioxythiophene) and functionalized, multi-walled, carbon nanotubes counter electrode for dye-sensitized solar cells and characterization of its performance. Electrochim Acta, 2011, 56(9): 3147-3152.

[107] Xia J B, Yuan C C, Yanagida S. Novel counter electrode V_2O_5/Al for solid dye-sensitized solar cells. Acs Appl Mater Inter, 2010, 2(7): 2136-2139.

[108] Cai M L, Pan X, Liu W Q, et al. Multiple adsorption of tributyl phosphate molecule at the dyed-TiO_2/electrolyte interface to suppress the charge recombination in dye-sensitized solar cell. J Mater chem A, 2013, 1: 4885-4892.

[109] Lee K, Park S W, Ko M J, et al. Selective positioning of organic dyes in a mesoporous inorganic oxide film. Nat Mater, 2009, 8(8): 665-671.

[110] Gratzel M, Wang M K, Li X, et al. Passivation of nanocrystalline TiO_2 junctions by surface adsorbed phosphinate amphiphiles enhances the photovoltaic performance of dye sensitized solar cells. Dalton Trans, 2009, 45: 10015-10020.

[111] Zhang Z P, Zakeeruddin S M, O'Regan B C, et al. Influence of 4-guanidinobutyric acid as coadsorbent in reducing recombination in dye-sensitized solar cells. J Phys Chem B, 2005, 109(46): 21818-21824.

[112] Wang M K, Gratzel C, Moon S J, et al. Surface design in solid-state dye sensitized solar cells: Effects of zwitterionic Co-adsorbents on photovoltaic performance. Adv Funct Mater, 2009, 19 (13): 2163-2172.

[113] Yoshida Y, Tokashiki S, Kubota K, et al. Increase in photovoltaic performances of dye-sensitized solar cells-modification of interface between TiO_2 nano-porous layers and F-doped SnO_2 layers. Sol Energy Mater Sol Cells, 2008, 92(6): 646-650.

[114] Kim J, Kim J, Lee M. Laser welding of nanoparticulate TiO_2 and transparent conducting oxide electrodes for highly efficient dye-sensitized solar cell. Nanotechnology, 2010, 21 (34): 2010, 21(34): 345203.

[115] Doh J G, Hong J S, Vittal R, et al. Enhancement of photocurrent and photovoltage of dye-sensitized solar cells with TiO_2 film deposited on indium zinc oxide substrate. Chem Mater, 2004, 16(3): 493-497.

[116] Cameron P J, Peter L M. Characterization of titanium dioxide blocking layers in dye-sensitized nanocrystalline solar cells. J Phys Chem B, 2003, 107(51): 14394-14400.

[117] Xia J B, Masaki N, Jiang K J, et al. Fabrication and characterization of thin Nb$_2$O$_5$ blocking layers for ionic liquid-based dye-sensitized solar cells. J Photoch Photobiol A, 2007, 188(1): 120-127.

[118] Kuang D B, Wang P, Ito S, et al. Stable mesoscopic dye-sensitized solar cells based on tetracyanoborate ionic liquid electrolyte. J Am Chem Soc, 2006, 128(24): 7732-7733.

[119] Zhang C N, Huang Y, Huo Z P, et al. Photoelectrochemical effects of guanidinium thiocyanate on dye-sensitized solar cell performance and stability. J Phys Chem C, 2009, 113(52): 21779-21783.

[120] Fei Z F, Kuang D B, Zhao D B, et al. A supercooled imidazolium iodide ionic liquid as a low-viscosity electrolyte for dye-sensitized solar cells. Inorg Chem, 2006, 45(26): 10407-10409.

[121] Kato N, Takeda Y, Higuchi K, et al. Degradation analysis of dye-sensitized solar cell module after long-term stability test under outdoor working condition. Sol Energy Mater Sol Cells, 2009, 93(6-7): 893-897.

[122] Fuke N, Fukui A, Komiya R, et al. New approach to low-cost dye-sensitized solar cells with back contact electrodes. Chem Mater, 2008, 20(15): 4974-4979.

[123] Albery W J, Bartlett P N. The photoelectrochemical kinetics of p-type GaP. J Electrochem Soc, 1982, 129(10): 2254-2261.

[124] Li J, Peter L M. Surface recombination at semiconductor electrodes: Part III. Steady-state and intensity modulated photocurrent response. J Eletroanal Chem, 1985, 193(1): 27-47.

[125] Li J, Peter L M. Surface recombination at semiconductor electrodes: Part IV. Steady-state and intensity modulated photocurrents at n-GaAs electrodes. J Eletroanal Chem, 1986, 199(1): 1-26.

[126] Albery W J, Bartlett P N, Wilde C P. Modulated light studies of the electrochemistry of semiconductors. J Electrochem Soc, 1987, 10: 2486-2491.

[127] de Jongh P E, Vanmaekelbergh D. Investigation of the electronic transport properties of nanocrystalline particulate TiO$_2$ electrodes by intensity-modulated photocurrent spectroscopy. J Phys Chem B, 1997, 101(14): 2716-2722.

[128] Goossens A. Intensity-modulated photocurrent spectroscopy of thin anodic films on titanium. Surf Sci, 1996, 365(3): 662-671.

[129] Yin F, Lin Y, Lin R F, et al. Photocatalytic mechanism studies of TiO$_2$ particulate suspension by intensity-modulation photocurrent spectroscopy. Acta Phys Chim Sin, 2002, 18(1): 21-25.

[130] Oregan B, Gratzel M. A low-cost, high-efficiency solar-cell based on dye-sensitized colloidal TiO$_2$ films. Nature, 1991, 353(6346): 737-740.

[131] Shi C W, Dai S Y, Wang K J, et al. Optimization of 1,2-dimethyl-3-propylimidazolium iodide concentration in dye-sensitized solar cells. Acta Phys Chim Sin, 2005, 21(5): 534-538.

[132] Cao F, Oskam G, Meyer G J, et al. Electron transport in porous nanocrystalline TiO$_2$ photoelectrochemical cells. J Phys Chem, 1996, 100(42): 17021-17027.

[133] Halme J, Miettunen K, Lund P. Effect of nonuniform generation and inefficient collection of electrons on the dynamic photocurrent and photovoltage response of nanostructured photoelectrodes. J Phys Chem C, 2008, 112(51): 20491-20504.

[134] Fisher A C, Peter L M, Ponomarev E A, et al. Intensity dependence of the back reaction and transport of electrons in dye-sensitized nanacrystalline TiO$_2$ solar cells. J Phys Chem B, 2000, 104(5): 949-958.

[135] Bay L, West K. An equivalent circuit approach to the modelling of the dynamics of dye sensitized solar cells. Sol Energy Mater Sol Cells, 2005, 87(1-4): 613-628.

[136] Ponomarev E A, Peter L M. A generalized theory of intensity-modulated photocurrent spectroscopy (IMPS). J Electroanal Chem, 1995, 396(1-2): 219-226.

[137] Kambili A, Walker A B, Qiu F L, et al. Electron transport in the dye sensitized nanocrystalline cell. Phys E, 2002, 14(1-2): 203-209.

[138] van de Lagemaat J, Frank A J. Effect of the surface-state distribution on electron transport in dye-sensitized TiO$_2$ solar cells: Nonlinear electron-transport kinetics. J Phys Chem B, 2000, 104(18): 4292-4294.

[139] Franco G, Peter L M, Ponomarev E A. Detection of inhomogeneous dye distribution in dye sensitised nanocrystalline solar cells by intensity modulated photocurrent spectroscopy (IMPS). Electrochem Commun, 1999, 1(2): 61-64.

[140] Peter L M. Characterization and modeling of dye-sensitized solar cells. J Phys Chem C, 2007, 111 (18): 6601-6612.

[141] Oekermann T, Schlettwein D, Jaeger N I. Charge transfer and recombination kinetics at electrodes of molecular semiconductors investigated by intensity modulated photocurrent spectroscopy. J Phys Chem B, 2001, 105(39): 9524-9532.

[142] Vanmaekelbergh D, Marin F I, vandeLagemaat J. Transport of photogenerated charge carriers through crystalline GaP networks investigated by intensity modulated photocurrent spectroscopy. Ber Bunsen-Ges Phys Chem, 1996, 100(5): 616-626.

[143] Franco G, Gehring J, Peter L M, et al. Frequency-resolved optical detection of photoinjected electrons in dye-sensitized nanocrystalline photovoltaic cells. J Phys Chem B, 1999, 103(4): 692-698.

[144] Duffy N W, Peter L M, Wijayantha K G U. Characterisation of electron transport and back reaction in dye-sensitised nanocrystalline solar cells by small amplitude laser pulse excitation. Electrochem Commun, 2000, 2(4): 262-266.

[145] Peter L M, Wijayantha K G U. Intensity dependence of the electron diffusion length in dye-sensitised nanocrystalline TiO$_2$ photovoltaic cells. Electrochem Commun, 1999, 1(12): 576-580.

[146] Peter L M, Wijayantha K G U. Electron transport and back reaction in dye sensitised nanocrystalline photovoltaic cells. Electrochim Acta, 2000, 45(28): 4543-4551.

[147] Bisquert J, Vikhrenko V S. Interpretation of the time constants measured by kinetic techniques in nanostructured semiconductor electrodes and dye-sensitized solar cells. J Phys Chem B, 2004, 108(7): 2313-2322.

[148] Wurfel U, Wagner J, Hinsch A. Spatial electron distribution and its origin in the nanoporous TiO$_2$ network of a dye solar cell. J Phys Chem B, 2005, 109(43): 20444-20448.

[149] Nelson J. Continuous-time random-walk model of electron transport in nanocrystalline TiO$_2$ electrodes. Phys Rev B, 1999, 59(23): 15374-15380.

[150] Peter L M, Duffy N W, Wang R L, et al. Transport and interfacial transfer of electrons in dye-sensitized nanocrystalline solar cells. J Electroanal Chem, 2002, 524: 127-136.

[151] Abe R, Takata T, Sugihara H, et al. The use of TiCl$_4$ treatment to enhance the photocurrent in a Ta-ON photoelectrode under visible light irradiation. Chem Lett, 2005, 34(8): 1162-1163.

[152] Fabregat-Santiago F, Garcia-Belmonte G, Bisquert J, et al. Decoupling of transport, charge storage, and interfacial charge transfer in the nanocrystalline TiO$_2$/electrolyte system by impedance methods. J Phys Chem B, 2002, 106(2): 334-339.

[153] Frank A J, Kopidakis N, van de Lagemaat J. Electrons in nanostructured TiO$_2$ solar cells: Transport,

recombination and photovoltaic properties. Coord Chem Rev, 2004, 248(13-14): 1165-1179.

[154] Chen S G, Chappel S, Diamant Y, et al. Preparation of Nb_2O_5 coated TiO_2 nanoporous electrodes and their application in dye-sensitized solar cells. Chem Mater, 2001, 13(12): 4629-4634.

[155] Lee S, Jun Y, Kim K J, et al. Modification of electrodes in nanocrystalline dye-sensitized TiO_2 solar cells. Sol Energy Mater Sol Cells, 2001, 65(1-4): 193-200.

[156] Park N G, van de Lagemaat J, Frank A J. Comparison of dye-sensitized rutile- and anatase-based TiO_2 solar cells. J Phys Chem B, 2000, 104(38): 8989-8994.

[157] Oekermann T, Zhang D, Yoshida T, et al. Electron transport and back reaction in nanocrystalline TiO_2 films prepared by hydrothermal crystallization. J Phys Chem B, 2004, 108(7): 2227-2235.

[158] Waita S M, Aduda B O, Mwabora J M, et al. Electron transport and recombination in dye sensitized solar cells fabricated from obliquely sputter deposited and thermally annealed TiO_2 films. J Electroanal Chem, 2007, 605(2): 151-156.

[159] Zhu K, Neale N R, Miedaner A, et al. Enhanced charge-collection efficiencies and light scattering in dye-sensitized solar cells using oriented TiO_2 nanotubes arrays. Nano Lett, 2007, 7(1): 69-74.

[160] Liu W Q, Dai S Y, Hu L H, et al. Investigation of inhomogeneous dye-adsorption in porous TiO_2 films by intensity modulated photocurrent spectroscopy. Chem J Chinese Universities, 2008, 29(2): 346-349.

[161] Paulsson H, Kloo L, Hagfeldt A, et al. Electron transport and recombination in dye-sensitized solar cells with ionic liquid electrolytes. J Electroanal Chem, 2006, 586(1): 56-61.

[162] Kruger J, Plass R, Grätzel M, et al. Charge transport and back reaction in solid-state dye-sensitized solar cells: A study using intensity-modulated photovoltage and photocurrent spectroscopy. J Phys Chem B, 2003, 107(31): 7536-7539.

[163] Guo L, Liang L Y, Chen C, et al. Electron transport in solid-state dye-sensitized solar cells based on polyaniline. Acta Physica Sinica, 2007, 56(7): 4270-4276.

[164] Xiao X R, Zhang J B, Lin Y, et al. Study of the kinetics of nanocrystalline semiconductor thin film electrode processes by intensity modulated photocurrent spectroscopy. Acta Phys Chim Sin, 2001, 17(10): 918-923.

[165] Zhang J B, Lin Y, Yin F, et al. Studies on the interfacial charge transfer processes of nanocrystalline CdSe thin film electrodes by intensity modulated photocurrent spectroscopy. Sci China Ser B, 2000, 43(4): 443-448.

[166] Oekermann T, Yoshida T, Boeckler C, et al. Capacitance and field-driven electron transport in electrochemically self-assembled nanoporous ZnO/dye hybrid films. J Phys Chem B, 2005, 109(25): 12560-12566.

[167] DiCarmine P M, Semenikhin O A. Intensity modulated photocurrent spectroscopy (IMPS) of solid-state polybithiophene-based solar cells. Electrochim Acta, 2008, 53(11): 3744-3754.

[168] Manoj A G, Alagiriswamy A A, Narayan K S. Photogenerated charge carrier transport in p-polymer n-polymer bilayer structures. J Appl Phys, 2003, 94(6): 4088.

[169] Hickey S G, Riley D J. Photoelectrochemical studies of CdS nanoparticle-modified electrodes. J Phys Chem B, 1999, 103(22): 4599-4602.

[170] Hickey S G, Riley D J. Intensity modulated photocurrent spectroscopy studies of CdS nanoparticle modified electrodes. Electrochim Acta, 2000, 45(20): 3277-3282.

[171] Bisquert J, Zaban A, Salvador P. Analysis of the mechanisms of electron recombination in nanoporous

TiO₂ dye-sensitized solar cells. Nonequilibrium steady-state statistics and interfacial electron transfer via surface states. J Phys Chem B, 2002, 106(34): 8774-8782.

[172] Liu W Q, Hu L H, Huo Z P, et al. Review on development and application of intensity modulate photocurrent spectroscopy and intensity modulate photovoltage spectroscopy. Prog Chem, 2009, 21 (6): 1085.

[173] He C, Zhao L, Zheng Z, et al. Determination of electron diffusion coefficient and lifetime in dye-sensitized solar cells by electrochemical impedance spectroscopy at high Fermi level conditions. J Phys Chem C, 2008, 112(48): 18730-18733.

[174] Liang L Y, Dai S Y, Hu L H, et al. Effect of TiO₂ particle size on the properties of electron transport and back-reaction in dye-sensitized solar cells. Acta Phys Sin, 2009, 58(2): 1338-1343.

[175] 陆佩文. 无机材料科学基础. 武汉：武汉工业大学出版社，1996.

[176] Asahi R, Taga Y, Mannstadt W, et al. Electronic and optical properties of anatase TiO₂. Phys Rev B, 2000, 61(11): 7459-7465.

[177] 孔凡太. 多吡啶钌染料敏化剂的设计合成及其在染料敏化太阳电池中的应用研究. 合肥：中国科学院等离子体物理研究所，2007.

[178] Meyer T J, Meyer G J, Pfennig B W, et al. Molecular-level electron-transfer and excited-state assemblies on surfaces of metal-oxides and glass. Inorg Chem, 1994, 33(18): 3952-3964.

[179] Anderson S, Constable E C, Dareedwards M P, et al. Chemical modification of a titanium(Ⅳ) oxide electrode to give stable dye sensitization without a supersensitizer. Nature, 1979, 280 (5723): 571-573.

[180] Thavasi V, Renugopalakrishnan V, Jose R, et al. Controlled electron injection and transport at materials interfaces in dye sensitized solar cells. Mat Sci Eng R, 2009, 63(3): 81-99.

[181] Bisquert J, Zaban A, Greenshtein M, et al. Determination of rate constants for charge transfer and the distribution of semiconductor and electrolyte electronic energy levels in dye-sensitized solar cells by open-circuit photovoltage decay method. J Am Chem Soc, 2004, 126(41): 13550-13559.

[182] Salvador P, Hidalgo M G, Zaban A, et al. Illumination intensity dependence of the photovoltage in nanostructured TiO₂ dye-sensitized solar cells. J Phys Chem B, 2005, 109(33): 15915-15926.

[183] Grätzel M. Solar energy conversion by dye-sensitized photovoltaic cells. Inorg Chem, 2005, 44(20): 6841-6851.

[184] Grunwald R, Tributsch H. Mechanisms of instability in Ru-based dye sensitization solar cells. J Phys Chem B, 1997, 101(14): 2564-2575.

[185] Ondersma J W, Hamann T W. Recombination and redox couples in dye-sensitized solar cells. Coord Chem Rev, 2013, 257: 1533-1543.

[186] 徐炜炜. 染料敏化太阳电池中纳晶 TiO₂ 薄膜电极的优化设计研究. 合肥：中国科学院等离子体物理研究所，2006.

[187] Nazeeruddin M K, Kay A, Rodicio I, et al. Conversion of light to electricity by cis-X₂ bis (2,2'-bipyridyl-4,4'-dicarboxylate) ruthenium(II) charge-transfer sensitizers (X = Cl⁻, Br⁻, I⁻, CN⁻, and SCN⁻) on nanocrystalline TiO₂ electrodes. J Am Chem Soc, 1993, 115(14): 6382-6390.

[188] Oregan B, Moser J, Anderson M, et al. Vectorial electron injection into transparent semiconductor membranes and electric-field effects on the dynamics of light-induced charge separation. J Phys Chem, 1990, 94(24): 8720-8726.

[189] Peter L M, Ponomarev E A, Franco G, et al. Aspects of the photoelectrochemistry of nanocrystalline

systems. Electrochim Acta, 1999, 45(4-5): 549-560.

[190] 赵富鑫, 魏彦章. 太阳电池及其应用. 北京: 国防工业出版社, 1985.

[191] Vanmaekelbergh D, de Jongh P E. Driving force for electron transport in porous nanostructured pho-toelectrodes. J Phys Chem B, 1999, 103(5): 747-750.

[192] Hagfeldt A, Lindquist S E, Grätzel M. Charge-carrier separation and charge-transport in nanocrystal-line junctions. Sol Energy Mater Sol Cells, 1994, 32(3): 245-257.

[193] Wang Z S, Sayama K, Sugihara H. Efficient eosin Y dye-sensitized solar cell containing Br^-/Br_3^- electrolyte. J Phys Chem B, 2005, 109(47): 22449-22455.

[194] Oskam G, Bergeron B V, Meyer G J, et al. Pseudohalogens for dye-sensitized TiO_2 photoelectrochem-ical cells. J Phys Chem B, 2001, 105(29): 6867-6873.

[195] Zhu K, Schiff E A, Park N G, et al. Determining the locus for photocarrier recombination in dye-sen-sitized solar cells. Appl Phys Lett, 2002, 80(4): 685-687.

[196] Hagfeldt A, Gratzel M. Light-induced redox reactions in nanocrystalline systems. Chem Rev, 1995, 95(1): 49-68.

[197] Haque S A, Tachibana Y, Klug D R, et al. Charge recombination kinetics in dye-sensitized nanocrys-talline titanium dioxide films under externally applied bias. J Phys Chem B, 1998, 102 (10): 1745-1749.

[198] Sodergren S, Hagfeldt A, Olsson J, et al. Theoretical-models for the action spectrum and the current-voltage characteristics of microporous semiconductor-films in photoelectrochemical cells. J Phys Chem, 1994, 98(21): 5552-5556.

[199] Dunn H K, Peter L M. How efficient is electron collection in dye-sensitized solar cells? Comparison of different dynamic methods for the determination of the electron diffusion length. J Phys Chem C, 2009, 113(11): 4726-4731.

[200] Kopidakis N, Benkstein K D, van de Lagemaat J, et al. Transport-limited recombination of photocar-riers in dye-sensitized nanocrystalline TiO_2 solar cells. J Phys Chem B, 2003, 107(41): 11307-11315.

[201] van de Lagemaat J, Frank A J. Nonthermalized electron transport in dye-sensitized nanocrystalline TiO_2 films: Transient photocurrent and random-walk modeling studies. J Phys Chem B, 2001, 105(45): 11194-11205.

[202] Nakade S, Kanzaki T, Kubo W, et al. Role of electrolytes on charge recombination in dye-sensitized TiO_2 solar cell (1): The case of solar cells using the I_3^-/I^- redox couple. J Phys Chem B, 2005, 109(8): 3480-3487.

[203] Kopidakis N, Neale N R, Frank A J. Effect of an adsorbent on recombination and band-edge move-ment in dye-sensitized TiO_2 solar cells: evidence for surface passivation. J Phys Chem B, 2006, 110(25): 12485-12489.

[204] Wang Z S, Zhou G. Effect of surface protonation of TiO_2 on charge recombination and conduction band edge movement in dye-sensitized solar cells. J Phys Chem C, 2009, 113(34): 15417-15421.

[205] Gregg B A, Chen S G, Ferrere S. Enhanced dye-sensitized photoconversion efficiency via reversible production of UV-induced surface states in nanoporous TiO_2. J Phys Chem B, 2003, 107(13): 3019-3029.

[206] Oekermann T, Yoshida T, Minoura H, et al. Electron transport and back reaction in electrochemically self-assembled nanoporous ZnO/dye hybrid films. J Phys Chem B, 2004, 108(24): 8364-8370.

[207] Turrion M, Bisquert J, Salvador P. Flatband potential of F : SnO_2 in a TiO_2 dye-sensitized solar cell:

An interference reflection study. J Phys Chem B, 2003, 107(35): 9397-9403.

[208] O'Regan B C, Bakker K, Kroeze J, et al. Measuring charge transport from transient photovoltage rise times. A new tool to investigate electron transport in nanoparticle films. J Phys Chem B, 2006, 110 (34): 17155-17160.

[209] Papageorgiou N, Gratzel M, Infelta P P. On the relevance of mass transport in thin layer nanocrystalline photoelectrochemical solar cells. Sol Energy Mater Sol Cells, 1996, 44(4): 405-438.

[210] Ruhle S, Dittrich T. Investigation of the electric field in TiO$_2$/FTO junctions used in dye-sensitized solar cells by photocurrent transients. J Phys Chem B, 2005, 109(19): 9522-9526.

[211] Snaith H J, Gratzel M. The role of a "Schottky barrier" at an electron-collection electrode in solid-state dye-sensitized solar cells. Adv Mater, 2006, 18(14): 1910-1914.

[212] Kron G, Rau U, Werner J H. Influence of the built-in voltage on the fill factor of dye-sensitized solar cells. J Phys Chem B, 2003, 107(48): 13258-13261.

[213] Ni M, Leung M K H, Leung D Y C, et al. Theoretical modeling of TiO$_2$/TCO interfacial effect on dye-sensitized solar cell performance. Sol. Energy Mater. Sol Cells, 2006, 90(13): 2000-2009.

[214] Ruhle S, Cahen D. Electron tunneling at the TiO$_2$/substrate interface can determine dye-sensitized solar cell performance. J Phys Chem B, 2004, 108(46): 17946-17951.

[215] Rhoderick E H, William R H. Metal-Semiconductor Contacts. 2nd ed. Oxford: Clarendon Press, 1988.

[216] Asbury J B, Hao E, Wang Y Q, et al. Ultrafast electron transfer dynamics from molecular adsorbates to semiconductor nanocrystalline thin films. J Phys Chem B, 2001, 105(20): 4545-4557.

[217] Tennakone K, Kumara G R R A, Kottegoda I R M, et al. An efficient dye-sensitized photoelectro-chemical solar cell made from oxides of tin and zinc. Chem Commun, 1999, 1, 15-16.

[218] Kumara G R R A, Tennakone K, Perera V P S, et al. Suppression of recombinations in a dye-sensitized photoelectrochemical cell made from a film of tin IV oxide crystallites coated with a thin layer of aluminium oxide. J Phys D-Appl Phys, 2001, 34(6): 868-873.

[219] Palomares E, Clifford J N, Haque S A, et al. Control of charge recombination dynamics in dye sensitized solar cells by the use of conformally deposited metal oxide blocking layers. J Am Chem Soc, 2003, 125(2): 475-482.

[220] Menzies D B, Dai Q, Cheng Y B, et al. One-step microwave calcination of ZrO$_2$-coated TiO$_2$ electrodes for use in dye-sensitized solar cells. C R Chim, 2006, 9(5-6): 713-716.

[221] Wang P, Zakeeruddin S M, Comte P, et al. Enhance the performance of dye-sensitized solar cells by co-grafting amphiphilic sensitizer and hexadecylmalonic acid on TiO$_2$ nanocrystals. J Phys Chem B, 2003, 107(51): 14336-14341.

[222] Wang P, Zakeeruddin S M, Humphry-Baker R, et al. Molecular-scale interface engineering of TiO$_2$ nanocrystals: Improving the efficiency and stability of dye-sensitized solar cells. Adv Mater, 2003, 15 (24): 2101-2104.

[223] Kay A, Gratzel M. Dye-sensitized core-shell nanocrystals: Improved efficiency of mesoporous tin oxide electrodes coated with a thin layer of an insulating oxide. Chem Mater, 2002, 14(7): 2930-2935.

[224] Diamant Y, Chen S G, Melamed O, et al. Core-shell nanoporous electrode for dye sensitized solar cells: The effect of the SrTiO$_3$ shell on the electronic properties of the TiO$_2$ core. J Phys Chem B, 2003, 107(9): 1977-1981.

[225] 杨术明, 李富有, 黄春辉. 染料敏化稀土粒子修饰二氧化钛纳米晶电极的光电化学性质. 中国科学(B

辑），2003，33(1)：59-65.

[226] 孔凡太，戴松元. 染料敏化太阳电池研究进展. 化学进展，2006，18(11)：1409-1424.

[227] Jung H S, Lee J K, Nastasi M, et al. Preparation of nanoporous MgO-Coated TiO₂ nanoparticles and their application to the electrode of dye-sensitized solar cells. Langmuir, 2005, 21(23): 10332-10335.

[228] Lee S, Kim J Y, Hong K S, et al. Enhancement of the photoelectric performance of dye-sensitized solar cells by using a CaCO₃-coated TiO₂ nanoparticle film as an electrode. Sol Energy Mater Sol Cells, 2006, 90(15): 2405-2412.

[229] Yum J H, Nakade S, Kim D Y, et al. Improved performance in dye-sensitized solar cells employing TiO₂ photoelectrodes coated with metal hydroxides. J Phys Chem B, 2006, 110(7): 3215-3219.

[230] Lenzmann F, Krueger J, Burnside S, et al. Surface photovoltage spectroscopy of dye-sensitized solar cells with TiO₂, Nb₂O₅, and SrTiO₃ nanocrystalline photoanodes: Indication for electron injection from higher excited dye states. J Phys Chem B, 2001, 105(27): 6347-6352.

[231] 杨术明. 染料敏化纳米晶太阳能电池. 郑州：郑州大学出版社，2007.

[232] Park N G, Schlichthorl G, van de Lagemaat J, et al. Dye-sensitized TiO₂ solar cells: Structural and photoelectrochemical characterization of nanocrystalline electrodes formed from the hydrolysis of TiCl₄. J Phys Chem B, 1999, 103(17): 3308-3314.

[233] Redmond G, Fitzmaurice D. Spectroscopic determination of flat-band potentials for polycrystalline TiO₂ electrodes in nonaqueous solvents. J Phys Chem, 1993, 97(7): 1426-1430.

[234] Mihi A, Lopez-Alcaraz F J, Miguez H. Full spectrum enhancement of the light harvesting efficiency of dye sensitized solar cells by including colloidal photonic crystal multilayers. Appl Phys Lett, 2006, 88(19): 193110-193112.

[235] Hu L H, Dai S Y, Weng J, et al. Microstructure design of nanoporous TiO₂ photoelectrodes for dye-sensitized solar cell modules. J Phys Chem B, 2007, 111(2): 358-362.

[236] Hore S, Vetter C, Kern R, et al. Influence of scattering layers on efficiency of dye-sensitized solar cells. Sol Energy Mater Sol Cells, 2006, 90(9): 1176-1188.

[237] 胡智学，戴松元. 染料在纳米 TiO₂ 薄膜表面吸附性能的研究. 化学研究与应用，2002，14(003)：277-279.

[238] 肖绪瑞，张敬波，林原，等. 强度调制光电流谱研究纳晶薄膜电极过程. 物理化学学报，2001，10(17)：918-923.

[239] Nelson R C. Minority carrier trapping and dye sensitization. J Phys Chem, 1965, 69(3): 714-718.

第7章 染料敏化太阳电池结构设计与模拟

本章从染料敏化太阳电池实际应用角度出发,结合该类电池的工作原理及相关工艺技术要求,详细研究光采集、电子收集等影响电池效率的因素。另外,本章将重点叙述改善大面积电池效率的有效途径,分析串并联结构在大面积电池中的应用及影响大面积电池中电子收集的主要因素;研究电荷在衬底导电层与金属栅极的传输损失,分析内部串联电阻对电池收集效率和光伏性能的影响。同时结合电池中光照面积损失与电荷收集损失,研究不同结构电池的性能变化情况,从而在实际应用中为该电池的结构设计提供理论指导。

7.1 染料敏化太阳电池的工作原理

染料敏化太阳电池是一种将光能直接转化为电能的器件,其中涉及光的采集、电子的注入、电子的传输与复合以及电子的收集等主要过程,具体步骤可用如下 7个反应式表示[1]。

(1) 吸附于半导体纳米颗粒上的染料在入射光的激发下由基态(D)跃迁到激发态(D*)。

$$D+h\nu \longrightarrow D^*$$

(2) 激发态染料分子(D*)将电子注入半导体的导带(cb:conduction band)中。

$$D^* \longrightarrow D^+ + e^-(cb)$$

(3) 导带中电子与氧化态染料复合。

$$e^-(cb) + D^+ \longrightarrow D$$

(4) 导带中电子与 I_3^- 复合。

$$I_3^- + 2e^-(cb) \longrightarrow 3 I^-$$

(5) 导带电子在纳米薄膜中传输至导电玻璃的导电面,然后流入到外电路。

$$e^-(cb) \longrightarrow e^-(bc) \quad (bc: back\ contact,背接触)$$

(6) I_3^- 扩散到对电极上得到电子变成 I^-。

$$I_3^- + 2e^-(ce) \longrightarrow 3 I^- \quad (ce: counter\ electrode,对电极)$$

(7) I^- 还原氧化态染料而使染料再生完成整个循环。

$$3I^- + 2D^+ \longrightarrow 2D + I_3^-$$

为获得较高的光电转换效率,DSC 应满足以下条件。

（1）对入射光的充分采集。纳米 TiO_2 材料的带隙为 3.2 eV,可见光不能将它激发,当在 TiO_2 多孔薄膜表面吸附染料光敏化剂后,可以很好地拓宽其截止吸收波长至红外区域。另外,只有透过导电衬底材料的入射光才能被染料敏化剂吸收,因而在制作 DSC 时,导电衬底材料需要有很高的透过率。

（2）高的电子注入效率。染料分子的激发态能级应高于半导体的导带底能级,染料应以一种紧密的单分子层牢固地结合在半导体氧化物表面,并以高的量子效率将电子注入半导体的导带中。

（3）高的电子收集效率。注入半导体导带中的电子通过扩散到达导电衬底,然后经外回路到达对电极产生光电流。纳米颗粒和导电衬底以及纳米半导体颗粒之间应有很好的电学接触,使电子在其中能有效的传输,减小复合;导电衬底材料应具有低阻抗以减小收集损失。

7.2　染料敏化太阳电池性能参数

DSC 的光电转换效率的高低与其光采集效率、电子注入效率及电子收集效率的大小直接相关,而判断其性能好坏最直接的方法就是测定它的输出光电流和光电压曲线,即 I-V 曲线。它是指受光照的太阳电池随着外部负载的改变进入负载的电流 I 和负载两端电压 V 的关系曲线,一般情况测得曲线如图 7.1 所示。

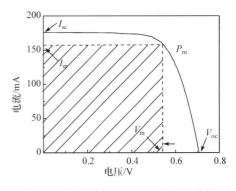

图 7.1　染料敏化太阳电池的 I-V 曲线

7.2.1　短路电流

光照情况下电池外电路处于短路（外电路电阻为零）时的电流称为太阳电池的短路电流（I_{sc}）。如图 7.1 所示的 I-V 曲线中短路电流是其在纵坐标上的截距。短路电流大小除了与太阳电池的性能好坏有关外,还取决于其光照面积大小,一般情况下用短路电流密度（即单位面积短路电流）作为表征参数。DSC 中短路电流密度的大小主要取决于入射光强、单位时间单位面积激发态染料数目、电子注入 TiO_2 导带的数目、电荷在 TiO_2 多孔膜中的传输和损耗及在电解质中的传输损耗、外回路电子收集好坏等。对于染料来说,不同波长的光,具有不同的光电转换效率,入射单色光的光电转换效率（IPCE）定义为光照下,外回路中产生的光电子数与入射光子数之比,即

$$IPCE(\lambda) = \frac{1.25 \times 10^3 \times 光电流密度(\mu A/cm^2)}{波长(nm) \times 光通量(W/m^2)} \tag{7.1}$$

IPCE(λ)的大小是由几部分决定的,用几个因子的乘积来描述,每个因子定量地考虑在整个能量转换过程中一定种类的能量损耗,进一步解释上式,入射单色光的光电转换效率可写成

$$\text{IPCE}(\lambda) = \eta_{\text{LHE}}(\lambda) \cdot \eta_{\text{inj}} \cdot \eta_{\text{c}} \tag{7.2}$$

其中,$\eta_{\text{LHE}}(\lambda)$为入射光的采集效率,在不考虑导电衬底透过率的情况下,主要由半导体二氧化钛薄膜及其所吸附的染料决定。可以进一步写成如下形式。

$$\eta_{\text{LHE}}(\lambda) = 1 - 10^{-\Gamma \cdot \sigma(\lambda)} \tag{7.3}$$

其中,Γ为每单位平方厘米半导体薄膜吸附染料的物质的量,即染料的吸附量;$\sigma(\lambda)$为染料吸收截面积,它与染料的摩尔消光系数有关,其值为染料的消光系数×1000 cm³/L。对于 N719 染料,$\eta_{\text{LHE}}(\lambda)$在最大吸收峰时的光吸收效率可达 98%以上。

η_{inj}为电子注入效率,通常情况下 DSC 有较高的电子注入效率,$\eta_{\text{inj}} > 99.9\%$,也就是说吸收的光子能全部转换成 TiO₂ 导带中的电子。

η_{c}为电极收集效率,入射光被染料吸收注入电子到 TiO₂ 导带后,并不一定会被外回路收集形成光电流,一部分光电子可能会与电解质中的 I₃⁻ 复合形成暗电流,同时导电衬底材料也会影响光电子的最终收集。

7.2.2　开路电压

太阳电池的开路电压(V_{oc})是指外电路电阻为无穷大时电池的端电压。开路电压为电池 *I-V* 曲线在横坐标上的截距。此时电池输出电流为零,电池处于开路状态,没有电子被收集,光照产生的电子全部在电池内部复合。

7.2.3　填充因子

DSC 在不同的负载条件下输出功率是不一样的。填充因子(FF)是其处在最大输出功率(P_{m})时的电流(I_{m})和电压(V_{m})的乘积,与其短路电流和开路电压乘积的比值。如图 7.1 所示,在短路电流和开路电压不变的情况下,阴影部分面积越大表明电池的填充因子越大、输出性能越好。填充因子的大小主要受电解质种类及电池系统阻抗影响。

$$\text{FF} = \frac{P_{\text{m}}}{I_{\text{sc}} \cdot V_{\text{oc}}} = \frac{I_{\text{m}} \cdot V_{\text{m}}}{I_{\text{sc}} \cdot V_{\text{oc}}} \tag{7.4}$$

7.2.4　光电转换效率

光电转换效率是评判太阳电池器件性能好坏的最终标准,它是综合了短路电流、开路电压及填充因子得到的器件在光照下最大输出功率与入射功率的比值。

$$\eta = \frac{P_{\mathrm{m}}}{P_{\mathrm{in}} \cdot S_{\mathrm{active}}} = \frac{I_{\mathrm{sc}} \cdot V_{\mathrm{oc}} \cdot \mathrm{FF}}{P_{\mathrm{in}} \cdot S_{\mathrm{active}}} = \frac{J_{\mathrm{sc}} \cdot V_{\mathrm{oc}} \cdot \mathrm{FF}}{P_{\mathrm{in}}} \tag{7.5}$$

其中,P_{in} 为单位面积输入光功率;S_{active} 为电池器件有效面积。对于大面积电池器件,反应器件性能好坏的参数是电池在总面积下的效率,如式(7.6)所示,在输入功率一定时效率取决于短路电流密度、开路电压、填充因子及电池有效面积。单纯的提高电池短路电流密度或开路电压不一定能得到好的电池效率,填充因子和电池有效面积也是至关重要的因素。

$$\eta = \frac{P_{\mathrm{m}}}{P_{\mathrm{in}} \cdot S_{\mathrm{total}}} = \frac{J_{\mathrm{sc}} \cdot V_{\mathrm{oc}} \cdot \mathrm{FF} \cdot S_{\mathrm{active}}}{P_{\mathrm{in}} \cdot S_{\mathrm{total}}} \tag{7.6}$$

7.3 大面积染料敏化太阳电池结构设计

DSC 商业开发中常用的导电衬底材料是 15 Ω/□或 8 Ω/□的导电玻璃。导电玻璃作为电子收集和传输电极,其欧姆阻抗在一定程度上限制和阻碍着电子的收集和传输,在大面积电池中表现得尤为明显,需要对导电玻璃衬底进行适当的分割,将整块电池分割成多块小面积电池。通常采用内部串联或并联的方法来制作大面积电池。

图 7.2 是几种串并联电池结构示意图。图 7.2(a)为 Z 型结构串联电池。早期对 Z 型结构串联电池的研究主要采用耐腐蚀电极材料,如钨、镍等与导电胶黏剂混合,既作为串联电池的电极,又作为密封材料。该种电池中由于电极电阻太大降低了电池的填充因子,电池效率一直无法得到提高。另一种是采用电阻率较低的银电极作为电极材料,可以获得更高的填充因子,但需要确保两块导电衬底上的银电极有良好的接触,因而增加了制作工艺难度与复杂性,成为该结构电池在商业化应用中的一大瓶颈。

图 7.2(b)为 W 型结构串联电池。二氧化钛和铂分别交错分布于两块导电衬底上,电池内部没有任何附加金属电极,光电子通过导电膜传输。由于不需要对电极进行保护,该结构电池工艺简单且可以获得较高的有效面积。通过合理设计电极宽度,可以获得较高的填充因子。但由于电池中有一半面积的光要从对电极照射,这大大降低了入射光的采集效率。

图 7.2(c)为单极板串联电池示意图。通过将各种材料集中在一块导电基板上,降低了电池的制作成本,该结构电池在全固态 DSC 中有很好的应用。

图 7.2(d)为大面积并联电池的结构示意图。并联设计时,不需要考虑单个电池间的分隔问题。采用丝网印刷的方法在导电玻璃上印刷电极材料,电极区产生的光电子通过金属电极材料收集到外回路,通过减小金属电极材料的体电阻来降低电子收集损失。并联结构设计工艺相对简单,在大面积 DSC 研究中应

用最为广泛。

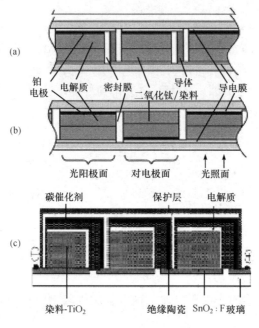

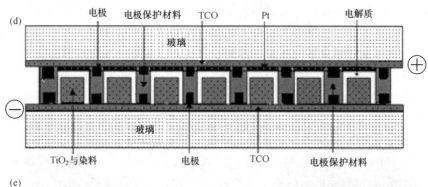

图 7.2　几种大面积 DSC 结构示意图

(a)Z 型串联电池结构示意图；(b)W 型串联电池结构示意图；(c)单极板电池结构示意图；

(d)并联电池结构示意图[2-5]；(e)几种 DSC 实物图

7.4 大面积染料敏化太阳电池性能模拟

在大面积 DSC 中,金属栅极(如银、钨、镍等)的使用能够有效提高电子的收集效率,从而提高电池性能[6],但金属栅极及对金属栅极的保护所引起的有效面积损失同时也降低了电池单位面积功率输出。对于大面积 DSC 而言,如果没有合理的结构设计,金属栅极及对金属栅极的保护所引起的有效面积损失可能会达到 50% 甚至更高[7]。因此,在大面积 DSC 的制作中需要对电极结构进行优化设计。通过合理的电极结构设计可以最大限度地降低电池光电转换过程中的能量损失[8]。DSC 中的能量损失主要有以下几个方面:①光采集损失,主要有三个方面的原因造成光采集损失:第一,透明导电薄膜(TCO)面的光反射使电池对光的吸收减少;第二,金属栅极的遮光造成 DSC 有效光照面积减小;第三,电池半导体膜厚度不够,使进入电池的一部分具有合适能量的光从电池背面直接穿出去。②开路电压的损失,在半导体导带与电解液氧化还原电位之差不变的情况下,决定开路电压的主要过程是电子的复合,电子复合率越低,开路电压越高。③光电子收集损失,TCO 与纳米 TiO_2 颗粒的接触好坏、TCO 膜方块电阻及金属栅极体电阻都会影响光电子的收集。

通常把 TCO 膜方块电阻、金属栅极体电阻及接触电阻等称为 DSC 的串联电阻,串联电阻对 DSC 填充因子有较大的影响,串联电阻越大则填充因子越小。另外,当串联电阻很大时,DSC 的短路电流密度也会相应减小,在太阳电池的制作过程中要重视消除串联电阻对太阳电池性能的影响,最大限度地降低太阳电池的内部串联电阻以提高其光电转换效率。对任何一种太阳电池均是如此。

7.4.1 光吸收及电子传输

7.4.1.1 光电子的产生

太阳电池并不能实现对入射光的完全吸收,对 DSC 而言,太阳电池对入射光的吸收情况主要取决于染料敏化剂。入射光只有被染料敏化剂吸收并注入电子到半导体导带中才能转化成光电子。如图 7.3 所示,入射光经导电衬底后一部分被反射,一部分被吸附在半导体纳米颗粒上的染料敏化剂吸收,同时也可能有部分入射光从器件中透射过去,染料敏化剂吸收入射光子数的多少将直接影响器件的电学性能。

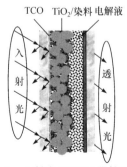

图 7.3 入射光经 DSC 器件示意图

1. 导电衬底透过率

导电衬底材料用作衬底来收集和传输从半导体纳米材料传输过来的电子,经外回路传输到对电极并将电子提供给电解液中的电子受体。通常要求导电衬底材料的方块电阻越小越好(如 15 Ω/□ 和 8 Ω/□ 的导电玻璃),在组成的 DSC 中光阳极和对电极导电衬底至少要有一种是透明的,以便有利于入射光的透过。图 7.4 显示方块电阻为 15 Ω/□ 和 8 Ω/□ 的导电玻璃光透过率。方块电阻小有利于光电子的收集,然而光透过率也随之降低[9],降低了入射光的采集效率。对于掺氟的 SnO_2 膜(FTO)来说,标准 AM1.5 太阳光透过 15 Ω/□ 和 8 Ω/□ 的导电玻璃后的光谱分布如图 7.5 所示。由于导电玻璃的吸收和反射,在一定光谱响应范围内光子数都有不同程度的减小,这也是影响器件效率的原因之一。

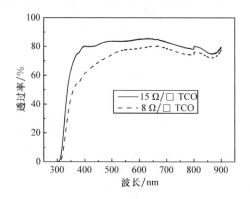

图 7.4　导电衬底材料透过率

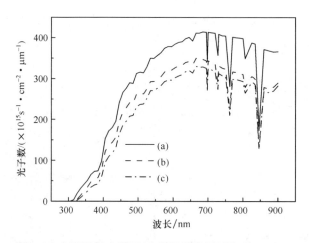

图 7.5　太阳辐射光谱图(光谱波长范围只取到 900 nm)

(a)标准 AM1.5 太阳辐射光谱;(b)太阳光透过 15 Ω/□ 衬底光谱曲线;(c)太阳光透过 8 Ω/□ 衬底光谱曲线

在图 7.5 中,光子数对波长积分,可分别得到在一定波长范围,标准 AM1.5

太阳光入射到 DSC 器件表面的光子数、透过 15 Ω/□ TCO 后的光子数、透过 8 Ω/□ TCO 后的光子数。如图 7.6 所示,在染料敏化剂的光谱响应波段8 Ω/□ TCO 的透过率明显低于 15 Ω/□ TCO 的透过率,采用 15 Ω/□ TCO 会有更多光子被染料敏化剂吸收,如果仅从提高光采集效率出发,在 DSC 器件中更高光透过率的 TCO 应该被采用。

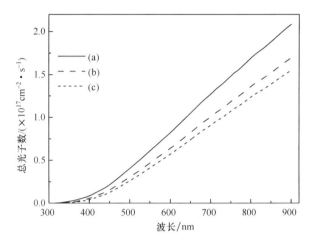

图 7.6　太阳辐射光谱图

(a) 标准 AM1.5 太阳辐射光子数;(b) 透过 15 Ω/□ TCO 衬底太阳辐射
光子数;(c) 透过 8 Ω/□ TCO 衬底太阳辐射光子数

2. 入射光的吸收

DSC 中半导体纳米颗粒的尺寸一般在 $10\sim20$ nm 范围内,忽略光散射,入射光在半导体多孔膜内由于染料敏化剂的吸收而引起衰减,多孔膜内各处的光强有所不同。假设多孔膜内染料的吸附是均匀的,入射光在 TiO_2 薄膜内基本遵循 Lambert-Beer 定律[10]。由于在多孔膜内光吸收的不同,意味着在半导体薄膜内产生激发态的速率不一样,在表面产生的激发态粒子较多,且从正反两面入射的情况也不一样。假设 Φ_0 为标准 AM1.5 太阳光光通量,$T(\lambda)$ 为导电衬底材料的光透过率。在多孔膜位置 x 处吸收的光子数取决于入射光强、导电衬底的透过率和染料的吸收系数。

当从 TiO_2 一侧照射时,根据 Lambert-Beer 定律,单位时间内在多孔膜电极 x 处单位面积电池吸收光子数为[11]

$$G(x) = \int_0^\infty T(\lambda)\Phi(\lambda)\alpha(\lambda)e^{-\alpha(\lambda)x}d\lambda \tag{7.7}$$

其中,$\Phi(\lambda)$ 为波长为 λ 的入射光通量;$\alpha(\lambda)$ 为染料在波长 λ 处的吸收系数;$T(\lambda)$ 为波长 λ 的入射光在导电衬底上的透过率。为了简化模型,在染料响应光谱范围内采用一个有效的吸收系数 α 来代替随波长变化的 $\alpha(\lambda)$,在这一光谱范围内积分,单

位时间内在多孔膜电极 x 处单位面积电池吸收光子数为

$$G(x) = \alpha\Phi e^{-\alpha x} \tag{7.8}$$

其中, Φ 为透过导电衬底后的光子数,可以通过图 7.6 获得。

当入射光从对电极一侧照射时,由于光通过电解液会有一部分被吸收,根据 Lambert-Beer 定律,单位时间内在多孔膜电极 x 处单位面积电池吸收光子数为

$$G(x) = \int_0^\infty T(\lambda) \left[1 - A(\lambda)\right]\Phi(\lambda)\alpha(\lambda)e^{-\alpha(\lambda)(d-x)} d\lambda \tag{7.9}$$

其中, $1 - A(\lambda)$ 为波长 λ 的光通过电解液的透过率,受到电解液组成、电解液层厚度等影响[12]。同样,在染料响应光谱范围内可采用一个有效的吸收系数 α 来代替随波长变化的 $\alpha(\lambda)$,在这一光谱范围内积分,则单位时间内在多孔膜电极 x 处单位面积电池吸收光子数为

$$G(x) = \alpha\Phi' e^{-\alpha(d-x)} \tag{7.10}$$

其中, Φ' 为入射太阳光经导电衬底、电解液层后到达 TiO₂/染料界面的光子数,此时与光从阳极一侧照射相反,在半导体薄膜表面处产生较多的激发态粒子,半导体 TiO₂ 膜内的电子浓度分布会有不同,此时半导体薄膜表面处产生较多电子,而在 TCO 一侧产生的电子数则很少,这大大增加了电子与 I_3^- 复合的概率,降低了电子收集效率。

7.4.1.2　光电子传输

染料吸收光子后从基态跃迁至激发态,电子由染料激发态注入半导体 TiO₂ 导带,电子注入速率是非常快的,大约在 10^{-12} s 内完成[13],量子效率接近 100%[14]。也就是说,只要入射光子被染料吸收,一个被吸收光子就能够转化为一个电子。产生的电子经过半导体膜内传输、复合后被外电路收集。

1. 光电子扩散过程

纳米二氧化钛颗粒尺寸很小,内部很难形成空间电荷分布,不考虑半导体膜内的内建电场[15,16]。光生电子的传输是由浓度差引起的扩散传输。在 DSC 中由于 TiO₂ 薄膜厚度很薄(微米量级),假设同一平面上染料的吸附是均匀的,电子在其中的扩散可以看作是沿垂直于 TCO/TiO₂(x 方向)界面的一维扩散。通过半导体多孔薄膜内 x 处单位面积上的电子数为

$$F = D_n \frac{dn}{dx} \tag{7.11}$$

由于电子是带电粒子,所以它的扩散运动也必然伴随着电流的出现,形成扩散电流,在 x 处的扩散电流密度为

$$J_e = -qD_n \frac{dn}{dx} \tag{7.12}$$

q 为自由电子单位电荷电量。

2. 连续扩散微分方程

将光电子在多孔薄膜中 x 处的产生项、扩散项、复合项写在一起即得到光电子连续扩散微分方程[10,17]：

$$\frac{\mathrm{d}n(x,t)}{\mathrm{d}t} = G(x,t) + \frac{\mathrm{d}F(x,t)}{\mathrm{d}x} - R(x,t) \tag{7.13}$$

入射光从 TiO_2 一侧照射时：

$$\frac{\mathrm{d}n(x,t)}{\mathrm{d}t} = \eta_{\text{inj}}\alpha\Phi e^{-\alpha x} + D_n \frac{\mathrm{d}^2 n(x,t)}{\mathrm{d}x^2} - \frac{n(x,t) - n_0}{\tau_n} \tag{7.14}$$

其中，η_{inj} 为电子从染料激发态注入 TiO_2 导带的量子注入效率，在稳态情况下，位置 x 处光电子浓度不随时间变化，方程变为

$$\eta_{\text{inj}}\alpha\Phi e^{-\alpha x} + D_n \frac{\mathrm{d}^2 n(x)}{\mathrm{d}x^2} - \frac{n(x) - n_0}{\tau_n} = 0 \tag{7.15}$$

求解方程需要合适的边界条件，开路条件下，通过导电玻璃和半导体薄膜界面的电流密度为零，在半导体薄膜与体电解质界面处没有电流流过。则开路情况下边界条件可以写成如下形式：

$$(a) \left. \frac{\partial n(x)}{\partial x} \right|_{x=0} = 0; \qquad (b) \left. \frac{\partial n(x)}{\partial x} \right|_{x=d} = 0;$$

根据边界条件(a)、(b)求解微分方程(7.15)，在稳态开路时：

$$n(x) - n_0 = \frac{\eta_{\text{inj}}\Phi\alpha\tau_n}{1 - L_n^2\alpha^2}\left[\alpha L_n \frac{\exp(-\alpha d) - \exp(d/L_n)}{\sinh(d/L_n)}\cosh(x/L_n)\right.$$
$$\left. + \alpha L_n \exp(x/L_n) + \exp(-\alpha x)\right] \tag{7.16}$$

其中，$L_n^2 = D_n \cdot \tau_n$，为电子扩散长度；d 为半导体薄膜厚度。同理电池在稳态短路情况下有边界条件：

$$(c) \left. \frac{\partial n(x)}{\partial x} \right|_{x=d} = 0; \qquad (d) \left. D_n \frac{\partial n(x)}{\partial x} \right|_{x=0} = k_{\text{ext}}(n - n_0)$$

其中，k_{ext} 为导电衬底对电子的收集系数[18]。根据边界条件(c)和(d)求解微分方程(7.15)，在稳态短路时：

$$n(x) = \frac{\eta_{\text{inj}}L_n^2\alpha\Phi}{D_n(1 - \alpha^2 L_n^2)}\exp(-\alpha x) + n_0 + C_1\exp(x/L_n) + C_2\exp(-x/L_n) \tag{7.17}$$

其中，系数 C_1、C_2 分别为

$$C_1 = \frac{L_n^3\alpha\eta_{\text{inj}}T\Phi_0}{D_n(1 - \alpha^2 L_n^2)} \times \left[(\alpha D_n + k_{\text{ext}}) \times e^{-d/L_n} + a(L_n k_{\text{ext}} + D_n) \times e^{-\alpha d}\right]/$$
$$\left[(D_n - L_n k_{\text{ext}}) \times e^{-d/L_n} - (L_n k_{\text{ext}} + D_n) \times e^{d/L_n}\right]$$

$$C_2 = \frac{L_n^3 \alpha \eta_{inj} T \Phi_0}{D_n(1-\alpha^2 L_n^2)} \times [(\alpha D_n + k_{ext}) \times e^{d/L_n} + a(D_n - L_n k_{ext}) \times e^{-\alpha d}] /$$
$$[(D_n - L_n k_{ext}) \times e^{-d/L_n} - (L_n k_{ext} + D_n) \times e^{d/L_n}]$$

3. 薄膜内光电子密度空间分布

由于半导体多孔薄膜对光的吸收遵循 Lambert-Beer 吸收定律,在多孔薄膜内不同平面位置 x 处产生的光电子浓度受到入射光强、电池吸收系数、半导体多孔膜厚度、电子扩散长度等因素影响。在稳态开路情况下,电子无法被收集,产生的光电子全部被复合,光电子的产生与复合达到动态平衡。根据等式(7.16)和式(7.17)可以获得多孔薄膜内电子密度空间分布情况。

图 7.7 和图 7.8 为稳态开路条件下,电子密度在多孔膜内 $x=0$ 到 $x=d$ 区间内的分布情况。当扩散长度 L_n 大于多孔薄膜厚度 d 时,光电子密度在整个多孔膜内的变化很小;当 $d/L_n \gg 1$,光电子密度在整个多孔膜内的浓度梯度增大,越靠

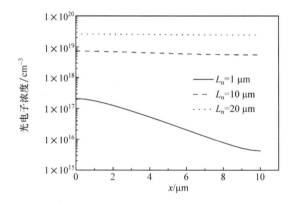

图 7.7　不同电子扩散长度时薄膜内光电子浓度空间分布

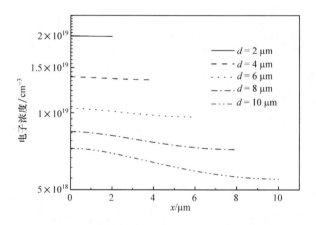

图 7.8　不同薄膜厚度时光电子密度空间分布

近导电衬底一侧光电子密度越大,如图 7.7 中,$d=10\ \mu m$,$L_n=1\ \mu m$ 时。图 7.8
描述了多孔膜厚度对光电子密度分布的影响,在 $L_n=10\ \mu m$ 的情况下,随着 d/L_n
值的减小光电子密度迅速增大;同时,d/L_n 的值越小,整个多孔膜内光电子密度的
分布越均匀。

在稳态短路情况下,电子被外回路收集,多孔薄膜中电子密度将会减小,
图 7.9 描述了短路时多孔薄膜中光电子密度的空间分布情况。$k_{ext}=0$ 表示 DSC
处于开路状态,当 k_{ext} 增大到 1 左右后大量光电子被衬底收集,靠近衬底附近光电
子密度急速降低。

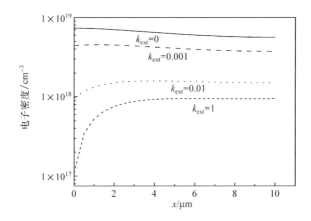

图7.9　短路条件下多孔薄膜内光电子密度分布($d=10\ \mu m$)

7.4.1.3　光电流密度及光电压表达

光电流密度和光电压是 DSC 中两个重要的电学参数,DSC 的光电流密度和光
电压的大小主要取决于入射光强、电子注入 TiO_2 导带的数目、电荷在 TiO_2 多孔
膜中的传输和损耗、电解质体系及外回路电子收集好坏等。忽略半导体薄膜内载
流子的漂移项,光电流来自载流子浓度扩散贡献,可以表示为

$$J_{photo}=-qD_n\frac{dn}{dx}\bigg|_{x=0} \tag{7.18}$$

$x=0$ 是导电衬底与 TiO_2 接触面,光电压表示为[19]

$$V_{photo}=\frac{k_B T}{q}\ln\frac{I_{inj}}{n_0 k_{et}[I_3^-]} \tag{7.19}$$

其中,I_{inj} 为电子注入速率;k_{et} 为复合反应常数,区别于上述导电衬底对电子的收集
系数 k_{ext};$[I_3^-]$ 为 I_3^- 浓度;n_0 为暗态电子浓度(取决于电解质体系、TiO_2 表面态和
掺杂等因素)。根据 Peter 的研究结果[20],当电子与 I_3^- 的复合反应是一次反应时,
DSC 中电子寿命可以写成

$$\tau_{n} = \frac{1}{k_{et} \cdot [I_3^-]} \tag{7.20}$$

电子注入速率 I_{inj} 可以写成

$$I_{inj} = \frac{n_{TiO_2}}{\tau_n} \tag{7.21}$$

DSC 中光电压可以表示成 $x=0$ 处电子密度的函数形式：

$$V_{photo} = \frac{k_B T}{q} \ln \frac{n(x=0)}{n_0} \tag{7.22}$$

1994 年，Södergren 等在基于半导体薄膜的 DSC 模型中得出联系光电流和光电压的 I-V 特征曲线[10]，如式(7.23)所示：

$$j = q \int_0^d \left[\int_0^{\infty} T(\lambda) \Phi(\lambda) \alpha(\lambda) e^{-\alpha(\lambda)x} d\lambda \right] dx - \frac{q D_n n_0 d}{L_n^2} (e^{\frac{qU}{k_B T}} - 1) \tag{7.23}$$

等式右边第一项为光生电子的产生项；第二项为复合项。

1. 多孔薄膜电极吸收系数

吸收系数 $\alpha(\lambda)$ 反映了多孔薄膜对光的吸收能力，从式(7.7)可以看出，吸收系数越高，多孔薄膜对光的吸收能力就越强。吸收系数可以写成如下形式：

$$\alpha(\lambda) = \ln 10 \cdot \varepsilon_{\lambda} \cdot [s] \tag{7.24}$$

其中，ε_{λ} 为染料分子的消光系数[L/(mol·cm)]，可以通过测试不同浓度下染料溶液吸光度获得；$[s]$ 为半导体材料对染料的吸附浓度[mol/(cm²·μm)]。假设使用 N719 染料，DSC 中染料的吸附浓度为 1×10^{-8} mol/(cm²·μm)，则不同波长吸收系数如图 7.10 所示。

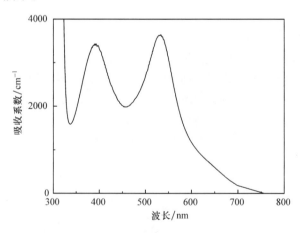

图 7.10　DSC 在不同波长下的吸收系数

为了简化计算，用不依赖于波长的有效吸收系数 α 来表示吸附染料后的多孔薄膜对入射光的吸收能力。例如，对于 N719 染料，当染料的吸附浓度为

1×10^{-8} mol/(cm^2 · μm)时,在 300~700 nm 的波长范围内其有效吸收系数 α 的值为 1321 cm^{-1}。

2. 吸收系数对 DSC 光电流密度的影响

吸收系数反映了多孔薄膜/染料电极对光的吸收能力,从式(7.24)可以看出,吸收系数与染料分子的消光系数、半导体材料对染料吸附浓度成正比,与多孔薄膜厚度没有直接关系。对 DSC 而言,$\alpha(\lambda) \cdot d$ 反映了工作电极对光子的吸收程度,吸收系数越高,多孔薄膜对光的吸收能力就越强,吸收相同光子数时所需的电极厚度就越薄。为方便计算,用有效吸收系数 α 来代替随波长变化的 $\alpha(\lambda)$。图 7.11 描述了 DSC 光电流密度随吸收系数变化的关系,模拟计算中 TiO$_2$ 电极厚度固定为 10 μm。有效吸收系数较低时,厚度 10 μm 薄膜电极无法满足对光的吸收,相应 DSC 电流密度也较小,当有效吸收系数达到 4000 cm^{-1} 左右后电流密度不再随吸收系数提高而增加,反而略有下降,这主要是由 DSC 内部复合增大引起的。

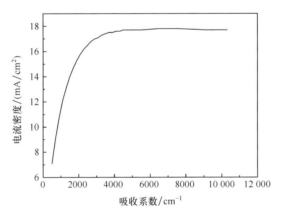

图 7.11　吸收系数对光电流密度的影响(多孔薄膜厚度 $d = 10$ μm)

3. 多孔薄膜厚度对光电流密度和光电压的影响

多孔薄膜厚度是 DSC 宏观特性参数,可以通过丝网目数、印刷次数等工艺手段加以控制。不同于多孔薄膜内部颗粒尺寸大小、孔洞率、粒径分布等微观参数,多孔薄膜厚度只会影响到染料的吸附量、电子的收集时间、氧化还原电对的传输时间等。前期大量的实验工作表明,多孔薄膜厚度对 DSC 的电性能有很大的影响,尤其是对光电流密度和光电压的影响。

图 7.12 是分别在四种不同的电极吸收系数情况下,光电流随多孔薄膜厚度变化的曲线。电极有效吸收系数分别为 500 cm^{-1}、1500 cm^{-1}、3000 cm^{-1}、5000 cm^{-1}。多孔薄膜厚度增加时,光电流密度近似线性增加,由于染料吸附量随膜厚成正比关系,薄膜厚度增大,染料吸附量增大,相应吸收更多的光子数。当膜厚达到一定值后,电流密度不增反降,主要是膜厚达到一定值时,多孔薄膜吸附的染料量已足够

多,光生电子被电极收集之前,经过的路径延长,增加了与 I_3^- 复合的概率,因而对于多孔薄膜电极应该有一个最佳膜厚。同时可以看出,有效吸收系数不同,多孔薄膜电极的最佳厚度也不同,在图 7.12 中,有效吸收系数为 5000 cm^{-1} 时,最佳膜厚大约在 8~9 μm,而有效吸收系数为 500 cm^{-1} 时,电极厚度到 50 μm 还没有达到最佳值。采用 N719 染料,吸附染料后多孔薄膜电极的有效吸收系数一般在 1000~2000 cm^{-1},根据图 7.12,获得最大电流时的电极厚度应该在 15 μm 左右,这一结论与实验结果相吻合。

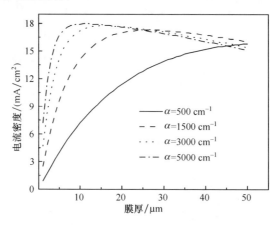

图 7.12　不同有效吸收系数下,多孔薄膜厚度对光电流密度的影响

另外,在 DSC 中多孔薄膜的厚度也会对光电压产生一定影响。DSC 光电压随多孔薄膜电极厚度变化关系如图 7.13 所示,光电压随着膜厚增加而减小,因为膜厚增加伴随着多孔薄膜与电解质溶液的接触面积增大,导致光电子与 I_3^- 复合速率增大。

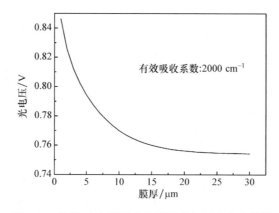

图 7.13　DSC 光电压随多孔薄膜电极厚度变化曲线

4. 光照强度对光电流和光电压的影响

照射到 DSC 表面的室外光强随着天气、季节、室外环境、入射角度等因素不断变化,因而有必要研究光强变化对 DSC 性能的影响。对于液体电解质体系而言,氧化还原电对 I^-/I_3^- 传输速率足够快,即使在 1 个标准太阳光强下也足以使染料迅速再生,限制 DSC 的载流子决速步骤是光电子在多孔半导体薄膜中的扩散传输。根据对 DSC 光电子传输的描述,光电流应随入射光强线性增加,如图 7.14 所示。在入射光强从 10 mW/cm² 到 120 mW/cm² 变化的过程中,光电流和光电压都逐渐增加,其中光电压与入射光强呈对数关系,光电流随着入射光强的变化近似呈线性关系[14,21]。光生电流密度与光生电压随入射光强的这种变化主要是由于光强的增加,染料可以吸收的光子数增多,光生电子数增大,注入薄膜中的电子数增多,电池电流密度增大。同时在很宽的光谱范围内,光电子的收集速率基本保持不变,相对于弱光照射,强光照射产生更多的光电子,被收集需要更长的时间,因而多孔薄膜中累积的光电子数增多,以至于半导体费米能级提高,电池的开路电压增大。

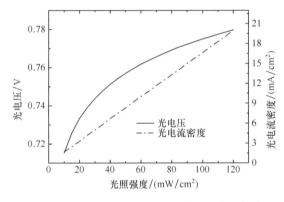

图 7.14　光电流和光电压随入射光强变化曲线

7.4.2　DSC 电荷传输

DSC 光电子在多孔薄膜内经吸收、复合、扩散传输后到达导电衬底,通过 TCO 收集至外回路,从而完成能量输出。光电子经 TCO 及金属栅极收集至外回路的过程中存在着电荷收集效率损失,这一点在大面积 DSC 中表现得尤为明显。通常在大面积 DSC 中引入金属栅极来提高电子收集效率,金属栅极的引入缩短了电子在 TCO 膜上传输路径,电子能够通过金属栅极快速导出,从而能够大大降低电子在 TCO 膜上的损耗。详细了解 DSC 中电荷的收集过程对于进一步提高其光电转换效率有着重要意义。

7.4.2.1　电荷传输模型的建立

DSC 电荷传输模型示意图如图 7.15 所示，被 TiO_2/染料覆盖的 TCO 区域为 DSC 的电极区。为了简化计算，对模型进行如下假设：

(1) 电池电极区面积上各处产生的电流相同；

(2) 透明导电膜的厚度远小于电池的宏观尺寸；

(3) 透明导电膜电阻率远大于金属栅极电阻率；

(4) 在 TCO 膜上电流流动为欧姆型。

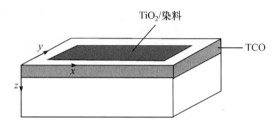

图 7.15　DSC 电极区模型示意图

对于以上四个假设，由于 TiO_2 颗粒尺寸在纳米量级，可以认为 TiO_2 颗粒与 TCO 膜接触良好；15 Ω/□的透明导电膜的厚度在 0.5 μm 左右，DSC 中通常所用导电衬底材料的电阻率在 $10^{-3} \sim 10^{-4}$ Ω·cm，远大于金属栅极材料电阻率（银：10^{-6} Ω·cm）。根据上述假设，可得到如下四个方程：

$$J(x, y, z=0) = J_0 \tag{7.25}$$

$$\frac{\partial J_x}{\partial z} + \frac{\partial J_y}{\partial z} = 0, \quad J_z(z=d_{TCO}) = 0 \tag{7.26}$$

$$\varphi_{Ag} = \varphi_0 \tag{7.27}$$

$$J = \sigma \cdot E \tag{7.28}$$

其中，J_0 为电极区电流密度；$d_{TCO} = 0.5$ μm，为导电膜厚度；φ_{Ag} 为金属栅极电位；σ 为导电膜电导率。由于在 TCO 层中没有净电荷存在，根据电动力学公式，在 TCO 薄层有

$$\nabla \cdot E(x, y, z) = 0 \tag{7.29}$$

$$E(x, y, z) = -\nabla \varphi \tag{7.30}$$

综合上面两式可得到拉普拉斯方程：

$$\nabla^2 \varphi(x, y, z) = 0 \tag{7.31}$$

由式(7.28)、式(7.29)可得

$$\nabla \cdot J(x, y, z) = \frac{\partial J_x}{\partial x} + \frac{\partial J_y}{\partial y} + \frac{\partial J_z}{\partial z} = 0 \tag{7.32}$$

由于 TCO 膜很薄,上式中 z 分量可表示为

$$\frac{\partial J_z}{\partial z} = \frac{\Delta J_z}{\Delta z} = -\frac{J_0}{d_{TCO}} \tag{7.33}$$

则有

$$\frac{\partial J_x}{\partial x} + \frac{\partial J_y}{\partial y} = -\frac{\partial J_z}{\partial z} = \frac{J_0}{d_{TCO}} \tag{7.34}$$

即

$$\nabla \cdot J(x,y) = \frac{J_0}{d_{TCO}} \tag{7.35}$$

结合式(7.30)可得

$$\nabla^2 \varphi(x,y) = -\frac{J_0}{\sigma \cdot d_{TCO}} \tag{7.36}$$

其中,$\sigma \cdot d_{TCO}$ 为 TCO 膜方块电阻的倒数。

在大面积 DSC 串联阻抗中除了 TCO 电阻外,还有金属栅极的体电阻及金属栅极与 TCO 之间的接触电阻。图 7.16 是构成大面积并联 DSC 中的基本单元——U 型条状电池示意图,理想的电池结构设计应是沿 y 方向中心对称,在中心线上半部分电极区产生的电子流向栅极 Ag1,在中心线下半部分电极区产生的电子流向栅极 Ag2。可以假设光电子都以最短的路径流向金属栅极,则在电极区 TCO 膜上沿 y 方向没有电子流过,式(7.36)变为

$$\nabla^2 \varphi(x,y) = \frac{\partial^2 \varphi}{\partial x^2} + \frac{\partial^2 \varphi}{\partial y^2} = \frac{\partial^2 \varphi}{\partial x^2} = -\frac{J}{\sigma \cdot d_{TCO}} \tag{7.37}$$

两栅极间距离为 W_1,求解得到电极区 TCO 膜上电势分布:

$$\varphi(x,y,z) = -\frac{J_0}{\sigma \cdot d_{TCO}} \left(\frac{1}{2}x^2 - \frac{1}{2}W_1 \cdot x \right) \tag{7.38}$$

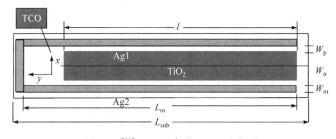

图 7.16[22]　U 型条状 DSC 示意图

W_a 为有效面积(TiO$_2$)宽度;W_m 为银栅极宽度;W_p 为 TiO$_2$ 边到银栅极距离;
l 为 TiO$_2$ 长度;L_m 为银栅极长度;L_{sub} 为导电基底长度;x 为沿垂直于银栅极方向;y 为沿银栅极方向

如图 7.17 所示,在 DSC 收集电极阻抗等效电路中包含以下几个部分:由电极

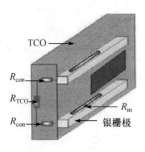

图 7.17　DSC 中收集电
极阻抗示意图

区 TCO 膜方块电阻产生的阻抗 R_{TCO}、金属栅极体电阻 R_m 及金属栅极与 TCO 膜的接触电阻 R_{con}。

　　为了详细了解串联阻抗对电池性能的影响,下面将逐一计算 DSC 在各串联阻抗上的电压损失。根据式(7.38),电极区的电压损失 U_{active} 通过下面计算获得

$$U_{active} = -2 \frac{J_0}{\sigma \times d_{TCO}} \left(\frac{1}{2} x^2 - \frac{1}{2} W_1 x \right) \Big|_{W_a + W_p}^{\frac{1}{2}W_1}$$

$$U_{active} = \frac{1}{4} \frac{J_0}{\sigma \times d_{TCO}} W_a^2 \qquad (7.39)$$

TCO 无效区域(W_p)的电压损失($U_{inactive}$)适用于欧姆定律:$dU = I(x) \cdot dR$,

$$U_{inactive} = 2 \cdot \int_0^{W_p} J_0 \cdot l \cdot \left(\frac{1}{2} \cdot W_a \right) \cdot R_{TCO} \cdot \frac{dx}{l}$$

$$U_{inactive} = J_0 \cdot R_{TCO} \cdot W_a \cdot W_p \qquad (7.40)$$

同理,可以获得金属栅极电压损失(U_m)及接触电阻电压损失(U_{con}):

$$U_m = \int_{L_m - l}^{L_m} [J_0 \cdot W_a \cdot (L_m - y)] \cdot dR + (J_0 \cdot W_a \cdot l) \cdot \frac{\rho_m \cdot (L_m - l)}{h_m \cdot W_m}$$

$$U_m = \frac{1}{2} \frac{J_0 \cdot l \cdot W_a}{W_m \cdot h_m} \cdot \rho_m \cdot (2 \cdot L_m - l) \qquad (7.41)$$

$$U_{con} = J_0 \cdot W_a \cdot l \cdot \frac{\rho_c}{W_m \cdot l}$$

$$U_{con} = \frac{J_0 \cdot \rho_c}{W_m} \cdot W_a \qquad (7.42)$$

其中,ρ_c 为比接触电阻($\Omega \cdot cm^2$);ρ_m 为银栅极电阻率。

　　根据焦耳定律,可分别计算出各串联阻抗的等效电阻:

$$r_{TCO,act} = \frac{1}{4} R_{TCO} \cdot \frac{W_a}{l} \qquad (7.43)$$

$$r_{TCO,inact} = R_{TCO} \cdot \frac{W_p}{l} \qquad (7.44)$$

$$r_m = \frac{1}{2} \frac{1}{W_m \cdot h_m} \cdot \rho_m \cdot (2 \cdot L_m - l) \qquad (7.45)$$

$$r_{con} = \frac{\rho_c}{l W_m} \qquad (7.46)$$

7.4.2.2　串联阻抗对电池性能影响

在大面积 DSC 组件中,内部串联阻抗的存在直接影响了电荷收集,如果不考

虑 TCO 膜的透过率,TCO 方块电阻为 0 Ω/□ 的理想情况下,DSC 的 I-V 曲线近似方形,然而在大量实验工作中发现,对于电极面积超过 100 cm² 的 DSC 组件,其填充因子(FF)只有 0.6 左右,在有些情况下甚至只有 0.5,这严重影响了 DSC 能量输出。FF 降低的主要原因是其内部串联电阻的增加,通常选用的衬底材料都有一定的阻抗,金属栅极的使用虽然在一定程度上能够提高电子收集,但其本身也存在相应的体电阻。

1. TCO 膜方块电阻对 DSC 性能影响

作为 TiO_2 颗粒载体及电子收集材料,导电衬底材料需要有好的透光性、导电性及耐高温等性能。忽略不同方块电阻 TCO 膜的透过率影响,下面仅从 TCO 导电性角度研究其对 DSC 性能的影响。

通过计算获得采用三种方块电阻(0 Ω/□、8 Ω/□、15 Ω/□)的 TCO 膜获得的电池 J-V 曲线如图 7.18 所示。随着方块电阻的增大,电池填充因子明显降低。采用方块电阻为 15 Ω/□ 的 TCO 膜,改变电池面积,图 7.19 显示电池面积分别为 0.3 cm×0.3 cm、0.5 cm×0.5 cm、1.0 cm×1.0 cm、2.0 cm×2.0 cm 时的输出曲线。随着电池面积的增大,填充因子迅速降低,直至短路电流密度也快速减小,此时填充因子只有 0.25。可见,对于更大面积的 DSC 来说,大量电荷损耗在 TCO 膜上,要想制作高效率大面积电池组件,必须设置金属栅极来减小电荷的收集损失。

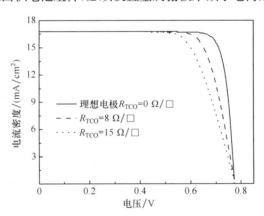

图 7.18　不同 TCO 方块电阻 DSC 的 J-V 曲线(电池面积 0.5 cm×0.5 cm)

对图 7.16 所示的 U 型条状电池进行研究,首先固定银栅极参数,在 TCO 膜的选择上,由于导电衬底透光率与其方块电阻存在竞争关系,低方块电阻通常伴随着低的光透过率。所以,低方块电阻不一定能提高电池的转换效率。模拟计算中采用了三种组合形式:①正反电极均采用方块电阻为 8 Ω/□ 的 TCO 膜;②正电极采用方块电阻为 15 Ω/□ 的 TCO 膜,反电极采用方块电阻为 8 Ω/□ 的 TCO 膜;③正反电极均采用方块电阻为 15 Ω/□ 的 TCO 膜。DSC 光电转换效率随有效面

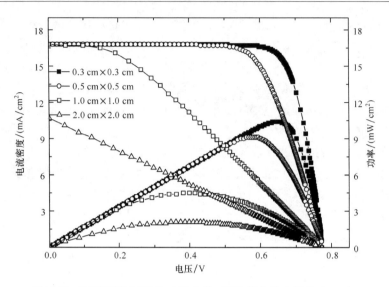

图 7.19　不同面积 DSC 的 J-V 曲线，TCO 膜方块电阻为 15 Ω/□

积宽度(W_a)变化的结果如图 7.20 所示，这三种形式电池的效率随 W_a 的增加而不同程度的下降。当正反电极的方块电阻都为 15 Ω/□时，电池效率降低的最为显著。采用正电极为光高透过率的导电衬底而反电极为低方块电阻的导电衬底，可进一步提高效率。

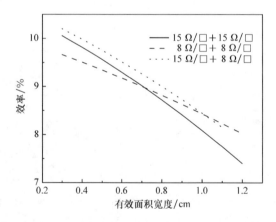

图 7.20　理论模拟不同阻抗衬底 DSC 有效面积宽度对其效率的影响

$L_m = 19$ cm，$l = 18$ cm，$W_p = 0.1$ cm，$W_m = 0.1$ cm，

$\rho_{Ag} = 3 \times 10^{-6}$ Ω·cm，$\rho_c = 0.01$ Ω·cm^2，$h_m = 0.001$ cm

同样，金属栅极体电阻的大小也会影响 U 型条状电池的性能。常用的金属栅极材料是金属银颗粒与玻璃粉的混合浆料，经适当温度烧结后其电阻率大约在 $2.0 \times 10^{-6} \sim 3.0 \times 10^{-6}$ Ω·cm。使用银栅极虽然能够减小光电子在 TCO 膜上的

收集路径,但也引进了栅极体电阻损耗。银栅极体电阻增加到一定程度,也将影响到光电子的快速收集,在大面积 DSC 制作过程中,对银栅极体电阻有适当的要求和控制。图 7.21 给出了条状电池(0.7 cm×18 cm)银栅极体电阻的改变对其 *J-V* 曲线的影响。随着栅极厚度的增加,电池短路电流密度和开路电压均没有明显变化,重点是电池填充因子的变化,栅极厚度从 5 μm 增加到 40 μm,电池填充因子则从 0.45 提高到 0.67。

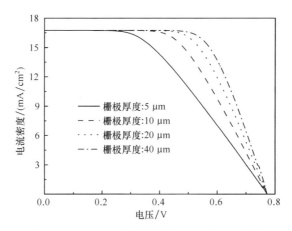

图 7.21　不同银栅极厚度条状电池 *J-V* 曲线

电池尺寸:$W_a \cdot l$＝0.7 cm×18 cm;光照强度:100 mW/cm²;方块电阻:15 $\Omega/\square$;
栅极宽度:0.1 cm;栅极厚度:5 μm、10 μm、20 μm、40 μm

在图 7.22 中可以更直接地观察上述电池效率随银栅极厚度增加的变化情况,

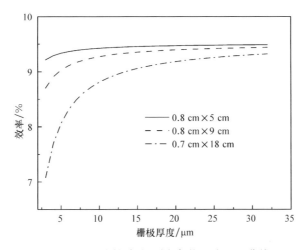

图 7.22　不同银栅极厚度条状电池 *J-V* 曲线

光照强度:100 mW/cm²;方块电阻:15 $\Omega/\square$;电池尺寸:$W_a \cdot l$＝0.8 cm×5 cm、0.8 cm×9 cm、
0.7 cm×18 cm;栅极宽度:0.1 cm

对于 0.8 cm×5 cm 电池来说,很薄的银栅极就能够满足电流收集的需求;而对于
0.7 cm×18 cm 电池,由于电流的增大,在栅极上的损耗明显增多,要想获得较高
的电池效率,需要减小银栅极的体电阻。当栅极体电阻足够小,满足电流收集需求
后,再增加栅极厚度对电池效率没有明显的提高。

2. TCO 膜/银栅极比接触电阻对 DSC 性能影响[23]

条状 DSC 银栅极与 TCO 膜的接触是在一层很薄的扩散层上(约 0.5 μm)形
成的,TCO 膜与银栅极的欧姆接触电阻可以通过下面方法测试:如图 7.23 所示,
在 TCO 膜上印刷六条银栅极,栅极宽度为 0.6 mm,间距 x 分别为 d、$2d$、$4d$、$8d$、
$16d$(d 为第一条与第二条银栅极间距),四线法分别测试得出相连两栅极之间的电
阻 R_1、R_2、R_4、R_8、R_{16}。

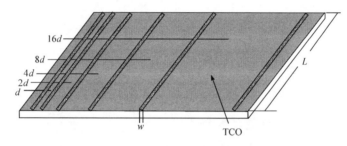

图 7.23　TCO 膜/银栅极接触电阻测试示意图

图 7.24 显示电流流过 TCO 膜等效电路图,图中电阻 R_c 为 TCO 膜/银栅极
接触电阻;R_{TCO} 为两银栅极之间 TCO 膜电阻;x 为相连两银栅极距离;σ 为 TCO
膜电导率;d_{TCO} 为 TCO 膜厚度。

$$R_{TCO}(x) = \frac{x}{\sigma d_{TCO} L} \tag{7.47}$$

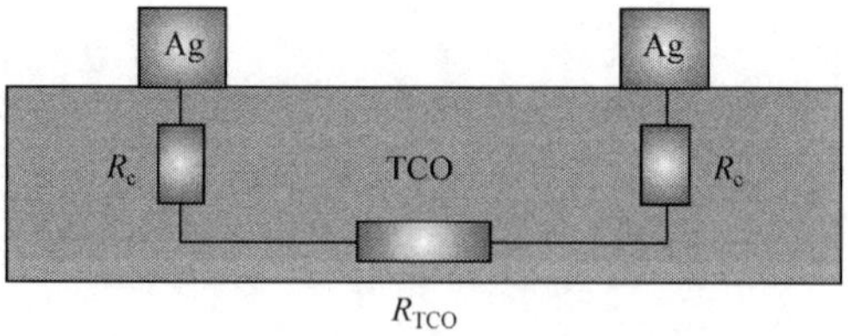

图 7.24　TCO 膜/银栅极接触电阻等效示意图

相连两银栅极之间电阻可写为

$$R = R_{TCO} + 2R_c + 2R_{Ag} \tag{7.48}$$

其中,R_{Ag} 为银栅极本身电阻。忽略 R_{Ag},相连两银栅极之间电阻为

$$R = R_{TCO} + 2R_c \tag{7.49}$$

将 R_{TCO} 对 x 的表达式代入式(7.49),得

$$R=\frac{x}{\sigma d_{\text{TCO}}L}+2R_{\text{c}} \tag{7.50}$$

当 x 无穷小时，R_{TCO} 趋于 0，则

$$R(x=0)=2R_{\text{c}} \tag{7.51}$$

接触电阻的值是相连两银栅极无限接近时电阻的一半，由于无法做到栅极无限接近，可采用外推法来计算得出接触电阻的值。实验分别采用银栅极间距为 d、$2d$、$3d$、$4d$，$W=0.6$ mm，$L=8$ cm，$d=1.1$ cm，通过四线法测试得到 R 值分别为 1.97 Ω、3.67 Ω、5.57 Ω、7.50 Ω，外推至 $d=0$ 如图 7.25 所示。

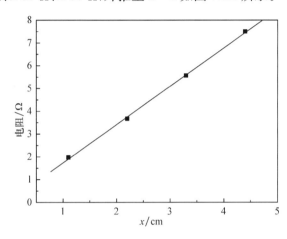

图 7.25　实验外推法测量 TCO 膜/银栅极接触电阻

求得 R_{c} 值后即可得到相应比接触电阻值 ρ_{c}（Ω·cm²），其大小与栅极形状无关：

$$\rho_{\text{c}}=R_{\text{c}} \cdot W \cdot L \tag{7.52}$$

根据式(7.52)计算，DSC 中比接触电阻值约为 0.0132 Ω·cm²

3. 理论计算比接触电阻对 DSC 性能影响

比接触电阻作为 DSC 中串联阻抗的一部分，其大小也会影响 DSC 性能。图 7.26 描述了在入射光强为 100 mW/cm² 时，DSC 中导电衬底与金属栅极比接触电阻大小对电池光伏性能的影响，在比接触电阻小于 0.1 Ω·cm² 时 DSC 转化效率仅有微小的变化，随着其增大到 1 Ω·cm² 时 DSC 效率大幅下降。可见，要想获得较高的转化效率必须尽量减小比接触电阻，实验中测得比接触电阻的数值一般小于 0.1 Ω·cm²，基本满足了制作高效 DSC 的要求。

7.4.2.3　大面积 DSC 的设计与优化

在大面积 DSC 组件中存在入射光采集损失和电荷收集损失，其中金属栅极和

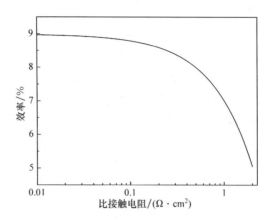

图 7.26　理论模拟导电衬底与银栅极比接触电阻大小对 DSC 性能影响

光照强度:100 mW/cm²;方块电阻:15 Ω/□;电池尺寸:0.7 cm×18 cm;栅极宽度:0.1 cm

栅极密封保护所造成的遮光、反射、吸收是引起光采集损失的主要原因。尽可能地缩小栅极的宽度和提高密封工艺可以最大限度地减小电池光采集损失;而缩小金属栅极又增加了电池内部串联阻抗,从而影响电荷收集。在光采集损失和电荷收集损失之间需要选择平衡点。

1. 大面积 DSC 光采集损失

大面积并联 DSC 结构如图 7.27 所示,W_a 是有效面积(TiO_2)宽度,W_m 是银栅极的宽度,W_p 是 TiO_2 边到银栅极的距离。在 DSC 中,W_m+2W_p 是无效区域,从提高大面积电池有效光照面积角度来说,W_a 要尽量的大,但这并不意味着电池输出功率就高,由于串联阻抗大小影响着电池的填充因子 FF,更大的 W_a 值,意味着更高的串联阻抗,更低的 FF。输出功率 P 可以表示为

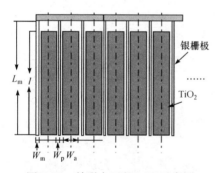

图 7.27　并联大面积 DSC 示意图

$$P = J_{sc} \cdot V_{oc} \cdot FF \cdot S_{total} \cdot r \qquad (7.53)$$

其中,r 为电池有效面积比;S_{total} 为电池总面积。可以近似认为

$$r = \frac{W_a}{W_a + W_m + 2W_p} \cdot \frac{l}{L_m} \qquad (7.54)$$

理论上 W_p 可以无限小,但考虑到材料密封及制作工艺的限制,W_p 取 0.5 mm。对于 l 为 19 cm 和 l 为 9 cm 的 DSC 组件来说,当 W_m 为 0.5 mm 时,DSC 有效面积随单条 TiO_2 宽度增加的变化曲线如图 7.28 所示。有效面积宽度 W_a 越大,由于栅极遮阴造成的光采集损失就越小。

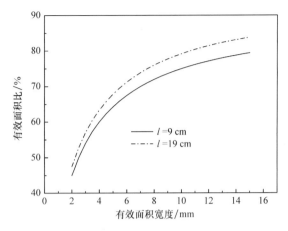

图 7.28　有效面积（TiO$_2$）宽度对 DSC 有效面积的影响

2. 电池组件结构的优化

大面积电池组件是由多个 U 型条状电池组合而成,可以借鉴 U 型条状电池来研究串联阻抗对大面积电池性能的影响,同时考虑到电池光采集损失,在大面积电池结构的设计中,可以通过光吸收区域(即有效面积)的形状和金属栅极的设计达到电池组件最大功率输出。由于串联阻抗造成的收集效率的损失跟材料本身所能获得的短路电流、开路电压等有直接关系,这里借鉴两种不同性能单元电池的参数来研究大面积电池组件结构(表 7.1)[24]。

表 7.1　单元电池参数(100 mW/cm^2)

参数	J_{sc}/(mA/cm^2)	V_{oc}/V	FF	η/%
A	19.20	0.74	0.690	9.79
B	14.47	0.70	0.664	6.73

表 7.1 所示参数是通过 0.5 cm×0.5 cm 的小面积电池获得的,电池 A 使用如下原材料:纳米颗粒与纳米管的混合浆料制作半导体薄膜,N719 作为光敏化剂,电解液组分为 0.5 mol/L LiI、0.1 mol/L I$_2$、0.6 mol/L 四丁基碘化铵、0.5 mol/L叔丁基吡啶、甲氧基丙腈;电池 B 使用的原材料:P25 浆料制作半导体薄膜、N719 作为光敏化剂,电解液组分为 0.5 mol/L LiI、0.1 mol/L I$_2$、0.6 mol/L四丁基碘化铵、0.5 mol/L 叔丁基吡啶、甲氧基丙腈。在大面积电池组件中,金属栅极的电阻率是 $2.0×10^{-6}$ Ω·cm,金属栅极与导电玻璃之间的接触电阻率是 0.02 Ω·cm^2。根据电池制作工艺技术水平,为进一步提高电池有效面积,半导体薄膜与金属栅极之间的距离(W_p)取 0.5 mm,采用上述两类原材料对面积为 10 cm×10 cm 和 15 cm×20 cm 电池组件进行设计。

（1）半导体薄膜电极宽度对电池性能影响。

由式(7.54)可知，W_a 越大，电池有效面积比越大。参考图 7.20，在 U 型条状电池中，随着 W_a 增大，电荷收集效率降低，可以看出，在大面积电池组件中，W_a 大小同时影响着电池的光采集损失和电荷收集损失，图 7.29 显示了面积为 10 cm×10 cm 和 15 cm×20 cm 电池组件分别采用表 7.1 中两类参数制作的电池总面积效率随 W_a 的变化关系。四种情况下，电池效率均受 W_a 值影响较大，相应有一个最佳薄膜电极宽度，同等条件下，原材料性能越好，最佳薄膜电极宽度越小；另外，电极增长，最佳薄膜电极宽度也会减小，主要是由更多的电流通过金属栅极时引起的欧姆损失造成的。在 1 个标准太阳光强下，这几类电池的最佳宽度值分布在 5～8 mm。原材料性能仍然是电池输出功率大小的决定因素，相同结构下，好的原材料能够获得较高的功率输出；同时不同结构下的电池输出功率也会有很大的差别。当电池结构远离最佳设计时，其输出功率会迅速降低。表 7.2 列出了不同条件下 DSC 的最佳电极宽度 W_a 值。对于用材料 A 制作的电池而言，当电极长度是 9 cm 时，其最佳电极宽度是 7.0 mm，此时获得最大输出功率 63 W/m²；而同样情况下，当电极长度变为 19 cm 后，其优化的电极宽度降至 5.5 mm，最大输出功率则为 58 W/m²，较 $l=9$ cm 时有所减小。

表 7.2　不同 DSC 优化宽度

原材料	电池 A		电池 B	
电极长度/cm	9.0	19.0	9.0	19.0
最佳电极宽度/mm	7.0	5.5	8.0	6.0

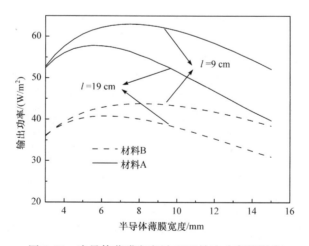

图 7.29　半导体薄膜宽度对 DSC 输出功率的影响

$R_{TCO}=15\ \Omega/\square,\rho_m=2.0\times10^{-6}\ \Omega\cdot cm,W_p=0.5\ mm,W_m=1.0\ mm,h_m=10\ \mu m$

（2）电极长度对电池性能影响。

与电极宽度对电池性能影响相似,当电极长度增加,栅极上的欧姆损失变大,结合电池光采集损失,电池长度有一个最佳值。如图 7.30 所示,电池所能输出的功率也会出现先增后减的情况,最佳电极长度为 9～10 cm,当 l 增大后,电池性能开始下降。

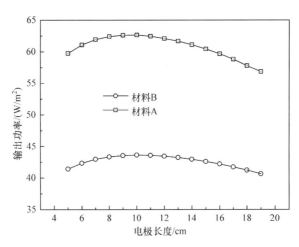

图 7.30　电极长度对 DSC 输出功率的影响

$R_{TCO}=15\ \Omega/\square,\rho_m=2.0\times10^{-6}\ \Omega\cdot cm,W_p=0.5\ mm,W_a=7\ mm,W_m=1.0\ mm,h_m=10\ \mu m$

（3）金属栅极体电阻对电池性能影响。

在图 7.29 中,相同原材料时,电极长度 $l=9$ cm 电池输出功率要高于 $l=19$ cm 电池输出功率。事实上,电极长度为 19 cm 时,电池有更高的有效面积,但其输出功率却降低,主要原因就在金属栅极上,从公式(7.45)可以看出,电极长度增大其等效电阻 r_m 也随之增大,电荷收集效率降低。图 7.31 显示当三种电极长度 $l=$ 5 cm、$l=9$ cm、$l=19$ cm 时,金属栅极体电阻变化对其输出功率的影响,对于 $l=$ 5 cm 电池组件,流过金属栅极的电流较小,栅极厚度的增加对电池效率的提高贡献不大,5 μm 厚度已经能够满足电荷收集的需要;对于 $l=19$ cm 电池,金属栅极本身等效电阻较大,同时更大的电流经其收集到外回路,通过增加栅极厚度来降低等效电阻则会大幅提高电池输出功率,要想达到满意的功率输出,栅极的厚度至少达到 20 μm 以上。由于电池制作工艺技术要求,通常金属栅极的厚度在 10 μm 左右,太厚的栅极极易造成电极短路。显然,在栅极厚度为 10 μm 处,对于电极长度很大的电池组件来说,电荷收集损失要远大于无效面积造成的光采集损失,减小电极长度,电荷收集损失会迅速降低,直至达到与光采集损失之间的平衡。

影响栅极电阻的因素包括栅极厚度、栅极宽度、栅极长度及其电阻率、固定栅极厚度及其电阻率,考虑到栅极宽度和长度同时影响电池组件的有效面积,则可以

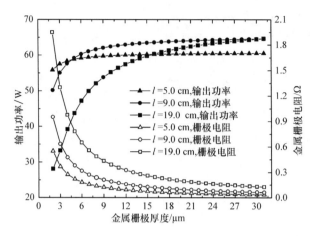

图 7.31　不同电极长度下,金属栅极体电阻对电池效率的影响

$R_{TCO}=15\ \Omega/\square,\rho_m=2.0\times10^{-6}\ \Omega\cdot cm,W_p=0.5\ mm,W_a=7.0\ mm,W_m=1.0\ mm,h_m=10\ \mu m$

计算出在各种栅极宽度下的最优化电极长度。表 7.3 列出了 W_m 在 $0.1\sim1.0$ mm 变化时,采用 A 类和 B 类原材料电池组件的最优化电极长度及模板效率,优化的电极长度受制于两个因素:栅极等效电阻及流经栅极的电流,栅极等效电阻越小,优化的电极长度越大;流经栅极的电流越小,优化的电极长度越大。栅极宽度为 $0.5\sim0.7$ mm 时,电池能够获得最大的效率,此时材料 A 电池优化电极长度在 $7.5\sim8$ cm,材料 B 优化电极长度在 $8\sim9$ cm。

表 7.3　采用两类不同原材料,改变栅极宽度对应优化电极长度

$(W_a=0.8\ cm,h_m=10\ \mu m,W_p=0.5\ mm,R_{TCO}=15\ \Omega/\square,\rho_m=2.0\times10^{-6}\ \Omega\cdot cm)$

W_m/mm		0.1	0.2	0.3	0.4	0.5	0.6	0.7	0.8	0.9	1.0
$\eta_{ref}/\%$	A	9.79	9.79	9.79	9.79	9.79	9.79	9.79	9.79	9.79	9.79
	B	6.73	6.73	6.73	6.73	6.73	6.73	6.73	6.73	6.73	6.73
l_{opt}/cm	A	3.8	4.9	6.1	6.6	7.5	7.7	8.0	8.1	8.5	8.8
	B	4.4	5.3	6.3	7.1	8.0	8.3	8.9	9.5	9.9	10.7
$\eta_{mod}/\%$	A	5.73	6.08	6.22	6.28	6.32	6.32	6.32	6.30	6.28	6.26
	B	4.04	4.27	4.36	4.40	4.42	4.42	4.41	4.40	4.38	4.36

表 7.3 是通过栅极有效电阻的改变来研究电池组件优化电极长度及其效率,而影响电极设计的另一个因素是流经栅极的电流大小。除了使用不同性能的原材料外,改变半导体薄膜形状也会改变流经栅极的电流。在表 7.4 中同样使用 A 和 B 两类原材料,随着薄膜宽度的增加,电池组件的有效面积增大,在 W_a 从 4.0 mm 增加到 10 mm 的过程中,优化的栅极宽度从 0.3 mm 增大到 0.8 mm,A 类材料电池组件的最佳效率出现在薄膜宽度为 $6\sim7$ mm,栅极宽度为 0.5 mm,电极长度为

7.5 cm,最高效率为 6.38%;B 类材料电池组件的最佳效率出现在薄膜宽度为 7.0 mm,栅极宽度为 0.5 mm,电极长度为 8.0 cm,最高效率为 4.44%。

表 7.4 不同二氧化钛宽度下,电池组件各优化参数

$(h_m=10\ \mu m, W_p=0.5\ mm, R_{TCO}=15\ \Omega/\square, \rho_m=2.0\times10^{-6}\ \Omega\cdot cm)$

W_a/mm	4.0		5.0		6.0		7.0		8.0		9.0		10	
	A	B	A	B	A	B	A	B	A	B	A	B	A	B
η_{ref}/%	9.79	6.73	9.79	6.73	9.79	6.73	9.79	6.73	9.79	6.73	9.79	6.73	9.79	6.73
$W_{m,opt}$/mm	0.3	0.3	0.4	0.4	0.5	0.4	0.5	0.5	0.6	0.6	0.7	0.6	0.8	0.7
l_{opt}/cm	7.5	8.0	7.5	8.5	8.0	8.0	7.5	8.0	7.5	8.0	7.5	7.5	7.5	8.0
β/%	66.6	67.1	68.9	70	71.1	72.1	72.7	73.2	73.5	74.1	74.2	75	74.8	76
η_{mod}/%	6.18	4.26	6.33	4.37	6.38	4.42	6.38	4.44	6.32	4.42	6.24	4.38	6.11	4.32
η_{act}/%	9.23	6.35	9.19	6.24	8.97	6.13	8.78	6.06	8.61	5.96	8.41	5.84	8.17	5.68

以上是基于 1 个标准太阳光强下的电极结构设计,太阳电池最终应用于室外,室外光强不同,最佳电极结构也会发生变化。随着入射光强度的减弱,所获得的最佳薄膜宽度是越来越大的。例如,1 个太阳光强下,A 类原材料电池的最佳薄膜宽度是 6.5 mm,B 类原材料电池的最佳薄膜宽度是 7.0 mm,当光强变为 0.1 个太阳强度(10 mW/cm²)时,A 类原材料电池的最佳薄膜宽度是 13.5 mm,B 类原材料电池的最佳薄膜宽度是 16.5 mm(图 7.32)。在太阳电池的制作过程中需要根据实际的室外光照强度变化情况设计电极结构。

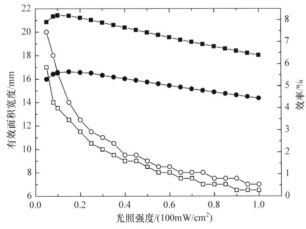

图 7.32 不同光照强度下优化电极宽度

□为 A 类原材料电池的最佳薄膜宽度,○为 B 类原材料电池的最佳薄膜宽度,■为 A 类原材料电池效率,●为 B 类原材料电池效率;$R_{TCO}=15\ \Omega/\square, \rho_m=2.0\times10^{-6}\ \Omega\cdot cm$, $W_m=0.5mm, W_p=0.5\ mm, h_m=10\ \mu m$

　　图 7.33 是实测地表太阳光强一天中的变化情况,将不同时间光强变化数据带入理论公式计算。不同时间段 DSC 输出功率对时间积分,即可粗略得到这段时间内 DSC 能够输出的总能量,如图 7.34 所示。图中三个坐标分别为 TiO_2 宽度、TiO_2 长度及对应 DSC 每平方米一天内所能输出的电能,两个子图是分别从不同角度观察到的输出能量随电极形状变化关系。可明显地看出,不同电极形状 DSC 在一天内输出的电能差别较大,在图 7.33 所示的光强变化条件下,TiO_2 宽度在 0.7~0.9 cm,TiO_2 长度在 8~11 cm 时,DSC 能输出最多能量。

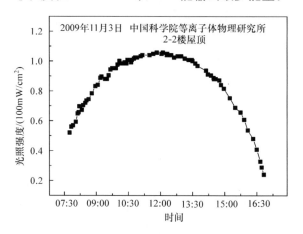

图 7.33　室外测试地表太阳光强一天中的变化情况

测试条件为:在雨后晴朗天气条件下,光强测试采用标准太阳电池,保持标准太阳电池测试温度为 25℃

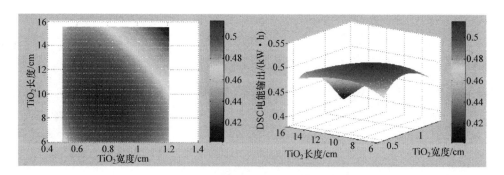

图 7.34　模拟计算 DSC 一天中总的能量输出图

参 考 文 献

[1] Hagfeldt A, Grätzel M. Light-induced redox reactions in nanocrystalline systems. Chem Rev, 1995, 95 (1): 49-68.

[2] Liyuan H, Atsushi F, Yasuo C, et al. Integrated dye-sensitized solar cell module with conversion effi-

ciency of 8. 2%. Appl Phys Lett, 2009, 94: 013305.

[3] Dai S Y, Weng J, Sui Y F, et al. Dye-sensitized solar cells, from cell to module. Sol Energy Mater Sol Cells, 2004, 84(1-4): 125-133.

[4] Dai S Y, Weng J, Sui Y F, et al. The design and outdoor application of dye-sensitized solar cells. Inorg Chim Acta, 2008, 361(3): 786-791.

[5] Spath M, Sommeling P M, van Roosmalen J A M, et al. Reproducible manufacturing of dye-sensitized solar cells on a semi-automated baseline. Prog Photovoltaics, 2003, 11(3): 207-220.

[6] Okada K, Matsui H, Kawashima T, et al. 100 mm × 100 mm large-sized dye sensitized solar cells. J Photoch Photobio A, 2004, 164(1-3): 193-198.

[7] Sastrawan R, Beier J, Belledin U, et al. New interdigital design for large area dye solar modules using a lead-free glass frit sealing. Prog Photovoltaics, 2006, 14(8): 697-709.

[8] Huang Y, Dai S, Chen S H, et al. Theoretical modeling of the series resistance effect on dye-sensitized solar cell performance. Appl Phys Lett, 2009, 95(24): 243503.

[9] Maine J A, Phani G, Bell J M, et al. Minimisation of the cost of generated electricity from dye-sensitized solar cells using numerical analysis. Sol Energy Mater Sol Cells, 2005, 87: 133-148.

[10] Södergren S, Hagfeldt A, Olsson J, et al. Theoretical-models for the action spectrum and the current-voltage characteristics of microporous semiconductor-films in photoelectrochemical cells. J Phys Chem, 1994, 98(21): 5552-5556.

[11] Stangl R F J, Luther J. On the modeling of the dye-sensitized solar cell. Sol Energy Mater Sol Cells, 1998, 54(1-4): 255-264.

[12] Halme J, Boschloo G, Hagfeldt A, et al. Spectral characteristics of light harvesting, electron injection, and steady-state charge collection in pressed TiO_2 dye solar cells. J Phys Chem C, 2008, 112(14): 5623-5637.

[13] Hagfeldt A G M. Light-induced redox reactions in nanocrystalline systems. Chem Rev, 1995, 95(1): 49-68.

[14] Nazeeruddin M K, Kay A, Rodicio I, et al. Conversion of light to electricity by cis-X_2 bis (2,2'-bipyri-dyl-4,4'-dicarboxylate) ruthenium (II) charge-transfer sensitizers (X = Cl^-, Br^-, I^-, CN^-, and SCN^-) on nanocrystalline TiO_2 electrodes. J Am Chem Soc, 1993, 115(14): 6382-6390.

[15] Ferber J, Luther J. Modeling of photovoltage and photocurrent in dye-sensitized titanium dioxide solar cells. J Phys Chem B, 2001, 105(21): 4895-4903.

[16] Kron G, Rau U, Werner J H. Influence of the built-in voltage on the fill factor of dye-sensitized solar cells. J Phys Chem B, 2003, 107(48): 13258-13261.

[17] Nelson J. Diffusion-limited recombination in polymer-fullerene blends and its influence on photocurrent collection. Phys Rev B, 2003, 67(15): 155209.

[18] Dloczik L, Ileperuma O, Lauermann I, et al. Dynamic response of dye-sensitized nanocrystalline solar cells: Characterization by intensity-modulated photocurrent spectroscopy. J Phys Chem B, 1997, 101, (49), 10281-10289.

[19] Rosenbluth M L, Lewis N S. "Ideal" behavior of the open circuit voltage of semiconductor/liquid junctions. J Phys Chem, 1989, 93(9): 3735-3740.

[20] Peter L M. Characterization and modeling of dye-sensitized solar cells. J Phys Chem C, 2007, 111(18): 6601-6612.

[21] Huang S Y, Schlichthorl G, Nozik A J, et al. Charge recombination in dye-sensitized nanocrystalline TiO₂ solar cells. J Phys Chem B, 1997, 101(14): 2576-2582.

[22] 黄阳,戴松元,陈双宏,等. 大面积染料敏化太阳电池的串联阻抗特性研究. 物理学报, 2010, 59(1): 643-648.

[23] Berrger H H. Models for correct to planar devices. Solid-State Electronics, 1972, 15(2): 145-148.

[24] Sheng J, Hu L H, Xu S Y, et al. Characteristics of dye-sensitized solar cells based on the TiO₂ nanotube/nanoparticle composite electrodes. J Mater Chem, 2011, 21: 5457-5463.

第8章 染料敏化太阳电池性能测试及组件应用

8.1 染料敏化太阳电池光伏性能测试

光伏性能测试系统的工作原理是:当光照射到被测太阳电池上时,用电子负载控制电池电流的变化,测出电池的伏安特性曲线,从中得到电池的开路电压、短路电流和光的辐射强度,最后将测试数据送入计算机进行处理并显示出来。

8.1.1 大气质量与太阳光谱

太阳光要经过大气和云层才能到达地表,因而受到大气和云层的散射、反射、吸收等多种作用。为了描述大气层对太阳辐射能量及其光谱分布的影响,引入了大气质量(AM)的概念,当太阳辐射垂直于海平面时,定义太阳光穿过大气的距离为一个大气质量,则太阳在任意位置时的大气质量为太阳光通过大气的距离与太阳在天顶时通过大气距离之比。如图 8.1 所示:E 点为地球海平面上一点,当太阳在天顶 S 处,路径 SE 为一个大气质量,而太阳在任意点 S' 处的大气质量定义为

$$AM = \frac{S'E}{SE} = \frac{1}{\sin\theta} \tag{8.1}$$

其中,θ 为入射的太阳光线与水平面之间的夹角,称为太阳高度角。

当太阳在天顶时的大气质量为 1,称为 AM 1,此时的太阳辐照度约为1000 W/m²,AM 0 是大气层外部太阳的辐照度条件。为了选择更接近人类生活的实际情况,通常把 AM 1.5 条件作为地面测试标准,此时的太阳光辐照度约为 963 W/m²,为了使用方便,国际标准化组织将 AM 1.5 条件下的太阳辐照度定为 1000 W/m²。

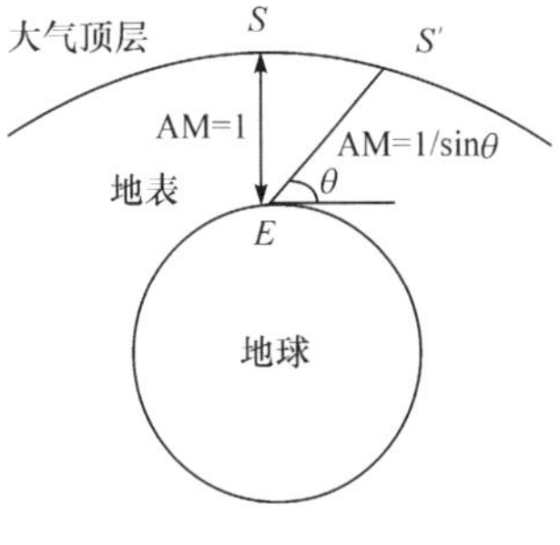

图 8.1 太阳光入射到地球表面示意图[1]

太阳辐射的波长包括了从 0.15～4 μm波段范围,在经过大气层时,由于大气层的吸收、反射等作用,到达地球表面的太阳辐射通量和太阳光谱分布均受到影响。图 8.2 显示了标准 AM1.5 条件下太阳的光谱分布曲线,可以看出太阳辐射能量主要集中在可见光(0.4～0.76 μm)和近红外(0.76～2.5 μm)波段,其中在波长 0.3～1.5 μm 波段内的太阳辐射能量约占总辐射能量的 90%,而这正是太阳电池的光谱响应波段。

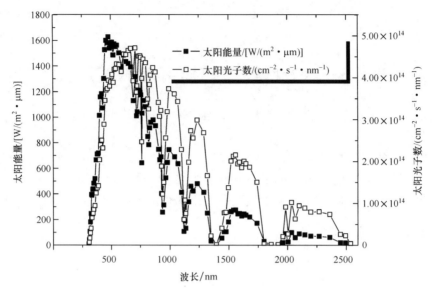

图 8.2　标准 AM 1.5 太阳光谱图

8.1.2　染料敏化太阳电池的测试参数

对太阳电池电性能的测试,无论是在研究阶段,还是在生产和应用阶段都是十分重要的。它的性能包括由电器特性确定的效率和等效电路参数。DSC 可用图 8.3 的等效电路来表示。包括光电流源(I_l),一个二极管,一个串联电阻(r_s),一个分流电阻(r_{sh})。串联电阻 r_s 代表电池传输阻抗,分流电阻 r_{sh} 代表电池复合阻抗。DSC 需要进行测试的主要参数有以下几个(图 8.3)。

(1) 开路电压。

受光照的电池,开路状态下的端电压称为开路电压。通常用 V_{oc} 表示。

(2) 短路电流。

受光照的电池,在短路状态下外电路的电流称为短路电流。通常用 I_{sc} 表示。

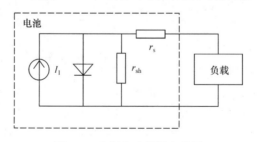

图 8.3　太阳电池等效电路图

（3）最佳工作电压。

受光照的电池，在确定的伏安特性曲线上有最大功率输出的工作点，称为最大功率点。此点对应的电压称为最佳工作电压。通常用 V_m 表示。

（4）最佳工作电流。

受光照的电池，在其确定的伏安特性曲线上有最大功率输出的工作点，称为最大功率点。此点对应的电流称为最佳工作电流。通常用 I_m 表示。

（5）最大输出功率。

受光照的电池，在确定的伏安特性曲线上有最大功率输出的工作点。此点对应的功率称为最大输出功率。通常用 P_m 表示。

$$P_m = V_m \cdot I_m \tag{8.2}$$

（6）光电转换效率。

光电转换效率，是指受光照的单体电池的最大输出电功率与入射到该电池受光平面有效面积上的全部光功率的百分比。通常用 η 表示。

$$\eta = \frac{P_m}{P_{in}} 100\% \tag{8.3}$$

（7）填充因子。

填充因子是指电池的最大输出功率与开路电压和短路电流乘积之比。通常用 FF 表示。

$$FF = \frac{P_m}{I_{sc} \cdot V_{oc}} = \frac{I_m V_m}{I_{sc} V_{oc}} \tag{8.4}$$

由式(8.4)可得

$$P_m = V_{oc} \cdot I_{sc} \cdot FF \tag{8.5}$$

（8）伏安特性曲线。

伏安特性曲线是指受光照的太阳电池在一定的辐照度和温度以及不同的外电路负载下，流入负载的电流 I 和电池端电压 V 的关系曲线。一般情况如图 8.4 中的实线所示。

从以上测试参数的定义可知，由伏安特性曲线，经过适当的数据处理即可得出各个测试参数的测试结果，因此电池测试工作的核心内容是伏安特性曲线的测量。

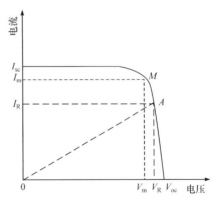

图 8.4　太阳电池的伏安特性曲线

8.1.3　染料敏化太阳电池的测试原理

8.1.3.1　太阳电池测试原理

由于伏安特性曲线是指在不同的外电路负载下,进入负载的电流 I 和电池端电压 V 的关系曲线。所以 DSC 测试的基本原理如图 8.5 所示。

滑动变阻器为外电路负载。电压表和电流表用来测量电池的端电压 V 和回路电流 I(通过负载的电流)。通过调节滑动变阻器,改变外电路负载的大小,经多次测量得到不同外电路负载下的 I-V 值,从而描绘出太阳电池的伏安曲线。但这种方法存在着缺点。利用普通电阻作负载只能实现对太阳电池伏安曲线的第一象限的测量,并且由于回路中串联着导线电阻和接触电阻,当负载电阻(可变电阻)变到零时,电池也不能达到短路状态。另外可变电阻也不可能从零变到无穷大,所以又达不到开路状态。其结果是测得的曲线不能和电流轴相交,也不能和电压轴相交,难以精确地测得开路电压 V_{oc} 和短路电流 I_{sc},如图 8.6 所示。

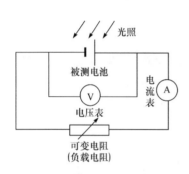

图 8.5　太阳电池测试基本原理图

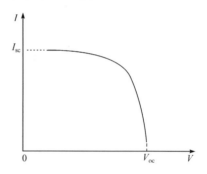

图 8.6　负载曲线

为了克服以上缺点,可以采用电子负载的办法[2]。电子负载是从补偿线路法等效变化而得到的。补偿线路法的基本线路原理如图 8.7 所示:在可变电阻两端连接两个相同的电阻 r,并联一个补偿电路,构成桥路。当可变电阻滑到中间位置时,电桥平衡,太阳电池没有受到外加的电压。如果此时把可变电阻从零点向 A 点调整,电桥平衡就被破坏,外电路给电池施加了一个反向电压。当反向电压足够大,且与太阳电池具有相同的电动势时,回路中无电流流过,即通过被测电池的总电流为零,这时等效于电池开路。随着离开平衡点的距离增大,桥路的输出电流也随之增大,当略大于太阳电池的光生电流时,流过太阳电池的总电流变为负值,相当于负载曲线进入了第四象限。和上述过程相反,当把可变电阻 R 向 B 点调整时,电池受外电路施以正向压降,当正向压降增大到一定程度,使流过太阳电池的总电流大于它的短路电流时,曲线就进入了第二象限。

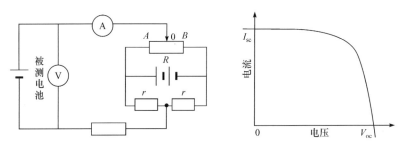

图 8.7　补偿法测试电池 I-V 曲线线路示意图及测出的电池 I-V 曲线

由上述原理可知,如果用一个外电源代替可变电阻,给电池施加一个由负到正的电压,也可使电池等效于从短路状态变到开路状态的过程,相当于给电池施加了电子负载。此时和补偿法效果完全一样,可得到电池在三个象限的伏安曲线。

8.1.3.2　染料敏化太阳电池四线法测试原理

为了保证电池的测量精度,消除导线电阻和夹具接触电阻引入的影响,太阳电池一般采用四线测试法,其原理如图 8.8 所示。当电子负载给电池施加一个由负到正的电压,在被测电池与电流线的回路中便有一个变化的电流,其值通过电流测量线测出,再用测量仪表经电压线测出对应每一个电流值的电池端电压。依次改变电子负载值,测出相应的电压与电流值,便得到电池伏安曲线的测量数据。四线测试法用一对电流线和一对电压线将驱动电流回路和感应电压回路分开,并采用高阻抗的测量仪表对电压值进行测量,所以几乎没有任何电流流经电压线,这样电压测量不会受接触电阻及导线电阻的影响而产生误差,从而使测量精度大大提高。上面所述的是电压源,电流源测试原理与电压源相同。图 8.9 就是采用四线测试法获得的染料敏化太阳电池在不同面积下的光伏测试曲线。

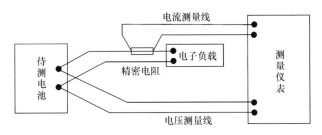

图 8.8　四线测试法原理图

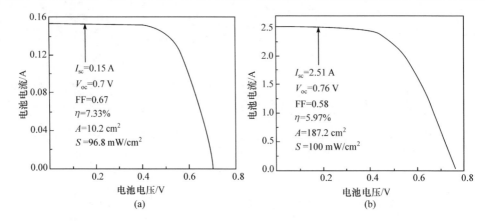

图 8.9 不同面积染料敏化太阳电池的光伏曲线（A：有效面积；S：光强）

（a）电池有效面积为 10.2 cm^2（96.8 mW/cm^2）；（b）电池有效面积为 187.2 cm^2（100 mW/cm^2）

8.1.4 染料敏化太阳电池的测试标准

太阳电池的电性能测量归结为电池的伏安特性测试。由于伏安特性与测试条件有关，所以必须在统一规定的标准测试条件下进行测量，或将测量结果换算到标准测试条件。标准测试条件包括标准阳光（标准光谱和标准辐照度）和标准测试温度。测试光源可选用模拟测试光源（太阳模拟器或其他模拟太阳光光源）或自然阳光。使用模拟测试光源时，辐照度用标准太阳电池短路电流的标定值来校准。

根据中华人民共和国国家标准 GB/T 6495.1—1996《光伏器件第 1 部分：光伏电流-电压特性的测量》[3]及染料敏化太阳电池特性，染料敏化太阳电池的电性能测试（标定测试）一般规定如下。

1. 标准测试条件

（1）规定地面标准阳光光谱采用总辐射为 AM 1.5 的标准阳光谱，且采用具有高稳定度的稳定光源，光强最好可调；

（2）地面阳光的标准总辐照度规定为 1000 W/m^2；

（3）标准测试温度为 25℃；

（4）对定标测试，标准测试温度的允差为±1℃；对非定标测试，标准测试的允差为±2℃；

（5）标准电池应具有与被测样品基本相同的光谱响应；

（6）电池测试时，其测试采样延迟时间，应大于电池内部达到平衡所需要的时间。

2. 测试仪器与装置

（1）标准太阳电池或辐照计，用于校准测试光源的辐照度；

（2）数字源表测试速度能达到毫秒量级（最好可调），测试时仪器的数据采集速率不能超过染料敏化太阳电池的电子传输速率；

（3）电压表的精确度不低于 0.5 级,内阻不低于 20 kΩ/V；

（4）电流表的精确度不低于 0.5 级,内阻小至能保证在测试短路电流时,被测电池两端的电压不超过开路电压的 3%；

（5）温度计或测温系统的仪器误差不超过 ±5℃,最好有恒温装置。

3. 负载

（1）负载电阻应能从零平滑地调节到画出完整的伏安特性曲线为止；

（2）必须有足够的功率容量,以保证在通电测量时不会因发热而影响测量精确度。

4. 采用四线测量法

四线测量法用一对电流线和一对电压线将驱动电流回路和感应电压回路分开,并采用高阻抗的测量仪表对电压值进行测量,可以消除测量时接触电阻及导线电阻引入的误差,从而使测量精度大大提高。

8.1.5　染料敏化太阳电池光伏性能的多通道实时监测

从电池实用化考虑,必须对电池的稳定性及其寿命进行研究,这就要求测试系统能够达到以下目标[4]：

（1）达到较高的测量精度,尽量减小测量导线电阻和夹具接触电阻引入的误差,同时减小电池电容性质对测量的影响；

（2）为了保持数据的完整性,得到较为精确的开路电压 V_{oc} 和短路电流 I_{sc} 以及对电池其他性能的分析,要求系统能测量染料敏化太阳电池在第一、第二和第四 3 个象限的伏安曲线；

（3）可连续采集多路电池的伏安曲线,并自动对数据进行存储和分析；

（4）能同时实现对环境因素（如温度和光强等）的实时记录；

（5）可调控采集时间间隔。

为了保证电池的测量精度,消除导线电阻和夹具接触电阻引入的影响,可以采用四线测试法。而采用电子负载代替普通电阻可实现对电池在第一、第二和第四 3 个象限的伏安曲线测量,保证了 I-V 曲线的完整性。

如果系统采用多路通道采集,那么单个数据采集卡无法完成,需要通过外部接口电路来扩展通道。可以采用时分复用技术,利用不同的时隙,在数据采集卡同一路物理通道上传送不同的信号。如采用 64 路通道,则其中每 8 个通道复用数据采集卡的同一个物理输入通道。各个通道间的逻辑转换以及时序控制都由接口电路来实现,接口电路的动作由软件控制来完成,如图 8.10 所示。同时在软件中实现对所采集的数据进行实时分析和存储功能,解决多路采集时数据量过大和内存不够的问题。图 8.11 为染料敏化太阳电池光伏性能的多通道实时监测实验箱,实时监控能方便的根据情况调节测试时间间隔,保持数据的连续性,能更准确的测出电池的波动点,而且操作方便,数据可以自动存储处理。图 8.12 显示的是常规间断测试和实时监控测试得到的染料敏化太阳电池效率随时间的变化曲线图。

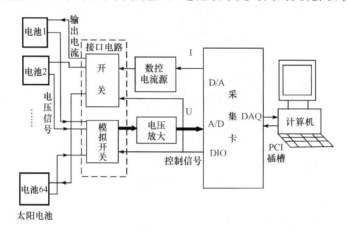

图 8.10　染料敏化太阳电池伏安特性测试系统硬件结构图

(a)　　　　　　　　　　　　　(b)

图 8.11　染料敏化太阳电池光伏性能的多通道实时监测实验箱

(a)紫外老化箱;(b)红外老化箱

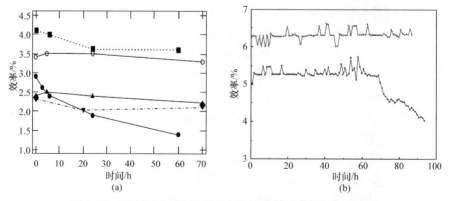

(a)　　　　　　　　　　　　　(b)

图 8.12　不同测试方法得到的电池效率随时间的变化曲线图

(a)间断测试;(b)实时监控测试

　　为了使测试系统达到一机多用,实现对不同型号太阳电池在不同方式下的测试、对采集时间间隔的调控和数据的存储分析,可以采用虚拟仪器技术。由于虚拟仪器技术可通过丰富的软件资源来扩展硬件设备,所以在具备了少量必要的基本硬件后,仅需编制不同的软件,便可实现各种不同需要的测试功能。

8.1.6　测试环境对染料敏化太阳电池光伏性能的影响

　　染料敏化太阳电池的测试方法与硅太阳电池相比,既有相似点,又存在着一定的特殊性。它与硅太阳电池一样,即同样有需要进行测试的参数:开路电压 V_{oc}、短路电流 I_{sc}、最佳工作电压 V_m、最佳工作电流 I_m、最大输出功率 P_m、光电转换效率 η、填充因子 FF 和伏安特性曲线等。伏安特性曲线能直接反映出电池的各个特征(I_{sc}、V_{oc}、FF 和 η),是太阳电池的主要测试项目。由于染料敏化太阳电池自身的某些特征,电池在测试上有一些特殊的要求,如染料敏化太阳电池对光谱的响应速度较慢,无法采用脉冲光源,必须采用具有高稳定度的稳定光源;同时考虑到光照时间对电池性能的影响,电池的恒温也很重要;染料敏化太阳电池较硅电池有更强的电容性质,数据采集更易受电池电容性质的影响。因此,在染料敏化太阳电池性能测试中,需注明详细的测试条件,最好采用染料敏化太阳电池定标。

　　1. 染料敏化太阳电池的光谱响应[5]

　　染料敏化太阳电池对光的吸收主要取决于其中敏化染料的吸收光谱。图 8.13 是应用于染料敏化太阳电池上的常用染料[$RuL_2(NCS)_2$,其中 L 为 2,2′-联吡啶-4,4′-二羧酸]的吸收光谱图。可以看出:在可见光(400 nm≤λ≤760 nm)区域,染料敏化太阳电池与单晶硅太阳电池类似,但在紫外光(λ<400 nm)区域,染料敏化太阳电池还有一个次吸收峰,虽然电池中的导电玻璃能够吸收波长低于320 nm 的紫外光(图 8.14),但波长在 320 nm 以上的紫外光依然可以进入电池中,并对电池的电流和效率产生不可忽视的影响。因此,正确选用标准光源是决定电池性能测试准确性的主要条件之一。

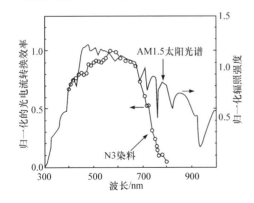

图 8.13　染料的吸收光谱图

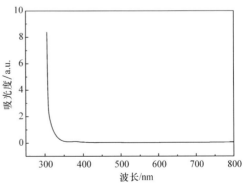

图 8.14　导电玻璃的吸收曲线

2. 扫描速率与扫描偏压对染料敏化太阳电池性能测试结果的影响[6]

染料敏化太阳电池性能与硅电池存在差别,其测试性能受扫描速率和扫描偏压的影响,其中扫描速率由采样延迟时间(T_d)、测量积分时间(T_m)和施加偏压步幅(ΔV)等因素决定(图8.15)。表8.1是在不同采样延迟时间(即不同扫描速率)下测得的电池数据。从表中可以看出,随着采样延迟时间的增加,电池短路光电流基本不变,开路电压和填充因子增大,导致电池效率提高。这是因为染料敏化太阳电池具有电容性,给电池加扫描偏压时,瞬时有过冲电流出现,当采样延迟时间过短时,电池内部光电子传输还没有达到平衡,不能准确反映电池的真实特性。此外,不同方向的偏压同样会对染料敏化太阳电池性能测试产生影响。图8.16是以1 ms的采样延迟时间分别给电池加从-0.1 V到0.9 V和从0.9 V到-0.1 V正反两个方向扫描偏压,测得电池的I-V曲线。图中显示反向扫描测试获得的开路电压、填充因子和效率都明显高于正向扫描所获得的电池参数。这是因为正向测试时,受过冲电流的影响,使得被测出的光电流提前到达零点,测得的开路电压稍小(图8.17)。而反向加偏压与之相反,测得的开路电压偏大。

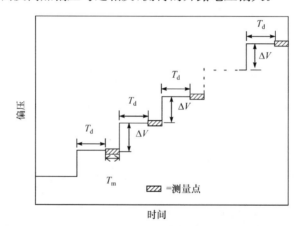

图 8.15 电池 J-V 测量外加偏压随时间逐步变化示意图

表 8.1 正偏压下不同采样延迟时间测得的 DSC 光电性能数据

电池类型	T_d/ms	J_{sc}/(mA/cm²)	V_{oc}/V	FF	η/%
DSC	1	15.5	0.714	0.717	7.94
	10	15.5	0.719	0.731	8.13
	40	15.5	0.722	0.733	8.19
	100	15.5	0.724	0.733	8.22

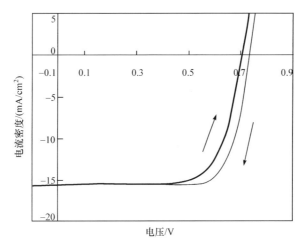

图 8.16　正负偏压下电池 *J-V* 曲线图

粗线为正偏压扫描,细线为负偏压扫描,采样延迟时间为 1 ms

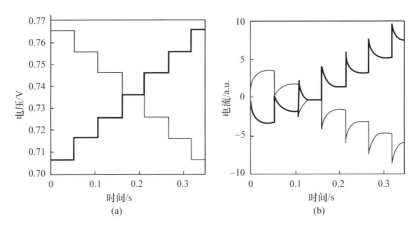

(a)　　　　　　　　　　　　　(b)

图 8.17　正负偏压下电池瞬态光电流图

(a)所加偏压图;(b)电池瞬态光电流图。其中粗线为正偏压测试,

细线为反偏压测试,采样延迟时间为 1 ms

3. 温度对染料敏化太阳电池测试结果的影响[7]

染料敏化太阳电池测试的环境温度同样影响着电池的光伏性能参数,由于材料与反应过程对温度的变化存在响应差异,因而电池性能随温度变化差别较大(图 8.18)。由于电解质溶剂的黏度随温度的升高而减小,离子在溶剂中的传输速率也相应地增加,所以填充因子与短路电流都上升。但当温度上升到一定程度,溶剂黏度变化很慢,电解质的电导却变化很快,暗电流迅速增加,使得染料敏化太阳电池短路电流开始下降。

4. 光强对染料敏化太阳电池测试结果的影响[8]

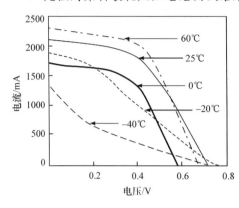

图 8.18　染料敏化太阳
电池不同温度下的 $I\text{-}V$ 曲线

由于染料敏化太阳电池属于弱光电池,染料敏化太阳电池的效率随着光强的减弱上升很快。图 8.19 为小面积的染料敏化太阳电池随入射光强变化的光伏曲线[9]。染料敏化太阳电池在弱光下,被激发的染料分子数少,I_3^-/I^- 的传输速率足够还原被太阳光激发的染料分子。而当太阳光强度增大时,被激发的染料分子数增多,I_3^-/I^- 的传输速率不能够满足染料分子再生速率,从而使 I_3^-/I^- 在多孔膜内的传输成为制约电流输出的“瓶颈”,最终也就影响到电池效率的提高。

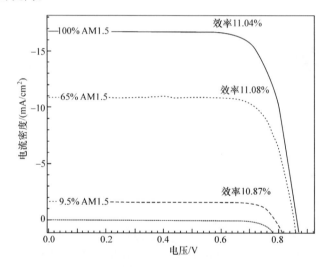

图 8.19　染料敏化太阳电池不同光强下的 $I\text{-}V$ 曲线

8.2　染料敏化太阳电池组件的应用

8.2.1　独立光伏阵列的应用与技术

太阳能发电系统是清洁环保的绿色能源供电系统。该系统将太阳能转化为电能,系统运行效率高,运行过程中不产生任何污染,输出电能稳定,可满足不同用户的用电需求,因而被广泛用作无市电地区生活照明、生活娱乐、计算机、通信及路灯、道路桥梁照明和不间断供电系统等设备的供电电源。光伏发电系统中的光伏阵列产生电能输入公共电网或供本地负载使用,是光伏发电系统的能源生产单位。要想使光伏发电系统尽可能多地产出电能,首先必须让光伏阵列上的太阳电池尽量多地接收太阳辐射能。由于太阳能在一年中的不同地区、不同季节、不同月份、不同时段的强度和总量都不同,因此,实际应用中的光伏发电系统会根据负载特性的不同选择季节性或全年发电量最大的太阳能阵列安装方式。与晶体硅太阳电池比较,染料敏化太阳电池与其他薄膜电池一样具有弱光响应好,充电效率高的特性。越来越多的实践数据也表明,当峰值功率相同时,在晴天直射强光和阴雨天弱散射光环境下,染料敏化太阳电池板的比功率发电量均大于单晶硅太阳电池。图 8.20 为中国科学院等离子体物理研究所建成的 500 W 染料敏化太阳电池示范电站,该电站是由 40 块双玻璃染料敏化太阳电池板组成的独立光伏阵列,几年来运行良好稳定。

图 8.20　500 W 染料敏化太阳电池示范电站

8.2.1.1　太阳能跟踪技术

太阳能跟踪技术是指在太阳有效光照时间内,能使太阳光线始终垂直照射到光线采集器(太阳能集热器或光电池)的采集面上,使光线采集器在有效光照时间内都能最大限度地获取太阳光。采用太阳能跟踪技术可延长太阳能发电时间,增加发电量,一定程度上降低发电量的波动,降低太阳能发电成本。常用的太阳能跟踪技术主要有以下三种:匀速控制方法、光强控制方法以及时空控制方法。

1. 匀速控制方法

由于地球的自转速度是固定的,可以认为,早上太阳从东方升起经正南方向向西运动并落山,太阳在方位角上以 15°/h 匀速运动,24h 移动一周。跟踪过程是将当地纬度作为一个极轴不变,将固定在极轴上的太阳电池板以地球自转角速度 15°/h 的速度转动,即可达到跟踪太阳并保持太阳电池板平面与太阳光线垂直的目的。该方法控制简单,但安装调整困难,初始角度很难确定和调节,受季节等因素影响较大,控制精度较差。

2. 光强控制方法

在高度角和方位角跟踪时分别利用两只光敏电池作为太阳位置的敏感元件。

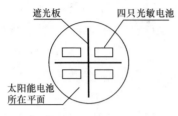

图 8.21　光强控制方式示意图

四只光敏电池安装在一个透光的玻璃试管中。如图 8.21 所示,每对光敏电池被中间隔板隔开,对称地放在隔板两侧。当电池板对准太阳时,太阳光平行于隔板,两只光敏电池的感光量相等,输出电压相同[10]。当太阳光略有偏移时,隔板的阴影落在其中一只光敏电池上,使两只光敏电池的感光量不等,输出电压也不相等。根据输出电压的变化来进行太阳能跟踪控制。该方法的特点是测量精度高、电路简单且易于实现,但在多云和阴天环境下会出现无法跟踪的问题。

3. 时空控制方法

太阳的运行轨迹是与时间、季节和当地经纬度等诸多复杂因素相关的。因此,可以将上述相关的数据预先输入到微处理器中,通过程序查表并进行太阳方位角和高度角的计算,实现时间和空间上的同步,最终得出实际角度以实现精确控制。该方法精度高,具有较好的适应性,但程序复杂,不易于实现。

8.2.1.2　光伏阵列最大功率点跟踪技术

光伏阵列输出特性具有非线性特征,并且其输出受光照强度、环境温度和负载情况的影响。在一定的光照强度和环境温度下,光伏电池可以工作在不同的输出电压,但是只有在某一输出电压值时,光伏电池的输出功率才能达到最大值,这时光伏电池的工作点就达到了输出功率电压曲线的最高点,称为最大功率点(MPP)。因此,在光伏发电系统中,要提高系统的整体效率,一个重要的途径就是实时调整光伏电池的工作点,使之始终工作在最大功率点附近,这一过程就称为最大功率点跟踪(MPPT)。相应的调整负载阻抗应当以保证系统在光照强度发生变化和光伏电池的结温发生变化的情况下,仍然运行在最大功率点。到目前为止出现了很多 MPPT 算法,最常用的三种算法是恒电压跟踪法、扰动观测法和电导增量法。

1. 恒电压跟踪法

由于恒电压跟踪法在光照强度变化时保持输出电压不变,所用光伏器件基本为最大功率输出。恒电压跟踪的优点是控制简单,但是它的结论是在假设温度不变的情况下推出的,而实际工作中输出功率是随温度变化而变化的。光伏阵列的功率输出将随温度变化,采用恒定电压控制阵列的输出功率将会偏离最大功率点,产生较大的功率损失。特别是在太阳电池的结温升高比较明显时,阵列的伏安曲线与系统预先设定的工作电压可能不存在交点,引起系统振荡。为了克服环境温度变化对系统造成的影响,可以事先将特定光伏阵列在不同温度下测得的最大功率点电压值储存在控制器中,运行时,控制器根据检测光伏阵列的温度,通过查表选取合适的电压给定值,并在光伏发电系统中增加一块与光伏阵列相同特性的较小光伏电池模块来检测其开路电压,按照固定系数计算得到当前最大功率点电压。

2. 扰动观测法

扰动观测法的原理是每隔一定时间增加或者减少光伏阵列输出电压,然后根据机组输出的功率变化方向调整光伏系统输出电压,使输出功率达到最大功率点。该方法跟踪方法简单、实现容易并对传感器精度要求不高,但会在光伏阵列运行最大功率点附近振荡,导致一定功率损失,而且跟踪步长的设定无法兼顾跟踪精度和响应速度,特别是在太阳光照强度和环境温度急剧变化时,扰动观测法可能会跟踪失败。

3. 电导增量法

电导增量法通过比较光伏阵列的电导增量和瞬时电导值来改变控制信号从而跟踪最大功率点。控制算法需要通过测量光伏阵列的输出电压和电流的变化量来确定,电导增量法实际上是对扰动观察法的改进,只是光伏器件工作在最大功率点时,对其控制有所不同。由最大功率点处 dP/dU 的值等于零,可以得到

$$\frac{\mathrm{d}I}{\mathrm{d}U} = -\frac{I}{U} \tag{8.6}$$

式(8.6)是要达到最大功率点的条件,即当输出电导的变化量等于输出电导的负值时,太阳能电池阵列工作于最大功率点。电导增量法具有控制精确、响应速度比较快和稳态振荡比扰动观测法要小等优点,但是对硬件的要求特别是对传感器的精度要求比较高,因而整个系统的硬件造价比较高。

8.2.1.3　光伏阵列最佳倾角与间距设计

1. 光伏阵列最佳倾角设计

地面应用的独立光伏发电系统,方阵面通常朝向赤道,相对地平面有一定倾角。倾角不同,各个月份方阵面接收到的太阳辐射量差别很大。按照最佳倾角安装的光伏阵列发电量可能比水平安装高出 20％左右[11]。因此,为了保证光伏阵列的输出功率维持较高水准,对其倾角进行研究是必要的,也是光伏系统设计中必不可少的环节。最佳倾角的概念,在不同应用系统中也不一样。例如,独立光伏发电系统中,由于存在蓄电池的充放电控制问题,最佳倾角要保证在发电量较少的月份,光伏阵列发电量与蓄电池提供能量之和可以满足负载的正常供电需求。而对于目前应用最广的并网光伏发电系统,则以全年中得到的太阳辐射量最大的倾角

为准,或者说使全年系统发电量最大的倾角为最佳倾角。

(1) 朝向赤道倾斜面上的太阳辐射量的计算。

确定朝向赤道倾斜面上的太阳辐射量,通常采用 Klein 提出的计算方法:倾斜面上的太阳辐射总量由直接太阳辐射量 H_{bt}、天空散射辐射量 H_{dt} 和地面反射辐射量 H_{rt} 三部分所组成[12,13]。

$$H_t = H_{bt} + H_{dt} + H_{rt} \tag{8.7}$$

对于确定的地点,知道了全年各月水平面上的平均太阳辐射资料(总辐射量、直接辐射量或散射辐射量)后,便可以计算出不同倾角的斜面上全年各月的平均太阳辐射。

引入参数 R_b 计算直接太阳辐射量 H_{bt},R_b 为倾斜面上直接辐射量 H_{bt} 与水平面上直接辐射量 H_b 之比,其表达式如下:

$$R_b = \frac{\cos(\phi-\beta)\cos\delta\sin\omega' + \left(\frac{\pi}{180}\right)\omega'\sin(\phi-\beta)\sin\delta}{\cos\phi\cos\delta\sin\omega + \left(\frac{\pi}{180}\right)\omega\sin\phi\sin\delta} \tag{8.8}$$

其中,ω' 为倾斜面上的日落时角,$\omega' = \min\{\omega, \arccos[-\tan(\phi-\beta)\tan\delta]\}$;$\phi$ 为当地纬度;δ 为太阳赤纬角。

计算散射辐射量 H_{dt} 采用 Hay 模型。Hay 模型认为倾斜面上天空散射量是由太阳光的辐射量和其余天空穹顶均匀分布的散射辐射量两部分组成,可表示为

$$H_{dt} = H_d \left[\frac{H_b}{H_0}R_b + 0.5 + \left(1 - \frac{H_b}{H_0}\right)(1+\cos\beta) \right] \tag{8.9}$$

其中,H_b 和 H_d 分别为水平面上直接和散射辐射量;H_0 为大气层外水平面上太阳辐射量,其计算公式如下:

$$H_0 = \frac{24}{\pi}I_{sc}\left[1 + 0.033\cos\left(\frac{360n}{365}\right)\right]\left[\cos\phi\cos\delta\sin\omega + \left(\frac{2\pi\omega}{360}\right)\sin\phi\sin\delta\right] \tag{8.10}$$

计算地面反射辐射量 H_{rt},其公式如下:

$$H_{rt} = 0.5\rho H(1-\cos\beta) \tag{8.11}$$

其中,H 为水平面上的总辐射量,即 $H = H_b + H_d$;ρ 为地表面反射率。一般情况下,地面反射辐射量 H_{rt} 很小,只占百分之几。

综上所述,朝向赤道倾斜面上的太阳辐射量计算公式为

$$H_t = H_b R_b + H_d \left[\frac{H_b}{H_0}R_b + 0.5\left(1 - \frac{H_b}{H_0}\right)(1+\cos\beta)\right] + 0.5\rho H(1-\cos\beta) \tag{8.12}$$

(2) 偏离赤道倾斜面上的太阳辐射量的计算。

偏离赤道(设方位角为 A)倾斜面上的太阳辐射量,可按照公式(8.12)计算,但

其中 R_b 采用下式计算[13]：

$$
\begin{aligned}
R_b = \Bigg[&\frac{\pi}{180}(\omega_s - \omega_r)\sin\delta(\sin\phi\cos\beta - \cos\phi\sin\beta\cos A) \\
&+ \cos\delta(\sin\omega_s - \sin\omega_r)(\cos\phi\cos\beta + \sin\phi\cos\beta\cos A) \\
&+ (\cos\omega_s - \cos\omega_r)\cos\delta\sin\beta\cos A \Bigg] \Big/ 2(\cos\phi\cos\delta\sin\omega \\
&+ \frac{\pi}{180}\omega\sin\phi\sin\delta)
\end{aligned}
\tag{8.13}
$$

其中，ω_r 和 ω_s 分别为倾斜面上的日出和日落时角，由下式确定：

$$
\omega_r = -\min\left\{\omega, \left|-\arccos\left(-\frac{a}{c}\right) + \arcsin\left(\frac{b}{c}\right)\right|\right\}
\tag{8.14}
$$

$$
\omega_s = \min\left\{\omega, \arccos\left(-\frac{a}{c}\right) + \arcsin\left(\frac{b}{c}\right)\right\}
\tag{8.15}
$$

其中，$a = \sin\delta(\sin\phi\cos\beta - \cos\phi\sin\beta\cos A)$；$b = \cos\delta\sin\beta\sin A$；

$$
c = \sqrt{[\cos\delta(\cos\phi\cos\beta + \sin\phi\sin\beta\cos A)]^2 + (\cos\delta\sin\beta\sin A)^2}。
$$

　　根据上述各式即可计算出具体地点的任意方位角和任意倾角面上的太阳辐射量，进行分析比较后即可确定最佳倾角，以作为遮阳系统节能（能阻挡的辐射能）及光伏发电容量设计的依据。

　　2. 光伏阵列间距设计

　　光伏阵列是并网光伏电站发电系统的核心部件。光伏阵列支架安装形式的选择以及光伏阵列最佳倾角、阵列间距设计的优劣，对光伏电站发电性能有着重要的影响。若已经根据当地的地理气象条件得出单位面积电池组件一年内发电量最大的安装倾角，那么要知道在建筑顶面上布置多少光伏电池为宜，还需确定相邻两排电池阵列之间的间距。

　　（1）合理间距的确定依据。

　　间距过小，一方面产生阴影影响直射辐射的接收；另一方面也增大天空散射的接收损失比例。因此，间距的确定需要同时考虑这两方面因素。但是，在直射辐射存在时，间距对于直射辐射的影响要比散射辐射大得多，阴影是确定间距的主要因素。考虑到并不能确定某个时刻是否正好晴天，为了简化讨论，不妨假设全年均为晴天。即使给定相当大的间距，当太阳高度角很小时，后排电池仍可能处于前排障碍的阴影区内。因此，合理间距的确定并不在于使电池彻底脱离阴影区，而在于避免阴影对电池的不利影响。不利影响分为两种：一种是危及电池的使用寿命；另一种是阻碍电池充分吸收太阳辐射，闲置其发电能力，降低其发电量。由于输出功率较大，电池组件一般都有旁路二极管和阻塞二极管以避免阴影危及电池使用寿命，因而保证尽可能大的发电量就成了确定障碍与电池合理间距的主要依据。

（2）阵列间距的计算。

光伏阵列应按照提高土地利用率、减少占地面积和光伏阵列之间不得相互遮挡为原则进行设计。一年中冬至日太阳高度角最低,若保证冬至日从日出至日落时长内阵列不发生阴影遮挡,将使光伏阵列之间的间距非常大,而早晚太阳辐射比较弱,对光伏电站发电的贡献很小,这样的设计不符合土地集约性和经济性要求。通常光伏阵列间距设计按照冬至日 9:30～16:30 不遮挡为依据,工程中遮挡物与阵列的间距可按下式进行设计计算[14]:

$$D = \cos A \cdot H/\tan[\arcsin^{-1}(\sin\phi\sin\delta + \cos\phi\cos\delta\cos h)] \qquad (8.16)$$

其中,D 为遮挡物与阵列的间距;H 为遮挡物与可能被遮挡组件底边的高度差;A 为太阳方位角;h 为时角。

8.2.2　建筑一体化的应用与设计

光伏发电是太阳能应用的主要方式之一。早期的光伏发电多为偏远地区和缺电地区独立选址建设电站。随着应用的深入,已逐渐转移到发达地区和城市。自 1991 年光伏建筑一体化(BIPV)的概念被提出后,太阳能光伏发电获得了更广阔的应用空间[15]。考虑到土地成本、传输损耗和建筑能耗等因素,光伏建筑一体化必将成为光伏发电应用的主流。染料敏化太阳电池由透明导电玻璃及有一定颜色的染料和电解质构成,可以通过适当选择染料和电解质的颜色及 TiO_2 膜的厚度来控制整个电池的透光率。白天它能透射大量阳光进入室内,节省室内照明用电;冬天可增加红外光透射,减少室内暖气用电,电池冷却用水在提供生活用热水的同时兼顾空调采暖和制冷。目前光伏建筑已占据了光伏市场的主要份额。光伏建筑一体化技术具有以下显著优点[16]:

（1）减少建筑物能耗,目前建筑物能耗已占全社会总能耗的 1/3 左右,降低建筑物能耗对节能减排工程有着重要意义;

（2）与建筑结构整合为一体,节约了单独安装电池板的额外空间,也省去了专为光伏设备准备的支撑结构;

（3）一体化的光伏电池板本身就能作为建筑材料,可减少建筑物的整体造价,节省安装成本,且使建筑外观更具技术魅力及节能宣传效果;

（4）由于光伏电池板安装在屋面或墙面上,直接吸收太阳能,避免了墙面温度和屋顶温度过高,可降低空调负荷,改善室内环境。

8.2.2.1　光伏建筑一体化的设计要求

1. 光伏组件的力学性能要求

作为普通光伏组件,需要通过 IEC 61215 的检测,满足抗 130 km/h(2400 Pa)

风压和抗 25 mm 直径冰雹 23 m/s 的冲击要求。用作幕墙面板和采光顶面板的光伏组件,不仅需要满足光伏组件的性能要求,同时要满足幕墙的三性实验要求和建筑物安全性能要求,因此需要有更高的力学性能和采用不同的结构方式。例如,尺寸为 1200 mm×530 mm 的普通光伏组件一般采用 3.2 mm 厚的钢化超白玻璃加铝合金边框就能达到使用要求。但同样尺寸的组件用在 BIPV 建筑中,在不同的地点,不同的楼层高度,以及不同的安装方式,对它的玻璃力学性能要求就可能是完全不同的。南玻大厦外循环式双层幕墙采用的组件就是两块 6 mm 厚的钢化超白玻璃夹胶而成的光伏组件,这是通过严格的力学计算得到的结果。

2. 建筑的美学要求

BIPV 建筑首先是一个建筑,它是建筑师的艺术品,相当于音乐家的音乐,画家的一幅名画,而对于建筑物来说光线就是他的灵魂,因此建筑物对光影要求甚高。但普通光伏组件所用的玻璃大多为布纹超白钢化玻璃,其布纹具有磨砂玻璃阻挡视线的作用。如果 BIPV 组件安装在大楼的观光处,这个位置需要光线通透,这时就要采用光面超白钢化玻璃制作双面玻璃组件,用来满足建筑物的功能。同时为了节约成本,电池板背面的玻璃可以采用普通光面钢化玻璃。一个建筑物的成功与否,关键一点就是建筑物的外观效果,但有时候细微的不协调都会对外观造成不利影响。普通光伏组件的接线盒一般粘在电池板背面,接线盒较大,很容易破坏建筑物的整体协调感,通常不为建筑师所接受。因此,在 BIPV 建筑中,要求将接线盒省去或隐藏起来,这时的旁路二极管没有了接线盒的保护,要考虑采用其他方法来保护它。可以考虑将旁路二极管和连接线隐藏在幕墙结构中,如将旁路二极管放在幕墙骨架结构中,以防阳光直射和雨水侵蚀。普通光伏组件的连接线一般外露在组件下方,BIPV 建筑中光伏组件的连接线要求全部隐藏在幕墙结构中。

3. 光伏组件的电学性能要求

在设计 BIPV 建筑时要考虑电池板本身的电压与电流是否方便光伏系统设备选型,但是建筑物的外立面有可能由一些大小且形式不一的几何图形组成,这会造成组件间的电压和电流不同。这个时候可以考虑对建筑立面进行分区及调整分格,使 BIPV 组件接近标准组件的电学性能,也可以采用不同尺寸的电池片来满足分格的要求,最大限度地满足建筑物外立面效果。另外,还可以将少数边角上的电池片不连接入电路,以满足电学要求。

8.2.2.2　光伏组件建筑一体化的应用

无论是独立光伏系统还是并网光伏系统,其核心结构都是由太阳电池构成的光伏方阵。DSC 与其他类太阳电池一样在 BIPV 系统中存在的形式主要可以分为三种。

1. 与屋顶结合制成光伏瓦或光伏屋顶

在整个 BIPV 产业中,太阳能屋顶发电占 3/4。这主要是因为屋顶有更多受光面积,方便太阳电池组件的安装[17]。按照终端用户的需求,理想的光伏屋顶系统首先应具有和普通屋顶一样的防风避雨及审美的功能。DSC 光伏屋顶具有以下特性:①透光性好,容易和其他屋面结构设计合成一体;②环保美观、不受地理位置限制,能制作成颜色及图案多样的屋顶;③建设周期短、规模大小随意、拆装简易。

2. 与遮阳构件结合

遮阳能有效减弱进入室内的太阳辐射热,降低空调负荷;DSC 可通过改变染料成分和 TiO_2 厚度来选择透过的光谱与透光率,能改善采光均匀度,避免产生眩光;能减少玻璃幕墙光污染,同时还能反射及隔绝部分外界噪音[18,19]。将光伏技术与遮阳构件集成一体,既具有遮阳功能,又具有发电功能,能有效改善室内环境,降低建筑物能耗[20]。

3. 与建筑物墙面或窗户结合成为光电幕墙或光伏发电窗

现代高层建筑,几乎都是被玻璃幕墙,或者铝塑幕墙所包裹,是建筑物表面积中最大的部分。所以用太阳能光电幕墙代替原来的幕墙已经成为 BIPV 的一种重要应用形式和日益变大的新兴 BIPV 市场[21]。在建筑物外表面安装极具科技感的光电幕墙也使建筑物极具观赏效果和环保宣传效果[22,23]。DSC 光电幕墙或光伏发电窗不仅具有光电转换功能,还具有室内采光及控制室内从室外的得热作用,其技术特点如下:①DSC 组件可做成双层玻璃结构满足阻燃、隔热和消音等建筑上的要求;②对散射光、折射光、直射光等各种光源都有良好的吸收效应;③没有半导体效应,输出功率受温度影响较小;④弱光性能好,并且不会因为部分阴影而导致整块电池组件发电效果大幅度下降。

8.2.3 光伏农业一体化的应用

光伏农业一体化是将太阳能发电、现代农业种植和养殖、高效设施农业相结合。DSC 用于光伏农业,一方面可运用农地直接低成本发电,另一方面充分利用了 DSC 的透光性及颜色可变性的特点,使动植物生长所需要的光线可以射入,冬季还可通过红外光的射入,提高大棚温度,不仅节约能源,还提高了农业室内养殖的动植物的品质。

DSC 在光伏农业领域内的应用,从目前的情况看,主要有以下两类。

(1) 新型太阳能生态农业大棚。这种技术将太阳能光伏发电系统、光热系统及新型纳米仿生态转光膜技术综合嫁接到传统温室大棚,达到不可思议的效果。例如,DSC 能根据不同植物生长对不同波长光吸收的需求,通过改变染料的颜色来选择最有利于植物生长的光谱,以便农作物更容易吸收,提高了光合作用的效率。这种新型农业大棚能完全实现能源自给,既节能环保,又极易维护,相比于传统大棚,有使用寿命长、农产品量质皆高的优点。

(2) 太阳能光伏养殖。这是现代清洁能源工程与传统养殖事业的有效结合,在养殖场建设光伏屋顶,是以改造和提升传统畜牧及水产养殖业的水平基础上同时提供绿色能源的一种全新尝试。农业畜牧及水产养殖与植物种植一样,离不开阳光的照耀,DSC半透光组件结构完全可以满足上述要求,确保可见光的一定透过量,不仅解决了四季都需要用灯光补充光照的问题,在冬季也能增加室内温度,有效克服了传统温室在控温方面的缺陷。同时在不额外占用土地的前提下,既可以利用太阳光发电,还能满足农业养殖的环境需求。夜晚可利用白天所发电量提供光照,根据实际养殖需求,适当延长光照时间,在一定程度上可以提高农业养殖的产量。

假以时日,类似的产品会源源不断地被开发出来,为农业生产提供便利的同时,也能提升农业科技水平,改善农民生活水准,推动农村加快转型。综上可知,现代农业需要光伏技术支撑,而光伏产品在农业上的应用价值也不可估量,推动光伏农业发展,是发展现代农业和解决光伏产业困境的双赢之道。

参 考 文 献

[1] 熊绍珍,朱美芳. 太阳能电池基础与应用. 北京:科学出版社,2009.

[2] 赵富鑫,魏彦章. 太阳电池及其应用. 北京:国防工业出版社,1985.

[3] 西安交通大学. GB/T 6495.1—1996. 光伏器件第1部分:光伏电流-电压特性的测量//全国太阳光伏能源系统标准化技术委员会. 电池标准汇编:太阳电池卷. 北京:中国标准出版社,2003:62-66.

[4] 贺宇峰,翁坚,陈双宏,等. 多路DSCs伏安特性测试系统的研制和分析. 太阳能学报,2006,27(002):126-131.

[5] 陈双宏,翁坚,戴松元,等. 染料敏化纳米 TiO₂ 薄膜太阳电池测试. 太阳能学报,2006,27(9):900-904.

[6] Koide N, Chiba Y, Han L Y. Methods of measuring energy conversion efficiency in dye-sensitized solar cells. Jpn J Appl Phys, 2005, 44(6A): 4176-4181.

[7] 戴松元,陈双宏,肖尚锋,等. 温度对不同电解质的大面积DSCs电池性能的影响. 高等学校化学学报,2005,26(6):1102-1105.

[8] 戴松元. 染料敏化纳米薄膜太阳电池的研究. 合肥:中国科学院等离子体物理研究所,2000.

[9] Grätzel M. Conversion of sunlight to electric power by nanocrystalline dye-sensitized solar cells. J Photoch Photobio A, 2004, 164(1-3): 3-14.

[10] 王森,王保利,焦翠坪,等. 太阳能跟踪系统设计. 电气技术,2009,8:100-103.

[11] Kaciraa M, Simsek M, Baburc Y, et al. Determining optimum tilt angles and orientations of photovoltaic panels in Sanliufa, Turkey. Renew Energ, 2004, 29(8): 1265-1275.

[12] 沈辉,曾祖勤. 太阳能光伏发电技术. 北京:化学工业出版社,2005.

[13] 杨金焕,毛家俊,陈中华. 不同方位倾斜面上太阳辐射量及最佳倾角的计算. 上海交通大学学报,2002,36(7):129-133.

[14] 董海明. 青海中德项目光柴互补电站防雷接地技术. 青海科技,2010,1:27-29.

[15] Benemann J, Chehab O, Schaar-Gabriel E. Building-integrated PV modules. Sol Energy Mater Sol Cells, 2001, 67(1-4): 345-354.

[16] 姜志勇. 光伏建筑一体化(BIPV)的应用. 建筑电气,2008,127(06):7-10.

[17] 李芳，沈辉，许家瑞，等. 光伏建筑一体化的现状与发展. 电源技术，2007，203(08)：659-662.

[18] 方立平，黄元庆. 铝合金遮阳技术的应用和发展趋势. 新型建筑材料，2006，11，30-32.

[19] 黄朝阳. 建筑遮阳设计及其对室内物理环境的影响. 南京：东南大学，2003.

[20] Khedari J，Waewsak J，Supheng W，et al. Experimental investigation of performance of a multi-purpose PV-slat window. Sol Energy Mater Sol Cells，2004，82(3)：431-445.

[21] Stamenic L. Developments with BIPV systems in Canada. Asian J Energy Environ，2004，5(4)：349-365.

[22] Bahaj A S. Photovoltaic roofing：Issues of design and integration into building. Renew Energ，2003，28(14)：2195-2204.

[23] Roecker P A C，Bonvin J，Gay J B，et al. Pv building elements. Sol Energy Mater Sol Cells，1995，36(4)：381-396.

附录 缩略语

AM air mass 大气质量

BIPV building-integrated photovol-
taics 光伏建筑一体化

CBD chemical bath deposition 化学
浴沉积

CIGS copper indium gallium seleni-
um 铜铟镓硒

CNT carbon nano-tube 碳纳米管

CV cyclic voltammetry 循环伏安

CVD chemical vapor deposition 化
学气相沉积

DMSO dimethyl sulfoxide 二甲基
亚砜

DSC dye-sensitized solar cell 染料
敏化太阳电池

EIS electrochemical impedance spec-
troscopy 电化学阻抗谱

EPFL École Polytechnique Fédérale de
Lausanne 洛桑联邦高等工业学院

FF fill factor 填充因子

FTO fluorine-doped tin oxide 掺氟
的 SnO_2 膜

HOMO highest occupied molecular
orbital 最高占据分子轨道

I_m current at maximum power 最
大功率时的电流

I_{sc} short circuit current 短路电流

IMPS intensity modulated photocur-
rent spectroscopy 强度调制光电

流谱

IMVS intensity modulated photo-
voltage spectroscopy 强度调制光
电压谱

IPCE monochromic incident photon
to current conversion efficiency 入
射单色光光电转换效率

ITO indium tin oxides 氧化铟锡

J_{sc} short-circuit current density 短
路电流密度

LPCVD low pressure chemical vapor
deposition 低压化学气相沉积

LPPE liquid phase epitaxial method
液相外延法

LUMO lowest unoccupied molecular
orbital 最低未占分子轨道

MLCT metal-ligand charge transfer
金属-配体电荷转移

MOVPE/MOCVD metal organic va-
por phase epitaxy/metal organic
chemical vapor deposition 金属有
机气相外延/金属有机化学气相沉积

MPP maximum power point 最大
功率点

MPPT maximum power point track-
ing 最大功率点跟踪

MWCNT multi-walled carbon nano-
tube 多壁碳纳米管

P_m maximum power 最大功率

PANI　polyaniline　聚苯胺

PECVD　plasma enhanced chemical vapor deposition　等离子增强化学气相沉积

PEDOT　poly(3,4-ethylenedioxythiophene)　聚(3,4-二氧乙烯基噻吩)

PEN　polyethylene naphthalate　聚萘二甲酸乙二醇酯

PPy　polypyrrole　聚吡咯

PSS　poly(sodium-p-styrenesulfonate)　聚苯乙烯磺酸钠

PV　photovoltaic　光生伏打,光伏

PVD　physical vapor deposition　物理气相沉积

RFMS　radio frequency magnetron sputtering　射频磁控溅射

SECM　scanning electro-chemical microscopy　扫描电化学显微镜

SEM　scanning electron microscope[microscopy]　扫描电子显微镜(术)

SWCNT　single-walled carbon nanotube　单壁碳纳米管

TEM　transmission electron microscope[microscopy]　透射电子显微镜(术)

TPV　thermophotovoltaics　热光伏电池

TsOH　4-toluenesulfonicacid　对甲基苯磺酸

V_{fb}　flat band potential　平带电势

V_m　voltage at maximum power　最大功率时的电压

V_{oc}　open circuit voltage　开路电压

XPS　X-ray photoelectron spectroscopy　X射线光电子能谱

XRD　X-ray diffraction　X射线衍射

η　photoelectric transformation efficiency　光电转换效率

索　引